Mit der Post in die Zukunft

Geschichte der technischen Kultur

Herausgegeben von

Klaus Gestwa, Martina Heßler, Dirk van Laak und Helmuth Trischler

BAND 12

Hagen Schönrich

Mit der Post in die Zukunft

Der Bildschirmtext in der Bundesrepublik Deutschland von 1977 bis 2001

BRILL | **Ferdinand Schöningh**

Umschlagabbildung: Plakat „BTX ist da!“, 1984, Werbeagentur Lintas, Auftraggeber: Deutsche Bundespost. Quelle: Museumsstiftung Post und Telekommunikation, Museum für Kommunikation Frankfurt, Inventarnummer: 4.2008.460.

Bibliografische Information der Deutschen Nationalbibliothek

Die Deutsche Nationalbibliothek verzeichnet diese Publikation in der Deutschen Nationalbibliografie; detaillierte bibliografische Daten sind im Internet über http://dnb.d-nb.de abrufbar.

Zugleich Dissertation, Technische Universität Dresden, 2019.

www.schoeningh.de

Einbandgestaltung: Nora Krull, Hamburg
Herstellung: Brill Deutschland GmbH, Paderborn

ISSN 2629-9151
ISBN 978-3-506-76042-5 (hardback)
ISBN 978-3-657-76042-8 (e-book)

Inhalt

Danksagung VII

1 Einleitung 1

2 Zur Einordnung 43
2.1 Bildschirmtext ist nicht Videotext 43
2.2 Hauptakteur Deutsche Bundespost 49

3 Idee und erste öffentliche Vorführung 61
3.1 Empfehlungen für ein neues Kommunikationssystem 61
3.2 Das britische System als Grundlage 68
3.3 Einhundert Jahre Telefon und seine Zukunft 74

4 Medienrechtliche Debatte 91
4.1 Rundfunk, Presse oder Neues Medium? 91
4.2 Mediale Erscheinung sui generis 106

5 Erprobung und bundesweite Einführung 115
5.1 Vorversuche und Gesetzbildung 115
5.2 Ein Magazin für alle Teleleser 127
5.3 Vorzeitige Entscheidung 135
5.4 Ein gemeinsamer Standard als europäisches Projekt 148
5.5 Einigung zwischen Bund und Ländern 160

6 Inhalte und Versprechungen 181
6.1 Auf der Suche nach den Inhalten 181
6.2 Einigkeit der Prognosen: in Erwartung eines Massenmediums 191
6.3 Problemlöser im Alltag: Anwendungen für alle 210
6.4 Telebanking und das Versprechen von Sicherheit 222
6.5 Aktualitätsvorsprung und unbegrenzter Wissensspeicher 237
6.6 Besondere Angebote: Erotik und intime Teletreffs 245

7 Auf dem freien Markt 261
7.1 Mit Datex-J auf Erfolgskurs 261
7.2 Eine Million T-Online-Anschlüsse 272

8 Fazit 279

Verzeichnisse 285
Abkürzungen 285
Tabellen und Abbildungen 286
Quellen 288
Literatur 333

Danksagung

Bei dem vorliegenden Buch handelt es sich um die gekürzte und für den Druck überarbeitete Fassung meiner Dissertation, die 2019 unter dem Titel „Mediale Erscheinung Bildschirmtext. Die Deutsche Bundespost und der Plan eines dialogfähigen Massendienstes“ von der Philosophischen Fakultät der TU Dresden angenommen wurde.

Die Arbeit, deren Anfänge noch im Sonderforschungsbereich „Transzendenz und Gemeinsinn“ lagen, entstand in der komfortablen Lage einer durchgehenden Anstellung an der Universität. Der erste Dank gilt daher meinem Doktorvater Thomas Hänseroth, der als Projektleiter, Lehrstuhlinhaber, Ideen- und Ratgeber mit schier unerschöpflichem Wissen mein Forschungsvorhaben von der ersten Besprechung bis zur Fertigstellung begleitete. Er eröffnete mir die Freiheit, dieses Projekt zu meinem eigenen zu formen und es mäandernd, aber doch stetig zu verfolgen. Für dieses Vertrauen bin ich sehr dankbar. Meine Zweitbetreuerin Dagmar Ellerbrock bereicherte mit einer spezifisch zeithistorischen Perspektive, die auch die großen Fragen nicht scheut, nachhaltig das fertige Buch.

Der Lehrstuhl für Technik- und Technikwissenschaftsgeschichte bot mir über viele Jahre ein anregendes, offenes, in vielerlei Hinsicht intensives und dabei immer herzliches Arbeitsumfeld, welches ich mit großer Dankbarkeit als meine wissenschaftliche Heimat bezeichnen darf. Nicht genug danken kann ich daher Uwe Fraunholz und Anke Woschech für die gemeinsame Zeit am Lehrstuhl. Mit Freude und ein wenig Wehmut denke ich an viele Projekte, Tagungen und Lehrveranstaltungen, an unsere Mensaessen, Kaffeepausen und Gaststättenbesuche sowie an unzählige Gespräche über Themen der Wissenschaft und weit darüber hinaus.

In Kolloquien und Workshops durfte ich mein Forschungsvorhaben mehrfach vorstellen und profitierte stets von den Diskussionen und kritischen Anmerkungen. Ein besonderer Dank richtet sich dabei nach Potsdam an das Zentrum für Zeithistorische Forschung. Annette Schuhmann, Martin Schmitt und Julia Gül Erdogan haben mit ihren Einschätzungen und Nachfragen die Arbeit in einer abschließenden Phase noch einmal nachhaltig beeinflusst. Ganz herzlich danken möchte ich weiterhin Lioba Nägele von der Museumsstiftung Post und Telekommunikation, die mir am Sammlungsstandort Heusenstamm alle Türen und Aktenschränke öffnete. Für die Unterstützung bei der abschließenden Durchsicht letzter Zeitschriftenjahrgänge danke ich außerdem Anna Mattern.

Neben der akademischen Welt fußte mein Forschungsvorhaben glücklicherweise auf einem stabilen sozialen Umfeld, wofür ich meiner Familie und meinen Freunden – auch denen, die im Folgenden nicht namentlich genannt werden – herzlich danken möchte. In der turbulenten Zeit der Fertigstellung des Manuskripts boten unsere Nachbarn Juliane Winkler und Jan Geßner den Kindern einen sicheren Hafen. Meine Eltern Helmtraud und Jürgen Schönrich sowie meine Schwiegereltern Ines und Romain Seibt hielten mir ein ums andere Mal den Rücken frei, ermöglichten vielfach erst einen beständigen Schreibprozess und bestärkten mich in dem Glauben an den eigenen Intellekt. Meine Großmutter Ingeburg Mierdel hätte mit Sicherheit das Buch in Gänze Zeile für Zeile durchgearbeitet und wäre, so hoffe ich, stolz gewesen.

Der größte Dank gilt meiner Ehefrau Josephin, die meine Arbeit in allen Stadien kannte und betreute, beständig Korrektur las und ohne Scheu ehrlich Kritik übte. Gemeinsam mit unseren Töchtern haben wir diese intensive Zeit mit viel Herzblut, Liebe und Humor durchlebt. Meine Frau und die Kinder haben mich in schwierigen Situationen immer wieder auf die Beine gestellt und waren stets meine Motivation, die Dissertation abzuschließen – ihnen sei dieses Buch gewidmet.

Hagen Schönrich
Dresden, im September 2020

KAPITEL 1

Einleitung

Die Redaktion der Zeitschrift *Telepost* unternahm in einer der letzten Ausgaben des Jahres 1979 einen hellsichtigen Blick auf die zukünftigen Entwicklungen des kommenden Jahrzehnts:

> „Die achtziger Jahre werden alles auf den Kopf stellen, was uns heute liebe Gewohnheit ist. Unser aller Verhältnis zu Behörden, Banken, Auskunftsstellen, Versandhäusern und zu Menschen überhaupt, mit denen wir Umgang haben, wird sich total verändern. Die neue Kommunikation entsteht aus der Verbindung von drei uns schon vertrauten Begriffen: Telefon, Fernsehapparat und Computer. Das Schlüsselwort aller Dinge, die auf uns zukommen, heißt Bildschirmtext. Bereits 1985 erwartet die Bundespost eine Million Teilnehmer, die mit zwei kleinen Zusatzgeräten und einer Fernbedienung aus ihrem Sessel im Wohnzimmer heraus für eine Ortsgesprächsgebühr das ins Telefon hineinsagen, was sie anschließend auf dem Bildschirm des Fernsehapparates zu sehen wünschen."[1]

Die Deutsche Bundespost kommunizierte hier ihren über fünfhunderttausend Angestellten, Postbeamtinnen und Postbeamten sowie deren Familien – angesprochen durch die *Telepost* als das bundesweite „Hauptmittel der kontinuierlichen Mitarbeiter-Information"[2] – die Idee einer durch technische Innovation induzierten gesamtgesellschaftlichen Veränderung. Die ‚Schlüsselfunktion' für diese prophezeiten Umwälzungsprozesse erfüllte dabei eine neue Informations- und Kommunikationstechnologie, welche die Bundespost selbst entwickelt hatte und nun plante einzuführen.

Die vorliegende Monografie widmet sich diesem im Zitat angesprochenen, neuartigen Medium, das unter dem Namen Bildschirmtext[3] erstmals auf der Internationalen Funkausstellung 1977 in Berlin durch den Bundesminister für das Post- und Fernmeldewesen Kurt Gscheidle persönlich einer interessierten Öffentlichkeit vorgestellt wurde. 1980 begann die mehrjährige Versuchsphase im Großraum Düsseldorf und Berlin mit jeweils zweitausend Testhaushalten, bevor 1983 wiederum auf der Funkausstellung der neue Bundespostminister

1 Bildschirmtext. In: telepost 8 (1979), H. 10, S. 56f., hier S. 56.

2 Wilhelm Othmar: HR(Human Relations)-Arbeit bei der Deutschen Bundespost. In: Joachim Delfs (Hg.): Marketing der Deutschen Bundespost. Heidelberg 1985, S. 313–326, hier S. 322.

3 Als Abkürzung existieren zeitgenössisch wie aktuell verschiedene Varianten hinsichtlich der Groß- und Kleinschreibung, anfangs nur BT, später häufig auch BTX, seltener BTx. Hier und im Folgenden wurde durchgängig die am weitesten verbreitete Variante Btx verwendet.

 | DOI:10.30965/9783657760428_002

Christian Schwarz-Schilling unter dem Slogan „Mit der Post in die Zukunft“ den roten Knopf für den bundesweiten Start drücken durfte. Verschiedene Marktforschungsunternehmen prognostizierten der Deutschen Bundespost bis zu einer Million Nutzerinnen und Nutzer innerhalb der ersten drei Jahre. Die 1980er-Jahre sollten damit für den Bildschirmtext zum Jahrzehnt des Durchbruchs in Richtung eines Massenmediums werden. Die Teilnehmerentwicklung verlief allerdings anders: Ende 1987 waren es noch keine hunderttausend Anschlüsse und der Bildschirmtext wurde allen Ortens als „Jahrhundert-Flop“[4] bezeichnet. Erst mit Beginn der 1990er-Jahre näherten sich die Wachstumszahlen langsam den Erwartungen. Das aufkommende Internet in Form des World Wide Web befeuerte den Markt nachhaltig und verdrängte zugleich den Bildschirmtext vollständig. Wenngleich technisch überholt und der meisten Anwendungsfälle beraubt, bestand der Dienst noch über die Jahrtausendwende hinaus, bis 2001 die endgültige Abschaltung erfolgte.

Die zentralen Phasen des Bildschirmtextes – Planung und Entwicklung, Erprobung und rechtliche Konsolidierung, Markteinführung sowie Normalbetrieb und Ausbau des Netzes – waren allesamt erstens von umfangreichen öffentlichen wie nicht-öffentlichen Debatten begleitet und fanden zweitens zeitlich konzentriert in den ausgehenden 1970er- und 1980er-Jahren statt. Somit lässt sich der Bildschirmtext, trotz seiner längeren Laufzeit, sinnvoll als eine vollends im „letzten Jahrzehnt der Bonner Republik“[5] ruhende Informations- und Kommunikationstechnologie beschreiben. Die 1980er-Jahre waren im Fall des Bildschirmtextes – im Gegensatz zu vielen anderen digitalen Technologien und Medien der Zeit – weit mehr als nur ein „Anbahnungsjahrzehnt“[6] im Hinblick auf die spätere Ausgestaltung und Entfaltung. Die Entwicklung endete freilich auch hier nicht abrupt an der Schwelle des neuen Jahrzehnts, sondern die größte Wachstumsphase stand noch bevor. Mit der Frage, inwieweit der Bildschirmtext als eine spezifisch deutsche Vorform des kommerziellen Internets gelten darf, geraten zudem spannende Kontinuitätslinien in den Blick. Im Folgenden wird der Dienst dennoch als eine genuine Technologie der Jahre

---

4 Das Signum des Flops lässt sich spätestens seit Mitte der 1980er-Jahre als ein gängiges Beschreibungskonstrukt kritischer Stimmen identifizieren, das bis in die Gegenwart hineinwirkt. Vgl. bspw. Paul Maciejewski: Derzeitige Situation in der Btx-Szene legt die Frage nahe: Bildschirmtext – der Flop des Jahrhunderts? In: Computerwoche, 2.11.1984.

5 Axel Schildt: Das letzte Jahrzehnt der Bonner Republik. Überlegungen zur Erforschung der 1980er Jahre. In: Archiv für Sozialgeschichte 52 (2012), S. 21–46.

6 Anselm Doering-Manteuffel: „Ein an die Wand genageltes Symboldatum“. Ein Gespräch über Zäsuren, Zeitbögen, die Krise des Fortschritts und den Neoliberalismus. In: INDES. Zeitschrift für Politik und Gesellschaft 5 (2016), H. 1, S. 7–20, hier S. 12.

„nach dem Boom“[7] und als ein ‚Neues Medium‘, zentral konzipiert, vermarktet und verwaltet durch die Deutsche Bundespost, verstanden. Die vorliegende Untersuchung deckt darüber hinaus den gesamten Zeitraum des Bestehens ab, fokussiert aber eindeutig die Zeit der alten Bundesrepublik.

Ausschlaggebend für die Wahl des Untersuchungsgegenstandes waren prinzipielle, auf den jüngeren Erkenntnissen der geschichtswissenschaftlichen Forschung beruhende Überlegungen: Für das Umbruchsjahrzehnt der 1970er-Jahre wurde in zahlreichen Studien ein soziokultureller und ökonomischer Strukturwandel herausgearbeitet, der mit einer Erosion des ehemals im Common Sense geteilten Fortschrittsglaubens korrelierte.[8] Gleichzeitig verdichteten sich die Belege, dass die Planungs- und Fortschrittseuphorie als ein konstituierendes Merkmal einer Periode der technokratischen Hochmoderne[9] nur kurz schwand und sich bereits im Verlauf der 1980er-Jahre eine Revitalisierung in gewandelter Form vollzog. Besonders auf dem Feld der digitalen Informationstechnologien fiel dieser neue Optimismus auf fruchtbaren Boden.[10]

Die Rede von einer zunehmenden Vernetzung war dabei eindeutig „der sprachliche Aufsteiger des digitalen Zeitalters“[11], welcher die zeitgenössischen Debatten im positiven wie negativen Sinne mitbestimmte. Die von einer breiten Bevölkerungsschicht getragene Boykottbewegung gegen die für 1983 geplante Volkszählung – letztendlich verhindert durch ein Urteil des Bundesverfassungsgerichts – bildete zur gleichen Zeit wiederum einen Höhepunkt der Technikskepsis in der Bundesrepublik Deutschland. Der Protest richtete sich hier vor allem gegen den computergestützten Abgleich der Erhebungsdaten mit den Melderegistern – und damit gegen eine spezifische

7 Lutz Raphael: 1980er: Typische Jahre „nach dem Boom“. In: Aus Politik und Zeitgeschichte 65 (2015), H. 46, S. 8–13, hier S. 8.

8 Maßgebend zur Strukturbruchthese vgl. Anselm Doering-Manteuffel u. Lutz Raphael: Nach dem Boom. Perspektiven auf die Zeitgeschichte seit 1970. 3. Aufl. Göttingen 2012.

9 Einführend vgl. Thomas Hänseroth: Technischer Fortschritt als Heilsversprechen und seine selbstlosen Bürgen: Zur Konstituierung einer Pathosformel der technokratischen Hochmoderne. In: Hans Vorländer (Hg.): Transzendenz und die Konstitution von Ordnungen. Berlin 2013, S. 267–288; Uwe Fraunholz u. Sylvia Wölfel: Hochmoderne Ingenieure zwischen Altruismus und Eigensinn. In: Dies. (Hg.): Ingenieure in der technokratischen Hochmoderne. Thomas Hänseroth zum 60. Geburtstag. Münster u. a. 2012, S. 17–28.

10 Vgl. u. a. Andreas Wirsching: Durchbruch des Fortschritts? Die Diskussion über die Computerisierung in der Bundesrepublik. In: Martin Sabrow (Hg.): ZeitRäume. Potsdamer Almanach des Zentrums für Zeithistorische Forschung 2009. Göttingen 2010, S. 207–218.

11 Andreas Rödder: 21.0. Eine kurze Geschichte der Gegenwart. München 2015, S. 30.

und nicht erwünschte Form der Vernetzung.[12] Die öffentliche Debatte verlor zwar bereits im vielfach herbeigeschriebenen ‚Orwelljahr' 1984 rasch wieder an Brisanz, aber die den digitalen Kommunikations- und Vernetzungstechnologien immanente Ambivalenz von kulturpessimistischer Verdammung bis zu fortschrittsgläubiger Verheißung war evident geworden.[13]

Die Untersuchung verfolgte in ihrem Grundanliegen mehrere Ziele. Erstens versprach die systematische Betrachtung der umfangreichen Debatten um die Planung, Einführung und Realisierung des Bildschirmtextes Erkenntnisse über das Spannungsdreieck aus staatlicher Technologieplanung, wirtschaftlicher Ausgestaltung und öffentlicher Wahrnehmung digitaler Kommunikationstechniken. Der Hauptakteur Deutsche Bundespost – im konzeptionellen Denken und Agieren strukturell aus einer planungsoptimistischen Zeit kommend[14] – begegnete mit seinem staatlich initiierten und konzipierten sowie durch öffentlichkeitswirksame Werbekampagnen getragenen Projekt einer bundesdeutschen Gesellschaft, die sich nicht den Erwartungen entsprechend verhielt. Insofern leistet die Arbeit einen Beitrag zum Verständnis der sich mit der Etablierung digitaler Computertechnik vollziehenden gesellschaftlichen Umwälzungsprozesse. Diese alle Bereiche des menschlichen Lebens umfassenden Veränderungen – konzise als digitaler Wandel[15]

12 Ertragreich diskutieren lässt sich auch die Frage, warum die nur vier Jahre später durchgeführte Volkszählung nicht mehr diese enorme Protestbereitschaft entfachte. Eine These in der Forschung geht davon aus, dass die wachsende Verbreitung von Computern zu einer Gewöhnung und gesteigerten Technikakzeptanz geführt habe. Vgl. hierzu Larry Frohman: „Only Sheep Let Themselves Be Counted". Privacy, Political Culture, and the 1983/87 West German Census Boycotts. In: Archiv für Sozialgeschichte 52 (2012), S. 335–378; Marcel Berlinghoff: „Totalerfassung" im „Computerstaat". Computer und Privatheit in den 1970er und 1980er Jahren. In: Ulrike Ackermann (Hg.): Im Sog des Internets. Privatheit und Öffentlichkeit im digitalen Wandel. Frankfurt am Main 2013, S. 93–110; Andreas Bernard: Volkszählung. In: Nach Feierabend. Zürcher Jahrbuch für Wissensgeschichte 11 (2016), S. 189–196.

13 Für eine umfassende Untersuchung dieser Debatten vgl. Nicolas Pethas: EDV im Orwellstaat. Der Diskurs über Lauschangriff, Datenschutz und Rasterfahndung um 1984. In: Irmela Schneider (Hg.): Medienkultur der 70er Jahre. Wiesbaden 2004, S. 57–75.

14 Zur politischen Planung vgl. Gabriele Metzler: Konzeptionen politischen Handelns von Adenauer bis Brandt. Politische Planung in der pluralistischen Gesellschaft. Paderborn u. a. 2005; Michael Ruck: Ein kurzer Sommer der konkreten Utopie – Zur westdeutschen Planungsgeschichte der langen 60er Jahre. In: Axel Schildt, Detlef Siegfried u. Karl Christian Lammers (Hg.): Dynamische Zeiten: Die 60er Jahre in den beiden deutschen Gesellschaften. Hamburg 2000, S. 362–401; Benjamin Seifert: Träume vom modernen Deutschland. Horst Ehmke, Reimut Jochimsen und die Planung des Politischen in der ersten Regierung Willy Brandts. Stuttgart 2010.

15 In ihrer wegweisenden Konzeptionierung einer Epoche der digitalen Moderne verwendeten Jürgen Danyel und Annette Schuhmann diese Bezeichnung für die sprachliche

beschrieben – können in ihrem Umfang und ihrer Komplexität mit einer empirischen Untersuchung des Bildschirmtextes exemplarisch und konkret sichtbar gemacht werden.

Gleichzeitig wurde die Frage offenbar, inwieweit die unterschiedlichen politischen Entscheidungsträger, allen voran die Deutsche Bundespost, überhaupt in der Lage waren, die Implementation einer komplexen technischen Innovation, wie es der Bildschirmtext zweifelsohne war, zu planen und in ihrem Sinne zielgerichtet zu steuern. Die Rolle externer Expertise und der Einflussnahme nicht staatlicher Akteure sollte hierbei ebenfalls eruiert werden.[16] Weiterführend ließen sich Perspektiven und Fragestellungen der historischen Innovationsforschung sowie ein Vergleich der nationalen Innovationskulturen anschließen.[17] Mit Blick auf die Abschaltung und das zeitgenössisch wie auch in der Forschung fortwährend konstatierte Scheitern des Bildschirmtextes erscheint es außerdem evident, die Technologie als eine *failed innovation* zu untersuchen.[18] Die vorliegende Arbeit betrachtete den Bildschirmtext

---

Fassung der umfassenden gesellschaftlichen Veränderungen. Vgl. Jürgen Danyel u. Annette Schuhmann: Wege in die digitale Moderne: Computerisierung als gesellschaftlicher Wandel. In: Frank Bösch (Hg.): Geteilte Geschichte. Ost- und Westdeutschland 1970–2000. Göttingen 2015, S. 283–319. Die Grundgedanken dazu formulierte Danyel bereits einige Jahre zuvor, verwendete damals aber noch nicht die Umschreibung als digitalen Wandel. Vgl. Jürgen Danyel: Zeitgeschichte der Informationsgesellschaft, in: Zeithistorische Forschungen/Studies in Contemporary History 9 (2012), H. 2, S. 186–211; Ders.: Wege in die digitale Moderne. Überlegungen zu einer Zeitgeschichte der Informationsgesellschaft. In: Jörg Probst u. Steffen Henne (Hg.): Die 1990er Jahre als Beginn. Bilder und Ideen einer Umbruchszeit. Marburg 2013, S. 80–94.

16 Einführend zur Figur des Experten vgl. Beatrice Schumacher u. Thomas Busset: „Der Experte". Aufstieg einer Figur der Wahrheit und des Wissens. In: Traverse 8 (2001), H. 2, S. 15–20; Marian Füssel, Frank Rexroth u. Inga Schürmann: Experten in vormodernen und modernen Kulturen. Zur Einführung. In: Dies. (Hg.): Praktiken und Räume des Wissens. Expertenkulturen in Geschichte und Gegenwart. Göttingen 2019, S. 7–16.

17 Vgl. besonders Ulrich Wengenroth: Vom Innovationssystem zur Innovationskultur. Perspektivwechsel in der Innovationsforschung. In: Johannes Abele, Gerhard Barkleit u. Thomas Hänseroth (Hg.): Innovationskulturen und Fortschrittserwartungen im geteilten Deutschland. Köln, Weimar u. Wien 2001, S. 23–32; Reinhold Reith: Einleitung: Innovationsforschung und Innovationskultur. Ansätze und Konzepte. In: Reinhold Reith, Rupert Pichler u. Christian Dirninger (Hg.): Innovationskultur in historischer und ökonomischer Perspektive. Modelle, Indikatoren und regionale Entwicklungslinien. Innsbruck, Wien u. Bozen 2006, S. 11–20; Uwe Fraunholz u. Thomas Hänseroth: Transzendierungen von Wissenschaft und Technik im Systemwettstreit: Innovationskulturen im deutsch-deutschen Vergleich. In: Dies. (Hg.): Ungleiche Pfade? Innovationskulturen im deutsch-deutschen Vergleich. Münster u. a. 2012, S. 9–26.

18 Im deutschsprachigen Raum wurden verschiedenste *failed innovations* besonders intensiv durch Reinhold Bauer erforscht. Grundlegend vgl. Reinhold Bauer: Gescheiterte Innovationen. Fehlschläge und technologischer Wandel. Frankfurt am Main 2006.

dennoch mitnichten als gescheitert, sondern als eine eigenständige Entwicklung der 1970er- und 1980er-Jahre mit gesellschaftlichen Auswirkungen über diese Zeit hinaus und als zumindest kurzzeitig erfolgreiche Technologie, deren vollständige Substitution durch das Internet keineswegs eine technische Zwangsläufigkeit darstellte. Im Umkehrschluss soll dies jedoch nicht bedeuten, dass eine Untersuchung des Bildschirmtextes als gescheiterte Innovation nicht ebenso erkenntnisgewinnend sein kann – Erfolg und Scheitern stellen relative Kategorien dar.

Zweitens sollte – Bezug nehmend auf die These einer Erosion des Fortschrittsoptimismus – anhand des Bildschirmtextes untersucht werden, ob und inwieweit die digitalen Vernetzungstechnologien in den 1980er-Jahren eine Sonderstellung in der gesellschaftlichen wie politischen Technikwahrnehmung einnahmen. Lassen sich hier im Glauben an den technischen Fortschritt Kontinuitäten beschreiben oder gab es, wie bereits angedeutet, ebenso ein signifikantes Wegbrechen gefolgt von einem Wiederaufleben? Die 1970er- und frühen 1980er-Jahre wurden zeitgenössisch als eine gesellschaftliche Krisenzeit gedeutet.[19] Die wachsende Bedeutung der Computerisierung nährte diese Wahrnehmung einer vermeintlichen Krise: In den Debatten der Zeit wurde der Computer als zukünftiger „Jobkiller" gefürchtet, als staatliches Instrument der Kontrolle und Überwachung abgelehnt sowie als ‚seelenlose' Maschine, deren Benutzung soziale Entfremdung mit sich bringe, missbilligt.[20] Gleichzeitig verbanden sich mit der Computertechnik und den digitalen Medien aber auch hoffnungsfrohe Deutungen, „die im Kern von einer neuen Dynamik des Fortschritts beseelt"[21] waren. Den vielfältigen Befürchtungen und Ängsten standen ebenso reichhaltige Verheißungen gegenüber. Die Effizienzsteigerung der Produktion und das Ende monotoner körperlicher Arbeit, die Verbesserung staatlicher Leistungen und erweiterte Formen der politischen Information und Mitbestimmung, individuelle Möglichkeiten der Persönlichkeitsentwicklung, Freizeitgestaltung und Kommunikation sowie neue Wege in der Bildungspolitik waren nur einige dieser auf Technik rekurrierenden

19 Die Forschung hat dazu eine ambivalentere Sicht entwickelt. Vgl. u. a. Konrad H. Jarausch: Krise oder Aufbruch? Historische Annäherungen an die 1970er-Jahre. In: Zeithistorische Forschungen/Studies in Contemporary History 3 (2006), H. 3, S. 334–341; Frank Bösch: Boom zwischen Krise und Globalisierung. Konsum und kultureller Wandel in der Bundesrepublik der 1970er und 1980er Jahre. In: Geschichte und Gesellschaft 42 (2016), H. 2, S. 354–376.

20 Diese drei Grundmotive identifizierte zeitgenössisch bereits Bernd H. Liedtke: Der Computer im Amt. In: Aus Politik und Zeitgeschichte (1989), H. B19, S. 25–33, hier S. 27.

21 Danyel u. Schuhmann: Wege in die digitale Moderne, 2015, S. 287.

Lösungsvorschläge für die Krisen der Zeit.[22] Diese Widersprüchlichkeit kann durch die vorliegende Fallstudie zum Bildschirmtext nicht aufgelöst, aber zumindest weiter ausgeleuchtet und in Ansätzen besser erklärt werden.[23]

Drittens und letztens – und dieser Punkt bildete mehr eine persönliche Motivation als ein konkretes Untersuchungsziel – schloss die vorliegende Arbeit eine aus geschichtswissenschaftlicher Perspektive klar zu benennende Forschungslücke. Die Beschäftigung mit dem Bildschirmtext bietet speziell für den Zeitraum der 1980er-Jahre vielfältige Anschlussmöglichkeiten zu anderen Untersuchungsgegenständen der aktuellen Technik- und vor allem Zeitgeschichtsschreibung. In vielen Gesprächen haben mir Kolleginnen und Kollegen bestätigt, dass sie bei ihren eigenen Arbeiten häufig mit Bildschirmtext in Berührung kamen und sich Inhalte und Debatten gezwungenermaßen im kleineren Rahmen selbst erschließen mussten. Das Verfassen dieser Monografie folgte deshalb auch dem grundsätzlichen Anliegen, den Bildschirmtext für weitere Forschungen und darauf aufbauende Projekte zu öffnen.

Die Vielgestaltigkeit des Bildschirmtextes, sichtbar unter anderem in den unterschiedlichen Anwendungsangeboten und konkreten Inhalten, die Fülle der beteiligten Akteure, angefangen von den staatlichen Institutionen über die produzierende Unterhaltungselektronikindustrie bis hin zu einzelnen Informationsanbietern[24] sowie nicht zuletzt der Zeitschnitt von einem Vierteljahrhundert bundesdeutscher Geschichte erforderten prinzipielle Einschränkungen in der vorliegenden Untersuchung. Aufgrund des formulierten Ziels einer Erfassung der vollständigen Chronologie von der ersten Planung bis zur endgültigen Abschaltung schloss sich eine zeitliche Begrenzung aus. Gleichwohl bedingten andere, thematisch vorgenommene Eingrenzungen eine Schwerpunktsetzung auf die 1980er-Jahre.

Die Arbeit konzentrierte sich auf eine vertiefende Untersuchung der Aktivitäten und Verlautbarungen seitens der Deutschen Bundespost.[25] Das

---

22 Für eine instruktive Zusammenschau vgl. Wirsching: Durchbruch des Fortschritts, 2010.

23 Dies entsprach auch einer zentralen Forderung von Jürgen Danyel und Annette Schuhmann: „Um diesen Widerspruch aufzulösen, bedarf es weiterer empirischer Untersuchungen, die versuchen, die einzelnen Phasen des digitalen Wandels in einer Langzeitperspektive zu beschreiben und hinsichtlich ihrer gesellschaftlichen Bedeutung zu gewichten." Danyel u. Schuhmann: Wege in die digitale Moderne, 2015, S. 287f.

24 Als Informationsanbieter bezeichnete die Deutsche Bundespost (DBP) alle Unternehmen und Privatpersonen, die eigene Btx-Seiten anboten.

25 Die Betrachtung der DBP als staatlichen Akteur inkludierte das in Personalunion geführte Bundesministerium für das Post- und Fernmeldewesen (BMPF), ab 1989 Bundesministerium für Post und Telekommunikation. Beide Institutionen ließen sich erst mit der Liberalisierung des Telekommunikationssektors im Zuge der Postreformen und der folgenden Unternehmensausdifferenzierung sinnvoll voneinander getrennt betrachten.

technologische Projekt eines Bildschirmtext-Systems lag von der ersten Planung bis zur finalen Realisierung stets und eindeutig in den Händen dieser, weshalb hier auch die einflussreichsten Interessenpositionen lagen. Bildschirmtext und Bundespost, so wird noch zu zeigen sein, fielen in der öffentlichen Wahrnehmung und den Debatten der Zeit untrennbar in eins. Somit erschien eine Konzentration auf diesen Hauptakteur nicht nur aus forschungspragmatischen Gründen als zielführend, sondern deckte sich mit den Prämissen der gewählten und im Folgenden vorgestellten Herangehensweise.

Den zentralen Untersuchungsgegenstand bildete das technologische System des Bildschirmtextes. Die erkenntnisleitenden Fragen, beispielsweise nach dem Wandel der Fortschrittsverheißungen, zielten aber explizit nicht ausschließlich auf das technische Artefakt als solches, sondern auf seine gesellschaftlichen Implikationen. Der prinzipiellen Unzugänglichkeit historischer Realitäten begegnete die Arbeit mit einer umfassenden Untersuchung der zeitgenössischen Debatten. Diesem Vorgehen lag die Überzeugung zugrunde, dass soziokulturelle Wirklichkeiten nur relational und als von Menschen konstruierte Realitäten denkbar seien. Die Strukturen und konkreten Inhalten der zeitgenössischen Debatten sind zugleich Bestandteile wie auch Ergebnisse eines sozialen Konstruktionsprozesse von Wissen und Wirklichkeiten. Hinter diesen „Diskurswirklichkeiten" verbergen sich, so schmerzhaft diese Feststellung auch wirkt, jedoch keine ‚echten' Realitäten – zumindest keine, denen wir als Historikerinnen und Historiker habhaft werden können.[26]

Eine weitere Begrenzung erfolgte auf den Bereich der privaten Nutzung des Bildschirmtextes. Das Feld der innerbetrieblichen Anwendungen wie beispielsweise der Einsatz als internes Bestell- und Logistiksystem, als Kommunikationskanal zum Außendienst oder die Möglichkeiten der Telearbeit wurden im Folgenden daher nur grundsätzlich aufgeführt, aber nicht vertiefend betrachtet.[27] Diese Entscheidung erscheint besonders erklärungsbedürftig, da

---

26 Einführend vgl. Achim Landwehr: Historische Diskursanalyse. 2. Aufl. Frankfurt am Main 2018; Ders.: Diskurs und Diskursgeschichte, Version: 2.0. In: Docupedia-Zeitgeschichte, 1.3.2018.

27 Um die Bandbreite zu zeigen, sei aus der Fülle an zeitgenössischen Artikeln zu innerbetrieblichen Anwendungsszenarien an dieser Stelle exemplarisch auf einige Beiträge aus den untersuchten Zeitschriften der Nachrichtentechnik verwiesen, vgl. Tonis Rüsche: Bildschirmtext – ein Informations- und Kommunikationssystem. Daten-, Bild- und Text-Kommunikation via Bildschirmtext – auch für kleine und mittlere Unternehmen und Verwaltungen. In: nachrichten elektronik + telematik 36 (1982), H. 12, S. 536–538; Rolf Zimmermann: Technik und Anwendung von Bildschirmtext-Inhouse-Systemen. In: Nachrichtentechnische Zeitschrift 37 (1984), H. 8, S. 482–485; Thomas Bauer: Btx als Medium für die Mitarbeiterinformation. In: nachrichten elektronik + telematik 40

die Anzahl der geschäftlichen Kunden gegenüber den angeschlossenen Privathaushalten lange überwog.[28] Diese signifikante Gegenstandsbeschneidung ließ sich erstens mit den Prämissen des untersuchten Hauptakteurs selbst begründen. Die Deutsche Bundespost kümmerte sich ohne Zweifel von Anfang an auch um die Belange und vermuteten Bedürfnisse der gewerblichen Bildschirmtext-Kunden, aber im kommunizierten Selbstbild stand immer und ausschließlich die private Nutzung im Vordergrund. Dieser Fokussierung auf die Privathaushalte lag die handlungsleitende Idee zugrunde, den Bildschirmtext in möglichst kurzer Zeit zu einem bevölkerungsweit genutzten Massendienst auszubauen. Nur aus dieser Maxime heraus, die über die Jahre zu einer Art Meistererzählung mutierte, lassen sich viele Entscheidungen der Bundespost verstehen. Der Abteilungsleiter und von der Presse später als „Mr. Btx“[29] betitelte Eric Danke schrieb noch 1991 in einem Vorwort unter dem Titel „Der Weg von Btx ist vorgezeichnet“ vom Bildschirmtext als „das Volksmedium, das es einmal sein wird, wenn es von zehn Millionen Teilnehmern genutzt wird“[30] und verdeutlichte damit exemplarisch die Langlebigkeit einmal gewählter Werbenarrative.

Eine Untersuchung der gewerblichen Bildschirmtext-Anwendungen – verstanden als Inhalte und Angebote, die nicht auf eine Nutzung durch Privatpersonen abstellten[31] – hätte außerdem die weiteren Datennetze der Deutschen Bundespost mit einbeziehen müssen und wäre für eine profunde Analyse auch auf unternehmensinterne Quellen angewiesen gewesen. Die Bundespost

(1986), H. 7/8, S. 282–288; Uschi Leismann: Btx-gestütztes Warenwirtschaftssystem. Interaktive betriebswirtschaftliche Informations- und Steuerungselemente. In: nachrichten elektronik + telematik 41 (1987), H. 11, S. 440–444; Michael Rietschel: Den langen Weg wirtschaftlich abkürzen. Die Kommunikation mit dem Außendienst über das Btx-Netz. In: nachrichten elektronik + telematik 42 (1988), H. 1/2, S. 34–36.

28 Für das Jahr 1987 ermittelte bspw. eine Studie des Forschungsinstituts Socialdata, dass etwa die Hälfte der circa 96000 Btx-Anschlüsse ausschließlich beruflich genutzt werden, ein Viertel privat sowie ein weiteres Viertel privat und beruflich gemischt. Vgl. Peter Moritz: Bildschirmtext 1988. Eine Bestandsaufnahme. In: Zeitschrift für das Post- und Fernmeldewesen (1988), H. 6, S. 14–22, hier S. 16f.

29 Holger Schmidt: „Mr. Btx“ verläßt T-Online. In: Frankfurter Allgemeine Zeitung, 7.12.2001, S. 18.

30 Eric Danke: Der Weg von Btx ist vorgezeichnet. In: Gerhard Reinhold: BTX. Einführung und Überblick. Leistungsmerkmale und Nutzen, Bildschirmtext auf dem PC, Software- und Hardware-Decoder, private und professionelle Anwendungen. München 1991, S. 9–12, hier S. 12.

31 Dieser gewerbliche Bereich umfasste damit nicht nur die innerbetrieblichen Anwendungen, sondern bspw. auch den Einsatz von Btx in Wissenschaft, Bildung und Verwaltung.

führte ab 1980 zwei verschiedene sogenannte Dateldienste[32] ein, die sich explizit an den Bedürfnissen der geschäftlichen Kunden orientierten: Das leitungsvermittelte Datex-L-Netz diente hauptsächlich zur Übertragung des ab 1981 verfügbaren, digitalen Fernschreibe-Dienstes Teletex[33], während das Datex-P-Netz für eine schnellere und paketvermittelte Datenübertragung jeglicher Art zur Verfügung stand. Das eigenständige Netz des Bildschirmtextes war nicht nur mit den Dateldiensten verknüpft, sondern war für die Realisierung elementarer Anwendungen auch von diesen abhängig. Die Datenverbindungen zwischen dem zentralen Bildschirmtext-Server und den externen Computern der Unternehmen, wie sie beispielsweise für das Telebanking benötigt wurden, funktionierten über das Datex-P-Netz.[34]

Neue Erkenntnisse zum Bildschirmtext wurden darüber hinaus auch mit weniger explizierten Methoden gewonnen – beispielsweise einem quellenkritischen und reflektierten Zusammenführen von bereits vorhandenem Wissen. Die ereignisgeschichtlichen Grundlagen bildeten mithin den Rahmen

---

32 Datel stand als Akronym für Datenfernübertragung (‚dat' für Daten und ‚tel' für fern) und bildete das Äquivalent zu der englischsprachigen Bezeichnung Datex (data exchange).

33 Vgl. Klaus Schenke, Rolf Rüggeberg u. Jens Otto: Teletex, ein neuer internationaler Fernmeldedienst für die Textkommunikation. In: Jahrbuch der Deutschen Bundespost 32 (1981), S. 277–349; Gynt Heusel: TELETEX – ein neuer internationaler Textkommunikationsdienst. In: fernmelde-praxis 58 (1981), H. 19, S. 765–771. Hans Dieter Hellige beschäftigte sich ausführlich mit dem Teletex-Dienst. Vgl. Hans Dieter Hellige: Genese und Niedergang von Teletex. Lehren aus einer gescheiterten „Revolution der Bürokommunikation". In: Jahrbuch Telekommunikation und Gesellschaft 2 (1994), S. 22–35; Ders.: Leitbilder, Strukturprobleme und Langzeitdynamik von Teletex. Die gescheiterte Diffusion eines Telematik-Dienstes aus der Sicht der historischen Technikgeneseforschung. In: Matthias-W. Stoetzner u. Alwin Mahler (Hg.): Die Diffusion von Innovationen in der Telekommunikation. Berlin u. a. 1995, S. 195–218. Hellige analysierte in beiden Aufsätzen besonders die Ursachen der Diskrepanz zwischen prognostizierter und tatsächlicher Diffusion. Btx fand hierbei als ein weiteres Beispiel für solche Fehlprognosen seine Erwähnung.

34 Vgl. Joel Fischer: Bits & Bytes bei der Bundespost. Die Anfänge der Digitalisierung und Datenübertragung in Deutschland. In: Das Archiv. Magazin für Kommunikationsgeschichte (2020), H. 1, S. 8–15; zeitgenössisch auch Hans Gusbeth: Ein Paket, gefüllt mit Daten. Datex-P und Datex-L – was ist das eigentlich? In: bildschirmtext magazin für teleleser 3 (1982), H. 3, S. 22f. In den 1980er-Jahren galt Btx für kleinere und mittelgroße Unternehmen durchaus als eine günstige Alternative zu Datex-P, ein Aspekt, den die DBP selbst immer wieder hervorhob. Vgl. bspw. Dietrich Elias: Das Dienstleitungsangebot der Deutschen Bundespost für Datenverkehr. Stand und Entwicklungstendenzen. In: Informatik-Spektrum 4 (1981), H. 1, S. 3–10, hier S. 8. Im Auftrag der DBP führte das Betriebswirtschaftliche Institut für Organisation und Automation der Universität zu Köln später dazu einen Vergleich der Datenübertragungskosten für spezielle Anwendungsfälle im Fernsprech-, Datex-P- und Datex-L-Netz durch. Vgl. Im Preisvergleich liegt Btx vorn. In: Btx Praxis (1985), H. 9, S. 6–8.

für eine vertiefende Betrachtung. Eine umfassende Kontextualisierung des untersuchten Gegenstandes und des eigenen Quellenmaterials gehört deshalb ebenfalls zu den elementaren Bestandteilen. An dieser Stelle sei darauf hingewiesen, dass im Vorfeld der Untersuchung keine Festlegung auf eine bestimmte Methodik stattfand. Mit der fortlaufenden Erkundung des konkreten Gegenstandes und der verfügbaren Quellen wurden verschiedene methodische Handwerkstechniken situativ verwendet und gegebenenfalls flexibel angepasst.[35]

Die Quellenauswahl folgte in erster Instanz einer einfachen Frage: Wer hatte wo und wie über den Bildschirmtext gesprochen und geschrieben? In einem zweiten Schritt begann die Suche nach konstituierenden Elementen. Der Rekurs auf die gängigen Fortschrittsnarrative bildete ein solches Ordnungsmuster im Sinne von wiederkehrenden und die Debatten leitenden Aussagen. Für den Bildschirmtext ließen sich diese technikoptimistischen Verheißungen in der Form von Marketingversprechen, initiiert und ausgegeben durch die Deutsche Bundespost, identifizieren. Mit dem Ausbau einer aktiven Marktpolitik veränderte sich bei der Bundespost der Stellenwert von Marketing- und Werbemaßnahmen. Eines der wichtigsten Unternehmensziele mit Blick auf die 1980er-Jahre stellte die kontinuierliche Erhöhung der Telefonanschlüsse dar – sowohl prozentual im Sinne einer Netzabdeckung wie auch in absoluten Zahlen. Es galt daher, „dem Verbraucher ein weiterentwickeltes, mit neuen technischen Möglichkeiten ausgestattetes Telefonsystem nahezubringen“[36], um so auch die letzten Haushalte von der Anmeldung eines Telefonanschlusses zu überzeugen und gleichzeitig die Anzahl der Zweitanschlüsse zu erhöhen. Marktpolitik und Marktorientierung bedeuteten hier für die Bundespost nicht nur ein entsprechendes Reagieren auf eine konkrete Nachfrage, sondern, dass sie „die künftige Marktentwicklung im Sinne ihrer langfristigen Zielsetzungen mitgestaltet“[37]. Mit Blick auf die Ausgangsfrage wurde eingehender untersucht, wie sich dieses ‚Pushen‘ von Nutzungserwartungen praktisch gestaltete und wie diese Maßnahmen zur Bedürfniserzeugung – die Etablierung eines neuen Massenmediums blieb weiterhin das vorrangige Ziel der Bundespost – wirkten und wie sie in Presse und Öffentlichkeit verhandelt wurden.

35 Für eine luzide und geistig anregende Betrachtung des Verhältnisses der Geschichtswissenschaft zu ‚ihren‘ Methoden vgl. Monika Dommann u. David Gugerli: Geschichtswissenschaft in Begutachtung. Acht Kommentare zur historischen Methode der Gegenwart. In: Traverse 18 (2011), H. 2, S. 154–164.

36 Horst Theiß, Gerhart Bauer u. Karl-Heinz Haufe: Die Bedeutung der Werbung für die bisherige und künftige Entwicklung der Deutschen Bundespost. In: Zeitschrift für das Post- und Fernmeldewesen (1979), H. 10, S. 16–20, hier S. 19.

37 Ebd., S. 20.

Diese grundsätzlichen methodischen Vorüberlegungen mündeten in einem Quellenkorpus, welcher sich aufgeteilt in vier Bereiche vorstellen lässt. Der erste Teil umfasste die staatlichen Aktenüberlieferungen der Bundesministerien sowie der Deutschen Bundespost und die Drucksachen und Parlamentsprotokolle des Deutschen Bundestages. Exemplarisch seien hier die umfangreichen Unterlagen der interministeriellen Arbeitsgruppe „Bildschirmgebundene Textinformation" genannt. Dahinter stand eine missliche, kompetenzrechtliche Auseinandersetzung mit den Bundesländern, die an der Frage, ob Bildschirmtext Presse oder Rundfunk sei, zu eskalieren drohte. Die 1977 eingesetzte Kommission versuchte drei Jahre lang auf die medienrechtlichen Fragen eine Antwort zu finden und eine einheitliche, durch die Bundesregierung zu vertretende Richtlinie, zu formulieren. In dieser Gremienarbeit und im Streit der einzelnen Ministerien untereinander verdichtete sich die umfassendere Problemstellung des zukünftigen Umgangs der politischen Institutionen mit den neuen Medien der Zeit. Letztendlich zeigte sich hier auch die gesteigerte Bedeutung von Medienpolitik als ein neues politisches Feld.[38]

Für die Betrachtung der staatlichen Archivquellen mussten zwei Einschränkungen vorgenommen werden. Die erste ergab sich durch die in Deutschland geltende Aktensperrfrist von 30 Jahren und blieb unhintergehbar. Beim letzten Besuch im Bundesarchiv 2019 konnten die Überlieferungen bis einschließlich 1988 gesichtet werden. Durch die im Zuge der Postreformen vorgenommene Überführung der Deutschen Bundespost in ihre drei Folgeunternehmen liegen die späteren Akten aber ohnehin nicht mehr in den staatlichen Archiven, sondern im Falle des Bildschirmtextes im Unternehmensarchiv der Deutschen Telekom AG in Bonn, welches als privatrechtliches Firmenarchiv anderen Regelungen unterliegt. Die selbst gewählte Reduzierung der Archivalien auf die alleinigen Bestände der Bundesarchive bildete die zweite Einschränkung. In folgenden Arbeiten mit stärkerem Fokus auf die medienrechtlichen Auseinandersetzungen müssten in größerem Umfang auch die

---

38 Einführend zur Medienpolitik vgl. Gerald Diesener: Medien und Medienpolitik. In: Clemens Burrichter, Detlef Nakath u. Gerd-Rüdiger Stephan (Hg.): Deutsche Zeitgeschichte von 1945 bis 2000. Gesellschaft – Staat – Politik. Ein Handbuch. Berlin 2006, S. 457–474; Ulrich Saxer: Medienpolitik in Theorie und Praxis. In: Otfried Jarren u. Patrick Donges (Hg.): Ordnung durch Medienpolitik? Konstanz 2007, S. 11–33. Zeitgenössisch zur Diskussion, ob Entscheidungen das Fernmeldewesen betreffend als Medienpolitik zu verstehen seien, vgl. Joachim Scherer: Fernmeldepolitik als Medienpolitik? Zur Präjudizierung medienpolitischer Entscheidungen durch die Deutsche Bundespost. In: Media Perspektiven (1985), H. 3, S. 165–174.

jeweiligen Landesarchive gesichtet werden, um der Position und Sichtweise des Bundes die der Länder gegenüberzustellen.[39]

Einen zweiten äußerst umfangreichen und breit gefächerten Quellenkorpus bildeten alle direkt oder indirekt von der Deutschen Bundespost und später der Deutschen Telekom herausgegebenen Materialien und Schriften. In diesen Bereich fielen einerseits alle Veröffentlichungen, die sich als graue Literatur klassifizieren ließen und Bezug zum Bildschirmtext aufwiesen. Im Einzelnen waren das unter anderem Informationsbroschüren und Faltblätter, allgemeine Bedienungshinweise, Pressemitteilungen sowie jegliches Werbematerial von Zeitungsanzeigen über Plakate bis hin zu in Kino und Fernsehen gezeigten Werbespots. Ein Großteil dieser unveröffentlichten Werke fand sich in den Beständen der Museumsstiftung Post und Telekommunikation und konnte an den Sammlungsstandorten in Berlin-Tempelhof und Heusenstamm eingesehen werden. Des Weiteren stellte das Unternehmensarchiv der Deutschen Telekom dankenswerterweise seine gesammelten Materialien, die keiner internen Sperrung unterlagen, digital zur Verfügung.

Zum anderen umfasste dieser Bereich alle Zeitschriften und Magazine, die sich als ‚postnah' charakterisieren ließen, wobei als Kriterium schlicht die Herausgeberschaft zählte. Diese wurden also entweder direkt vom Bundesministerium für das Post- und Fernmeldewesen beziehungsweise der Deutschen Bundespost herausgegeben oder mit finanzieller Unterstützung im Auftrag dieser. Die mit Abstand umfänglichste und aufschlussreichste Quelle war eine dieser ‚postnahen' Zeitschriften: Das *Bildschirmtext Magazin*[40] erschien mit Beginn der Feldversuche ab Mitte 1980 für alle Testhaushalte frei Haus und wurde mit dem bundesweiten Start von Bildschirmtext als Magazin

---

39 Im Rahmen der vorliegenden Untersuchung wurde sich auf eine Sichtung der online zugänglichen Parlamentspapiere des Landtags Nordrhein-Westfalen und der Plenarunterlagen des Landes Berlin beschränkt.

40 Das Magazin erschien zuerst, der Titelseite nach, unter dem Namen *bildschirmtext magazin für tele leser*. Im Impressum wie auch im Fließtext wurde der Teleleser jedoch immer zusammengeschrieben. Mit dem Heft 7 des Jahres 1982 verschwand der ungewöhnliche Leerraum dann auch vom Cover, weshalb hier in der vollständigen Zitation die Schreibweise ohne Leerzeichen verwendet wurde. Vgl. Impressum: Bildschirmtext Magazin für Teleleser. In: bildschirmtext magazin für teleleser 1 (1980), H. 1, S. 5. Es folgten mehrere Namenswechsel: 1985 *bildschirmtext magazin*, 1995 *com! – das btx magazin*, nochmals 1995 *com! – T-Online & Internet*, 1999 *com! online. Internet-Magazin* und 2004 *com! Das Computer-Magazin*. 2014 wurde die Zeitschrift zugunsten des Schwestermagazins *com! professional für IT-Entscheider* eingestellt. Vgl. 30 Jahre com! In: com! Das Computer-Magazin (2010), H. 11, S. 78. Im Folgenden wurde die Zeitschrift aus Gründen der Lesbarkeit ungeachtet der verlagseigenen Groß- und Kleinschreibung im Fließtext durchgehend als *Bildschirmtext Magazin* bezeichnet.

für alle Teilnehmerinnen und Teilnehmer weitergeführt. Die Hefte boten im Stile einer Illustrierten eine ‚bunte' Mischung aus Hintergrundberichten und Interviews zum Bildschirmtext, kleinere Reportagen zu verschiedensten Themen und historische Geschichten, beispielsweise zur Entwicklung der Telekommunikation[41] – außerdem wurde auf ein bis zwei Seiten eine ausgewählte Presseschau veröffentlicht.[42] Darüber hinaus gab es Gewinnspiele und Preisausschreiben, ein Telerätsel genanntes Kreuzworträtsel, die Veröffentlichung von Leserbriefen und eine Kinderseite. Das vom Verlag Neue Pressegesellschaft Ulm[43] verlegte *Bildschirmtext Magazin* wurde offiziell „in Zusammenarbeit mit der Deutschen Bundespost und den Ländern Berlin und Nordrhein-Westfalen"[44] herausgegeben – im Redaktionsbeirat saß unter anderem auch Eric Danke. Die Zeitschrift fungierte als zentraler Informations- und Kommunikationskanal zwischen der Deutschen Bundespost und den an Bildschirmtext angeschlossenen Haushalten, weshalb sie im Rahmen der vorliegenden Untersuchung eine exponierte Stellung einnahm und dementsprechend komplett gesichtet sowie ausgewertet wurde.

Darüber hinaus bestanden bis zur Aufteilung und Privatisierung der Deutschen Bundespost zahlreiche weitere Zeitschriften und Magazine, die in die Kategorie ‚postnah' fielen. Mitte der 1980er-Jahre existierten etwa dreihundert sogenannte Hauszeitschriften – ein Großteil davon jedoch nur mit regionaler Verbreitung.[45] Alle folgend namentlich genannten Periodika wurden ab dem Jahrgang 1975 komplett durchgesehen.

41 Die fünfteilige Serie „Pioniere der Kommunikationssysteme: Vom Telefon zu Bildschirmtext" erstreckte sich über mehrere Hefte, vgl. Gerhard Breinlinger: Am Anfang ein hölzernes Ohr. In: bildschirmtext magazin für teleleser 2 (1981), H. 1, S. 19–22; Ders.: Ein Kunstmaler hat eine Idee. In: bildschirmtext magazin für teleleser 2 (1981), H. 2, S. 47–50; Ders.: Drahtlos über den großen Teich. In: bildschirmtext magazin für teleleser 2 (1981), H. 3, S. 36–39; Ders.: Funken in der Röhre. In: bildschirmtext magazin für teleleser 2 (1981), H. 4, S. 28–31; Ders.: Flimmern auf der Mattscheibe. In: bildschirmtext magazin für teleleser 2 (1981), H. 5, S. 41–44.

42 Die Rubrik „Pressestimmen" umfasste dabei in der Regel eine Doppelseite und lieferte neben der Überschrift und einem gekürzten Ausschnitt auch eine von der Redaktion in wenigen Sätzen, teilweise kommentarartig, verfassten Zusammenfassung der Artikel.

43 Der Verlag firmierte ab Mitte 1983 als Neue Mediengesellschaft Ulm.

44 Die Zusammenarbeit mit den Ländern endete mit dem Abschluss der Feldversuche.

45 So waren bspw. die mehr als einhundert Fernmeldeämter zur Herausgabe eines regelmäßigen Informationsblattes für die Amtsangehörigen verpflichtet. Vgl. Wilhelm Othmar: Human Relations (HR-Arbeit) bei der Deutschen Bundespost. Mittel und Wege der innerbetrieblichen Information, der Mitarbeiter-Motivation und der Pflege des Betriebsklimas. In: Zeitschrift für das Post- und Fernmeldewesen (1984), H. 3, S. 20–30, hier S. 27.

Die eingangs bereits zitierte *Telepost*[46] erschien seit Anfang der 1970er-Jahre monatlich und orientierte sich in ihrer Auflagenstärke an den Mitarbeiterzahlen. Sie hatte in den 1980er-Jahren mithin eine Auflage von über einer halben Million Stück. Nach eigener Darstellung sollte die Zeitschrift das „was man innere Kommunikation nennen könnte“[47] fördern. So wurde beispielsweise in der Rubrik „Du und die Post“ – später umgewidmet in „Bonn informiert“ – aus Sicht der Unternehmensleitung über anstehende Planungen und Entwicklungen informiert. Hier wurden mit dem dezidierten Auftrag der Mitarbeiterinformation die Ziele der Deutschen Bundespost dargelegt, von Problemen bei der Umsetzung berichtet und vor allem die erreichten Erfolge vermeldet. Mit dieser Prämisse wandte sich die Zeitschrift direkt an die Leser:

> „Sie sollen erfahren, womit neben anderem, ‚die da oben‘ sich beschäftigen. Wir wollen sie für Fragen interessieren, deren Kenntnis ihnen helfen könnte, betriebliche Zusammenhänge zu durchschauen und wichtige Probleme des Unternehmens zu verstehen.“[48]

Diese sachlichen, hausinternen Themen wurden durch ein breites Spektrum ‚bunter‘ Artikel aufgelockert. Hier fanden sich Reise- und Naturreportagen, Gesundheitsratgeber, Kurzgeschichten und Erzählungen genauso wie eine Presseschau, Buch-, Musik- und Filmbesprechungen.

Das als Kundenzeitschrift der Deutschen Bundespost unentgeltlich herausgegebene *Postmagazin*[49] konzentrierte sich im Stil einer Illustrierten fast ausschließlich auf solche Unterhaltungsbeiträge. Das Magazin wurde vom SPD-geführten Bundespostministerium 1979 neu gegründet und sorgte in den folgenden Jahren vonseiten der Opposition für kritische Nachfragen im Bundestag. Im Mittelpunkt standen dabei die Finanzierung der Zeitschrift durch Privatanzeigen sowie die bezweifelte Rechtmäßigkeit einiger Artikel im Sinne einer regierungsamtlichen Öffentlichkeitsarbeit, wie sie 1977 durch eine

---

46 Auch hier wurde im Folgenden für eine bessere Lesbarkeit im Fließtext die Kleinschreibung abgeändert. Die Zeitschrift erschien unter dem vollständigen Titel *telepost. Zeitschrift der Deutschen Bundespost*; ab 1989 dann als *telepost. Das Mitarbeiter-Magazin der Deutschen Bundespost.* Die ersten zwei Jahrgänge wurden direkt durch das BMPF herausgegeben. Ab dem dritten Jahrgang 1974 erfolgte die Herausgabe durch den Süddeutschen Verlag im Auftrag des Postministeriums. Die Telepost ging indirekt aus der Ende 1971 eingestellten *Christl. Zeitschrift für die Angehörigen der DBP* hervor.

47 Werner Spanehl: In eigener Sache. In: telepost 1 (1972), H. 1, S. 7.

48 Ebd.

49 Das *Postmagazin. Zeitschrift der Deutschen Bundespost* erschien seit 1980 und wurde im Zuge der Umstrukturierung 1990 eingestellt.

Leitentscheidung des Bundesverfassungsgerichts[50] vorgegeben wurde. Das Bundespostministerium sah sich daraufhin gezwungen klarzustellen, dass es sich bei dem Magazin nicht um eine regierungsamtliche Publikation handelte und somit das Urteil des Bundesverfassungsgerichts nicht tangierte. Die Kosten für die Auflage von 750 000 Stück durften so auch zu etwa fünf Prozent durch private Anzeigen gegenfinanziert werden.[51] Nach dem Regierungswechsel nutzte der neue CDU-Bundespostminister Christian Schwarz-Schilling das Magazin aber ebenso ausgiebig für eigene Stellungnahmen wie seine Amtsvorgänger von der SPD. Mit Blick auf die Umstrukturierung des Post- und Fernmeldewesens Ende der 1980er-Jahre beinhaltete beinahe jede Ausgabe, mindestens jede zweite, ein ausführliches Interview mit dem Bundespostminister.[52] Das *Postmagazin* lässt sich folglich, nicht trotz, sondern gerade wegen seines ‚bunten' Erscheinungsbildes als ein zentrales Sprachrohr der Bundespost in Richtung einer allgemeinen Öffentlichkeit verstehen.

Die *Zeitschrift für das Post- und Fernmeldewesen*[53] bezeichnete sich selbst als „Fach- und Unternehmenszeitschrift des Post- und Fernmeldewesens" mit dem zentralen Anliegen, „die Unternehmensziele und die Entwicklung der Deutschen Bundespost dem interessierten Leser, gleich, ob er nun

50 Bundesverfassungsgericht, Urt. v. 2.3.1977, BVerfGE 44, 125.

51 Vgl. Deutscher Bundestag, Drucksache 9/370, 24.4.81. Schriftliche Fragen mit den in der Woche vom 21. April 1981 eingegangenen Antworten der Bundesregierung, S. 27f.; Deutscher Bundestag, Drucksache 9/623, 26.6.1981. Schriftliche Fragen mit den in der Woche vom 22. Juni 1981 eingegangenen Antworten der Bundesregierung, S. 28; Deutscher Bundestag, Drucksache 9/672, 17.7.1981. Schriftliche Fragen mit den in der Woche vom 13. Juli 1981 eingegangenen Antworten der Bundesregierung, S. 56.

52 Vgl. „Post hat Zukunft in neuen Märkten!" Gespräch mit Bundespostminister Dr. Schwarz-Schilling über die angekündigten Reformen. In: Postmagazin (1987), H. 4, S. 17–19; Weniger Gebühren – weniger Bürokratie. Das „Postmagazin" sprach mit Bundespostminister Dr. Schwarz-Schilling. In: Postmagazin (1988), H. 1, S. 18–20; „Mit Augenmaß ein vernünftiger Mittelweg" Der Weg der Post ins Jahr 2000 – Postmagazin sprach mit Postminister Dr. Schwarz-Schilling. In: Postmagazin (1988), H. 2, S. 12f.; „Post sorgt für gleiche Chancen" Gespräch mit Bundespostminister Dr. Schwarz-Schilling über „Post 2000". In: Postmagazin (1988), H. 4, S. 18f.; Die Zukunft hat vier Buchstaben. In: Postmagazin (1989), H. 2, S. 10–12; „Für fairen Wettbewerb!" Postmagazin sprach mit Dr. Schwarz-Schilling, Bundesminister für Post und Telekommunikation. In: Postmagazin (1989), H. 4, S. 18f.; „Markt muß sich frei entwickeln!" Postmagazin sprach mit Dr. Schwarz-Schilling, Bundesminister für Post und Telekommunikation. In: Postmagazin (1990), H. 1, S. 12f.; „Jetzt mehr Wettbewerb!" Postmagazin sprach mit Dr. Christian Schwarz-Schilling, Bundesminister für Post und Telekommunikation. In: Postmagazin (1990), H. 3, S. 18f.

53 Mit der zum 1. Juli 1989 erfolgten Umstrukturierung und Umbenennung des Bundesministeriums für das Post- und Fernmeldewesen in Bundesministerium für Post und Telekommunikation änderte auch die Zeitschrift ihren Namen dementsprechend in *Zeitschrift für Post und Telekommunikation.*

Postangehöriger ist oder nicht, leicht zugänglich zu machen" – zugleich verstand sie sich aber auch als ein „Mittel der Mitarbeiterführung".[54] Genau mit Blick auf diese doppelt gerichtete Funktion, nach innen als Medium der Mitarbeiterinformation und zum Ausformulieren einer Unternehmensleitlinie sowie der Kommunikation dieser nach außen, ließ die Zeitschrift sich als eine zentrale Quelle für das Verständnis der Deutschen Bundespost deuten. Hier berichteten und diskutierten ranghohe Postbeamte interne Themen in aller Öffentlichkeit. Der Bundespostminister eröffnete jedes Jahr das erste Heft mit einem aktuellen Bericht zur Lage der Post, bewertete die Ergebnisse des letzten Jahres und blickte auf das kommende. Besonders Christian Schwarz-Schilling nutzte in seiner Amtszeit die Zeitschrift auch unterjährig zur Platzierung programmatischer Artikel.[55]

Zwei weitere Postperiodika waren in ihrer Ausrichtung enger rechtswissenschaftlich ausgelegt. Das *Jahrbuch der Deutschen Bundespost*[56] verhandelte primär juristische und ordnungspolitische Sachverhalte in sehr ausführlichen Artikeln mit teilweise mehreren hundert Seiten.[57] Beim *Archiv für das Post- und Fernmeldewesen*[58] lag der inhaltliche Schwerpunkt auf der Wiedergabe und Kommentierung der Rechtsprechung zu Fragen des Post- und Fernmeldewesens. Außerdem wurde eine Reihe weiterer ‚postnaher' Zeitschriften

54 Vgl. Bernhard Zurhorst: In eigener Sache. In: Zeitschrift für das Post- und Fernmeldewesen (1985), H. 1, S. 1. Zitate ebd. Auch nach der Umbenennung der Zeitschrift wurde dieses Selbstverständnis noch einmal in beinahe identischem Wortlaut erneuert. Vgl. Bernhard Zurhorst: In eigener Sache. In: Zeitschrift für Post und Telekommunikation (1989), H. 7, S. 1.

55 So bspw. Christian Schwarz-Schilling: Ein zukunftsweisendes Programm für die Deutsche Bundespost. In: Zeitschrift für das Post- und Fernmeldewesen (1983), H. 6, S. 4–6; Ders.: Zur Weiterentwicklung der Telekommunikation. In: Zeitschrift für das Post- und Fernmeldewesen (1985), H. 4, S. 4–10; Ders.: Chance und Herausforderung der Telekommunikation in den 90er Jahren. In: Zeitschrift für das Post- und Fernmeldewesen (1987), H. 2, S. 8–14.

56 Im *Jahrbuch der Deutschen Bundespost* wurden 1977 das bisherige *Jahrbuch des Postwesens* und das *Jahrbuch des elektrischen Fernmeldewesens* vereinigt. Mit dem Erscheinen des Jahrbuches 1991 wurde die Reihe eingestellt.

57 So bspw. Anton Hutter u. Hartmut Gehrhoff: Die neue Telekommunikationsordnung. Neuordnung des Fernmeldebenutzungsrechts für die nationalen Telekommunikationsdienste. In: Jahrbuch der Deutschen Bundespost 39 (1988), S. 9–265.

58 Der vollständige Name lautete seit 1978 *Archiv für das Post- und Fernmeldewesen. Zeitschrift für Rechts-, Verwaltungs- und Verkehrswissenschaft der Deutschen Bundespost.* Als Nachfolgepublikation gilt das seit 1992 von der Generaldirektion Telekom herausgegebene *Archiv für Post und Telekommunikation. Zeitschrift für Rechtsfragen des Postwesens, des Postbankbereichs und der Telekommunikation.*

gesichtet, die jedoch mit Bezug auf den Bildschirmtext nur vereinzelt Inhalte bereithielten.[59]

Als eine dritte Kategorie des untersuchten Quellenbestandes wurden alle weiteren schriftlichen Zeugnisse gefasst. Prinzipiell konnten alle zeitgenössischen Schriften, die sich direkt oder indirekt mit dem Thema beschäftigt haben, als potenzielle Quellen gelten. Gleichwohl ließ sich davon nur ein Bruchteil erfassen. Eine 1985 veröffentlichte Bibliografie zum Bildschirmtext gab eine erste Vorstellung von der Menge an Artikeln und Büchern: Durch die Studiengruppe Bildschirmtext ermittelt, wurden dort insgesamt 1660 Publikationsangaben, die meisten davon aus den Jahren 1983 und 1984, aufgeführt.[60] Die vorliegende Arbeit konzentrierte sich hier deshalb vorrangig auf die Sichtung und Auswertung von erstens ausgewählten Fachzeitschriften und zweitens den meinungsbildenden Leitmedien *Frankfurter Allgemeine Zeitung* und *Der Spiegel*. Das weite Feld der Ratgeber und Sachbücher wurde nur punktuell einbezogen, wenn sich in den Debatten selbst herausstellte, dass auf einzelne Werke vermehrt Bezug genommen wurde.

Die *Btx Praxis*[61] galt für die Untersuchung des Bildschirmtextes als das wichtigste nicht unmittelbar ‚postnahe' Fachperiodikum. Die Zeitschrift las sich praktisch als ungleicher Zwilling des *Bildschirmtext Magazins*: Beide Periodika wurden durch den Verlag Neue Mediengesellschaft Ulm verlegt, aber mit dem *Bildschirmtext Magazin* wurden die privaten Nutzerinnen und Nutzer angesprochen, wohingegen die Beiträge der *Btx Praxis* vorrangig die Anbieterseite adressierte.[62] Folgerichtig wurde die Zeitschrift noch im Verlauf des Jahres 1984 als offizielles Mitteilungsorgan der bundesweiten Bildschirmtext-Anbieter-Vereinigung bestimmt und dementsprechend ausgebaut. Die 1982 gegründete Interessenvertretung verstand sich als Zusammenschluss aller

---

59 Im Einzelnen waren dies: die *Deutsche Postzeitung* als Gewerkschaftsorgan des Deutschen Postverbandes, die Ausbildungszeitschriften *Unterrichtsblätter der Deutschen Bundespost. Ausgabe B Fernmeldewesen* und *Der Fernmeldeingenieur. Zeitschrift für Ausbildung und Fortbildung*, wobei letztere im strengen Sinne keine Postzeitschrift war, aber die Herausgabe erfolgte in den 1980er-Jahren immer durch Personen, die gleichzeitig auch ranghohe Beamte der DBP oder angeschlossener Forschungsinstitute waren, weiterhin die im „Benehmen" mit dem Fernmeldetechnischen Zentralamt (FTZ) herausgegebene *fernmelde-praxis. Zeitschrift für Technik und Betrieb des Nachrichtenwesens*, weitergeführt als *Telekom-Praxis* sowie die Verbandsschriften *Der Ingenieur der Deutschen Bundespost. Zeitschrift des Verbandes Deutscher Post-Ingenieure* und die *Deutsche Postgilde. Zeitschrift der Vereinigung von Führungskräften der Deutschen Bundespost.*

60 Vgl. Falk von Bornstaedt: Bibliographie Bildschirmtext. Heidelberg 1985.

61 Die *Btx Praxis. Die Fachzeitschrift für den Bildschirmtext-Anwender* erschien erstmals 1984 und wurde 1992 eingestellt. Im Redaktionsbeirat saß auch hier u. a. wieder Eric Danke.

62 Vgl. Btx Praxis für Btx-Praktiker. In: Btx Praxis (1984), H. 2, S. 25.

bundesdeutschen Bildschirmtext-Anbieter und agierte in engem Kontakt mit der Deutschen Bundespost und den Geräteherstellern.[63] Darüber hinaus wurde als weiteres, direkt mit dem Bildschirmtext befasstes, Periodikum auch die *Bildschirmtext Aktuell*[64] – eine Art gedruckter „Informationsdienst für Bildschirmtext"[65] – jeweiligen Verweisen folgend konsultiert.

Eine zweite Auswahl von Periodika ergab sich unter der gesetzten Prämisse, auch die zeitgenössischen Fachdebatten in den Blick zu bekommen. Dafür wurden weitere fünf Fachzeitschriften ebenfalls für den gesamten Untersuchungszeitraum gesichtet. Die *Nachrichtentechnische Zeitschrift*[66] stand als offizielles Mitteilungsorgan der Nachrichtentechnischen Gesellschaft im Verband Deutscher Elektrotechniker stellvertretend für die große Gruppe der Nachrichtentechniker und -ingenieure.[67] Die Zeitschrift verhandelte nicht nur technische Sachverhalte im engeren Sinne, sondern versuchte als Verbandsorgan auch nach außen zu wirken und veröffentlichte besonders Ende der 1970er- und Anfang der 1980er-Jahre kritische Beiträge, die das Verhältnis von Technik und Gesellschaft thematisierten.[68] Da der Fachbereich der

---

63 Exemplarisch für die ‚Machtnähe' der Anbietervereinigung war ihr Zugang zum Bundesminister für das Post- und Fernmeldewesen. Vgl. Adalbert Rohloff: Marketing-Strategien für die Aufbauphase von Btx. Vorstandschaft der Btx-A.V. beim Postminister. In: Btx Praxis (1984), H. 1, S. 34f.; Btx-A.V. zu Gespräch beim Postminister. In: Btx Praxis (1985), H. 3, S. 44. Als erste Übersicht vgl. außerdem Günter Bentele, Otfried Jarren u. Ulrich Kratzsch: Medienlandschaft im Umbruch. Medien- und Kommunikationsatlas Berlin. Berlin 1990, S. 340f.

64 Auch hier wechselten die Namen: 1988 *btx aktuell*, 1991 *btx aktuell. Spezialinformationsdienst für Bildschirmtext* und 1995 *online aktuell. Spezialinformationsdienst für Bildschirmtext.*

65 So eine Werbeanzeige der *Bildschirmtext Aktuell*: Wir hören für Sie das Btx-Gras wachsen – das ganze Jahr über. In: Btx Praxis (1984), H. 1, S. 2.

66 Die *Nachrichtentechnische Zeitschrift* (ntz) ging aus der 1948 erstmals herausgegebenen *Fernmeldetechnischen Zeitschrift* hervor. Ab Ende der 1980er-Jahre erfolgten mehrere Änderungen des ergänzenden Zusatztitels: 1987 *ntz. Expertenwissen über Informationstechnik und Telematik*, 1989 *ntz. Informationstechnik und Telematik für Experten*, 1993 *ntz. Fachmagazin für Telekommunikation und Informationstechnik*, 1995 *ntz. Telekommunikation + Informationstechnik*, 1997 *ntz. Informationstechnik + Telekommunikation* und 2002 *ntz. Innovationen der Kommunikationstechnik.*

67 Der 1893 gegründete Verband Deutscher Elektrotechniker benannte sich 1998 in Verband der Elektrotechnik, Elektronik und Informationstechnik um. Die Nachrichtentechnische Gesellschaft (NTG), heute Informationstechnische Gesellschaft, wurde 1954 als Fachgesellschaft des Verbandes Deutscher Elektrotechniker gegründet.

68 Vgl. Gerd E. Hoffmann: Computer-Kommunikation in den 80er Jahren. Bessere Verständigung oder mehr Isolation? In: Nachrichtentechnische Zeitschrift 32 (1979), H. 7, S. 457–460; Ders.: Kann die Demokratie die Informationstechnologie überleben? In: Nachrichtentechnische Zeitschrift 33 (1980), H. 7, S. 448f.; Ders.: Bürger in der Medienflut! In: Nachrichtentechnische Zeitschrift 34 (1981), H. 12, S. 872f. Klaus Scholder: Fragen an den Fortschritt. In: Nachrichtentechnische Zeitschrift 32 (1979), H. 12, S. 789f.; Eberhard

Fernmelde-, Nachrichten- und Kommunikationstechnik eng mit der Entwicklung und Anwendung des Bildschirmtextes verbunden war, wurde eine weitere Zeitschrift, die kein Verbandsorgan darstellte, ausgewählt. Die *net. nachrichten elektronik + telematik*[69] verstand sich als internationale Fachzeitschrift für die gesamte Nachrichtentechnik und entwickelte sich in den späten 1980er-Jahren zunehmend zu einem Fachmagazin für die Anwendung und das Management von Telekommunikationstechnik.

Um gesellschaftliche Reaktionen und Kritik besser in den Blick zu bekommen, wurden weiterhin zwei meinungsbildende Leitmedien ausgewertet. Ein Leitmedium wurde hierfür allgemein verstanden als ein „Medium, dem gesellschaftlich eine Art Leitfunktion zukommt, dem Einfluß auf die Gesellschaft und auf andere Medien beigemessen wird“[70]. Die *Frankfurter Allgemeine Zeitung* gehörte als überregionale Abonnementzeitung hoher journalistischer Qualität zweifelsohne zu diesen Leitmedien.[71] Darüber hinaus bestand über das F.A.Z.-Bibliotheksportal die Möglichkeit, alle Artikel online im Volltext zu durchsuchen. Diese Methode der Quellenhebung hatte enorme Vorteile – so wäre die händische Komplettdurchsicht einer Tageszeitung für mehrere Jahrzehnte ohne digitale Hilfsmittel in einem vertretbaren Zeitaufwand nicht möglich gewesen. Allerdings begeben sich Historikerinnen und Historiker damit auch in eine technische Abhängigkeit, die sie selbst nicht in Gänze durchschauen können.[72] Insofern sollte mit einem digital aus-

Witte: Euphorie und Fortschrittsangst. In: Nachrichtentechnische Zeitschrift 33 (1980), H. 12, S. 773f.; Ders.: Bedingungen und Wirkungen bei der Entwicklung neuer Telekommunikationssysteme. In: Nachrichtentechnische Zeitschrift 34 (1981), H. 3, S. 167–170.

69 Die verschiedenen Namen der Zeitschrift waren äußerst vielfältig und zeigten anschaulich die veränderte Schwerpunktsetzung. Gegründet wurde die Zeitschrift unter dem Titel *Internationale Elektronische Rundschau*. Sie änderte ihren Namen in den 1970er- und 1980er-Jahren wie folgt: 1976 *nachrichten elektronik. Fachzeitschrift der internationalen Nachrichtentechnik*, 1980 *nachrichten elektronik. Mikrowellen · Nachrichtentechnik · Kommunikation*, 1981 *nachrichten elektronik. Internationale Fachzeitschrift für elektronische Kommunikations-Technik*, 1982 *nachrichten elektronik + telematik. Internationale Fachzeitschrift für elektronische Kommunikation*, 1984 *net. nachrichten elektronik + telematik. Zeitschrift für angewandte Telekommunikation*, 1989 *Net. Zeitschrift für Kommunikationsmanagement* und 1994 *NET. Erfolgreiches Kommunikationsmanagement.*

70 Jürgen Wilke: Leitmedien und Zielgruppenorgane. In: Ders. (Hg.): Mediengeschichte der Bundesrepublik Deutschland. Köln, Weimar u. Wien 1999, S. 302–329, hier S. 302.

71 Vgl. ebd., S. 311f.; Ariane Brill: Abgrenzung und Hoffnung. „Europa“ in der deutschen, britischen und amerikanischen Presse, 1945–1980. Göttingen 2014, S. 30.

72 Zur Diskussion um Texterkennungsfehlerquoten, Stichwortsuchen und weiteren Problemen im Umgang mit digitalisierten Volltexten vgl. Charles Upchurch: Full-Text Databases and Historical Research. Cautionary Results from a Ten-Year Study. In: Journal of Social History 46 (2012), H. 1, S. 89–105; Jeffrey Beall: The Weakness of Full-Text Searching. In: The Journal of Academic Librarianship 34 (2008), H. 5, S. 438–444; Adrian Bingham: The

gewählten Quellensample kein Anspruch auf Vollständigkeit und Ausschließlichkeit verbunden werden. Darüber hinaus barg die alleinige Betrachtung einer ‚Qualitätszeitung' auch die Gefahr der Untersuchung eines reinen Elitendiskurses. Aus dem Bereich der ‚Populärpresse' wurde deshalb als zweites das Nachrichtenmagazin *Der Spiegel* ausgewählt, welches spätestens mit dem Ende der 1960er-Jahre ebenfalls als ein führendes Leitmedium der Bundesrepublik gelten durfte. Mit dem Publikmachen mehrerer Affären und Missstände bestätigte der *Spiegel* in den 1980er-Jahren seine ‚Leitfunktion'.

Die eigentlichen Inhalte der Bildschirmtext-Seiten in Wort und grafischer Gestalt umfassten als eine sehr spezielle Quellengattung den vierten Bereich. Hier stand die Arbeit vor ähnlichen Problemen wie Untersuchungen zum Internet: Die ureigensten und dem Gegenstand immanenten Quellen waren nicht mehr verfügbar. Für das Internet wurde allerdings bereits Mitte der 1990er-Jahre damit begonnen, erste Seiten zu speichern. Seit 1996 archiviert die gemeinnützige Organisation Internet Archive möglichst vollumfänglich.[73] In der internationalen Wissenschaftslandschaft etablierte sich mit der ‚website history' oder ‚web historiography' bereits ein eigener Forschungszweig, der als eine Untersuchungsmethode explizit die Analyse von archivierten Internetseiten nutzt.[74] Die Bildschirmtext-Seiten der Vergangenheit speicherte dagegen niemand in einem virtuellen Archiv und die Möglichkeit eines direkten Zugriffs besteht heute nicht mehr. Mit der Abschaltung des Bildschirmtextes gingen so auch seine primären Inhalte verloren.[75]

Digitization of Newspaper Archives. Opportunities and Challenges for Historians. In: Twentieth Century British History 21 (2010), H. 2, S. 225–231; Bob Nicholson: The Digital Turn. Exploring the Methodological Possibilities of Digital Newspaper Archives. In: Media History 19 (2013), H. 1, S. 59–73.

73 Vgl. Anat Ben-David u. Adam Amram: The Internet Archive and the Socio-Technical Construction of Historical Facts. In: Internet Histories 2 (2018), H. 1–2, S. 179–201; Alexis Rossi: Internet Archive. In: Ellen Euler u. Paul Klimpel (Hg.): Föderale Vielfalt – Globale Vernetzung. Strategien der Bundesländer für das kulturelle Erbe in der digitalen Welt. Hamburg 2016, S. 224–237.

74 Vgl. Niels Brügger: When the Present Web is Later the Past: Web Historiography, Digital History, and Internet Studies. In: Historical Social Research 37 (2012), H. 4, S. 102–117; Ian Milligan: Lost in the Infinite Archive: The Promise and Pitfalls of Web Archives. In: International Journal of Humanities and Arts Computing 10 (2016), H. 1, S. 78–94; Richard Rogers: Doing Web history with the Internet Archive: screencast documentaries. In: Internet Histories 1 (2017), H. 1–2, S. 160–172.

75 Ein Artikel zur Zitierbarkeit von Internetseiten in der Zeitschrift *Gegenworte* fragte deshalb: „Wer erinnert sich noch an BTX oder Gopher?" Christiane Fritze u. Gerda Neumann: „Letzter Zugriff am …". Das Internet als Zitatquelle. In: Gegenworte. Hefte für den Disput über Wissen (2009), H. 21, S. 16–18, hier S. 16.

Nun sind die hunderttausenden Bildschirmtext-Seiten heute zwar nicht mehr im Einzelnen und direkt abrufbar, aber eine kleinere Zahl lässt sich dennoch aus anderen Quellen ermitteln. Zum einen arbeiteten viele zeitgenössische Sach- und Ratgeberbücher mit bildlichen Darstellungen. Ein gutes Beispiel ist hier die Einführung von Gudrun Biermann, in der über 40 Abbilder einzelner Bildschirmtext-Seiten abgedruckt wurden.[76] Des Weiteren erstellten und publizierten die direkt mit dem Bildschirmtext befassten Zeitschriften eine große Anzahl von Bildschirmfotos – allen voran das *Bildschirmtext Magazin*. In den ersten Jahren sind diese bildlichen Darstellungen wirklich noch Bildschirmfotos im ursprünglichen, analogen Sinne: Das Fernsehbild wurde mit einer handelsüblichen Kamera abfotografiert. Damit erklärt sich auch die unterschiedliche Qualität der Abbildungen. Häufig fand sich die gewölbte Fernsehmattscheibe in Form eines ‚bauchigen' Fotos wieder und bei ungünstig gewählten Belichtungszeiten konnten schwarze Streifen entstehen.[77] Einige Kamerahersteller entwickelten in der Folgezeit spezielles Zubehör bis hin zu eigenen Kamerasystemen zum Ablichten der Bildschirmtext-Seiten.[78] Erst mit Beginn der 1990er-Jahre und der zunehmenden Nutzung vom Heimcomputern verschwand diese Praxis des Abfotografierens und die Abbilder wurden zu digitalen Screenshots.

Das *Bildschirmtext-Magazin* vergab seit Ende des Jahres 1980 in jeder Ausgabe Auszeichnungen für Bildschirmtext-Anbieter in Form von zwei Preisen: Der „Goldene Beterix" für besonders informativ und grafisch gut aufbereitete Bildschirmtext-Seiten sowie der „Faule Apfel" für eine schlechte Präsentation.[79] Jeder Preisträger wurde im Magazin auf jeweils einer Seite in Text und Bild vorgestellt. Die Vergabe erfolgte ohne festgeschriebene Kriterien

---

76 Gudrun Biermann: Bildschirmtext. Bergisch Gladbach 1984. In gleicher Weise vgl. auch Klaus Peter Ziegler: Bildschirmtext. Ihr Fernsehgerät wird zum Computer. Ravensburg 1984.

77 Das *Bildschirmtext Magazin* gab deshalb bereits Ende 1980 seine Erfahrungen und Tipps zum Abfotografieren von Btx-Seiten in einem Beitrag weiter. Vgl. Rainer Bücken: „Schüsse" auf den Bildschirm. Bildschirmtext und Fotografie. In: bildschirmtext magazin für teleleser 1 (1980), H. 5, S. 24f.

78 Als ein Beispiel sei hier die Kodak Instagraphic Sofort-Aufzeichnungskamera von 1985 genannt, die mittels Adapter direkt auf das bildgebende Medium aufgesetzt werden konnte und über eine eingebaute Korrektur der Bildschirmwölbung verfügte. Vgl. Btx-Sofortbilder. In: Btx Praxis (1985), H. 2, S. 29.

79 Mit einer Ankündigung im vierten Heft des Jahres 1980 – im ersten Jahrgang gab es aufgrund des Starts im Sommer insgesamt nur fünf Hefte – wurden die Leser dazu aufgefordert, besonders gute und besonders schlechte Btx-Seiten der Redaktion mitzuteilen. Vgl. Goldener Beterix oder Fauler Apfel. 2 Preise für Bildschirmtext. In: bildschirmtext magazin für teleleser 1 (1980), H. 4, S. 14.

durch die Redaktion und konnte kaum Objektivität beanspruchen. Eine im Einzelnen verlässliche Aussage über die Qualität einer bestimmten Seite ließ sich nur bedingt ableiten, auch weil die Vergabepraxis der Agenda folgte, ein möglichst breites Spektrum an ausgezeichneten Bildschirmtext-Angeboten zu präsentieren. Dennoch besaß die Auswahl für die vorliegende Untersuchung einen Quellenwert, weil sie besonders für die Frühzeit überhaupt erst einen Einblick in die Vielzahl der Angebote und Seiten bot. Die abgedruckten Screenshots vermochten darüber hinaus auch visuell einen Eindruck zu vermitteln. Die Praxis der redaktionellen Preisvergabe wurde 1987 durch eine „Hitparade", bei der jeder Teilnehmer einmal im Monat seine Stimme vergeben konnte, abgelöst.[80] Damit entfiel leider die detaillierte Vorstellung der Preisträger, dafür ließ die ‚Hitliste' aber unter gewissen Einschränkungen Rückschlüsse auf die Beliebtheit bestimmter Seiten zu.

Darüber hinaus existieren ehemalige Anbieter, die ihre eigenen sowie weitere über die Zeit ‚gesammelte' Bildschirmtext-Seiten im Internet zugänglich machten. Vor allem die virtuelle Sammlung von Daniel A. Rehbein sei hier genannt, auf die viele journalistischen Beiträge ebenfalls zurückgriffen.[81] Einige wenige Seiten fanden sich auch archiviert bei der Museumsstiftung Post und Telekommunikation und ließen sich dort über die Objektdatenbank recherchieren.[82]

Eine rein textliche Quelle für die Bildschirmtext-Seiten boten außerdem die gedruckten Anbieter- und Schlagwortverzeichnisse. In der Aufmachung einem Telefonbuch ähnlich wurden hier, erstellt auf Grundlage der amtlichen Unterlagen der Deutschen Bundespost, alle Anbieter alphabetisch aufgeführt. Jedem stand dabei ein kostenfreier Eintrag mit Namen und Angabe der Leitseite zu. Auszeichnungen, wie Fettstellung, größerer oder anderer Schrifttyp sowie Firmenlogos und Grafiken, mussten entsprechend extra bezahlt werden. Das Schlagwörterverzeichnis enthielt alle offiziellen Leitwörter des digitalen Pendants sowie zusätzliche, von den Anbietern beantragte Schlagwörter. Auch wenn sich in diesen Verzeichnissen keine Informationen über die eigentlichen Seiteninhalte ausmachen ließen, boten sie einen umfassenden Überblick der teilnehmenden Informationsanbieter.

80 Vgl. Abschieds-Vorstellung. In: bildschirmtext magazin 8 (1987), H. 7/8, S. 31; Neu: Hitparade in Btx. In: bildschirmtext magazin 8 (1987), H. 7/8, S. 31.

81 Dabei handelt es sich jedoch ausschließlich um Beispiele aus den 1990er-Jahren. Vgl. Daniel A. Rehbein: Meine alten Btx-Seiten *25000# (*REHBEIN#); Ders.: Eine Auswahl von Bildschirmtext-Seiten.

82 Am Standort in Heusenstamm fanden sich außerdem mehrere noch nicht verzeichnete Datenträger aus der Korrespondenz mit dem bildschirmtextbegeisterten Privatmann Alois Lipka, die Screenshots verschiedener Seiten enthielten.

Ein Anliegen war es, diesen besonderen Quellenbestand der Bildschirmtext-Seiten möglichst ausgiebig mit in die Untersuchung einzubeziehen. Aufgrund der genannten Einschränkungen und Lücken war dies jedoch nicht für alle Kapitel in gleichem Maße möglich. Alle verwendeten und in den Fußnoten zitierten Bildschirmtext-Seiten wurden im Quellenverzeichnis unter Auskunft des Fundortes aufgelistet. Als Autor wurde die Bezeichnung des Anbieters, so wie ihn der Nutzer auf dem Bildschirm sah, erfasst. Dieser deckte sich mit dem offiziellen, bei der Deutschen Bundespost angemeldeten Anbieternamen. Die konkrete einzelne Seite kennzeichnete eine eineindeutige Nummer. Die Angabe dieser Ziffernfolge – zusätzliche Buchstaben verwiesen auf weitere Unterseiten – erfolgte in der Form *Nummer#, was der damals üblichen Nennung im Fließtext entsprach. In dieser Zeichenreihung konnten die Bildschirmtext-Seiten auch direkt über die Fernsehfernbedienung angewählt werden.[83]

Abschließend sei an dieser Stelle ein Artikel aus der *Btx Praxis* zitiert, der bereits Ende der 1980er-Jahre vor den möglichen Auswirkungen einer lückenhaften Dokumentation der Bildschirmtext-Seiten warnte und dabei auch die zukünftige Erforschung und ‚Rekonstruktion' der Bildschirmtext-Inhalte durch einen Doktoranden imaginierte:

> „Ich glaube, wir müssen sehr aufpassen, daß wir im elektronischen Zeitalter nicht geschichtslos werden und nur noch der ‚aktuelle Stand' eine Rolle spielt. Wir dürfen aber auch nicht dem totalen Sammelwahn verfallen und meinen, eine zentrale Stelle sollte nun alles, was die ‚Btx-Gemeinde' jemals gemacht hat, komplett archivieren. Repräsentative Ausschnitte zentral archiviert: ja, ergänzt vielleicht um die eine oder andere private Anbieter-Sammlung. Solche Zufalls-Funde helfen vielleicht in späteren Jahrhunderten auch einem Forscher, das ‚Btx-Zeitalter' zu rekonstruieren. Mit sehr viel Mühe und Schweiß wird dann vielleicht ein Doktorand den Inhalt des Btx-Systems im Januar 1988 einigermaßen zutreffend beschreiben können – und die Menschen des Jahres 2488 werden dann so über uns rätseln wie wir über manches, was vor der Entdeckung Amerikas geschah, eine Zeit, über die wir auch nicht alles wissen."[84]

Mit wenigen Ausnahmen bestand zum Bildschirmtext im engeren Sinne keine genuin geschichtswissenschaftliche Forschungsliteratur, die sich auf eine

83 Zur Erläuterung der grundsätzlichen Bedienung mittels der Stern- und Rautetaste vgl. Tatort Bildschirmtext. Alles hört auf Ihr Kommando. In: bildschirmtext magazin für teleleser 1 (1980), H. 1, S. 30; Fernmeldetechnisches Zentralamt: So benutzen Sie Bildschirmtext. Bedienungsanleitung für den Bildschirmtextdienst der Deutschen Bundespost. Juli 1986, S. 9.

84 H. E. Riemann: Wie sichert man Btx-Inhalte der Nachwelt: Archivieren oder löschen? In: Btx Praxis (1988), H. 1, S. 32f., hier S. 33.

eigene Auswertung von Quellen stützt. In größerem Umfang und auf Basis von Archivmaterial setzte sich bislang als einziger Historiker Markus Speidel mit dem Thema auseinander.[85] In seiner 2012 erschienenen Firmengeschichte zum Unternehmen Loewe wurde der Bildschirmtext thematisiert, da dieser „in den achtziger Jahren für Loewe von zentraler Bedeutung war"[86]. Mitte der 1980er-Jahre erwirtschaftete das Geschäft mit Bildschirmtext-Geräten über zehn Prozent des Gesamtumsatzes der Firma und Loewe war mit einem Marktanteil von circa 40 Prozent mit Abstand der mengen- und absatzstärkste Produzent.[87] Die von der Deutschen Bundespost proklamierten Teilnehmerzahlen befeuerten auch hier die Erwartungen und Investitionen. Schon seit den 1970er-Jahren arbeitete Loewe daran, sich durch die Erschließung neuer Geschäftsfelder ein zweites wirtschaftliches Standbein aufzubauen: „In einer Zeit, in der der Fernsehverkauf immer schwerer fiel, glichen solche Prognosen fast schon paradiesischen Versprechungen."[88] Der engere Untersuchungszeitraum der Studie endete leider mit dem Jahr 1985, als Loewe nach über 20 Jahren wieder organisatorisch unabhängig vom niederländischen Elektronikkonzern Philips wurde. Im Ausblick konstatierte Speidel, dass die übermäßige Fokussierung auf das Bildschirmtext-Geschäft ein wesentlicher Grund für die wirtschaftliche Krise und Beinahe-Insolvenz in den Jahren 1988 und 1989 war.[89]

Der Historiker Matthias Röhr kam in seiner Masterarbeit zur Geschichte des Chaos Computer Clubs erstmalig mit dem Bildschirmtext in Kontakt.[90] Im November 1984 gelang es den Gründungsmitgliedern Wau Holland und Steffen Wernéry über den Abruf der eigenen Bildschirmtext-Seite und unter Verwendung der auf unklaren Wegen erlangten Zugangsdaten der Hamburger Sparkasse, dieser knapp 135 000 DM in Rechnung zu stellen. Dieser spektakuläre Coup, der unter dem Namen „Btx-Hack" in der Öffentlichkeit bekannt wurde, brachte der noch jungen Hacker-Vereinigung einen enormen Aufmerksamkeitsschub und gilt vielfach als „zweite Geburtsstunde" des Clubs.[91] Auch in

85 Vgl. Markus Speidel: Netzwerke, Kooperationen und Management-Buy-Out. Die Geschichte des Unternehmens Loewe zwischen 1962 und 1985. Hamm 2012, hier besonders S. 23f., 170, 173f., 196–208 u. 225–230.

86 Ebd., S. 23.

87 Vgl. Im Geschäftsjahr 1985 gut gehalten. Einstieg in professionelle Elektronik ist geplant. In: Handelsblatt, 11.2.1986, S. 10.

88 Speidel: Netzwerke, 2012, S. 205.

89 Vgl. ebd., S. 225.

90 Matthias Röhr: Ursprünge und Entwicklung des Chaos Computer Clubs in den 1980er Jahren. Hamburg 2012 (in der Version 1.11 vom 15.5.2014), hier besonders S. 80–85.

91 Der Chaos Computer Club (CCC) feiert den umstrittenen Hack jährlich am 17. November. Zum 30. Jubiläum wurde eigens zu einer Podiumsveranstaltung eingeladen. Dort

weiteren Veröffentlichungen zur Historie des Chaos Computer Clubs und in den Forschungen zu seinem Dissertationsprojekt beschäftigte sich Röhr mit dem Thema.[92] Dabei bezeichnete er den Bildschirmtext einmal treffend als „staatlich geplante[n] ‚Aufbruch in die Informationsgesellschaft'"[93].

Grundlage für die Ausführungen zum Bildschirmtext von Markus Speidel und Matthias Röhr war im Wesentlichen, neben der eigenen Auswertung des jeweils spezifischen Quellenkorpus, das Buch *Technikentwicklung zwischen Politik und Markt: Der Fall Bildschirmtext*[94] von Volker Schneider. Diese umfassende Monografie eines Politik- und Wirtschaftswissenschaftlers entstand Ende der 1980er-Jahre am Max-Planck-Institut für Gesellschaftsforschung in Köln. Unter der Leitung der Soziologin Renate Mayntz, die maßgeblich an den wissenschaftlichen Begleituntersuchungen der Bildschirmtext-Feldversuche beteiligt war, wurde die Rolle des Staates bei technischen Innovationsprozessen in einer international vergleichenden Studie untersucht. Die Forscher analysierten hierfür die Entwicklung neuer Telekommunikationstechniken am Beispiel des französischen, britischen und deutschen Bildschirmtextes.[95]

---

diskutierten u. a. Steffen Wernéry und Eric Danke über die ‚Richtigkeit' der eigenen Darstellungen von damals und heute. Ein Videomitschnitt ist über die Homepage des CCC verfügbar, vgl. Chaos Computer Club: 30 Jahre BTX Hack, Podiumsdiskussion der Wau-Holland-Stiftung, 17.11.2017. Vgl. weiterhin Julia Gül Erdogan: Chaos Computer Club 1984. Der legendäre Klack-klack-Hack. In: Spiegel Online, 13.11.2018; Hanno Böck: Der Hack, mit dem alles begann. In: Zeit Online, 18.11.2014; Detlef Borchers: 30 Jahre Btx-Hack: Grau ist alle Vergangenheit. In: heise online, 18.11.2014.

92 Matthias Röhr betreibt den Blog „Stummkonzert", auf dem er eine Reihe kleinere Beiträge zur Geschichte des CCC und von Btx veröffentlicht hat. Der Arbeitstitel seiner Dissertation lautet: „Pioniere des Digitalen. Die Hacker und Mailboxszene der 1980er Jahre". Dazu bereits veröffentlicht vgl. Matthias Röhr: Home Computer on the Line - The West German BBS Scene and the Change of Telecommunications in the 1980s. In: Media in Action 1 (2017), H. 1, S. 115–129; Ders.: Gebremste Vernetzung. Digitale Kommunikation in der Bundesrepublik der 1970/80er Jahre. In: Frank Bösch (Hg.): Wege in die digitale Gesellschaft. Computernutzung in der Bundesrepublik 1955-1990. Göttingen 2018, S. 250–271. Die 2017 erstmals herausgegebene Zeitschrift *Media in Action. Interdisciplinary Journal on Cooperative Media* benutzte die Btx-Loginseite als Cover für ihre erste Ausgabe – ohne jedoch darauf einzugehen.

93 Matthias Röhr: Das Internet und Btx, 6.5.2014.

94 Volker Schneider: Technikentwicklung zwischen Politik und Markt: Der Fall Bildschirmtext. Frankfurt am Main u. New York 1989. Hier besonders das Kapitel „Die Geschichte von Bildschirmtext: Von der Erfindung bis zur Nutzung", S. 69–167.

95 Neben Schneiders abschließender Monografie vgl. Renate Mayntz: Entwicklung großtechnischer Systeme am Beispiel von BTX im Drei-Länder-Vergleich. In: Institut für Sozialwissenschaftliche Forschung (Hg.): Ansätze sozialwissenschaftlicher Analyse von Technikgenese. Verhandlungen des Kolloquiums im Mai 1988. München 1988, S. 7–19; Renate Mayntz u. Volker Schneider: The Dynamics of System Development in a Comparative Perspective: Interactive Videotex in Germany, France and Britain. In:

Das Buch Volker Schneiders zum „Fall Bildschirmtext" bildete die ausführlichste und in der Gesamtschau am besten recherchierte Veröffentlichung zum Thema. Schneider nutzte eine Vielzahl von Quellen, die auch in der vorliegenden Untersuchung ausgewertet wurden, so beispielsweise zahlreiche Artikel der *Zeitschrift für das Post- und Fernmeldewesen*, Schriften der verschiedenen Bundesministerien, Beiträge auf nationalen und internationalen Konferenzen sowie zeitgenössische Fach- und Sachbücher. Ein Zugriff auf die Aktenbestände der Ministerien blieb ihm jedoch verwehrt. Der Einbettung in das sozialwissenschaftliche Forschungsprojekt entsprechend und im Zuge der medienpolitischen Debatten in der zweiten Hälfte der 1980er-Jahre, waren Schneiders Forschungsfragen stark gegenwartsgeleitet. Unter dem Eindruck der enttäuschenden Entwicklung der Teilnehmerzahlen fragte er, ob der Bildschirmtext „ein Beispiel staatlicher Fehlplanung"[96] im Bereich der neuen Technologien sei und ob damit „*das* Argument für Deregulierung, für eine möglichst weitgehende Zurückdrängung der Bundespost im Fernmeldebereich auf Infrastrukturaufgaben"[97] geliefert sei. Die Antwort wurde gleichwohl noch im Einleitungskapitel gegeben: Bildschirmtext sei „kein Argument gegen staatlich-technologischen Interventionismus", aber „auch kein Argument für eine größere Rolle des Staates in der Entwicklung von neuen Technologien", sondern aufgrund der gestiegenen Komplexität der Märkte im Bereich der Informations- und Kommunikationstechnologien vielmehr ein Plädoyer für „eine differenzierte Mischung von Markt und Staatsinterventionismus".[98] Schneider hoffte mit der Untersuchung „auch allgemeinere Aspekte und Entwicklungstendenzen unserer technischen Zivilisation besser verstehen zu lernen"[99].

Die Darstellung von Volker Schneider bleibt trotz ihrer eindeutigen sozial- und politikwissenschaftlichen Ausrichtung, der unter geschichtswissenschaftlichen Maßstäben unzureichenden Quellenkritik sowie dem fehlenden zeitlichen Abstand zum Gegenstand und dem auf die 1980er-Jahre begrenzten Untersuchungszeitraum die wichtigste und über weite Strecken auch einzige Literaturgrundlage. Seine Forschungen zum Thema ergänzte Schneider später zum einem in einem Aufsatz zur Entwicklung des Internets mit besonderem

Renate Mayntz u. Thomas P. Hughes (Hg.): The Development of Large Technical Systems. Frankfurt am Main u. New York 1988, S. 263–298.; Volker Schneider et al.: The Dynamics of Videotex Development in Britain, France and Germany: A Crossnational Comparison. In: European Journal of Communication 6 (1991), H. 2, S. 187–212.

96 Schneider: Technikentwicklung, 1989, S. 13.

97 Ebd., S. 14 (Hervorhebung im Original).

98 Vgl. ebd., S. 15. Zitate ebd.

99 Ebd.

Fokus auf die Adaption der nationalen Bildschirmtext-Systeme und zum anderem in einer Monografie, welche in einer Langzeitperspektive die Veränderungen des staatlichen Telekommunikationssektors betrachtete.[100] Damit ist es der vorliegenden Arbeit ein Anliegen, die Aussagen Schneiders abzugleichen, gegebenenfalls zu korrigieren und mit genuin historischen Perspektiven zu erweitern.

Das französische System, für welches sich schnell der Name Minitel einbürgerte, benannt nach der Gerätebezeichnung des bildgebenden Terminals, wurde im Vergleich zum deutschen Bildschirmtext weit umfassender erforscht. Der Minitel-Dienst war noch während seiner aktiven Betriebszeit – endgültig abgestellt wurde er erst Mitte 2012 – Thema technikhistorischer Forschungen. Amy L. Fletcher veröffentlichte 2002 in der Zeitschrift *History and Technology* einen viel zitierten Aufsatz zur politischen Geschichte des Minitel.[101] Seit 2012 liegt mit *Le Minitel* von Valérie Schafer und Benjamin G. Thierry ein erstes umfassendes Standardwerk in französischer Sprache vor.[102] 2017 erschien von Julien Mailland und Kevin Driscoll die erste fachwissenschaftliche und auf Englisch verfasste Monografie zu Minitel.[103] An dieser Stelle sei bereits darauf hingewiesen, dass die vorliegende Arbeit, trotz der vergleichsweise guten Literaturlage zum französischen Bildschirmtext-Pendant, keinen systematischen Vergleich bietet. Eine Bezugnahme auf andere Systeme erfolgte nur punktuell und kontextualisierend, wenn auch in den zeitgenössischen Debatten Referenzen hergestellt wurden. Mit wenigen Ausnahmen beschränkten sich diese auf das britische System als die dem

100 Volker Schneider: Evolution in Cyberspace: The Adaptation of National Videotext Systems to the Internet. In: The Information Society 16 (2000), H. 4, S. 319–328; Ders.: Die Transformation der Telekommunikation. Vom Staatsmonopol zum globalen Markt (1800–2000). Frankfurt am Main u. New York 2001, S. 241–255. Außerdem bündelte er 2003 noch einmal sein Wissen zu Btx in einem kurzen Aufsatz. Vgl. Volker Schneider u. Dirk Hyner: Innovation ohne Diffusion? Bildschirmtext. In: Christopher Oestereich (Hg.): Immer wieder Neues. Wie verändern Erfindungen die Kommunikation? Nürnberg 2003, S. 135–140.

101 Amy L. Fletcher: France enters the information age: A political history of minitel. In: History and Technology 18 (2002), H. 2, S. 103–119.

102 Valérie Schafer u. Benjamin G. Thierry: Le Minitel. L'enfance numérique de la France. Paris 2012. Vgl. weiterhin Dies.: From the Minitel to the Internet. The Path to Digital Literacy and Network Culture in France (1980s-1990s). In: Gerard Goggin u. Mark McLelland (Hg.): The Routledge Companion to Global Internet Histories. New York u. London 2017, S. 77–89.

103 Julien Mailland u. Kevin Driscoll: Minitel. Welcome to the Internet. Cambridge (Massachusetts) 2017. Für eine Zusammenfassung durch die Autoren vgl. Dies.: Minitel: The Online World France Built Before the Web. In: IEEE Spectrum 54 (2017), H. 7, S. 32–37.

Bildschirmtext zu Grunde liegende Technologie und auf den französischen als weltweit erfolgreichsten Dienst seiner Art.

Als dagegen dezidiert vergleichende Einschätzung wurde in der Literatur häufig auf die Studie *Bildschirmtext in Frankreich und Deutschland*[104] hingewiesen. Das 1987 veröffentlichte Buch fußte allerdings auf dem Wissensstand von 1985, war eine kaufmännische Graduierungsarbeit und lässt sich allenfalls als Quelle zitieren. Es kann darüber hinaus davon ausgegangen werden, dass im universitären Raum weitere Untersuchungen zum Bildschirmtext in Form von Seminar- und Abschlussarbeiten entstanden sind. Recherchiert und habhaft gemacht werden konnte allerdings nur eine an der Universität Kassel 2013 verfasste und von Dietmar Hüser betreute Bachelorarbeit.[105] Im Zentrum der Untersuchung stand der enorme Erfolg des französischen Minitel-Systems, welcher auch als Grund für die langsame Verbreitung des Internets in Frankreich beschrieben wurde, im Vergleich zum „Scheitern" des deutschen Bildschirmtextes. Der Zugriff auf die Bestände der Frankreich-Bibliothek des Deutsch-Französischen Instituts Ludwigsburg ermöglichten der Autorin eine umfangreiche Betrachtung französischer Zeitungsartikel und der Diskurse im Zuge der allmählichen Popularisierung und Ausbreitung des Internets in Konkurrenz zum bestehenden Minitel-Dienst. Die Untersuchung bettete sich damit in eine umfangreichere Geschichte der Entwicklung des französischen Telekommunikationssektors ein. Auf Grundlage der Ergebnisse des Nora-Minc-Berichts[106] vollzog sich beginnend mit der zweiten Hälfte der 1970er-Jahre ein forcierter Ausbau der Informations- und Kommunikationsmedien. Dieser fand seinen Antrieb auch in der vorherrschenden politischen Kultur. Die 1970er-Jahre in Frankreich lassen sich durch eine verstärkte Furcht vor dem Verlust der eigenen Identität und einen allgemeinen Antiamerikanismus charakterisieren, was wiederum zu erklären vermag, warum Minitel den Französinnen und Franzosen lange Zeit als das ‚bessere' Internet galt.[107]

104 Rudolf Pospischil: Bildschirmtext in Frankreich und Deutschland. Grundlagen und Konzeptionen. Nürnberg 1987.

105 Sarah Wittwer: Btx und Minitel: Geschichte eines Scheiterns? Unveröffentlichte Bachelorarbeit, Universität Kassel 2013.

106 Die im Dezember 1976 von Giscard d'Estaing beauftragte und 1978 unter dem Titel *L'informatisation de la société* veröffentlichte Studie fand weltweit Beachtung und wurde, obwohl sie vorrangig Frankreich thematisierte, auch ins Englische und Deutsche übersetzt. Vgl. Simon Nora u. Alain Minc: Die Informatisierung der Gesellschaft. Frankfurt am Main 1979.

107 Zum Antiamerikanismus der Franzosen besonders in den 1970er-Jahren vgl. Richard F. Kuisel: Seducing the French. The Dilemma of Americanization. Berkeley, Los Angeles u. London 1996, S. 212–230. Allgemeiner zur politischen Kultur Frankreichs in den 1970er-Jahren vgl. Emile Chabal: French Political Culture in the 1970s. Liberalism, Identity

Hier könnten sich, noch stärker als beim Bildschirmtext, Überlegungen zur Polychronie und der Temporalität von Technik anschließen.[108]

Des Weiteren haben sich auch abseits von Gegenwartsreportagen und reinen Erfahrungsberichten zahlreiche journalistische Artikel mit der Geschichte des Bildschirmtextes beschäftigt. In vermehrter Zahl geschah dies meist zu verschiedenen Jubiläen und konkreten Anlässen, so beispielsweise 2000 zum Börsengang von T-Online[109], 2001 zum Ende des Bildschirmtextes[110], 2008 zum 25. Jahrestag der bundesweiten Einführung[111], 2012 zur Abschaltung des französischen Minitel[112] sowie 2013 zum 30-jährigen Jubiläum des Bildschirmtext-Staatsvertrages und der bundesweiten Einführung[113]. Dabei changierten die journalistischen Berichte häufig zwischen zwei wiederkehrenden Narrativen: Einerseits wurde der Bildschirmtext – oft aus dem eigenen Erfahrungsschatz schöpfend und mit nostalgischer Note versehen – als ein Kuriosum der 1980er-Jahre geschildert, welches in der Gegenwart für viele nicht mehr vorstellbar sei. Andererseits verwiesen die Autoren auf den Bildschirmtext als eine spezifisch deutsche Vorform des Internets. „Das gute alte

---

Politics and the Modest State. In: Geschichte und Gesellschaft 42 (2016), H. 2, S. 243–265. Zusammenfassend vgl. Monika Haberer: Neue Medien in Frankreich: Vom Minitel zum Internet. In: französisch heute 32 (2001), H. 2, S. 158–168.

108 Vgl. Heike Weber: Zeitschichten des Technischen: Zum Momentum, „Alter(n)" und Verschwinden von Technik. In: Martina Heßler u. Heike Weber (Hg.): Provokationen der Technikgeschichte. Zum Reflexionszwang historischer Forschung. Paderborn 2019, S. 107–150.

109 Heinz Stüwe: T-Online – vom Aschenputtel zur Hoffnungsträgerin. In: Frankfurter Allgemeine Zeitung, 1.4.2000, S. 17; T-Online. Bildschirmtext BTX war die Keimzelle. In: Spiegel Online, 25.1.2000.

110 Ausgedient. Btx-Dienst der Telekom „stirbt" auf Raten. In: Spiegel Online, 13.9.2000; Michael Spehr: Der Bildschirmtext wird eingestellt. Eine Träne für BTX. In: Frankfurter Allgemeine Zeitung, 19.9.2000, S. T11; Holger Schmidt: T-Online stellt Btx-Dienst zum 31. Dezember ein. In: Frankfurter Allgemeine Zeitung, 15.11.2001, S. 29; Boris Schmidt: Adieu, Bildschirmtext oder Wer zu früh kommt, wird bestraft. Das gute alte Btx konnte alles, was heute das Internet kann, es hat nur keinen interessiert. Ein Rückblick. In: Frankfurter Allgemeine Zeitung, 18.12.2001, S. T1; Detlef Borchers: Ade, du schöner Schaltstern. In: heise online, 28.8.2002.

111 Anne Haeming: 25 Jahre BTX. Das Netz der Pixelklötze. In: Spiegel Online, 25.8.2008; Detlef Borchers: Vor 25 Jahren: BTX startet zur Funkausstellung. In: heise online, 2.9.2008; Boris Schmidt: Btx lebt. In: Frankfurter Allgemeine Zeitung, 2.9.2008, S. T1.

112 Ralf E. Krüger: Adieu, Minitel. Frankreich begräbt sein Textnetz. In: Spiegel Online, 25.6.2012; Christian Schubert: Frankreichs frühes Internet stirbt einen späten Tod. In: Frankfurter Allgemeine Zeitung, 30.6.2012, S. 15.

113 Johanna Lutteroth: Technik-Flop BTX. Per Fernbedienung ins digitale Bordell. In: Spiegel Online, 30.8.2013; Detlef Borchers: Vor 30 Jahren: Bildschirmtext für hohe Ansprüche. In: heise online, 2.9.2013; Volker Schmidt: 30 Jahre Btx. Die ersten Online-Gehversuche der Deutschen. In: Zeit Online, 2.9.2013.

Btx konnte alles, was heute das Internet kann, es hat nur keinen interessiert“[114], titelte beispielsweise der Journalist und einstige Bildschirmtext-Redakteur Boris Schmidt in der *Frankfurter Allgemeinen Zeitung*. Der ehemalige Chefredakteur des *Bildschirmtext Magazins* Martin Konitzer schrieb in einem über das Internet veröffentlichten Nachruf vom Bildschirmtext als dem „erste[n] Kapitel der Deutschen Online-Geschichte“[115]. In ähnlicher Weise beschrieb dann auch einige Jahre später die Wochenzeitung *Die Zeit* den Bildschirmtext als die „ersten Online-Gehversuche der Deutschen“ und idealisierte den ehemaligen Bundespostminister Kurt Gscheidle rückblickend zu einem der „unbesungenen Pioniere des Internets“.[116] Die Zeitgeschichtsforschung schloss sich in ersten Gesamtdarstellungen zur deutschen Geschichte der 1980er-Jahre durchaus diesen Einschätzungen an. Andreas Wirsching erwähnte den Bildschirmtext in seiner umfassenden Monografie *Abschied vom Provisorium* zwar nur an einer Stelle, konstatierte dort aber, dass mit Bildschirmtext „die Vorform des Internets, dessen Nutzerintensität zunächst freilich auch zu Enttäuschungen führte“[117] entstanden sei.[118]

Wenn der Bildschirmtext nun in der einen oder anderen Weise – funktional oder strukturell – als eine Vorläufertechnologie des heutigen Internets verstanden wurde, rückte damit auch die umfangreiche Forschungsliteratur zur Geschichte des Internets in den Blick. Die Frage nach dessen Ursprung beschäftigte Journalisten und Wissenschaftler besonders intensiv. Ein wirkmächtiges und äußerst langlebiges Narrativ beschreibt dabei das anfangs rein militärische Computernetzwerk Arpanet als eine Art ‚Ur-Internet‘, dessen kontinuierliche Weiterentwicklung im Sinne einer amerikanischen Fortschrittsgeschichte, gepaart mit den Taten visionärer Männer, zum heutigen World Wide Web führte. Diese erst im Verlauf der 1990er-Jahre zunehmend tradierte Meistererzählung wurde von der Forschung vielfach in Frage gestellt.[119] Frank Hartmann bezeichnete die „immer wieder kolportierte[]

114 Schmidt: Adieu Bildschirmtext, 2001. Boris Schmidt arbeitete, bevor er 1988 in die Bildschirmtext-Redaktion der Tele-F.A.Z. wechselte, u. a. für das *Bildschirmtext Magazin* und die Zeitschrift *Bildschirmtext Aktuell*.

115 Martin Konitzer: BTX-Nachruf. Heute (31.12.2000) geht der Bildschirmtext vom Netz. Nachruf auf ein Online-Urgestein.

116 Vgl. Schmidt: 30 Jahre, 2013. Zitate ebd.

117 Andreas Wirsching: Abschied vom Provisorium. Geschichte der Bundesrepublik Deutschland 1982–1990. München 2006, S. 436.

118 Aus soziologischer Sicht vgl. Jan-Felix Schrape: Wiederkehrende Erwartungen. Visionen, Prognosen und Mythen um neue Medien seit 1970. Boizenburg 2012, S. 10–12.

119 Zur dezidierten Kritik vgl. u. a. Mercedes Bunz: Vom Speicher zum Verteiler. Die Geschichte des Internet. Berlin 2008, S. 70–75; Martin Campbell-Kelly u. Daniel D. Garcia-Swartz: The history of the internet: the missing narratives. In: Journal of Information

Legende vom militärischen Ursprung" als „Geschichtsklitterung", welche in ihrer technikdeterministischen Sichtweise jegliche kulturhistorischen Motivlagen unterschlagen würde.[120] Die Journalisten Katie Hafner und Matthew Lyon betonten bereits sehr früh die zivilen Ursprünge der verschiedenen Entwicklungen, welche erst in ihrer Summe zum Internet führten. Wie der Buchtitel *Where wizards stay up late* aber schon andeutete, erzählten sie eine Heldengeschichte, in der die beteiligten Wissenschaftler und Ingenieure als „Zauberer" mystifiziert wurden.[121]

Eine abschließende Beantwortung der Streitfrage, ob die Ursprünge des Internets nun im militärischen oder zivilen Bereich zu suchen seien und ob dabei den konkreten technischen Innovationen oder eher den theoretischen Überlegungen mehr Gewicht beigemessen werden sollte, kann es schon aufgrund der enormen Komplexität sowie der langen Dauer der gesamten Entwicklung nicht geben. Der Versuch einer monokausalen Herleitung des Technologiekonglomerats Internet bleibt zwangsläufig unterkomplex und wird deshalb in der reflektierten Literatur in dieser Weise nicht mehr angestrebt.[122] Und so gilt nach wie vor die grundlegende Einschätzung von Janet Abbate, die sie in ihrer 1999 erstmals veröffentlichten und für die Forschung wegweisenden Studie *Inventing the Internet* formulierte und die seitdem häufig zitiert wurde: Die Entwicklung des Internets vollzog sich „through an unusual

---

Technology 28 (2013), H. 1, S. 18–33; Hans Dieter Hellige: Die Geschichte des Internet als Lernprozeß. In: Hans-Jörg Kreowski (Hg.): Informatik und Gesellschaft. Verflechtungen und Perspektiven. Münster, Hamburg u. Berlin 2008, S. 121–170; Jens Schröter: Technik und Krieg. Fragen und Überlegungen zur militärischen Herkunft von Computertechnologien am Beispiel des Internets. In: Harro Segeberg (Hg.): Die Medien und ihre Technik. Theorien – Modelle – Geschichte. Marburg 2004, S. 356–370. Mit Fokus auf die Netzwerk-Entwicklungen in Frankreich vgl. Andrew L. Russell u. Valérie Schafer: In the Shadow of ARPANET and Internet: Louis Pouzin and the Cyclades Network in the 1970s. In: Technology and Culture 55 (2014), H. 4, S. 880–907. Übersichtlich zusammengestellt und kritisch eingeordnet wurden die verschiedenen Narrative auch bei Martina Heßler: Kulturgeschichte der Technik. Frankfurt am Main 2012, S. 133–141.

120 Frank Hartmann: Globale Medienkultur. Technik, Geschichte, Theorien. Wien 2006, S. 168.

121 Katie Hafner u. Matthew Lyon: Where wizards stay up late. The origins of the Internet. New York 1996. Die deutsche Übersetzung griff im Titel dieses Zauberer-Motiv mit einem lautmalerischen Wortspiel auf. Die Autoren widersprachen ausdrücklich dem „üblen Mythos von einem Überlebensszenario nach einem Atomkrieg". Katie Hafner u. Matthew Lyon: ARPA Kadabra oder die Anfänge des Internet. 3. Aufl. Heidelberg 2008, S. 10. Vgl. auch Roy Rosenzweig: Wizards, Bureaucrats, Warriors, and Hackers. Writing the History of the Internet. In: The American Historical Review 103 (1998), H. 5, S. 1530–1552.

122 Auch in der Presse wurden die Forschungen um Tim Berners-Lee zunehmend als konstituierender Bezugspunkt des Internets erkannt. Vgl. bspw. Alexander Armbruster: Tim und der Aufstieg der Nerds. In: Frankfurter Allgemeine Zeitung, 12.3.2019, S. 15.

(and sometimes uneasy) alliance between military and civilian interests“[123] und sei dabei eben keine heldenhafte Erfindergeschichte, sondern vielmehr „a tale of collaboration and conflict among a remarkable variety of players“[124].

Mit der Zeitschrift *Internet Histories. Digital Technology, Culture and Society* gründete sich 2017 ein erstes fachwissenschaftliches Periodikum, das sich explizit und ausschließlich mit der Geschichte des Internets und der Digitalisierung weltweit beschäftigt. Janet Abbate veröffentlichte in der ersten Ausgabe einen Grundsatzartikel in essayistischer Form, der die verschiedenen ‚Internetgeschichten' aufzeigte und einordnete.[125] Darüber hinaus präsentierte das erste Heft eine Vielzahl unterschiedlicher Perspektiven und möglicher Herangehensweisen für eine neue Geschichte des Internets.[126] Auch Julien Mailland und Kevin Driscoll, die Autoren der englischsprachigen Monografie zum französischen Minitel, publizierten in der Zeitschrift eigene Beiträge.[127] Mailland beklagte in seinem Artikel die räumlich vorrangig auf die USA fokussierte Forschung und setzte dem eine Analyse der Debatten um die Netzneutralität in Frankreich entgegen, wo dieses Thema im Kontext der Minitel-Entwicklungen bereits um 1980 intensiv diskutiert wurde.[128]

Zu Recht verwies Michael Friedewald schon früh darauf, dass die Entwicklung des Internets in der Form, wie wir es heute kennen, „kein Beispiel für historische Unvermeidlichkeit“ sei, sondern es zahlreiche „alternative Entwicklungspfade“ gab, die aus ganz unterschiedlichen Gründen letztendlich

123 Janet Abbate: Inventing the Internet. Cambridge (Massachusetts) u. London 1999, S. 2.

124 Ebd., S. 3.

125 Vgl. Janet Abbate: What and where is the Internet? (Re)defining Internet histories. In: Internet Histories 1 (2018), H. 1–2, S. 8–14.

126 Als wichtigste Beiträge vgl. Andrew L. Russell: Hagiography, revisionism & blasphemy in Internet histories. In: Internet Histories 1 (2018), H. 1–2, S. 15–25; Fred Turner: Can we write a cultural history of the Internet? If so, how? In: Internet Histories 1 (2018), H. 1–2, S. 39–46; Leopoldina Fortunati: For a dynamic and post-digital history of the Internet: a research agenda. In: Internet Histories 1 (2018), H. 1–2, S. 180–187.

127 Kevin Driscoll u. Camille Paloque-Berges: Searching for missing „net histories“. In: Internet Histories 1 (2018), H. 1–2, S. 47–59; Julian Mailland: Building Internet policy on history: lessons of the forgotten 1981 network neutrality debate. In: Internet Histories 2 (2018), H. 1–2, S. 1–19.

128 Für die USA werden dagegen die ersten umfangreichen Debatten um die Netzneutralität meist erst für Anfang bis Mitte der 2000er-Jahre ausgemacht. Vgl. Jeffrey A. Hart: The Net Neutrality Debate in the United States. In: Journal of Information Technology & Politics 8 (2011), H. 4, S. 418–443; Alison Powell u. Alissa Cooper: Net Neutrality Discourses: Comparing Advocacy and Regulatory Arguments in the United States and the United Kingdom. In: The Information Society 27 (2011), H. 5, S. 311–325.

nicht zur Ausprägung kamen.[129] Sein Aufsatz in der Zeitschrift *Technikgeschichte* stellte den Bildschirmtext „und andere technologische Sackgassen" als solche Alternativen kurz vor.[130] Der ehemals am Museum für Kommunikation in Frankfurt angestellte Ausstellungskurator Benedikt Burkard ging in einem Beitrag über die Geschichte und die Entwicklung des Internets noch einen Schritt weiter und schrieb, „Bildschirmtext war in vielerlei Hinsicht ein Vorläufer des heutigen Internets".[131]

In der internationalen Forschungsliteratur fand die Bildschirmtext-Technologie dagegen kaum in nennenswertem Umfang Erwähnung. Lediglich in der populärwissenschaftlichen Monografie *How the Web Was Born* setzten sich James Gillies und Robert Cailliau ausführlicher mit dem Thema auseinander.[132] Unter der Überschrift „Die Informationsrevolution, die nie stattfand" wurde vor allem das britische sowie das französische System näher vorgestellt. Die Autoren betrachteten mit der österreichischen Entwicklung des sogenannten MUPID-Terminals zudem auch einen ansonsten

129 Michael Friedewald: Vom Experimentierfeld zum Massenmedium. In: Technikgeschichte 67 (2000), H. 4, S. 331–364. Zitate ebd., S. 357.

130 Vgl. ebd., S. 338f.

131 Benedikt Burkard: Digitale E-Volution. Geschichte und Entwicklung des Internets. In: Das Archiv. Magazin für Kommunikationsgeschichte (2010), H. 3, S. 12–19, hier S. 14. Ein weiterer aktueller Aufsatz aus dem Museumsumfeld bezeichnete Btx in ähnlicher Wortwahl als „eine Art Vorläufer des World Wide Web". Bernd Lüke: Telefonieren mit Bild. In: Stiftung Deutsches Technikmuseum (Hg.): Netz-Dinge. 30 Geschichten vom Telegrafenkabel bis zur Datenbrille. Berlin 2018, S. 59–61, hier S. 59. Die deutschsprachige Literatur zu den Ursprüngen und der Entwicklung des Internets ist mittlerweile – wie für den englischsprachigen Raum auch – kaum mehr zu überblicken. Deshalb seien hier nur einige der wichtigsten Werke mit dezidiert geschichtswissenschaftlichen Fragestellungen aufgeführt. Neben den bereits genannten vgl. Michael Friedewald u. Simone Kimpeler: Das Netz der Netze. In: Klaus Beyrer u. Michael Andritzky (Hg.): Das Netz. Sinn und Sinnlichkeit vernetzter Systeme. Heidelberg 2002, S. 259–265; Alfred Kirpal u. Andreas Vogel: Neue Medien in einer vernetzten Gesellschaft: Zur Geschichte des Internets und des World Wide Web. In: NTM. Zeitschrift für Geschichte der Wissenschaften, Technik und Medizin 14 (2006), H. 3, S. 137–147; Friedrich Naumann: Vom Abakus zum Internet. Eine Geschichte der Informatik. Darmstadt 2001, S. 229–244; Matthias Röhr: Die neue Heimat des Geistes. Computer als Kommunikationsmittel und die Entstehung des „Cyberspace", 1969 bis 1996. In: Forschungsstelle für Zeitgeschichte in Hamburg (Hg.): Zeitgeschichte in Hamburg 2015. Hamburg 2016, S. 65–81; Kathrin Rothemund: Internet. Verbreitung und Aneignung in den 1990ern, in: Werner Faulstich (Hg.): Die Kultur der 90er Jahre. München 2010, S. 119–136.

132 James Gillies u. Robert Cailliau: How the Web Was Born. The Story of the World Wide Web. Oxford 2000. Im Folgenden wurde mit der deutschen Übersetzung gearbeitet, vgl. Dies.: Die Wiege des Web. Die spannende Geschichte des WWW. Heidelberg 2002, S. 115–125.

wenig beachteten Sonderfall.[133] Generell kann festgehalten werden, dass in der englischsprachigen Literatur die Streitfrage, ob der Ursprung des Internets nun eher im militärischen oder zivilen Bereich zu suchen sei, die Veröffentlichungen lange Zeit in einem erstaunlichen Maße bestimmt hat. Diese Konzentration auf das Arpanet und weitere vorwiegend US-amerikanische Netzwerke versperrte oftmals den Raum für die Betrachtung alternativer Entwicklungen.[134] Der Bildschirmtext lässt sich hierbei als so eine alternative Form der digitalen Vernetzung einordnen und untersuchen.

Die Darlegung der Ziele und Quellen sollte verdeutlicht haben, dass sich die vorliegende Arbeit als eine kulturhistorisch fundierte Technikgeschichte des Bildschirmtextes verstanden wissen will. Die untersuchte Technologie muss sich folglich kontextualisierend in einer allgemeinen Gesellschaftsgeschichte der Bundesrepublik Deutschland wiederfinden. Damit rückte ein weiteres Forschungsgebiet in den Blickpunkt, das im Folgenden aufgrund seiner Umfänglichkeit nur umrissen werden konnte. Die im Regelfall für staatliche Akten geltende Sperrfrist bedingt bekanntermaßen in der aktuellsten Themenfindung der deutschen Zeitgeschichtsforschung eine Verzögerung um drei Jahrzehnte. In den letzten zehn Jahren gerieten so sukzessiv die 1980er-Jahre in

133 MUPID stand als Akronym offiziell für Mehrzweck Universell Programmierbarer Intelligenter Decoder. Das Gerät wurde im Auftrag der Österreichischen Post- und Telegraphenverwaltung an der Technischen Universität Graz unter Leitung von Hermann Maurer entwickelt und erstmals 1982 vorgestellt. Die Besonderheit lag u. a. in der Verwendung von Mikroprozessoren, womit der MUPID nicht nur zur Darstellung von Btx genutzt werden konnte, sondern auch wesentliche Funktionen eines Heimcomputers erfüllte. Bis zur Produktionseinstellung 1989 wurden in verschiedenen Versionen insgesamt etwa 40000 Stück verkauft.

134 Als wichtige englischsprachige Literatur zur Geschichte des Internets seien neben den bereits aufgeführten hier zusätzlich genannt, vgl. Michael A Banks: On the Way to the Web. The Secret History of the Internet and Its Founders. New York 2008; Bradley Fidler u. Andrew L. Russell: Financial and Administrative Infrastructure for the Early Internet. Network Maintenance at the Defense Information Systems Agency. In: Technology and Culture 59 (2018), H. 4, S. 899–924; Shayne Greenstein: How the Internet Became Commercial: Innovation, Privatization, and the Birth of a New Network. Princeton 2015; Stephen J. Lukasik: Why the Arpanet Was Built. In: IEEE Annals of the History of Computing 33 (2011), H. 3, S. 4–21; Thomas Misa: Leonardo to the Internet. Technology & Culture from the Renaissance to the Present. 2. Aufl. Baltimore 2011, S. 248–258; John Naughton: A Brief History of the Future. The origins of the internet. London 1999; Ders.: From Gutenberg to Zuckerberg: What You Really Need to Know about the Internet. London 2012; Ders.: The evolution of the Internet: from military experiment to General Purpose Technology. In: Journal of Cyber Policy 1 (2016), H. 1, S. 5–28; Johnny Ryan: A History of the Internet and the Digital Future. London 2010.

den Fokus.[135] Aus historiografischer Perspektive lassen sich diese auch als ein „‚nachholendes' Jahrzehnt" mit einer „konturlose[n] Position zwischen Krise und Revolution" verstehen.[136]

Nachdem die 1970er-Jahre für die Bundesrepublik Deutschland aus politikgeschichtlicher Perspektive unter anderem als „sozialdemokratisches Jahrzehnt"[137] gedeutet wurden, zeigt sich entsprechend nun die Neigung, das folgende Jahrzehnt verspätet mit dem Regierungswechsel zur christlichsozialen Koalition 1982 und der Kanzlerschaft Helmut Kohls beginnen zu lassen.[138] Als Kontrapunkt schärfte die Zeitschrift *INDES* mit einem Themenheft zum „januskköpfigen Jahre 1979" noch einmal das Bewusstsein für die prinzipielle Willkürlichkeit von Periodisierungen, die sich starr an den datumsverordneten Wechsel von Jahrzehnten heften.[139] Häufig werden die 1980er-Jahre dennoch als ein abgeschlossenes oder abschließendes Jahrzehnt betrachtet, an deren Ende der Zerfall des sowjetischen Machtblocks und die deutsche

135 Das meint hier vor allem die ausführliche und quellenbasierte Erforschung einzelner Themenkomplexe. Ausgewählte Gesamtdarstellungen zur deutschen Geschichte behandelten die 1980er-Jahre auch vor 2010 schon umfangreich. Vgl. u. a. Eckart Conze: Die Suche nach Sicherheit. Eine Geschichte der Bundesrepublik Deutschland von 1949 bis zur Gegenwart. München 2009, S. 463–688; Manfred Görtemaker: Geschichte der Bundesrepublik Deutschland. Von der Gründung bis zur Gegenwart. München 1999, S. 597–715, hier zum Btx S. 605; Andreas Rödder: Die Bundesrepublik Deutschland 1969–1990. München 2004, S. 52–94; Wirsching: Abschied vom Provisorium, 2006, hier zum Btx S. 436; Edgar Wolfrum: Die geglückte Demokratie. Geschichte der Bundesrepublik Deutschland von ihren Anfängen bis zur Gegenwart. Stuttgart 2006, S. 327–429, hier zum Btx S. 410. Für eine ausführliche Besprechung der Literatur vor 2010 vgl. Martin H. Geyer: Auf der Suche nach der Gegenwart. Neue Arbeiten zur Geschichte der 1970er und 1980er Jahre. In: Archiv für Sozialgeschichte 50 (2010), S. 643–669.

136 Vgl. Angela Siebold: So nah und doch so fern? Die 1980er Jahre historisch erforschen. In: Aus Politik und Zeitgeschichte 65 (2015), H. 46, S. 3–8, hier S. 3f. Zitate ebd., S. 3.

137 Bernd Faulenbach: Die Siebziger Jahre – ein sozialdemokratisches Jahrzehnt? In: Archiv für Sozialgeschichte 44 (2004), S. 1–37; Ders.: Das sozialdemokratische Jahrzehnt. Von der Reformkrise zur Neuen Unübersichtlichkeit. Die SPD 1969–1982. Bonn 2011.

138 Praktisch alle Überblicksdarstellungen zur deutschen Geschichte benutzten diese Zäsursetzung, die sich außerdem als anschlussfähig an eine Periode der „langen 1970er Jahre" erwies. Einführend zur Kanzlerschaft Kohls vgl. Andreas Wirsching: Eine „Ära Kohl"? Die widersprüchliche Signatur deutscher Regierungspolitik 1982–1998. In: Archiv für Sozialgeschichte 52 (2012), S. 667–684.

139 Franz Walter: Von der Gleichzeitigkeit des Ungleichzeitigen. Das janusköpfige Jahr 1979. In: INDES. Zeitschrift für Politik und Gesellschaft 5 (2016), H. 1, S. 21–34. Gleichwohl pflegte die Zeitschrift auch die formale Einteilung in Dezennien – so gab es in den Jahren zuvor bereits Themenhefte zu den 1980er- und 1990er-Jahren. Frank Bösch setzte sich aktuell ausgehend von zehn globalen Ereignissen ebenfalls umfassend mit dem Jahr 1979 auseinander. Vgl. Frank Bösch: Zeitenwende 1979. Als die Welt von heute begann. München 2019.

Wiedervereinigung standen. So sind die 1980er-Jahre auch ein „Abschied vom Provisorium"[140] und können als „das langsame Ende alter Ordnungen"[141] gelesen werden. Diese Perspektive lässt sich aufgrund der Wirkungsmächtigkeit der Zäsur 1989/90 nicht einfach von der Hand weisen, verstellt aber den Blick für die prinzipielle Offenheit historischer Ereignisse und Prozesse.[142] Geschichte darf retrospektiv gedacht werden, aber die Zeitgenossen erlebten sie ausnahmslos in einer Richtung. Der Zäsurcharakter eines Ereignisses offenbart sich frühestens in dem Moment seines Eintreffens.[143] Dieser Gedanke sollte besonders mit Blick auf die erfolgte Substitution des Bildschirmtextes durch das Internet wachgehalten werden. Die Abschaltung und Ersetzung durch etwas vermeintlich ‚Besseres' war, um es noch einmal mit Michael Friedewald zu sagen, keine „historische Unvermeidlichkeit"[144].

Das Bestreben, die 1980er-Jahre mit einem ergebnisoffenen Blick zu historisieren, führte häufig zu einer umgekehrten Perspektive, in der das Jahrzehnt nicht mehr als ein Vorspiel für 1989/90 gedeutet wurde, sondern im Gegenteil als Fortschreibung einer Zeit nach dem Umbruchsjahrzehnt der 1970er-Jahre. Lutz Raphael fasste das Jahrzehnt der 1980er daher schlicht als typische „Normaljahre" einer Zeit „nach dem Boom" – durchschnittliche Jahre deshalb, weil „viele Trends eher unspektakulär weiterliefen" und „neue Entwicklungen [...] eher unauffällig begannen."[145] Axel Schildt übersetzte dieses Image der Langeweile als eine „kulturelle Chiffre politisch relativ ruhiger Zeiten"[146], was vor allem auf die Regierungszeit Helmut Kohls verwies. Andere widersprachen entschieden dieser Deutung und beschrieben die 1980er-Jahre als ein „spannungsgeladenes" und „ergebnisoffenes Scharnierjahrzehnt"[147], in dem

140 Wirsching: Abschied vom Provisorium, 2006; Conze: Die Suche nach der Sicherheit, 2009, S. 579.

141 Siebold: So nah und doch so fern, 2015, S. 4. Die Autorin fand diese Perspektive „nachvollziehbar", wies aber zugleich auf die Probleme eines retrospektiven Blickes hin.

142 Zur Diskussion der 1990er-Jahre als eine „Epochenschwelle" aus wirtschaftshistorischer Perspektive, vgl. Hartmut Berghoff: Die 1990er Jahre als Epochenschwelle? Der Umbau der Deutschland AG zwischen Traditionsbruch und Kontinuitätswahrung. In: Historische Zeitschrift 308 (2019), H. 2, S. 364–400.

143 Exemplarisch dazu die Beschreibung des Jahres 1988 als ein in der Historiographie und Erinnerung praktisch ausradiertes Jahr. Vgl. Alexander Kraus u. Christoph Lorke: Vor dem Aufbruch. 1988 als vergessenes Jahr. In: Aus Politik und Zeitgeschichte 64 (2014), H. 24–26, S. 40–46.

144 Friedewald: Vom Experimentierfeld zum Massenmedium, 2000, S. 357.

145 Raphael: 1980er, 2015, S. 13.

146 Schildt: Das letzte Jahrzehnt der Bonner Republik, 2012, S. 22.

147 Siebold: So nah und doch so fern, 2015, S. 4 u. 8.

zwar kaum selbst neue Veränderungsprozesse initiiert wurden, alte aber für breite Gesellschaftskreise zunehmend relevant wurden.

Mit der Erforschung des Dezenniums der 1980er-Jahre rückten unweigerlich auch die Auswirkungen des vermehrten Einsatzes von Computern in den Fokus der zeithistorischen Forschung. Die Computerisierung im engeren Sinne wurde dabei, mit Jürgen Danyel und Annette Schuhmann gesprochen, als „die ab Mitte der 1970er-Jahre einsetzende Phase der Durchsetzung der Mikroelektronik und des Personal Computers sowie der auf ihnen basierenden Informations- und Kommunikationstechnologien in verschiedenen gesellschaftlichen Bereichen“[148] verstanden. Auch wenn Frank Bösch noch unlängst konstatierte, dass sich die deutsche Zeitgeschichtsforschung „bislang wenig mit dem digitalen Wandel in der zweiten Hälfte des 20. Jahrhunderts beschäftigt“[149] habe, erscheint die Fülle an Forschungsprojekten und Publikationen in den letzten Jahren beeindruckend und vermittelt den Eindruck eines prosperierenden Forschungsgebietes – zumal das von Bösch am Zentrum für Zeithistorische Forschung Potsdam geleitete Projekt „Aufbrüche in die digitale Gesellschaft. Computerisierung und soziale Ordnungen in der Bundesrepublik und DDR“ selbst einen wesentlichen Teil dazu beitrug. Mitarbeiterinnen und Mitarbeiter dieses Projekts verfassten 2016 für die Zeitschrift *Technikgeschichte* einen ersten umfangreichen Forschungs- und Literaturbericht zur Digitalgeschichte Deutschlands.[150] Der Historiker Gleb J. Albert berichtete zudem 2019 im *Archiv für Sozialgeschichte* über die neusten Forschungen zur Sozial- und Kulturgeschichte des Heimcomputers.[151] Diesen maßgebenden und vollumfänglichen Beiträgen bliebe im Folgenden nichts hinzuzufügen, weshalb darauf verzichtet wurde, sich an einem Parallelbericht in Wiederholungen zu üben.

Stattdessen werden in einem kurzen Abriss lediglich die neuesten Veröffentlichungen ergänzend aufgeführt. Dazu zählen die in Potsdam geleisteten Forschungen selbst – hier konnten die Banken und Sparkassen[152], die

---

148 Danyel u. Schuhmann: Wege in die digitale Moderne, 2015, S. 289.

149 Frank Bösch: Wege in die digitale Gesellschaft. Computer als Gegenstand der Zeitgeschichtsforschung. In: Ders. (Hg.): Wege in die digitale Gesellschaft. Computernutzung in der Bundesrepublik 1955–1990. Göttingen 2018, S. 7–36, hier S. 7.

150 Martin Schmitt et al.: Digitalgeschichte Deutschlands. Ein Forschungsbericht. In: Technikgeschichte 83 (2016), H. 1, S. 33–70.

151 Gleb J. Albert: Der vergessene „Brotkasten“. Neue Forschungen zur Sozial- und Kulturgeschichte des Heimcomputers. In: Archiv für Sozialgeschichte 59 (2019), S. 495–530.

152 Martin Schmitt schloss im März 2020 seine Dissertation zur „Die Digitalisierung der Kreditwirtschaft. Computereinsatz in den Sparkassen der Bundesrepublik und DDR, 1957-1991“ ab. Vgl. Martin Schmitt: Der Wert des Kunden. Computerisierung in bundesdeutschen Sparkassen am Beispiel der Privatkreditvergabe. In: Frank Bösch u. Martin

Versicherungen[153] sowie die Polizei und das Militär[154] als frühe Großanwender einer ersten Phase der Digitalisierung genauer konturiert werden. Mit Blick auf den „Btx-Hack" des Chaos Computer Clubs erhielten Publikationen zu alternativen Nutzungsformen des Computers für die Untersuchung des Bildschirmtextes Relevanz.[155] An die umfassenden Forschungen zu den Veränderungen der industriellen Arbeit im Jahrzehnt des ‚Strukturbruchs' anschließend, lag bei der Digitalisierung erneut ein Schwerpunkt auf dem nun durch die Einführung digitaler Technologien induzierten Wandel.[156] Der zunehmende Einsatz neuer Informations- und Kommunikationstechnologien veränderte

Sabrow (Hg.): ZeitRäume 2017. Potsdamer Almanach des Zentrums für Zeithistorische Forschung. Göttingen 2017, S. 119–134; Ders.: Vernetzte Bankenwelt. Computerisierung in der Kreditwirtschaft der Bundesrepublik und der DDR. In: Frank Bösch (Hg.): Wege in die digitale Gesellschaft: Computernutzung in der Bundesrepublik 1955-1990. Göttingen 2018, S. 126–147.

153 Thomas Kasper: Wie der Sozialstaat digital wurde. Die Computerisierung der Rentenversicherung im geteilten Deutschland. Göttingen 2020; Ders.: Zwischen Reform, Rationalisierung und Transparenz. Die Digitalisierung der bundesdeutschen Rentenversicherung 1957-1972. In: Frank Bösch (Hg.): Wege in die digitale Gesellschaft: Computernutzung in der Bundesrepublik 1955-1990. Göttingen 2018, S. 148–174.

154 Rüdiger Bergien: „Big Data" als Vision. Computereinführung und Organisationswandel in BKA und Staatssicherheit (1967–1989). In: Zeithistorische Forschungen/Studies in Contemporary History 14 (2017), H. 2, S. 258–285; Ders.: Südfrüchte im Stahlnetz. Der polizeiliche Zugriff auf nicht-polizeiliche Datenspeicher in der Bundesrepublik, 1967-1989. In: Frank Bösch (Hg.): Wege in die digitale Gesellschaft: Computernutzung in der Bundesrepublik 1955-1990. Göttingen 2018, S. 39–63; Janine Funke: Digitalisierung in der frühen Bundeswehr. Die Einführung elektronischer Rechenmaschinen in Verwaltung, Forschung und Führungssystemen. In: Frank Bösch (Hg.): Wege in die digitale Gesellschaft: Computernutzung in der Bundesrepublik 1955-1990. Göttingen 2018, S. 86–100.

155 Julia Gül Erdogan verteidigte im Juni 2019 ihre Promotion zur ‚Avantgarde der Computernutzung. Hackerkulturen der Bundesrepublik und DDR'. Vgl. Julia Gül Erdogan: Computerkids, Freaks, Hacker: Deutsche Hackerkulturen in internationaler Perspektive. In: Clemens Zimmermann u. Aline Maldener (Hg.): Let's historize it! Jugendmedien im 19. und 20. Jahrhundert. Köln u. a. 2018, S. 61–94; Dies.: Technologie die verbindet. Die Entstehung und Vereinigung von Hackerkulturen in Deutschland. In: Frank Bösch (Hg.): Wege in die digitale Gesellschaft: Computernutzung in der Bundesrepublik 1955–1990. Göttingen 2018, S. 227–249. Vgl. auch Gleb J. Albert: Computerkids als mimetische Unternehmer. Die Cracker-Szene zwischen Subkultur und Ökonomie (1985–1995). In: WerkstattGeschichte 74 (2016), S. 49–66.

156 Zum Wandel der Industriearbeit „nach dem Boom" vgl. u. a. Lutz Raphael: Flexible Anpassungen und prekäre Sicherheiten. Industriearbeit(er) nach dem Boom. In: Morten Reitmayer u. Thomas Schlemmer (Hg.): Die Anfänge der Gegenwart. Umbrüche in Westeuropa nach dem Boom. München 2014, S. 51–64; Ders.: Industriearbeit(er) nach dem Boom. Bundesrepublikanische Entwicklungen im westeuropäischen Vergleich. In: Sonja Levsen u. Cornelius Torp (Hg.): Wo liegt die Bundesrepublik? Vergleichende Perspektiven auf die westdeutsche Geschichte. Göttingen 2016, S. 207–231.

in den 1980er-Jahren die Arbeitswelten in bisher ungekannter Dynamik. Das Verschwinden einzelner Berufsgruppen bildete in der Geschichte der Arbeit keine Besonderheit, die Digitalisierungsprozesse bewirkten jedoch praktisch in allen Branchen umfassende Veränderungen.[157] Das prominenteste und entsprechend am besten erforschte Fallbeispiel ist dabei die radikale Umwälzung der Druckerbranche. Das Agieren und die Reaktionen der Gewerkschaften auf die Herausforderungen der Computerisierung untersuchte Karsten Uhl ausführlich.[158] Einen bemerkenswerten Beitrag verfasste Michael Homberg, der am Beispiel der Arbeitsmigration in der Computerindustrie einen umfassenden Aufriss der Digitalisierung schaffte.[159] Über all diesen Forschungen und Einzelbetrachtungen schwebt letztendlich immer auch die für die historische Zunft leidliche Frage, inwieweit sich der digitale Wandel als ein Prozess von revolutionärer Qualität fassen lässt. Andreas Rödder sprach beispielsweise von einer „digitalen Revolution"[160] als der dritten Stufe der industriellen Revolution und Andreas Wirsching beschrieb eine „revolutionäre Entwicklung der Mikroelektronik"[161], die in Ausmaß und Wirkung einer dritten industriellen Revolution glich.[162]

---

157 Einführend vgl. Annette Schuhmann: Der Traum vom perfekten Unternehmen. Die Computerisierung der Arbeitswelt in der Bundesrepublik Deutschland (1950er- bis 1980er-Jahre). In: Zeithistorische Forschungen/Studies in Contemporary History 9 (2012), H. 2, S. 231–256. Mit geschärftem Blick für die Kontinuitäten der Rationalisierungsideen von Arbeit vgl. Rüdiger Hachtmann: Rationalisierung, Automatisierung, Digitalisierung. Arbeit im Wandel. In: Frank Bösch (Hg.): Geteilte Geschichte. Ost- und Westdeutschland 1970–2000. Göttingen 2015, S. 195–237.

158 Vgl. aktuell Karsten Uhl: Die langen 1970er Jahre der Computerisierung. Die Formalisierung des Produktionswissens in der Druckindustrie und die Reaktionen von Gewerkschaften, Betriebsräten und Arbeitern. In: Constanze Lindemann u. Harry Neß (Hg.): Vom Buchdrucker zum Medientechnologen. Wege der Druckindustrie in die Welt der Digitalisierung, Hamburg 2018, S. 84–99.

159 Vgl. Michael Homberg: Mensch | Mikrochip. Die Globalisierung der Arbeitswelten in der Computerindustrie 1960 bis 2000 – Fragen, Perspektiven, Thesen. In: Vierteljahrshefte für Zeitgeschichte 66 (2018), H. 2, S. 267–293.

160 Rödder: 21.0, 2015, S. 18–39.

161 Andreas Wirsching: Der Preise der Freiheit. Geschichte Europas in unserer Zeit. München 2012, S. 226.

162 Grundlegend zur Verwendung des Revolutionsbegriffs in der Technikgeschichte vgl. Wolfgang König: Technikgeschichte. Eine Einführung in ihre Konzepte und Forschungsergebnisse. Stuttgart 2009, S. 103–108; weiterhin Martina Heßler u. Nora Thorade: Die Vierteilung der Vergangenheit. Eine Kritik des Begriffs Industrie 4.0. In: Technikgeschichte 86 (2019), H. 2, S. 153–170. Einführend zur Diskussion einer möglichen Medienrevolution vgl. Reinhold Viehoff: Medienumbrüche – Ansichten zur Mediendynamik und ihren Folgen. In: Uwe Breitenborn, Gerlinde Frey-Vor u. Christian Schurig (Hg.): Medienumbrüche im Rundfunk seit 1950, Köln 2013, S. 31–45.

Diese kurzen und letztendlich selektiven Anführungen zur aktuellen Forschungsliteratur einer Geschichte des digitalen Wandels vermochten mitnichten ein vollständiges Bild zu liefern, sollten aber deutlich machen, dass sich mit der Digitalgeschichte ein Forschungszweig herausbildete, der momentan eine dynamische Phase durchläuft. Die vorliegende Arbeit verortet sich selbst eindeutig innerhalb dieser ‚neuen' Digitalgeschichte und möchte ihren Teil zur wissenschaftlichen Weiterentwicklung dieser beitragen.

KAPITEL 2

Zur Einordnung

2.1 Bildschirmtext ist nicht Videotext

„Was ist Ihnen im Augenblick das wichtigste Thema?“, wurde Christian Schwarz-Schilling 1983 zu Beginn eines Interviews für Radio Luxemburg gefragt. „Das wichtigste Thema ist mit Sicherheit die Frage, welches Kommunikationsnetz für unsere Zukunft das wichtigste ist“, antwortete er und führte weiter aus: „Eine besondere technische Neuigkeit ist der sogenannte Bildschirmtext.“ Der Moderator Geert Müller-Gerbes unterbrach und erklärte seinen Zuhörern: „Bildschirmtext ist Videotext, um das nochmal zu sagen.“ Der Bundespostminister musste an dieser Stelle einmal mehr den Unterschied erläutern: „Nein, Videotext sieht zwar so ähnlich aus auf dem Fernsehschirm, ist aber wieder etwas völlig anderes. Bildschirmtext ist eine ganz neuartige Kombination von ganz alltäglichen Dingen, wie dem Fernsehgerät, dem Telefonnetz und einem Computer.“[1]

Damals wie heute war der Bildschirmtext erklärungsbedürftig. Die fehlerhaften Beschreibungen und begrifflichen Ungenauigkeiten bis hin zur Verwechslung mit dem von den Rundfunkanstalten initiierten Videotext ließen sich an unzähligen Beispielen über den gesamten Untersuchungszeitraum hinweg zeigen und bis in die aktuellsten Meldungen verfolgen. So schrieb beispielsweise *Spiegel Online* 2014 anlässlich des ersten Internationalen Teletext Kunstfestivals[2], welches sich virtuell der künstlerischen Gestaltung von Videotext-Grafiken widmete, das „schon bei seinem 25. Geburtstag vor fast zehn Jahren [...] der ‚Bildschirmtext‘ ein obskurer Anachronismus [war]“[3] und verlinkte auf einen *Spiegel*-Artikel von 2005[4], der wiederum Videotext zum Thema hatte. Offensichtlich war für den Autor beides eins.

1 Kommunikationspolitik im Gespräch: Bildschirmtext. Breitbandverkabelung. Ausbildung. In: Zeitschrift für das Post- und Fernmeldewesen (1983), H. 8, S. 4–14, hier S. 5f.

2 The International Teletext Art Festival and The Museum of Teletext Art.

3 Peter Maxwill: Internationales Teletext Art Festival. Oh Videotext, wie violett und virtuos bist du. In: Spiegel Online, 14.8.2014.

4 Michael Fröhlingsdorf u. Markus Verbeet: 25 Jahre Videotext. Abfall für alle. In: Spiegel Online, 1.6.2005.

 | DOI:10.30965/9783657760428_003

Für die auffallend häufige Verwechslung der „ungleichen Brüder“[5] – wie das *Bildschirmtext Magazin* die beiden Technologien einmal nannte – können drei Gründe angeführt werden. Der Bildschirmtext der Deutschen Bundespost beruhte, wie faktisch alle europäischen Systeme dieser Art, auf den Forschungen des British Post Office um den leitenden Entwickler Sam Fedida.[6] Daher bargen erstens bereits die deutschen Übersetzungen und Adaptierungen der englischsprachigen Fachtermini ein hohes Verwechslungspotenzial. Die Vielzahl von gebräuchlichen Begriffen versuchte der Internationale Beratende Ausschuss für den Telegrafen- und Telefondienst[7] zu bündeln und legte sich 1978 auf einen einheitlichen Oberbegriff fest. Die verschiedenen Technologien zum Abruf von Textinformationen auf einem Fernsehgerät sollten global fortan unter dem Terminus *videotex* subsumiert werden, wobei weiterführend zwischen *broadcast* und *interactive videotex* unterschieden wurde.[8]

Beim Interactive Videotex erfolgte die Übermittlung der Informationen über eine schmalbandige Telefonleitung – dementsprechend gehörte auch der deutsche Bildschirmtext in diese Kategorie. Die meisten Staaten fanden für ihre Videotex-Systeme ähnlich eigenständige, der Landessprache angepasste Namen. Häufig wurden diese auch nach einem technischen Standard oder der Geräte-Bezeichnung benannt. Beispielsweise bürgerte sich im In- und Ausland für das französische System, offiziell Télétel getauft, schnell der Name Minitel ein, was eigentlich nur die Typenbenennung für das bildgebende Terminal war. Auch das britische System selbst kannte mehrere Namen: Zum rechtlichen Schutz der zwischenzeitlich international etablierten Bezeichnung Viewdata beantragte das British Post Office im Vorfeld der ersten Testphase im April 1978 die Aufnahme ins Handelsregister. Mit der Begründung, dass eine

5 Konkurrenz oder Arbeitsteilung? Btx und Videotext. In: bildschirmtext magazin für teleleser 5 (1984), H. 8, S. 32–34, hier S. 32.

6 Umso erstaunlicher, dass es für das britische System ebenso an verlässlicher Literatur mangelt. Für Grundlegendes vgl. Schneider: Technikentwicklung, 1989, S. 69–81; Gillies u. Cailliau: Wiege des Web, 2002, S. 115–119.

7 *Comité Consultatif International Téléphonique et Télégraphique* (CCITT). Auch in deutschsprachigen Publikationen wird durchgängig die international gebräuchliche Abkürzung benutzt. Der CCITT bildete ein Komitee innerhalb der Internationalen Fernmeldeunion. Vgl. Otfried Brauns-Packenius: Die Internationale Telekommunikations-Union im Wandel der Zeit. In: Post- und Telekommunikationsgeschichte (2001), H. 1, S. 46–54.

8 Vgl. Fred Meyer: Bildschirmtext und Videotext. In: Unterrichtsblätter der Deutschen Bundespost. Ausgabe B Fernmeldewesen 33 (1980), H. 9, S. 339f.; Sam Fedida u. Rex Malik: Viewdata revolution. London 1979, S. 170–172. Fedida selbst verstand unter Videotex: „A communication system in which digitally encoded frames are transmitted for reception by a modified TV set where a limited number of frames are stored and displayed." Fedida u. Malik: Viewdata revolution, 1979, S. 172.

reine Aneinanderreihung von in der Alltagssprache üblichen Ausdrücken nicht als schützenswerter Eigenname angesehen werde könne, wurde dies jedoch abgelehnt. Die britische Post musste deshalb in aller Schnelle eine andere Bezeichnung finden. In einem zweiten Anlauf wurde schließlich Prestel – eine Kombination der Wörter *press* und *television* oder *press* und *telephone* – als neuer Markenname eingetragen.[9]

Der Broadcast Videotex dagegen funktionierte mittels einer Übertragung in der Austastlücke des Fernsehbildes[10] und wurde Mitte der 1970er-Jahre unter dem Namen Ceefax von der BBC, der öffentlich-rechtlichen Rundfunkanstalt Großbritanniens, maßgeblich entwickelt und später unter der Bezeichnung Teletext vermarket.[11] In der Bundesrepublik Deutschland wurde dieser Dienst alsbald unter dem amtlichen Begriff Fernsehtext eingeführt. Auch wenn dieser Name in der Bevölkerung kaum Verbreitung fand und den wenigsten überhaupt bekannt war, blieb er die offizielle Bezeichnung.[12] Weitaus geläufiger und von den Rundfunkanstalten bis auf Ausnahme hochamtlicher Dokumente ebenfalls verwendet, war die Bezeichnung Videotext. Dieser Gleichklang der Begriffe und die entscheidende Nachfrage, ob mit oder ohne „t", führte zu zahlreichen Verwechslungen und ließ schon die Zeitgenossen alsbald von dem kleinen „t" aus Babylon und einem „babylonischen Sprachgewirr" sprechen.[13] Die *Rundfunktechnischen Mitteilungen* berichteten von einer „sehr

---

9 In heutigen Darstellungen wird häufig die zweite Variante angegeben. Schneider löste das Akronym aber noch mit *pressinformation by television* auf. Vgl. Schneider: Technikentwicklung, 1989, S. 81.

10 Die technischen Details dieser Übertragungsart wurden zeitgenössisch in allen relevanten Technik-Fachzeitschriften ausführlich diskutiert. Stellvertretend vgl. Franz Pilz: Übertragung zusätzlicher Informationen, insbesondere von Texten, in ungenutzten Zeilen der Vertikal-Austastlücke des Fernsehsignals. In: Nachrichtentechnische Zeitschrift 30 (1977), H. 3, S. 225–228; Ralph von Vignau: Videotext und Bildschirmtext. Technische Grenzen und Möglichkeiten. In: nachrichten elektronik 32 (1978), H. 8, S. 267–269.

11 Für eine erste umfassendere Darstellung in der deutschsprachigen Fachpresse vgl. Edgar F. Scholz: Ceefax – die Zeitung vom Bildschirm. In: Funkschau (1975), H. 8, S. 105–109. Die BBC stellte das System im April 1975 am Institut für Rundfunktechnik in München erstmals praktisch in Deutschland vor – hier bereits unter dem Namen Teletext. Zusätzlich vertreten war dabei auch die Independent Broadcasting Authority (IBA), die unter der Bezeichnung Oracle ebenfalls ein Teletext-System entwickelt hatte. Vgl. Engländer stellten in München ihr Teletext-System vor. In: Funkschau (1975), H. 11, S. 6.

12 So fand der Begriff bspw. seinen Eingang in den Staatsvertrag über den Rundfunk im vereinten Deutschland von 1991. Auch in seiner aktuellsten Novellierung, die im Mai 2019 in Kraft trat, spricht der Rundfunkstaatsvertrag ausschließlich von Fernsehtext.

13 Vgl. bspw. Hans Gusbeth: Ein kleines „t" aus Babylon. Ähnlich klingende Begriffe versperren den Zugang zu Neuen Medien. In: bildschirmtext magazin für teleleser 2 (1981), H. 8, S. 34; Texte auf dem Bildschirm. Kleines Lexikon durchs „babylonische Sprachgewirr". In: Nachrichtentechnische Zeitschrift 30 (1977), H. 10, S. 758f. Als eine „babylonische

verworrenen Situation", mit „Verwirrung stiftende[n] Bezeichnungen" für die unterschiedlichen Systeme.[14]

Die Begriffsspirale drehte sich aber noch weiter. Der Journalist Dietrich Ratzke fasste in seinem mehrfach aufgelegten *Handbuch der Neuen Medien* unter dem Sammelbegriff Teletexte alle auf dem „Bildschirm abrufbare, drahtlos oder kabelgebunden übermittelte Textinformationen"[15] zusammen. Gleichzeitig etablierte sich im englischsprachigen Raum aufgrund der hohen Popularität des britischen Videotextes der BBC dessen heimische Bezeichnung Teletext zunehmend als eingängigeres Synonym für Broadcast Videotex und ersetzte den Begriff in den 1980er-Jahren fast vollständig.[16] Damit wurde die Unterscheidung zwischen *interactive* und *broadcast* nicht mehr zwingend notwendig. In englischsprachigen Publikationen, aber auch auf internationalen Fachtagungen und Messen verkürzte sich der Interactive Videotex folglich zum Videotex und der Broadcast Videotex zum Teletext. Die begriffliche Verwirrung krönte die Deutsche Bundespost 1981 mit der Einführung des bereits erwähnten, neuen Kommunikationsdienstes Teletex. Anders als Teletext kam Teletex allerdings völlig ohne Fernseher aus, sondern war eine Weiterentwicklung des Prinzips des Fernschreibers – der international wiederum als Telex firmierte. Die *Telepost* sprach in ihrer Ankündigung fast schon selbstironisch von einem „neuen Dienst mit ‚x'"[17].

Die semantischen Schwierigkeiten wurden in abgeschwächter Form zeitgenössisch ebenso für die englischsprachigen Begriffe bemängelt, so beispielsweise die Forderung einer international renommierten Fachzeitschrift: „Terminology here is confusing – and not without political connotations. It needs clarification."[18] Auch in der aktuellen Forschung kommt es immer wieder

Sprachverwirrung" bei Hans Gusbeth: Kennen Sie Ida? Bildschirmtext hat viele Namen – Versuche in 12 europäischen und fünf Ländern in Übersee. In: bildschirmtext magazin für teleleser 2 (1981), H. 2, S. 6f., hier S. 7.

14 Ulrich Messerschmid: Technische Aspekte des Vergleichs der Systeme für Videotext und Bildschirmtext. In: Rundfunktechnische Mitteilungen 23 (1979), H. 5, S. 18–24, hier S. 19.

15 Dietrich Ratzke: Handbuch der Neuen Medien. Information und Kommunikation. Fernsehen und Hörfunk. Presse und Audiovision. heute und morgen. Stuttgart 1982, S. 177. Ratzke unterschied dann erst weiterführend zwischen Btx, Videotext und Kabeltext.

16 Auch der deutsche Videotext beruhte auf dem sogenannten UK-Teletext-Standard.

17 K. Busch: Weltpremiere: TELETEX. Die Bürolandschaft verändert sich. Ein neuer Dienst mit „x". In: telepost 10 (1981), H. 5, S. 12f. Vgl. auch Rolf Rüggeberg: Teletex – ein neuer internationaler Telekommunikationsdienst. In: Der Fernmelde-Ingenieur. Zeitschrift für Ausbildung und Fortbildung 33 (1979), H. 11, S. 1–36.

18 Michael Tyler: Videotex, Prestel and Teletext. The economics and politics of some electronic publishing media. In: Telecommunications Policy 3 (1979), H. 1, S. 37–51, hier S. 38.

zu Verwechslungen. Eine der ersten Rezensionen zur Minitel-Monografie von Julien Mailland und Kevin Driscoll beschrieb den Untersuchungsgegenstand des Buches als „the pre-history of the Internet in France focusing on the so-called Minitel, a videotext system launched at the beginning of the 1980s“[19] – die Autoren sprachen aber an keiner Stelle von *videotext*, sondern immer korrekterweise von *videotex*. In einer Online-Rezension darf diese begriffliche Ungenauigkeit noch als Lapsus durchgehen, dass aber im aktuellen Band der renommierten Reihe *Making Europe: Technology and Transformations* dieser Fehler ebenso auftaucht, deutet auf ein grundsätzlicheres Problem hin. Andreas Fickers und Pascal Griset versuchten auf wenigen Seiten unter der Überschrift „Videotext“ einen Vergleich europäischer Videotex-Systeme. Eine Abbildung zeigte eine Vorführung des Bildschirmtextes auf der Internationalen Funkausstellung 1977 mit der dazugehörigen Bildunterschrift „‘Teletext‘, a radically-new concept for everyday telecommunications“.[20] Auch ohne Beckmesserei dürfte dieses Beispiel noch einmal verdeutlichen, dass es für die einzelnen nationalen Videotex-Systeme an grundständiger Literatur fehlt, die einen systematischen Vergleich in größerem Umfang ermöglichen würde.

Ein zweiter Grund für die hohe Verwechslungsgefahr war, und darauf verwies bereits die eingangs zitierte Antwort des Bundespostministers, dass sich Video- und Bildschirmtext optisch sehr stark ähnelten. Beide Systeme stellten die Textinformationen und einfachen Grafiken, bei ähnlich reduzierter Farbigkeit, zunächst nur auf 24 Zeilen mit je 40 Zeichen dar.[21] Der Effekt der visuellen Ähnlichkeit verstärkte sich auch durch das identische Ausgabemedium – dem Fernsehgerät. Da für beide Systeme anfangs annähernd die gleichen technischen Parameter bezüglich der Visualisierungsmöglichkeiten galten, setzten sich auch ähnliche Gestaltungsmuster und Seitenstrukturen durch. Erst mit dem neuen, verbesserten Darstellungsstandard zur bundesweiten Einführung 1983 konnte sich der Bildschirmtext optisch deutlicher abheben.

Drittens erfolgten die offiziellen Vorstellungen von Video- und Bildschirmtext nicht nur zeitgleich, sondern sogar auf der gleichen Veranstaltung: Die Internationale Funkausstellung 1977 in Berlin beherbergte beide Dienste und

19 Gabriele Balbi: Rezension zu: Julien Mailland u. Kevin Driscoll: Minitel. Welcome to the Internet. Cambridge (Massachusetts) 2017. In: H-Soz-Kult, 5.3.2020.

20 Vgl. Andreas Fickers u. Pascal Griset: Communicating Europe. Technologies, Information, Events. London 2019, S. 311–313. Abbildung ebd., S. 312.

21 Diese Maximalanzahl von 960 Punkten steht heute noch symbolisch für den Videotext. Vgl. bspw. Ole Reißmann: Kunst in 960 Pixeln: Gif it to me, Videotext. In: Spiegel Online, 14.8.2015.

wurde deshalb auch zu einer „Text-auf-dem-Bildschirm-Schau“[22] persifliert. Auf der Messe wurden die begrifflichen Probleme noch einmal greifbar. Während die öffentlich-rechtlichen Rundfunkanstalten ihr System unter dem bekannten Namen Videotext präsentierten, warb der Bundesverband Deutscher Zeitungsverleger für die gleiche Technik unter dem Namen Bildschirmzeitung. Hinter diesem Alleingang stand die Angst der Zeitungsverleger, dass das gedruckte Wort durch das Aufkommen der neuen Medien – besonders durch den Videotext – eklatante Marktanteile verlieren könnte. Dieser Konkurrenzkampf zwischen dem Videotext der Rundfunkanstalten und der Bildschirmzeitung der Verleger entbrannte sich auch an der Grundsatzfrage, ob der Videotext im verfassungsrechtlichen Sinne Rundfunk oder Presse sei.[23]

In einem Messebericht für die *Frankfurter Allgemeine Zeitung* zur Internationalen Funkausstellung 1979 veranschaulichte wiederum Dietrich Ratzke das „Durcheinander“ der Begrifflichkeiten einmal übersteigert durch eine wilde Aufzählung unterschiedlicher, landesspezifischer Bezeichnungen:

> „International gesehen ist das Durcheinander an Systemen kaum noch überschaubar. Das ‚Bildschirmtext‘-System der Deutschen Bundespost ist identisch mit dem britischen ‚Viewdata‘. ‚Viewdata‘ heißt aber jetzt ‚Prestel‘. ‚Prestel‘ nennt man in Finnland ‚Telset‘, die französische Bildschirmtext-Version ist ‚Tic-Tac‘, sie arbeitet mit ganz anderen Parametern als ‚Prestel‘ und wurde gekreuzt mit dem französischen ‚Antiope‘, das in Belgien ‚Biblos‘ heißt, es entstand ‚Titan‘. Das

22 Jürgen Gabel: Videotechnik als Zukunftsmarkt. Neues für's Fernsehen. In: Nachrichtentechnische Zeitschrift 30 (1977), H. 10, S. 758–760, hier S. 759. Vgl. auch Gerhard Möll: Videotext-Demonstration der Rundfunkanstalten auf der Internationalen Funkausstellung 1977 in Berlin. In: Rundfunktechnische Mitteilungen 21 (1977), H. 5, S. 229f.

23 Vgl. Teletext: Rundfunk oder Zeitung? In: Funkschau (1977), H. 4, S. 44; Dietrich Ratzke: Wem gehört die Bildschirmzeitung? Verleger und Fernsehanstalten wollen in Berlin ein neues Medium präsentieren. In: Frankfurter Allgemeine Zeitung, 10.2.1977, S. 10; Ders.: Auf der Berliner Funkausstellung: Prolog für die große Kabelschlacht. Die saubere Trennung von elektronischen und gedruckten Medien ist endgültig vorbei. Podiumsdiskussion in der Kongreßhalle. In: Frankfurter Allgemeine Zeitung, 31.8.1977, S. 5; Ders.: Vom Heimkino zur Informationszentrale. Über Aussichten und Möglichkeiten der Bildschirm-Zeitung. In: Frankfurter Allgemeine Zeitung, 17.9.1977, S. 15; Karl Tetzner: Erneutes Gerangel um die „Bildschirmzeitung“. In: Funkschau (1979), H. 3, S. 5. Der Bundesverband zeichnete sich bereits in den Jahren davor durch eigenmächtige Aktivitäten aus, dazu vgl. Maria Löblich: Das notwendige Scheitern von Medienpolitik. Der Bundesverband Deutscher Zeitungsverleger und seine Abwehr von Presseregulierung zwischen 1968 und 1976. In: Jahrbuch für Kommunikationsgeschichte 19 (2017), S. 77–97. Die Rolle der Zeitungsverleger in der Entwicklungsphase der verschiedenen Videotex-Dienste wurde in den 1980er-Jahren durchaus kritisch betrachtet und dabei die starke Position vor allem der deutschen Zeitungen hervorgehoben. Vgl. bspw. Friedrich W. Burkhardt: The role of the daily newspaper in developing European viewdata services. In: Richard Elliot-Green (Hg.): Videotex–key to the information revolution. London 1982, S. 69–76.

britische ‚Ceefax' nennt sich in Holland ‚Teletekst', es entspricht dem deutschen Videotext, Videotext wiederum ist genau das Gegenteil von ‚Interactive Videotex', das als internationales Synonym alle Bildschirmtext-Varianten umfaßt."[24]

Im vorliegenden Buch wurde sich aufgrund der geschilderten Begriffsproblematik und der Gefahr möglicher Verwechslungen dafür entschieden, allgemein immer von Bildschirmtext-, nicht von Videotex-Systemen zu sprechen. Galt es einen konkreten Dienst zu benennen, so wurde dafür die landeseigene Bezeichnung verwendet – also beispielsweise Prestel für das britische und Minitel für das französische Bildschirmtext-System.

2.2 Hauptakteur Deutsche Bundespost

Der Historiker Jan-Otmar Hesse resümierte einmal in einer Rezension über die Geschichte der Deutschen Reichspost: „Die Postgeschichte ist ein ebenso weites wie undankbares Feld."[25] Dieser Befund bestätigte sich im Besonderen für den engeren Untersuchungszeitraum. Zwar bieten die Einrichtungen der Museumsstiftung Post und Telekommunikation[26] sowie die Deutsche Gesellschaft für Post- und Telekommunikationsgeschichte mit ihrer traditionsreichen Fachzeitschrift *Das Archiv* beste Voraussetzungen für die Erforschung postspezifischer Themen, aber häufig bleibt diese dennoch eher eine Nische für Heimatforscher und Spezialisten. So lesen sich Aufsätze zur Postgeschichte heute vielfach entweder als eine politische Verwaltungsgeschichte, oftmals mit regionalem Zuschnitt auf einzelne Postbezirke, oder als eine überwiegend artefaktkonzentrierte Technikgeschichte, die selten ihren engeren Untersuchungsgegenstand verlässt. Es fehlen kontextualisierende Monografien, welche die Post in ihrer Gesamtheit erfassen und dabei wissenschaftlichen Standards genügen. Die ‚offizielle' von der Bundespost in Auftrag gegebene

24 Dietrich Ratzke: Funkausstellung Berlin. Das Fernsehen ist auf die Schrift gekommen. Wird „Bildschirmtext unsere Zukunft sein? In: Frankfurter Allgemeine Zeitung, 29.8.1979, S. 25.

25 Jan-Otmar Hesse: Rezension zu: Wolfgang Lotz u. Gerd R. Ueberschär: Die Deutsche Reichspost 1933-1945. Eine politische Verwaltungsgeschichte. Berlin 1999. In: H-Soz-Kult, 21.10.2000.

26 Nachdem 2009 das Museum für Kommunikation in Hamburg geschlossen wurde, existieren noch das Museum für Kommunikation in Berlin, Frankfurt am Main und Nürnberg sowie das Archiv für Philatelie in Bonn. Zur Einrichtung der Stiftung vgl. Hartwig Lüdtke: Die Gründung der Museumsstiftung Post und Telekommunikation. In: Lutz Michael Büchner (Hg.): Post und Telekommunikation. Eine Bilanz nach zehn Jahren Reform. Heidelberg 1999, S. 217–221.

und mitverfasste Reihe *Geschichte der Deutschen Post* endete mit dem vierten Band im Jahr 1978.[27]

Zu Beginn der 1980er-Jahre löste die Deutsche Bundespost mit ihren mehr als einer halben Million Mitarbeiterinnen und Mitarbeitern die Deutsche Bundesbahn als größten Arbeitgeber der Bundesrepublik ab. In dieser Zeit erreichte die Bundespost ihren machtpolitischen Zenit und hatte ihn gleichzeitig schon überschritten. Bereits die ausgehenden 1970er-Jahre bildeten den Ausgangspunkt für die lauterwerdenden Rufe nach einer Liberalisierung des Fernmeldemarktes und in letzter Konsequenz auch einer Privatisierung des Staatsunternehmens. In den 1980er-Jahren befand sich die Bundespost daher – zumindest im Vergleich zu den sicheren Gefilden der vorangegangenen Jahrzehnte – in einer angespannten Lage und sah sich aufgrund ihrer Monopolstellung zunehmend kritisiert und angefeindet.[28]

Das umkämpfte Fernmeldemonopol war allerdings nur eines von mehreren Alleinstellungsmerkmalen, durch welches sich die besondere Rolle der Deutschen Bundespost im Institutionengeflecht auszeichnete – in der gesamten Zeit ihres Bestehens blieb sie ein staatsorganisatorisches Unikum.[29] Allein unter Beachtung dieser ‚Einzigartigkeit' ließ sich das Handeln und die Verlautbarungen des Akteurs Bundespost verstehen. Die wichtigsten Spezifika werden deshalb im Folgenden kurz erläutert. Das anschließende Aufzeigen der gesteigerten Bedeutung einer aktiven Marktpolitik soll darüber hinaus die These, der in Form von Marketingversprechen formulierten Fortschrittsverheißungen des Bildschirmtextes grundlegend stützen.

Für die spannende und aus Perspektive der Deutschen Bundespost besonders turbulente Phase der 1980er-Jahre fehlt es bis heute an einer luziden Gesamtdarstellung. Anhaltspunkte, wie eine posthistorische Untersuchung dieser Zeit aussehen kann, liefert ein Kapitel in der Monografie von Wolfgangs Lotz zur Geschichte der Post in den 1990er-Jahren.[30] Die einschneidenden

---

27 Hans Steinmetz u. Dietrich Elias: Geschichte der Deutschen Post. Band 4: 1945 bis 1978. Bonn 1979.

28 Zur Liberalisierung der Telekommunikation im Allgemeinen sowie zur Reform des Fernmeldewesens im Speziellen vgl. Gabriele Metzler: „Ein deutscher Weg". Die Liberalisierung der Telekommunikation in der Bundesrepublik und die Grenzen politischer Reformen in den 1980er Jahren. In: Archiv für Sozialgeschichte 52 (2012), S. 163–190, hier S. 165–177.

29 Immer noch grundlegend zur Geschichte der DBP als staatliche Institution vgl. Ernst Schilly: Post. In: Kurt G. A. Jeserich, Hans Pohl u. Georg-Christoph von Unruh (Hg.): Deutsche Verwaltungsgeschichte. Band 5: Die Bundesrepublik Deutschland. Stuttgart 1987, S. 506–518.

30 Kapitel „Die Deutsche Bundespost in den 1980er Jahren" in Wolfgang Lotz: Die deutsche Post von der Postreform I bis zum Börsengang 1989–2000. Frankfurt am Main 2007, S. 7–25.

Postreformen von 1989 und 1994 wirkten dabei für die Postgeschichte ähnlich wie die Zäsur von 1989/90 für die deutsche Geschichte: Die 1980er-Jahre wurden vielfach zu einer Vorgeschichte der kommenden Ereignisse degradiert und alles Handeln mit Blick auf diese gelesen. Auch die später von der Deutschen Post und der Deutschen Telekom initiierten Sammelbände fokussierten meist auf die Zeit der Postreformen sowie der Vereinigung mit der Deutschen Post der DDR und dem erfolgreichen ‚Aufbau Ost'.[31] International vergleichend angelegte Studien konzentrierten sich ebenso vorrangig auf die Privatisierung des Telekommunikationssektors.[32]

Die bereits erwähnte letzte ‚offizielle' Postgeschichte von 1978 enthielt ein bemerkenswertes Vorwort. Die Worte Kurt Gscheidles, verfasst mit Blick auf die 1970er-Jahre, konnten gleichsam als zögernder Ausblick auf die unsichere Zukunft des kommenden Jahrzehnts gelesen werden:

> „Im gegenwärtigen Jahrzehnt tut sich eine noch gar nicht voll übersehbare Kommunikationszukunft auf, in die die Deutsche Bundespost durch ihre verfassungsmäßige Bestimmung mitten hineingestellt worden ist. Um dieser Bestimmung gerecht zu werden, muß sie einerseits schwierige Probleme technischer Systementwicklung lösen. Andererseits tritt bei allen Problemlösungen der übergeordnete gesellschaftliche Auftrag der Deutschen Bundespost in den Vordergrund. Das Eingehen auf Marktsituationen und die Verpflichtung, Forderungen der Allgemeinheit zu genügen, beherrschen in immer größerem Umfang das Handeln der Deutschen Bundespost."[33]

Wie sah nun diese „verfassungsmäßige Bestimmung" und der „übergeordnete gesellschaftliche Auftrag" konkret aus? Den verfassungsrechtlichen Rahmen gab das Grundgesetz vor: Der Artikel 87 organisierte die Deutsche Bundespost wie auch den Auswärtigen Dienst, die Bundesfinanzverwaltung und die Bundeseisenbahnen als eine „bundeseigene Verwaltung mit eigenem Verwaltungsunterbau"[34] – Artikel 73 legte die ausschließliche Gesetzgebungsbefugnis auf dem Gebiet des Post- und Fernmeldewesens in die Hände des

31 So bspw. Lutz Michael Büchner (Hg.): Post und Telekommunikation. Eine Bilanz nach zehn Jahren Reform. Heidelberg 1999. Ein zum 25. Jahrestag des Mauerfalls erschienener Sammelband der Deutschen Telekom beinhaltet sowohl wissenschaftliche Beiträge von Historikerinnen und Historikern wie auch Zeitzeugenberichte von ehemaligen Akteuren. Vgl. Klaus Kinkel (Hg.): Grenzenlose Lei(s)tung – Die Deutsche Einheit und der Einsatz der Telekom beim Aufbau „Ost". München 2014.

32 Vgl. bspw. Ranjana S. Sarkar: Akteure, Interessen und Technologien der Telekommunikation. USA und Deutschland im Vergleich. Frankfurt am Main u. New York 2001.

33 Kurt Gscheidle: Vorwort. In: Hans Steinmetz u. Dietrich Elias: Geschichte der Deutschen Post. Band 4: 1945 bis 1978. Bonn 1979, S. 5f., hier S. 6.

34 Art. 87 Abs. 1 GG v. 3.8.1972.

Bundes. Alle weiteren Bestimmungen regelte das 1953 erstmals in Kraft getretene Postverwaltungsgesetz.[35]

Das Grundgesetz in Kombination mit dem Postverwaltungsgesetz gab der Einrichtung Deutsche Bundespost einen – wie sie es einst selbst formulierte – „zwiespältigen institutionellen Charakter"[36]. Einerseits war die Bundespost als unmittelbare Bundesverwaltung dem öffentlichen Wohl verpflichtet, andererseits musste sie aber auch Funktionen eines Wirtschaftsunternehmens wahrnehmen. Die Gemeinwohlorientierung konstituierte sich unter anderem in der von der Bundespost für sich selbst reklamierten „Infrastrukturaufgabe". So wurde beispielsweise im Geschäftsbericht von 1981 mit Blick auf den Bildschirmtext formuliert:

> „Die Aufgaben der Deutschen Bundespost in unserem Staat haben in den letzten Jahrzehnten ständig an Bedeutung gewonnen. [...] Die Dienstleistungen des Post- und Fernmeldewesens bilden eine wesentliche Grundlage für die Funktionsfähigkeit der Wirtschaft, der staatlichen Verwaltung und des gesellschaftlichen Zusammenlebens. Materielle, institutionelle und personelle Einrichtungen dieser Art werden als Infrastruktur bezeichnet. [...] Die vom Staat errichtete und unterhaltene Infrastruktur steht [...] in Komplementärbeziehung zum freien Markt. Besonders deutlich und wirksam wird das Telekommunikationswesen in dieser Aufgabenstellung mit der Einführung des Bildschirmtextes werden. [...] Die Post- und Fernmeldedienste können ihre gesamtwirtschaftliche Infrastrukturaufgabe mit voller Wirksamkeit nur dann erfüllen, wenn sie im gesamten Land überall und für jedermann zu gleichen Bedingungen und Gebühren erreichbar sind. Die Deutsche Bundespost macht große Anstrengungen, um den ihr zugewiesenen Infrastrukturbereich mit den modernsten Techniken auszustatten und ihre Dienste überall zu annehmbaren Gebühren anzubieten."[37]

---

35 Im Detail zu den rechtlichen Bestimmungen des Postverwaltungsgesetzes vgl. Eva-Maria Ritter: Deutsche Telekommunikationspolitik 1989–2003. Aufbruch zu mehr Wettbewerb. Ein Beispiel für wirtschaftliche Strukturreformen. Düsseldorf 2004, S. 53–59.

36 Hans Steinmetz: Die Deutsche Bundespost im Schatten des Wohlstands. Unerfreuliches und Erfreuliches bei den Auseinandersetzungen um die Sanierung des Posthaushalts. Ein dokumentarischer Bericht. In: Archiv für das Post- und Fernmeldewesen 18 (1966), H. 2, S. 91–197, hier S. 98.

37 Deutsche Bundespost: Geschäftsbericht 1981. Frankfurt am Main 1982, S. 13. Die durch die DBP verwalteten Infrastrukturen lassen sich daher auch als Gemeingüter verstehen. Zur Erforschung dieser wurde 2004 ein Max-Planck-Institut zur Erforschung von Gemeinschaftsgütern gegründet. Am Leibniz-Institut für Raumbezogene Sozialforschung untersuchen außerdem seit 2007 mehrere Forschungsprojekte die Räumlichkeit von Gemeinschaftsgütern. Vgl. Timothy Moss, Rita Gudermann u. Andreas Röhring: Zur Renaissance der Gemeinschaftsgut- und Gemeinwohlforschung. In: Christoph Bernhardt, Heiderose Kilper u. Timothy Moss: (Hg.): Im Interesse des Gemeinwohls. Regionale Gemeinschaftsgüter in Geschichte, Planung und Politik. Frankfurt am Main u. New York 2009, S. 31–49.

Das Amt des Bundesministers für das Post- und Fernmeldewesen wurde daher auch mit dem Charakteristikum der „Janusköpfigkeit“[38] belegt. Als Politiker und Minister leitete er eine öffentliche Behörde des Staates und war damit auch dem Deutschen Bundestag gegenüber rechenschaftspflichtig. Als Chef und Manager stand der Bundespostminister wiederum dem größten Unternehmen der Bundesrepublik vor und hatte sich mit diesem auf vielen Geschäftsfeldern der Konkurrenz am Markt zu stellen. Kurt Gscheidle erklärte diese schizophrene Doppelrolle einmal folgendermaßen: Die Bundespost agiere einerseits „als ein Wirtschaftssubjekt der öffentlichen Hand auf einem Wettbewerbsmarkt“ ohne dabei als Staatsorgan in den Wirtschaftsablauf einzugreifen, andererseits schaffe sie aber als staatliches Organ „im Sinne der Ordnungspolitik den Ordnungsrahmen für neue Märkte, ohne damit unmittelbar in den Markt einzugreifen“.[39]

Der zwiespältige Charakter wurde in den 1970er-Jahren zusätzlich dadurch verstärkt, dass das Bundesministerium für das Post- und Fernmeldewesen seit der Kanzlerschaft Willy Brandts durch Bundesminister geleitet wurde, die noch weitere Ministerien zu verwalten hatten. So führte seit 1969 Georg Leber in Personalunion das Bundespost- und das Bundesverkehrsministerium. Nachdem er 1972 in das Verteidigungsministerium wechselte, stand dann für kurze Zeit der damalige Bundesminister für Städtebau und Wohnungswesen Lauritz Lauritzen sogar allen drei Ministerien vor. Eine weitere Doppelbelegung ergab sich nach der Bundestagswahl Ende 1972 als Horst Ehmke neben dem Amt des Bundespostministers auch das des Bundesministers für Forschung und Technologie bekleidete. Unter Bundeskanzler Helmut Schmidt wurde 1974 Kurt Gscheidle Bundesminister für das Post- und Fernmeldewesen sowie für den Verkehr. Das dritte Kabinett Schmidt hob 1980 diese gemeinsame Verwaltung auf. Die Deutsche Bundespost stilisierte in ihrem Mitarbeiter-Magazin *Telepost* diese Befreiung „von der gesundheitsgefährdenden Doppelbelastung“ als eine persönlich vom Bundeskanzler ausgehende Honorierung der Leistungen von Kurt Gscheidle. Der ehemalige Postlehrling und Gewerkschaftler durfte sich nun allein auf die Belange des Bundespostministeriums konzentrieren.[40]

Als eine weitere Besonderheit verfügte die Deutsche Bundespost über ein Sondervermögen, das nicht dem Bundeshaushaltsplan unterlag. Die Bundespost hatte nach dem Prinzip der Eigenwirtschaftlichkeit einen internen

---

38 Lotz: Die deutsche Post, 2007, S. 7.

39 Vgl. Kurt Gscheidle: Zur Lage. In: Zeitschrift für das Post- und Fernmeldewesen (1979), H. 1, S. 4–7. Zitate ebd., S. 5.

40 Vgl. Bereits sechseinhalb Jahre im Amt: Bundespostminister Kurt Gscheidle. In: telepost 9 (1980), H. 12, S. 3.

Finanzhaushalt aufzustellen, sodass alle notwendigen Ausgaben zur Erfüllung ihrer Aufgaben und Verpflichtungen aus eigenen Einnahmen beglichen werden konnten. Dem Maßstab der Globaldeckung folgend, musste allerdings nicht jeder Dienstbereich seine Kosten decken, sondern konnte ‚querfinanziert' werden. Diese Quersubventionierungen waren vielfach Gegenstand postinterner Auseinandersetzungen, da der „Transportmarkt", also die Beförderung von Briefen und Paketen, nicht im Ansatz kostendeckend arbeitete und durch die Mehreinnahmen des Fernmeldebereichs, dem „Kommunikationsmarkt", gedeckt werden musste.[41] Der Bundespostminister verteidigte in einem Grundsatzartikel von 1980 die Notwendigkeit:

> „Der Geist der Innovationen bringt neue Zweige der Kommunikation zum Wachsen und alte Zweige zum Welken. Die Ertragskraft der neuen Zweige wird gebraucht, um alte Zweige, auf deren Existenz bestimmte Bevölkerungskreise angewiesen sind, zu annehmbaren Konditionen weiter anbieten zu können."[42]

Um weitere Investitionsmittel für die „neuen Zweige der Kommunikation" frei zu machen, beschränkte die Bundespost 1983 die mögliche Quersubventionierung auf maximal 2 Milliarden DM. Diese Ausgleichsbegrenzung erhöhte den Druck auf die angestrebte Konsolidierung des Postdienstes und verstand sich darüber hinaus als klares Bekenntnis zum Fernmeldesektor als zukünftigem Wachstumsmarkt.

Die Überprüfung der Haushaltsführung fand nicht durch den Deutschen Bundestag, sondern direkt durch den Bundesrechnungshof statt. Dieser übte beispielsweise in seinem Bericht von 1988 aufgrund der finanziellen Gestaltung des Bildschirmtextes deutliche Kritik.[43] Eine vollständige Kostendeckung – mögliche Zuschüsse aus der Bundeskasse waren dabei ausdrücklich untersagt – wurde durch die sogenannte Ablieferungspflicht gegenüber dem Bundeshaushalt zusätzlich erschwert. Die Deutsche Bundespost war verpflichtet, 6 2/3 Prozent ihrer Bruttoeinnahmen ohne Rücksicht auf den realen Nettogewinn abzuführen. Begründet wurde diese drückende Abgabenlast mit dem der Bundespost übertragenen Monopolrecht im Post- und Fernmeldewesen sowie der weitestgehenden Befreiung der Zahlung von Steuern. Die Ablieferungspflicht wurde allerdings mit dem Ziel der indirekten

41 Vgl. Lotz: Die deutsche Post, 2007, S. 8–10.

42 Kurt Gscheidle: Die Deutsche Bundespost im Spannungsfeld der Politik – Versuch einer Kursbestimmung. In: Jahrbuch der Deutschen Bundespost 31 (1980), S. 9–40, hier S. 18.

43 Vgl. Deutscher Bundestag, Drucksache 11/3056 vom 5.10.1986. Unterrichtung durch den Bundesrechnungshof. Bemerkungen des Bundesrechnungshofes 1988 zur Haushalts- und Wirtschaftsführung (einschließlich der Bemerkungen zur Jahresrechnung des Bundes 1986).

Aufstockung des Eigenkapitals der Bundespost zu verschiedenen Zeiten abgemildert. So verzichtete der Bund ab 1965 teilweise und von 1975 bis 1977 sogar vollständig auf seine Abgabenforderung. Dafür zahlte im Gegenzug die Bundespost in den Jahren 1979 und 1980 eine Sonderablieferung von 1,1 und 1,5 Milliarden DM. Mit Beginn des Jahres 1981 wurde die Ablieferungsquote auf 10 Prozent der Einnahmen erhöht und somit die Last noch einmal deutlich verstärkt. Die Höhe der jährlichen Ablieferungssumme wuchs kontinuierlich: 1985 betrug sie bereits rund 4,6 Milliarden DM und erreichte bis 1989 rund 5,7 Milliarden DM.[44]

Bereits in den ausgehenden 1970er-Jahren ließ sich eine verstärkte Hinwendung der Deutschen Bundespost zum Markt beobachten. In den Postzeitschriften dieser Zeit finden sich vermehrt Aussagen, dass die Bundespost sich „selbst aktiv um eine Steigerung der Absätze bemühen" und um „ihren Markt" kümmern müsse.[45] In einer konsequenten Fortführung dieser aktiven Marktpolitik veränderte sich auch der Stellenwert von Marketing- und Werbemaßnahmen.[46] In der Forschungsliteratur werden die Marktorientierung der Bundespost und die Liberalisierungstendenzen des Telekommunikationssektors teilweise als einander bedingend betrachtet. Die nachfolgende Privatisierung der Bundespost – wie auch der Deutschen Bundesbahn – wurden somit gemeinhin als Ausdruck einer neoliberalen Wirtschaftspolitik im Sinne von mehr Markt und weniger Staat, wie sie erst die christlich-liberale Koalition nach dem Regierungswechsel 1982/83 einleitete, verstanden. Die regen Marktaktivitäten der Bundespost in der zweiten Hälfte der 1970er-Jahre widersprechen jedoch dieser monokausalen Lesart. Eine verstärkte

---

44 Vgl. Wolfgang Hempell: Postablieferungen an den Bund. In: Jahrbuch der Deutschen Bundespost (1983), S. 272–317. Zu den konkreten Ablieferungssummen vgl. Jürgen Plagemann: Die erwerbswirtschaftliche Betätigung der Deutschen Bundespost durch Eigengesellschaften. Berlin 1992, S. 192.

45 Vgl. Jürgen Titius: Marktforschung. Grundlage für eine marktorientierte Unternehmensführung der Deutschen Bundespost. In: Archiv für das Post- und Fernmeldewesen 31 (1979), H. 2, S. 135–141. Zitate ebd., S. 135.

46 Grundlegend zum Aufbau des Marketings bei der DBP vgl. Gerhard Möller: Marketing bei der Deutschen Bundespost. In: Zeitschrift für das Post- und Fernmeldewesen (1986), H. 8, S. 52–59. Zum Marketing im fachwissenschaftlichen Diskurs der 1970er-Jahre am Beispiel der Automobilindustrie vgl. Inge Köhler: Marketing als Krisenstrategie. Die deutsche Automobilindustrie und die Herausforderungen der 1970er Jahre. In: Hartmut Berghoff (Hg.): Marketinggeschichte. Die Genese einer modernen Sozialtechnik. Frankfurt am Main 2007, S. 259–295, hier S. 261–265.

Marktorientierung lässt sich weder als alleinige Folge des Regierungswechsels verstehen noch hatte diese zwangsläufig die Liberalisierung zum Ziel.[47]

Vor allem die Jahre der wirtschaftlichen Stagnation 1974 und 1975 hatten der Deutschen Bundespost deutlich vor Augen geführt, dass sich ihre klassischen Absatzmärkte nicht mehr von allein beständig ausweiteten.[48] Im temporären Nachfragerückgang bei den Fernsprechanschlüssen wollte die Bundespost jedoch keine bevorstehende Marktsättigung sehen, sondern wertete diesen als Ergebnis externer Faktoren, wie eben einer wirtschaftlichen Rezession, aber auch einer ungünstigen Gebührenpolitik. Der Staatssekretär Dietrich Elias formulierte eindeutige Konsequenzen:

> „Die veränderte Nachfragesituation macht größere Anstrengungen im Marketing-Bereich erforderlich. Es kommt darauf an, latenten Bedarf zu erkennen, das Angebot möglichst attraktiv zu gestalten und den Kunden durch gezielte Werbung anzusprechen."[49]

Als Vorbote dieser umfangreichen Werbe- und Marketingmaßnahmen lässt sich die verstärkte Öffentlichkeitsarbeit der Deutschen Bundespost in den 1970er-Jahren verstehen. Bereits 1968 wurde erstmals ein langfristiger Vertrag mit einer professionellen Public-Relations-Agentur abgeschlossen. Die Firma ABC Presse-Information wurde in der Folgezeit ein enger Partner der Bundespost in allen Bereichen der Öffentlichkeitsarbeit. Mit der Unterstützung dieser externen Kommunikationsfachleute wurde nun begonnen, „[i]m Spannungsfeld zwischen Informationspflicht und öffentlicher Kritik"[50]

---

47 Für eine ebenfalls kritische Betrachtung dieser Lesart vgl. Karl Lauschke: Staatliche Selbstentmachtung. Die Privatisierung von Post und Bahn. In: Norbert Frei u. Dietmar Süß (Hg.): Privatisierung. Idee und Praxis seit den 1970er Jahren. Göttingen 2012, S. 108–123, hier S. 108f. Demgegenüber ließen sich für Christian Kleinschmidt im Fall der DBP in den frühen 1980er-Jahren lediglich „einzelne Marketingelemente" ausmachen, aber keine marktorientierte Unternehmensführung. Diese hätten sich erst im Zuge von Internationalisierung, Postreform und Wiedervereinigung ausgeprägt. Vgl. Christian Kleinschmidt: Von der „Wartegesellschaft" zum Wettbewerb um den Kunden. In: Klaus Kinkel (Hg.): Grenzenlose Lei(s)tung – Die deutsche Einheit und der Einsatz der Telekom beim „Aufbau Ost". München 2014, S. 235–245, hier S. 235. Zitat ebd. Kleinschmidt bezog sich hier vor allem auf die Dissertationsschrift des Telekom-Mitarbeiters Wolfgang Brnjak, die jedoch aus geschichtswissenschaftlicher Perspektive keinen wissenschaftlichen Standards genügt. Vgl. Wolfgang Brnjak: Vom Verwaltungsakt zum Management. Die Transformation der Deutschen Telekom von einer Behörde zu einem markt- und kundenorientierten Unternehmen. Göttingen 2009.

48 Vgl. Lotz: Die deutsche Post, 2007, S. 14.

49 Dietrich Elias: Entwicklungstendenzen im Bereich des Fernmeldewesens. In: Jahrbuch der Deutschen Bundespost 28 (1977), S. 31–75, hier S. 41.

50 Steinmetz u. Elias: Geschichte der Deutschen Post, 1979, S. 759.

systematisch zentrale PR-Kampagnen für eine Verbesserung der öffentlichen Meinung und einem höheren Verständnis für die Bundespostentscheidungen durchzuführen.

Zu Beginn der 1980er-Jahre wurde dabei durchaus noch kontrovers diskutiert, ob öffentliche Unternehmen und staatliche Verwaltungen überhaupt Öffentlichkeitsarbeit und Werbung betreiben dürften. So sorgten besonders die frühen PR-Aktionen regelmäßig für Kritik. Prominentes Beispiel war eine insgesamt 450 000 DM teure, mehrteilige und großformatige Anzeigenserie im Magazin *Der Spiegel* im Herbst 1977, die bezüglich ihrer verursachten Kosten und dem Umstand, dass sie ausschließlich im *Spiegel* publiziert wurde, heftige Diskussionen im Bundestag auslöste.[51] Mitte der 1980er-Jahre konstatierte das *Archiv für das Post- und Fernmeldewesen* aber bereits, dass „es zu den zentralen Aufgaben der Deutschen Bundespost [gehöre], die Öffentlichkeit über ihre Aktivitäten zu unterrichten und aufzuklären."[52]

Die Veränderungen lassen sich beispielhaft an den jährlichen Geschäftsberichten nachvollziehen. So sprach bereits der Bericht von 1977 von einer „marktorientierten Dienstleistungspolitik" in der die „Analyse der Bedarfssituation und der erkennbaren Entwicklungstendenzen" von gestiegener Relevanz war.[53] 1979 stellte die Deutsche Bundespost ihre eigene Marktforschung als „als systematische Erkundung der am Markt wirkenden Faktoren, insbesondere die Ergründung der Ursachen, die zur Annahme oder Ablehnung der [...] angebotenen Dienstleistungen führen"[54] vor. In den ausgehenden 1970er-Jahren wurde daher auch die Werbung zunehmend als „wichtige[r] Beitrag zur Erreichung der einzelnen Unternehmensziele" und als „Investition in die künftige Marktentwicklung" verstanden.[55] Im Dezember 1982 bündelte die

51 Vgl. Deutscher Bundestag, Plenarprotokoll 8/55, 10.11.1977. Stenographischer Bericht. 55. Sitzung. Bonn, Donnerstag, den 10. November 1977, S. 4272–4274. Für eine Reaktion der Bundespost vgl. Heinrich Graffe: Eine Public Relations-Aktion der DBP und ihre Beachtung in der Öffentlichkeit. In: Zeitschrift für das Post- und Fernmeldewesen (1978), H. 2, S. 32f.

52 Hans Raffée u. Günter Werkmann: Bedeutung, Ziele und Instrumente der Öffentlichkeitsarbeit bei der Deutschen Bundespost. In: Archiv für das Post- und Fernmeldewesen 38 (1986), H. 2, S. 112–119, hier S. 115.

53 Deutsche Bundespost: Geschäftsbericht 1977. Frankfurt am Main 1978, S. 19.

54 Deutsche Bundespost: Geschäftsbericht 1979. Frankfurt am Main 1980, S. 19.

55 Horst Theiß, Gerhart Bauer u. Karl-Heinz Haufe: Die Bedeutung der Werbung für die bisherige und künftige Entwicklung der Deutschen Bundespost. In: Zeitschrift für das Post- und Fernmeldewesen (1979), H. 10, S. 16–20, hier S. 10. Gleichzeitig wurde aber auch bemängelt, dass Werbung für die Mitarbeiter vor allem eine erhöhte Belastung sei. Vgl. Peter Lange: Werbung bringt Mitarbeitern vor allem Streß. In: Deutsche Postzeitung 29 (1978), H. 2, S. 28. Für einen Überblick zur Entwicklung der Werbung bei der DBP vgl. Uta Buttkewitz: Vom Postblatt zum Corporate Song. Die Entwicklung der Werbung im

Bundespost zusätzlich die Aufgabenbereiche Presse, Öffentlichkeit und Markt in einer neuen Abteilung mit dem Ziel einer noch stärkeren Abstimmung der einzelnen Maßnahmen.[56]

Mitte der 1980er-Jahre hatte sich in weiten Teilen bereits die Einsicht durchgesetzt, dass sich auch die Deutsche Bundespost am Markt orientieren müsse und das bedeutete nicht nur, vorhandene Bedürfnisse zu erkennen, sondern diese selbst zu wecken.[57] Diese Ausrichtung ging einher mit einer neuen Form des Marketings, wie sie in dieser Zeit generell in werbewirtschaftlichen Fachkreisen diskutiert wurde. Das neue Motto lautete eingängig:

> „Frage nicht länger den Markt, was er vielleicht haben wolle, sondern biete dem Markt etwas an, auf daß er lerne, es haben zu wollen. Denn: Angebote machen Märkte!"[58]

Das Marketing der Deutschen Bundespost ließ sich in die vier Bestandteile Markt- und Meinungsforschung, Produkt- und Konditionsgestaltung, Marktkommunikation sowie Distributionsgestaltung unterteilen. Für die Untersuchung des Bildschirmtextes erwies sich die Marktkommunikation mit ihren Bereichen Werbung, persönliche Betreuung, Verkaufsförderung und Öffentlichkeitsarbeit als besonders erkenntnisversprechend.[59] In der Marketingstrategie der Deutschen Bundespost nahmen dabei die verschiedenen Messe- und Ausstellungsaktivitäten und die sogenannten „Postsonderschauen" auf großen Messen wie der Internationalen Funkausstellung aufgrund ihrer attestierten „Kontaktintensität" eine hervorgehobene Sonderstellung ein.[60] Die Funkaus-

---

Post- und Fernmeldewesen. In: Das Archiv. Magazin für Kommunikationsgeschichte (2006), H. 2, S. 14–19.

56 Vgl. Deutsche Bundespost: Geschäftsbericht 1982. Frankfurt am Main 1983, S. 18f.

57 Der erste ‚Postleitfaden' zum Thema Marketing erschien 1985. Vgl. Joachim Delfs (Hg.): Marketing der Deutschen Bundespost. Heidelberg 1985.

58 So der Gründer und Chefredakteur des *Marketing Journals*: Wolfgang K. A. Disch: Angebote machen Märkte. In: Marketing Journal 16 (1983), H. 1, S. 3. Disch hielt im gleichen Jahr auch einen Vortrag zu möglichen Btx-Marketingstrategien. Vgl. Wolfgang K. A. Disch: Bildschirmtext. Den direkten Weg zum Verbraucher prüfen. In: Marketing Journal 16 (1983), H. 3, S. 257–259.

59 Vgl. Johannes Adler: Marketing im Fernmeldewesen. In: Joachim Delfs (Hg.): Marketing der Deutschen Bundespost. Heidelberg 1985, S. 165–177, hier S. 167–169. Zur Markt- und Meinungsforschung als Teil des Marketing-Systems der DBP vgl. Jürgen Titius: Marktforschung bei der Deutschen Bundespost. In: Jahrbuch der Deutschen Bundespost 33 (1982), S. 156–189; Ders.: Entwicklung der Marktforschung ab 1976 bei der Deutschen Bundespost, dargestellt an wichtigen Vorhaben. In: Post und Telekommunikationsgeschichte (2001), H. 2, S. 43–57.

60 Nach Ansicht der DBP vermochte nur der Werbeträger Messe gleichzeitig alle vier Bereiche des Kundenkontakts – indirekter Kontakt, Beschreibung des Produkts,

stellungen dürfen deshalb nicht nur in der Rückschau als „Markstein“[61] für die Verbreitung neuer Telekommunikationsdienste gesehen werden, sondern waren dies für die Bundespost immer auch als Bestandteil einer aktiven Marketingstrategie.

persönlicher Kontakt sowie Besichtigung und Vergleich der Ware – abzudecken. Vgl. Karl-Heinz Haufe: Messen und Ausstellungen – „unmittelbare“ Medien. In: Joachim Delfs (Hg.): Marketing der Deutschen Bundespost. Heidelberg 1985, S. 281–285, hier S. 281; Guido Stanovsky u. Heinrich Graffe: Marktkommunikation der Deutschen Bundespost (Die Entwicklung ab 1970). In: Jahrbuch der Deutschen Bundespost 33 (1982), S. 29–155, hier S. 118–124.

61 Hendrik Pletz: Die Materialisierung des Imaginären – Die Neuen Medien der 1980er Jahre. In: Elisabeth Tietmeyer et al. (Hg.): Die Sprache der Dinge – kulturwissenschaftliche Perspektiven auf die materielle Kultur. Münster u. a. 2010, S. 203–213, hier S. 205.

KAPITEL 3

Idee und erste öffentliche Vorführung

3.1 Empfehlungen für ein neues Kommunikationssystem

Bundeskanzler Willy Brandt kündigte in seiner viel zitierten Regierungserklärung vor dem Deutschen Bundestag Anfang des Jahres 1973 an, Vorschläge für den Ausbau des Kommunikationssystems erarbeiten zu lassen. Zugleich betonte er ausdrücklich die Wichtigkeit der Deutschen Bundespost für die Umsetzung solcher Zukunftsideen:

> „Neuerungen auf dem Gebiet der Informationsverarbeitung und Kommunikation beeinflussen mehr und mehr die technisch-wirtschaftliche Entwicklung, aber auch das Zusammenleben der Menschen. Für den Ausbau des technischen Kommunikationssystems wird die Bundesregierung zusammen mit den Ländern, der Wissenschaft und der Wirtschaft ihre Vorschläge entwickeln. Bei der Entwicklung der Nachrichtentechnologie fällt der Bundespost eine besondere Rolle zu."[1]

Dieser „besonderen Rolle" kam Horst Ehmke in seiner Doppelfunktion als Bundesminister für das Post- und Fernmeldewesen und Bundesminister für Forschung und Technologie bereits im September 1973 in seiner Rede „Möglichkeiten und Aufgaben der Nachrichtentechnologien"[2] vor dem Bundesverband Deutscher Zeitungsverleger nach, in der er von dem konkreten Vorhaben, ein unabhängiges Gremium zur Erarbeitung dieser Vorschläge einzuberufen, berichtete. Die Bundesregierung beschloss im November 1973 die Einrichtung der Kommission für den Ausbau des technischen Kommunikationssystems, die bis Ende 1975 ihre Ergebnisse vorlegen sollte. Die Kommission hatte „den Auftrag, Vorschläge für einen wirtschaftlich vernünftigen und gesellschaftlich wünschenswerten Ausbau des Telekommunikationssystems der Bundesrepublik auszuarbeiten"[3].

Die Kommission bestand aus 22 Mitgliedern: Neben dem Vorsitzenden Eberhard Witte wurden vier weitere Wissenschaftler vom Bundespostminister direkt

1 Deutscher Bundestag, Plenarprotokoll 7/7, 18.1.1973. Stenographischer Bericht. 7. Sitzung. Bonn, Donnerstag, den 18. Januar 1973, S. 130.

2 Horst Ehmke: Möglichkeiten und Aufgaben der Nachrichtentechnologien. Bonn 1973.

3 Kurt Gscheidle: Geleitwort. In: Bundesministerium für das Post- und Fernmeldewesen (Hg.): Kommission für den Ausbau des technischen Kommunikationssystems – KtK – Telekommunikationsbericht. Bonn 1976, S. III.

 | DOI:10.30965/9783657760428_004

berufen. Die einzelnen Gruppen aus Politik, Presse, Rundfunk, Gewerkschaft, Industrie und Wirtschaft waren aufgerufen, selbstständig eine Person und eine Vertretung zu benennen. Die Mitglieder traten zu ihrer konstituierenden Sitzung erstmals Ende Februar 1974 zusammen, bei der neben der Verabschiedung einer Geschäftsordnung auch die Bildung von vier Arbeitskreisen beschlossen wurde. Die Kommission wurde bei der Durchführung ihres Auftrags durch eine eigene Geschäftsstelle und eine interministerielle Arbeitsgruppe, bestehend aus Vertretern des Bundesministeriums für das Post- und Fernmeldewesen, dem Bundesministerium für Forschung und Technologie sowie dem Bundesministerium des Innern, unterstützt.[4]

Der erste Arbeitskreis „Bedürfnisse" wurde von Hans Bausch geleitet und sollte den Bedarf nach technischen Kommunikationssystemen in der bundesdeutschen Bevölkerung ermitteln. Der lange Planungshorizont bis zum Jahr 2000 wurde durch eine begleitende Studie des Beratungsunternehmens Diebold untermauert. Wolfgang Kaiser leitete den zweiten Arbeitskreis „Technik und Kosten", der das weiteste Feld zu bearbeiten hatte. Einerseits sollte ein umfassender Bericht über den aktuellen Stand des fernmeldetechnischen Kommunikationssystems erstellt werden. Zum anderen sollte das technisch Mögliche ausgelotet werden und die dafür nötigen Investitionsmittel und die Kosten der zukünftigen Telekommunikation ermittelt werden. Schwerpunkte lagen unter anderem auf dem Projekt des Kabelfernsehens sowie der Breitbandkommunikation. Eberhard Witte leitete den dritten Arbeitsbereich „Organisation", der sich mit den Rahmenbedingungen und möglichen Organisationsformen neuer Telekommunikationssysteme auseinandersetzte. Der vierte Arbeitskreis „Finanzierung" unter dem Vorsitz von Karl Friedrich Hagenmüller untersuchte die Finanzierungsmöglichkeiten von zukünftigen Telekommunikationsnetzen.[5]

Ende Januar 1976 übergab Eberhard Witte als Vorsitzender der Kommission für den Ausbau des technischen Kommunikationssystems dem Bundesminister

4 Vgl. Witte, Eberhard u. Klaus Spindler: KtK. Die Kommission für den Ausbau des technischen Kommunikationssystems. In: Zeitschrift für das Post- und Fernmeldewesen (1975), H. 4, S. 4–11; Klaus Spindler: Berufung und Beratungsablauf der Kommission für den Ausbau des technischen Kommunikationssystems. In: Nachrichtentechnische Zeitschrift 29 (1976), H. 3, S. 187–189.

5 Für eine zusammenfassende Darstellung aus der Perspektive der DBP vgl. Klaus Spindler: Der Telekommunikationsbericht – Arbeit und Beratungsergebnis der KtK. In: Zeitschrift für das Post- und Fernmeldewesen (1976), H. 4, S. 6–13; Steinmetz u. Elias: Geschichte der Deutschen Post, 1979, S. 897–900. Häufig zitiert wird in der Literatur außerdem der Ergebnisbericht des Leiters des Arbeitskreises „Technik und Kosten", vgl. Wolfgang Kaiser: Zukünftige Telekommunikation in der Bundesrepublik Deutschland. Ergebnisse der KtK-Beratungen. In: Nachrichtentechnische Zeitschrift 29 (1976), H. 3, S. 190–210.

für das Post- und Fernmeldewesen Kurt Gscheidle stellvertretend für die Bundesregierung die finalen Beratungsergebnisse in Gestalt eines 160 Seiten umfassenden *Telekommunikationsberichtes*[6] sowie weiteren acht Anlagenbänden. Die Kommission fasste weiterhin ihre Arbeit in der Formulierung von 17 Empfehlungen und 56 Feststellungen instruktiv zusammen. Die Entwicklungen des späteren Bildschirmtext-Systems der Deutschen Bundespost wurden dabei durch mehrere dieser Festschreibungen tangiert.

Grundsätzlich sprach sich die Kommission für einen weiteren Ausbau der bestehenden Netzinfrastruktur und darauf beruhender Telekommunikationsdienste aus. Im Detail wurde unter anderem empfohlen, „das in Einführung befindliche öffentliche Fernschreibe- und Datennetz in Anpassung an den steigenden Bedarf an Datenkommunikation ohne Verzögerung auszubauen“[7], dabei die neuen Telekommunikationsformen des Bürofernschreibens[8] und des Fernkopierens[9] einzuführen und intensiv die „Entwicklung neuer Endgeräte für die Aufnahme und Wiedergabe von Texten und Festbildern“[10] voranzutreiben. Ebenso angeraten wurde der weitere Ausbau des schmalbandigen Telefonnetzes mit dem Ziel der Vollversorgung. Darüber hinaus wurde vorgeschlagen, zukünftige Breitbandverteilnetze und alternative Nutzungsszenarien vorab in Pilotprojekten und Modellversuchen erforschen zu lassen.[11]

Als „neue Telekommunikationsformen in bestehenden Netzen“ wurden neben dem Bürofernschreiben, der elektronischen Briefübermittlung, der Faksimile-Zeitung, dem Videotext und der Fernsprechkonferenz ebenfalls die Möglichkeit zum „Abruf von Text und Festbild“ erläutert.[12] Dahinter verbarg sich neben dem Empfang von Video- und Fernsprech-Einzelbildern[13] auch der Bildschirmtext, welcher somit dezidiert nicht als Anwendung im Breitbandnetz

---

6 Bundesministerium für das Post- und Fernmeldewesen (Hg.): Kommission für den Ausbau des technischen Kommunikationssystems – KtK – Telekommunikationsbericht. Bonn 1976.

7 BMPF: Telekommunikationsbericht, 1976, S. 4. Vgl. Dieter Letsche: Bedeutung und Aufgaben der Datenkommunikation. In: Nachrichtentechnische Zeitschrift 29 (1976), H. 3, S. 211–214.

8 Vgl. BMPF: Telekommunikationsbericht, 1976, S. 6. Einführend zum Bürofernschreiben vgl. Hans Helmrich u. Karlheinz Rupp: Bürofernschreiben – eine Kommunikationsform der Zukunft. In: Nachrichtentechnische Zeitschrift 29 (1976), H. 3, S. 218–221.

9 Vgl. BMPF: Telekommunikationsbericht, 1976, S. 6. Einführend zum Fernkopieren vgl. Peter Grupen u. Rainer Gaiser: Fernkopieren. In: Nachrichtentechnische Zeitschrift 29 (1976), H. 3, S. 215–218.

10 BMPF: Telekommunikationsbericht, 1976, S. 6.

11 Vgl. ebd., S. 10f.

12 Vgl. ebd., S. 76–106, zum „Abruf von Text und Festbild“, S. 102–104.

13 Das Video-Einzelbild sollte eine Übertragung von einzelnen, hochauflösenden Festbildern über die Austastlücke des Fernsehsignals realisieren – das Fernsprech-Einzelbild

verstanden wurde. Unter dem Begriff der Breitbandverteilnetze fasste die Kommission vorrangig das Kabelfernsehen mit oder ohne Rückkanal. Durch die Verwendung eines Rückkanals, wobei dieser selbst über ein schmal- oder breitbandiges Netz realisiert werden konnte, sollte erstmals ein interaktives und dialogfähiges Fernsehen ermöglicht werden. Die Idee dieses „Zwei-Wege-Fernsehens" entfaltete dabei in den Debatten um die Einführung des Kabelfernsehens eine erstaunliche Wirkmächtigkeit, welche in der Metapher einer divergent konnotierten „Kabeldemokratie" gipfelte. Durch seine Dialogfähigkeit und die Darstellung auf einem Fernsehgerät wies der Bildschirmtext aber strukturelle Analogien zum Kabelfernsehen mit Rückkanal auf.[14]

Der Bildschirmtext wurde im *Telekommunikationsbericht* schlicht als „eine neue Telekommunikationsform, die Texte über das Fernsprechwählnetz überträgt und auf dem Bildschirm des Heimfernsehempfängers wiedergibt"[15] bezeichnet. Der Bericht verwies auf vergleichbare Systeme in Großbritannien und in den USA. Mit Blick auf den Videotext und die Ähnlichkeit hinsichtlich der technischen Gestaltung regte die Kommission die Schaffung eines einheitlichen Standards an. Auch eine Preisempfehlung wurde formuliert: Die Mehrkosten für die zusätzlichen Geräte beim Bildschirmtext sollten gegenüber dem Videotext bei etwa 400 DM liegen. Die Feststellung 33 fasste den Bereich „Abruf von Text und Festbild" zusammen:

---

das gleiche entsprechend über das Telefonnetz bspw. als gesprächsbegleitende Bildübertragung oder dem Abruf von Einzelbildern aus einer Datenbank.

14 Der Medienwissenschaftler Hans J. Kleinsteuber untersuchte diese Debatten bereits Mitte der 1990er-Jahren. Vgl. Hans J. Kleinsteuber: Der Mythos vom Rückkanal. Technische Phantasien und politische Funktionalisierungen in der Kabelfernsehdebatte der 70er Jahre (Teil 1). In: medium. Zeitschrift für Hörfunk, Fernsehen, Film, Presse 24 (1994), H. 4, S. 59–62; Ders.: Der Mythos vom Rückkanal. Technische Phantasien und politische Funktionalisierungen in der Kabelfernsehdebatte der 70er Jahre (Teil 2). In: medium. Zeitschrift für Hörfunk, Fernsehen, Film, Presse 25 (1995), H. 1, S. 18–25. Außerdem wurde darauf hingewiesen, dass die Debatten der 1990er-Jahre um interaktives Multimedia erstaunliche Parallelen zu der Diskussion um den Rückkanal aufwiesen. Vgl. André Gauron: Das digitale Zeitalter. In: Stefan Bollmann (Hg.): Kursbuch Neue Medien. Trends in Wirtschaft und Politik, Wissenschaft und Kultur. 2. Aufl. Mannheim 1996, S. 24–40, hier S. 29.

15 BMPF: Telekommunikationsbericht, 1976, S. 103. Etwas detaillierter und einzeln wurde Btx noch einmal im vierten Anlageband besprochen. Vgl. Bundesministerium für das Post- und Fernmeldewesen (Hg.): Kommission für den Ausbau des technischen Kommunikationssystems – Arbeitskreis Technik und Kosten – Neue Telekommunikationsformen in bestehenden Netzen. Anlageband 4 zum Telekommunikationsbericht. Bonn 1976, S. 38–40.

> „Durch die Verbindung des Fernsprechwählnetzes mit dem Heimfernsehgerät werden neue Telekommunikationsformen auf bestehenden Netzen möglich. Der Informationsinhalt kann aus Texten und aus Festbildern bestehen. Der Teilnehmer erhält die Möglichkeit, aus einer Vielzahl angebotener Informationen durch individuellen Abruf den Empfang der von ihm gewünschten Information zu veranlassen. Die technischen Voraussetzungen und die wirtschaftlichen Nutzungsformen bedürfen aufmerksamer Beobachtung und Förderung."[16]

In wenigen Monaten erarbeitete die Bundesregierung unter Federführung des zuständigen Bundesministeriums für das Post- und Fernmeldewesen auf Grundlage des *Telekommunikationsberichtes* ihre *Vorstellungen zum weiteren Ausbau des technischen Kommunikationssystems*[17], welche im Juli 1976 erstmalig vorgestellt wurden. Diese folgten in weiten Teilen den Empfehlungen der Kommission. Neben dem Ausbau und der Weiterentwicklung des bestehenden Netzes wurden außerdem die Einführung neuer Fernmeldedienste, wie die sogenannte Faksimileübertragung[18], und die Untersuchung der Einführungschancen von Bildschirmtext angekündigt. Die vorgeschlagenen Projekte zum Kabelfernsehen wurden ebenfalls begrüßt.

Die *Vorstellungen zum weiteren Ausbau des technischen Kommunikationssystems* behandelten Video- und Bildschirmtext zusammengefasst in einem Kapitel, da beide Systeme „Telekommunikationsformen, mit deren Hilfe Texte und einfache Graphiken übertragen und auf einem Bildschirm sichtbar gemacht werden können"[19] seien. Während jedoch Videotext vor allem „zur Verbreitung von allgemein interessierenden Textinhalten geeignet"[20] sei, ermögliche der Bildschirmtext aufgrund des technischen Aufbaus des Fernsprechnetzes darüber hinaus „den Zugang zu Inhalten mit engem lokalen oder

---

16 BMPF: Telekommunikationsbericht, 1976, S. 7 u. 104.

17 Bundesministerium für das Post- und Fernmeldewesen (Hg.): Vorstellungen zum weiteren Ausbau des technischen Kommunikationssystems. Bonn 1976

18 Als maßgebend wurde das Faksimile-System der japanischen Firma Matsushita angesehen, welches die Übertragung einer Seite in deutlich unter einer Minute ermöglichte. In Japan wurde aufgrund der speziellen Schriftglyphen die Möglichkeiten einer Faksimileübertragung gegenüber dem schreibmaschinenbasierten Fernkopierer besonders intensiv erforscht. Auch die frühen Videotext-Entwicklungen der britischen BBC galten als „Faksimile-Übertragung von aktuellen Informationen", nur das hier die Datenverbindung nicht über das Telefonnetz, sondern über Rundfunk erfolgte. Vgl. Werner Schulz: Faksimile-Übertragung mit hoher Geschwindigkeit. In: Funkschau (1973), H. 6, S. 189f. In Deutschland wurde die Faksimileübertragung durch die DBP offiziell 1979 unter der Bezeichnung Telefax eingeführt.

19 BMPF: Vorstellungen, 1976, S. 26.

20 Ebd.

individuellem Bezug“[21]. Die Bundesregierung formulierte hier auch explizit ihre Auffassung, dass der Bildschirmtext angesichts seiner individuellen Zugriffsart nicht als Rundfunk angesehen werden könne:

> „Die Bundesregierung ist im übrigen der Auffassung, daß zumindest Bildschirmtext nicht unter den Rundfunkbegriff fällt, wie er im Staatsvertrag der Länder über die Regelung des Rundfunkgebührenwesens vom 5.12.1974 formuliert wurde, da wegen des individuellen Zugriffs jedes einzelnen Benutzers zu den Inhalten der Informationsbanken die formalen Voraussetzungen des Rundfunkbegriffes nicht erfüllt sind.“[22]

Diese Formulierung provozierte erwartungsgemäß entsprechende Reaktionen der Bundesländer, die ihre medienpolitische Hoheit in Gefahr sahen.[23] Die zitierte Passage lässt sich daher auch als den ausformulierten Anlass für den kompetenzrechtlichen Streit zwischen Bund und Ländern um die Einordnung des Bildschirmtextes lesen. Gleichwohl hatte die Bundesregierung diesen Konflikt bereits einkalkuliert und erklärte beschwichtigend:

> „Die Lösung der hier angesprochenen fernmeldetechnischen Fragen ist unabhängig von der Organisation des Nutzungsbereiches bzw. der Organisation der Bereitstellung von Inhalten. Rundfunk- und presserelevante Regelungen bedürfen gesonderter Entscheidungen im Zusammenwirken mit den Ländern.“[24]

Das Kapitel zum Bildschirmtext konstatierte abschließend die Überzeugung, dass der „Bildschirmtext als Fernmeldedienst der Deutschen Bundespost eingeführt werden würde“[25]. Die Bundesregierung verpflichtete sich darüber hinaus für Video- und Bildschirmtext „im Rahmen technischer Versuche die fernmeldemäßigen Voraussetzungen und Rahmenbedingungen [zu] ermitteln“ und „weiteren Aufschluß über das öffentliche Interesse an diesen neuen Telekommunikationsformen zu gewinnen“[26].

Diese kurzen Ausführungen sollten vor allem verdeutlichen, dass der Bildschirmtext nicht, wie häufig verkürzt dargestellt, eine exklusive Idee der Deutschen Bundespost war. Auf politischer Bühne entfaltete der Vorschlag zum Aufgreifen und Erproben der in Großbritannien entwickelten Technologie erst durch den *Telekommunikationsbericht* seine initiierende Wirkung.

---

21 Ebd., S. 27.
22 Ebd., S. 28.
23 Vgl. Schneider: Technikentwicklung, 1989, S. 87f.
24 BMPF: Vorstellungen, 1976, S. 30.
25 Ebd., S. 29.
26 Ebd., S. 30.

Dies gilt auch unter der Maßgabe, dass das Bundesministerium für das Post- und Fernmeldewesen bei der Formulierung der konkreten *Vorstellungen zum weiteren Ausbau des technischen Kommunikationssystems* federführend war und, unter anderem durch das Mitwirken in der interministeriellen Arbeitsgruppe, ebenso Einfluss auf die vorherige Kommissionsarbeit hatte. Es wird im Folgenden nicht angezweifelt, dass die Bundespost über das britische Bildschirmtext-System bereits in der ersten Hälfte der 1970er-Jahre mehr oder weniger gut informiert war. Spätestens mit der öffentlichen Demonstration auf der European Computing Conference im September 1975 äußerten die meisten europäischen Postverwaltungen ihr Interesse an dieser Technologie.[27] Auch Volker Schneider ging davon aus, dass die Bundespost über ihre internationalen Kontakte das britische System längst kannte. Als erste öffentliche Nennung identifizierte er außerdem ein Mitgliederschreiben der Pressevereinigung für neue Publikationsmittel vom 26. März 1975, welches das Viewdata-System kurz vorstellte und vor den möglichen Auswirkungen für das Verlagswesen warnte.[28] Unabhängig von diesen früheren Vorstellungen und Erwähnungen zeigte sich, dass erst die Empfehlungen der Kommission für den Ausbau des technischen Kommunikationssystems im Januar 1976 dem Bildschirmtext seine politische Durchschlagskraft verliehen.

Als eine Konsequenz des *Telekommunikationsberichtes* setzte die Deutsche Bundespost unverzüglich eine interne Arbeitsgruppe ein und beauftragte sie mit der Abfassung eines Berichts zum Bildschirmtext. Ende Juli 1976 lag ein elfseitiger „Problemaufriss" vor.[29] Neben einer Erläuterung des grundsätzlichen Konzepts des britischen Systems und dessen technischer Merkmale wurden auch viele der in den folgenden Jahren staatsintern wie öffentlich diskutierten Probleme angeschnitten. Als bestimmende Parameter für eine Marktdurchdringung machte der Bericht vier Faktoren aus: Kosten, Attraktivität der Informationsangebote, Bedienkomfort und die Konkurrenz zu anderen Informationsmedien, wobei die Endgeräte-Kosten für die Teilnehmerinnen und Teilnehmer als „wichtiger, möglicherweise entscheidender

27 Vgl. Jürgen Gabel: Viewdata – britisches Projekt für ein Bildschirmtext-System. In: Nachrichtentechnische Zeitschrift 29 (1976), H. 3, S. 237–239, hier S. 237.

28 Das Schreiben wurde bei Schneider im Wortlaut zitiert, jedoch ohne genaue Quellenangabe. Da „diese Mitteilung das erste Schriftstück in den Btx-Akten der zuständigen Abteilung im BPM darstellt", so Schneider, bemaß er im Folgenden diesem eine hohe Relevanz für das weitere Agieren der DBP zu. Im Rahmen der Aktensichtung konnte das Dokument jedoch nicht ausfindig gemacht werden. Vgl. Schneider: Technikentwicklung, S. 81–86. Zitat ebd., S. 83.

29 Bundesarchiv (BArch) B 257/2051, BMPF, Problemaufriß „Bildschirmtext", 20.7.1976.

Faktor" hervorgehoben wurden.[30] Das Arbeitspapier diskutierte verschiedene Möglichkeiten der Geräte-Bereitstellung und der Entwicklung von notwendiger Computertechnik sowie dadurch „[t]angierte Unternehmensinteressen" wie beispielsweise die erwartete Verkehrssteigerung im vorhandenen Fernsprechnetz, eine mögliche Ausweitung des Endgerätegeschäfts und die Vermietung von Rechnerkapazitäten an externe Unternehmen. Hier würden sich für die Bundespost neue Aufgabenfelder ergeben, die benutzungsrechtliche Regelungen erforderlich machen würden.[31] Abschließend wurden rechtliche und medienpolitische Aspekte angeschnitten.[32]

3.2 Das britische System als Grundlage

Die Grundlage für den Bildschirmtext der Deutschen Bundespost wie auch für faktisch alle anderen Bildschirmtext-Systeme der verschiedenen Länder bildeten die Forschungen des British Post Office. Seit 1970 untersuchte hier eine Gruppe von Wissenschaftlern und Technikern, unter der Leitung des Fernmeldeingenieurs Sam Fedida, die Möglichkeit einer Kombination von Telefon und Fernsehgerät mit der Text- und Bildinformationen von einem zentralen Computer abgerufen werden konnten. Ursprünglich hatten Fedida und sein Team den Auftrag, das bereits bestehende Konzept des *viewphones* weiterzuentwickeln und schließlich zu realisieren. Dieses Bildtelefon sollte das herkömmliche Telefon um die Möglichkeit der Bildübertragung erweitern.[33] Die Übertragung der benötigten hohen Bandbreiten war mit den vorhandenen Telefonleitungen möglich, aber es fehlte dafür an einer Art Zwischenspeicher auf der Empfängerseite. Diese Funktion, so Fedidas ursprüngliche Idee, sollte ein modifiziertes Fernsehgerät übernehmen. Unter dem Arbeitstitel „Viewdata" wurden 1971 postintern erste Ergebnisse in einer Studie vorgelegt.

30 Vgl. ebd., S. 2. Zitat ebd.

31 Vgl. ebd., S. 5–7. Zitat S. 6.

32 Vgl. ebd., S. 8–11.

33 Das Bildtelefon wird gerne als ein Beispiel für eine Technologie des 20. Jahrhunderts angeführt, die vielfach imaginiert wurde, aber zu verschiedenen Zeiten immer wieder auf dem freien Markt scheiterte. Vgl. u. a. Kenneth Lipartito: Picturephone and the Information Age: The Social Meaning of Failure. In: Technology and Culture 44 (2003), H. 1, S. 50–81; Reinhold Bauer: Gescheiterte Innovationen als Gegenstand technikhistorischer Forschung. In: Wolfgang Burr u. Michael Stephan (Hg.): Technologie, Strategie und Organisation. Wiesbaden 2017, S. 311–331, hier S. 317–320; Tanja Neumann: Face to face trotz Corona-Shutdown und Isolation. Der späte Durchbruch der Videokonferenz. In: Das Archiv. Magazin für Kommunikationsgeschichte (2020), H. 2, S. 8–15.

Das Team um Sam Fedida fügte hierfür verschiedene, bereits bestehende, technische Einzellösungen zu einem neuen Konzept zusammen: die Nutzung des Fernsehgerätes zum Anzeigen von Computerinformationen mittels eines Dekoders, die Übertragung digitalisierter Informationen über das analoge Telefonnetz mithilfe eines Modems, die Möglichkeit des Dialogs mehrerer Nutzer gleichzeitig mit einer zentralen Computereinheit durch Software und eine möglichst einfache Benutzerführung.[34] Volker Schneider nannte den Bildschirmtext deshalb passend „das Ergebnis einer ‚polygamen Ehe' von Telefon, Computer und Fernsehgerät"[35]. Die Idee und ihre erste Umsetzung wurden dabei als so profan angesehen, dass die britische Post dafür kein Patent anmeldete.[36]

Die mit dem neuen System verbundenen Erwartungen waren dagegen keineswegs alltägliche, sondern beschworen die nahende Medienrevolution. Die Zeitschrift *Educational Media International* beschrieb 1977 die Stimmung in Großbritannien: „Many people in Britain feel that we are at the dawn of a new revolution; another revolution based on television."[37] Dazu beigetragen hatte letztendlich auch Sam Fedida selbst, der sich davon überzeugt zeigte, dass seine Erfindung weitreichende gesellschaftliche Veränderungen bringen würde:

> „We believe that Viewdata is a major new medium according to the McLuhan definition; one comparable with print, radio, and television, and which could have as significant effects on society and our lives as those did and still do. Like them, it may well lead to major changes in social habits and styles of life, and have long-lasting as well as complex economic effects. Viewdata, in our view, is as critical to the development of the ‚third' industrial revolution as were the steam engine to the first and the internal combustion engine to the second. It will be one of the key systems of the ‚silicon revolution', which in turn is one of the cornerstones of ‚The Information Society'."[38]

34 Im Detail zu den einzelnen technologischen Bausteinen vgl. Schneider: Technikentwicklung, 1989, S. 71–75.

35 Ebd., S. 69.

36 Vgl. Godefroy Dang Nguyen u. Erik Arnold: Videotex: much ado about nothing? In: Margaret Sharp (Hg.): Europe and the New Technologies. Six Case Studies in Innovation and Adjustment. London 1985, S. 134–160, hier S. 140.

37 Nicholas J. Hitchcock: Eighth Wonder? – Viewdata and Teletext (Oracle/Ceefax). In: Educational Media International 14 (1977), H. 2, S. 22–27, hier S. 22.

38 Fedida u. Malik: Viewdata revolution, 1979, S. 1.

Während Viewdata damit zur Dampfmaschine der kommenden ‚Dritten Industriellen Revolution' avancierte[39], verglich Sam Fedida die konkrete Umsetzung durch den britischen Prestel-Dienst in einer ganz ähnlichen historisierenden Manier mehrfach mit Henry Fords Modell T:

> „Prestel can be considered the UK version of Viewdata technology's Model-T Ford, but this does not exclude possible Volkswagens, Peugeots, Chryslers and the rest. Nor, further up market, does it exclude Ferraris, Rolls Royces and Mercedes."[40]

> „Like the Model-T Ford, which was largely created by the systematic rearrangement of existing skills and techniques, the keys to Prestel lie in the new economics made possible by the rearrangement, rejigging, and regrouping of skills, some from hitherto very different disciplines and interests."[41]

Sam Fedida unterschied in seinen Darstellungen sehr genau zwischen dem technischen Grundprinzip, das heißt dem technischen Standard Viewdata, und der jeweiligen konkreten Ausgestaltung beispielsweise in Form des britischen Prestel-Dienstes. Das brachte den großen Vorteil, dass Fedida immer Herr über ‚seine Erfindung' blieb. Probleme und Störungen bis hin zu möglichen immanenten Fehlern konnten damit der jeweiligen Umsetzung angelastet werden. Allerdings wurde diese exakte Trennung in der Folgezeit kaum wahrgenommen. Die allgemeine Öffentlichkeit unterschied hier nicht – die Namensänderung von Viewdata zu Prestel legte ebenso nahe, dass es sich hier um ein und dieselbe Technologie handeln würde. Aber auch die Experten auf dem Gebiet sprachen in den 1980er-Jahren meist nur noch vom Prestel-System und meinten damit sowohl den technischen Standard wie auch die konkrete Technologie.

Eine erste nicht-öffentliche Demonstration des Systems erfolgte bereits 1972. Das britische Postministerium entschied sich 1975 für eine landesweite Einführung. Im selben Jahr erfolgte auch die erste öffentliche Vorstellung. Spätestens seit diesem Moment interessierten sich viele Postbehörden anderer Länder für das System. So ebenfalls die Deutsche Bundespost, die Sam Fedida im April 1976 ins Fernmeldetechnische Zentralamt nach Darmstadt einlud, wo

---

39 Fedidas Dampfmaschinen-Vergleich wurde auch in den zeitgenössischen Rezensionen aufgegriffen, so bspw. vom US-amerikanischen Wirtschaftsmagazin *Business Horizons*: „The theme of this book is that Viewdata is to the information revolution what the steam engine was to the industrial revolution." Milt Jenkins: Review of The Viewdata Revolution. In: Business Horizons (1982), May-June, S. 92f.

40 Fedida u. Malik: Viewdata revolution, 1979, S. 2.

41 Ebd., S. 5.

mittels einer Fernverbindung nach Großbritannien das System live vorgeführt werden konnte.[42] Der Dienst durchlief mehrere Versuchsphasen, darunter 1978 auch einen Feldversuch mit circa 1000 Haushalten. Großbritannien sei in dieser Zeit „zur Pilgerstätte in Sachen neue Medien"[43] geworden, obwohl – wie das *Bildschirmtext Magazin* in seiner allerersten Titelstory bereits in der Überschrift vermerkte – „eigentlich nichts geklappt"[44] hätte. Verschiedene Gründe, unter anderem Software-Probleme und fehlende Endgeräte, führten zu einer mehrmonatigen Verzögerung, sodass der landesweite Start, ursprünglich für Januar 1979 terminiert, verschoben werden musste. Im März 1979 wurde das Viewdata-System als Prestel-Dienst offiziell eingeführt. Damit besaßen die Briten das erste öffentlich zugängliche Bildschirmtext-System der Welt und England avancierte zum „Mutterland von Bildschirmtext".[45]

Die Planungen für eine Vorführung des deutschen Bildschirmtext-Systems auf der Internationalen Funkausstellung 1977 begannen spät und mussten auf die umfassende Unterstützung durch die britische Post bauen.[46] Ende Januar 1977 kündete ein internes Schreiben dem maßgeblich für solche Aufgaben in

---

42 Vgl. Hans Gusbeth: Verbindungsaufbau mit ---#. In: bildschirmtext magazin für teleleser 3 (1982), H. 2, S. 8–13, hier S. 8. Schneider verstand die Einladung Fedidas als eine direkte Reaktion der Bundespost auf ein Mitgliederrundschreiben der Pressevereinigung für neue Publikationsmittel vom März 1975, welches auf Viewdata aufmerksam machte. Näherliegend erscheint allerdings, dass die Postverantwortlichen Fedida in Reaktion auf die erste öffentliche Vorstellung des britischen Systems im September 1975 und dem Erscheinen des *Telekommunikationsberichts* im Januar 1976 einluden. Vgl. Schneider: Technikentwicklung, 1989, S. 82f.

43 Günter Götz: Zunächst mal hat überhaupt nichts geklappt. Die Geschichte von Bildschirmtext – England schlug Wellen. In: bildschirmtext magazin für teleleser 1 (1980), H. 1, S. 6f., hier S. 6.

44 Ebd.

45 Vgl. Hans Gusbeth: Prestel, Panda und Vampire. Bildschirmtext in anderen Ländern (2): Die Engländer bieten als erste Bildschirmtext öffentlich an. In: bildschirmtext magazin für teleleser 2 (1981), H. 3, S. 6f. Zitat ebd., S. 6. Die weitere Entwicklung des Prestel-Dienstes soll im Rahmen der vorliegenden Arbeit nicht im Detail erläutert werden. Es sei aber angemerkt, dass entgegen den ursprünglichen Erwartungen das System in den privaten Haushalten kaum Anklang fand, sondern vor allem gewerblich genutzt wurde. Die britische Post konzentrierte sich im Verlauf der 1980er-Jahre deshalb zunehmend auf die Nutzung durch kommerzielle Partner. Prestel wurde schließlich 1994, ironischerweise durch Clive Fedida, dem Sohn vom Sam Fedida, vom Netz genommen. Vgl. Gillies u. Cailliau: Wiege des Web, 2002, S. 118f.

46 Die Internationale Funkausstellung (IFA) 1977 fand vom 26. August bis zum 4. September auf dem Messegelände in Berlin statt. Die DBP hatte Btx bereits in Worten im Mai 1977 öffentlich vorgestellt und angekündigt, das System auf der IFA dem Fach- und Laienpublikum in praxi vorzuführen. Vgl. Bildschirmtext vorgestellt. In: Frankfurter Allgemeine Zeitung vom 10.5.1977, S. 11.

technischer Hinsicht zuständigen Fernmeldetechnischen Zentralamt erstmals von dem Vorhaben eines „Demonstrationsprojektes" zur Funkausstellung im Herbst. Der Bundespostminister Kurt Gscheidle erachtete die kurzfristige Präsentation von Bildschirmtext „für dringend erforderlich", da die öffentlich-rechtlichen Rundfunkanstalten eine Demonstration ihres Videotextes angekündigt hatten.[47] In „publikumswirksamer Form", so wurde es gewünscht, sollte die Ausstellung die „ergänzenden Anwendungsbereiche beider Systeme verdeutlichen" und die potenziellen Gerätehersteller davon überzeugen, Fernseher zu entwickeln, die für den zukünftigen Empfang von Video- und Bildschirmtext gleichsam gerüstet seien. Klar benannt wurde aber auch, dass aufgrund der geringen Vorbereitungszeit – bis zum Messestart waren es zu diesem Zeitpunkt nur noch sieben Monate – eine technische Eigenentwicklung nicht möglich sei und daher eine Demonstration „nur bei voller Abstützung auf das System ‚Viewdata' der britischen Post" realisiert werden könne. Dafür wären bereits Vorgespräche mit der britischen Postverwaltung geführt worden, welche ihrerseits zugesagt habe, die Deutsche Bundespost umfassend zu unterstützen.[48]

Die britische Post bot konkret an, wenn auch zu noch nicht schlussendlich verhandelten Konditionen, der Deutschen Bundespost zur Internationalen Funkausstellung ein „schlüsselfertiges" Bildschirmtext-System zu überreichen. Lediglich der benötigte Zentralrechner, vorgesehen war hierfür ein GEC 4080 der Firma General Electric Computer, müsste selbst beschafft werden.[49] Die Bundespost hatte auch hier bereits Kontakt aufgenommen – der Hersteller könne bei rechtzeitigem Vertragsabschluss im Januar den gewünschten Rechner bis Ende April 1977 liefern. Die untersuchten Archivquellen bestätigten eindeutig den gelegentlich geäußerten Befund der zeitgenössischen Fachliteratur, dass der Januar 1977 als entscheidendes Datum für den Einstieg der Bundespost in das Viewdata-System gesehen werden kann.[50]

47 Als Rückschau auf die erfolgte Videotext-Vorstellung vgl. Gerhard Möll: Videotext-Demonstration der Rundfunkanstalten auf der Internationalen Funkausstellung 1977 in Berlin. In: Rundfunktechnische Mitteilungen 21 (1977), H. 5, S. 229f.

48 Vgl. BArch B 257/36180, Schreiben des Bundesministers für das Post- und Fernmeldewesen an das Fernmeldetechnische Zentralamt, Bildschirmtext; hier: Demonstrationsprojekt Funkausstellung Berlin, 25.1.1977. Alle Zitate ebd., S. 1. Dieser eigentlich interne Briefwechsel fand sich bereits in zeitgenössischen Darstellungen zu Btx wörtlich zitiert – bspw. bei Axel Buchholz u. Alexander Kulpok: Revolution auf dem Bildschirm. Die neuen Medien Videotext und Bildschirmtext. München 1979, S. 132.

49 BArch B 257/36180, Schreiben des Bundesministers für das Post- und Fernmeldewesen an das Fernmeldetechnische Zentralamt, Bildschirmtext; hier: Demonstrationsprojekt Funkausstellung Berlin, 25.1.1977, S. 2.

50 Bspw. bei Dang Nguyen u. Arnold: Videotex, 1985, S. 145.

Des Weiteren plante die Deutsche Bundespost ihre ohnehin auf anderen Gebieten vorhandene enge Kooperation mit der Firma Standard Elektrik Lorenz (SEL) auch im Bereich Bildschirmtext auszubauen. SEL war zu diesem Zeitpunkt die einzige ‚Fernmeldefirma' mit Sitz in Deutschland, die sich bereits in nennenswertem Umfang mit den britischen Entwicklungen beschäftigt hatte.[51] Die „weiteren noch zu erledigenden Aufgaben", dazu zählten vor allem die Anpassung und Erweiterung der Software sowie die Übersetzung der englischen Texte, sollten „mit Rücksicht auf die angespannte Personallage" nicht dem Fernmeldetechnischen Zentralamt aufgeladen, sondern der SEL übertragen werden. Auf eine öffentliche Ausschreibung konnte aus „fachlichen und zeitlichen Gründen" verzichtet werden und der Auftrag wurde „freihändig" an SEL vergeben. Auf Wunsch des Bundespostministers hatte SEL zu diesem Zeitpunkt bereits ein entsprechendes Angebot vorgelegt.[52]

Das zweiseitige Schreiben Kurt Gscheidles offenbarte darüber hinaus auch Einsicht in den Prozess der Entscheidungsfindung für eine öffentliche Präsentation von Bildschirmtext im Rahmen der Internationalen Funkausstellung. Drei Tage nach der Einreichung der finalen Entwürfe für die Standgestaltung fand am 16. Dezember 1976 bei der für die Messe zuständigen Landespostdirektion Berlin ein Treffen zur Vorbereitung statt. Hier wurde vereinbart, dass „ab Februar 1977 das Konzept für die Gestaltung des DBP-Standes auf die ‚Bildschirmtext'-Demonstration ausgerichtet wird"[53]. Die letzten Tage des Dezembers 1976 und des Januars 1977 dienten der Bundespost also zur Vorsondierung und ersten Planung. So hält es auch ein von der Landespostdirektion Berlin im Nachgang zur Funkausstellung verfasstes Dossier fest. Das ursprüngliche Ausstellungskonzept, für das die Vorbereitungen bereits im Sommer 1976 begonnen hatten, musste Anfang 1977 kurzfristig geändert

51 Die Verbindung bestand über den Austausch von SEL mit dem britischen Post Office Telecommunications Research Centre. Darüber hinaus hatte das süddeutsche Unternehmen Dornier System im Auftrag des Bundesministeriums für Forschung und Technologie (BMFT) einen eigenen Btx-Prototyp entwickelt, den die DBP jedoch nicht mit in ihre Überlegungen einbezog. Schneider sah diese Nichtbeachtung weniger technisch begründet, sondern in der Konkurrenz zwischen dem BMPF und dem BMFT. Vgl. Schneider: Technikentwicklung, 1989, S. 90. Zum Projekt selbst vgl. Werner Muckli, Joachim F. Schmies u. Rolf Zimmermann: Neue Telekommunikationsformen mit dem Telefon als Terminal. In: Nachrichtentechnische Zeitschrift 30 (1977), H. 6, S. 479–483; Rolf Zimmermann u. Joachim F. Schmies: Das Telefon als Terminal für rechnergesteuerte Informationssysteme. München 1977.

52 Vgl. BArch B 257/36180, Schreiben des Bundesministers für das Post- und Fernmeldewesen an das Fernmeldetechnische Zentralamt, Bildschirmtext; hier: Demonstrationsprojekt Funkausstellung Berlin, 25.1.1977. Alle Zitate ebd., S. 2.

53 Ebd.

werden, „da die Notwendigkeit eintrat, den ‚Bildschirmtext' in publikumswirksamer Form der Öffentlichkeit vorzustellen."[54]

Das Fernmeldetechnische Zentralamt war also anscheinend trotz seiner formalen Zuständigkeit für die technische Umsetzung nicht an einer Entscheidung beteiligt gewesen. Das Schreiben vom 25. Januar 1977 informierte lediglich über die bereits erfolgten Planungen und bat um die Nennung eines zuständigen Beamten, mit dem das weitere Vorgehen abgestimmt werden könne. Gleichzeitig erfolgte damit auch die Bitte, „die weitere Vorbereitung und die Durchführung des Demonstrationsprojektes zu übernehmen"[55]. Anfang Februar informierte Kurt Gscheidle dann den Verwaltungsrat der Deutschen Bundespost über die geplante Bildschirmtext-Vorführung auf der Internationalen Funkausstellung. In diesem Schreiben an den Vorsitzenden des Verwaltungsrates Walter Hesselbach formulierte der Bundespostminister explizit das Ziel, „die Öffentlichkeit eingehender über den auch bereits in der KtK diskutierten neuen Dienst zu informieren und die in den ‚Vorstellungen der Bundesregierung zum weiteren Ausbau des technischen Kommunikationssystems' angeregten Feldversuche mit dieser Kommunikationsform vorzubereiten."[56]

3.3 Einhundert Jahre Telefon und seine Zukunft

Bereits bevor überhaupt die Rede von einer möglichen Demonstration des Bildschirmtextes war, stellte die Internationale Funkausstellung des Jahres 1977 für die Deutsche Bundespost einen wichtigen Termin dar. Zum hundertjährigen Jubiläum des Telefons wollte die Bundespost ihre umsatzstärkste Dienstleistung gebührend mit einer Postsonderschau feiern.[57] Unter dem

54 BArch B 257/36180, Landespostdirektion Berlin, Referat 50: Internationale Funkausstellung Berlin 1977. Beteiligung der DBP, Oktober 1977, S. 3. Abweichend dazu hielt die offizielle Geschichtsdarstellung der DBP fest, dass die Vorbereitungen für die Btx-Präsentation bereits im November 1976 begannen. Vgl. Steinmetz u. Elias: Geschichte der Deutschen Post, 1979, S. 903.

55 Vgl. BArch B 257/36180, Schreiben des Bundesministers für das Post- und Fernmeldewesen an das Fernmeldetechnische Zentralamt, Bildschirmtext; hier: Demonstrationsprojekt Funkausstellung Berlin, 25.1.1977. Zitat ebd., S. 2.

56 Ebd.

57 Hans-Joachim Krüger untersuchte in mehreren Artikeln die Postsonderschauen als „Schaufenster des Fortschritts". Die im *Archiv für Postgeschichte* veröffentlichten Beiträge behandelten die Sonderausstellungen aber leider nur bis in die 1960er-Jahre. Eine geplante Fortsetzung der Beiträge, die auch die 1970er- und 1980er-Jahre untersucht, wurde aus unbekannten Gründen nicht realisiert. Vgl. Hans-Joachim Krüger: 65 Jahre

Arbeitstitel „100 Jahre Telefon in Deutschland" wurde sich hierbei nicht auf die erste Vorführung der „Telephon"-Apparatur durch Philipp Reis vor Mitgliedern des Physikalischen Vereins in Frankfurt 1961 und auch nicht auf die 1876 durch Alexander Graham Bell zum Patent gebrachte Erfindung des Telefons bezogen, sondern auf den ersten Erprobungseinsatz durch den Generalpostmeister Heinrich von Stephan am 26. Oktober 1877 in Berlin. Trotz des großen Jubiläums hatte sich die Bundespost aus Kostengründen bereits im Vorfeld darauf verständigt, die vorhandene Wanderausstellung „Rund um's Telefon" mit in den Messestand einzubeziehen.[58]

Die weiteren Planungen zum Inhalt und der konkreten Gestaltung der Ausstellung verliefen im Frühjahr und Sommer 1977 ohne größere nennenswerte Probleme. Die umfangreichen Vorbereitungsarbeiten erfolgten in enger Absprache zwischen dem Bundesministerium für das Post- und Fernmeldewesen, dem Posttechnischen Zentralamt und der Landespostdirektion Berlin, bei der allein 15 „nicht freigestellte" Arbeitsgruppen tätig waren.[59] Die Gesamtkonzeption sowie die Sonderschau „Post – 100 Jahre Telefon" stammte schließlich von dem Berliner Ausstellungsarchitekten Manfred Kruska; der Messebereich zum Bildschirmtext wurde von Walter Sexauer konzipiert. Beides waren erfahrene Ausstellungsgestalter, die bereits mit der Bundespost zusammengearbeitet hatten. Lediglich die veranschlagten Kosten für die Herstellung, den Transport und den Aufbau des „Ausstellungsteils Sexauer" sorgten im Weiteren für Diskussionen. Ein erstes Angebot von rund 210 000 DM, welches auch das Grafik- und Architektenhonorar von Sexauer enthielt, wurde durch das Posttechnische Zentralamt in Rücksprache mit dem Bundespostministerium zurückgewiesen. In mehreren Verhandlungsschritten wurde der Preis schlussendlich auf unter 100 000 DM gesenkt.[60]

Postsonderschauen. „Schaufenster des Fortschritts". In: Archiv für Postgeschichte (1991), H. 1, S. 93–109; (1992), H. 2, S. 9–20; (1993), H. 1, S. 99–110.

58 Die Zeit war auch hier knapp bemessen: Die vier angeschriebenen professionellen Ausstellungsgestalter hatten nur einen reichlichen Monat Zeit und sollten ihre Entwürfe für eine Einbeziehung des vorhandenen Ausstellungsteils spätestens bis Mitte Dezember einreichen. Eine Entscheidung für die Auftragsvergabe wurde noch für vor Weihnachten angekündigt. Zum Zeitpunkt der Ausschreibung im November 1976 war noch keine Rede von einer möglichen Btx-Präsentation. Vgl. BArch B 257/36180, Schreiben des Posttechnischen Zentralamts, Ideenwettbewerb zur Erlangung von Entwürfen für einen Ausstellungsstand, 5.11.1976.

59 Vgl. BArch B 257/36180, Landespostdirektion Berlin, Referat 50: Internationale Funkausstellung Berlin 1977. Beteiligung der DBP, Oktober 1977, S. 3.

60 Vgl. BArch B 257/36180, Schreiben des Posttechnischen Zentralamts an Herrn Schumann, Firma Steinberg und Herrn Danke, BPM, „Bildschirmtext auf der Funkausstellung Berlin 1977, 20.6.1977. Aus Gründen der Kostenersparnis wurden bspw. die Anzahl der

Bereits ein halbes Jahr vor der öffentlichen Bildschirmtext-Demonstration gründete sich im Februar 1977 auf Initiative von Eberhard Witte, dem Inhaber des Lehrstuhls für Betriebswirtschaftslehre an der Universität München und ehemaligen Leiter der Kommission für den Ausbau des technischen Kommunikationssystems, die „Studiengruppe Bildschirmtext". Unter den Mitgliedern waren viele bekannte Namen, so unter anderem Klaus Brepohl vom Institut der deutschen Wirtschaft, Wolfgang Kaiser von der Universität Stuttgart und ebenfalls ehemaliges Mitglied der Kommission, Detlev Müller-Using aus dem Bundespostministerium, Peter Lerche von der Universität München, der FAZ-Autor Dietrich Ratzke sowie darüber hinaus Vertreter des Springer-Verlags, des Otto-Versandhauses, der Siemens AG, von AEG-Telefunken, der Deutschen Bank sowie der Nachrichtenagenturen dpa und Reuters.[61]

Dieser freiwillige Zusammenschluss hatte es sich zum Ziel gesetzt, Organisation, Anwendungsfälle und potenziellen Inhalte eines künftigen Systems Bildschirmtext eingehend zu untersuchen und – dem Vorbild des *Telekommunikationsberichtes* folgend – Feststellungen und Empfehlungen zu erarbeiten. Diese *Vorlage der Studiengruppe Bildschirmtext*[62] wurde auf der Internationalen Funkausstellung im August 1977 Bundespostminister Kurt Gscheidle persönlich übergeben. Die Studiengruppe stellte darin fest, dass erstens seitens der Wirtschaft ein erheblicher Bedarf an der Nutzung des Bildschirmtextes bestehen würde, zweitens auch die Druckmedien und Nachrichtenagenturen interessiert seien, über Bildschirmtext schneller an Informationen zu gelangen und drittens, dass die Standardisierung des Dienstes eine wichtige Bedingung für den Erfolg sei. Empfohlen wurde, dass dieser Prozess der Standardisierung unverzüglich durch die Deutsche Bundespost vorangetrieben werde, dass Bildschirmtext auch einen direkten Zugriff

---

Farbabbildungen reduziert, verschiedene Exponatrückwände komplett weggelassen und die Grafiken nicht im Siebdruckverfahren, sondern als Fotosatzvergrößerungen gedruckt. Der mittig platzierte „Hörerstrauß" sollte sich ursprünglich drehen und wurde nun lediglich starr montiert. Weiterhin erfolgte der Aufbau der Plattform in einfacher Ausführung direkt vor Ort und die notwendige Elektroinstallation leistete die DBP selbst. Möglich wurden diese und weitere Einsparungen auch durch die Entscheidung, die Ausstellungsarchitektur anschließend nicht weiterzuverwenden, sondern zu verschrotten.

61 Vgl. Schon 1977 beschleunigte Einführung gefordert. Initiative aus Wirtschaft, Presse, Nachrichtenagenturen und Wissenschaft. In: Industrie- und Handelskammer zu Berlin (Hg.): Bildschirmtext. Erfahrungen und Marktchancen. Eine Dokumentation der IHK Berlin. Berlin 1983, S. 6.

62 Die Vorlage wurde nie einzeln veröffentlicht und findet sich auch nicht mehr im Aktenbestand, daher sei hier auf den Bericht und die Zusammenfassung von Jürgen Gabel verwiesen. Vgl. Jürgen Gabel: Thesen zum „Bildschirmtext". In: Nachrichtentechnische Zeitschrift 30 (1977), H. 11, S. 826–828, hier S. 826.

auf private Rechnersysteme ermögliche, dass für Unternehmen die Möglichkeit einer innerbetrieblichen Nutzung in einem geschlossenen System bestehe und dass die Bundespost ein Verzeichnis pflegen soll, in dem alle Teilnehmer, Anbieter und Sachgebiete aufgeführt werden. Außerdem wurde empfohlen, möglichst bald einen Versuchsbetrieb aufzunehmen. In summa muss sich diese Vorlage als eine Werbeschrift für den Bildschirmtext gelesen haben und diente eindeutig dem Ziel, die Bundespost in ihrem Vorhaben zu bekräftigen.[63]

Der Bundesminister für das Post- und Fernmeldewesen nutzte die Pressekonferenz mit rund dreihundert Journalistinnen und Journalisten am 25. August 1977, einen Tag vor der offiziellen Ausstellungseröffnung, weniger um über das große Jubiläum an sich zu sprechen, sondern vor allem, um das neue Bildschirmtext-System vorzustellen. In seiner Rede verknüpfte Gscheidle geschickt die Entwicklung des Fernsprechers mit den Möglichkeiten des Bildschirmtextes. Das Telefon sei trotz seiner einhundertjährigen Geschichte noch nicht am Ende der Entwicklung angekommen, sondern, so führte er aus, es stehe gerade erst am Anfang seiner Zukunft. Zahlreiche neue Nutzungsformen würden sich zukünftig ergeben:

> „Eine dieser neuen Möglichkeiten ist Bildschirmtext. Bildschirmtext nutzt die Infrastruktur, die das Telefon geschaffen hat, und verbindet sie mit dem Fernsehgerät, das seinerseits als Bestandteil eines umfassenden Kommunikationsnetzes, dem Fernsehen, bereits weit verbreitet ist. Hierin liegt die große Chance von Bildschirmtext: Es baut auf Vorhandenem auf, nutzt konsequent die Ergebnisse modernster Technologieentwicklung und schafft damit die Voraussetzungen für ein neues Kommunikations- und Informationssystem, das nicht nur außerordentlich leistungsfähig, sondern vor allem auch für den einzelnen Benutzer sehr preiswert zu werden verspricht. Wir können heute nur erahnen, welche Möglichkeiten Bildschirmtext bietet; es gibt kaum einen Lebensbereich, der nicht betroffen ist. Sowohl für den einzelnen Bürger wie auch für Wirtschaft und Verwaltung stellt Bildschirmtext eine Chance dar, die Information und die Kommunikation zu verbessern. Ob und wie wir diese Chance nutzen, ist in unser aller Hand gegeben. Die Deutsche Bundespost wird ihren Teil dazu beitragen, indem sie die technischen Voraussetzungen schafft. Das technische System mit Leben zu erfüllen, wird nicht ihre Aufgabe sein.“[64]

Dieser kurze Ausschnitt zeigt beispielhaft das von der Deutschen Bundespost gepflegte Selbstbild. Die Bundespost verstand sich als technologisch

63 Vgl. Schneider: Technikentwicklung, 1989, S. 98–100.

64 Die Rede wurde in Auszügen abgedruckt in: Kurt Gscheidle: Telefon und Bildschirmtext. In: telepost 6 (1977), H. 10, S. 3. Um die Zusammenarbeit zwischen dem BMPF und dem BMFT zu demonstrieren, sprach anschließend auch Hans Matthöfer in seiner Funktion als Bundesminister für Forschung und Technologie.

innovativen Wegbereiter einer zukünftigen Informationsgesellschaft. Ihre Arbeit sollte der ganzen Gesellschaft, eben nicht nur „Wirtschaft und Verwaltung“, sondern allen Bürgerinnen und Bürgern dienen. Gleichzeitig reduzierte sich die Bundespost gerne auf die Rolle des technischen Netzbetreibers. In dieser Funktion schaffe sie die umfangreichen und kosten- sowie personalintensiven Voraussetzungen für die Kommunikation der Menschen und trage Sorge dafür, dass die einzelnen Wege und Kanäle von möglichst allen zu fairen Preisen genutzt werden können. Eine konkrete Ausgestaltung und inhaltliche Füllung der Dienstleistungen werden dabei nicht angestrebt.

Auf einer Ausstellungsfläche von 1000 Quadratmetern[65] zeigte die Deutsche Bundespost schließlich ihre bis dahin größte und nach eigener Ansicht auch erfolgreichste Postsonderschau. Das Leitmotiv bildete der Ausstellungsteil zum Bildschirmtext, der mit dem Slogan „Die Post zeigt ihren neuesten Knüller“ beworben wurde (siehe Abbildung 1). Insgesamt verzeichnete die Messe mit 626 000 Menschen in zehn Tagen einen neuen Rekord. Die Bundespost ging sehr selbstverständlich davon aus, dass diese auch alle ihren Weg in die Halle 10 zur Postausstellung gefunden hätten. Bei einer Gesamtinvestition von rund einer halben Million DM wurden so Kosten pro Besucher von rund 80 Pfennig errechnet – ein Wert, der allerdings nur für die postinterne Beurteilung Relevanz besaß.[66]

Der Ausstellungsteil „Bildschirmtext“ bestand aus sechs Vorführboxen mit jeweils einem Fernsehgerät, einer Informationsbox sowie einer grafisch gestalteten Wandfläche. Ursprünglich sollten alle Geräte an den Vorführungsstationen von der Firma SEL stammen – Siemens bot allerdings der Deutschen Bundespost einen weiteren Fernsehempfänger zur kostenlosen Verfügung an, woraufhin dieser mit in die Ausstellung einbezogen wurde.[67] Die Vorführung des Bildschirmtextes auf den lokalen Fernsehgeräten war dabei keineswegs

---

65 Einen Überblick über die Aufteilung der einzelnen Teilbereiche inklusive eines Plans der Ausstellungsfläche bietet eine kurze Zusammenstellung des zuständigen PR-Beauftragten bei der LPD Berlin, vgl. Jürgen Brecht: Internationale Funkausstellung 1977 Berlin. 26. August – 4. September. Die Deutsche Bundespost nach wie vor ein wichtiger Partner. In: Zeitschrift für das Post- und Fernmeldewesen (1977), H. 8, S. 14–17.

66 Von den Gesamtkosten entfielen rund 100 000 DM auf die LPD Berlin, die restlichen 400 000 DM wurden vom Posttechnischen Zentralamt getragen. Die Kosten konnten auch dadurch reduziert werden, dass die LPD Berlin beim Messebetreiber AMK Berlin einen Erlass der Standmiete von 85 000 DM verhandelte. Außerdem stellte der Messebetreiber Aufbauarbeiten im Wert von rund 15 000 DM nicht in Rechnung. Vgl. BArch B 257/36180, LPD Berlin, Referat 50: Internationale Funkausstellung Berlin 1977. Beteiligung der DBP, Oktober 1977, S. 2f.

67 BArch B 257/36180, Schreiben des Bundesministeriums für das Post- und Fernmeldewesen an Herrn Kleinke, Siemens AG, Vorführung von Bildschirmtext zur Internationalen

Abb. 1 Stand der Deutschen Bundespost auf der Internationalen Funkausstellung 1977 in Berlin: „Die Post zeigt ihren neuesten Knüller. heute · hier · nonstop. Bildschirmtext".
Quelle: BArch B 257/36180

ein „nur kurzzeitiges Funkausstellungs-Spektakel"[68], welches nur im Bereich der Messe mit lokal hinterlegten Seiten funktionierte, sondern das System arbeitete bereits – wie im späteren Betrieb auch – über das Fernmeldenetz der Deutschen Bundespost. Die einzelnen Fernsehempfänger waren über die Telefonleitung mit dem beim Fernmeldetechnischen Zentralamt in Darmstadt installierten GEC-Computer verbunden und bezogen von dort ihre Inhalte.[69] Damit den Messebesuchern außerdem ein ‚normaler' Fernsehbetrieb

Funkausstellung Berlin 1977 durch die DBP, 18.5.1977. Auf der Ausstellung kamen folglich fünf SEL- und ein Siemens-Gerät zum Einsatz.

68 Jürgen Gabel: Videotechnik als Zukunftsmarkt. Neues für's Fernsehen. In: Nachrichtentechnische Zeitschrift 30 (1977), H. 10, S. 758–760, hier S. 759.

69 Vgl. Bildschirmtext-Computer für die Bundespost. In: Funkschau 49 (1977), H. 19, S. 67. Neben den Geräten auf dem Stand der DBP waren noch weitere Fernsehempfänger auf den Ständen der Fernsehgerätehersteller angeschlossen. Insgesamt waren 16 Geräte mit dem Computer in Darmstadt verbunden. Deshalb gab es zum Thema auch zahlreiche Artikel in der Darmstädter Lokalpresse, vgl. bspw. In Berlin gefragt – Antwort aus Darmstadt. Computer des FTZ in Darmstadt überträgt Bildschirmtext zur Funkausstellung Berlin. In: Darmstädter Echo, 29.8.1977.

demonstriert werden konnte, wurden die Geräte zusätzlich an die Antennenanlage der Messe angeschlossen. Diese doppelte Nutzungsmöglichkeit des gleichen Endgeräts für Fernsehen und Bildschirmtext bildete einen von der Bundespost zentral hervorgehobenen Vorteil des Systems.

Als Informationsmedien zum Nachlesen standen den Besuchern zwei verschiedene kostenlose Broschüren zur Verfügung. Ein Faltblatt spiegelte die zentrale Ausstellungswandfläche, informierte über Funktionsweise und Anwendungsmöglichkeiten von Bildschirmtext und diente vorrangig als kürzest zusammengefasstes Informationsblatt zum Weg- und Mitnehmen.[70] Zum besseren Verständnis und der technischen Abgrenzung wurde hier außerdem auf einer Seite auch der Videotext kurz erklärt. Dabei wurde besonders auf die beschränkte Informationsmenge von maximal 100 Textseiten hingewiesen, wo im Gegensatz dazu beim Bildschirmtext eine unbegrenzte Seitenanzahl möglich sei.[71] Wahrheitsgemäß verwies das Faltblatt auch auf den Umstand, dass der vorgeführte Bildschirmtext auf dem Viewdata-System der britischen Post basierte und mit dessen Unterstützung realisiert wurde. Offensichtlich mangelte es für die Bebilderung an geeignetem Material. So wurde im Faltblatt für Video- und Bildschirmtext die exakt gleiche Beispielseite abgedruckt. Diese ließ sich nicht nur durch den klein gedruckten Text als englischsprachiger Wetterbericht identifizieren, sondern zeigte in ihrer grafischen Gestaltung zusätzlich auch noch die Länderumrisse von Großbritannien und Irland. Erkennbar war außerdem, dass es sich um ein Beispiel aus dem britischen Ceefax-System, das heißt, um eine Videotext-Seite, handelte.[72]

---

70 Deutsche Bundespost: Bildschirmtext. Internationale Funkausstellung Berlin 1977. Faltblatt, 1977. Das Faltblatt wurde von der Werbeagentur Lintas in Zusammenarbeit mit der LPD Berlin erstellt. Die Wandfläche wurde ebenfalls ursprünglich von Lintas für erste postinterne Informationsveranstaltungen sowie zur Information des Bundeskabinetts entwickelt. Für die IFA wurde diese ursprüngliche Version „verbessert und erweitert". Vgl. BArch B 257/36180, LPD Berlin, Referat 50: Internationale Funkausstellung Berlin 1977. Beteiligung der DBP, Oktober 1977, S. 5. Zitat ebd.

71 In der Posthalle gab es auch einen kleinen Stand zur „Austastlücke", an dem Ingenieure des FTZ demonstrierten, wie die Übertragung von Videotext technisch funktionierte. Dieser Ausstellungsbeitrag fand nach eigenen Aussagen „unerwartet hohe Beachtung". BArch B 257/36180, LPD Berlin, Referat 50: Internationale Funkausstellung Berlin 1977. Beteiligung der DBP, Oktober 1977, S. 16.

72 Es ist daher anzunehmen, dass das Faltblatt schon längere Zeit vorher in Druck ging, vielleicht auch bei früheren, internen Vorstellungen von Btx bereits Verwendung fand und somit keine exklusiven Inhalte im Rahmen der IFA darstellte. Die abgedruckte Videotext-Seite stammte aus einem Ceefax-Demonstrationsprogramm der BBC, so wie es bspw. auch deutschen Zeitungsverlegern im September 1975 in Berlin vorgeführt wurde. Vgl. Karl Tetzner: Teletext im Großversuch. In: Funkschau (1975), H. 25, S. 63f., hier S. 64.

Die zweite Broschüre *Bildschirmtext. Beschreibung und Anwendungsmöglichkeiten*[73] bot „lesenswerte 43 Seiten“[74], wie es die Computerwoche schrieb, und eine wesentlich ausführlichere Systembeschreibung. Durch das vorangestellte Geleitwort des Bundesministers für das Post- und Fernmeldewesen avancierte die Messebroschüre faktisch zu einem hochamtlichen Schriftstück der Deutschen Bundespost und darüber hinaus zu einer Art ‚Gründungsdokument‘ für den Bildschirmtext. Praktisch alle folgenden Publikationen nutzten dieses Heft bis in die beginnenden 1980er-Jahre hinein als ihren grundlegenden Wissensstand und verwiesen zahlreich in den Quellen- und Literaturangaben darauf.[75] Außerdem diente die Broschüre auch intern im Austausch der Staatsministerien als maßgebliches Dokument der Beschreibung.[76]

Die einleitenden Worte von Kurt Gscheidle waren wohlbedacht und mit Rücksicht auf die im Hintergrund laufende medienpolitische Diskussion gewählt. Die Deutsche Bundespost stellte sich explizit als „Netzträger und Betreiber“ des Bildschirmtext-Systems vor – auf die „Verbreitung solcher Informationsinhalte, deren medienrechtliche Stellung […] noch ungeklärt ist“, verzichtete sie „ausdrücklich“.[77] Aber der Bundespostminister sprach, wie bereits in seiner Rede auf der Pressekonferenz, von „Chancen“, die es zu nutzen gelte:

> „Das neue System besitzt alle Voraussetzungen, die Bedeutung des Fernsprechnetzes für die Übermittlung von Informationen, für die Verbesserung und Erleichterung des Zusammenwirkens der Menschen und der Institutionen in

---

73 Deutsche Bundespost: Bildschirmtext. Beschreibung und Anwendungsmöglichkeiten. Bonn 1977.

74 Bildschirmtext. In: Computerwoche, 11.11.1977.

75 So bspw. auch einer der wenigen Artikel zu Btx in der Zeitschrift des Vereins Deutscher Ingenieure vgl. Herbert Becker: Videotext und Bildschirmtext, zwei neuartige Telekommunikationsformen. In: Zeitschrift des Vereins Deutscher Ingenieure 120 (1978), H. 15/16, S. 743–746.

76 Die Broschüre fand sich im Original auch in den jeweiligen Aktenbeständen der einzelnen Ministerien abgelegt. Schneider zitierte außerdem aus einer Broschüre mit dem Titel „Die erweiterte Ausnutzung des Fernsprechnetzes: Bildschirmtext, Faksimileübertragung, Datenübertragung“, die im Mai 1977 erstmals ein technisches und organisatorisches Konzept vorgelegt haben soll. Vgl. Schneider: Technikentwicklung, 1989, S. 93–100. Diese Mai-Broschüre konnte jedoch im Rahmen der vorliegenden Arbeit nicht ausfindig gemacht werden. Ein erstes Grundkonzept lag aber bereits mit dem internen „Problemaufriss Bildschirmtext“ vom Juli 1976 vor. Die Messebroschüre blieb dagegen das erste für die Öffentlichkeit zugängliche Konzept und wurde auch im nächsten Jahr noch öffentlich ausgegeben. Vgl. Gscheidle stellt Bildschirmtext vor: Zu einer informativen Ministeriums-Broschüre. In: Computerwoche, 1.12.1978.

77 Vgl. DBP: Bildschirmtext. Beschreibung und Anwendungsmöglichkeiten, 1977, S. III. Zitate ebd.

unserem Lande und über die Grenzen hinweg wesentlich zu erhöhen. Bildschirmtext bietet uns eine Chance, unsere komplexe Welt transparenter werden zu lassen. Ich meine, wir sollten diese Chance nutzen."[78]

In der Bewerbung des Bildschirmtextes ließ sich damit eine erste Steigerung deutlich erkennen. Das System bot nicht mehr nur die potenziellen Grundlagen für ein verbessertes Zusammenleben der Menschen und eine einfachere Kommunikation mit den Behörden in einem nationalen Maßstab, sondern vermochte dies auch „über die Grenzen hinweg" zu leisten. Darüber hinaus prägte Gscheidle hier auch die Idee des Bildschirmtextes als einen universellen und für jeden zugänglichen Wissensspeicher. Die „Chance, unsere komplexe Welt transparenter werden zu lassen" implizierte letztendlich auch ‚Wissen für alle' und die Auflösung einer angenommenen ‚Informationskluft'.

In einer kurzen Einleitung wurden dann besonders die kostengünstige Kombination von Fernsehempfänger und Telefon, die in vielen Haushalten bereits vorhanden waren, sowie die „in einer einfachen, leicht verständlichen [...] Frage- und Antwortform"[79] stattfindende Bedienung hervorgehoben. Direkt an die Messebesucher gewandt formulierte die Broschüre, dass die „Reaktionen der Ausstellungsbesucher [...] Hinweise für die weitere Entwicklung geben"[80] werden. Die Bildschirmtext-Demonstration auf der Funkausstellung war damit auch als ein erster Prüfstein für die Akzeptanz des neuen Dienstes zu sehen.

Die Broschüre erläuterte, unterstützt durch Farbfotografien, technische Skizzen und Bildschirmfotos einzelner Seiten, das grundlegende Prinzip von Bildschirmtext. Besonders die Grafiken fanden sich so oder in leicht abgewandelter Form in zahlreichen nachfolgenden Veröffentlichungen wieder. Diesen eher technischen Erläuterungen folgte wiederum die Betonung der Einfachheit und hohen Benutzerfreundlichkeit. Hier zeigte sich die klare Zielsetzung, ein Informations- und Kommunikationssystem darzustellen, das allen Interessierten offenstehen würde:

„Für die breite Akzeptanz von Bildschirmtext ist es unumgänglich, daß die Bedienung der Teilnehmereinrichtung und der erforderlichen Schritte bei der Suche nach einer Information so einfach und so benutzerfreundlich wie möglich sind. Die bisher durchgeführten Versuche zeigen, daß Bildschirmtext diese Forderung erfüllt. Danach kann jedermann ohne Zuhilfenahme einer Betriebsanleitung und ohne längeres Anlernen Bildschirmtext anwenden. Dies wird

78 Ebd.
79 Ebd., S. 1.
80 Ebd.

> durch einen einfachen, klar aufgebauten Dialog zwischen Teilnehmer und Bildschirmtext-Zentrale erreicht."[81]

Den größten Umfang der Broschüre nahm die Darstellung der Anwendungs- und Nutzungsmöglichkeiten ein. Unterschieden wurde dabei zwischen den drei Kategorien „Informationen für Mehrere", „Informationen für den Einzelnen" und „Dialog mit dem Rechner". Eine im Folgenden abgedruckte Übersicht (siehe Tabelle 1) unterlegte diese Bereiche mit konkreten Anwendungsbeispielen. Die Deutsche Bundespost ging für die Verbreitung dieser Inhalte von drei potenziellen Teilnehmergruppen aus: Neben den privaten Haushalten waren dies Beschäftige im Dienstleistungssektor, wie beispielsweise freiberuflich Tätige und Gewerbetreibende, sowie als dritte Gruppe Beschäftigte im industriellen Sektor in Leitungs- und Führungspositionen. Der Fokus lag jedoch eindeutig und explizit formuliert auf einer gewünschten Attraktivität für die privaten Haushalte:

> „Eine erste Abschätzung über die Anzahl der Bildschirmtext-Teilnehmer ergibt ein Schwergewicht bei den privaten Haushalten. Es zeigt sich deutlich, daß erst das Einbeziehen der privaten Haushalte die angestrebte weite Verbreitung des Dienstes ermöglicht. Die Anforderungen an einen öffentlichen Informations- und Mitteilungsdienst werden daher im wesentlichen durch die privaten Haushalte bestimmt."[82]

Darüber hinaus zeigten sich in der Broschüre auch erste Prämissen der Deutschen Bundespost für die medienpolitische Ausgestaltung eines zukünftigen Fernmeldedienstes Bildschirmtext. Das „System Bildschirmtext" werde demnach aus den Komponenten Fernsehgerät, Modem, Telefon mit dahinter liegendem Fernsprechnetz und der Bildschirmtext-Zentrale mit angeschlossenen Computern und Datenbanken bestehen:

> „Alle diese Elemente zusammen bilden den Netzbereich, also das fernmeldetechnische System Bildschirmtext. Bis auf das Fernsehgerät mit dem Bildschirmtext-Decoder und die externen Rechner ist das technische System als künftige Leistung der Deutschen Bundespost anzusehen."[83]

---

81 Ebd., S. 5.

82 Ebd., S. 19.

83 Ebd., S. 12.

Tabelle 1 Geplante Bildschirmtext-Anwendungen, 1977 (DBP: Bildschirmtext. Beschreibung und Anwendungsmöglichkeiten, 1977, S. 21)[84]

Anwendungskategorien	**Anwendungsbeispiele**
1. Informationen für Mehrere	
Abrufinformationen für alle Teilnehmer	Aktuelle Übersichtsinformationen Nachrichten, Sport, Wirtschaft, Lokales, Notdienste, Lotto/Toto Informationen von Behörden Besuchszeiten, Sitzungstermine von kommunalen Parlamenten, lokale Verordnungen, Verzeichnisse (Adressen, Straßen, Tarife und Gebühren) Informationen über Reisen und Verkehr Zimmernachweis, Urlaubsreisen, Reisewetter, Wandervorschläge, Fahrplanauskünfte Informationen über kulturelle und sonstige Veranstaltungen Theater – und Konzertprogramme, Filmprogramme, lokaler Veranstaltungskalender, Bestseller und Neuveröffentlichungen Informationen der Wirtschaft Branchenverzeichnis, Konditionen, Kurse (Devisen, Papiere, Rohstoffe) Informationen für Haushalte Hobby, Rezepte, Kleinanzeigen, Verkaufsangebote, Immobilien, Stellenangebote

84 Mit kleineren Abwandlungen wurde diese Aufstellung bereits an verschiedenen Stellen vor bzw. parallel zur IFA veröffentlicht. Vgl. Detlev Müller-Using: Neue meinungsbildende Formen der Telekommunikation. In: Zeitschrift für das Post- und Fernmeldewesen (1977), H. 4, S. 24–30, hier S. 27; Jürgen Kanzow: Technische Entwicklungslinien neuer Telekommunikationsformen. In: Zeitschrift für das Post- und Fernmeldewesen (1977), H. 11, S. 4–9, hier S. 9.

Tabelle 1 Geplante Bildschirmtext-Anwendungen, 1977 (*fortges.*)

Anwendungskategorien	**Anwendungsbeispiele**
Abrufinformationen für Teilnehmergruppen	Informationen für gewerbliche Verbraucher Hersteller-, Bezugsquellenverzeichnis, interne Fernsprechauskunft Informationen für Freiberufe Ärzte (Medikamentenverzeichnis, Kurmöglichkeiten), Apotheken, Rechtsanwälte (Rechtsauskünfte), Steuerberatung Informationen für Mitglieder in Vereinen, Clubs Veranstaltungshinweise, Wahlergebnisse, Satzungsänderungen
Mitteilungen an mehrere Teilnehmer	Hinweise Geschäftseröffnungen, Mitgliederversammlungen, Zahlungstermine, Mahnungen, Mitteilungen an Klienten und Patienten
2. Informationen für den Einzelnen	
Mitteilung eines anderen Teilnehmers	Glückwusch – und Grußkarten, Verabredungen, briefliche Mitteilungen, Spiele mit Partnern
Mitteilung von mehreren Teilnehmern	Warenbestellungen, Reservierungen, Buchungen, Schadensmeldungen
Abrufinformation persönlicher Art	Kontostand, persönlicher Terminkalender
3. Dialog mit Rechner	
Rechendienstleistungen	Mathematische Berechnungen, programmgeführte Berechnungen (Kalkulationen, Renten, Finanzierungen, Steuererklärung)
Aus – und Weiterbildung, Tests	Heimkurse, Schulaufgaben, Erwachsenenbildung, IQ-Tests, Eignungstests
Computerspiele	Labyrinth

Damit äußerte die Deutsche Bundespost deutlich, dass sie nicht vorhabe, selbst auf dem Endgerätemarkt tätig zu werden. Anders als beim Telefon sollte den Haushalten somit die Wahl des Fernsehgerätes und des dazugehörigen oder eingebauten Bildschirmtext-Dekoders je nach Marktangebot freistehen. Für die Bundespost bedeutete dies ein nicht unerhebliches Risiko und eine Quelle zusätzlicher Komplikationen. Der Erfolg eines möglichen Bildschirmtext-Dienstes knüpfte sich damit zwangsläufig auch an die Bereitschaft und Fähigkeit der Hersteller für Fernsehgeräte und Unterhaltungselektronik, technisch ausgereifte, funktionale, einfach zu bedienende und letztendlich auch preisgünstige Fernseher und Dekoder zu entwickeln und anzubieten. Dabei bestand die zusätzliche Schwierigkeit, dass für einen reibungslosen Ablauf alle Geräte vollständig kompatibel mit den technischen Standards der Netzübertragung und Darstellung sein mussten.

Die Broschüre konkretisierte auch mögliche Einführungsstrategien. Eine Entscheidung über das Für und Wider des Bildschirmtextes sollte ausdrücklich „nicht am grünen Tisch gefällt werden", sondern sich „in erster Linie aus dem Interesse der Bevölkerung an diesem Dienst" herleiten. Da jedoch das private Interesse nicht über wirtschaftliche Kosten-Nutzen-Untersuchungen „berechenbar" sei, sollten umfangreiche Feldversuche, „in denen der private Teilnehmer über einen gewissen Zeitraum hinweg die Möglichkeit erhält, das neue Dienstangebot zu testen" Erkenntnisse über das private Interesse und die „Akzeptanzwahrscheinlichkeit" liefern. Ein einjähriger Feldversuch wurde für 1980 angekündigt.[85]

Die Landespostdirektion Berlin blickte in ihrem zusammenfassenden Dossier sehr positiv auf die Beteiligung der Deutschen Bundespost an der Internationalen Funkausstellung zurück. Besonders das enorme Publikumsinteresse an dem Ausstellungsteil zum Bildschirmtext wurde herausgehoben. Dieser habe sich „optisch und schwerpunktmäßig als Kernstück der Posthalle" erwiesen und verzeichnete einen „so hohen Publikumsansturm", wie kein anderer Postbeitrag „nur annähernd" zuvor.[86] Dabei wurden der grundlegende Aufbau, die Einteilung der einzelnen Informationsstände und die Abstände zueinander als „sehr glücklich" erachtet – die Ausstellungsform war „publikumsnah und publikumswirksam"[87]. Dennoch hätte der große Andrang von Besuchergruppen in der Posthalle, die aufgrund der Bildschirmtext-

85 Vgl. DBP: Bildschirmtext. Beschreibung und Anwendungsmöglichkeiten, 1977, S. 40–43. Zitate ebd., S. 40.

86 Vgl. BArch B 257/36180, LPD Berlin, Referat 50: Internationale Funkausstellung Berlin 1977. Beteiligung der DBP, Oktober 1977, S. 5f. Zitate ebd., S. 6.

87 Ebd., S. 26.

Vorführungen zu betreuen waren, in Kombination mit der allgemeinen Unruhe des Messetreibens einen störenden Lärm erzeugt, der die Ausführungen der Fachleute zum Thema teilweise unverständlich werden ließ. Die Landespostdirektion Berlin gab daher zu bedenken, ob für die nächsten größeren Ausstellungen eine „drahtlose Personenführungsanlage" beschafft und eingesetzt werden sollte.[88] Auch die Messeberichte verschiedener Fachzeitschriften bestätigten unisono das große „Gedränge"[89] auf dem Ausstellungsstand der Bundespost.

Die Deutsche Bundespost wollte jedoch nicht nur mit ihrer eigentlichen Ausstellung die Aufmerksamkeit auf sich ziehen, sondern hatte zusätzlich ein umfangreiches Rahmenprogramm mit zahlreichen Aktivitäten geplant. Und die meisten davon erfreuten sich großer Beliebtheit auf der Messe. Zwei Folgen der Radiosendung „Hörer fragen – Experten antworten" vom Sender Freies Berlin wurden live aus der Posthalle gesendet, wobei die Gäste die Halle komplett füllten, sodass aus Platzgründen Interessierte abgewiesen werden mussten. Im Rahmen des sogenannten Verbraucher-Informations-Programms der Ausstellungsleitung hielten Vertreter der Bundespost mehrere, teilweise sich wiederholende Referate. Die Besucherresonanz sei sehr unterschiedlich gewesen, aber die Post-Beiträge gehörten – so die interne Darstellung – „zu den am besten besuchten Vorträgen". Als Danksagung an die zahlreichen Partnerfirmen lud die Bundespost zu einer Feierstunde – postintern als „PR-Fest" bezeichnet – in die Halle 10. Die Veranstaltung fand bei den Vertretern aus Wirtschaft und Industrie „größten Anklang" – wohl auch, weil Kurt Gscheidle selbst die Gäste begrüßte und noch einige Zeit zum Gespräch blieb. Mit dem mehrmaligen Auftritt eines Kinderorchesters, welche T-Shirts mit „Fernsprechwerbung" trugen, zog die Bundespost alle vorhandenen PR-Register.[90]

Hervorgehoben wurde weiterhin die Arbeit der zahlreichen Postessen, die die Besucher am Stand begleiteten und so maßgeblich zum Erfolg der Ausstellung beitrugen. Auch hier wurde im Vorfeld ein hoher Aufwand betrieben: Die Postessen wurden ein halbes Jahr lang intensiv im Umgang mit dem System

88 Vgl. ebd., S. 27.

89 Vgl. bspw. Theodor Irmer: Vorführung von Bildschirmtext auf der Funkausstellung '77. In: Nachrichtentechnische Zeitschrift 30 (1977), H. 9, S. 696f., hier S. 697. Auch die Tagespresse berichtete von dem großen Andrang, so bspw.: „Der Post-Stand ist ständig umlagert von Interessenten für den Bildschirmtext [...]". Martina Kempff: Steffi kämpft um den „guten Ton". Bummel durch die Hallen: Zweittelefon für die Zukunft und ein Sender für Berliner Kinder. In: Die Welt, 29.8.1977.

90 Vgl. BArch B 257/36180, LPD Berlin, Referat 50: Internationale Funkausstellung Berlin 1977. Beteiligung der DBP, Oktober 1977, S. 22f. Zitate ebd.

geschult.[91] Dazu, auch das fand in den Printmedien positiven Anklang[92], wurde für die Funkausstellung als Dienstkleidung ein spezielles „Bolero-Kleid mit Bluse“ entworfen.[93]

Eine weitere Aktion der Bundespost war die durchgeführte Meinungsbefragung der Ausstellungsbesucher zum Thema Bildschirmtext. Auf einer Postkarte sollten dafür drei Fragen beantwortet werden. Erstens „Würden Sie ‚Bildschirmtext‘ zu Hause nutzen?“[94], zweitens „Welche der auf dieser Karte oben abgedruckten möglichen Anwendungen interessieren Sie am meisten?“[95] und drittens „Würden Sie ‚Bildschirmtext‘ einen anderen Namen geben?“[96] Um die Attraktivität zu steigern, wurde die Umfrageaktion mit einem Gewinnspiel verbunden, womit auch gleichzeitig die zwingende Angabe von Name und Adresse gerechtfertigt werden konnte. Der Hauptpreis bestand in einer Reise nach Bonn für zwei Personen.[97]

Insgesamt wurden 7000 Postkarten „an interessierte Ausstellungsbesucher, die zuvor ausführlich über den Bildschirmtext informiert worden sind“[98] verteilt, von denen 1605 ihren Weg zurückfanden. Die Landespostdirektion Berlin bewertete diese Rücklaufquote als „erfreulich hoch“. Insgesamt wurde ein äußerst positives Fazit aus der Meinungsbefragung gezogen. So hätte sich nicht

91 Von den insgesamt 44 eingesetzten Postessen erhielten allerdings nur 18 die spezielle Schulung im Umgang mit Btx. Neben den Postessen waren außerdem ständig zwei bis drei Fachleute des FTZ sowie leitende Fachkräfte des BMPF für weitere Erläuterungen anwesend.

92 „Schick und adrett anzusehen sind die Postessen in ihren taubenblauen Bolerokostümen“, so Valeska Voß-Dietrich: 44 Postessen haben für Besucher der Funkausstellung ein offenes Ohr. In: Berliner Morgenpost, 23.8.1977.

93 Vgl. BArch B 257/36180, LPD Berlin, Referat 50: Internationale Funkausstellung Berlin 1977. Beteiligung der DBP, Oktober 1977, S. 21. Zitat ebd.

94 Versehen mit dem zusätzlichen Hinweis, dass die Kostenfrage unberücksichtigt bleiben soll.

95 Bis zu drei der 14 möglichen Anwendungen konnten angegeben werden.

96 Wenn ja, sollte ein eigener Vorschlag gemacht werden. Vgl. Bildschirmtext. Wir befragen Sie – Sie können gewinnen. Internationale Funkausstellung 1977 Berlin. Sonderschau der Deutschen Bundespost. 1977.

97 Die zweitägige Reise wurde von der LPD Berlin selbst organisiert. So stand auch eine Begrüßung der Gewinner im Bundespostministerium sowie der Besuch des Bundestages auf dem Programm. Vgl. BArch B 257/36180, Programm für den Gewinner der Befragungsaktion „Bildschirmtext“, 23./24.2.1978. Darüber hinaus wurden einhundert Trostpreise in Form von Briefmarkenkarten verlost.

98 BArch B 257/36180, Schreiben der LPD Berlin an das BMPF, Meinungsbefragung zum Thema „Bildschirmtext“, 29.11.1977, S. 1. Die Befragungskarten wurden also nicht „wahllos, sondern gezielt“ verteilt, was die geringe Zahl von nur 7000 Stück bei mehreren hunderttausend Besuchern erklärte. Vgl. auch BArch B 257/36180, LPD Berlin, Referat 50: Internationale Funkausstellung Berlin 1977. Beteiligung der DBP, Oktober 1977, S. 6. Zitat ebd.

nur gezeigt, dass in der Öffentlichkeit ein generelles Interesse bestehe, sondern auch, dass der neue Fernmeldedienst sehr wohlwollend beurteilt werde. 98 Prozent der Befragten hatten angegeben, Bildschirmtext zu Hause nutzen zu wollen. Diese hohe Zustimmungsquote wurde im Folgenden immer wieder zitiert und trug ihren Teil zu den optimistischen Erwartungen der Anschlusszahlen bei. Als die drei häufigsten Anwendungsgebiete wurden angegeben: erstens aktuelle Übersichtsinformationen zu Nachrichten, Sport, Wirtschaft und Veranstaltungen (64 Prozent), zweitens allgemeine Informationen über Waren und Produkte wie beispielsweise Testergebnisse, Marktpreise und Sonderangebote (41 Prozent) und drittens den „Dialog mit dem Rechner" für Heimkurse, Schulaufgaben und Erwachsenenbildung. Einen neuen Namen für Bildschirmtext zu finden hielten dagegen 71 Prozent für nicht nötig.[99] Der Geschäftsbericht der Deutschen Bundespost zog abschließend Bilanz:

> „Die sehr positive Resonanz, die der Bildschirmtext bei den Besuchern gefunden hat, wie auch die große Aufgeschlossenheit, die dieser neuen Kommunikationsform seitens der potentiellen Informationslieferanten entgegengebracht wird, bestärkt die Deutsche Bundespost in ihrer Auffassung, die Vorbereitungen für eine allgemeine Dienstaufnahme mit Intensität fortzusetzen."[100]

Das Echo in der Presse hallte dagegen weniger unaufgeregt. In einem Bericht zur Funkausstellung sprach *Der Spiegel* von einer „Revolution des Althergebrachten" und sah mit der auf der Messe vorgeführten „Fortentwicklung der traditionellen Medien" schon bald „das neue Zeitalter der Kommunikation heraufziehen"[101] – und die Computerwoche wähnte die Deutsche Bundespost gar in einem „Bildschirmtext-Rausch"[102].

---

99 Vgl. BArch B 257/36180, Schreiben der LPD Berlin an das BMPF, Meinungsbefragung zum Thema „Bildschirmtext", 29.11.1977. Die Namensvorschläge wurden auf einer dreiseitigen Liste zusammengefasst, aber aufgrund der mehrheitlichen Akzeptanz der Bezeichnung Btx sah die DBP keine Notwendigkeit, die Namenssuche zu vertiefen. Die meisten Vorschläge der Besucher waren Namenskreationen unter Verwendung der Präfixe Bildschirm, Computer, Fernseh, Info, Post, Tele, TV oder Video.

100 Deutsche Bundespost: Geschäftsbericht 1977. Frankfurt am Main 1978, S. 57.

101 Funkausstellung: Medium aus der Lücke. In: Der Spiegel, 22.8.1977, S. 46–54, hier S. 46.

102 Bundespost im Bildschirmtext-Rausch. In: Computerwoche, 11.11.1977. Die LPD Berlin zählte insgesamt 65 Zeitungsartikel, welche die Messeaktivitäten der DBP thematisierten. Aufgrund der zahlreichen Berichte führte der interne Presseband eigens in einem zusätzlichen Abschnitt alle Artikel auf, die sich ausschließlich mit Btx beschäftigt hatten. Vgl. BArch B 257/36180, LPD Berlin, Referat 50: Internationale Funkausstellung Berlin 1977. Beteiligung der DBP, Oktober 1977, S. 26.

KAPITEL 4

Medienrechtliche Debatte

4.1 Rundfunk, Presse oder Neues Medium?

Die von der Bundesregierung in den *Vorstellungen zum weiteren Ausbau des technischen Kommunikationssystems* im Juli 1976 erstmals explizit geäußerte Feststellung, dass der Bildschirmtext nicht unter dem Rundfunkbegriff zu subsumieren sei, sorgte in der Folgezeit für konfliktreiche Auseinandersetzungen mit den Bundesländern. Das technische Medienkonglomerat Bildschirmtext unterlief in seiner Hybridität das föderale System der Bundesrepublik hinsichtlich der traditionellen Trennung zwischen Medien der Individual- und der Massenkommunikation. Die Länder fürchteten eine schrittweise Aushöhlung ihrer kulturpolitischen Hoheit. Im Januar 1977 unterbreitete deshalb Kurt Gscheidle in seiner Funktion als Bundesminister für das Post- und Fernmeldewesen dem Bundesminister des Inneren Werner Maihofer den Vorschlag, die mit Blick auf den Bildschirmtext noch vielfach offenen medienrechtlichen Fragen in einer gemeinsamen Kommission klären zu lassen. Damit sollte eine bundeseinheitliche Linie im Streit mit den Ländern gefunden werden. Zeitlich fiel dieser Vorstoß des Bundespostministers aber auch zusammen mit den forcierten Planungen für die Internationale Funkausstellung und der beabsichtigten Bildschirmtext-Demonstration.

Bundesinnenminister Werner Maihofer stimmte dem Vorhaben im März 1977 in seinem Grundanliegen zu, regte jedoch eine Ausweitung der Untersuchung an. Diese sollte nicht nur den Bildschirmtext und die Klärung medienpolitischer Fragen zum Thema haben, sondern „die elektronischen Textübertragungsformen in ihrer Gesamtheit“[1] mit einbeziehen. Dies sei jedoch nicht mehr von einer einzelnen Kommission zu bewältigen, so Maihofer, sondern bedürfe der Gründung einer Arbeitsgruppe auf Referentenebene, welche sich aus Vertretern verschiedener Ministerien zusammensetze, auch um „[e]ine weitere Verhärtung in den gegensätzlichen Positionen zwischen Bund und Ländern“[2] zu vermeiden. Unter der Leitung des Bundesministeriums des Inneren sollten

---

1 BArch B 106/94106, Schreiben Werner Maihofers an Kurt Gscheidle, Vorführung von Bildschirmtext während der Funkausstellung 1977 in Berlin, Vorschlag des Bundesministers für das Post- und Fernmeldewesen für eine Untersuchung der medienpolitischen Fragen für „Bildschirmtext“, 22.3.1977, S. 1.

2 Ebd., S. 2.

 | DOI:10.30965/9783657760428_005

neben dem Bundesministerium für das Post- und Fernmeldewesen, das Bundeskanzleramt und das Bundesministerium der Justiz sowie das Bundesministerium für Wirtschaft und das Presse- und Informationsamt der Bundesregierung Vertreter entsenden. Zwei Monate später fanden insgesamt 15 Teilnehmer aus den genannten Behörden in einer interministeriellen Arbeitsgruppe das erste Mal zusammen.[3]

In der konstituierenden Sitzung im Mai 1977, welcher eine praktische Vorführung der beiden neuen Systeme Bildschirmtext und Videotext durch die Deutsche Bundespost vorausging, wurden die Aufgaben und Ziele der interministeriellen Arbeitsgruppe „Bildschirmgebundene Textinformation", wie sie sich fortan nannte, festgehalten. Den Vorsitz übernahm der Ministerialrat Bernhard Wilhelm in seiner Funktion als Leiter des Referates für Grundsatzangelegenheiten der Medienpolitik und für das Presserecht im Bundesministerium des Inneren. Grund für die Einrichtung der interministeriellen Arbeitsgruppe war vor allem – so hielt es das erste Protokoll fest – die Überlegung der Bundespost, Bildschirmtext als regulären Fernmeldedienst einzuführen.[4] Darüber hinaus war aber auch die „Erkenntnis, daß eine Ausweitung der Nutzung der elektronischen Kommunikationsformen [...] die gedruckte Zeitung auf längere Zeit gesehen verdrängen bzw. zum Teil publizistisch ‚überflüssig' machen könnte"[5] ursächlich. Zweck der Zusammenkünfte sollte es folglich sein, „einen Konsens innerhalb der Bundesregierung über die verfassungsrechtlichen und medienpolitischen Grundfragen herbeizuführen, die mit der Einführung neuer Kommunikationsformen verbunden sind"[6]. Damit sollte eine gemeinsame Basis für die Verhandlungen zwischen Bund und Ländern geschaffen werden. Den Ausgangspunkt bildete die grundsätzliche Frage, „ob es sich bei der elektronischen Übertragung redaktioneller Texte und Festbilder auf dem Bildschirm [...] um Presse oder – wie von den Bundesländern behauptet – um Rundfunk handelt"[7].

Der Untersuchungsgegenstand wurde von der Arbeitsgruppe auf Bildschirmtext, Videotext und Kabeltext[8] eingegrenzt, wobei jedoch das Hauptaugenmerk

3 Ab der zweiten Sitzung nahm regelmäßig auch ein BMFT-Vertreter teil.

4 Vgl. BArch B 106/94106, Interministerielle Arbeitsgruppe „Bildschirmgebundene Textinformation", Konstituierende Sitzung am 5. Mai 1977 im BMP, Ergebnisvermerk, 5.5.1977, S. 2.

5 Ebd.

6 Ebd., S. 2f.

7 Ebd., S. 2.

8 Als einen weiteren ‚Teletext' bildete der Kabeltext in gewisser Weise eine Weiterentwicklung des Videotextes unter Nutzung eines Breitbandnetzes als Übertragungsweg. Die Diskussion um Kabeltext hing deshalb in der Folgezeit eng zusammen mit den Debatten um die Einführung von Kabelfernsehen. Als zeitgenössische Fachliteratur vgl. Wolfgang Kaiser

beim Bildschirmtext liegen sollte. So orientierten sich auch die zeitlichen Zielsetzungen an dessen möglicher ‚mehrphasiger' Einführung. Bis zur Internationalen Funkausstellung im August 1977 sollte ein erster Grundkonsens der Bundesregierung erreicht werden. Das Bundesministerium für das Post- und Fernmeldewesen gab jedoch zu Protokoll, dass die Deutsche Bundespost unabhängig vom Ausgang des verhandelten Konsenses Bildschirmtext auf der Funkausstellung als ihr Projekt vorführen werde, da sie davon ausgehe, dass der Bildschirmtext als Fernmeldedienst eindeutig in ihre Zuständigkeit falle.[9] Bis zum Frühjahr 1978 sollten alle erkannten Problemlagen im Detail aufgearbeitet werden. Die endgültige Klärung der medienpolitischen Fragen wurde auf spätestens 1980 terminiert, wenn mögliche Bildschirmtext-Feldversuche starten würden.[10]

Es bestand kein Zweifel, dass die Deutsche Bundespost mit einer reibungslosen Einführung des Bildschirmtextes ein wirtschaftliches Eigeninteresse verfolgte, welches sich auch daran knüpfte, möglichst wenige Kompetenzen an andere Behörden abzugeben. Ein wesentlicher Teil der Untersuchung der interministeriellen Arbeitsgruppe „Bildschirmgebundene Textinformation" sollte sich auf die Auswertung von Gutachten und die Anhörung von externen Experten stützen. Hier intervenierte der Vertreter des Bundesministeriums für das Post- und Fernmeldewesen prompt und sprach sich „aus prinzipiellen Erwägungen gegen Gutachten zu postnahen Problemen aus"[11]. Die Arbeitsgruppe einigte sich deshalb „im Interesse eines zügigen Arbeitsablaufs und zur Vermeidung eines kostenträchtigen Gutachterstreits"[12] – so der beschwichtigende Wortlaut eines späteren Zwischenberichts – auf einen Verzicht der Vergabe von Gutachten und konzentrierte sich stattdessen nur auf die Anhörungen. Die Aussagen der Experten sollten außerdem keine bindende Wirkung für die Ausarbeitung der Empfehlungen haben, sondern lediglich „meinungsbildendes Material"[13] liefern.

Letztendlich konnte bis zur öffentlichen Vorstellung im August 1977 auf der Internationalen Funkausstellung keine erste Einigung erzielt werden. Die von

---

u. L. Bühlmaier: Übertragung von Texten in Breitband-Verteilnetzen: Kabeltext. In: NTG-Fachberichte 74 (1980), S. 212–221.

9 Vgl. BArch B 106/94106, Interministerielle Arbeitsgruppe „Bildschirmgebundene Textinformation", Konstituierende Sitzung am 5. Mai 1977 im BMP, Ergebnisvermerk, 5.5.1977, S. 5.

10 Vgl. ebd., S. 3 u. 5.

11 Ebd., S. 6.

12 BArch B 136/11355, Zwischenbericht der Interministeriellen Arbeitsgruppe „Bildschirmgebundene Textinformation" (Entwurf), Stand: Dezember 1978, S. 28.

13 Ebd.

der Deutschen Bundespost zur Messe herausgegebene Begleitbroschüre *Bildschirmtext. Beschreibung und Anwendungsmöglichkeiten*, die „als Ergänzung und zur Unterstützung [...] gedacht"[14] war, diente folgend nicht nur als eine Messezugabe, sondern wurde Anfang Oktober in der Arbeitsgruppe als ein Positionspapier verteilt.[15] Mehrmals wurde in den danach folgenden Sitzungen bei Fragen nach technischen, aber auch organisatorischen wie rechtlichen Einzelheiten darauf verwiesen.

Die Bundesregierung ging vorerst weiterhin davon aus, dass der Bildschirmtext rechtlich nicht mit dem Rundfunk gleichgestellt werden könne, da „dieselbe Information für mehrere Abrufer nicht gleichzeitig, sondern nur nacheinander übermittelt werden kann"[16] und außerdem die Suche nach den gewünschten Informationen „individuell gesteuert"[17] werde.[18] Bei den Anwendungsfällen der Kategorien „Informationen für den Einzelnen" und „Dialog mit dem Rechner" würde es sich deshalb allein um einen – so der offizielle Terminus – „Fernmeldedienst ohne eine zusätzliche medienrechtliche Qualität"[19] handeln. Für die Kategorie „Informationen für Mehrere" wäre dies aber noch zu prüfen. Die Deutsche Bundespost drängte verständlicherweise abermals darauf, diese grundsätzlichen Fragen bis spätestens zum Beginn der Versuchsphase zu klären. Gleichzeitig sollte der gesetzliche

14 DBP: Bildschirmtext. Beschreibung und Anwendungsmöglichkeiten, 1977, S. 1.

15 Erstmals wurde die Broschüre in der Sitzung am 6.10.1977 verteilt. Vgl. BArch B 106/94107, Interministerielle Arbeitsgruppe „Bildschirmgebundene Textinformation", 8. Sitzung am 26. Oktober 1977 im BMP, Ergebnisvermerk, 26.10.1977, S. 2.

16 BArch B 106/94107, Interministerielle Arbeitsgruppe „Bildschirmgebundene Textinformation", 8. Sitzung am 26. Oktober 1977 im BMP, Ergebnisvermerk, 26.10.1977, S. 4.

17 Ebd.

18 Das Protokoll der Sitzung vom 26.10.1977 hielt dies unter der Formulierung „[n]ach einhelliger Auffassung" fest – der BMFT-Vertreter regte allerdings in der nächsten Sitzung eine Protokolländerung mit einer eingeschränkteren Formulierung an und verwies dabei auf den Rundfunkbegriff, wie er im Staatsvertrag der Länder über die Regelung des Rundfunkwesens vom 5.12.1974 formuliert wurde. Die anderen Vertreter widersprachen dieser Auffassung nach der es zwei verschiedene Rundfunkbegriffe geben könne. Eine Diskussion über solche Fragen seien zwar innerhalb der interministeriellen Arbeitsgruppe (IMA) möglich, aber „[i]m gegenwärtigen Beratungsstadium werde jedoch keine Dringlichkeit gesehen, auf notwendige Differenzierungen oder Präzisierungen des Rundfunkbegriffs einzugehen." BArch B 106/94107, Interministerielle Arbeitsgruppe „Bildschirmgebundene Textinformation", 9. Sitzung am 11. November 1977, Ergebnisvermerk, 18.11.1977, S. 1f. Die Bundesregierung hatte im Deutschen Bundestag erstmals im März 1977 zu Protokoll gegeben, dass sie Btx nicht für Rundfunk halte. Vgl. Deutscher Bundestag, Plenarprotokoll 8/21, 24.3.1977. Stenographischer Bericht. 21. Sitzung. Bonn, Donnerstag, den 24. März 1977, S. 1369.

19 BArch B 106/94107, Interministerielle Arbeitsgruppe „Bildschirmgebundene Textinformation", 8. Sitzung am 26. Oktober 1977 im BMP, Ergebnisvermerk, 26.10.1977, S. 4.

Änderungsaufwand so gering wie möglich gehalten werden. Die Bundespost vertrat hier die Ansicht, „daß eine Benutzerordnung aufgrund [...] des Postverwaltungsgesetzes vom Postverwaltungsrat erlassen werden kann und auch ausreicht"[20]. Somit wäre vonseiten des Bundestages und Bundesrates keine Beteiligung nötig und kein Eingreifen möglich gewesen.

Andere Varianten rechtlicher Einordnungen und die Folgen wurden in der Arbeitsgruppe offen diskutiert. Nach Meinung des Bundesministeriums des Inneren wäre beispielsweise eine Einstufung des Bildschirmtextes als ein ‚Neues Medium'– eine medienrechtliche Kategorie, die es bis zu diesem Zeitpunkt noch nicht existierte[21] – zum einen „verfassungsrechtlich bedenklich", weil sie dem Bund mit Blick auf Artikel 30 und 70 des Grundgesetzes eine Mitsprache verwehren würde[22], und zum anderen könnte es für die Deutsche Bundespost zu einer „letztlich unerträglichen Rechtszersplitterung in den einzelnen Ländern führen". Das Bundesinnenministerium gab abschließend zu Protokoll, dass nach ihrer Auffassung eine Einordnung als ‚Neues Medium' vermieden werden sollte, da es „den Bildschirmtext in ein Chaos, das in seinem ganzen Umfang nicht vorhersehbar sei", stürzen würde. Aber auch eine Einordnung als Rundfunk wurde von der Bundesregierung „ausdrücklich abgelehnt", wobei sofort nachgeschoben werden musste, dass der Bund keinen Einfluss auf die Entscheidung der Bundesländer habe. Würden diese den Bildschirmtext als Rundfunk ansehen, wäre im „Konfliktfalle" eine Prüfung vor dem Bundesverfassungsgericht mit ungewissem Ausgang nötig geworden.[23] Deshalb favorisierte die interministerielle Arbeitsgruppe ganz

---

20 Ebd.

21 Die Bezeichnung selbst wurde bereits bei der Einführung des Radios und Fernsehens gebraucht und war somit älter, steht aber charakteristisch vor allem für die 1980er-Jahre, als die Rede von den ‚Neuen Medien' omnipräsent und besonders intensiv um die Definition dieser gerungen wurde. Kabelfernsehen, Satellitenrundfunk, Videotext, Kabeltext und eben vor allem Btx bildeten die Prototypen. Dabei handelte es sich streng genommen nicht um genuin neue Medien, sondern es waren vielmehr neuartige Verteiltechniken für schmal- und breitbandige Rundfunkdienste. Bemerkenswert erschien auch, dass diese ‚Neuen Medien' sich alle auf das ‚alte' Medium des Fernsehens als zentrale bildgebende Instanz bezogen und damit eine „zweite Jugend des Bildschirms" einleiteten. Vgl. Dietrich Ratzke: Funkausstellung in Berlin. Die zweite Jugend des Bildschirms. In: Frankfurter Allgemeine Zeitung, 26.8.1977, S. 25.

22 Dort war festgeschrieben, dass solange das Grundgesetz keine andere Regelung vorsah, die Ausübung der staatlichen Befugnisse den Ländern obliegt (Art. 30 GG) bzw., dass die Länder das Recht zur Gesetzgebung haben, soweit das Grundgesetz nicht dem Bund Gesetzgebungsbefugnisse erteilt (Art. 70 GG).

23 Vgl. BArch B 106/94107, Interministerielle Arbeitsgruppe „Bildschirmgebundene Textinformation", 8. Sitzung am 26. Oktober 1977 im BMP, Ergebnisvermerk, 26.10.1977, S. 8. Zitate ebd.

klar eine Einordnung des Bildschirmtextes als Presse. Dies würde auch den Interessen der Bundespost „objektiv am nächsten“[24] kommen, den Zugang zur aktiven Nutzung für alle eröffnen und dem Bund zusätzlich die Möglichkeit geben, seine Rahmenkompetenz nach Artikel 75 des Grundgesetzes geltend zu machen.[25]

Für Unmut in der Arbeitsgruppe sorgte das eigenmächtige Handeln des Bundesministers für das Post- und Fernmeldewesen. Kurt Gscheidle hatte auf der Generalversammlung des Verbandes Deutscher Zeitschriftenverleger am 9. November 1977 eine Rede gehalten, in der er öffentlich bekundete, dass die Deutsche Bundespost Bildschirmtext seiner Art nach als ein ‚Neues Medium‘ verstehe. Diese Auffassung der Bundespost war den Mitgliedern der Arbeitsgruppe zwar wohl bekannt, aber die Äußerungen Gscheidles entsprachen eindeutig, so das Bundesinnenministerium, „nicht der mit dem BMI seinerzeit ausdrücklich abgestimmten Auffassung [...] vor abschließender Prüfung der streitigen Rechtsfragen sich öffentlich nicht festzulegen“[26]. Nach verschiedenen Mutmaßungen über die Motive des öffentlichen Statements des Bundespostministers meldete sich dessen Vertreter zu Wort und führte aus, dass der Grund für die favorisierte Einordnung als ‚Neues Medium‘ die Inkompatibilität des Bildschirmtextes mit den bestehenden Rundfunkstrukturen sei. Eine Zugehörigkeit zum Bereich Presse würde beispielsweise eine Prüfungspflicht bei der Zulassung von Informationsanbietern und zusätzliche Probleme bei der Schaltung von Werbung mit sich bringen. Der Postvertreter konstatierte:

> „Die Post wolle sich daher als Netzträger allein auf den technischen Bereich beschränken und mit dem medienpolitisch relevanten Zulassungsbereich nichts zu tun haben.“[27]

---

24 Ebd., S. 9.

25 Der Artikel 75 wurde mit der Föderalismusreform von 2006 aufgehoben. Bis dahin beinhaltete er das Recht des Bundes, für verschiedene Bereiche Rahmenvorschriften für die Gesetzgebung der Länder zu erlassen, darunter auch zu den allgemeinen Rechtsverhältnissen der Presse (Art. 75 Abs. 1 S. 2 GG). Daraus leitete sich die sogenannte Rahmenkompetenz des Bundes ab.

26 BArch B 106/94107, Interministerielle Arbeitsgruppe „Bildschirmgebundene Textinformation“, 9. Sitzung am 11. November 1977, Ergebnisvermerk, 18.11.1977, S. 2. Der Leiter der IMA Wilhelm informierte in dieser Sitzung noch einmal zusammenfassend, dass sich „aus dem Gespräch mit Vertretern der Deutschen Bundespost [...] klar die Auffassung der Post [habe] schlußfolgern lassen, Bildschirmtext rechtlich als ‚Neues Medium‘ qualifizieren zu wollen“. Dieses Gespräch fand im Rahmen der vorherigen IMA-Sitzung in den Räumen des BMPF statt.

27 BArch B 106/94107, Interministerielle Arbeitsgruppe „Bildschirmgebundene Textinformation“, 9. Sitzung am 11. November 1977, Ergebnisvermerk, 18.11.1977, S. 3.

Für die erforderliche medienrechtliche Neuordnung beim Bildschirmtext als ‚Neues Medium' schlug die Post als Kompromiss die Gründung einer Anstalt öffentlichen Rechts vor. „Die Landeszuständigkeit sei ein ausgesprochener Schönheitsfehler", so Oberpostdirektor Detlev Müller-Using, „[m]an hoffe jedoch, mit den Ländern sich gütlich einigen zu können"[28]. Gleichzeitig kündigte das Bundespostministerium damit eine ausführliche schriftliche Protokollkorrektur an, in der ihre Vorstellungen zum Bildschirmtext dezidiert dargestellt werden.[29] Diese wurden dem Vertreter des Bundesministeriums des Inneren in Form eines elfseitigen Arbeitspapiers im Dezember 1977 zugesandt.[30] Das darin beschriebene Organisationsmodell sollte als Grundlage für die geplante Anhörung von Experten des Verfassungsrechts dienen. Die wesentlichen Ausführungen des Papiers beruhten erneut auf der bekannten Postbroschüre zur Internationalen Funkausstellung. Ergänzt wurden diese durch weitere medienrechtliche Überlegungen.

Nach Auffassung der Deutschen Bundespost seien die Anwendungsbereiche „Informationen für den Einzelnen" und „Dialog mit dem Rechner" unstrittige Formen der Individualkommunikation, „weil personenbezogene [...] Informationen übermittelt werden, wobei es gleichgültig ist, ob der Mensch mit einem anderen Menschen oder einer Maschine kommuniziert"[31]. Diese bedurften keiner weitergehenden Untersuchung, sondern würden sich als „Fernmeldedienst ohne zusätzliche medienrechtliche Qualität" klassifizieren lassen. Der strittige Bereich lag daher, so die Bundespost, nur in der Anwendungskategorie „Informationen für Mehrere" und hier wiederum vor allem bei publizistischen Texten. Zuallererst bestand die grundsätzliche Schwierigkeit überhaupt zwischen Inhalten, die für die öffentliche Meinungsbildung wesentlich waren und solchen, die dafür irrelevant waren, zu unterscheiden. Die Bundespost stellte in dem Arbeitspapier noch einmal unmissverständlich ihre Auffassung dar, dass der Bildschirmtext – egal in welcher Anwendungskategorie – nicht als Rundfunk gefasst werden könne, da ein zentrales Merkmal hierfür, die „Verbreitung an die Allgemeinheit", in technischer Hinsicht nicht zuträfe.[32] Der Abruf von Bildschirmtext-Inhalten

---

28 Ebd.

29 Vgl. ebd., S. 1.

30 BArch B 106/94107, Das Organisationsmodell des Bundespostministeriums für den Teilbereich 1 von Bildschirmtext, 12.12.1977.

31 Ebd., S. 1.

32 Die DBP hatte eine ähnliche Argumentation schon bei der Auseinandersetzung um die Telefonansagedienste ausformuliert. Nach Ansicht der Länder im Bericht der Rundfunkreferenten vom 29. April 1975 – dem sogenannten Schliersee-Papier – waren die Telefonansagen als Rundfunk einzustufen, da sich der Fernsprechteilnehmer jederzeit in

erfolge durch einen individuellen Zugriff – ein „gleichzeitiger Abruf ein und derselben Information durch mehrere Personen ist nämlich nicht möglich."[33] Natürlich konnten mehrere Personen zeitgleich dieselben Informationen abrufen, aber die „Informationsüberspielung"[34] von den Bildschirmtext-Speicherzentralen zum Endgerät in den Haushalten erfolgte für jeden separat, immer wieder neu und zeitlich nacheinander. Im Normalbetrieb sollten die Teilnehmerinnen und Teilnehmer freilich von diesem „Nacheinander" der Informationsübermittlung nichts merken. Die Rundfunkanstalten widersprachen in ihrem „Würzburger Papier" vom 25. Mai 1979 dieser technischen Herleitung deshalb auch vehement. Der Abruf würde zwar einzeln nacheinander hergestellt werden, dies geschehe aber „in Bruchteilen von Sekunden und damit faktisch gleichzeitig"[35].

Das Bundesministerium für das Post- und Fernmeldewesen rückte in ihrem Positionspapier auch von der ursprünglich bevorzugten Einordnung des Bildschirmtextes in den Pressebereich ab. Schwierigkeiten gab es hier vor allem mit den verschiedenen verfassungsrechtlich wirksamen Begriffen von Presse.[36] Zumindest im engeren Sinne sei Bildschirmtext keine Presse, darauf wurde sich vonseiten der Deutschen Bundespost festgelegt, da es sich nicht um ein Druckwerk handelte. Auch die weit ausgelegten Definitionen eines gedruckten Werkes in den Landespressegesetzen, die beispielsweise zusätzlich Ton- und Bildträger einschlossen, gingen in jedem Fall von einem materialisierten Trägermedium aus. Die Bundespost argumentierte, dass das „Überspielen von Texten auf den Fernsehbildschirm" dagegen eine „unkörperliche" Projektion

---

die kontinuierlich laufende Übertragung dazuschalten konnte. Die Bundespost bestritt dagegen, dass sich diese Ansagen an eine Allgemeinheit im rundfunkrechtlichen Sinne wenden würden. Vgl. auch BArch B 257/2051, BMPF, Problemaufriß „Bildschirmtext", 20.7.1976, S. 8. In ihrer Argumentation stützten sich die Länder auch auf den *Telekommunikationsbericht,* der empfahl: „Bildschirmtext und Fernsprech-Einzelbild können als Ergänzungen und Weiterentwicklungen des Ansagedienstes der Deutschen Bundespost aufgefaßt werden." BMPF: Telekommunikationsbericht, 1976, S. 104.

33 BArch B 106/94107, Das Organisationsmodell des Bundespostministeriums für den Teilbereich 1 von Bildschirmtext, 12.12.1977, S. 3.

34 Ebd.

35 Zweiter Bericht der Rundfunkreferenten der Länder zur Frage des Rundfunkbegriffs, insbesondere der medienrechtlichen Einordnung von „Videotext", „Kabeltext" und „Bildschirmtext" (Teleschriftenformen) – „Würzburger Papier". In: Media Perspektiven (1979), H. 6, S. 400–415, hier S. 402.

36 Neben Pressebegriffen verschiedener Weite wurde auch die These diskutiert, dass sich der materielle Inhalt des Begriffs Presse im Sinne des Art. 5 GG von dem formalen Begriff Presse in Art. 75 GG unterscheiden könne. Vgl. BArch B 106/94107, Interministerielle Arbeitsgruppe „Bildschirmgebundene Textinformation", „Presse" i.S. von Artikel 75 Nr. 2 GG, 1.2.1978.

und damit keine Presse im Sinne eines Druckwerks sei.[37] Mit dieser Diskussion zur Materialität des Bildschirmtextes rückte ein grundsätzlicher Themenkomplex in den Fokus, der auch gegenwärtig noch nicht abschließend beantwortete wurde, nämlich die Frage, ob die stofflich-gegenständliche Verkörperung eines Gedankeninhalts eine absolute Bedingung für die Definition als Presse darstelle.[38]

Da der Bildschirmtext-Anwendungsfall „Informationen für Mehrere" nach begründeter Auffassung der Deutschen Bundespost weder Rundfunk noch Presse war – und eine Einordnung als Fernmeldedienst nicht umsetzbar schien – blieb konsequenterweise nur der Schritt, sich für die Qualifizierung als ein neues Massenmedium auszusprechen – auch wenn dafür entsprechend ein „neues Medienrecht mit bestimmten Organisationsvorstellungen"[39] geschaffen werden müsste. Das Arbeitspapier formulierte erstmals explizit die Anerkennung einer Regelungskompetenz durch die Länder seitens der Bundespost. Die Bundesländer seien, soweit die Bundeskompetenz für das Presserahmenrecht nicht ausreiche, dem Grundgesetz nach eindeutig für die Schaffung eines neuen Medienrechts, auch für ein „Massenkommunikationsrecht neuer Provenienz", zuständig. Allerdings wurde weiterführend angenommen, dass für die Bundesländer aufgrund der „Notwendigkeit bundeseinheitlicher Regelungen" allein die Form eines Staatsvertrags infrage kommen könne. Da „die Länder in massenkommunikativen Problemstellungen untereinander nicht immer konsensgeneigt sind" und somit ein Staatsvertrag nur unter großer Kompromissbereitschaft zustande kommen würde, sei es umso wichtiger, dass der Bund eine eigene, einheitliche Linie verfolge.[40]

Dem durch die Kommission für den Ausbau des technischen Kommunikationssystems zusätzlich hervorgehobenen Grundsatz der Trennung von

37 Vgl. BArch B 106/94107, Das Organisationsmodell des Bundespostministeriums für den Teilbereich 1 von Bildschirmtext, 12.12.1977, S. 5. Zitate ebd.

38 Einführend vgl. Roger Mann u. Jörg F. Smid: Presserecht im Internet und „elektronische Presse". In: Gerald Spindler u. Fabian Schuster (Hg.): Recht der elektronischen Medien. Kommentar. 3. Aufl. München 2015, S. 911–940.

39 BArch B 106/94107, Das Organisationsmodell des Bundespostministeriums für den Teilbereich 1 von Bildschirmtext, 12.12.1977, S. 6.

40 Vgl. ebd. Zitate ebd. Die DBP verwies hier auch auf das Beispiel der nahezu einheitlichen Landespressegesetze, die ihren Ursprung in einem früheren Modellgesetzentwurf des Bundes hatten, ohne dass dieser selbst Bundesgesetz wurde. Gleichzeitig wurde die Befürchtung geäußert, dass die Bundesländer bei einer Einstufung von Btx als ‚Neues Medium' ungeordnet „in die Kompetenzlücke stoßen" und durch heterogene Regelungen die bundeseinheitliche Durchführung der Feldversuche gefährden könnten. BArch B 106/94107, Interministerielle Arbeitsgruppe „Bildschirmgebundene Textinformation", 17. Sitzung am 9. Februar 1978 im BMI, Ergebnisvermerk, 9.2.1978, S. 3f.

Netz- und Nutzungsbereich folgend[41], gingen alle Überlegungen der Deutschen Bundespost dahin, sich auf die Netzträgerschaft und damit allein auf den technischen Betrieb zu beschränken. Für alle folgenden Aufgaben der Inhaltsverantwortung wie beispielsweise den Erlass grundsätzlicher Inhaltsrichtlinien, die Zulassung von Anbietern und die Kontrolle der Inhalte sollten die Länder genauer gesagt die entsprechend zu gründenden öffentlich-rechtlichen Organisationsformen in die Pflicht genommen werden. Freilich blieb die Bundespost als Netzbetreiber der prädestinierte Gebührenempfänger.[42]

Ende November 1977 begann die interministerielle Arbeitsgruppe mit der Anhörung externer Expertengruppen.[43] Für jede Gesprächsrunde wurde ein individueller Fragenkatalog erstellt, der den Eingeladenen vorab zur Vorbereitung übersendet wurde. In den meisten Fällen wurde im Nachgang des Gesprächs zusätzlich um eine schriftliche Stellungnahme gebeten. Die erste Gruppe bildeten Vertreter aus dem Verlagswesen, dem Buchhandel und dem Druckgewerbe. In der Sitzung am 22. November 1977 waren der Bundesverband Deutscher Zeitungsverleger, der Verband Deutscher Zeitschriftenverleger, der Börsenverein des Deutschen Buchhandels und der Bundesverband Druck eingeladen, wobei letzterer keinen Vertreter, sondern nur eine schriftliche Stellungnahme schickte.[44] Da der Bundesverband Deutscher Zeitungsverleger bereits auf der Internationalen Funkausstellung seine eigene „Bildschirmzeitung“ als Konkurrenzprodukt zum Videotext der Rundfunkanstalten präsentiert hatte, nahm dieser Bereich in der Anhörung einen entsprechend breiten Raum ein. Aber auch am Bildschirmtext zeigten die Verleger großes Interesse – naturgemäß vor allem an den publizistischen Möglichkeiten. Nach ihrer Auffassung sollte eine Organisation nach Vorbild der Presse angestrebt werden.[45] Der Bundesverband fasste seine Positionen nach dem Gespräch noch einmal schriftlich zusammen und führte aus, dass für die Verbreitung von

41 Vgl. BMPF: Telekommunikationsbericht, 1976, S. 10 u. 120.

42 Vgl. BArch B 106/94107, Das Organisationsmodell des Bundespostministeriums für den Teilbereich 1 von Bildschirmtext, 12.12.1977, S. 8–11.

43 Der zusammenfassende Zwischenbericht sprach von insgesamt acht Anhörungssitzungen, die im Zeitraum von Oktober 1977 bis März 1978 stattfanden. Im Oktobertermin waren Vertreter der DBP geladen, insoweit also keine externen Experten. Vgl. BArch B 136/11355, Zwischenbericht der Interministeriellen Arbeitsgruppe „Bildschirmgebundene Textinformation“ (Entwurf), Stand: Dezember 1978, S. 28.

44 Vgl. BArch B 106/94107, Interministerielle Arbeitsgruppe „Bildschirmgebundene Textinformation“, 10. Sitzung am 22. November 1977 im BMI, Ergebnisvermerk, 7.3.1978.

45 Konkret wurde von den Verlegern gefordert, dass allen verlegerisch tätigen Unternehmen der freie Zugang ermöglicht werden müsse, inhaltliche Beschränkungen nur im Rahmen des Straf- und Presserechts zulässig seien und der Deutsche Presserat als Organ der Selbstkontrolle und der Beschwerdeinstanz einzusetzen sei. Vgl. auch Vgl. BArch B

Zeitungsinhalten hinsichtlich der zu erwartenden Kosten und der Ausbreitung in der Bevölkerung das Medium des Videotextes der Nutzung von Bildschirmtext vorzuziehen sei. Die Zeitungsverleger wollten sich aber dennoch bei den geplanten Feldversuchen beteiligen, um die über das Videotext-System hinausgehenden Möglichkeiten zu erproben und Erfahrungen im Hinblick auf mögliche Inhalte zu sammeln.[46]

Als zweite Expertengruppe wurden „technische Wissenschaftler“ und Vertreter des Fachverbandes Unterhaltungselektronik eingeladen. Bei der Sitzung am 2. Dezember 1977 waren unter anderem Wolfgang Kaiser als Direktor des Instituts für Nachrichtenübertragung an der Universität Stuttgart und ehemaliges Mitglied der Kommission für den Ausbau des technischen Kommunikationssystems sowie Ulrich Messerschmid vom Institut für Rundfunktechnik in München anwesend. Die an die Wissenschaftler gerichteten Fragen galten aber ausschließlich dem Videotext, sodass der Bildschirmtext nur am Rande besprochen wurde.[47]

Für die nächste Sitzung am 8. Dezember wurden Vertreter des Deutschen Journalisten-Verbands, der Deutschen Journalisten-Union in der IG Druck und Papier sowie der Deutschen Angestellten-Gewerkschaft eingeladen. Die Anhörung wurde am 26. Januar 1978 fortgesetzt. Zusammenfassend wurde konstatiert, dass die Journalistenorganisationen alle am dualen Informationssystem aus Presse und Rundfunk festhielten, die Einführung einer dritten Größe in Gestalt eines ‚Neuen Mediums‘ jedoch nicht ausschlossen. Grundlegende Funktionsverschiebungen von den gedruckten Medien in Richtung der neuen, bildschirmgebundenen Textinformationssysteme wurden ebenso wenig wie nennenswerte Auswirkungen auf die Arbeitsplatz- und Arbeitsmarktsituationen von Journalisten erwartet.[48]

Zur Diskussion der medienrechtlichen Einordnung lud die Arbeitsgruppe für den 19. Januar 1978 Friedrich Kübler von der Universität Frankfurt am

---

136/11355, Zwischenbericht der Interministeriellen Arbeitsgruppe „Bildschirmgebundene Textinformation“ (Entwurf), Stand: Dezember 1978, S. 33f.

46 Vgl. BArch B 106/94107, Antworten des BDZV auf Fragen des Bundesministeriums des Inneren zur Anwendung Bildschirmgebundener Textinformationssysteme, 17.1.1978, S. 8f.

47 Vgl. BArch B 106/94108, Interministerielle Arbeitsgruppe „Bildschirmgebundene Textinformation“, 11. Sitzung am 2. Dezember 1977, Wortprotokoll, 2.12.1977.

48 Vgl. BArch B 106/126855, Interministerielle Arbeitsgruppe „Bildschirmgebundene Textinformation“, 13. Sitzung am 8. Dezember 1977, Anhörung der Journalistenorganisationen zu den neuen Textinformationssystemen, 8.12.1977; BArch B 106/126855, Interministerielle Arbeitsgruppe „Bildschirmgebundene Textinformation“, 16. Sitzung am 26. Januar 1978, Anhörung der Journalistenorganisationen zu den neuen Textinformationssystemen, 26.1.1978; BArch B 136/11355, Zwischenbericht der Interministeriellen Arbeitsgruppe „Bildschirmgebundene Textinformation“ (Entwurf), Stand: Dezember 1978, S. 41–43.

Main, Peter Lerche von der Universität München, Ernst-Joachim Mestmäcker von der Universität Bielefeld und Fritz Ossenbühl von der Universität Bonn ein. Im Mittelpunkt des Gesprächs mit den Professoren, die alle ihren Tätigkeitsschwerpunkt im Verfassungsrecht hatten, stand die Frage, inwieweit bei der medienpolitischen Einordnung von Video-, Bildschirm- und Kabeltext die Unterscheidung nach einem grundrechtlichen Gewährleistungsbereich im Rahmen des Art. 5 GG und einem kompetenzrechtlichen Bereich nach Art. 75 GG wesentlich wäre und ob hierfür die publizistische Relevanz eine Rolle spielt. Die diskussionsfreudige Anhörung erbrachte eine Reihe von Erkenntnissen: Für eine verfassungsrechtliche Unterscheidung zwischen Presse und Rundfunk bildete ein elementares Definitionsmerkmal die Verbreitungstechnik.[49] Dagegen wäre das Kriterium der Textgebundenheit für den Pressebereich „nicht zwangsläufig typisierend"[50] und deshalb besitze dieser auch „keinen privilegierten Anspruch"[51] auf Zugang zu den neuen Textinformationssystemen. Es wurde ganz im Gegenteil vielmehr diskutiert, ob die Zulassungsschranken für Presseunternehmen nicht sogar höher liegen sollten, um beispielsweise eine lokale Monopolstellung einer regionalen Zeitung zu unterbinden. Mit Blick auf die Forderungen des Verlags- und Druckgewerbes hoben die Juristen hervor, dass durch die im Grundgesetz verankerte Pressefreiheit kein verfassungsrechtlicher Anspruch auf den Schutz etablierter, traditioneller Unternehmen gegenüber durch neue Technik möglichgewordener „Substitutionskonkurrenz" bestehe. Drei von vier Professoren konstatierten, dass Video-, Bildschirm- und Kabeltext keine Ausprägung der Presse darstelle – nur Peter Lerche hielt es unter bestimmten Bedingungen „vertretbar", diese dem Pressebereich zuzuordnen. Im Fall des Bildschirmtextes zeigten die Verfassungsrechtler geschlossen eine Präferenz für eine Einordnung als ein ‚Neues Medium', machten aber gleichzeitig sehr deutlich, dass eine kompetenzrechtliche Zuordnung zu einem bestimmten Medienbereich nicht präjudiziere, wie die rechtliche Ausgestaltung konkret auszusehen habe.[52]

49 Die maßgebende Definition für den Rundfunk fand sich im § 1 Abs. 1 Staatsvertrag über die Regelung des Rundfunkgebührenwesens, 31.10.1968, GVBl NW 1969, S. 752: „Rundfunk ist die für die Allgemeinheit bestimmte Veranstaltung und Verbreitung von Darbietungen aller Art in Wort, in Ton und in Bild unter Benutzung elektrischer Schwingungen ohne Verbindungsleitung oder längs oder mittels eines Leiters."

50 BArch B 136/11355, Zwischenbericht der Interministeriellen Arbeitsgruppe „Bildschirmgebundene Textinformation" (Entwurf), Stand: Dezember 1978, S. 45.

51 Ebd., S. 46.

52 Vgl. BArch B 106/94108, Interministerielle Arbeitsgruppe „Bildschirmgebundene Textinformation", Anhörsitzung (Verfassungsrechtler) am 19. Januar 1978, Redigiertes Wortprotokoll, 19.1.1978; BArch B 136/11355, Zwischenbericht der Interministeriellen

Zur Anhörung am 22. Februar 1978 wurden insgesamt elf Organisationen aus den verschiedenen Bereichen der Werbewirtschaft eingeladen.[53] Die Frage nach der Bedeutung und der Rolle von Werbung für neue Telekommunikationsformen wie dem Bildschirmtext hatte im Vorfeld innerhalb der Arbeitsgruppe zu zwischenministeriellen Zerwürfnissen geführt. Die Deutsche Bundespost machte von Beginn an deutlich, dass sie „[a]us ökonomischen Gründen [...] nur ungern“[54] auf die Möglichkeit einer Werbeschaltung verzichten würde, stimmte aber mit den anderen Ministerien überein, dass eine „Vermischung publizistischer Inhalte mit Werbung [...] möglichst vermieden werden [sollte]“[55]. Die Vertreter des Bundesministeriums des Inneren und des Bundesministeriums für das Post- und Fernmeldewesen hatten daraufhin das FDP-geführte Bundesministerium für Wirtschaft mit zwei Schreiben im Januar und Februar 1978 „nachdrücklich gebeten“, ein Arbeitspapier zu den Fragen der volks- und marktwirtschaftlichen Funktion von Werbung zu erarbeiten. Die Erstellung eines solchen Papiers wurde jedoch von dem Vertreter des Bundeswirtschaftsministeriums Bieberstein als „unnötig und problematisch“ abgelehnt.[56] Die übrigen in der Arbeitsgruppe beteiligten Häuser teilten diese Auffassung nicht und äußerten ihr Unverständnis über diese Haltung. Aufgrund der „Weigerung“ Bibersteins trotz „seiner klaren Ressortzuständigkeit“ und um den Fortgang der Arbeitsgruppe nicht zu gefährden, entschloss sich das Bundesinnenministerium dazu, ein eigenes Arbeitspapier vorzulegen.[57]

Arbeitsgruppe „Bildschirmgebundene Textinformation“ (Entwurf), Stand: Dezember 1978, S. 43–46.

53 Konkret waren das: die Hauptgemeinschaft des Deutschen Einzelhandels, der Markenverband, der Bundesverband der Deutschen Industrie, der Bund Deutscher Werbeberater, der Bundesverband Deutscher Zeitungsverleger, der Verband Deutscher Zeitschriftenverleger, das Zweite Deutsches Fernsehen, die Arbeitsgemeinschaft Rundfunkwerbung, der Börsenverein des Deutschen Buchhandels, die Gesellschaft Werbeagenturen und die Arbeitsgemeinschaft der Verbraucher. Außerdem war der Zentralausschuss der Werbewirtschaft – in der alle eingeladenen Organisationen, mit Ausnahme der Arbeitsgemeinschaft der Verbraucher, Mitglied waren – durch ihren Geschäftsführer vertreten.

54 So die euphemistische Formulierung. BArch B 106/94107, Interministerielle Arbeitsgruppe „Bildschirmgebundene Textinformation“, 8. Sitzung am 26. Oktober 1977 im BMP, Ergebnisvermerk, 26.10.1977, S. 4.

55 Ebd.

56 So zitierte das Protokoll der Sitzung am 9. Februar 1978 ein Schreiben des Bundesministeriums für Wirtschaft (BMWi) vom 16. Januar 1978. BArch B 106/94107, Interministerielle Arbeitsgruppe „Bildschirmgebundene Textinformation“, 17. Sitzung am 9. Februar 1978 im BMI, Ergebnisvermerk, 9.2.1978, S. 4.

57 Vgl. BArch B 106/94107, Interministerielle Arbeitsgruppe „Bildschirmgebundene Textinformation“, 17. Sitzung am 9. Februar 1978 im BMI, Ergebnisvermerk, 9.2.1978, S. 4–6. Zitate ebd., S. 4. Das BMWi hatte allerdings bereits im August 1977 ein elfseitiges Arbeitspapier zu den technischen und wirtschaftlichen Aspekten von Video-, Bildschirm- und

Die Überlegungen zur Stellung der Werbung in den neuen Telekommunikationsformen wurden darin in zehn Punkten zusammengefasst, wobei die meisten Erwägungen eher grundsätzlicher Natur waren.[58] Das wichtigste Fazit dieser Ausführungen war schließlich die Feststellung, dass „die Werbewirtschaft einen bedeutsamen Beitrag zur Senkung der Informationskosten des Bürgers leistet, indem sie zu einer wesentlichen Verbilligung der Massenmedien beiträgt und auf diese Weise nicht wenigen Bürgern überhaupt erst den ständigen Bezug von Informationsmedien gestattet."[59] Eine Deckung der Kosten ohne Gegenfinanzierung durch Werbeeinnahmen „wäre […] utopisch anzunehmen" und deshalb komme „der Werbung eine entscheidende Bedeutung für die technische Entwicklung neuer Massenkommunikationssysteme und für die kommunikationspolitisch dringend erwünschte Erweiterung des Informationsangebots an den Bürger zu"[60]. Die Zulassung von Werbung im Bildschirmtext stand damit, unabhängig von den dazu noch anstehenden Expertenanhörungen, nicht mehr im Grundsatz zur Disposition. Diskutiert und verhandelt wurde im Folgenden nur noch über die Art der Einbindung und der Kennzeichnung.

Die eingeladenen Werbeexperten beantworteten die Frage nach dem Sinn und Umfang des Einsatzes von Werbung in den neuen bildschirmgebundenen Textinformationssystemen sehr unterschiedlich. Deutlich zum Ausdruck brachten alle allerdings, dass der momentane Kenntnisstand noch nicht ausreiche, um eine „annähernd zuverlässige Prognose"[61] abzugeben. Das größte Potenzial wurde den neuen Systemen für eine Werbung mit lokalem bis regionalem Adressatenkreis zugesprochen. Der Grundsatz der Trennung von Werbung und redaktionellen Texten wurde von den Werbetreibenden verbindlich anerkannt.[62]

Kabeltext im Rahmen der sogenannten „Kleinen Kommission" erarbeitet. Diese im Juni 1977 von der IMA eingesetzte Kommission hatte die Aufgabe, das bereits vorhandene Wissen in einem Problemaufriss zusammenzustellen. Vgl. BArch B 106/94106, Technische und wirtschaftliche Grunddaten zur Nutzung neuer Formen der Telekommunikation bildschirmgebundener Texte, 15.8.1977.

58 Vgl. BArch B 106/94107, Interministerielle Arbeitsgruppe „Bildschirmgebundene Textinformation", 17. Sitzung am 9. Februar 1978 im BMI, Ergebnisvermerk, 9.2.1978, S. 6–13.

59 Ebd., S. 12f. Es folgten plakative Rechenbeispiele für den Monatsabonnementpreis einer Tageszeitung mit und ohne Gegenfinanzierung durch Werbung sowie den Anteil der Werbeeinnahmen bei den öffentlich-rechtlichen Rundfunkanstalten.

60 BArch B 106/94107, Interministerielle Arbeitsgruppe „Bildschirmgebundene Textinformation", 17. Sitzung am 9. Februar 1978 im BMI, Ergebnisvermerk, 9.2.1978, S. 13.

61 BArch B 136/11355, Zwischenbericht der Interministeriellen Arbeitsgruppe „Bildschirmgebundene Textinformation" (Entwurf), Stand: Dezember 1978, S. 49.

62 Vgl. ebd., S. 49–51.

Einen Tag später gab es in der neunzehnten und vorerst letzten Sitzung der interministeriellen Arbeitsgruppe ein Gespräch mit akademischen Experten auf dem Gebiet des Werberechts. Eingeladen wurden die Juristen Karl Heinrich Friauf von der Universität zu Köln, Peter Ulmer von der Universität Heidelberg und außerdem noch einmal Ernst-Joachim Mestmäcker, der jedoch aufgrund seiner Verpflichtungen als Leiter der Monopolkommission kurzfristig absagen musste. In dieser Anhörung sollten abschließend die verfassungsrechtlichen Grundlagen des Einsatzes von Werbung und der Möglichkeit von Werbebeschränkungen erläutert werden.[63] Die Antworten fielen aufgrund des komplexen juristischen Sachverhalts erwartungsgemäß differenziert aus. Die Juristen stellten jedoch klar heraus, dass jede Variante einer Werbebeschränkung grundsätzlich einen Eingriff in den Freiheitsbereich des Art. 5 GG darstelle, der nur als allgemeines Gesetz zulässig sei. Die Notwendigkeit zur Sicherung wirtschaftlicher Grundlagen der klassischen Presse könnte eventuelle Einschränkungen prinzipiell begründen, allerdings müsste dann ein stringenter Nachweis einer solchen Gefährdung geführt werden. Eine öffentlich-rechtliche Monopolisierung von Video-, Bildschirm- oder Kabeltext, beispielsweise durch die Rundfunkanstalten, und damit ein Ausschluss privater Unternehmen sei nur mit dem Grundgesetz vereinbar, wenn „überragende Gründe des Gemeinwohls"[64] diese unabdingbar erscheinen lassen. Im Fall des Rundfunkmonopols waren das die vom Bundesverfassungsgericht 1961 im sogenannten Fernsehurteil anerkannten Gründe des technisch bedingten Frequenzmangels und des hohen Finanzbedarfs. Nach der einhelligen Auffassung der angehörten Rechtsexperten liegen jedoch solche Umstände bei bildschirmgebundenen Textinformationssystemen nicht vor.[65]

Bereits Anfang Februar einigten sich die Mitglieder der Arbeitsgruppe mit Blick auf den knappen Zeitplan darauf, die Anhörungen möglichst bald abzuschließen. So wurde der vorliegende Antrag des Kommissariats der Deutschen Bischöfe, die Zentralstelle Medien der Deutschen Bischofskonferenz anzuhören, vorerst abgelehnt, „da es sich hier um eine gesellschaftlich-relevante

63 Juristische Verunsicherung herrschte hier besonders seit dem „Südkurier-Urteil" des Bundesverfassungsgerichts vom 4. April 1967, welches konstatierte, dass die Pressefreiheit auch den Anzeigenteil einer Zeitung umfasse. Die IMA fragte ganz konkret nach den Auswirkungen dieser Verfassungsklage und der – zeitgenössisch immer wieder vorgebrachten – Unterscheidung von Werbung mit und ohne meinungsrechtlichen Gehalt.

64 BArch B 136/11355, Zwischenbericht der Interministeriellen Arbeitsgruppe „Bildschirmgebundene Textinformation" (Entwurf), Stand: Dezember 1978, S. 59.

65 Vgl. ebd., S. 51–60; BArch B 106/94107, Interministerielle Arbeitsgruppe „Bildschirmgebundene Textinformation", Anhörung von Werberechtlern am 23. Februar 1978, 30.1.1978.

Gruppe handelt, die nur im Rahmen von Gesprächen über Programminhalte gehört werden könnte“[66]. Ein Treffen fand dann im April 1978 dennoch statt – versehen mit dem Vermerk, dass dieses lediglich dem „freien Gedankenaustausch“ diene und keine offiziellen Erklärungen abgegeben werden. Die Kirchenvertreter[67] machten deutlich, dass „ihre Gesprächsbitte nicht von einem vordergründigen lobbyistischen Denken, sondern von einem Gefühl der Mitverantwortung für die anstehenden medienpolitischen Entscheidungen bestimmt sei“. Es gäbe die Befürchtung, so notierte das zusammenfassende Gesprächsprotokoll, dass die medienpolitischen Folgen für die Bevölkerung nicht ausreichend bedacht worden sind und dass diese Aufgabe von der Arbeitsgruppe allein nicht zu leisten sei, sondern eine breite Öffentlichkeit verlange. Grundsätzlich wurde es für erforderlich gehalten, dass „Zugangsregeln“ die zukünftigen Inhalte kontrollieren, „da man bei Bildschirmtext eine mißbräuchliche Nutzung des Systems befürchten müsse“. „Als Zensur werde dies nicht verstanden“, argumentierten die Kirchenvertreter, „da der Betroffene seine Meinung nur über dieses Medium nicht äußern dürfe; andere Wege der Veröffentlichungen seien ihm weiterhin freigestellt.“[68] Dieser kleine Ausschnitt einer Anhörung, die letztlich keine weitere Beachtung fand, unterstrich noch einmal, mit welchen unterschiedlichen Positionen und Anliegen die Mitglieder der Arbeitsgruppe sich konfrontiert sahen.

4.2 Mediale Erscheinung sui generis

Im Verlaufe des Jahres 1978 begann unter der Federführung des Bundesministeriums des Inneren und dem Leiter der interministeriellen Arbeitsgruppe „Bildschirmgebundene Textinformation“ Bernhard Wilhelm die Abfassung eines Zwischenberichtes zum Stand der Arbeitsergebnisse. Im Rahmen einer dreitägigen Klausurtagung der zuständigen Unterabteilung im Bundesinnenministerium entstand auch eine „der hausinternen Meinungsbildung und als Entscheidungshilfe über Fragen der rechtlichen Einordnung und Organisation

66 Vgl. BArch B 106/94107, Interministerielle Arbeitsgruppe „Bildschirmgebundene Textinformation“, 17. Sitzung am 9. Februar 1978 im BMI, Ergebnisvermerk, 9.2.1978, S. 2f. Zitat ebd., S. 3.

67 Anwesend waren kirchlicherseits Hans Dieter Schelauske und der Leiter der Zentralstelle Medien der Deutschen Bischofskonferenz Wilhelm Schätzler sowie ein Herr Watzka. Vgl. BArch B 106/94108, IMA – Bildschirmgebundene Textinformation, Gespräch mit Vertretern der publizistischen Kommission der deutschen Bischofskonferenz am 7. April 1978, 10.4.1978, S. 1.

68 Vgl. ebd. Zitate ebd., S. 1f.

der neuen Telekommunikationsformen“[69] gedachte Problemstudie. In der von Ministerialrat Wilhelm unterzeichneten Hausmitteilung offenbarte sich die Schwere der Auseinandersetzung mit der Deutschen Bundespost. Zum Fortgang der Verhandlungen in der interministeriellen Arbeitsgruppe hieß es in dem Schreiben:

> „In diesem Gremium zeichnet sich ein schwerwiegender Dissens zwischen den unternehmenspolitischen Vorstellungen der Post und den medienpolitischen Vorstellungen unseres Hauses ab. Dieser gründet im wesentlichen darin, daß die Post über ihr Fernmeldemonopol sehr massiv mit ca. 100–150 sogen. Bildschirmtextzentralen in den sich gerade erst entwickelnden (selbständigen) Wirtschaftszweig der Datenspeicherung und -verarbeitung eindringen möchte und dadurch einerseits zentralistische Tendenzen unseres Informationswesens verstärkt und andererseits unnötige organisationspolitische Komplikationen verursacht, die letztlich – wenn überhaupt – nur über erhebliche gesetzgeberische Anstrengungen lösbar sein dürften.“[70]

Die Problemstudie fasste demnach vor allem noch einmal die Frage der kompetenz- und materialrechtlichen Einordnung der „Bildschirmgebundenen Textinformationssysteme“ in das bestehende Mediensystem zusammen – wobei der Fokus klar auf dem Bildschirmtext lag. So wurde konstatiert, dass dieser „Züge sowohl des einen als auch des anderen Rechtsbegriffs in sich vereint“ und deshalb „eine eindeutige Zuordnung [...] zu Presse oder Rundfunk nicht ohne weiteres möglich“ wäre. Die Deutsche Bundespost würde folglich von einer „medialen Erscheinung sui generis“ – von einem ‚Neuen Medium‘ – sprechen.[71]

Die interne Problemstudie des Bundesministeriums des Inneren konnte letztendlich keine medienpolitische Klärung schaffen, sondern nur die einzelnen Positionen begründet wiedergeben. So hatten weiterhin die drei bekannten Varianten Bestand: Die publizistisch-kommunikativen Eigenschaften von Bildschirmtext – ein fixierter Text mit der Möglichkeit zur zeitlich-individuellen Rezeption – sprachen für eine Einordnung als Presse, die absente Körperlichkeit allerdings dagegen. Aufgrund der fehlenden gleichzeitigen Verbreitung an die Allgemeinheit bestand jedoch auch keine Rundfunkqualität.[72] Aus dieser Perspektive blieb nur „der Weg in die neue Mediendimension“[73]

---

69 BArch B 106/126858, IMA-Bildschirmgebundene Textinformation; hier: Problemstudie der Unterabteilung V III, 21.9.1978, S. 1.

70 Ebd., S. 2.

71 Vgl. ebd., S. 1. Zitate ebd.

72 Vgl. BArch B 106/126858, Problemstudie Bildschirmgebundene Textinformation, Stand: 21. September 1978, S. 6f.

73 Ebd., S. 6.

mit dem Bildschirmtext als Prototyp. Das Bundesinnenministerium scheute gleichwohl diesen Weg – zu undurchsichtig waren die Konsequenzen und zu langwierig die gesetzgeberischen Anstrengungen. Auch Bundesinnenminister Gerhart Baum räumte öffentlich ein, dass aufgrund „erheblicher Meinungsverschiedenheiten" zwischen den Ministerien eine medienrechtliche Einordnung des Bildschirmtextes weiterhin unklar wäre.[74]

Ende des Jahres 1978 legte die interministerielle Arbeitsgruppe dann einen 87-seitigen, maßgeblich vom Bundesministerium des Inneren ausgearbeiteten Zwischenberichtsentwurf vor.[75] Diese Version zirkulierte ab Ende Februar 1979 durch alle beteiligten Häuser.[76] Der Bitte um Kritik kam insbesondere das Bundesministerium für Wirtschaft nach. Der Ministerialrat Bieberstein monierte in einem Schreiben an alle nicht nur einzelne Formulierungen des Entwurfs, sondern übte harsche Kritik an der Arbeit des Bundesinnenministeriums und dessen Rolle in den interministeriellen Verhandlungen: Die Darstellung in dem gemeinsamen Ressortpapier wäre voller „Selbstlob und Kollegenkritik", die Arbeitsgruppe hätte sich seit über einem Jahr nicht mehr getroffen, ohne das hierfür Gründe genannt würden und er persönlich wäre falsch und unvollständig zitiert worden.[77] Die Generalkritik gipfelte in der rhetorischen Aussage: „'Bund' ist nicht gleichbedeutend mit ‚BMI'!"[78]

Die im Zwischenberichtsentwurf dargestellte Haltung des Bundesministeriums für Wirtschaft zur Erarbeitung eines Positionspapiers zu Fragen der Werbung wurde als „einseitig und in dieser Form falsch" befunden – folgerichtig wurden auch noch einmal „erhebliche Bedenken gegen Stellen des Positionspapiers des BMI zur Werbung" herausgestellt.[79] Regelrecht erzürnt zeigte sich Bieberstein über einen speziellen Satz in der abschließenden Zusammenfassung des Zwischenberichts:

74 Vgl. Minister Differenzen um Bildschirm-Text. In: Computerwoche, 22.9.1978. Zitat ebd.

75 BArch B 136/11355, Zwischenbericht der Interministeriellen Arbeitsgruppe „Bildschirmgebundene Textinformation" (Entwurf), Stand: Dezember 1978.

76 Zusätzlich zu den an der IMA beteiligten Ministerien wurde der Entwurf außerdem noch an das Bundeskanzleramt, das Auswärtige Amt, das Bundesministerium für innerdeutsche Beziehungen sowie das Bundesministerium für Bildung und Wissenschaft versandt.

77 Vgl. BArch B 136/11355, Vermerk von Bieberstein (BMWi), Interministerielle Arbeitsgruppe „Bildschirmgebundene Textinformation", BMI-Entwurf eines Zwischenberichts Stand Dezember 1978, bezugnehmend auf BMI-Schreiben vom 28. Februar 1979, 12.3.1979, S. 1f. Zitat ebd., S. 1.

78 Ebd., S. 2.

79 Vgl. ebd., S. 3. Zitate ebd. Vgl. BArch B 136/11355, Zwischenbericht der Interministeriellen Arbeitsgruppe „Bildschirmgebundene Textinformation" (Entwurf), Stand: Dezember 1978, S. 68.

„Dieses Ergebnis zeigt zugleich, daß die im politischen und gewerkschaftlichen Raum erhobenen Forderungen nach Werbungsbeschränkungen in diesen neuen Textkommunikationsformen entweder unreflektiert sind oder von anderen als den verlautbarten Motiven beherrscht werden."[80]

Dieser „belastende Satz" sei „äußerst problematisch", ‚falsch, tendenziös und für die ‚Betroffenen' nahezu ehrenrührig", so Bieberstein.[81] Die Darstellung zur Werbung im Zwischenbericht beruhte auf dem bereits vorgestellten Positionspapier des Bundesministeriums des Inneren, welches von den Arbeitsgruppen-Mitgliedern im Januar 1978 mehrheitlich gebilligt wurde und nach den Anhörungen der Werbefachleute weiter ausgearbeitet wurde.[82] Die ohnehin schon grundsätzlich positive Wertung der Werbung in der freien Marktwirtschaft wurde im Zwischenbericht noch gesteigert und machte unmissverständlich klar, dass ein Werbeverbot für die neuen Textinformationssysteme nicht denkbar sei:

„Werbung ist ein untrügliches Barometer für den Lebensstandard eines Volkes. Darüber hinaus ermöglicht sie die Finanzierung der Massenmedien; ohne eine solche Finanzierung wären die wesentlichen Massenmedien für breite Bevölkerungskreise nicht mehr erschwinglich. Werbung und wirtschaftliches Wachstum sind nach alledem im marktwirtschaftlichen System ebenso korrespondierende Faktoren wie Werbung und technischer oder sonstiger Fortschritt oder Werbung und Lebensqualität. Darüber hinaus ist sie ein wichtiger Faktor für Information – auch Verbraucherinformation – und für Kommunikation zwischen Anbieter und Nachfrager. Ein allgemeines Werbeverbot würde sich als eine massive Wettbewerbsbeschränkung und künstliche Marktverengung auswirken müssen, die mit den Prinzipien unserer Wirtschaftsordnung nicht vereinbar wäre."[83]

Diesen eindeutigen Worten folgte ein längerer Auszug aus einer Presseerklärung des Bundesministers für Wirtschaft und FDP-Politikers Otto Graf Lambsdorff, in dem dieser sich gegen Vorschriften und Verbote, speziell gegen ein allgemeines Werbeverbot, und für mehr Information und Aufklärung als Signum seiner Partei aussprach. Dieses Zitat stammte allerdings vom

80 BArch B 136/11355, Zwischenbericht der Interministeriellen Arbeitsgruppe „Bildschirmgebundene Textinformation" (Entwurf), Stand: Dezember 1978, S. 87.

81 BArch B 136/11355, Vermerk von Bieberstein (BMWi), Interministerielle Arbeitsgruppe „Bildschirmgebundene Textinformation", BMI-Entwurf eines Zwischenberichts Stand Dezember 1978, bezugnehmend auf BMI-Schreiben vom 28. Februar 1979, 12.3.1979, S. 3.

82 Vgl. BArch B 106/94107, Interministerielle Arbeitsgruppe „Bildschirmgebundene Textinformation", 14. Sitzung am 12. Januar 1978, Ergebnisvermerk 12.1.1978.

83 BArch B 136/11355, Zwischenbericht der Interministeriellen Arbeitsgruppe „Bildschirmgebundene Textinformation" (Entwurf), Stand: Dezember 1978, S. 69.

Februar 1974, also einer Zeit bevor Lambsdorff Bundesminister wurde. Der Arbeitsgruppen-Vertreter des FDP-geführten Bundeswirtschaftsministeriums Bieberstein hatte dieses Innuendo wohl genau so verstanden, wie es sehr wahrscheinlich auch gemeint war, nämlich ihn mit den Worten seines eigenen Bundesministers zu belehren.[84]

Der Zwischenbericht fasste ebenfalls noch einmal explizit die Vorstellungen der Deutschen Bundespost zum Bildschirmtext zusammen.[85] Diese sah ihre Zuständigkeit, wie bereits in der Funkausstellungsbroschüre geschrieben, nur in der Verantwortung für die Technik im fernmeldetechnischen Bereich – dazu zählte also das Modem, nicht aber der im Fernseher verbaute Dekoder. Das benötigte Netz sollte mittels „dezentralisierten Bildschirmtextzentralen"[86] realisiert werden. Für die Bundespost ergab sich vor allem die Frage nach einem praktikablen Modus der Anbieterzulassung und Missbrauchsprüfung. Unabhängig von der medienpolitischen Einordnung könne ein „Missbrauchsverfahren" nur ex post eingeleitet werden, da jegliche Inhaltskontrolle vor der Informationsübermittlung als Zensur zu fassen wäre. Explizit sprach die Bundespost hier auch von der „Netzneutralität"[87], zu dessen Wahrung unabhängige Institutionen gegründet werden müssten, welche die Prüfung der Anbieter sowie die Schaffung und Überwachung von Inhaltsrichtlinien übernehmen müssten. Mit der Frage um eine zu wahrende Netzneutralität zeigten sich in den Diskussionen der Arbeitsgruppe erneut Debattenstränge, die auch in der Gegenwart noch große Relevanz besitzen.

Zum Streitpunkt der rechtlichen Einordnung konnte die interministerielle Arbeitsgruppe bis zum Zeitpunkt der Erstellung des Zwischenberichts keine Einigung erzielen. Der Entwurf dokumentierte deshalb die zwei grundsätzlichen Standpunkte einerseits der des Bundesministeriums für das Post- und Fernmeldewesen, zusammengefasst durch Oberpostdirektor Detlev Müller-Using, und andererseits der des Bundesministeriums des Inneren, festgeschrieben durch den Leiter der Arbeitsgruppe Ministerialrat Bernhard Wilhelm.

Die Deutsche Bundespost hatte sich nach der „Negativabgrenzung gegen Rundfunk" vor allem mit der Frage befasst, ob der Bildschirmtext der Presse

84 Das BMWi reichte im September 1979 ein eigenes Positionspapier nach, welches aber in den weiteren Verhandlungen kaum mehr eine Rolle spielte. Vgl. BArch B 106/126858, Werbung in den neuen Diensten bildschirmgebundener Textinformation, Positionspapier BMWi, 28.9.1979.

85 Vgl. BArch B 136/11355, Zwischenbericht der Interministeriellen Arbeitsgruppe „Bildschirmgebundene Textinformation" (Entwurf), Stand: Dezember 1978, S. 60–68.

86 Ebd., S. 61.

87 Ebd., S. 65.

zuzuordnen sei. Zentral war dabei der Begriff des Druckwerks gewesen, welcher trotz weitester Auslegung „doch ganz überwiegend als an einen materialisierten Träger gebunden aufgefaßt wird". Dass das Bundesministerium des Inneren in seinen Positionspapieren von einer „Fortschreibung des Pressebegriffs" und einer „Neudefinition des Druckwerkbegriffs im Wege der Fiktion" sprach, bestätigte die Bundespost in der Ansicht, dass Bildschirmtext de lege lata nicht als Presse zu verstehen war. Als „sauberste Lösung" wurde deshalb eine Definition des Bildschirmtextes als ‚Neues Medium' angesehen, auch wenn die sich daraus ergebende Zuständigkeit der Länder als „hinderlich" empfunden wurde.[88]

Eine mögliche Einordnung des Bildschirmtextes als ‚Neues Medium' sah das Bundesministerium des Inneren dagegen weiterhin als „verfassungspolitisch möglicherweise bedenklich", da es dem Bund die Mitsprache verwehren würde und so für die Deutsche Bundespost zu einer „unerwünschten Rechtszersplitterung in den einzelnen Ländern führen" könnte. Die mögliche Subsumierung als Rundfunk wurde „von der Bundesregierung ausdrücklich abgelehnt" – Wilhelm sprach hier explizit im Namen der gesamten Bundesregierung, was ihm auch die bereits geschilderte Kritik durch das Bundesministerium für Wirtschaft einbrachte. Gleichwohl hatte der Bund „keinerlei Einfluß" auf die Entscheidungen der Länder, wenn diese Bildschirmtext doch als Rundfunk definieren würden. In diesem Konfliktfall hätte nur der Gang vor das Bundesverfassungsgericht eine rechtmäßige Einordnung klären können. Nach Meinung des Bundesinnenministeriums würde eine Zuordnung zum Pressebereich den Interessen der Bundespost am nächsten kommen und entsprach auch dem eigenen Wunsch. Verstanden als weiterentwickelte Formen der Presse könnte der Bund für alle elektronischen Textkommunikationsformen unmittelbar seine Rahmenkompetenz nach Artikel 75 des Grundgesetzes ‚ausspielen'. Damit wäre jedem der Zugang zur aktiven Teilnahme möglich und der Bund könnte das Vorhaben der Bundespost bestmöglich vertreten. Außerdem würden so die Bundesländer selbst in Zugzwang geraten und müssten abwägen, ob sie tatsächlich einen Verfassungsstreit riskieren wöllten.[89]

Die weiteren Sitzungen der interministeriellen Arbeitsgruppe „Bildschirmgebundene Textinformation" sowie die Abfassung des Abschlussberichtes wurden durch eine neue, durch das Bundesministerium der Justiz, eingebrachte Perspektive erschwert. Nach der sogenannten verfassungsrechtlichen Vakuumtheorie ergab sich bei ‚qualitativ neuen Sachverhalten' aus

88 Vgl. ebd., S. 66f. Zitate ebd., S. 66.
89 Vgl. ebd., S. 67f. Zitate ebd., S. 67.

dem Artikel 70 des Grundgesetzes keine reflexhafte Zuständigkeit der Länder. Aber auch dem Bund würden keine Kompetenzen zustehen. Das Bundesministerium für Justiz brachte in mehreren Schreiben deutlich zum Ausdruck, dass bei gleichzeitiger Zurückweisung der Rechtsauffassung der Länder, einer Verneinung der Rahmenkompetenz des Bundes und einer Ablehnung der Versteinerungstheorie, wie sie in der Bundesrepublik Österreich in solchen Fällen der Kompetenzstreitigkeiten zur Anwendung kam, nur der Weg einer Verfassungsergänzung den Konflikt auflösen könne. Erst mit einer entsprechenden Grundgesetzänderung hätte eine Zuordnung der Zuständigkeit – entweder für den Bund oder für die Länder – vorgenommen werden können. Bis dahin bestehe ein kompetenzrechtliches Vakuum.[90]

Im Frühjahr 1980 einigte sich die interministerielle Arbeitsgruppe auf eine, im Wortlaut mit dem Bundesministerium für Justiz abgestimmte, Kompromissformel. Demnach handelte es sich beim Bildschirmtext „um einen qualitativ neuen Sachverhalt, den der Grundgesetzgeber nicht gesehen hat"[91]. Aufgrund der besonderen Bedeutung des behandelten Regelungsbereiches würde eine kompetenzrechtliche Verschiebung zugunsten der Länder der im Grundgesetz angelegten Ausgewogenheit von Bundes- und Landeskompetenzen widersprechen, weshalb die verfassungsrechtliche ‚Auffangfunktion' – wonach die Länder für einen bestimmten Bereich das Recht zur Gesetzgebung haben, soweit das Grundgesetz es nicht explizit dem Bund zuschreibt – hier nicht greife. Diese „Lücke im Grundgesetz" sei „nach den politischen Zielsetzungen unserer Bundesstaatsverfassung" möglichst zu schließen. Diese politischen Zielsetzungen des Grundgesetzes – besonders das Prinzip des Gleichgewichts zwischen Bund und Ländern – und die funktionale Affinität des Bildschirmtextes zur Presse – im Sinne eines „Lesemediums" – sprächen eindeutig für eine Rahmenkompetenz des Bundes.[92]

---

90 Vgl. bspw. BArch B 106/126857, Bundesminister für Justiz, Interministerielle Arbeitsgruppe „Bildschirmgebundene Textinformation", bezugnehmend auf das Schreiben des Bundesministers des Inneren vom 30. Januar 1980, 15.2.1980.

91 BArch B 106/126857, Schreiben des Ministerialrats Wilhelm, Bundesministerium des Inneren, Interministerielle Arbeitsgruppe „bildschirmgebundene Textinformation" (IMA), hier: Entwurf eines Abschlußberichts, 17.3.1980, S. 1f. Ein späterer Formulierungsvorschlag kürzte diesen Passus auf die Formel, dass es sich bei Btx ebenso wie bei Video- und Kabeltext „um eine qualitativ neuartige Materie" handle. BArch B 106/126857, Schreiben Hömig, Bundesministerium des Inneren, Interministerielle Arbeitsgruppe „Bildschirmgebundene Textinformation" (IMA), hier: Entwurf eines Abschlußberichts, bezugnehmend auf Ihr Schreiben vom 17. März 1980, 14.4.1980, S. 2.

92 BArch B 106/126857, Schreiben des Ministerialrats Wilhelm, Bundesministerium des Inneren, Interministerielle Arbeitsgruppe „bildschirmgebundene Textinformation" (IMA), hier: Entwurf eines Abschlußberichts, 17.3.1980, S. 2. Zitate ebd.

Letztendlich hatte auch diese Kompromissformel – Bildschirmtext eingestuft als einen „qualitativ neuen Sachverhalt“ bei gleichzeitiger Wahrnehmung der Bundesrahmenkompetenz – keinen Bestand, weil am Ende die von mehreren Seiten geäußerten verfassungsrechtlichen Bedenken überwogen und sich die maßgeblich beteiligten Bundesministerien missverstanden sahen. Der Kompromiss hätte die Vakuumtheorie des Bundesministeriums der Justiz – als das an erster Stelle für das Verfassungsrecht zuständige Ministerium – als falsch überführt. Das Bundesministerium des Inneren hatte dagegen noch im Oktober 1979 auch in öffentlichen Erklärungen und durch den Bundesminister seine Auffassung verteidigt, Bildschirmtext als presseähnlich einzustufen und wäre somit auch widerlegt worden. Am schwersten wog allerdings ein aktuelles Urteil des Bundesverfassungsgerichts, welches in seiner Entscheidung vom 10. März 1976 ausdrücklich darauf hingewiesen hatte, dass das Grundgesetz prinzipiell von einer Zuständigkeit der Länder ausgehe und dem Bund nur Gesetzgebungsbefugnisse zustehen, soweit das Grundgesetz sie ihm verliehen habe. Im Zweifel würde die Entscheidung zugunsten der Länder ausfallen – der Bund habe seinerseits den Nachweis zu führen, dass der entsprechende Sachverhalt eindeutig in seinen Zuständigkeitsbereich falle.[93]

Eine Beschränkung der Länderkompetenzen könne daher nur in drei sehr eng gefassten Fällen erfolgen: Erstens, wenn sich eine ungeschriebene Gesetzgebungskompetenz des Bundes ‚aus der Natur der Sache‘ ergebe, beispielsweise bei internationalen Vertragsangelegenheiten zwischen Staaten oder anderen Fällen, die einer partikularen Gesetzgebungszuständigkeit a priori entzogen waren. Die ausschließliche Wahrnehmung einer Rahmenkompetenz des Bundes wäre dabei aber ein Widerspruch in sich gewesen oder hätte zumindest ein verfassungsrechtliches Novum dargestellt. Zweitens, wenn eine ungeschriebene Gesetzgebungskompetenz des Bundes ‚kraft Sachzusammenhangs‘ angenommen werden könne. Die geforderten Prämissen lagen ebenfalls nicht vor, da es hier vorrangig um eine Regelungsbedürftigkeit der Veranstaltungs- und Nutzungsseite ging. Der Rundfunk war dabei ein evidentes Beispiel für die prinzipielle Möglichkeit einer landesrechtlichen Regelung dieser Bereiche. Drittens, wenn eine extensive Auslegung der geschriebenen Bundeskompetenzen möglich sei. Dies entsprach der Annahme des Bundesministeriums des Inneren, die elektronischen Textinformationsformen als Formen der Presse zu interpretieren.

Im ursprünglichen Zeitplan hatte sich die Deutsche Bundespost einen ersten Aufschluss über die medienrechtliche Einordnung des Bildschirmtextes

93 Bundesverfassungsgericht, Beschluss v. 10.3.1976, Öffentliches Wegeeigentum, BVerfGE 42, 20.

bis zur öffentlichen Demonstration auf der Internationalen Funkausstellung im August 1977 und eine endgültige Klärung bis zum Beginn der Feldversuche Anfang des Jahres 1980 erbeten. Auch wenn der Start der Feldversuche auf Juni verschoben werden musste, war bis zu diesem Zeitpunkt keine Einigung in Sicht. Die aufgeführten verfassungsrechtlichen Auseinandersetzungen und verschiedenen Rechtsstandpunkte der einzelnen Bundesministerien zeigten deutlich, dass die ursprüngliche Diskussion längst eine neue Ebene erreicht hatte, bei der grundsätzlichere Kompetenzfragen zwischen Bund und Ländern verhandelt wurden. In letzter Konsequenz bestätigte das auch der Ministerialrat Bernhard Wilhelm als Leiter der interministeriellen Arbeitsgruppe „Bildschirmgebunde Textinformation" und erklärte, dass er sich „angesichts der aufgetretenen schwierigen verfassungsrechtlichen Kompetenzfragen", die sich „nicht auf das Medienrecht begrenzen lassen" außerstande sehe, eine „Lösung in eigener Zuständigkeit zu suchen".[94] Wilhelm hatte sich daher entschlossen, bis zur endgültigen Klärung dieser grundsätzlichen Fragen die weiteren Beratungen und die Abfassung eines abschließenden Berichts der interministeriellen Arbeitsgruppe auszusetzen. Einen Tag nach seiner Entscheidung wurde im nordrhein-westfälischen Landtag am 18. März 1980 das „Gesetz über die Durchführung eines Feldversuchs mit Bildschirmtext"[95] verabschiedet und keine drei Monate später begann in Berlin und Düsseldorf die Realität des Bildschirmtextes.[96]

---

94 BArch B 106/126857, Schreiben des Ministerialrats Wilhelm, Bundesministerium des Inneren, Interministerielle Arbeitsgruppe „bildschirmgebundene Textinformation" (IMA), hier: Entwurf eines Abschlußberichts, 17.3.1980, S. 8.

95 Gesetz über die Durchführung eines Feldversuchs mit Bildschirmtext (Bildschirmtextversuchsgesetz NW), 18.3.1980, GVBl NW 1980, S. 153.

96 Es bleibt ungewiss, ob die IMA überhaupt noch einen abschließenden Bericht verfasst hat. Die überlieferten Aktenbestände enthielten diesen nicht und auch im weiteren Verlauf fanden sich keine Hinweise mehr darauf – zeitgenössisch wurde immer nur von einem Positionspapier als Kabinettvorlage aus der Zeit Ende des Jahres 1979 gesprochen. Vgl. bspw. Dietrich Ratzke: Handbuch der Neuen Medien. Information und Kommunikation. Fernsehen und Hörfunk. Presse und Audiovision. heute und morgen. 2. Aufl. Stuttgart 1984, S. 209.

KAPITEL 5

Erprobung und bundesweite Einführung

5.1 Vorversuche und Gesetzbildung

Die Deutsche Bundespost lud am 8. Juni 1979 zu einer zentralen Informationsveranstaltung über die anstehenden Bildschirmtext-Feldversuche in das InterContinental-Hotel nach Düsseldorf ein. Im gut gefüllten Festsaal war nach Beobachtung der *Funkschau* „ein beträchtlicher Auftrieb der Prominenz auf diesem Gebiet"[1] zugange. Den Anwesenden wurde ein vierstufiges Test- und Erprobungsverfahren vorgestellt: In einem ersten Schritt wurde bereits ab April 1978 mit der Vorbereitung eines nicht-öffentlichen Vorversuchs begonnen, der im Mai 1979 mit circa 150 beteiligten Unternehmen verschiedener Branchen gestartet war. Der Darmstädter GEC-Computer wurde hierfür durch eine leistungsstärkere Variante in Berlin ersetzt. Der Vorversuch diente vor allem als technische Vorbereitung und vorgezogene Inhaltserstellung – es wurden etwa 40 000 Bildschirmtext-Seiten zum Abruf erprobt – für die folgenden Ausbaustufen. Im zweiten Schritt stellten sich die beteiligten Partner mit den entsprechenden Angeboten ab August 1979 auf der Internationalen Funkausstellung in Berlin vor.[2] Die dritte und vierte Stufe

---

1 Karl Tetzner: Der Bildschirmtext wird „heiß". In: Funkschau (1979), H. 15, S. 851f., hier S. 851. Die *Funkschau* zählte als „Prominenz" u. a. den Ministerialrat Jürgen Kanzow von der DBP (hier wie später dann Eric Danke als „Mister Bildschirmtext" betitelt), den Hauptgeschäftsführer des Bundesverbandes Deutscher Zeitungsverleger Claus Detjen sowie den Wissenschaftler Heiner Treinen auf.

2 Über die genaue Zahl der an den Vorversuchen beteiligten Unternehmen schwankten die Angaben teilweise sehr erheblich – wahrscheinlich wuchs die Anzahl über den Testverlauf sehr deutlich, beginnend bei circa 25 Unternehmen Mitte 1978 bis zu knapp 200 Mitte 1979. Letztendlich stellten 120 Unternehmen ihre Btx-Seiten auf der IFA 1979 vor. Vgl. Klaus Brepohl: Funkausstellung Berlin. Zauberworte für das Videoreich. Elektronik, Miniaturisierung, Digitalisierung. In: Frankfurter Allgemeine Zeitung, 29.8.1979, S. 25; Jürgen Gabel: Medienschau mit Zukunftsvision. Bericht von der IFA Berlin 1979. In: Nachrichtentechnische Zeitschrift 32 (1979), H. 11, S. 744–750. Für eine ‚postnahe' Bewertung vgl. Karl-Heinz Haufe: Rückblick auf die Internationale Funkausstellung 1979 Berlin. In: Zeitschrift für das Post- und Fernmeldewesen (1979), H. 10, S. 22–27. Darüber hinaus waren Verbände und Unternehmen auch dazu eingeladen, sich in den Anfang des Jahres 1978 durch das BMPF gegründeten Arbeitsgruppen „Bildschirmtext Technik und Standardisierung" und „Bildschirmtext Anwendungen" zu beteiligen. Vgl. Neues vom Bildschirmtext. In: Computerwoche, 3.3.1978; Jürgen Gabel: Arbeit am Bildschirmtext. In: Nachrichtentechnische Zeitschrift 32 (1979), H. 6, S. 401. Die OPD Nürnberg listete in einer Übersicht mit Stand 1. Dezember 1979

 | DOI:10.30965/9783657760428_006

bildeten die beiden Bildschirmtext-Feldversuche, welche mit dem ursprünglichen Starttermin Anfang Januar 1980 angesetzt wurden. Die Bundespost unterschied dabei anfangs noch zwischen dem soziologischen Feldversuch in Düsseldorf und Neuss als Stufe drei sowie der kürzeren technischen Erprobungsphase in Berlin als Stufe vier.

Die Unterscheidung nach Feldversuch und Erprobung hatte ihren Ursprung in der Art der wissenschaftlichen Erforschung und im geplanten Testumfeld. Das Untersuchungsgebiet für den Bildschirmtext-Feldversuch wurde unter der Prämisse ausgewählt, eine repräsentative Hochrechnung auf das gesamte Bundesgebiet zu ermöglichen. Dementsprechend wurde auch die Auswahl der Versuchshaushalte im semiurbanen Siedlungsbereich Düsseldorf und Neuss nach soziologischen Repräsentationskriterien vorgenommen. Im November 1979 suchte die Deutsche Bundespost per Postwurfsendung bei etwa einer halben Million Adressen im Versuchsgebiet gezielt nach Haushalten, die den Kauf eines neuen Fernsehgerätes planten. Diese konnten sich für den Feldversuch bewerben. Bei Annahme sollten die Testhaushalte ein Fernsehgerät ihrer Wahl erwerben und die Bundespost übernahm die Ausstattung mit einem entsprechenden Bildschirmtext-Dekoder.[3]

Diese Maßnahme war anfangs umstritten, da die Deutsche Bundespost mit der Bereitstellung des Dekoders für alle Testhaushalte ihre Befugnisse eindeutig auf den Bereich des Endgerätemarktes ausweitete. Da allerdings vorerst nicht davon ausgegangen werden konnte, dass über den freien Markt eine schnelle und ausreichende Versorgung mit den entsprechenden Geräten gewährleistet werden konnte und den Versuchshaushalten auch nicht der Kauf eines Gerätes zugemutet werden sollte, welches nach dem Feldversuch vielleicht gar keine Verwendung mehr fand, erschien dieser Schritt zum gegebenen Zeitpunkt unumgänglich. Die tatsächliche Praxis der Geräteanschaffung gestaltete sich im Frühjahr und Sommer 1980 dann aber diffiziler. Die Teilnahmebestätigung

---

insgesamt 344 Institutionen und Unternehmen auf. Vgl. Museumsstiftung Post und Telekommunikation (MSPT) Heusenstamm, D 13/3, Oberpostdirektion Nürnberg, Bildschirmtext, Nicht-öffentliche technische Versuche, 7.5.1980.

3 Das Gebiet sollte nicht nur eine demografisch repräsentative Bevölkerungszusammensetzung aufweisen, sondern auch bestimmte wirtschaftliche Kriterien erfüllen und am besten noch fernmeldetechnisch möglichst genau abgrenzbar sein. Das gefundene Versuchsgebiet Düsseldorf und Neuss umfasste schließlich die Ortsnetze Düsseldorf, Neuss, Neuss-Nord, Dormagen, Hilden, Mettmann, Ratingen und Meerbusch-Börig. Zur Festlegung des Untersuchungsgebietes und Auswahl der Versuchshaushalte vgl. Wolfgang R. Langenbucher: Individuum und Haushalt als Informationssucher – Chancen für Bildschirmtext? In: Eberhard Witte (Hg.): Telekommunikation für den Menschen. Individuelle und gesellschaftliche Wirkungen. Vorträge des Kongresses 29.–31. Oktober 1979, München. Berlin, Heidelberg u. New York 1980, S. 118–139, hier S. 120–124.

am Feldversuch berechtigte beim örtlichen Fernsehfachhändler zum persönlichen Kauf eines Fernsehgerätes mit Bildschirmtext-Dekoder zum Preis eines vergleichbaren Gerätes ohne Dekoder. Die Kostenverrechnung erfolgte durch die Bundespost mittels mehrerer Formblätter über den Händler und den Gerätehersteller. Die sehr begrenzte Auswahl an Fernsehgeräten mit Bildschirmtext-Dekodern hatte zwar eine Engführung auf wenige Firmen zur Folge, bedeutete aber keinen unzulässigen Eingriff der Bundespost in den Endgerätemarkt. 1980 boten zehn Hersteller Fernsehgeräte mit internen oder externen Bildschirmtext-Dekodern an: Blaupunkt, Grundig, Korting, Loewe Opta, Metz, Nordmende, Philips, Saba, SEL, Siemens und Telefunken. Zu Beginn der Feldversuche hatten jedoch praktisch alle Hersteller umfangreiche Lieferschwierigkeiten. Wenn das gewünschte Gerät überhaupt bezogen werden konnte, waren Lieferzeiten von mehreren Wochen bis zu drei Monaten – so berichtete das *Bildschirmtext Magazin* – der Regelfall.[4]

Von den 2800 Bewerbungen im Raum Düsseldorf wurden schließlich 1500 Versuchshaushalte ausgewählt und zur Versuchsteilnahme eingeladen. Die verbleibenden 500 Plätze – insgesamt sollte der Bildschirmtext in Berlin und Düsseldorf jeweils von 2000 Haushalten getestet werden – wurden vorerst noch offengelassen, um im Sinne einer repräsentativen Gewichtung eingreifen zu können.[5] Dagegen konnte in Berlin, bis zum Erreichen der Teilnehmergrenze,

4 Vgl. Gert Schrötter: ... und der Teleleser wundert sich. Lieferschwierigkeiten bei Btx-Geräten. In: bildschirmtext magazin für teleleser 1 (1980), H. 2, S. 6f. Auf Nachfrage der Zeitschrift bestritten einige Hersteller (Metz, Körting, Philips und Telefunken) die Lieferschwierigkeiten und verwiesen auf Probleme im Einzelhandel. Grundig dagegen benannte offen, dass eine forcierte Entwicklung sich nicht lohnen würde, da ja bereits ein neuer technischer Standard angekündigt wurde. Blaupunkt verwies auf die Verunsicherung bezüglich der Terminverschiebungen und SEL gab an, dass die Auslieferung aufgrund der Betriebsferien stockte. Insgesamt lässt sich schlicht zusammenfassen, dass zu wenige Geräte im Voraus produziert wurden. Für eine Übersicht der Modelle vgl. Rosmarie Rittmann: Wer die Wahl hat ... Das Angebot an Bildschirmtext-Fernsehgeräten ist noch unübersichtlich. In: bildschirmtext magazin für teleleser 1 (1980), H. 4, S. 38f.

5 Auf Nachfrage des CDU-Abgeordneten Dieter Weirich wurde die repräsentative Zusammensetzung der Versuchshaushalte auch im Bundestag diskutiert. Der Parlamentarische Staatssekretär beim BMPF Helmuth Becker gab eine zweigeteilte Antwort zu Protokoll. Einerseits hätten viele der für den Feldversuch angenommenen Haushalte sich noch kein neues Fernsehgerät angeschafft – über die Gründe sagte Becker allerdings nichts. Zweitens wählte die DBP über die Sozialämter 30 sozialschwache Familien aus, denen bildschirmtextfähige Fernsehgeräte kostenfrei zur Verfügung gestellt worden sind. Vgl. Deutscher Bundestag, Plenarprotokoll 9/13, 21.1.1981. Stenographischer Bericht. 13. Sitzung. Bonn, Mittwoch, den 21. Januar 1981, S. 426f. Mitte des Jahres 1982 gab im Düsseldorfer Feldversuch immer noch 450 freie Plätze. Vgl. Müder Start für Bildschirmtext. In: Der Spiegel (1980), H. 35, S. 85; Statistik-Zahlen beweisen: weiter Aufwärtstrend bei Btx. In: bildschirmtext magazin für teleleser 3 (1982), H. 5, S. 30.

prinzipiell jeder an der ursprünglich für ein Jahr geplanten Erprobung teilnehmen. Erstmalig unter dem Slogan „Mit der Post in die Zukunft" und der Ausgabe des Sonderpostwertzeichens „Textkommunikation ueber Bildschirm" im Wert von 60 Pfennig wurde auf der Internationalen Funkausstellung 1979 in Berlin aktiv für eine Teilnahme geworben: „1980 wird Bildschirmtext in Berlin erprobt. Auch Sie können daran teilnehmen. Fragen Sie ihr Fernmeldeamt."[6]

Die begriffliche Trennung von Feldversuch und Erprobung verschwand jedoch spätestens mit dem Beginn der Versuche. Die zeitgenössischen Fach- und Zeitungsartikel sowie auch die Deutsche Bundespost selbst sprachen im Folgenden nur noch von den zwei Feldversuchen. Der Hauptgrund dafür lag in den konkreten Durchführungsbestimmungen in Gestalt der Landesgesetze: Beide Tests wurden letztendlich sozialwissenschaftlich begleitet – allerdings mit unterschiedlichem Repräsentativitätsanspruch – und liefen über dieselbe zeitliche Dauer. Eine begriffliche Unterscheidung war damit obsolet geworden, obwohl gerade die beiden Landesgesetze – das Bildschirmtextversuchsgesetz[7] in Nordrhein-Westfalen und das Bildschirmtexterprobungsgesetz[8] in Berlin – die begriffliche Trennung noch im Namen trugen. In einem breit rezipierten Sammelband von 1980 hieß es dazu lapidar:

> „Die ursprüngliche Konzeption der Bundespost, die Versuche als vorrangig technische Experimente unter marktorientierten Gesichtspunkten zu veranstalten, ist durch die öffentliche Diskussion und das Engagement von Medien- und Kulturpolitikern erweitert worden. Wichtigste Änderung: Veranstalter der Feldversuche sind nun die Bundesländer Nordrhein-Westfalen und Berlin, die damit auch einen Teil der Verantwortung übernommen haben. Damit gestaltet sich der Versuchsansatz zu einem Mix aus ‚Markttest' und ‚Medienexperiment'."[9]

Während 1978, im Zwischenjahr der alle zwei Jahre stattfindenden Internationalen Funkausstellung, die Berichterstattung zum Bildschirmtext abnahm, mehrten sich im folgenden Jahr Anzahl und Umfang wieder deutlich. Die Industrie- und Handelskammer zu Berlin, die sich als Informationsanbieter sowohl an den Vorversuchen wie auch an der Vorstellung auf der

6 Deutsche Bundespost: Mit der Post in die Zukunft. Internationale Funkausstellung 1979. Postsonderschau Halle 10. Aufklappkarte, 1979.

7 Gesetz über die Durchführung eines Feldversuchs mit Bildschirmtext (Bildschirmtextversuchsgesetz NW), 18.3.1980, GVBl NW 1980, S. 153.

8 Gesetz über die Erprobung von Bildschirmtext in Berlin (Bildschirmtexterprobungsgesetz – BiTEG), 29.5.1980, GVBl BE 1980, S. 1002.

9 Dietmar Strauch u. Gerhard Vowe: Zur Einführung. Bildschirmtext als neues Medium für Informations- und Kommunikationssysteme. In: Dies. (Hg.): Bildschirmtext eines neuen Mediums. München u. Wien 1980, S. 9–24, hier S. 13.

Funkausstellung beteiligte, konstatierte, dass der Bildschirmtext „einen stürmischen Aufschwung genommen“[10] habe: Das Interesse der Wirtschaftspartner wäre wesentlich höher als ursprünglich angenommen – besonders die Verlage, Banken und der Versandhandel hätten sich intensiv eingebracht. Die Zeitschrift *Funkschau*, ebenfalls Informationsanbieter der ersten Stunde und interessiert am Gelingen des Bildschirmtextes, berichtete von kurzfristigen technischen Änderungen vonseiten der Bundespost im Vorfeld der Funkausstellung und bleibenden Software-Problemen, die in unregelmäßigen Abständen zu Systemabstürzen auf der Messe führten. Dennoch zog die Redaktion im gleichen Artikel ein positives Fazit:

> „Wenn man von rein medienpolitischen Zwistigkeiten absieht, muß aber zugegeben werden, daß Bildschirmtext heute bereits als ausgereift betrachtet werden kann. Die noch verbleibenden technischen Schwierigkeiten sind nicht etwa systembedingt, sondern auf die Auslegung von Software und Hardware zurückzuführen, deren Verbesserung keine Kompatibilitätsprobleme mehr verursacht.“[11]

Diese Art und Weise der Bewertung ließ sich als typisch für die technik- und wirtschaftsnahe Berichterstattung in der Zeit vor den Feldversuchen lesen: Technische Schwierigkeiten wurden stets als lösbare Details vorgestellt und die Probleme um die Fragen der medienrechtlichen Einordnung des Bildschirmtextes wurden in die Niederungen der politischen Sphäre verwiesen. So wurde beispielsweise angeprangert, dass sich die kompetenzrechtliche Diskussion zu einem generellen „Streit um ‚publizistische Gewaltenteilung‘“ gewandelt habe, der mit Argumenten geführt werde, die sich als „Ausdruck eines tiefen Kulturpessimismus“ und „der verbreiteten Arroganz der sogenannten Gebildeten gegenüber dem schlichten Manne des Volkes“ darstellen würden.[12]

Ähnlich argumentierte auch die *Nachrichtentechnische Zeitschrift*, wenn sie später schrieb, dass mit der Einordnung des Bildschirmtextes als ‚Neues

10 Bildschirmtext startet in Berlin. Auch die Industrie- und Handelskammer (IHK) Berlin beteiligt sich mit einem Informationsangebot. 25. Mai 1979. In: Industrie- und Handelskammer zu Berlin (Hg.): Zum Start von Bildschirmtext in Berlin. Eine Dokumentation der IHK Berlin. Berlin 1980, S. 11. Vgl. auch Bildschirmtext – ein vielseitig nutzbares Medium. Auch Werbung zugelassen – Start zur Funkausstellung. 6. Juli 1979. In: Industrie- und Handelskammer zu Berlin (Hg.): Zum Start von Bildschirmtext in Berlin. Eine Dokumentation der IHK Berlin. Berlin 1980, S. 12.

11 Herwig Feichtinger: Bildschirmtext mit Hindernissen. In: Funkschau (1979), H. 21, S. 80.

12 Fritz Gerndt: Revolution auf dem Bildschirm? Einige Anmerkungen zur gegenwärtigen medienpolitischen Auseinandersetzung. 26. Oktober 1979. In: Industrie- und Handelskammer zu Berlin (Hg.): Zum Start von Bildschirmtext in Berlin Eine Dokumentation der IHK Berlin. Berlin 1980, S. 5.

Medium' „der Bereich der rein technischen Betrachtungsweise überschritten" wurde und sich nun – eindeutig pejorativ gemeint – „die Politiker und Juristen [...] der Sache angenommen" haben, wobei das „nicht ohne Eigeninteressen der Verantwortlichen" gewesen sei.[13] Die Politik – im Speziellen die der SPD-Regierung, die privatrechtlichen Vorstößen in den Medienbereich generell ablehnend gegenüberstand – wurde hier als ein technikskeptischer ‚Bremser' zukünftiger Entwicklungen gesehen. Spätestens mit dem Kabinettsbeschluss vom September 1979[14], den geplanten Breitbandkabelausbau zu stoppen, weil die privaten Rundfunkpläne „die Substanz unseres demokratischen Lebens angreifen"[15] würden, so Helmut Schmidt in seiner viel zitierten Rede zur Lage der Nation vom Mai 1979, wurde der Bundeskanzler auch selbst zur Zielscheibe der Kritik. In der späteren Diskussion im Deutschen Bundestag um den „Verkabelungsstopp" warf der CDU/CSU-Abgeordnete Hans H. Klein der Bundesregierung vor, das Fernmeldemonopol „zur künstlichen Verknappung von Kommunikationsmöglichkeiten" einzusetzen und damit „Zensur durch Technik" auszuüben.[16] Seitens der Opposition avancierte Christian Schwarz-Schilling als medienpolitischer Sprecher der CDU und Vorsitzender des medienpolitischen Koordinierungsausschusses der CDU/CSU zum Wortführer der hitzigen Debatte um die Einführung des privaten Rundfunks. Er griff vor allem die bestehende Argumentationslinie auf, dass die neuen Technologien eine medienrechtliche Revision unvermeidbar machen würden

13 Manfred Seidel: Gibt es eigentlich „Neue Medien"? In: Nachrichtentechnische Zeitschrift 33 (1980), H. 7, S. 433f., hier S. 433.

14 Vgl. Kabinettsprotokolle der Bundesregierung, 146. Kabinettssitzung, 26.9.1979. Tagesordnungspunkt 3: Neue Medien. Der Abbruch der zu Versuchszwecken geplanten Breitbandverkabelung in elf Großstädten bremste auch die Pläne der DBP. Die allgemeine Berichterstattung deutete diese Entscheidung daher häufig als eine direkte Weisung des Bundeskanzlers an den Bundespostminister Kurt Gscheidle. Vgl. bspw. Enno Springmann: Kabelfernsehen unerwünscht? In: Frankfurter Allgemeine Zeitung, 18.10.1979, S. 9.

15 Deutscher Bundestag, Plenarprotokoll 8/154, 17.5.1979. Stenographischer Bericht. 154. Sitzung. Bonn, Donnerstag, den 17. Mai 1979, S. 12262. Berühmt wurde in dieser Zeit auch Schmidts Ausspruch, dass das Privatfernsehen Gefahren bringe, „die akuter und gefährlicher sind als die Kernenergie". Vgl. Privat-TV: „Gefährlicher als Kernenergie". In: Der Spiegel, 1.10.1979. Zitat ebd., S. 21. Ironischerweise wurde dies bei Gewerkschaftsprotesten zum 1. Mai 1983 auf einem Plakat wieder aufgegriffen. Dort stand in großen Buchstaben: „Bildschirmtext. Die Neutronenbombe der Angestellten. Stoppt die Neuen Medien!!" Ein Foto wurde abgedruckt in Alexander Kulpok: Tendenz lustlos: Der Flop mit Btx. In: Journalist. Das Medienmagazin (1985), H. 7, S. 8–12, hier S. 10.

16 Deutscher Bundestag, Plenarprotokoll 8/227, 27.6.1980. Stenographischer Bericht. 227. Sitzung. Bonn, Freitag, den 27. Juni 1980, S. 18432.

und damit privaten Anbietern nicht weiterhin der Zugang verwehrt werden könne.[17]

Der spätere Bundespostminister Christian Schwarz-Schilling verband seine Befürwortung auch mit einem impliziten Demokratieversprechen, bei dem die Entscheidung eines jeden Einzelnen größere Berücksichtigung finden würde. So konstatierte er programmatisch 1980 bei einer Rede im Deutschen Bundestag:

> „Einen neuen Grundkonsens auf der Grundlage der Bevormundung des Bürgers und des Erhalts von Privilegien derer, die sich bis heute etabliert haben, wird es mit der Union nicht geben. [...] Die rasante Entwicklung im Bereich der Medientechnologie ist nicht aufhaltbar; denn wir leben nicht auf einer Insel, ob wir das nun begrüßen oder nicht. Wo Forschung und Wissenschaft frei sind, da entscheidet auch nicht der Staat über die Anwendung, sondern dort entscheidet die Gesellschaft selber, im Rahmen der Verfassung. [...] Die gesamte Entwicklung der neuen Technologien geht dahin, daß wir von einer kollektiven zu einer Individualkommunikation kommen, in der gerade der einzelne eine sehr viel aktivere Rolle spielt, eine entsprechende individuelle Auswahl treffen, ja, in neuen Technologien sogar einen aktiven Part der Kommunikation selber übernehmen kann. [...] Dieser Prozeß technologischer Fortentwicklung ist in einer freien Gesellschaft nicht blockierbar."[18]

Die Unionsparteien inszenierten ihr Engagement gerne als einen ‚Kampf gegen das Monopol' für mehr Vielfalt und Meinungsfreiheit. Begründet wurden die positiven Auswirkungen der Privatisierung dabei erstaunlicherweise – wie Frank Bösch aufzeigen konnte – weniger mit marktwirtschaftlichen Erwägungen, sondern mit Begriffen wie „technischer Fortschritt", „inhaltliche Ausgewogenheit", „Bürgernähe" und „Recht".[19] Auch in der *Frankfurter Allgemeinen Zeitung* wurde das Loblied auf die Unvermeidbarkeit des technischen Fortschritts und die Ausweitung der Entwicklungen auf den Medienbereich zuweilen gesungen:

---

17 Ausführlich zu den Debatten um eine Einführung des privaten Rundfunks vgl. Frank Bösch: Politische Macht und gesellschaftliche Gestaltung. Wege zur Einführung des privaten Rundfunks in den 1970/80er Jahren. In: Archiv für Sozialgeschichte 52 (2012), S. 191–209. Bösch stützte sich bei seiner Untersuchung auch auf den, bis dahin noch nicht systematisch ausgewerteten, Nachlass von Christian Schwarz-Schilling. Im Detail zu den einzelnen Positionen der politischen Parteien vgl. Alfred-Joachim Hermanni: Medienpolitik in den 80er Jahren. Machtpolitische Strategien der Parteien im Zuge der Einführung des dualen Rundfunksystems. Wiesbaden 2008.

18 Deutscher Bundestag, Plenarprotokoll 8/227, 27.6.1980, S. 18449f.

19 Vgl. Bösch: Politische Macht und gesellschaftliche Gestaltung, 2012, S. 198f.

„Was das neue – übrigens aus Großbritannien stammende – System bisher aufzuweisen hat, ist freilich noch recht dürftig, wenn man es an den Leistungen mißt, die es in seinem Ursprungsland (‚Viewdata') bereits heute schon vorzeigen kann. Doch die Bundespost ist fest entschlossen, ein umfassendes Kommunikationssystem zu entwickeln – und sie tut gut daran. Denn die technischen Probleme sind gelöst. Das elektronische Zeitalter macht daher gewiß auch vor den Medien nicht halt. [...] Daher ist es so dringlich, gleich von Anfang an sicherzustellen, daß jedermann Informationen und Meinungen über Bildschirmtext anbieten, frei verbreiten und sich aus diesem Kommunikationsangebot auch ungehindert unterrichten kann."[20]

Bevor „jedermann" dieses Kommunikationsangebot nutzen konnte, mussten jedoch für die Durchführung der Bildschirmtext-Feldversuche in Nordrhein-Westfalen und Berlin die schon erwähnten landesgesetzlichen Regelungen erst einmal gefunden werden. Aufgrund der mit Blick auf die Kompetenzverteilung unklaren Verfassungslage, aber auch wegen unterschiedlicher Positionen zu Fragen des Einsatzes von Werbung und den allgemeinen Zugangsvoraussetzungen waren die Beratungen zu den Gesetzentwürfen „bisweilen sehr konfliktgeladen"[21] und entsprechend langwierig. So lagen bis zum Ende des Jahres 1979 keine Gesetze vor. Hier zeigte die medienrechtliche Diskussion ihre ganz realen Konsequenzen. Noch auf der Internationen Funkausstellung im August und September 1979 wurde offiziell davon ausgegangen, dass die Feldversuche Anfang 1980 beginnen würden. Der Starttermin musste dann jedoch kurzfristig auf Juni verschoben werden.[22] In Nordrhein-Westfalen wurde das „Gesetz über die Durchführung eines Feldversuchs mit Bildschirmtext" schließlich am 18. März 1980 verabschiedet. Das „Gesetz über die Erprobung von Bildschirmtext in Berlin", welches durch die Übernahme wesentlicher Passagen dem Düsseldorfer Pendant in weiten Teilen glich, kam erst am 29. Mai zustande.

---

20 Axel Schnorbus: Macht durch Elektronik. Ein neuer Dienst der Post: Bildschirmtext. In: Frankfurter Allgemeine Zeitung, 8.3.1979, S. 11.

21 Schneider: Technikentwicklung, 1989, S. 104.

22 Offiziell wie auch intern wurde die verzögerte Gesetzbildung als Grund für die Verschiebung des Starttermins postuliert. Tatsächlich gab es aber auch große Probleme, erstens genügend geeignete Testhaushalte zu finden und zweitens diese dann entsprechend technisch auszurüsten. Ein internes Sitzungsprotokoll des Arbeitskreises „Bildschirmtext Anwendungen" vom November 1979 benannte die Gesetzeslage eindeutig als Ursache für die Verzögerung, hielt aber gleichzeitig fest, dass die Belieferung mit bildschirmtextfähigen Fernsehgeräten frühstens im April bis Mai 1980 abgeschlossen werden könne. Ein Beginn der Feldversuche im Januar 1980 wäre somit zumindest praktisch nicht möglich gewesen. Vgl. MSPT Heusenstamm, D 13/3, Ergebnisniederschrift zur sechsten Sitzung des Arbeitskreises „Bildschirmtext Anwendungen" vom 14.11.79, 20.2.1980, S. 1f.

Im Landtag Nordrhein-Westfalens wurde das Bildschirmtextversuchsgesetz erstmals Anfang Juni 1979 verhandelt.[23] Der Gesetzentwurf der Landesregierung wurde daraufhin im September 1979 dem Hauptausschuss des Landtags zur weiteren Beratung übergeben. Dieser verhandelte den Entwurf nicht nur in mehreren Sitzungen, sondern führte Mitte Januar 1980 auch zwei öffentliche Anhörungen unter dem Titel „Neue Techniken im Medienbereich" durch, wozu externe Sachverständige und Vertreter verschiedener Institutionen eingeladen waren. Es sprachen beispielsweise, wie schon bei den Anhörungen der interministeriellen Arbeitsgruppe „Bildschirmgebundene Textinformation", die ehemaligen Mitglieder der Kommission für den Ausbau des technischen Kommunikationssystems Wolfgang Kaiser von der Universität Stuttgart, Peter Lerche von der Universität München und Bernd-Peter Lange von der Universität Osnabrück. Darüber hinaus waren zahlreiche Vertreter aus den Bereichen Rundfunk und Presse anwesend – insgesamt wurden an zwei Tagen über 40 Personen angehört.[24] Speziell zum Bildschirmtext lud der Hauptausschuss noch einmal zu einer zusätzlichen Anhörung Ende Januar mit weiteren knapp 20 Sachverständigen ein. Die Position des Bundesministeriums für das Post- und Fernmeldewesen vertrat hier der Ministerialrat Jürgen Kanzow.[25] In den Ausschussberatungen wie auch in den Anhörungen war unter anderem der Datenschutz ein gewichtiges Thema. Im Abschlussbericht stellte der Ausschuss dazu ausdrücklich heraus, dass mit der Stellungnahme der Deutschen Bundespost die vom Landesbeauftragten für den Datenschutz geforderten Maßnahmen „zur Sicherung der Ziele des Datenschutzes im Bereich der Bildschirmtextzentrale als ausreichend" erfüllt angesehen wurden.[26] Bestätigt

---

23 Vgl. Landtag Nordrhein-Westfalen, Drucksache 8/4620, 8.6.1979. Gesetzentwurf der Landesregierung. Gesetz über die Durchführung eines Feldversuchs mit Bildschirmtext (Bildschirmtextversuchsgesetz NW).

24 Vgl. Landtag Nordrhein-Westfalen, Ausschußprotokoll 8/1757, 16.1.1980. Protokoll, 55. Sitzung (öffentlich), 16. Januar 1980, Verhandlungspunkt Neue Techniken im Medienbereich; Landtag Nordrhein-Westfalen, Ausschußprotokoll 8/1768, 17.1.1980. Protokoll, 56. Sitzung (öffentlich), 17. Januar 1980, Verhandlungspunkt Neue Techniken im Medienbereich. Als Vertreter des BMPF sprach der Ministerialdirigent Helmut Schön. Seine Stellungnahme ließ die DBP in der *Zeitschrift für das Post- und Fernmeldewesen* abdrucken, vgl. Helmut Schön: Technische Möglichkeiten neuer Kommunikationssysteme. In: Zeitschrift für das Post- und Fernmeldewesen (1980), H. 2, S. 16–18. Parallel dazu führte der Berliner Ausschuß für Kulturelle Angelegenheiten im Februar 1980 ebenfalls öffentliche Anhörungen durch.

25 Vgl. Landtag Nordrhein-Westfalen, Ausschußprotokoll 8/1757, 31.1.1980. Protokoll, 57. Sitzung (öffentlich), 31. Januar 1980, Verhandlungspunkt Bildschirmtext.

26 Landtag Nordrhein-Westfalen, Drucksache 8/5681, 7.3.1980. Beschlußempfehlung und Bericht des Hauptausschusses zu dem Gesetzentwurf der Landesregierung, Gesetz über die Durchführung eines Feldversuchs mit Bildschirmtext (Bildschirmtextversuchsgesetz NW), S. 15. Zur Stellungname durch den Staatssekretär Dietrich Elias vgl. Landtag

wurde darüber hinaus noch einmal die Haltung der Länder zur Frage der medienpolitischen Einordnung:

> „Die endgültige medienrechtliche Zuordnung lasse der Gesetzentwurf zunächst offen, jedoch bringe er im Vorspann zum Ausdruck, daß es sich beim Bildschirmtext keinesfalls um Presse handele. Er plädierte dafür, der Deutschen Bundespost zu gestatten, bereits mit bestimmten vorbereitenden administrativen Maßnahmen zu diesem befristeten Feldversuch zu beginnen, obwohl die Beratungen des Landtags noch nicht abgeschlossen seien. Der Ausschußvorsitzende stellte als übereinstimmende Meinung aller drei Fraktionen fest, daß ein vorbereitendes Tätigwerden erwünscht sei, es dürfe jedoch nicht präjudizierend wirken. Das Risiko trage dabei die Post. Entgegen der Absicht der Deutschen Bundespost, den Versuch auf ein Jahr zu beschränken, [...] waren alle drei Fraktionen der Auffassung, daß dieser Zeitraum zu kurz sei und auf drei Jahre ausgedehnt werden sollte."[27]

Das nordrhein-westfälische Bildschirmtextversuchsgesetz setzte also anders als der ursprüngliche Gesetzentwurf vom Juni 1979 eine feste Versuchsdauer von drei Jahren an.[28] Die Landesregierung verpflichtete sich, in dieser Zeit sicherzustellen, „daß der Feldversuch wissenschaftlich begleitet und ausgewertet wird", wobei „insbesondere auch die sozialen, kulturellen und wirtschaftlichen Folgen zu untersuchen" seien.[29] Dezidiert festgeschrieben

---

Nordrhein-Westfalen, Vorlage 8/2275, 22.2.1980. Bildschirmtext-Feldversuch in Düsseldorf/Neuss, Verpflichtung der Deutschen Bundespost zur Einhaltung der Forderungen des Datenschutzes.

27 Landtag Nordrhein-Westfalen, Drucksache 8/5681, 7.3.1980. Beschlußempfehlung und Bericht des Hauptausschusses zu dem Gesetzentwurf der Landesregierung, Gesetz über die Durchführung eines Feldversuchs mit Bildschirmtext (Bildschirmtextversuchsgesetz NW), S. 13f. Die ursprüngliche Formulierung im Vorspann des Gesetzentwurfs äußerte sich eindeutig zur kompetenzrechtlichen Einordnung: „Eine endgültige Aussage, ob, gegebenenfalls inwieweit solche Abrufdienste Rundfunk oder ein neues Medium sind, erscheint aber zum gegenwärtigen Zeitpunkt weder möglich noch erforderlich. Eine endgültige Feststellung hängt insbesondere davon ab, wie die vorgesehene Erprobung der neuen Teleschriftformen ausgestaltet ist und welche publizistischen Auswirkungen sich bei der tatsächlichen Nutzung ergeben. Auf keinen Fall sind sie Presse. Die Regelungskompetenz der Länder folgt unabhängig davon, ob es sich um Rundfunk oder um ein neues Medium handelt, aus Artikel 30 GG." Landtag Nordrhein-Westfalen, Drucksache 8/4620, 8.6.1979. Gesetzentwurf der Landesregierung. Gesetz über die Durchführung eines Feldversuchs mit Bildschirmtext (Bildschirmtextversuchsgesetz NW), S. 10.

28 Vgl. § 1 Abs. 2 Bildschirmtextversuchsgesetz NW. Auch Berlin legte eine dreijährige Versuchsdauer fest. Vgl. § 2 Abs. 1 BiTEG.

29 § 3 Abs. 1 Bildschirmtextversuchsgesetz NW. Der Passus im Berliner Gesetz las sich ähnlich: „Der Senat hat sicherzustellen, daß die Erprobung wissenschaftlich begleitet und ausgewertet wird. Es sind die sozialen, kulturellen und wirtschaftlichen Folgen zu

wurde außerdem, dass vor der Beendigung der Begleituntersuchungen keine weiterreichenden Entscheidungen getroffen werden dürfen:

> „Vor Abschluß der Untersuchungen und Beschlußfassung des Landtags über den Bericht darf keine Entscheidung über die endgültige Einführung von Bildschirmtext getroffen werden."[30]

Die wissenschaftlichen Begleituntersuchungen erlangten durch diesen Passus eine enorme Bedeutungsaufwertung. Im juristischen Sinne bestand mit dieser Formulierung zwar für die weitere Entscheidungsfindung kein Unterschied zwischen einer positiven oder negativen Evaluierung, aber zumindest mussten die Forschungsergebnisse abgewartet und zur Kenntnis genommen werden.

Ohne auf die Ergebnisse vorzugreifen, sei hier bereits benannt, dass Berlin und Nordrhein-Westfalen unterschiedliche Wege wählten. In Berlin wurden die Begleituntersuchungen zwischen der Deutschen Bundespost und dem Senat nach inhaltlichen Schwerpunkten aufgeteilt. Mit dem Fokus auf eine Akzeptanzforschung beauftragte das Bundesministerium für das Post- und Fernmeldewesen die Forschungsgruppe Kammerer mit der „Wissenschaftlichen Begleituntersuchung zur Bildschirmtext-Erprobung in Berlin", die folglich den Feldversuch über die gesamte Dauer begleitete.[31] Der Berliner Senat hatte sich darüber hinaus durch das Bildschirmtexterprobungsgesetz dazu verpflichtet, eine eigene Begleituntersuchung durchzuführen und konzentrierte sich dabei auf die Beobachtung der Auswirkungen. Der Ausschreibungs- und Auswahlprozess dauerte über eineinhalb Jahre und so konnte erst im April 1982 dem Heinrich-Hertz-Institut der Auftrag für eine entsprechende Begleituntersuchung erteilt werden. Die unterlegenen Mitbewerber, die Socialdata GmbH München und die Forschungsgruppe Kammerer, wurden mit Unteraufträgen

---

untersuchen, insbesondere die Auswirkungen auf den Arbeitsmarkt und den Medienbereich, und die Probleme des Datenschutzes." § 2 Abs. 3 BiTEG.

30 § 3 Abs. 3 Bildschirmtextversuchsgesetz NW. Die Berliner Variante ersetzte aufgrund der unterschiedlichen Bezeichnungen „Landtag" durch „Abgeordnetenhaus", war aber ansonsten identisch. Vgl. § 2 Abs. 5 BiTEG.

31 Der Umstand, dass die von der DBP beauftragte Forschungsgruppe Kammerer zugleich auch Informationsanbieter und ab 1982 Mitglied der bundesweiten Btx-Anbieter-Vereinigung war, führte zu dem Verdacht, dass hier kein Interesse an einer ‚neutralen' Begleituntersuchung bestand. Vgl. Klaus Betz: Bildschirmtext. In: Klaus Betz u. Horst Holzer (Hg.): Totale Bildschirmherrschaft? Staat, Kapital und „Neue Medien". Köln 1983, S. 59–84, hier S. 72.

bedacht. Als Abgabetermin des Abschlussberichtes wurde der Februar 1983 festgelegt – es blieben also nur etwa acht Monate Zeit.[32]

Dagegen arbeiteten im Düsseldorfer Feldversuch die Deutsche Bundespost und das Land Nordrhein-Westfalen zusammen und kombinierten, wenn auch mit verschiedenen Forschungsaufträgen, die Feststellung der Akzeptanz mit der Untersuchung möglicher Auswirkungen. Das Land beauftragte 1980 sechs Professorinnen und Professoren aus unterschiedlichen Fachrichtungen mit der Durchführung der Begleituntersuchungen. Drei von ihnen hatten gleichzeitig den Forschungsauftrag von der Bundespost bekommen. Einen gemeinsamen Ort fanden sie im sogenannten Wissenschaftlichen Beraterkreis Feldversuch Bildschirmtext. Dieser beendete im Frühjahr 1983 die Arbeit und veröffentlichte seinen Abschlussbericht im Mai desselben Jahres.[33]

Die Landesgesetze zum Bildschirmtext in Berlin und Nordrhein-Westfalen regelten über die „Grundsätze für das Angebot von Informationen und anderen Diensten" auch inhaltliche Bestimmungen. Hier wurde festgelegt, dass Informationen und Anwendungen „grundsätzlich allen Teilnehmern anzubieten" seien.[34] Außerdem musste für die Teilnehmerinnen und Teilnehmer der Urheber jederzeit erkennbar sein. Diese Ausweispflicht beinhaltete nicht nur den Namen des Anbieters, sondern auch eine vollständige Anschrift.[35] Die Länder verneinten zwar klar eine mögliche Zugehörigkeit des Bildschirmtextes zur Presse, waren sich aber bewusst, dass einzelne Angebote zumindest als presseähnlich aufgefasst werden konnten. Die Sondervorschriften für Nachrichtenangebote griffen deshalb nicht nur auf Bestimmungen der Rundfunkgesetze zurück, sondern nahmen auch Inhalte aus dem Landespressegesetz auf.[36] Das Bildschirmtextversuchsgesetz schrieb fest, dass die Nachrichten-

---

32 Vgl. Jan Tonnemacher: Bildschirmtext: Auswirkungen eher begrenzt? Ergebnisse einer Untersuchung im Auftrag des Senats von Berlin über die zu erwartenden Auswirkungen von Bildschirmtext. In: Media Perspektiven (1983), H. 8, S. 556–563, hier S. 556f.

33 Renate Mayntz et al.: Wissenschaftliche Begleituntersuchung. Feldversuch Bildschirmtext Düsseldorf/Neuss. Band 1: Abschlußbericht. Düsseldorf 1983. Der Beraterkreis bestand am Ende aus Renate Mayntz (Köln), Bernd-Peter Lange (Osnabrück), Wolfgang R. Langenbucher (München), Winfried B. Lerg (Münster), Erwin K. Scheuch (Köln) und Heiner Treinen (Bochum). Langenbucher, Scheuch und Treinen waren parallel als Berater für die DBP tätig.

34 § 6 Abs. 1 Bildschirmtextversuchsgesetz NW. Der sechste Paragraph trug den Titel „Grundsätze für das Angebot von Informationen und anderen Diensten". Die Beschränkung bestimmter Inhalte auf einzelne Teilnehmergruppen war demnach nur zulässig unter Bezugnahme auf den Datenschutz, aus Geheimhaltungsgründen oder bei Nachrichten persönlicher Art.

35 Vgl. ebd., § 6 Abs. 2.

36 Vgl. Landtag Nordrhein-Westfalen, Drucksache 8/4620, 8.6.1979. Gesetzentwurf der Landesregierung. Gesetz über die Durchführung eines Feldversuchs mit Bildschirmtext (Bildschirmtextversuchsgesetz NW), S. 15f.

angebote „wahrheitsgetreu, sachlich und objektiv“ sein mussten. Der Anbieter habe diese „mit der nach den Umständen gebotenen Sorgfalt auf Inhalt, Herkunft und Wahrheit zu prüfen“ und von Kommentaren und Stellungnahmen zu trennen.[37] Untermauert wurden diese Bestimmungen durch die bestehende Pflicht der Anbieter zur Gegendarstellung bei falschen Tatsachenbehauptungen.[38] Einem möglichen Versuch des Bundes seine Rahmenkompetenz ‚kraft Sachzusammenhangs‘ durchzusetzen, sollte somit direkt die argumentative Grundlage entzogen werden. Das Land Nordrhein-Westfalen zeigte mit seinem Bildschirmtextversuchsgesetz, dass ein Bundesland selbstständig in der Lage war, publizistisch relevante Inhalte vollumfänglich zu regeln.

5.2 Ein Magazin für alle Teleleser

Mit dem Näherrücken des Beginns der Feldversuche zeigte sich im Frühjahr 1980 eine ambivalente Situation: Während sich in den beteiligten Bundesministerien aufgrund der weiterhin ungelösten Frage der kompetenzrechtlichen Einordnung von Bildschirmtext zunehmend eine geschäftige Hektik ausbreitete und die Lage letztendlich so verfahren war, dass keine Lösung mehr möglich schien, schufen die Länderparlamente in Nordrhein-Westfalen und Berlin mit ihren gesetzlichen Regelungen die notwendigen Fakten. Gleichzeitig blühte in publizistischen Kreisen ein immer hoffnungsvollerer Ton auf.[39] Klaus Berg, als Jurist beim Hessischen und später Norddeutschen Rundfunk tätig, schilderte auf einer Tagung des Studienkreises für Presserecht und Pressefreiheit im Mai 1980 die in der Zeitungs- und Fachwelt mit Blick auf den baldigen Start der Feldversuche vorherrschende Stimmung:

> „Der Schlachtenlärm um die elektronische Textkommunikation und ihre Auswirkungen auf die bestehende Medienstruktur könnte gelegentlich den Eindruck erwecken, als stünden wir unmittelbar vor dem 14. Juli, der Fall der Bastille

---

37 § 6 Abs. 3 Bildschirmtextversuchsgesetz NW.

38 Vgl. ebd., § 7.

39 Eine gewichtige Ausnahme bildete zweifelsohne der *Spiegel*, der in seinem Artikel zwei Monate nach dem Beginn der Feldversuche ein düsteres Szenario beschwor: „Die totale Medien-Offensive weckt gespenstische Tele-Visionen. Wird der Mensch von morgen vorzugsweise vor dem Fernseher lagern, in der linken Hand das Feingebäck, rechts das moderne Tasteninstrument, die Fernbedienung? Wird aus der Wohnstube ein dämmeriger Isoliertrakt, bevölkert mit nomadischen Einzelgängern, die nur noch über die Röhre miteinander kommunizieren? […] Drängende Fragen an Verbraucher, die nun seit acht Wochen mit der elektronischen Wunderwaffe leben.“ Der Heilige Geist vom Bundespost-Computer. In: Der Spiegel (1980), H. 32, S. 142–144, hier S. 142.

sei nur noch eine Frage kurzer Zeit. Nun gehört Trommeln zum Handwerk, und es sind viele Handwerksmeister zugange. Bei aller Hochachtung vor dem inhaltlichen Potential der Textkommunikation […] dürfte die Realität zumindest noch dieses Jahrzehnts sehr bescheiden im Vergleich zur Begleitmusik sein."[40]

Zu diesen „Handwerksmeistern" gehörte mit Sicherheit die Deutsche Bundespost, die sich mit der Bildschirmtext-Erprobung in den zwei Feldversuchen vollends auf die privaten Teilnehmerinnen und Teilnehmer konzentrierte.[41] Zur größten „Trommel" avancierte dabei eine eigens zur Information der Testhaushalte begründete und mit Beginn der Feldversuche erstmals herausgegebene Zeitschrift. Das *Bildschirmtext Magazin* wurde fortan allen Haushalten der Erprobungsversuche ohne weiteres Zutun kostenfrei zugestellt. Ein Fakt, der für Diskussionen sorgte, da die Vertriebswege hier undurchsichtig waren. Der verantwortliche Verlag Neue Pressegesellschaft Ulm erhielt von der Deutschen Bundespost die Namen und Adressen aller teilnehmenden Haushalte, ohne dass diese dem explizit zugestimmt hätten.[42]

Am 2. Juni 1980 startete der Feldversuch in Düsseldorf und Neuss mit einer Pressekonferenz der Deutschen Bundespost in der Oberpostdirektion Düsseldorf.[43] Dietrich Elias, Staatssekretär im Bundesministerium für das Post- und Fernmeldewesen, und Herbert Schnorr, Chef der Staatskanzlei des Landes Nordrhein-Westfalen, sprachen die einleitenden Worte, bevor Eric Danke

40 Klaus Berg: Organisation und Trägerschaft bei der elektronischen Textkommunikation. In: Media Perspektiven (1980), H. 6, S. 353–361, hier S. 355.

41 Die DBP ließ darüber hinaus in kleineren Pilotprojekten auch die Möglichkeiten von Btx-Anwendungen für und in Unternehmen erproben. Für das sogenannte Btx-gestützte betriebliche Informationssystem (BTXIS) konnten im Pilotbetrieb vier Kooperationspartner aus verschiedenen Branchen gewonnen werden. Erfahrungen mit BTXIS konnten so für den Einsatz im Außendienst bei Versicherungen (Kooperation mit DUNA Versicherungen AG), zur Unterstützung des Vertriebs bei Automobilherstellern (BMW AG), für die interne Betriebskommunikation (REWE-Handelsgruppe) und als städtisches Auskunfts- und Platzbuchungssystem für kulturelle Einrichtungen (Landeshauptstadt Düsseldorf) gesammelt werden. Vgl. Dietrich Seibt: Transfer von Anwendererfahrungen aus Bildschirmtext-Pilotprojekten. In: Eberhard Witte u. Walter Lämmle (Hg.): Elektronische Textkommunikation in Deutschland und Japan. Konzepte, Anwendungen, Soziale Wirkungen, Einführungsstrategien. Vorträge des am 3./4. November 1983 in München durchgeführten 4. Deutsch-Japanischen Kommunikationswissenschaftlichen Seminars, Berlin u. a. 1984, S. 172–189.

42 Dazu die gezielte Nachfrage eines Teilnehmers an das *Bildschirmtext Magazin*, die jedoch unbeantwortet blieb, vgl. Klaus Machnik: „Noch sind se nicht so weit". In: bildschirmtext magazin für teleleser 1 (1980), H. 5, S. 44f., hier S. 45.

43 Zeitgleich begann Anfang Juni 1980 auch der bundesweite Videotext-Feldversuch von ARD und ZDF. Vgl. Alexander Kulpok: Vier Jahre Videotext-Feldversuch ARD/ZDF. Eine Bilanz. In: Media Perspektiven (1984), H. 3, S. 202–210.

durch eine praktische Präsentation führte. Anders als auf den Internationalen Funkausstellungen ließ die Bundespost hier jeglichen Pathos vermissen. Auch das *Bildschirmtext Magazin* musste feststellen, dass die Pressekonferenz in ihrer Inszenierung kaum als der erwartete große „Startschuß für ein neues Medium"[44] taugte:

> „Wer zumindest den berühmten Druck aufs Knöpfchen erwartet hatte, sah sich getäuscht. Der offizielle Start in ein neues Medien-Zeitalter verlief in Düsseldorf völlig unsensationell ruhig und gelassen. Überraschend für alle diejenigen, die die zahllosen hitzigen Diskussionen der vergangenen Jahre miterlebt hatten, ein wenig zu nüchtern für die, die diesem Datum historische Bedeutung beigemessen hatten."[45]

Auf den Tischen der Pressekonferenz fand sich auch die druckfrische Erstausgabe des *Bildschirmtext Magazins*. Allein die Produktion und Herausgabe einer eigenen, alle sechs Wochen in Druckform erscheinenden Zeitschrift, deren primäre Aufgabe die Informierung und Unterhaltung der insgesamt 4000 Testhaushalte war, machte allerdings deutlich, dass die Deutsche Bundespost nicht davon ausging, dass der Bildschirmtext als ‚Neues Medium' bereits in der Lage wäre, sich selbst zu erklären. Die Bundespost hatte nie vor, mit dem Bildschirmtext den Printbereich zu substituieren, dennoch mutete es erstaunlich an, mit welcher Selbstverständlichkeit und in welchem Umfang das gedruckte Wort zur Bewerbung der „bildschirmgebundenen Textinformationen" gebraucht und genutzt wurde.

Die erste Ausgabe des *Bildschirmtext Magazins* begann standesgemäß mit einem Grußwort des Bundesministers für das Post- und Fernmeldewesen. Kurt Gscheidle sprach in betont legerer Art die Teilnehmerinnen und Teilnehmer direkt an und unterstrich besonders die Wichtigkeit der Versuchsauswertung für die weitere Entwicklung des Bildschirmtextes:

> „Wenn Sie heute jemand fragt, was es Neues gäbe, so können Sie behaupten: ‚Mich, den Teleleser.' Denn Teleleser, die Benutzer von Bildschirmtext-Informationen, sind eine Gruppe von Bundesbürgern, die es bisher in der Bundesrepublik

44 So betitelte die *Telepost* die Feldversuche: „Der Startschuß ist gefallen. Innerhalb der nächsten zwei bis drei Jahre muß Bildschirmtext nun für sich selbst sprechen. Wissenschaftler werden die Versuche beobachten und auswerten. Wenn die Ergebnisse positiv ausfallen und die rechtlichen Voraussetzungen termingerecht geschaffen werden, kann die allgemeine Einführung von Bildschirmtext Anfang 1983 beginnen." Der Startschuß für ein neues Medium ist gefallen: In Düsseldorf und Berlin testen 6000 Bildschirmtext. In: telepost 9 (1980), H. 6, S. 6f., hier S. 7.

45 Jürgen Pietzker: Statt lautem Startschuß nur ein „Plopp". In: bildschirmtext magazin für teleleser 1 (1980), H. 2, S. 40f., hier S. 40.

Deutschland noch nicht gab. Sie sollen in Düsseldorf und Berlin zwei Jahre lang Bildschirmtext benutzen. Wie Sie das neue Medium beurteilen, ob es Ihnen etwas bringt – das sollen Sie kritisch prüfen. Die Deutsche Bundespost wird Ihre Aussagen sehr ernst nehmen. Im Grunde sind Sie es, die darüber entscheiden, ob Bildschirmtext in der Bundesrepublik eine Zukunft hat. Bildschirmtext-Magazin für Teleleser, das sich hiermit vorstellt, soll Ihnen Bildschirmtext noch näherbringen und Sie auch ein wenig unterhalten."[46]

Die Deutsche Bundespost ließ keinen Zweifel daran, dass der Bildschirmtext ein völlig neues Informations- und Kommunikationsmedium darstellte. Die zumindest in den ersten Heften konsequent durchgehaltene Anrede der Feldversuchsteilnehmerinnen und -teilnehmer mit dem Neologismus des Telelesers erhob die Testhaushalte zu einer besonderen Gruppe von Personen, die über die Telekommunikation der Zukunft mitentscheiden durften.[47] Die Frage, welche Rolle Werbung im Bildschirmtext einnehmen würde, schien ein schneller Blick auf Gscheidles Worte bereits zu beantworten: Auf der gegenüberliegenden Seite der Grußworte ritt der Marlboro-Mann auf einer ganzseitigen Werbeanzeige dynamisch durch das Bild und pries den „Geschmack von Freiheit und Abenteuer". Nun stellte Tabakwerbung in den Printmedien der 1980er-Jahre weder eine Besonderheit noch etwas Anrüchiges dar, als gerade glücklich erschien diese Zusammenstellung dennoch nicht.

Visuell bestimmt war das Titelblatt der ersten Ausgabe des *Bildschirmtext Magazins* von einer berühmten Grafik des US-amerikanischen Künstlers Tom Wesselmann, der besonders durch seine provokativen weiblichen Akte im Pop-Art-Stil bekannt wurde. Die erotisierende Darstellung eines Frauenmundes wurde für das Cover im Zeichenformat des Bildschirmtextes umgesetzt (siehe Abbildung 2). Der Mund betitelte in einer Sprechblase die vorliegende Zeitschrift als „das neue Magazin für das neue Medium", was sich als ein plakatives Statement der Bundespost für die kompetenzrechtliche Einordnung des Bildschirmtextes als ‚Neues Medium' darstellte – auch wenn die Folgen dieser Entscheidung noch nicht schlussendlich geklärt waren.

Die einleitenden Worte der Redaktion präsentierten einen ersten Teil dieses Kommunikationsmediums von morgen schon als einen Bestandteil des heute. Das neue, bildschirmtextfähige Fernsehgerät – das es „bislang in der Bundesrepublik nur in den Entwicklungsabteilungen der Industrie und als Schaustück

46 Kurt Gscheidle: Sie entscheiden über Bildschirmtext. In: bildschirmtext magazin für teleleser 1 (1980), H. 1, S. 3.

47 Die Ausnahme davon war die Anrede durch die Redaktion auf der ersten Seite, welche in traditioneller Weise mit „Liebe Leser" einleitete.

Abb. 2
Titelblatt der ersten Ausgabe des Bildschirmtext Magazins mit der Anrede „das neue Magazin für das neue Medium“. Quelle: bildschirmtext magazin für teleleser 1 (1980), H. 1.

bei den Internationalen Funkausstellungen 1977 und 1979 in Berlin“[48] gegeben hatte – war nicht länger nur eine simple Apparatur zum Empfang der wenigen öffentlich-rechtlichen Fernsehsender, sondern avancierte mit dem Einbau eines Bildschirmtext-Dekoders zum essenziellen Computer- und Videoterminal, das eine elektronische Datenverarbeitung über die Verbindung „mit dem elektronischen Wunderwerk des Rechnerverbundes“[49] genauso ermöglichte wie den individuellen Abruf einer neuen Generation von Medien:

> „Es ist ein Fernsehgerät der Zukunft, die bei Ihnen schon Alltag ist, ein Fernsehgerät, bereit zum Empfang für Bildschirmtext.“[50]

Für die vielen Testhaushalte, die aufgrund der benannten Lieferschwierigkeiten der Hersteller noch keinen bildschirmtextfähigen Fernseher ihr eigen nennen durften, aber bereits die Zeitschrift erhielten, mochte dieser Verweis zynisch gewirkt haben: Das „Fernsehgerät der Zukunft“, welches es auch erst

48 Redaktion bildschirmtext magazin für teleleser: Liebe Leser. In: bildschirmtext magazin für teleleser 1 (1980), H. 1, S. 4.

49 Das Terminal rückt in die gute Stube. In: bildschirmtext magazin für teleleser 1 (1980), H. 5, S. 8f., hier S. 8.

50 Redaktion bildschirmtext magazin für teleleser: Liebe Leser. In: bildschirmtext magazin für teleleser 1 (1980), H. 1, S. 4.

in der Zukunft zu kaufen geben wird.[51] Die Redaktion entschuldigte sich in der nächsten Ausgabe des Magazins für diese Probleme:

> „Wir hoffen, daß Sie, liebe teleleser, das erste Heft Ihres Magazins pünktlich zum Start des Feldversuchs im Hause hatten – auch wenn Ihr Bildschirmtext-Fernsehgerät noch nicht angeschlossen sein sollte. Denn leider, das haben Sie sicher schon erfahren, sind Farbfernsehgeräte, mit denen Bildschirmtext empfangen werden kann, nicht überall und sofort lieferbar. Das Interesse an dem neuen Medium ist größer, als mancher Marktforscher und mancher Hersteller erwartet haben. Aber bis zum Herbst soll der Engpaß behoben sein."[52]

Die redaktionellen Beiträge im *Bildschirmtext Magazin* waren stets darauf bedacht, ihre Inhalte möglichst ‚volksnah' und an persönlichen Beispielen orientiert darzustellen. Im Mittelpunkt stand zwar das technische Artefakt Bildschirmtext, aber es wurde in der Regel versucht, die Sachverhalte mittels einer Geschichte von Menschen, die Bildschirmtext nutzten, zu erläutern.[53] Die Zeitschrift orientierte sich eindeutig eher an Illustrierten als an technischen Fachperiodika.[54] Um der Idee eines zukünftigen Massenmediums gerecht zu werden, musste eine möglichst große Vielfalt von Testhaushalten sowie potenziellen Nutzerinnen und Nutzern gezeigt werden. Das Magazin lud beispielsweise sechs Kinder im Alter von acht bis vierzehn Jahren in die Redaktionsräume ein und lies sie gemeinsam drei Stunden lang Bildschirmtext ausprobieren. Nach einer kurzen Einführung hätten sich die Kinder – auch die jüngsten – schnell im System zurechtgefunden und entsprechende Inhalte für sich entdeckt: Das waren vor allem kleinere Spiele und Witzeseiten, bei den Älteren aber auch die Möglichkeit der Katalogbestellungen beziehungsweise

---

51 Zu den Lieferschwierigkeiten vgl. Schrötter: Der Teleleser wundert sich, 1980, S. 6f. Ende Oktober 1980 hatten von insgesamt 6000 erst rund 2500 Versuchshaushalte (43 Prozent) ein bildschirmtextfähiges Fernsehgerät erworben und nur rund 2000 (34 Prozent) waren angeschlossen. Die Hersteller hätten versichert, dass ab Oktober 1980 genügend Geräte zur vollständigen Versorgung zur Verfügung stehen würden. Vgl. MSPT Heusenstamm, D13/3, Bildschirmtext, Informationen für Informationsanbieter, Nr. 6, 31.10.1980, S. 1.

52 Redaktion bildschirmtext magazin für teleleser: Liebe Leser. In: bildschirmtext magazin für teleleser 1 (1980), H. 2, S. 3.

53 Exemplarisch vgl. Jürgen Pietzker: Da staunte aber Frau Schümchen. Mit ein paar Handgriffen ist Bildschirmtext angeschlossen. In: bildschirmtext magazin für teleleser 1 (1980), H. 2, S. 12–14.

54 Im Stil einer Illustrierten versuchte das *Bildschirmtext Magazin* auch mit Beiträgen zur Prominenz Aufmerksamkeit zu generieren. Am Feldversuch nahm auch Hans Rosenthal, der Moderator der ZDF-Sendung *Dalli Dalli*, teil. Vgl. Günter Werz: Dalli Dalli … Rosenthal fängt an zu rechnen. In: bildschirmtext magazin für teleleser 1 (1980), H. 1, S. 38; Ders.: Der „schnelle Hans" drückt Knöpfchen. Für „Dalli-Dalli"-Chef Rosenthal haben sich die Btx-Erwartungen voll erfüllt. In: bildschirmtext magazin für teleleser 2 (1981), H. 9, S. 16f.

das ‚Stöbern' in diesen. Das Ergebnis des Tests fiel entsprechend positiv aus und hatte seinen Zweck darin, die leicht verständliche Bedienung des Bildschirmtextes hervorzuheben und die Angst vor der komplizierten Technik zu nehmen.[55] Als ein Fazit formulierte die Redakteurin daher:

> „Kinder lernen schnell und problemlos mit der Bedienung des neuen Mediums umzugehen. Die Technik ist für sie kein Problem."[56]

Dem Artikel folgten weitere Beiträge, die gezielt Inhalte und Anwendungsbeispiele für Kinder und Jugendliche herausstellten.[57] Sie waren die, wie es Claus Pias formulierte, „kommende[n] Bürger jener elektrifizierten ‚bürgerlichen' Öffentlichkeit, deren Grundausstattung der persönliche Computer sein sollte"[58] und deshalb so entscheidend für die Zukunft des Bildschirmtextes. Wie die Unterhaltungselektronikindustrie im Bereich der Spiele- und später Heimcomputer, erkannte auch die Deutsche Bundespost die jungen Erwachsenen als relevante Zielgruppe für die Akzeptanz ‚ihres' Mediums. Von den Jugendlichen sollte nicht nur ein Verbreitungs- und Akzeptanzschub ausgehen, sondern es ermöglichte gleichzeitig eine Charakterisierung des Bildschirmtextes mit Attributen wie jung und modern.[59] Auch das andere Ende der Altersskala fand sich entsprechend repräsentiert. Für das erste Heft führte das *Bildschirmtext Magazin* beispielsweise ein Interview mit einem 69-jährigen

55 Die Bedienbarkeit neuer Technologien war letztendlich auch ein kontrovers diskutiertes, techno-politisches Konfliktfeld der Zeit, das wie kaum ein anderer Bereich die elementare Frage nach dem Verhältnis zwischen Mensch und Computer stellte. Einführend vgl. Max Stadler: Der User. In: Alban Frei u. Hannes Mangold (Hg.): Das Personal der Postmoderne. Inventur einer Epoche. Bielefeld 2015, S. 75–90.

56 Rosmarie Rittmann: Kinder testen Btx. Die Btx-Technik ist kein Problem. In: bildschirmtext magazin für teleleser 1 (1980), H. 4, S. 8f., hier S. 8.

57 Als ein weiteres Beispiel sei hier nur der längere Bericht über einen 13-jährigen „Btx-Fan" angeführt, der auch als jüngstes Mitglied im Berliner Btx-Teilnehmer-Club geführt wurde. Vgl. Marita Pieniak u. Edeltraud Sonneck: 13 Jahre und schon ein Btx-Fan. Jürgen Scholten macht manchem Fachmann etwas vor – Jüngster „Mitarbeiter" im Bundespostministerium. In: bildschirmtext magazin für teleleser 2 (1981), H. 7, S. 78–81. Auch die gedruckte Zeitschrift selbst wandte sich mit speziellen Kinderseiten an die jungen Leser. Vgl. Medium für die Jugend? In: Btx Praxis (1986), H. 1, S. 32f.

58 Claus Pias: „Children of the revolution". Video-Spiel-Computer als Kreuzungen der Informationsgesellschaft. In: Ders. (Hg.): Zukünfte des Computers. Zürich u. Berlin 2005, S. 217–240, hier S. 232.

59 Grundlegend zur Computerkultur als Kinder- und Jugendkultur vgl. Werner Faulstich: Die Anfänge einer neuen Kulturperiode: Der Computer und die digitalen Medien. In: Ders. (Hg.): Die Kultur der achtziger Jahre. München 2005, S. 231–245. Älter, aber immer noch lesenswert vgl. Bernd Schorb: Freizeit, Fernsehen und neue Medien 1960–1990. In: Archiv für Sozialgeschichte 33 (1993), S. 425–457, hier S. 451f.

Düsseldorfer, der sich aus Neugier und Interesse für den Feldversuch gemeldet hatte.[60] Durch den Anspruch der Begleituntersuchung auf Repräsentativität waren Personen im Rentenalter, die genauso wie Haushalte unterer Einkommensschichten zu wenig vertreten waren, vielfach gefragt. Letztendlich ging es auch hier vorrangig um die Darstellung der problemlosen Bedienbarkeit, die als eine unbedingte Voraussetzung für die avisierte massenhafte Verbreitung galt.

Ein besonderer Fokus lag weiterhin auf der Vorstellung ‚klassischer' Familien und deren Anwendungsfälle: Der Vater Angestellter in leitender Funktion, die Mutter Hausfrau und zwei Kinder, die am liebsten den ganzen Tag mit Medienkonsum verbringen würden und alles ausprobieren möchten.[61] So berichtete die Zeitschrift über die „Bildschirm-Familie Nr. 1", in der sich der Vater – Geschäftsstellenleiter eines Elektronikunternehmens – bereits direkt nach der Internationalen Funkausstellung 1977 mit einem formlosen Brief um eine Teilnahme bewarb, jedoch erst noch seine Frau überzeugen musste.[62] Das *Bildschirmtext Magazin* wusste auch hier Rat und präsentierte in einem eigenen Beitrag Inhalte „speziell" für die Frau, wobei es sich im Wesentlichen um Gesundheits- und Kosmetiktipps handelte.[63] Unabhängig von den eigentlichen Anwendungen, auf die noch genauer eingegangen werden soll, lässt sich bereits konstatieren, dass diese ‚Familiengeschichten' besonders dafür genutzt wurden, den Bildschirmtext als zusammenführendes und familienfreundliches Kommunikationsmedium darzustellen. Dabei spielte der Fernseher als traditioneller Fixpunkt im Familienwohnzimmer eine wichtige Rolle.[64] In den Darstellungen wurden häufig entweder gemeinsam bestimmte Anwendungen genutzt oder es wurden Informationen abgerufen, die zu einer

60 Vgl. Jürgen Pietzker: Helmut Witzke – unser Mann in Düsseldorf. Was ein 69jähriger von Bildschirmtext erwartet. In: bildschirmtext magazin für teleleser 1 (1980), H. 1, S. 20.

61 Vgl. Eva Piper: Wenn plötzlich ein Kinderplanschbecken kommt … In: bildschirmtext magazin für teleleser 1 (1980), H. 2, S. 10f.

62 Günter Werz: So schnell wie er war keiner. In: bildschirmtext magazin für teleleser 1 (1980), H. 1, S. 14–16. Zitat ebd., S. 14.

63 Vgl. Karin Albrecht: Spieglein. Schönheitstips können sich Frauen jetzt aus Bildschirmtext holen. In: bildschirmtext magazin für teleleser 2 (1981), H. 2, S. 14f.

64 Vgl. dazu Gerhard Breinlinger: Immer mehr elektronische Geräte – Wohin damit im Wohnzimmer? In: bildschirmtext magazin für teleleser 3 (1982), H. 3, S. 11–14. Die Zeitschrift *Schöner Wohnen* veröffentlichte 1982 eine Bilderserie zum Wohnzimmer der Zukunft, in dem auch Btx seinen Platz hatte. Der dazugehörige Beitrag beschrieb, wie sich der Fernseher „vom Pantoffelkino zur häuslichen Medienzentrale gemausert" hätte. Vgl. Das Zimmer zum An- und Abschalten. In: Schöner Wohnen (1982), H. 3, S. 108–119. Zitat ebd., S. 117.

gemeinschaftlichen Handlung führten, beispielsweise das Nachschlagen von Öffnungszeiten oder Programmplänen.[65]

5.3 Vorzeitige Entscheidung

Im Frühjahr 1981 – die Feldversuche liefen noch kein Jahr – drängte Kurt Gscheidle zunehmend auf eine Entscheidung bezüglich der flächendeckenden Einführung von Bildschirmtext. Nach Berichten des *Bildschirmtext Magazins*, die ‚ihren' Minister gerne als engagierten ‚Macher' darstellten, soll der Bundespostminister dabei in den Kabinettssitzungen „kraftvoll aufs Tempo" gedrückt haben, um für die Herstellerindustrie, die Bildschirmtext-Anbieter und letztlich auch für die potenziellen Teilnehmerinnen und Teilnehmer Planungssicherheit zu ermöglichen.[66] Dem vorausgegangen waren klare Forderungen seitens der produzierenden Industrie und der sich in Größe und Macht im Wachstum befindlichen Anbietervereinigungen, möglichst bald Klarheit zu schaffen.[67] In größerer Anzahl trafen sich die zukünftigen Informationsanbieter das erste Mal 1979 bei einem von der Stiftung Warentest in Berlin organisierten Treffen. Bei der zweiten bundesweiten Zusammenkunft Ende des Jahres 1980 in Köln, ausgerichtet durch den Deutschen Industrie- und Handelstag, waren bereits etwa 370 Anbieter vertreten.[68] Die Organisation in einem Bundesverband wurde zu diesem Zeitpunkt noch abgelehnt, sodass die regionalen

---

65 Exemplarisch vgl. Annegret Winkel: Für die Fahrt nach Hamburg waren die Tips Gold wert. Eine Arbeiterfamilie aus Düsseldorf probiert Bildschirmtext. In: bildschirmtext magazin für teleleser 2 (1981), H. 2, S. 42f.

66 Vgl. Hans Peter Schütz: Nun steht das Signal für Btx auf Grün. Bundesregierung will Btx bis 1985 bundesweit einführen – Der Postminister drückt aufs Tempo. In: bildschirmtext magazin für teleleser 2 (1981), H. 5, S. 6f. Zitat ebd., S. 6. Diesem Artikel folgte in programmatischer Absicht ein fortschrittsoptimistischer Beitrag zur Geschichte der Technikkritik von ‚Neuen Medien'. Vgl. Gerhard Breinlinger: Mit Sturmgeläut gegen den Fortschritt. Das war schon immer so: Neue Medien im Kreuzfeuer der Kritik. In: bildschirmtext magazin für teleleser 2 (1981), H. 5, S. 8–12.

67 Vgl. Schneider: Technikentwicklung, 1989, S. 110.

68 Vgl. Zweites Treffen der Bildschirmtext-Anbieter auf Bundesebene: Die Lernphase ist noch nicht abgeschlossen. In: bildschirmtext magazin für teleleser 1 (1980), H. 5, S. 43. Schneider sprach abweichend davon von etwa 700 Anbietern beim zweiten Treffen, vgl. Schneider: Technikentwicklung, 1989, S. 108. Eine DPA-Pressemitteilung sprach von rund 500 Anbietern. Vgl. Kein Verein für Bildschirmtext. Die 500 „Anbieter" wollen bei Arbeitskreisen bleiben. In: Frankfurter Allgemeine Zeitung, 22.10.1980, S. 14.

Anbietervereinigungen in Düsseldorf und Berlin die bestimmenden Akteure darstellten.[69]

Die entscheidenden Forderungen kamen jedoch von der Dachorganisation der deutschen Industrie- und Handelskammern.[70] Der Deutsche Industrie- und Handelstag forderte am 3. März 1981 die Deutsche Bundespost dazu auf, Bildschirmtext ab 1983 flächendeckend als öffentlichen Fernmeldedienst einzuführen und unverzüglich mit der Verlegung von Breitbandkabeln fortzufahren. Als wesentliche Gründe wurden die Sicherung und der Ausbau von Arbeitsplätzen sowie die Schaffung neuer Exportmöglichkeiten genannt. Der Brief war jedoch nicht an den Bundesminister für das Post- und Fernmeldewesen adressiert, sondern an Otto Graf Lambsdorff, den Bundesminister für Wirtschaft. Offensichtlich erhofften sich die Industrie- und Handelskammern hier am meisten Gehör für ihre Anliegen.[71]

Zusätzlich zu den Forderungen verdichteten sich in der ersten Jahreshälfte 1981 weitere medienpolitisch bedeutsame Entwicklungen. Die von der CDU-Landesregierung in Baden-Württemberg unter Ministerpräsident Lothar Späth Ende März verabschiedeten medienpolitischen Leitsätze begruben zwar die Pläne einer Beteiligung am Kabelpilotprojekt in Mannheim-Ludwigshafen[72], kündigten aber gleichzeitig auch die Ausarbeitung eines Landesmediengesetzes

69 Der Berliner Btx-Anbieterclub hatte sich bereits im September 1979 auf Initiative der IHK Berlin gegründet. Das Btx-Programm der Berliner Vereinigung wurde vom *Bildschirmtext Magazin* als „ausgezeichneten Service" gelobt, die mageren vier Seiten des Btx-Anbieterclubs Düsseldorf, durch die IHK Düsseldorf gegründet, seien dagegen eine „herbe Enttäuschung". Vgl. Hans Gusbeth: Weder Masse noch Klasse. Vom Btx-Anbieterclub Düsseldorf nur dürftige vier Seiten Btx-Programm. In: bildschirmtext magazin für teleleser 2 (1981), H. 7, S. 45. Zitate ebd.

70 Da die IHK Berlin sowie die IHK Düsseldorf maßgeblich die Aktivitäten der beiden großen Anbietervereinigungen bestimmten, ließen sich die eingebrachten Forderungen als zumindest intern abgestimmte Maßnahme verstehen.

71 Vgl. Peter Hort: Kammern fordern Bildschirmtext als öffentlichen Fernmeldedienst. DIHT wendet sich an Lambsdorff. Druck auf Post nimmt zu. In: Frankfurter Allgemeine Zeitung, 4.3.1981, S. 4. Der Bundeswirtschaftsminister Lambsdorff war außerdem Mitglied der Monopolkommission, welche die Auffassung der Industrie- und Handelskammern teilte, für zukünftige, breitbandige Verteilnetze auch private Unternehmen zuzulassen.

72 Das letztendlich am 1. Januar 1984 gestartete Kabelpilotprojekt in Mannheim-Ludwigshafen galt vielen als der „Urknall" des Privatfernsehens. Die Grundlage für dieses und die weiteren Versuchsprojekte in Berlin, München und Dortmund entstand 1980 in Form der „Kronberger Beschlüsse" der Ministerpräsidenten der Länder (Beschluss der Ministerpräsidentenkonferenz vom 14. November 1980 zur gemeinschaftlichen Finanzierung der Pilotprojekte „Kabelfernsehen" durch die Länder). Einführend vgl. Wolfram Schrag: Medienlandschaft Deutschland. München 2006, S. 192–204.

innerhalb der nächsten zwei bis drei Jahre an.[73] Die Bundesregierung ging zwischenzeitlich davon aus, dass eine Fertigstellung des Gesetzentwurfes möglicherweise noch im laufenden Jahr 1981 erfolgen könnte und sah sich deshalb gezwungen zu handeln. Die „Herbeiführung eines Konsenses zwischen Bund und Ländern", so fasste es das Protokoll der ersten medienpolitischen Kabinettsberatung der Bundesregierung am 13. Mai 1981 zusammen, „sei die einzige Möglichkeit, die Entwicklung zu beeinflussen"[74]. In der zitierten Beratung wurde weiterhin mehrmals betont, unter anderem vom Bundesminister des Inneren Gerhart Baum und vom Bundesminister des Auswärtigen Hans-Dietrich Genscher, dass die Entwicklung und Regelung der ‚Neuen Medien' – explizit auch der Massenkommunikation – nicht den Ländern allein überlassen werden könne, da die Bundesregierung eine innen- und außenpolitische Verantwortung für den gesamten Medienbereich besitze.[75]

Bundeskanzler Helmut Schmidt sprach sich für eine Fortsetzung der medienpolitischen Kabinettsberatung aus. Dafür wurden eine Reihe von Themen zusammengestellt, die in der nächsten Sitzung abschließend besprochen werden sollten – darunter auch der Eintrag „Ankündigung der Einführung des Bildschirmtextes als neuer Dienst der Deutschen Bundespost (Individualkommunikation)"[76], was jedoch in keiner Weise einem Beschluss entsprach. In vielen Darstellungen zum Bildschirmtext wurde dennoch die besprochene Kabinettssitzung am 13. Mai 1981 und die am Tag darauf folgende Pressekonferenz als Beschlussdatum für die flächendeckende Einführung des Bildschirmtextes gesehen.[77] Wie aber bereits ein zeitgenössischer Artikel in der *Frankfurter Allgemeinen Zeitung* festhielt, hatte die Bundesregierung

73 Vgl. Wolfgang Helmer: Pläne für ein Landes-Mediengesetz. Baden-Württemberg befaßt sich mit der neuen Technik. In: Frankfurter Allgemeine Zeitung, 31.3.1981, S. 4.

74 Kabinettsprotokolle der Bundesregierung, 26. Kabinettssitzung, 13.5.1981. Tagesordnungspunkt 5: Aktuelle medienpolitische Probleme und Entscheidungsbedarf. Das baden-württembergische Landesmediengesetz wurde letztendlich erst im Dezember 1985 beschlossen. Vgl. Landesmediengesetz Baden-Württemberg (LMedienG), 16.12.1985, GVBl BW 1985, S. 539; Bert Hauser: Baden-Württemberg will in der Medienpolitik wieder die Führerschaft übernehmen. „Staatsferne Programmveranstalter". In: Frankfurter Allgemeine Zeitung, 15.12.1984, S. 6.

75 Außerdem wurde diskutiert, inwieweit der Beschluss vom 26. September 1979 (‚Verkabelungsstopp') in der aktuellen Situation ersetzt, ergänzt oder geändert werden müsste.

76 Kabinettsprotokoll der Bundesregierung, 13.5.1981.

77 Sowohl Dietrich Ratzke als auch Volker Schneider schrieben, dass die Bundesregierung die Einführung von Btx als allgemeinen Fernmeldedienst am 14. Mai 1981 beschlossen hätte. Vgl. Ratzke: Handbuch der Neuen Medien, 1984, S. 220; Schneider: Technikentwicklung, 1989, S. 110f.

„vorerst keine medienpolitischen Beschlüsse" getroffen.[78] Der Regierungssprecher Kurt Becker hatte lediglich davon berichtet, dass eine bundesweite Einführung des Bildschirmtextes noch für die erste Hälfte des Jahrzehnts in Aussicht gestellt werden könne und dass das Bundeskabinett am 24. Juni seine Beratungen fortsetze.[79]

Der Abstand von über einem Monat zwischen beiden Sitzungen erklärte sich damit, dass das Bundesverfassungsgericht seine Entscheidung über die Rechtmäßigkeit des Saarländischen Rundfunkgesetzes für den 16. Juni 1981 angekündigt hatte und dieses Urteil abgewartet werden sollte. Die zweite medienpolitische Kabinettssitzung am 24. Juni 1981 begann dementsprechend mit einer Zusammenfassung der Urteilsverkündung durch den Bundesminister des Inneren Gerhart Baum. Im sogenannten Dritten Rundfunkurteil[80] bestätigten die Karlsruher Richter ein Individualrecht der Rundfunkfreiheit, was es letztendlich jedem erlaube, als Programmveranstalter Zugang zu bekommen. Der Staat habe mit entsprechenden Regelungen dafür Sorge zu tragen, dass diese Rundfunkfreiheit gewährleistet wird.[81] In der Kabinettsberatung wurden anschließend die erwartbaren Auswirkungen des Urteils sowie das weitere Vorgehen erörtert, wobei besonders die Frage diskutiert wurde, ob die Bundesregierung ihre Vorstellungen für eine künftige Rundfunkstruktur öffentlich äußern sollte. Letztendlich bestand „ohne Widerspruch Einvernehmen, daß es ausreiche, den Ländern die Bereitschaft der Bundesregierung

78 Klaus Broichhausen: Vorerst keine medienpolitischen Beschlüsse. Die Opposition spricht von Verschleppungstaktik. In: Frankfurter Allgemeine Zeitung, 15.5.1981, S. 8. Auch die *Nachrichtentechnische Zeitschrift* sprach lediglich von einem „Bekenntnis" der Bundesregierung, welches der DBP eine flächendeckende Einführung „in Aussicht gestellt" hätte. Vgl. Jürgen Gabel: „Generaldebatte" über Neue Medien erst am Anfang. In: Nachrichtentechnische Zeitschrift 34 (1981), H. 7, S. 460. Zitate ebd.

79 Letztendlich muss leider unklar bleiben, wann genau die Bundesregierung einen entsprechenden Beschluss fasste – eventuell gab es im Mai oder Anfang Juni 1981 noch weitere Ankündigungen. Mehrere Zeitungsartikel berichteten jedenfalls Anfang Juni von einer Entscheidung, ohne dass diese sich offiziell festgehalten fand. Vgl. Ulrich Schulze: Neue Formen der Informationsvermittlung. Ein Probejahr für Videotext und Bildschirmtext. In: Frankfurter Allgemeine Zeitung, 1.6.1981, S. 6; Klaus Broichhausen: Bildschirmtext beginnt im Herbst 1983. In: Frankfurter Allgemeine Zeitung, 12.6.1981, S. 14. Das *Bildschirmtext Magazin* hielt an der zugeschriebenen Rolle Kurt Gscheidles fest und präsentierte eine Kabinettsvorlage des Bundespostministers als „uneingeschränktes Bekenntnis zu Bildschirmtext". Diese Vorlage sei auf der medienpolitischen Kabinettssitzung am 14. Mai von der Bundesregierung beschlossen worden, was so nicht stimmen konnte, da die Sitzung am 13. Mai stattfand. Vgl. Schütz: Nun steht das Signal für Btx auf Grün, 1981. Zitat ebd., S. 6.

80 Bundesverfassungsgericht, Urteil v. 16.6.1981, 3. Rundfunkentscheidung, BVerfGE 57, 295.

81 Das Urteil bildete deshalb die Grundlage für die im Folgenden zu schaffende Rundfunkordnung. Vgl. Schrag: Medienlandschaft, 2006, S. 193f.

zu bekunden, Probleme zur Eingliederung der ‚neuen Medien' in das Mediensystem der Bundesrepublik auf der Ebene der Gespräche des Bundeskanzlers mit den Ministerpräsidenten zu erörtern"[82]. Nach einem Meinungsaustausch zu den einzelnen Punkten, wie sie in der Sitzung am 13. Mai festgelegt wurden, folgten die Einzelbeschlüsse jeweils mit Einvernehmen des Bundeskanzlers. Das Protokoll hielt unter dem Punkt „Bildschirmtext" folgenden Beschluss fest:

> „Die Deutsche Bundespost wird Bildschirmtext für die Anwendung der Individualkommunikation als neuen Fernmeldedienst einführen. Das Kabinett stellt die Zuständigkeit des Bundes hierfür gemäß Artikel 73 Nr. 7 GG fest. Bildschirmtext mit publizistisch relevanten Inhalten soll einer der Gegenstände des Gesprächs mit den Ländern sein."[83]

Der Kabinettsbeschluss der Bundesregierung vom 24. Juni 1981 bildete das offizielle Siegel für die im Hintergrund längst ausgemachte flächendeckende Einführung des Bildschirmtextes. Der Beschlusstext formulierte, juristisch abgesichert, lediglich eine Einführung für den medienpolitisch unstrittigen Bereich der Individualkommunikation, das heißt der Anwendungskategorien „Informationen für den Einzelnen" und „Dialog mit dem Rechner". Für diese Anwendungsfälle konnte der Bund ohne medienpolitische Konflikte zu befürchten eindeutig seine ausschließliche Gesetzgebungsbefugnis für das Post- und Fernmeldewesen nach Artikel 73, Absatz 7 des Grundgesetzes geltend machen. Diese medienrechtliche Volte wurde von der Deutschen Bundespost in den folgenden Jahren noch ausgebaut. Im Jahrbuch von 1985, als die medienpolitische Debatte längst abgeschlossen war, konstatierten die Autoren, dass Bildschirmtext „zunächst einmal ein Fernmeldedienst und als solcher inhaltsneutral"[84] sei:

> „Weiterhin sind die von dem Dienst ermöglichten Anwendungen stets solche der Individualkommunikation. [..] Bildschirmtext ist daher von seinem Wesen und Erscheinungsbild her ein Transportmittel, das der Individualkommunikation dient, aber selbstverständlich auch geeignet ist, auf diesem Wege Nachrichten zu übermitteln, die gemeinhin als Gegenstände massenmedialer Kommunikation angesehen werden. Entscheidend ist, daß damit jedoch nur ein Teil der Anwendungs- und Nutzungsmöglichkeiten abgedeckt ist."[85]

---

82 Kabinettsprotokolle der Bundesregierung, 32. Kabinettssitzung, 24.6.1981. Tagesordnungspunkt 4: Aktuelle medienpolitische Probleme.

83 Ebd.

84 Wolfgang Berndt u. Hans-Willi Hefekäuser: „Medien" und Telekommunikation – Ein Beitrag zur Begriffsklärung. In: Jahrbuch der Deutschen Bundespost 36 (1985), S. 578–608, hier S. 605.

85 Berndt u. Hefekäuser: „Medien" und Telekommunikation, 1985, S. 605.

Gleichzeitig bestand aber kein Zweifel an der Tatsache, dass eine Einführung des Bildschirmtextes unter Ausklammerung dieser „Gegenstände massenmedialer Kommunikation" keine Erfolgschancen gehabt hätte. Der Anwendungsbereich „Informationen für Mehrere", das heißt der Abruf jeglicher Informationen, bildete den elementaren Grundstock an für die Privathaushalte relevanten Inhalten – und ohne private Teilnehmerinnen und Teilnehmer kann kein Massenmedium entstehen. Dies formulierte letztendlich auch Eric Danke selbst so:

> „Bildschirmtext ist nach den bisherigen Erkenntnissen zwar allein aus den Anwendungen der Individualkommunikation heraus lebensfähig, aber erst mit seinem vollen Anwendungsspektrum wird er zu einem universellen Informations- und Kommunikationssystem der Zukunft werden können."[86]

Die vorzeitige Entscheidung für eine Einführung des Bildschirmtextes führte außerdem unweigerlich zu juristischen Konflikten mit den in Berlin und Nordrhein-Westfalen verabschiedeten Landesgesetzen, die sehr deutlich das Vorliegen der Ergebnisse der Begleituntersuchungen als Voraussetzung für weitere Entscheidungen formulierten. Das Nicht-Abwarten der Begleitforschungen erinnerte dabei an eine vielfach rezipierte Rede Carl Christian von Weizsäckers auf dem ersten, durch die Beraterfirma Diebold organisierten Bildschirmtext-Kongress 1980 in Düsseldorf.[87] Die Tagung war hochkarätig besetzt und wurde auch international breit besprochen. Trotz der Anwesenheit und den Begrüßungsworten des Ministerpräsidenten Nordrhein-Westfalens Johannes Rau, führte die Referentenliste zweifelsohne Sam Fedida an, der den Anwesenden als der geistige sowie ingenieurtechnische Vater der Bildschirmtext-Technologie galt und als solcher einen ‚Heldenstatus' innehatte.[88] In der Eröffnungsrede sprach John Diebold, der Firmengründer der übergeordneten Diebold Group und in den USA ein gefragter „Computervisionär"[89], in mitreißenden Worten von der großen Zukunft des

86 Eric Danke: Bildschirmtext – heute und morgen. In: bildschirmtext magazin für teleleser 2 (1981), H. 7, S. 12.

87 Vgl. Axel Schnorbus: Den technischen Anschluß verloren? Erster Internationaler Bildschirmtext-Kongreß in Düsseldorf. In: Frankfurter Allgemeine Zeitung, 3.12.1980, S. 5. Das *Bildschirmtext Magazin* monierte später dazu, dass in einem Artikel der *Wirtschaftswoche* der Vortrag Weizsäckers „völlig sinnentstellt" wiedergegeben wurde. Gert Schrötter: Liebe Leser. In: bildschirmtext magazin für teleleser 2 (1981), H. 4, S. 3.

88 Vgl. Sam Fedida: Die Anwendungen in Bildschirmtext. In: Diebold Deutschland GmbH (Hg.): Bildschirmtext Kongress 1980. Proceedings. 1. und 2. Dezember 1980 Düsseldorf. Frankfurt am Main 1980, S. 65–90.

89 Vgl. Jennifer Bayot: John Diebold, 79, a Visionary of the Computer Age, Dies. In: The New York Times, 27.12.2005.

Bildschirmtextes.[90] Der Vortrag Carl Christian von Weizsäckers bildete in einer Art Keynote den Abschluss des Kongresses. Der renommierte Wissenschaftler Weizsäcker, damals Professor am Institut für Gesellschafts- und Wirtschaftswissenschaften der Universität Bonn, konstatierte:

> „Ich bin davon überzeugt, daß die Zeit für Bildschirmtext an sich reif ist. Eine Testperiode im Markt scheint von der Akzeptanz her nicht mehr notwendig zu sein. [...] Nicht mehr das Ob von Bildschirmtext sollte zur Debatte stehen, sondern höchstens noch die technischen Details des Wie."[91]

Die Idee eines teleologisch-gedachten technischen Fortschritts, der nun in Gestalt des Bildschirmtextes praktisch unaufhaltsam Veränderung bringen werde, fand sich somit nicht nur im engeren Umfeld der Deutschen Bundespost und den Informationsanbietern, sondern auch in wissenschaftlichen Kreisen.

Die Kabinettsberatungen vom Mai und Juni 1981 sowie die schlussendliche Entscheidung für eine bundesweite Einführung zeigten außerdem erstaunliche Parallelen zu den ursprünglichen Planungen der Deutschen Bundespost. Der Bundespostminister Kurt Gscheidle informierte im März 1979 den Verwaltungsratsvorsitzenden der Bundespost Walter Hesselbach über die Durchführung des geplanten Feldversuches in Düsseldorf und das weitere Vorgehen bezüglich einer möglichen Einführung:

> „Dieser auf ein Jahr begrenzte Feldversuch soll die Grundlage für einen vom Verwaltungsrat der Deutschen Bundespost zu fassenden Beschluß über eine Diensteinführung bilden. Diesen Beschluß strebe ich für Mai/Juni 1981 an, die allgemeine Einführung des Dienstes könnte dann in der zweiten Hälfte 1982 beginnen. [...] Soweit heute erkennbar ist, kann der vorgesehene Zeitplan verwirklicht werden. Zur Internationalen Funkausstellung 1979 in Berlin beabsichtige ich, Bildschirmtext weiterentwickelt und mit konkreten Informationsangeboten erneut der

---

90 „I would like to begin by saying that I feel excited and inspired to be opening a conference addressed to what we at the Diebold Group believe will become one of the focal points of modern industrial life – interactive videotex." John Diebold: Interactive Videotex: The Promise and the Present. In: Diebold Deutschland GmbH (Hg.): Bildschirmtext Kongress 1980. Proceedings. 1. und 2. Dezember 1980 Düsseldorf. Frankfurt am Main 1980, S. 1–21, hier S. 2.

91 Carl Christian von Weizsäcker: Die gesamtwirtschaftliche Bedeutung des neuen Mediums Bildschirmtext. In: Diebold Deutschland GmbH (Hg.): Bildschirmtext Kongress 1980. Proceedings. 1. und 2. Dezember 1980. Frankfurt am Main 1980, S. 1–15 (nachträglich angebunden), hier S. 14f. Die Rede Weizsäckers wurde auch für Tagungsbericht von Jürgen Gabel titelgebend. Vgl. Jürgen Gabel: Die Zeit ist reif für Bildschirmtext. Bericht vom Diebold-Btx-Kongreß in Düsseldorf. In: Nachrichtentechnische Zeitschrift 34 (1981), H. 4, S. 238–241.

Öffentlichkeit vorzustellen. Nach dem Stand der technischen Vorbereitungen kann dann ab Januar 1980 der Feldversuch beginnen."[92]

Die terminliche Übereinstimmung der medienpolitischen Kabinettssitzungen mit dem ursprünglichen Zeitplan einer angestrebten Beschlussfassung für den Zeitraum Mai bis Juni 1981 war in ihrer Exaktheit nicht absehbar. Im größeren Kontext zeigte sich damit aber deutlich, dass die Deutsche Bundespost für den Bildschirmtext einen Plan verfolgte und gewillt war, diesen auch gegen Widerstände durchzusetzen. Sicherlich erzeugten die Forderungen der Industrie- und Handelskammern nach verlässlichen Planungshorizonten in Kombination mit den weiteren medienpolitischen Entwicklungen sowie dem Handeln der Bundesländer in der ersten Hälfte des Jahres 1981 einen gewissen Druck auf die Bundesregierung, aber letztendlich bestand keine zwingende Notwendigkeit für ein voreiliges Handeln. In einem anderen denkbaren Szenario hätte das Bundeskabinett die Gespräche des Bundeskanzlers mit den Ländern sowie die Zwischenergebnisse der Feldversuche nach dem ersten Jahr abwarten können, um so nach der parlamentarischen Sommerpause eine fundierte Entscheidung zu treffen.

Die Postzeitschriften waren indes darum bemüht, die Ergebnisse der wissenschaftlichen Begleituntersuchungen möglichst positiv darzustellen, um die vorzeitige Entscheidung für eine Einführung des Bildschirmtextes zu rechtfertigen. Bereits nach dem ersten Jahr konstatierte die *Telepost* als Quintessenz der Feldversuche, dass „die neue Kommunikationsform Bildschirmtext bei den Nutzern großen Anklang [findet]"[93]. Es wurde jedoch eingeräumt, dass vor allem Arbeiter, ältere Menschen und Einpersonenhaushalte unterrepräsentiert, dafür aber Selbstständige und Personen mit höherer Schulbildung überrepräsentiert seien. Wenige Monate später wurden in einem zweiten Artikel weitere Ergebnisse zusammengefasst:

> „Der bisherige Versuchsverlauf hat bereits wichtige Erkenntnisse gebracht. Wir wissen heute, daß der Umgang mit Bildschirmtext tatsächlich so einfach ist, wie es für einen Jedermann-Dienst sein muß. Und die Nutzung des Dienstes durch Teilnehmer und Anbieter zeigt, daß sich Bildschirmtext in den Versuchen bereits zu einem ‚normalen' Kommunikationsmittel entwickelt hat. Die Schwerpunkte liegen dabei vorwiegend bei sogenannten interaktiven Diensten wie

92 MSPT Heusenstamm, D 13/3, Schreiben Kurt Gscheidles an Walter Hesselbach, Bildschirmtext, 19.3.1979, S. 1.

93 Horst Goj: 1 Jahr Bildschirmtext in Berlin. In: telepost 10 (1981), H. 11, S. 9.

Kontoführung, Bestellungen, Austausch von Mitteilungen sowie Abruf aktueller Nachrichten und attraktiver Fach- und Produktinformationen."[94]

Die Hervorhebung der positiven Resonanz besonders auf die interaktiven Anwendungsmöglichkeiten verwies noch einmal klar auf den Bereich der Individualkommunikation. Der Verweis auf die Einfachheit der Bedienung und die Alltäglichkeit der Nutzung lassen sich als Teil der Bewerbungsstrategie identifizieren und waren, wie bereits hervorgehoben, elementare Voraussetzungen für die Realisierung eines anvisierten Massenmediums. So erklärte sich auch der immer wieder geäußerte Fokus auf die privaten Nutzerinnen und Nutzer:

> „Für den Erfolg des Mediums Bildschirmtext steht die Akzeptanz bei den privaten Haushalten an erster Stelle. Sie ist nicht nur abhängig von der Qualität des Informationsangebots, sondern vor allem auch von der Höhe der Gebühren. Auch für den privaten Nutzer hat die Post die Gebühren äußerst knapp kalkuliert."[95]

Auch das *Bildschirmtext Magazin* konstatierte, dass der Bildschirmtext bei den privaten Testhaushalten „einen hohen Zuspruch"[96] genieße. Die offiziellen Berichte und Ergebnisse der wissenschaftlichen Begleituntersuchungen sprachen eine leicht andere Sprache, was nicht unbedingt bedeutete, dass die postnahe Berichterstattung geschönt oder gar gefälscht zusammenfasste – vielmehr ließ sich eine äußerst selektive Wahrnehmung bemängeln. Bei der Menge an unterschiedlichen Untersuchungen und Ergebnisberichten fiel das allerdings kaum auf. Für beide Feldversuche erschienen bis 1983 insgesamt knapp fünfzig Zwischen- und Endberichte von mehr als zehn verschiedenen Forschungseinrichtungen sowie mehreren Einzelpersonen.[97] Die daran beteiligten Wissenschaftlerinnen und Wissenschaftler sprachen darüber

94 In Vorbereitung: Bildschirmtext. Im Herbst 1983 geht es los. In: telepost 11 (1982), H. 2, S. 10f., hier S. 10. Der hier genannte Austausch von Mitteilungen wurde erst mit der Einführung des Mitteilungsdienstes zur Internationalen Funkausstellung 1981 ermöglicht. Vgl. Ab September: Mitteilungsdienst. In: bildschirmtext magazin für teleleser 2 (1981), H. 6, S. 29.

95 In Vorbereitung: Bildschirmtext, 1982, S. 11.

96 Btx-Nachrichten sind der Renner. Wissenschaftliche Begleituntersuchung: Bildschirmtext hat eine Sonderstellung unter den Neuen Medien. In: bildschirmtext magazin für teleleser 3 (1982), H. 8, S. 24f., hier S. 24.

97 Einen Überblick bietet die 1984 von der Btx-Anbieter-Vereinigung herausgegebene Zusammenfassung, vgl. Klaus Brepohl: Akzeptanz und Nutzen sowie Wirkungen von Bildschirmtext. Die Begleituntersuchungen zu den Bildschirmtext-Feldversuchen in Kurzfassung. Berlin 1984, S. 65–67. Vgl. außerdem Hanswalter Rother: „Grünes Licht" für Btx. Abschlußbericht der Begleitforschung für Düsseldorf/Neuß. In: Industrie- und

hinaus vielfach auf Tagungen und veröffentlichten Zwischenergebnisse in Fachzeitschriften.[98]

Die Erkenntnisse der Berliner Untersuchung ließen sich verkürzt in drei zentralen Punkten zusammenfassen. Erstens wurde mehrfach formuliert, dass eine nennenswerte Verbreitung des Bildschirmtextes im privaten Bereich in den nächsten zehn Jahren nicht zu erwarten wäre – die Diffusion in die Privathaushalte werde wesentlich langsamer vonstattengehen als im Geschäftsbereich. Der Bildschirmtext wäre deshalb nicht als Massenmedium zu betrachten, sondern als Medium der Geschäftskommunikation. Zweitens wäre abzusehen, dass es in der Zukunft leistungsfähigere, technische Neu- und Weiterentwicklungen geben werde, die das Bildschirmtext-System integrieren oder sogar substituieren werden. Drittens wäre im Vergleich zu anderen Entwicklungen der Informations- und Computertechnik der Bildschirmtext nur von kleiner Bedeutung, sodass mittelfristig keine wesentlichen Impulse für das Wirtschaftswachstum und die Entwicklung der Beschäftigung zu erwarten wäre. Hier wurde jedoch angemerkt, dass in der Beurteilung der Auswirkungen einzelner Informations- und Kommunikationstechnologien immer die Gefahr einer systematischen Unterschätzung läge, da sich erst in der Summierung der einzelnen Techniken eine substanzielle Größenordnung ergebe. Für den privaten Nutzungsbereich wurden die größten sozialen und kulturellen Auswirkungen in der „Abwicklung von Alltagsaktivitäten“[99] erwartet – beispielsweise in Form eines veränderten Einkaufverhaltens und in einem Wandel der häuslichen Rollenverteilung. Kritik äußerten die Nutzerinnen und Nutzer in Berlin wie auch in Düsseldorf und Neuss vor allem an konkreten Inhalten, an der Tatsache, dass bei der Benutzung des System der Telefonanschluss blockiert wurde und – hier wichen die Ergebnisse deutlich von der

Handelskammer zu Berlin (Hg.): Bildschirmtext. Erfahrungen und Marktchancen. Eine Dokumentation der IHK Berlin. Berlin 1983, S. 18.

98 Vgl. bspw. Brigitte Kammerer-Jöbges u. Wolfgang R. Langenbucher: Düsseldorf und Berlin – Erste Erfahrungen. In: Diebold Deutschland GmbH (Hg.): Bildschirmtext Kongress 1980. Proceedings. 1. und 2. Dezember 1980 Düsseldorf. Frankfurt am Main 1980, S. 47–64; Dorothea Jansen, Helmut Kromrey u. Heiner Treinen: Bildschirmtext: Fernmeldedienst oder neues Medium? Ergebnisse der Begleitforschung. In: Rundfunk und Fernsehen 30 (1982), H. 4, S. 447–465; Bernd-Peter Lange: Bildschirmtextfeldversuch – Begleitforschung – Staatsvertrag der Bundesländer. Grundlagen für politische Entscheidungen über die Einführung eines „Neuen Mediums“ – eine Zwischenbilanz. In: Media Perspektiven (1983), H. 2, S. 65–77.

99 Tonnemacher: Bildschirmtext: Auswirkungen eher begrenzt, 1983, S. 558.

postnahen Berichterstattung ab – am komplizierten Informationszugriff und der mangelnden Benutzerfreundlichkeit.[100]

Explizit und klar benannt wurde weiterhin, dass aufgrund der fehlenden Repräsentativität – im Berliner Feldversuch waren Personen mit höherem Einkommen, höherer formaler Bildung und ausgeprägter Technikakzeptanz deutlich überdurchschnittlich vertreten – sowie dem verspäteten Einstieg der Untersuchung, womit beispielsweise eine Null-Messung als basale Methode der Wirkungsforschung nicht gegeben war, Einschränkungen bezüglich der Aussagekraft gemacht werden müssten. „[U]nter solchen Umständen", so betonte der maßgeblich an der Berliner Begleituntersuchung beteiligte Jan Tonnemacher, „durch empirische Arbeiten zu Aussagen zu kommen, die den Kriterien der Zuverlässigkeit, der Gültigkeit und der Wiederholbarkeit genügen, war schlechterdings nicht möglich"[101].

Der Wissenschaftliche Beraterkreis des Landes Nordrhein-Westfalen fasste seine Ergebnisse in 17 Feststellungen und Empfehlungen zusammen. Einschränkend musste aber auch für den Düsseldorfer Feldversuch konstatiert werden, dass sich aus den organisatorischen, technischen, finanziellen und letztendlich forschungsmethodischen Rahmenbedingungen eine eng begrenzte Aussagekraft ergab. Die elementarste Beschränkung lag in der Tatsache, dass die ermittelten Ergebnisse nicht auf die Gesamtbevölkerung angewendet werden konnten, sondern lediglich für „den Teil der Population, der einen hohes Interesse an Informationsgewinnung und Informationsverarbeitung

---

100 Zu den Ergebnissen vgl. besonders ebd., S. 557–563; Jan Tonnemacher: Bildschirmtext- und Videotext-Begleitforschung in den Feldversuchen in der Bundesrepublik Deutschland. In: Eberhard Witte u. Walter Lämmle (Hg.): Elektronische Textkommunikation in Deutschland und Japan. Konzepte, Anwendungen, Soziale Wirkungen, Einführungsstrategien. Vorträge des am 3./4. November 1983 in München durchgeführten 4. Deutsch-Japanischen Kommunikationswissenschaftlichen Seminars, Berlin u. a. 1984, S. 140–153, hier S. 143–147; Jürgen Seetzen: Akzeptanz-Erwartungen und Marktchancen auf Grund der Feldbefragungen. In: Bildschirmtext-Anbieter-Vereinigung (Hg.): Start in eine bunte und vielfältige Btx-Zukunft. Vorträge des 5. Bildschirmtext-Kongresses der Anbieter am 31. August 1983 in Berlin. Berlin 1983, S. 123–129; Ders.: Wissenschaftliche Begleituntersuchung zur Bildschirmtexterprobung in Berlin. Berichtband. Berlin 1983; Jost Matheisen u. Michaela Voltenauer-Lagemann: Soziale und kulturelle Auswirkungen von Bildschirmtext in privaten Haushalten. Wissenschaftliche Begleituntersuchung zur Bildschirmtexterprobung in Berlin. Anlageband 1. München 1983.

101 Tonnemacher: Bildschirmtext- und Videotext-Begleitforschung, 1984, S. 143. Neben der Begleituntersuchung des Heinrich-Hertz-Instituts im Auftrag des Berliner Senats führte die Forschungsgruppe Kammerer im Auftrag der DBP die Untersuchungen zur Akzeptanz von Btx durch. Diese liefen zwar über den gesamten Zeitraum des Feldversuchs, fokussierten aber vorrangig die Informationsanbieter. Vgl. Brepohl: Akzeptanz und Nutzen, 1984, S. 11–27.

aufweist"[102] Relevanz besaß. Aus Sicht der Kritiker war damit die eigentliche Aufgabe der Feldversuche verfehlt worden. Der an den Begleituntersuchungen beteiligte Sozialwissenschaftler Heiner Treinen wandte sich explizit gegen diese Kritik und verwies darauf, dass Rückschlüsse auf die Gesamtbevölkerung niemals beabsichtigt waren, sondern „vielmehr unter realistischen Bedingungen – soweit herstellbar – das spezifische private Potential für Bildschirmtext festgestellt werden"[103] sollte. Letztendlich lieferte der Abschlussbericht aber das politisch gewünschte Ergebnis, indem er festschrieb:

> „Die wissenschaftlichen Begleituntersuchungen zum Feldversuch BTX Düsseldorf/Neuss ergaben keine Erkenntnisse, die Anlaß zu grundsätzlichen Einwänden gegen die allgemeine, bundesweite Einführung dieses Kommunikationssystems sein könnten."[104]

Die Schweizer Medienwissenschaftler Werner Meier und Heinz Bonfadelli unternahmen 1985 den Versuch einer Bilanz der Bildschirmtext-Begleitforschungen unter Einbeziehung der Feldversuche in Berlin, Düsseldorf, Wien und Zürich. In kritischer Auseinandersetzung mit der eigenen Zunft hinterfragten sie auch generell den Sinn und Zweck solcher Untersuchungen:

> „Werden von der Begleitforschung tatsächlich Ergebnisse und Befunde produziert, die entsprechend zuverlässig und geeignet sind, den Entscheidungsprozeß zur Einführung neuer Informationstechnologien und -dienstleistungen nachhaltig zu beeinflussen? Oder geht es vielleicht bei der Begleitforschung weniger um die Abschätzung sozialer Folgen, sondern vielmehr um eine mit öffentlichen Geldern finanzierte Marktforschung zur Rationalisierung von Implementationsstrategien? Gehen allenfalls die zutage gebrachten Ergebnisse in den politischen

102 Mayntz et al.: Wissenschaftliche Begleituntersuchung, 1983, S. 20.

103 Heiner Treinen: Erfahrungen mit Bildschirmtext: Ergebnisse der wissenschaftlichen Begleituntersuchung des Feldversuchs in Düsseldorf/Neuß. In: Bildschirmtext-Anbieter-Vereinigung (Hg.): Start in eine bunte und vielfältige Btx-Zukunft. Vorträge des 5. Bildschirmtext-Kongresses der Anbieter am 31. August 1983 in Berlin. Berlin 1983, S. 105–122, hier S. 106. Zu diesen „realistischen Bedingungen" zählte, dass die Benutzung von Btx für die Testhaushalte gebührenpflichtig war.

104 Mayntz et al.: Wissenschaftliche Begleituntersuchung, 1983, S. 7. Für eine zusammenfassende Darstellung der Ergebnisse vgl. auch Brepohl: Akzeptanz und Nutzen, 1984, S. 43–63; Schneider: Technikentwicklung, 1989, S. 129–134. Für eine postnahe Sicht vgl. Gerhard Breinlinger: „Gegen Btx-Einführung keine Bedenken". Düsseldorf: Die Forscher legen den ersten Abschlußbericht der Begleituntersuchung vor. In: bildschirmtext magazin für teleleser 4 (1983), H. 2, S. 24f.; 17 Empfehlungen der Wissenschaftler. Nach drei Jahren Bildschirmtext-Feldversuch ist die Begleituntersuchung in Düsseldorf/Neuß abgeschlossen. In: bildschirmtext magazin für teleleser 4 (1983), H. 6, S. 20f.

> Entscheidungsprozeß ein, oder dienen sie eher der Legitimation bereits erfolgter Entscheidungen?"[105]

Beim Bildschirmtext der Deutschen Bundespost schien eindeutig Letztgenanntes der Fall gewesen zu sein. Als die abschließenden Berichte der Begleituntersuchungen für die Feldversuche in Düsseldorf und Berlin im Mai 1983 gedruckt vorlagen, war nicht nur die Entscheidung für eine flächendeckende Einführung des Bildschirmtextes längst gefallen, sondern die Bundespost hatte international auch einen neuen europäischen Standard ausgehandelt und der Bund einen Staatsvertrag mit den Ländern geschlossen.[106] Im Mai 1984 äußerte Renate Mayntz in einem Vortrag unverblümt die eigentliche Funktion der wissenschaftlichen Begleituntersuchung:

> „Wie Sie sicher wissen, ist die Entscheidung für die bundesweite Einführung von Bildschirmtext bereits gefallen, als der Feldversuch gerade erst angelaufen war und noch keinerlei nennenswerte Ergebnisse produziert hatte. Die Forschungsergebnisse konnten also später lediglich dazu dienen, die schon getroffene politische Entscheidung nachträglich zu legitimieren."[107]

Ein Berliner Beispiel aus der zweiten Jahreshälfte 1981 dürfte dabei als sinnbildlich für die nachträgliche Legitimation gelten. Nach der durch das Bundeskabinett beschlossenen Einführung des Bildschirmtextes wurde in Berlin zwischenzeitlich der Plan zur Realisierung einer umfangreichen Begleituntersuchung gänzlich aufgegeben. Eine entsprechende Gesetzesänderung war in Vorbereitung und hätte so auch die veranschlagten Kosten von 1,5 Millionen DM gespart. Der Berliner Wissenschaftssenator Wilhelm Kewenig begründete diese Entscheidung – die letztendlich keinen Bestand hatte – damit, dass die Einführung von Bildschirmtext ja sowieso schon ausgemachte Sache sei und den Ergebnissen einer möglichen Begleituntersuchung somit keine Relevanz mehr zukomme.[108]

---

105 Werner Meier u. Heinz Bonfadelli: Evaluation der Btx-Begleitforschungen. In: Media Perspektiven (1985), H. 9, S. 692–701, hier S. 692.

106 Die Abschlussberichte lagen der DBP bereits im Februar 1983 vor, also vor Abschluss des Staatsvertrages – die Verlagsfassungen erschienen jedoch erst im April und Mai 1983.

107 Renate Mayntz: Bildschirmtext im Feldversuch. In: Eberhard Witte (Hg.): Bürokommunikation. Ein Beitrag zur Produktivitätssteigerung. Vorträge des am 3./4. Mai 1983 in München abgehaltenen Kongresses. Berlin u. Heidelberg 1984, S. 137–145, hier S. 137f.

108 Vgl. Kewenig erläutert Medienziele. Bildschirmtext ohne Forschung – Kabelversuch mit 500 Teilnehmern. In: Der Tagesspiegel, 10.9.1981.

5.4 Ein gemeinsamer Standard als europäisches Projekt

Bereits der Rückgriff auf das Viewdata-System und die Zusammenarbeit mit der britischen Post in Vorbereitung auf die Internationale Funkausstellung 1977 in Berlin wurde postintern im Sinne der Entwicklung eines gesamteuropäischen Telekommunikationsmarktes sehr positiv gewertet. Die Kooperation beider Postverwaltungen und generell die internationale Verbreitung dieser Technologien wurde im Nachgang der Funkausstellung in den Fachzeitschriften und Presseorganen ebenfalls wohlwollend kommentiert. Die *Nachrichtentechnische Zeitschrift* betitelte den Bildschirmtext schon 1978 als einen „europäischen Hit"[109] und der Bundesminister für das Post- und Fernmeldewesen Kurt Gscheidle unterstrich in einem internen Dokument bereits Anfang 1977 ausdrücklich die Wichtigkeit der geplanten Zusammenarbeit mit dem British Post Office für die weiteren Vorhaben:

> „Der angestrebten engen Zusammenarbeit mit der englischen Postverwaltung messe ich über die Bewältigung des Einzelprojekts hinaus grundsätzliche Bedeutung für die Fortentwicklung der europäischen Harmonisierungsbestrebungen bei."[110]

Als Ort dieser „Harmonisierungsbestrebungen" galt die Europäische Konferenz der Verwaltungen für Post und Telekommunikation – als Abkürzung der französischen Bezeichnung *Conférence Européenne des Administrations des Postes et des Télécommunications* zeitgenössisch fast ausschließlich nur CEPT genannt. Diese Dachorganisation der staatlichen Regulierungsbehörden aus insgesamt 48 europäischen Ländern wurde 1959 gegründet und entwickelte sich im Verlauf der 1960er-Jahre immer mehr zu einem wirkmächtigen Forum der regierungsübergreifenden Zusammenarbeit auf europäischer Ebene. Das Post- und Fernmeldewesen ließ sich hier als einen Politikbereich identifizieren, in dem bereits sehr früh eine europäische Handlungsfähigkeit und Entscheidungsfindung auf breiter Mitgliederbasis institutionalisiert wurde.[111]

---

109 Jürgen Gabel: Bildschirmtext – ein europäischer Hit. In: Nachrichtentechnische Zeitschrift 31 (1978), H. 5, S. 322f.

110 BArch B 257/36180, Schreiben des Bundesministers für das Post- und Fernmeldewesen an das Fernmeldetechnische Zentralamt, Bildschirmtext; hier: Demonstrationsprojekt Funkausstellung Berlin, 25.1.1977, S. 1.

111 Vgl. Christian Franke: Das Post- und Fernmeldewesen im europäischen Integrationsprozess der 1950/60er Jahre. In: Journal of European Integration History 10 (2004), H. 2, S. 93–114. Weiterführend für einen europäischen Vergleich mit Blick auf die CEPT vgl. Andreas Benz: Integration von Infrastrukturen in Europa im historischen Vergleich. Band 3: Post. Baden-Baden 2013, S. 196–201; Berenice Ahr: Integration von Infrastrukturen

Ursprünglich bestand seitens der Deutschen Bundespost der Plan, bereits die Feldversuche in einem neuen internationalen Darstellungsstandard durchzuführen. Die mäßige Abbildungsqualität des britischen Bildschirmtext-Systems galt schon Ende der 1970er-Jahre als nicht mehr zeitgemäß.[112] Die Vorgespräche für einen internationalen Standard zwischen den Postverwaltungen der Bundesrepublik Deutschland, Frankreichs und Großbritanniens begannen deshalb teilweise noch auf, sicher aber im Nachgang zu, der Internationalen Funkausstellung 1977. Ein erstes offizielles Treffen fand – initiiert durch die Bundespost – im Januar 1978 statt. Der Austausch erfolgte dabei nicht nur auf europäischer Ebene in der CEPT, sondern auch global im CCITT.[113] Ein grundsätzliches Problem bestand für die Bundespost in dem Umstand, dass sowohl Großbritannien als auch Frankreich seine nationalen Spezifika bereits in die Verhandlungen eingebracht hatten. Zusammen mit dem kanadischen Standard wurden diese 1980 von der Internationalen Fernmeldeunion als genormte Bildschirmtext-Systeme anerkannt, was sich mit Blick auf das Ziel eines weltweit einheitlichen Darstellungsverfahrens als hinderlich erwies.[114] Besonders das alphageometrische Darstellungsprinzip des kanadischen Telidon-Systems unterschied sich dabei grundlegend vom alphanumerischen Verfahren der Europäer.[115] Aber auch der britische Prestel-Dienst und der

in Europa im historischen Vergleich. Band 2: Telekommunikation. Baden-Baden 2013, S. 225–235.

112 Der größte Nachteil bestand in der Begrenzung des darstellbaren Zeichenvorrats auf maximal 94 Buchstaben, Ziffern und Symbole. Durch seine Nicht-Anpassung veraltete der britische Darstellung-Standard in den folgenden Jahren zunehmend und verlor immer weiter an Reputation. Das *Bildschirmtext Magazin* schaute bereits 1984 auf Prestel als ein „Kuriositäten-Kabinett". Thomas Uber: Blick zurück ohne Zorn. Das waren noch Zeiten – das Prestel-System, heute ein Kuriositäten-Kabinett. In: bildschirmtext magazin für teleleser 5 (1984), H. 7, S. 30f.

113 Vgl. Christian Henrich-Franke: And Postal Services? The Universal Postal Union and the Digitisation of Communication in the 1980s. In: Media in Action (2017), H. 1, S. 131–145.

114 Festgelegt in der CCITT Recommendation S.100, International Information Exchange for Interactive Videotex, Yellow Book, Vol. VII.2, Genf 1980. Zeitgenössisch war daher vor allem der Vergleich zwischen diesen drei Systemen vorherrschend, vgl. bspw. Ian MacLaren: A comparison of graphic qualities of Prestel, Antiope and Telidon. In: Information Design Journal 1 (1979), H. 3, S. 154–158.

115 Telidon wurde der Öffentlichkeit erstmals im August 1978 durch das kanadische Department of Communications vorgestellt. Bereits im März 1983 stellte die Regierung die Finanzierung der Forschungen zur Weiterentwicklung und Erprobung des Dienstes ein. Das letzte Projekt lief im März 1985 aus. Telidon wurde niemals offiziell eingeführt, sondern verharrte lediglich in verschiedenen Feldversuchen und öffentlichen Demonstrationen. Dennoch entfaltete das System zeitgenössisch, besonders unter den Fachleuten, aufgrund seiner grafischen Leistungsfähigkeit eine beachtliche Wirkung. Das Telidon-System ist mittlerweile auch in Kanada fast gänzlich in Vergessenheit geraten,

französische Antiope-Standard waren untereinander nicht ohne Weiteres kompatibel. Zeitgenössisch wurde deshalb von einem globalen „Wettkampf der Systeme“[116] gesprochen.[117]

Das *Bildschirmtext Magazin* präsentierte bereits in der Erprobungsphase seinen Teleleserinnen und Telelesern die volle Bandbreite internationaler Projekte. Für 1981 wurden zwölf europäische und fünf weitere Bildschirmtext-Systeme weltweit aufgeführt.[118] Deutlich wurden vor allem zwei Befunde. Erstens entwickelten sich die verschiedenen Systeme, auch wenn dem britischen Viewdata als technisches Grundkonzept eine Vorreiterrolle zukam, nahezu parallel. In den Jahren um 1980 erprobten praktisch alle westlichen Industrieländer eine nationale Form des Bildschirmtextes. Die einzelnen Pilotprojekte und Feldversuche gestalteten sich naturgemäß hinsichtlich ihres Umfangs, der Anzahl von Teilnehmern und Anbietern, der Anwendungsgebiete und technischen Ausgestaltung sowie den erfolgten Begleituntersuchungen äußerst heterogen. Letztendlich wurden auch die Ergebnisse der Erprobungen sehr unterschiedlich bewertet. Als zweites fiel auf, dass trotz der Vielzahl von Projekten in unterschiedlichsten Staaten nur eine Handvoll technischer Standards Bestand hatten. Die vier grundlegenden technischen Spezifikationen bildeten das nach dem Alpha-Mosaik-Verfahren arbeitende,

---

demensprechend dünn stellt sich die Literaturlage dar. Vgl. Donald J. Gillies: Technological Determinism in Canadian Telecommunications: Telidon Technology, Industry and Government. In: Canadian Journal of Communications 15 (1990), H. 2, S. 1–15; Cynthia Boyko: Telidon. In: The Friends of CRC Association, 1997.

116 Berthold Stukenbröker: Wettkampf der Systeme. In: Diebold Deutschland GmbH (Hg.): Bildschirmtext Kongress 1980. Proceedings. 1. und 2. Dezember 1980 Düsseldorf. Frankfurt am Main 1980, S. 23–33.

117 Zu den verschiedenen Darstellungsverfahren vgl. Klaus Wenke: Private Videotex-Systeme. In: Informatik-Spektrum 8 (1985), H. 2, S. 69–80, hier: S. 72–74.

118 Neben der BRD waren das Belgien, Brasilien, Dänemark, Finnland, Frankreich, Großbritannien, Hongkong, Japan, Kanada, Niederlande, Norwegen, Österreich, Schweden, Schweiz, Spanien und die USA. Den Auftakt für die Reihe „Btx weltweit“ bildete Gusbeth: Kennen Sie Ida, 1981. Es folgten Ders.: Prestel, Panda und Vampire. Bildschirmtext in anderen Ländern (2): Die Engländer bieten als erste Bildschirmtext öffentlich an. In: bildschirmtext magazin für teleleser 2 (1981), H. 3, S. 6f.; Ders.: Das Telefonbuch wird abgeschafft. Btx in anderen Ländern (3). In: bildschirmtext magazin für teleleser 2 (1981), H. 4, S. 6f., Ders.: TELIDON. Malen wie in Öl. Bildschirmtext in anderen Ländern (4). In: bildschirmtext magazin für teleleser 2 (1981), H. 5, S. 36f.; Rainer Bücken: CAPTAIN: Beim Wählen piept's. Bildschirmtext in anderen Ländern (5). In: bildschirmtext magazin für teleleser 2 (1981), H. 6, S. 32f.; Hans Gusbeth: Big Business Bildschirmtext. Bis 1990 sollen in Amerika zwischen 8 und 45 Millionen Haushalte Videotex empfangen können. Bildschirmtext in anderen Ländern (6). In: bildschirmtext magazin für teleleser 2 (1981), H. 7, S. 83–86.

britische System und der französische Antiope-Standard sowie die alphageometrischen und alphafotografischen Verfahren Telidon in Kanada und Captain in Japan.[119]

Für die Deutsche Bundespost bestanden grundlegend drei realisierbare Szenarien: Die kostengünstigste und einfachste Variante wäre erstens gewesen, den britischen Darstellungsstandard in seiner bisherigen Version beizubehalten und ihn mit kleineren Verbesserungen – wie beispielsweise die für die Feldversuche erfolgte Ergänzung der deutschen Umlaute – weiterzuverwenden. Zweitens hätte die Bundespost sich den französischen Spezifika annähern oder diese in Lizenznahme gänzlich übernehmen können. Beide Systeme entsprachen jedoch bezüglich den Darstellungsmöglichkeiten und der Abbildungsqualität nicht den Ansprüchen der Bundespost. Außerdem bestand der Wunsch, dass der Bildschirmtext-Standard „möglichst zukunftssicher sein" sollte, wie es damals die *Nachrichtentechnische Zeitschrift* formulierte, das heißt „möglichst auch noch Anfang des nächsten Jahrhunderts gelten" sollte und „daher alle heute bereits denkbaren Erweiterungsmöglichkeiten vorsehen" müsse.[120] Alphageometrische und alphafotografische Verfahren wurden mit Blick auf einen internationalen Standard, der weltweit Verbreitung finden sollte, aufgrund des enormen technischen Aufwandes, den zu erwartenden hohen Kosten sowie den benötigen Hardwarekapazitäten und

119 Zum japanischen Captain-System lässt sich auf keine deutsch- oder englischsprachige Literatur verweisen, weshalb es im Folgenden kurz erläutert sei: In Japan lagen die Anforderungen bezüglich der grafischen Leistungsfähigkeit ungleich höher. Eine lesbare Darstellung der logografischen Kanji-Schrift sowie der Silbenschrift Kana bedingte aufgrund der riesigen Anzahl und dem Detailgrad der Glyphen eine besonders hohe Bildauflösung. Captain stand als Akronym für ‚Character and Pattern Telephone Access Information Network' und verriet damit schon etwas über das Übertragungsverfahren: Die einzelnen Zeichen wurden nicht wie in den europäischen Standards in Form von Kodierungen übertragen und durch einen Zeichengenerator im am Fernsehgerät angeschlossenen Dekoder ‚ausgeschrieben', sondern sie wurden komplett in Form einer Punktmatrix übertragen. Die Darstellung erfolgte somit pixelgenau, das heißt jeder einzelne Punkt auf dem Bildschirm konnte separat von den anderen unabhängig angesteuert werden. In der Theorie gab es damit keine Beschränkungen der Zeilen- und Zeichenanzahl. Praktisch begrenzten die verfügbare Rechenkapazität und die Übertragungsgeschwindigkeit der Fernleitungen aber die mögliche Auflösung enorm. Die Einigung auf 248 mal 204 Vollbild-Pixel in der ersten Definition des Captain-Standards stellte deshalb einen Kompromiss zwischen Darstellungsqualität und Seitenaufbauzeiten dar. Diese Auflösung wurde zeitgenössisch als ein überaus scharfes Bild auf dem Fernsehschirm wahrgenommen. Lediglich die Begrenzung auf acht Farben minderten die grafischen Gestaltungsmöglichkeiten merklich.

120 Rolf Zimmermann: Bildschirmtext und Videotext – Internationale Standardisierung. In: Nachrichtentechnische Zeitschrift 32 (1979), H. 6, S. 398–403, hier S. 398.

'schnellen' Fernleitungen nicht in Betracht gezogen. Als dritte Variante blieb somit nur die Entwicklung eines neuen Standards.[121]

Die Deutsche Bundespost begründete ihre Bemühungen um die Neuentwicklung eines europäischen Bildschirmtext-Systems zum einen mit wirtschaftlichen Argumenten. Für eine Öffnung der europäischen Märkte und dem Abbau von Handelshindernissen wurde die technische Normung als ein entscheidender Faktor gesehen. Ein einheitlicher Standard würde Europa im Bereich der Informations- und Kommunikationstechnik, so zeitgenössisch die einhellige Meinung, einen merklichen Wettbewerbsvorteil gegenüber der Konkurrenz aus den USA und Japan verschaffen.[122] Darüber hinaus war die Bundespost als staatliche Institution prinzipiell der europafreundlichen Politik des Landes verpflichtet, wobei hier die Angleichung der postalischen Gebühren ebenfalls als ein Ziel der Europapolitik gefasst werden konnte. Dazu gehörte letztendlich auch die Möglichkeit der Wiedergabe fremder Sprachen mit ihren jeweiligen Sonderzeichen.[123] Eine dritter Argumentationsstrang eröffnete eine intrinsische Motivationslage: Es gehörte von jeher, trotz allem Festhaltens an den jeweiligen nationalen Monopolen, zum natürlichen Selbstverständnis aller Postverwaltungen, grenzüberschreitenden Nachrichtenaustausch möglichst vollumfänglich zu ermöglichen.[124]

Diesen Motivationslagen folgend, plante die Deutsche Bundespost keineswegs einen technischen Alleingang, sondern versuchte vielmehr die britischen und französischen Entwicklungen in einem neuen europäischen Standard zu integrieren. Die prinzipielle Kompatibilität mit diesen beiden Systemen bildete eine Mindestvoraussetzung – gewünscht war weiterführend, dass die

121 Vgl. Schneider: Technikentwicklung, 1989, S. 112f.

122 Vgl. Wolfgang Bosch: Bildschirmtext – Die Frage nach dem Standard. In: nachrichten elektronik 36 (1982), H. 5, S. 192–199, hier S. 199; Peter F. Cowhey u. Jonathan D. Aronson: Telekommunikation als Retter der europäischen Informationsindustrien. In: Alfred Pfaller (Hg.): Der Kampf um den Wohlstand von Morgen. Internationaler Strukturwandel und neuer Merkantilismus. Bonn 1986, S. 131–147, hier S. 132f.; Markus Speidel: Der Europäer in der Black Box. In: Frauke Stuhl, Julia Franke u. Kiran Klaus Patel (Hg.): Die Erfindung des Europäers. Berlin 2009, S. 54–60, hier S. 57.

123 Der Bundespostminister Christian Schwarz-Schilling betonte später in einer Rede, dass die DBP als „Kommunikationsunternehmen" eine „besondere Verpflichtung zu Europa" habe. Vgl. Alexander Bieker: Europa – Wunsch und Wirklichkeit. Bericht von den 39. Internationalen Akademiewochen der Deutschen Bundespost. In: Zeitschrift für das Post- und Fernmeldewesen (1984), H. 8, S. 55–58. Zitate ebd., S. 56.

124 Vgl. Klaus M. Gormanns: Was tut die Post für Europa? In: Zeitschrift für das Post- und Fernmeldewesen (1979), H. 9, S. 6f.; Christian Henrich-Franke: 'Alter Draht' – 'neue Kommunikation': Die Umnutzung des doppeldrahtigen Kupferkabels in der Entwicklung der digitalen Telekommunikation. In: Stephan Habscheid et al. (Hg.): Umnutzung. Alte Sachen, neue Zwecke. Göttingen 2014, S. 97–112, hier S. 102.

Briten und Franzosen selbst zum neuen Standard übergingen. Eine Situation, wie sie durch die ‚Aufspaltung' Europas in zwei Fernsehnormen in den 1960er-Jahren entstanden war, sollte unbedingt vermieden werden.[125]

Die von der Deutschen Bundespost initiierten Verhandlungen innerhalb der CEPT gestalteten sich langwieriger und komplizierter als anfangs angenommen. Vor allem die Briten erwiesen sich in dieser Anfangsphase als schwieriger Verhandlungspartner. In Großbritannien hatte bereits im Juni 1978 ein umfangreicher Feldversuch mit 1000 Testhaushalten begonnen – die landesweite Einführung des Prestel-Dienstes war für Januar 1979 terminiert und begann letztendlich im März 1979. Die britische Postverwaltung sah daher in den Jahren 1978 und 1979 aus nationaler Perspektive schlicht keinen Bedarf für einen neuen Bildschirmtext-Standard – zu hoch wären die Umstellungskosten in diesem Moment gewesen. Frankreich dagegen steckte zwar erst in den Vorbereitungen der Feldversuchsphase, hatte aber mit der fokussierten Ausgestaltung des Minitel-Dienstes als ein wichtiges Element der französischen ‚Telekommunikationsoffensive' ebenfalls vorerst wenig europäische Ambitionen.[126]

Für die Deutsche Bundespost entstand damit die unbefriedigende Situation, dass trotz eigener Vorarbeiten, zahlreicher Gespräche und Bemühungen Mitte 1979 noch keine Einigung für einen europäischen Bildschirmtext-Standard in Sicht war. Für die Feldversuche musste deshalb erneut auf das britische Prestel-System zurückgegriffen werden. Gleichzeitig hielt die Bundespost aber an ihren Plänen für einen gemeinsamen Standard fest. Die Testhaushalte erprobten in den Feldversuchen also ein Kommunikationssystem, welches

---

125 Zur PAL-SECAM-Kontroverse mit Blick auf die europäische Frage, vgl. u. a. Walter Kaiser: Die PAL-SECAM-Farbfernseh-Kontroverse. In: Helmuth Albrecht (Hg.): Naturwissenschaft und Technik in der Geschichte. 25 Jahre Lehrstuhl für Geschichte der Naturwissenschaft und Technik am Historischen Institut der Universität Stuttgart. Stuttgart 1993, S. 143–160; Ulrich Pfeil: Von der Politisierung eines technischen Wettstreits in den deutsch-französischen Beziehungen: Die PAL-SECAM-Kontroverse. In: Revue d'Allemagne et des pays de langue allemande 37 (2005), H. 1, S. 45–64; Ders.: Der Platz der wissenschaftlich-technologischen Beziehungen im Prozeß der Europäischen Integration. Das Beispiel der Farbfernsehnorm. In: Journal of European Integration History 12 (2006), H. 2, S. 75–89; Andreas Fickers: „Politique de la grandeur" versus „Made in Germany". Politische Kulturgeschichte der Technik am Beispiel der PAL-SECAM-Kontroverse. München 2007.

126 Zum britischen System vgl. Bernard Marti: Efforts toward a European Standard. In: Diebold Deutschland GmbH (Hg.): Bildschirmtext Kongress 1982. Proceedings. Frankfurt am Main. Alte Oper. 4.-5. März 1982. Frankfurt am Main 1982, S. 35–50, hier S. 36. Zum französischen System vgl. Fletcher: France enters the information age, 2002, S. 109–115; William L. Cats-Baril u. Tawfik Jelassi: The French Videotex System Minitel: A Successful Implementation of a National Information Technology Infrastructure. In: MIS Quarterly 18 (1994), H. 1, S. 1–20.

es in dieser Form später nicht geben würde. Verständlicherweise kritisierten das die Gerätehersteller, die nun in der Pflicht standen, Dekoder für eine technische Übergangslösung zu entwickeln, die keinen Bestand haben würde – in der Branche kursierte daher das pejorative Signum der „Wegwerflösung“[127]. Auch die Fachzeitschriften kritisierten die weitere Verwendung des britischen Bildschirmtext-Standards, so beispielsweise in der *Nachrichtentechnischen Zeitschrift*:

> „Diese Bildschirmtext-Versuche werden mit dem aus England übernommenen Viewdata-Standard unternommen, den inzwischen kaum jemand – außer den Erfindern – für befriedigend hält.“[128]

Im Verlauf des Jahres 1980 zeigten die regen Aktivitäten der Deutschen Bundespost und das Einbringen eines eigenen Normentwurfes langsam erste Erfolge.[129] Im Dezember 1980 einigten sich die Verhandlungsführer der Bundespost mit den französischen Vertretern bezüglich der konkreten Zeichencodierung und vereinbarten weitere Treffen zur Klärung der noch offenen Punkte. Ein gewichtiger Teil davon war die Realisierung frei definierbarer Sonderzeichen. Die sogenannten DRCS-Zeichen (*dynamically redefinable character sets*) ermöglichten beispielsweise eine detailgenauere Gestaltung von Signets und Grafiken, verschlechterten aber die Übertragungsdauer einzelner Bildschirmtext-Seiten.[130]

---

127 Zu finden bspw. bei Rolf Zimmermann: Bildschirmtext und Videotext – Weiterentwicklung und Nutzung. In: Nachrichtentechnische Zeitschrift 32 (1979), H. 5, S. 302–306, hier S. 302f. Das *Bildschirmtext Magazin* verteidigte diese „Wegwerflösung“ und fand den Ärger der Versuchshaushalte darüber unverständlich, da schließlich bei der Anmeldung darauf hingewiesen wurde, dass das System noch verändert werden könnte. Deshalb habe es auch den finanziellen Ausgleich beim Kauf des Fernsehgerätes mit Dekoder gegeben. Vgl. Karin Albrecht: Eine Schönheitskur für Bildschirmtext. In: bildschirmtext magazin für teleleser 2 (1981), H. 1, S. 6–8.

128 Jürgen Gabel: Die Weichen sind gestellt. In: Nachrichtentechnische Zeitschrift 32 (1979), H. 5, S. 306.

129 Dieser Entwurf wurde vom FTZ in enger Kooperation mit den Geräteherstellern entwickelt. Kernpunkte waren u. a. ein genormter Zeichenvorrat zur Darstellung aller in Europa verwendeten Buchstaben, Sonderzeichen und Umlaute sowie Schräg- und Strichzeichen für Grafiken, ein erweitertes Auflösungsraster von 12 mal 10 Bildpunkten, veränderbare Vorder- und Hintergrundfarben und die Möglichkeit des Drei-Phasen-Blinkens zur Darstellung einfacher Bewegungsabläufe, die Veränderung verschiedener Attribute wie doppelte Höhe oder doppelte Breite und die Darstellung von 94 durch den Informationsanbieter frei gestaltbaren Sonderzeichen.

130 Diese fernladbaren Sonderzeichen erhöhten den Speicheraufwand enorm und erforderten so einen 32-Kilobit-Dekoder. Für technische Details der DRCS-Zeichen vgl. Hans

Zuvor war es jedoch fast zum Abbruch der Verhandlungen gekommen. Erst die Drohung der deutschen Delegation auch ohne französische Beteiligung den Weg eines europäischen Standards zu suchen, soll alle wieder an den Verhandlungstisch gebracht haben.[131] Auf dem Bildschirmtext-Kongress in Düsseldorf Anfang Dezember 1980 sprach Eric Danke öffentlich über einen möglichen Alleingang, obwohl dieser vermieden eigentlich werden sollte:

> „Die Randbedingungen für den neuen Standard sind klar: Die erweiterten Möglichkeiten werden mit höherem Aufwand erkauft, jedoch mit Begrenzung auf das unbedingt notwendige. Wenn eine internationale Harmonisierung des Standards nicht mehr zustande kommen sollte, muß die Bundesrepublik ihren Weg allein gehen und eine PAL/SECAM-Situation auch für Bildschirmtext in Kauf nehmen."[132]

Die weiteren Beratungen in der ersten Hälfte des Jahres 1981 kamen dann erstaunlich zügig voran, sodass bereits im Mai 1981 auf der CEPT-Konferenz in Innsbruck über eine europäische Bildschirmtext-Norm abgestimmt werden konnte. Der Vorschlag wurde von 16 Ländervertretungen angenommen und damit als Empfehlung T/CD 6-1 ausgegeben.[133] Der französische Fernmeldeingenieur Bernard Marti, der selbst an den Verhandlungen auf europäischer Ebene teilgenommen hatte, fand in einem Vortrag für die Verschmelzung des französischen und britischen Standards durch die CEPT-Empfehlung die schönen Worte:

> „So agreement has been reached and the marriage between Prestel Montaigu and Antiope Capulet finally celebrated in presence of CEPT countries."[134]

Der neue europäische Bildschirmtext-Standard wurde den Testhaushalten im *Bildschirmtext Magazin* von Eric Danke persönlich vorgestellt. Dabei wurden einerseits vor allem die verbesserten Darstellungsmöglichkeiten des neuen Systems hervorgehoben – das Magazin zeigte auf den folgenden Seiten unter

Hoffmann: Neue Wege für einen europäischen Bildschirmtext-Standard. In: Nachrichtentechnische Zeitschrift 34 (1981), H. 11, S. 776–780, hier S. 779f.

131 Vgl. Jürgen Gabel: Schritt zum europäischen Btx-Standard. In: Nachrichtentechnische Zeitschrift 34 (1981), H. 3, S. 177; Schneider: Technikentwicklung, 1989, S. 113.

132 Danke: Bildschirmtext – Zukunft in Deutschland, 1980, S. 201f.

133 CEPT Recommendation T/CD 6-1: Videotex Presentation Layer Data Syntax, 1983. Zur Struktur und den Leistungsmerkmalen im Einzelnen vgl. Eric Danke: Der neue Europastandard für Bildschirmtext. In: Funkschau (1981), H. 19, S. 57f.; Jürgen Gabel, Wolfgang Heidrich u. Manfred Worlitzer: Der CEPT-Standard als Grundlage des Bildschirmtext-Dienstes. In: Nachrichtentechnische Zeitschrift 37 (1984), H. 4, S. 214–220.

134 Marti: Efforts toward a European Standard, 1982, S. 39.

dem Titel „Marylin wird noch schöner“[135] zahlreiche besonders gelungene Beispiele. Das Porträt Marilyn Monroes diente dabei als eine Art Vergleichsmaßstab der grafischen Leistungsfähigkeit (siehe Abbildungen 3 und 4). Gestaltet wurden die Versuchsseiten von Manfred Eisenbeis und seinen Studentinnen und Studenten der Hochschule für Gestaltung in Offenbach.[136] Des Weiteren bildete der CEPT-Standard auch „die Voraussetzung für eine Nutzung über Ländergrenzen hinweg“[137].

Abb. 3 und 4 Porträt Marilyn Monroes im Vergleich von Prestel- und CEPT-Standard. Quelle: HFG medienentwicklung: *3419240c#. Abgedruckt in: Gerhard Breinlinger: Wo findet man eine schönere Marilyn Monroe? In: bildschirmtext magazin für teleleser 2 (1981), H. 2, S. 8; Btx Neuer Standard: *10491121b#. Abgedruckt in: Die vielen Gesichter des neuen Standards. In: bildschirmtext magazin für teleleser 5 (1984), H. 2, S. 44f., hier S. 45.

135 Vgl. Gerhard Breinlinger: Marylin wird noch schöner. Der neue internationale Standard verbessert die Qualität von Bildschirmtext erheblich. In: bildschirmtext magazin für teleleser 2 (1981), H. 7, S. 18–25; HFG medienentwicklung: *34131d#, *34131g#, *34132j#, *34132d#, *3419240c#. Vgl. auch Rolf Zimmermann: Farbe und Grafik im Bildschirmtext. In: nachrichten elektronik + telematik 38 (1984), H. 10, S. 373–376.

136 Die DBP hatte bereits 1978 der Hochschule für Gestaltung Offenbach den Auftrag erteilt, die grafischen Gestaltungsmöglichkeiten von Bildschirmtext zu untersuchen. Die dortige Abteilung Medienentwicklung kreierte unter Manfred Eisenbeis das Btx-Programm „Mosaik“, welches in den folgenden Jahren, unabhängig von Übertragungszeiten und Aufwand, auslotete, was Btx grafisch zu leisten im Stande war. Vgl. „Ein wirklich neues Medium“. bildschirmtext magazin für teleleser im Gespräch mit der Arbeitsgruppe Medienentwicklung der Hochschule für Gestaltung (HfG) Offenbach. In: bildschirmtext magazin für teleleser 1 (1980), H. 5, S. 20–23. Die von Eisenbeis entworfene Ausstellung „Mosaik“ wurde 1987 sogar im Centre Pompidou in Paris gezeigt. Vgl. Heli Ihlefeld-Bolesch: Eisenbeis und seine Mosaiken. In: Postmagazin (1988), H. 1, S. 14–16. Ein noch nicht erfasster Nachlass von Manfred Eisenbeis befindet sich in den MSPT-Beständen in Heusenstamm.

137 Danke: Bildschirmtext – heute und morgen, 1981.

Die verbesserte Abbildungsqualität – vielfach mit dem Ausruf „Bildschirmtext wird schöner"[138] belegt – und die Ermöglichung einer internationalen Kommunikation[139] bildeten in der folgenden Erprobungs- und Übergangszeit die zentralen Funktionszuwächse, mit denen die Deutsche Bundespost den neuen Standard bewarb. In einer Informationsbroschüre von 1982 hieß es beispielsweise:

> „International abgestimmter Standard bedeutet: Bessere Kommunikation über Grenzen hinweg, Mehr Funktionen und feinere Darstellungen, Neue Leistungsmerkmale für Benutzer und Betreiber."[140]

In den folgenden Jahren erhielten der neue europäische Bildschirmtext-Standard und das Engagement der Deutschen Bundespost, die durch das Angebot von Kompromisslösungen immer wieder auch zwischen Frankreich und Großbritannien vermittelte und so die Verhandlungen am Laufen hielt, von allen Seiten viel Lob.[141] Exemplarisch seien hier nur zwei Beispiele aufgeführt. Auf der internationalen Konferenz zur Messe „Videotex '82" Ende Juni 1982 in New York, einer der wichtigsten Messen weltweit zum Thema Bildschirmtext, priesen die Teilnehmerinnen und Teilnehmer unisono die Vorzüge des neuen CEPT-Standards. Die europäischen Postverwaltungen präsentierten auf der New Yorker Messe geschlossen ihren Europa-Standard

---

138 So häufiger im *Bildschirmtext Magazin* zu lesen, bspw. bei Gerhard Breinlinger: So schön ist der neue Standard. In: bildschirmtext magazin für teleleser 4 (1983), H. 5, S. 24f.; Ders.: Marylin wird noch schöner, 1981, S. 19.

139 Die Kommunikation über Ländergrenzen hinweg ließ allerdings noch einige Jahre auf sich warten. Der deutsch-französische Probebetrieb startete 1987. Im Regelbetrieb war eine gegenseitige Verbindung erst ab 1990 möglich – Probleme bereitete hier anfangs vor allem die Gebührenerfassung. Ebenfalls ab 1990 war ein Einwählen von den USA aus möglich. Vgl. Thomas Uber: Hallo Nachbarn. Das Tor nach Frankreich ist offen. In: bildschirmtext magazin 8 (1987), H. 12, S. 36f.; Bildschirmtext und Télétel: Und es geht doch. In: bildschirmtext magazin 9 (1988), H. 5, S. 25; Werner Pielhauer: Chancen und Grenzen der deutsch-französischen Gateway: Vive le Verbund! In: Btx Praxis (1988), H. 9, S. 18–20; Ders.: Die deutsch-französische Gateway: Le Kompromiß. In: Btx Praxis (1988), H. 10, S. 18–20; Deutsche Bundespost Telekom u. France Telecom: Btx-Télétel Verbindung. Connexion Télétel-Btx. 1990; Btx goes America. In: bildschirmtext magazin 10 (1989), H. 7/8, S. 18–20; Gerhard Reinhold: Heißer Draht in die Alte Welt. Deutsches Btx in den USA. In: nachrichten elektronik + telematik 45 (1991), H. 10, S. 430–432; Till Wortmann: Eine Chance für Europa. In: bildschirmtext magazin 14 (1993), H. 12, S. 46f.

140 Fernmeldetechnisches Zentralamt: Bildschirmtext im Rahmen internationaler Videotex-Harmonisierung. Information von der Deutschen Bundespost. Darmstadt 1982, S. 1.

141 Für ein seltenes Beispiel der dezidierten Kritik an der Darstellungsqualität vgl. Siegmund Pastoor, Ion Paul Beldie u. Matthias Wöpking: Textdarstellung im CEPT-Standard noch nicht optimal. In: Nachrichtentechnische Zeitschrift 37 (1984), H. 10, S. 640–644.

und ihre Eintracht. Der zusammengeschlossene Messestand – zum ersten Mal bespielten die europäischen Postverwaltungen auf internationaler Bühne gemeinsam eine Fläche – stand unter dem Slogan „One System. One Market. Europe".[142] Der Vertreter der Europäischen Kommission Carlo Vernimb hob die einzigartige Möglichkeit eines grenzüberschreitenden Informationsflusses hervor:

> „The CEPT standard fundamentally enables every videotex user in every European country to call on and consult any information service of another European country. Conversely, information providers are not limited to regional or national markets. Information services can be called on by the totality of European videotex users."[143]

Ralph von Vignau von der Firma Valvo, ein Unternehmen, das noch ein Jahr zuvor eigene Vorschläge für einen Bildschirmtext-Standard vorgebracht hatte[144], warb nun – ohne Erfolg – für die neue CEPT-Norm als zukünftigen „Weltstandard":

> „The CEPT videotex system is a realistic base for a European international communications system. [...] There is no reason why the CEPT videotex system cannot become part of a world standard. Seen from an economic point of view it should be the world standard!!!"[145]

---

142 Es wurden sogar Anstecker mit dem entsprechenden Spruch getragen. Vgl. Hans Gusbeth: New. New York. New Standard. Eintracht der Btx-Europäer bei der großen Show in Manhattan. Videotex '82. In: bildschirmtext magazin für teleleser 3 (1982), H. 6, S. 6–8. Das „Mosaik"-Team um Manfred Eisenbeis gestaltete für den Auftritt entsprechende Demonstrations-Seiten im CEPT-Standard. Vgl. HFG/AGM: New Videotex-Standard 20, 22, 24, 30.

143 Carlo Vernimb: The European approach to videotex. In: Richard Elliot-Green (Hg.): Videotex–key to the information revolution. London 1982, S. 561–565, hier S. 563. Zum „Europa der Telekommunikation" vgl. auch Karl-Heinz Narjes: Die Zukunft der Telekommunikation in Europa. Das fernmeldepolitische Modell der Kommission der Europäischen Gemeinschaften. In: Zeitschrift für das Post- und Fernmeldewesen (1989), H. 1, S. 4–10.

144 Vgl. Robert Suhrmann: Aus der Sicht des Bauelemente-Herstellers: Weiterentwicklungen bei Bildschirmtext. In: Funkschau (1981), H. 19, S. 65–70.

145 Ralph von Vignau: The CEPT-videotex system: What it offers to both the user and the information provider. In: Richard Elliot-Green (Hg.): Videotex–key to the information revolution. London 1982, S. 417–428, hier S. 428. Der Autor veröffentlichte seinen Vortrag mit leicht verändertem Fokus zusätzlich in einer Fachzeitschrift, vgl. Ralph von Vignau: Bildschirmtext and the CEPT Videotex System. In: IEEE Journal on Selected Areas in Communications 1 (1983), H. 2, S. 254–259. Seit 1981 gab es in der Tat im CCITT die Bestrebungen einen *World-Wide Unified Videotex Standard* zu definieren, der später zu einem *World-Wide Unified Communications Standard* ausgebaut werden könnte. Vgl.

Die Philips-Tochter Valvo wurde später durch ihren ehrgeizigen Plan bekannt, einen Computerchip mit integrierten CEPT-Zeichengenerator zu entwickeln, der in Großproduktion weniger als 25 DM Handelspreis kosten sollte. Mit Ausnahme von Loewe Opta und Blaupunkt setzten alle namhaften Fernsehhersteller auf diesen als Baustein für die eigenen CEPT-fähigen Bildschirmtext-Dekoder.[146] Der unter dem Namen EUROM (*European Read Only Memory*) vermarktete Chip sollte den entscheidenden, technologischen Schritt für den, von der Deutschen Bundespost vehement geforderten, Bau preiswerter Bildschirmtext-Dekoder bringen. Die Fertigstellung des EUROM-Chips musste jedoch mehrmals verschoben werden – ein erster Prototyp wurde auf der Hannover-Messe im April 1984 präsentiert, war aber längst noch nicht serienreif. Die Hersteller hatten beim Einbau vor allem mit thermischen Problemen zu kämpfen. Die Verzögerungen bei der Entwicklung und Marktreife des EUROM-Chips – und damit auch die verspätete Verfügbarkeit einer größeren Auswahl von CEPT-fähigen Bildschirmtext-Dekodern – standen symptomatisch für das Bildschirmtext-Jahr 1984, welches von der Zeitschrift *Btx-Praxis* passenderweise als das „Jahr des Wartens"[147] getauft wurde.[148]

Dieter Lazak: Multifunktionale Workstations. Zukunft der Telekommunikation. Weltweit einheitlicher Videotex-Standard angestrebt. In: Btx Praxis (1984), H. 11, S. 32f.; Ders.: Kommunikationsnormung wichtig für Weltstandard. Spezifische Probleme der MFW-Stationen. In: Btx Praxis (1984), H. 12, S. 22f.

146 Blaupunkt und Loewe Opta waren die einzigen Firmen, die auf der IFA 1983 CEPT-fähige Dekoder präsentieren konnten. Vgl. Erste Cept-Bildschirmtext-Decoder 1982 lieferbar. In: fernmelde-praxis 60 (1983), H. 3, S. 78f.; Störendes Flimmern. In: Der Spiegel (1984), H. 21, S. 58–60, hier S. 60; Ein Loewe allein macht noch keinen Btx-Frühling. Btx braucht zum Durchbruch ein breites Geräte-Angebot. In: nachrichten elektronik + telematik 38 (1984), H. 3, S. 84; Speidel: Netzwerke, 2012, S. 206.

147 Bildschirmtext 1984 – bitte warten. In: Btx Praxis (1984), H. 12, S. 14–16, hier S. 14.

148 Vgl. Hans Hoffmann: Btx-Decoder als Halbleiterchip. EUROM übernimmt Steuerfunktion für Farbbildröhre. In: nachrichten elektronik + telematik 37 (1983), H. 5, S. 188–192; Eric Danke: Bildschirmtext – Stand und Entwicklung. In: Eberhard Witte u. Walter Lämmle (Hg.): Elektronische Textkommunikation in Deutschland und Japan. Konzepte, Anwendungen, Soziale Wirkungen, Einführungsstrategien. Vorträge des am 3./4. November 1983 in München durchgeführten 4. Deutsch-Japanischen Kommunikationswissenschaftlichen Seminars, Berlin u. a. 1984, S. 26–45, hier S. 37; Aktivitäten des FTZ 1983/1984. In: fernmelde-praxis 61 (1984) 11, S. 405–436, hier S. 410; Hannover Messe 1984. In: nachrichten elektronik + telematik 38 (1984), H. 6, S. 245–247; Reinfall mit Bildschirmtext. In: Der Spiegel (1984), H. 50, S. 107; Warten auf Eurom. Btx-Pionier Loewe Opta beherrscht den Markt. In: manager magazin 15 (1985), H. 1, S. 110; Schneider: Technikentwicklung, 1989, S. 125f.; Röhr: Die neue Heimat des Geistes, 2016, S. 75

5.5 Einigung zwischen Bund und Ländern

Im Frühsommer 1981 muss die Stimmung bei der Deutschen Bundespost in den mit Bildschirmtext befassten Referaten wahrlich heiter gewesen sein.[149] Im Mai und Juni waren mit der Festlegung des neuen europäischen Standards im Rahmen der CEPT-Verhandlungen und dem Beschluss des Bundeskabinettes für eine flächendeckende Einführung die ersten entscheidenden Hürden auf dem Weg zum neuen Fernmeldedienst und Massenmedium Bildschirmtext genommen. Aus dieser gestärkten Position heraus war die Bundespost auch wieder bereit, neue Risiken einzugehen. Bereits im September 1979 war der Auftrag zur Entwicklung einer eigenen, umfassenden Bildschirmtext-Software sowie der sogenannten Bildschirmtext-Zentralen an SEL vergeben worden. Die Auftragssumme betrug rund 22 Millionen DM, beinhaltete aber zusätzlich, unter der Bedingung einer erfolgreichen Erprobung des Bildschirmtextes, die Abnahmeverpflichtung von 20 Btx-Zentralen im Wert von rund 180 Millionen DM. Neun Monate vor Ablauf des Vertrages, der ursprünglich bis Ende März 1982 laufen sollte, kündigte die Bundespost diesen im Sommer 1981 im Einvernehmen mit SEL. Ein Vergleich verpflichtete SEL zur Lieferung des Pflichtenheftes und die Bundespost zu einer Zahlung von 28 Millionen DM. Als Begründung wurde nur preisgegeben, dass der Vertragsabbruch nicht durch SEL verursacht worden sei.

Eine Neuausschreibung des Auftrages für die gesamte Technik der geplanten Bildschirmtext-Zentralen – Hard- und Software – mit einer Auftragssumme von, über mehrere Ausbaustufen verteilt, insgesamt rund 250 Millionen DM erfolgte umgehend. Trotz der verkürzten Frist von nur sechs Wochen reichten elf Unternehmen ihre Angebote ein. Am Ende soll es eine Entscheidung zwischen der britischen GEC, IBM Deutschland und SEL gewesen sein.[150] Im November 1981 erhielt schließlich zum Staunen der gesamten Branche IBM den Zuschlag für die Entwicklung eines Trägersystems zur Installation des Bildschirmtextes und verdrängte damit den ehemaligen Haus-und-Hof-Lieferanten SEL von seinem angestammten Platz. Den ausschlaggebenden Punkt lieferte letztendlich der Preis – während SEL für die erste Ausbaustufe

149 Neben den bei der DBP bereits bestehenden wurden im Frühjahr 1981 beim FTZ in Darmstadt die mit Btx befassten Referate T 24 und T 25 eingerichtet. Vgl. Jürgen Gabel: Vorbereitung des Btx-Dienstes im FTZ. In: Nachrichtentechnische Zeitschrift 34 (1981), H. 3, S. 177.

150 Schneider berichtete außerdem von Gerüchten, dass bei einem Treffen der britischen Premierministerin Margaret Thatcher mit Bundeskanzler Helmut Schmidt im Beisein des britischen Postministers Patrick Cooney auch über den Auftrag der DBP gesprochen wurde. Vgl. Schneider: Technikentwicklung, 1989, S. 116.

Kosten von rund 80 Millionen DM kalkulierte, unterbot IBM das Angebot hier um die Hälfte. Im Kern waren die Bildschirmtext-Zentralen Großrechenanlagen, wie sie IBM in ihrer Produktpalette führte, selbst produzierte und weltweit vertrieb. Das Stuttgarter Konkurrenz-Unternehmen SEL, das keine eigenen Computer baute, konnte da nicht mithalten.[151]

Auch bei der späteren Prüfung des Falles durch den Bundesrechnungshof zeigte die Deutsche Bundespost keine Bereitschaft zur Aufklärung. Der Bundesrechnungshof rügte die Bundespost für die Intransparenz des gesamten Prozesses, angefangen von der Aufkündigung des ersten Auftrags bis zur Ausschreibung und Vergabe des zweiten. Im Detail wurde beanstandet, dass die Verantwortlichen auch auf explizite Nachfrage keine konkreten Gründe für die Beendigung der Zusammenarbeit mit SEL benannten, keine Nachweise über die erbrachten Leistungen vorwiesen und auch für die zweite Ausschreibung keine entsprechende Übersicht über die Ausgaben führten. Darüber hinaus hätte es die Bundespost bei der Ausschreibung des zweiten Auftrages nicht vermocht, eine dem Auftragsvolumen angemessene Leistungsbeschreibung vorzulegen und so eine sachgerechte Durchführung zu gewährleisten. Die wesentlichen Punkte dieser mangelhaften Leistungsbeschreibung seien außerdem von dem potenziellen Auftragnehmer SEL verfasst worden. Auch die verkürzte Bearbeitungszeit widersprach den gängigen Regeln des Wettbewerbs.[152] Das abschließende Urteil nahm den Bundesminister persönlich in die Pflicht:

> „Der Bundesminister hat zu den Beanstandungen bisher nicht Stellung genommen. Er hat, ohne einen Termin zu nennen, mitgeteilt, er wolle sich dazu erst nach der Entwicklung seiner in die Zukunft wirkenden Btx-Strategie äußern. Der Bundesrechnungshof kann den unbefristeten Aufschub nicht hinnehmen. [...] Er erwartet deshalb, daß der Bundesminister den Beanstandungen unverzüglich und unabhängig von seinen Strategieüberlegungen nachgeht und die Ergebnisse mitteilt."[153]

Christian Schwarz-Schilling nahm offiziell nie Stellung zu den genannten Anschuldigungen des Bundesrechnungshofes. Im Verlauf der Postreformen

151 Vgl. Wolfgang Helmer: Die Bundespost entscheidet sich für IBM. Zuschlag für die Bildschirmtext-Zentralen. Branche ist überrascht. In: Frankfurter Allgemeine Zeitung, 28.11.1981, S. 17; Teurer Einstieg. In: manager magazin 12 (1982) H. 11, S. 8–12, hier S. 9.

152 Vgl. Deutscher Bundestag, Drucksache 11/3056, 5.10.1988. Unterrichtung durch den Bundesrechnungshof. Bemerkungen des Bundesrechnungshofes 1988 zur Haushalts- und Wirtschaftsführung (einschließlich der Bemerkungen zur Jahresrechnung des Bundes 1986), S. 116f.

153 Ebd., S. 117.

verlor sich letztendlich auch die Dringlichkeit einer Aufklärung. Geäußert hatte sich allerdings Eric Danke in einem Interview mit der Zeitschrift *Btx Praxis*. Nachdem er bereits eine andere, unangenehme Feststellung des Bundesrechnungshofes erklären musste – Bildschirmtext verzeichnete eine Kostenunterdeckung von 90 Prozent – kam das Gespräch abschließend auch auf die sieben Jahre zurückliegende Auftragsvergabe für die Bildschirmtext-Systemtechnik an IBM. Danke wies darauf hin, dass 1979 im Vertrag mit SEL klar festgelegt wurde, dass im Falle einer bundesweiten Einführung von Bildschirmtext eine erneute Ausschreibung durchgeführt werden könne:

> „Nachdem 1981 die Bundesregierung beschlossen hatte, Btx einzuführen, wurde dieser neuerliche Wettbewerb gestartet. Hierfür hat SEL naturgemäß wesentliche Teile des ‚Pflichtenhefts' entwickelt. Da sich SEL auch an diesem Wettbewerb beteiligen sollte, mußte der Entwicklungsvertrag vorher aufgelöst werden. [...] Der Wettbewerb zeigte dann, daß nicht unser Favorit SEL sondern IBM die kostengünstigste und variabelste Lösung anzubieten hatte. Damit hat sich die Richtigkeit dieses Vorgehens voll bestätigt."[154]

Unabhängig von Ungereimtheiten[155], die auch Eric Danke nicht vollständig ausräumen konnte, glich die Auftragsvergabe einer Sensation: „Der Gelbe Riese macht Geschäfte mit Big Blue", wie Volker Schneider passend titelte.[156] IBM stieg damit erstmals in das Fernmeldegeschäft ein. Neben den finanziellen Vorzügen, die bei einer öffentlichen Ausschreibung nicht einfach hätten ignoriert werden können, favorisierte die Deutsche Bundespost das technische Konzept von IBM: Wie in vielen anderen Projekten, dachte und plante IBM in zentralistischen Modellen.[157] Die Bundespost hatte für solche Lösungen eine Affinität und im Falle des Bildschirmtextes – bei noch völlig offenem Ausgang der Kompetenzstreitigkeiten zwischen Bund und Ländern – stärkte eine zentralisierte Struktur die Bundespost in ihrer Rolle als bundesweiter Netzbetreiber. Eine feingliedrigere Regionalisierung hätte den Ländern die Möglichkeit gelassen, bestimmte Netzfunktionen in Eigenregie zu betreiben.

---

154 Minitels, Rechnungshof – für Eric Danke ist Alles halb so schlimm! In: Btx Praxis (1988), H. 11, S. 24–26, hier S. 26.

155 In einem späteren Artikel des *Bildschirmtext Magazins* wurde davon berichtet, dass der Staatssekretär Dietrich Elias persönlich IBM in Gestalt des Geschäftsführers Edmund Michael eingeladen habe, um auf die bevorstehende Ausschreibung mit verkürzter Bearbeitungszeit hinzuweisen und IBM zur Bewerbung aufzufordern. Vgl. Mondlandung. In: bildschirmtext magazin 11 (1990), H. 4, S. 18f.

156 Schneider: Technikentwicklung, 1989, S. 115.

157 „IBM ist wie Breschnew", spottete Heinz Nixdorf dem *Spiegel* nach später einmal, „alles soll zentralistisch gelöst werden." Joachim Preuß: „Wir müssen wachsen, wachsen, wachsen". In: Der Spiegel (1984), H. 31, S. 42–44, hier S. 43.

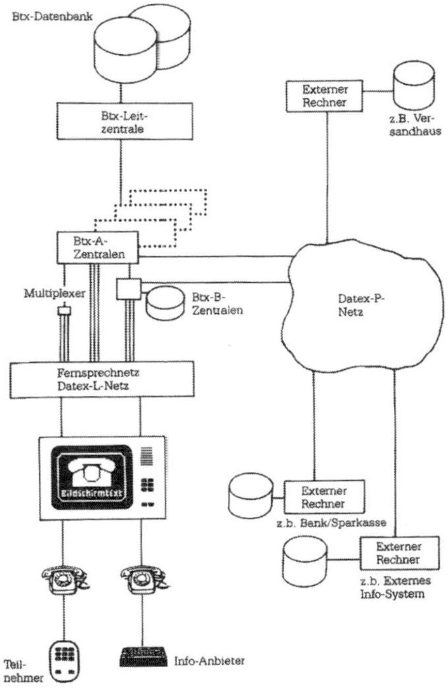

Abb. 5
Schematische Darstellung des Bildschirmtext-Netzes nach dem IBM-Konzept von 1982.
Quelle: Medienspiegel der Deutschen Bundespost. Abgedruckt u. a. in: Gudrun Biermann: Bildschirmtext. Bergisch Gladbach 1984, S. 103.

Die erste Ausbaustufe, welche im Herbst 1983 ihren Betrieb aufnehmen sollte, hatte laut Ausschreibung die Aufnahme von bis zu 150 000 Anschlüssen zu gewährleisten. Um dies zu realisieren, sah das IBM-Konzept neben einer obersten Bildschirmtext-Leitzentrale in Ulm[158] – in der zeitgenössischen Berichterstattung gern „Btx-Mutter"[159] genannt – die Installation von insgesamt elf sogenannten Typ-A-Zentralen in den Städten Berlin, Hamburg,

158 Warum letztendlich Ulm als Standort für die Btx-Leitzentrale ausgewählt wurde, konnte nicht abschließend geklärt werden. Ein Grund war sicherlich der ausgesprochen teure und technisch auf dem aktuellsten Stand befindliche Neubau des Ulmer Fernmeldegebäudes, der erst kurz vorher eröffnet wurde. Vgl. 100-Millionen-Projekt in Ulm. In: Zeitschrift für das Post- und Fernmeldewesen (1975), H. 4, S. 14f. In einem Artikel des *Bildschirmtext Magazin* wurde ebenfalls gefragt, warum gerade Ulm gewählt wurde. Die Antwort kam mit einem Augenzwinkern: „Vor allem, weil hier genügend Platz vorhanden ist und […] die Ulmer Crew als besonders innovationsfreudig gilt." Vgl. Robert Mühleisen: Flottes Quartett. Das Team, das die Ulmer Leitzentrale leitet. In: bildschirmtext magazin für teleleser 5 (1984), H. 4, S. 15. Zitat ebd.

159 So bspw. bei Hans Gusbeth: „Btx-Mutter" mit elf „Kindern". In: bildschirmtext magazin für teleleser 3 (1982), H. 1, S. 6f. Hier heißt es: „Kernstück des IBM-Konzepts ist die Bildschirmtext-Leitzentrale (‚die Mutter'), ein Großcomputer des Rechnertyps 4341. […] Der Standort der ‚Mutter' ist nur für die Post von Belang. […] Ist die Anfrage auch dort erfolglos, wird sie zur ‚Mutter' geleitet, wo alle Informationen gespeichert sind." Ebd., S. 7.

Hannover, Essen, Dortmund, Düsseldorf, Köln, Frankfurt am Main, Nürnberg, Stuttgart und München sowie pro Stadt zusätzlich bis zu sechs Typ-B-Zentralen vor (siehe Abbildung 5). Der Abruf der Informationen sollte dabei hierarchisch erfolgen. Das IBM-Konzept sah vor, dass eine Typ-B-Zentrale – meist einfach Leitungsrechner genannt – eine eigenständige Einheit mit einem Speichervolumen von bis zu 50 000 Seiten bildete. In der Planung sollte jede von ihnen etwa 2700 Haushalte abdecken können, wobei bis zu 96 gleichzeitige Zugriffe möglich waren. Beim Abruf einer Bildschirmtext-Seite, die sich hier nicht im Speicher befand, sollte die Anfrage automatisch an die übergeordneten Datenbankrechner der Typ-A-Zentralen weitergeleitet werden. Diese sollten insgesamt bis zu 90 000 Seiten speichern können. Erst wenn die angeforderte Seite auch hier nicht vorhanden war, müsste die Anfrage zur Leitzentrale in Ulm weitergeleitet werden, wo alle Seiten gespeichert werden würden. Laut IBM-Planung sollte dies jedoch nur in fünf Prozent der Fälle notwendig sein.[160] Die Bildschirmtext-Zentralen verkörperten damit den Kern des Systems und bildeten die Grundstruktur des Netzes:

> „Die Intelligenz des ganzen Systems, die für den privaten Benutzer nicht unmittelbar sichtbar ist, steckt in den Bildschirmtext-Zentralen der Post, die mit Datenbanken und Computern vollgepackt sind."[161]

Ende April 1982 erschien im Buchhandel das *Portrait der Deutschen Bundespost*[162], verfasst vom amtierenden Bundespostminister und maßgebenden Initiator des Bildschirmtextes Kurt Gscheidle. Fast zeitgleich erfolgte unter

160 Vgl. Wolfgang Helmer: Die Bundespost entscheidet sich für IBM. Zuschlag für die Bildschirmtext-Zentralen. Branche ist überrascht. In: Frankfurter Allgemeine Zeitung, 28.11.1981, S. 17; Gusbeth: Btx-Mutter, 1982, S. 7. Zusammenfassend zum IBM-Konzept vgl. Bernhard Dorn: Das Bildschirmtextsystem der Deutschen Bundespost. IBM-Konzept. In: Der Ingenieur der Deutschen Bundespost 33 (1984), H. 4, S. 174–177; Ekhard C. Ording: Das Btx-Projekt. In: nachrichten elektronik + telematik 37 (1983), H. 11, S. 447–451; Ekhard C. Ording u. Hans Hölsken: Die neue BTX-Zentralentechnik. Das Konzept der IBM Deutschland GmbH und seine Realisierung. In: IBM-Nachrichten 34 (1984), H. 269, S. 39–42. Hans Hölsken, damals bei IBM zuständig für das Angebotsmanagement und den Vertrieb komplexer Systeme, bezeichnete später die IBM-Btx-Zentraltechnik in Anlehnung als Christian Schwarz-Schilling als „die erste Mondlandung in der EDV-Industrie". Zit. n. Mondlandung, 1990, S. 18.

161 Bildschirmtext – bald so selbstverständlich wie Telefon. In: telepost 12 (1983), H. 5, S. 10f., hier S. 10. Hinsichtlich der technischen Beschreibung des IBM-Konzeptes bildete der Artikel einen wörtlichen Nachdruck des Beitrags von Hans Gusbeth im *Bildschirmtext Magazin*, wahrscheinlich wurde er auch von diesem für die *Telepost* verfasst. Vgl. Gusbeth: Btx-Mutter, 1982, S. 7.

162 Kurt Gscheidle: Damit wir in Verbindung bleiben. Portrait der Deutschen Bundespost. Stuttgart-Degerloch 1982.

Bundeskanzler Helmut Schmidt eine Kabinettsumbildung, bei der am Ende auch Gscheidle aus der Regierung ausscheiden musste. Die *Frankfurter Allgemeine Zeitung* bezeichnete es damals als eine Ironie des Schicksals, dass genau an dem Tag als Gscheidle vom Bundespräsidenten Karl Carstens die Entlassungsurkunde überreicht bekam, den Journalisten sein Buch zugestellt wurde. Der Buchtitel *Damit wir in Verbindung bleiben* bekam über Nacht eine zusätzliche Bedeutung – die Mischung aus Postgeschichte und persönlichen Erinnerungen avancierte mit dem Ministerwechsel von einer lockeren Zwischenbilanz zum schwergewichtigen politischen Vermächtnis des langjährigen Bundespostministers. Gleichzeitig konnte sein Nachfolger Hans Matthöfer das Buch als Arbeitsauftrag für die kommende Zeit lesen.[163] So äußerte sich Gscheidle – mit zukunftsgewandtem Blick bis in das Jahr 2000[164] – auch zu ‚seinem' Projekt Bildschirmtext:

> „Um es auf einfachen Nenner zu bringen: es handelt sich um eine Volksausgabe der Datenübertragung mit einer ganzen Reihe von interessanten Anwendungsmöglichkeiten für private Kunden. Bildschirmtext ermöglicht durch die Öffnung von Datenbeständen für die Allgemeinheit einmal den schnellen Zugriff zu Informationen und letztlich auch die Datenverarbeitung. Darüber hinaus ist der Austausch elektronischer Informationen mit anderen Teilnehmern möglich. Besonders günstig wirkt sich dabei aus, daß dies technisch durch eine Verkopplung von Telefon und Farbfernsehgerät möglich ist, eine Konstellation, die in der Bundesrepublik eine sehr hohe Verbreitung hat. Der gute Ausbau des Telefonnetzes macht die Übertragung problemlos, und der Entwicklungsstand in der Elektronik läßt den Bau preiswerter Terminals zu. Allerdings [...] sind noch Schwierigkeiten im rechtlichen Bereich zu erwarten, weil die Länder einen Kompetenzanspruch für den Bildschirmtext angemeldet haben und auch im Bereich des Datenschutzes noch Fragen offen sind. Jedenfalls zeigt schon der Versuchsbetrieb, daß der Bildschirmtext [...] zumindest vom Interesse der Kunden her, ein ‚Renner' werden dürfte. Wenn es gelingt, den Bildschirmtext zu günstigen Tarifen allgemein anzubieten, kann mit einem lawinenartigen

---

163 Vgl. Helmut Herles: Die einen saßen im Dunkel und andere traten ins Licht. Ministerwechsel in Bonn. In: Frankfurter Allgemeine Zeitung, 30.4.1982, S. 3; Peter Hort: Gscheidle läßt grüßen. In: Frankfurter Allgemeine Zeitung, 30.4.1982, S. 14. Matthöfer war aus seiner Zeit als Bundesminister für Forschung und Technologie (1974–1978) durchaus mit Btx vertraut.

164 Zur Kontinuität solcher technischen Zukunftserwartungen mit Blick auf die Jahrtausendwende vgl. Hans Dieter Hellige: „Technikgeschichte und Heilsgeschehen": Endzeiterwartungen in technischen Zukunftsszenarien für das Jahr 2000. In: Eva Schöck-Quinteros, Franklin Kopitzsch u. Hans-Josef Steinberg (Hg.): Bürgerliche Gesellschaft – Idee und Wirklichkeit. Festschrift für Manfred Hahn. Berlin 2004, S. 361–374; Frank Bösch: Euphorie und Ängste: Westliche Vorstellungen einer computerisierten Welt, 1945–1990. In: Lucian Hölscher (Hg.): Die Zukunft des 20. Jahrhunderts. Dimensionen einer historischen Zukunftsforschung. Frankfurt am Main u. New York 2017, S. 221–252.

Zugang von Anwendern und einem Ausbau als Massendienst bis zum Jahre 2000 gerechnet werden."[165]

Diese grundoptimistischen Worte des scheidenden Bundesministers für das Post- und Fernmeldewesen zur avisierten Entwicklung des Bildschirmtextes zeigten sehr anschaulich die zeitgenössischen Debattenstränge, die im Folgenden auch die weitere Betrachtung leiteten. Zum einen war die Frage der medienrechtlichen Kompetenzzuordnung nicht geklärt – die abschließenden Verhandlungen standen noch aus. Zum anderen bediente Kurt Gscheidle eine Reihe kommender Versprechungen.

Bundeskanzler Helmut Schmidt berief, wie im Kabinettsbeschluss vom Juni 1981 angekündigt und beschlossen, Anfang März 1982 alle Regierungschefs der Länder ins Kanzleramt zu einer Sondersitzung – auf der Tagesordnung stand unter anderem der Punkt „Fragen der Bildschirmtexteinführung". Der Bundeskanzler konstatierte hier gegenüber den Anwesenden noch einmal den Standpunkt der Bundesregierung, wonach allein die Deutsche Bundespost für den Bildschirmtext zuständig sei. Die Ministerpräsidenten entgegneten den Ausführungen des Kanzlers einstimmig, dass die Länder für den gesamten Bereich des Bildschirmtextes die Regelungskompetenz beanspruchen. Lediglich auf inhaltliche Regelungen im Bereich der Individualkommunikation könne verzichtet werden. Die wortwörtliche Entgegnung Schmidts soll daraufhin gewesen sein: „Das kann doch nicht sein, daß alle elf Länder einer Meinung sind."[166]

Die anwesenden Ministerpräsidenten verständigten sich darauf, bereits für den Herbst 1982 eine gesetzliche Regelung herbeizuführen. Einzig das SPD-geführte Bundesland Nordrhein-Westfalen widersprach diesem Kompromissvorschlag: Ministerpräsident Johannes Rau verstand sich als an das Bildschirmtextversuchsgesetz vom 18. März 1980 gebunden, welches, wie sein Berliner Pendant, festschrieb, dass vor Abschluss der Begleituntersuchungen keine Entscheidung über die endgültige Einführung von Bildschirmtext getroffen werden darf.[167] Nicht zuletzt hatte sich Rau auch persönlich dafür

165 Gscheidle: Verbindung, 1982, S. 153f.

166 So wurde Helmut Schmidt im *Bildschirmtext Magazin* zitiert. Hans Peter Schütz: Die Ministerpräsidenten beim Kanzler: Gesetzestechnische Regelung im Herbst '82. In: bildschirmtext magazin für teleleser 3 (1982), H. 3, S. 3. Für die Vorgespräche vgl. BArch B 106/126857, Vorbereitung des Gesprächs der Ministerpräsidenten der Länder mit dem Bundeskanzler am 5. März 1982, zu Punkt 5 der TO: „Fragen der Bildschirmtexteinführung", 23.2.1982.

167 Vgl. § 3 Abs. 3 Bildschirmtextversuchsgesetz NW; § 2 Abs. 5 BiTEG. Johannes Rau hatte seine diesbezüglichen Bedenken bereits in Briefwechseln mit dem Bundespostminister Kurt Gscheidle und dem Bundeskanzler Helmut Schmidt geäußert. Vgl. BArch

verbürgt. Im Geleitwort eines 1980 herausgegebenen Sammelbandes äußerte er unmissverständlich:

> „Am 1. Juni 1980 begann im Raum Düsseldorf ein mehrjähriger Feldversuch mit dem Bildschirmtext – der erste Schritt für eine praktische Erprobung der neuen Medientechniken. [...] Ich messe diesen Versuchen besondere Bedeutung bei, denn wir hoffen, durch eine wissenschaftliche Begleitung vor allem Ergebnisse über die gesellschaftlichen Auswirkungen der neuen Medien zu erhalten. Über die Einflüsse der neuen Techniken auf Familie und Gesellschaft wissen wir im Grunde viel zu wenig. Das gilt auch für die wirtschaftlichen Folgen und die Wirkungen auf das Gesamtgefüge der Medien, ebenso für die Probleme im Bereich des Datenschutzes. Die Zustimmung zur praktischen Erprobung von Bildschirmtext [...] darf deshalb kein unwiderruflicher Schritt sein. Die Versuche sollen vielmehr helfen, möglichst umfangreiche, wissenschaftlich gesicherte Erkenntnisse und Erfahrungen über die offenen Fragen zu gewinnen. Erst wenn diese vorliegen und gründlich ausgewertet sind, lassen sich die Vor- und Nachteile der neuen Techniken beurteilen; erst dann kann auch verantwortlich entschieden werden, ob und in welcher Form eine allgemeine Einführung verwirklicht werden soll. [...] Antworten auf diese vielfältigen Problemstellungen lassen sich nicht durch eine überstürzte Einführung, sondern nur durch eine sorgfältige Erprobung der neuen Medientechniken finden."[168]

Trotz der verhärteten Fronten war ein Kompromiss aber absehbar und letztendlich auch von allen Seiten gewünscht. Mit der Entscheidung des Bundeskabinettes, der Definition eines Darstellungsstandards auf europäischer Ebene und der millionenschweren Auftragsvergabe für die Bildschirmtext-Zentralen war der Weg einer flächendeckenden Einführung schon so weit gegangen, das ein Abbruch der Verhandlungen außerhalb des politischen Handlungsrahmens lag. Zudem übten Industrie und Wirtschaft sowie die Verbände der Bildschirmtext-Informationsanbieter weiter Druck aus und forderten entschlossenes Handeln. Besonders die Industrie- und Handelskammern taten sich hier mit einem Schreiben an den Vorsitzenden der Rundfunkkommission der Länder und Ministerpräsidenten des Landes Rheinland-Pfalz Bernhard Vogel hervor.[169] Aber auch die regionalen Anbietervereinigungen bereiteten den Zusammenschluss auf Bundesebene vor. Die Gründung der bundesweiten Anbietervereinigung auf dem vierten Anbietertreffen demonstrierte die gewachsene Stärke. Ende September 1982 fanden sich rund 2000 Teilnehmerinnen und Teilnehmer in der Stuttgarter Liederhalle

---

B 106/126857, Schreiben des Ministerpräsidenten des Landes Nordrhein-Westfalens Johannes Rau an den Bundeskanzler Helmut Schmidt, 16.12.1981.

168 Johannes Rau: Geleitwort. In: Dietmar Strauch u. Gerhard Vowe (Hg.): Bildschirmtext. Facetten eines neuen Mediums. München u. Wien 1980, S. 7.

169 Vgl. Schneider: Technikentwicklung, 1989, S. 127f.

zum „Bundestag des deutschen Bildschirmtextes“[170], wie es das *Bildschirmtext Magazin* betitelte, zusammen. Darunter auch der Bundesminister für das Post- und Fernmeldewesen Hans Matthöfer, der sich sogar einen Anstecker mit der Aufschrift „Btx Experte“ ans Revers heften lassen musste. Als Geschäftsführendes Vorstandsmitglied der bundesweiten Bildschirmtext-Anbieter-Vereinigung wurde der Volkswirt, Publizist und Geschäftsführer der Industrie- und Handelskammer zu Berlin Adalbert Rohloff gewählt. Damit schloss sich der Kreis zwischen den Forderungen des Deutschen Industrie- und Handelstags und den Anbietervereinigungen.[171]

Johannes Rau blieb letztendlich nicht bei seinem Konfrontationskurs. Der baden-württembergische Ministerpräsident Lothar Späth drohte im Falle einer Blockade mit einem Alleingang, dem sich nach einer ersten Absprache auch Bayern und Rheinland-Pfalz angeschlossen hätten. Rau gab nach. Die Ministerpräsidenten der Länder erarbeiteten Ende Oktober auf einer Konferenz in Travemünde einen ersten umfassenden Entwurf, der den abschließenden Beratungen zugrunde lag.[172] Das *Bildschirmtext Magazin* konnte so bereits zum Ende des Jahres 1982 vermelden, dass die Ministerpräsidenten „einem einheitlichen Bildschirmtext-Staatsvertrag grundsätzlich ihren Segen erteilt“ hatten.[173] Nach einer ersten Einigung im Januar 1983 stimmten sie in einer medienpolitischen Sonderkonferenz am 4. Februar 1983 dem vorliegenden Entwurf des Bildschirmtext-Staatsvertrages prinzipiell zu, sahen aber noch Klärungsbedarf in den Bereichen Verbraucher- und Datenschutz.[174] Die ursprünglich für diesen Tag geplante Unterzeichnung des Staatsvertrags wurde

---

170 Vgl. Die Lawine kommt ins Rollen. 4. Bundesweites Anbietertreffen in der Stuttgarter Liederhalle. In: bildschirmtext magazin für teleleser 3 (1982), H. 8, S. 12–15, hier S. 12.

171 Vgl. ebd., S. 12–15. Der Titel des Beitrages spielte auf eine Rede Carl Christian von Weizsäckers an, bei der er sagte: „Die Entwicklung von Bildschirmtext gleicht einer Lawine; wenn sie zu Tal stürzt, ist sie durch nichts mehr aufzuhalten.“ Zit. n. Betz: Bildschirmtext, 1983, S. 59.

172 Vgl. Staatsvertrag über Bildschirmtext. Die Ministerpräsidenten diskutieren die Vorlage nächste Woche. In: Frankfurter Allgemeine Zeitung, 16.10.1982, S. 6; Schneider: Technikentwicklung, 1989, S. 128f. Eine Entwurfsfassung vom 23. September 1982 fand sich veröffentlicht in: Bildschirmtext-Anbieter-Vereinigung: Rechtsnormen für Bildschirmtext und Rechtsprobleme für Anwender. Berlin 1982, S. 3–12.

173 Vgl. Hans Gusbeth: Der Staatsvertrag. Länderentwurf für eine bundeseinheitliche Regelung vor letzter Hürde. In: bildschirmtext magazin für teleleser 3 (1982), H. 9, S. 8f. Zitat ebd., S. 8. Vgl. auch Ulrich Schulze: Verhaltene Kritik in den Stellungnahmen zum Staatsvertrag über Bildschirmtext. Konsens der Länder bis Februar gilt als wahrscheinlich. In: Frankfurter Allgemeine Zeitung, 27.12.1982, S. 4.

174 Es ging hier vor allem um konkrete Bestimmungen des Datenschutzes bei minderjährigen Personen sowie um die Erlaubnis „textanschließender Werbung“. Vgl. Ulrich Schulze: Wie gefährlich sind Bildschirmtext und andere neue Medien für den Datenschutz?

damit im letzten Augenblick verhindert und es kam lediglich zur Billigung des Entwurfes. Die Regierungschefs einigten sich darauf, sich zu den Einzelheiten der Datenschutzregelungen nochmals zu beraten und nach Klärung aller offenen Fragen den Vertrag am 18. März zu unterzeichnen.[175]

Die Ministerpräsidenten der Länder unterzeichneten den Staatsvertrag über den Bildschirmtext schließlich wie geplant am Freitag, dem 18. März 1983.[176] Mit dem Gesetzbeschluss im Berliner Abgeordnetenhaus und im nordrhein-westfälischen Landtag traten auch gleichzeitig das Bildschirmtexterprobungsgesetz und Bildschirmtextversuchsgesetz außer Kraft.[177] Artikel 1 des Staatsvertrages präsentierte die abschließende Legaldefinition, die Bildschirmtext in seiner wesentlichen Funktionsweise und den Nutzungsmöglichkeiten beschreiben sollte:

> „Im Sinne dieses Staatsvertrages ist Bildschirmtext ein für jeden als Teilnehmer und als Anbieter zur inhaltlichen Nutzung bestimmtes Informations- und Kommunikationssystem, bei dem Informationen und andere Dienste für alle Teilnehmer oder Teilnehmergruppen (Angebote) und Einzelmitteilungen elektronisch zum Abruf gespeichert, unter Benutzung des öffentlichen Fernmeldenetzes und von Bildschirmtextvermittlungsstellen oder vergleichbaren technischen Vermittlungseinrichtungen individuell abgerufen und

Befürchtungen und Verdächte. Zimmermann weist Bulls Kritik zurück. In: Frankfurter Allgemeine Zeitung, 17.1.1983, S. 6.

175 Die Frage der Zustimmung zum Staatsvertrag stellte nur einen Punkt auf der Sonderkonferenz dar. In einer weitaus umfangreicheren Grundsatzdebatte diskutieren die Ministerpräsidenten generell über die Rolle der Neuen Medien und vor allem um die Zulassung privater Rundfunk-Programme. Vgl. Ulrich Schulze: Länder einigen sich auf einen Staatsvertrag für Bildschirmtext. In: Frankfurter Allgemeine Zeitung, 13.1.1983, S. 5; Klaus Broichhausen: Die Ministerpräsidenten billigen den Staatsvertrag über den Bildschirmtext. Der Streit über private Programme geht weiter. Kabel- und Satellitenfernsehen. Noch viele offene Fragen. In: Frankfurter Allgemeine Zeitung, 5.2.1983, S. 4.

176 Vgl. Ulrich Schulze: Vom Herbst an kann jeder Bildschirmtext teilnehmen. Staatsvertrag unterzeichnet. Datenschutzbedenken weitgehend beseitigt. 1988 Kündigung möglich. In: Frankfurter Allgemeine Zeitung, 19.3.1983, S. 6; Trotz Protokollnotizen: Staatsvertrag ist perfekt. In: bildschirmtext magazin für teleleser 4 (1983), H. 3, S. 12. Der Staatsvertrag selbst sei im Folgenden in der Version, wie er vom nordrhein-westfälischen Landtag am 21. Juni 1983 beschlossen wurde, zitiert. Vgl. Gesetz zum Staatsvertrag über Bildschirmtext (Bildschirmtext-Staatsvertrag) – Btx-Zustimmungsgesetz NW, 21.6.1983, GVBl NW 1983, S. 227.

177 Im Falle Nordrhein-Westfalens zusätzlich auch das am 15. März 1980 beschlossene Ergänzungsgesetz, welches regelte, dass bestimmte Paragrafen auch nach der Beendigung des Feldversuchs für die weitere Nutzung von Btx anzuwenden sind. Vgl. Gesetz zur Ergänzung des Bildschirmtextversuchsgesetzes (Bildschirmtextergänzungsgesetz NW – BtxErG NW), 15.3.1983, GVBl NW 1983, S. 135.

> typischerweise auf dem Bildschirm sichtbar gemacht werden. Hierzu gehört nicht die Bewegtbildübertragung."[178]

Diese Begriffsbestimmung, die zu wesentlichen Teilen auf dem nordrhein-westfälischen Bildschirmtextversuchsgesetz beruhte, erwies sich in ihrer Allgemeingültigkeit und juristischen Amtssprache letztendlich als inhaltsleer. Lediglich die Verweise auf die Nutzung des öffentlichen Fernmeldenetzes und das individuelle Abrufprinzip enthielten Anhaltspunkte für eine Antwort auf die Frage der medienrechtlichen Ausgestaltung.

Als wichtigste Eckpunkte schrieb der Staatsvertrag über Bildschirmtext ferner fest, dass sich jeder als Teilnehmer oder Anbieter, auch unter Verwendung externer Rechner, am Bildschirmtext beteiligen dürfe.[179] Weiterhin wurden Regelungen zu verursachten Kosten und Abrechnungsmodalitäten formuliert. Jeder Anbieter konnte demnach seine Informationen und Dienste kostenlos oder gegen ein Entgelt zur Verfügung stellen. Die Teilnehmerinnen und Teilnehmer waren vor dem Abruf einer kostenpflichtigen Seite unmissverständlich auf die Höhe des Entgeltes hinzuweisen. Zusätzlich wurden die Anbieter verpflichtet, egal ob privat oder gewerblich, auf einer unentgeltlichen Seite ihren Namen und Adresse abrufbar zu machen.[180] Wie bereits im Bildschirmtextversuchsgesetz trugen die Anbieter bei Nachrichtenangeboten eine Sorgfaltspflicht, die bei Verstoß auch die Verpflichtung zur Gegendarstellung beinhaltete.[181] Bildschirmtext-Seiten, die ausschließlich „wirtschaftlichen Werbezwecken" dienten, mussten eindeutig und an jeder Stelle durch den Buchstaben „W" gekennzeichnet werden.[182] In Inhaltsverzeichnissen sollten einem Sachgebiet oder Stichwort nur solche Seiten zugeordnet werden, die in einem unmittelbaren sachlichen Zusammenhang standen.[183] Im ausführlichsten Artikel wurden die Bestimmungen zum Datenschutz geregelt.[184] Weitere Paragrafen regelten die Durchführung von Meinungsumfragen, die Geldbußen bei Ordnungswidrigkeiten, die Geltungsdauer sowie die Fristen zur Kündigung des Staatsvertrages und das Inkrafttreten. Die Bundesländer

178 Art. 1 Bildschirmtext-Staatsvertrag, GVBl NW 1983, S. 227.

179 Vgl. ebd., Art. 2.

180 Vgl. ebd., Art. 4 u. 5.

181 Vgl. ebd., Art. 6 u. 7.

182 Vgl. Wo muß das „W" stehen? Grundsätze für die Btx-Werbung. Anwendungshinweise der Medienreferenten der Länder. In: Btx Praxis (1984), H. 3, S. 32f.; „W" wie Werbung – „W" wie Wettbewerb. In: Btx Praxis (1985), H. 3, S. 30f.

183 Vgl. Art. 8 Bildschirmtext-Staatsvertrag, GVBl NW 1983, S. 227. Die Artikel vier bis acht galten nicht für den Bereich der Individualkommunikation wie es u. a. Bestellvorgänge, Bankgeschäfte und Einzelmitteilungen waren. Vgl. ebd., Art. 3.

184 Vgl. ebd., Art. 9.

bekamen bis zum 31. August 1983 Zeit, den Vertrag in den jeweiligen Länderparlamenten zu ratifizieren. Auch im Falle einer Nicht-Ratifizierung durch Einzelne wäre der Bildschirmtext-Staatsvertrag für die restlichen Länder zum 1. September 1983, pünktlich zur offiziellen Eröffnung der Internationalen Funkausstellung 1983 in Berlin, in Kraft getreten.[185] Artikel 13 regelte die entscheidende Frage der Zuständigkeit für den Bildschirmtext, allerdings nur im Sinne der zuständigen Verwaltungsbehörde:

> „Für den Vollzug dieses Staatsvertrages sind die nach Landesrecht bestimmten Behörden des Landes zuständig, in dem der betroffene Anbieter oder Teilnehmer seinen Sitz, Wohnsitz oder in Ermangelung dessen seinen ständigen Aufenthalt hat. Ergibt sich danach keine Zuständigkeit, so ist diejenige Landesbehörde zuständig, in deren Bezirk der Anlaß für die Amtshandlung hervortritt."[186]

Der Staatsvertrag über Bildschirmtext schuf den rechtlichen Rahmen für die geplante bundesweite Einführung. Die Bestimmungen blieben dabei in weiten Teilen allgemein und offen genug, um sie später durch landesgesetzliche Regelungen und Fernmeldeordnungen der Deutschen Bundespost auszufüllen, wobei die Bundespost selbst nicht erwähnt wurde. Hier setzte auch die zeitgenössische Kritik ein. Die in den Formulierungen offengelassene Benennung des Betreibers bot den Ländern theoretisch die Möglichkeit der Zulassung privater Netzbetreiber. Bedenken ergaben sich weiterhin mit Blick auf das Fernmeldegeheimnis und den Datenschutz beispielsweise in der Frage, wie mit individuellen Mitteilungen zu verfahren wäre und ob die Übermittlung von Abrechnungsdaten überhaupt rechtens wäre. Der Staatsvertrag war, wie es der maßgeblich mit den rechtlichen Problemen des Bildschirmtextes betraute Ministerialrat Detlev Müller-Using formulierte, „ein praktikabler juristischer Kompromiß unter den unions- und sozial(liberal)demokratisch regierten Ländern sowie auch zwischen Bund und Ländern"[187].

Nur drei Tage nach der Unterzeichnung des Staatsvertrages, am Montag, dem 21. März, tagte der Postverwaltungsrat und entschied über den Gebührenentwurf

185 Vgl. besonders ebd., Art. 15 u. 16.

186 Ebd., Art. 13 Abs. 1.

187 Detlev Müller-Using u. Josef Meimer: Bildschirmtext – bundesrechtliche und landesrechtliche Grundlagen. In: Zeitschrift für das Post- und Fernmeldewesen (1983), H. 6, S. 31–42, hier S. 31. Für eine Zusammenfassung der Kritikpunkte aus unabhängiger, juristischer Sicht vgl. Harald Bartl: Handbuch Btx-Recht. Mit einem Kommentar zum Bildschirmtext-Staatsvertrag. Heidelberg 1984, S. 17–24. Für ausführliche Begründungen und Erläuterungen der einzelnen Paragrafen vgl. Wolf-Dieter Ring u. Reinhard Hartstein: Bildschirmtext heute. Neues Recht und Praxis. Bildschirmtext-Staatsvertrag (Entwurf) mit Nebengesetzen und Erläuterungen. München 1983, S. 60–178.

zum Bildschirmtext in der Fassung, wie ihn der neue Bundesminister für das Post- und Fernmeldewesen Christian Schwarz-Schilling am 14. Januar 1983 dem Vorsitzenden des Verwaltungsrates Walter Hesselbach übergeben hatte. Allerdings wurden seitdem bereits vier der insgesamt 25 Einzelpositionen in der Gebührenordnung angepasst, ohne dass der Postverwaltungsrat darüber hätte beraten können. Die Deutsche Bundespost sah sich zu diesen Änderungen veranlasst, da nach der Bekanntmachung des Gebührenkonzepts durch den Bundespostminister von vielen Seiten Kritik laut wurde.[188] Besonders die Bundesvereinigung der Bildschirmtext-Anbieter beanstandete zahlreiche Gebührenposten als zu teuer und ‚mittelstandsfeindlich'. So sprach sich die Anbietervereinigung unter anderem für eine Reduzierung der Speicher- und Verkehrsgebühren im Rechnerverbund-Betrieb sowie der Gebühren für den Mitteilungsdienst und die Anbindungskosten an das elektronische Schlagwortverzeichnis aus. Darüber hinaus sei die Erhebung von Grundgebühren für das Jahr 1984 nicht gerechtfertigt, da Bildschirmtext in dieser Zeit noch gar nicht uneingeschränkt zur Verfügung stehe. Die Anbietervereinigung äußerte aber auch lobende Worte: Es sei ein Weg eingeschlagen worden, der sich positiv von den hohen Gebührensätzen des britischen Prestel-Systems unterscheide.[189] Der Postverwaltungsrat beschloss schließlich am 21. März 1983 die Verabschiedung des Gebührenkonzepts zum Bildschirmtext mit kleineren Änderungen.[190] Dieser Gebührenentwurf fand am 6. Mai 1983 Eingang in die geltende Fernmeldeordnung.[191]

Die Deutsche Bundespost erfuhr am 25. März 1983 schriftlich von IBM Deutschland, dass der Termin für die Lieferung der Bildschirmtext-Vermittlungsstellen bis zur Eröffnung der Internationalen Funkausstellung im

188 Als frühstes Beispiel vgl. Ulrich Schulze: Das unverständliche Schweigen der Post. Gebührenpolitik beim Bildschirmtext. In: Frankfurter Allgemeine Zeitung, 13.12.1982, S. 13.

189 Vgl. Ulrich Schulze: Vor der Einführung von an Bildschirmtext. Der Postverwaltungsrat berät die Gebühren für den neuen „Massendienst". In: Frankfurter Allgemeine Zeitung, 21.3.1983, S. 6; Gerhard Breinlinger: Gebühren: Jetzt geht's um Mark und Pfennig. Kritik, aber auch Verständnis für die Pläne der Bundespost. In: bildschirmtext magazin für teleleser 4 (1983), H. 2, S. 8f.

190 Vgl. Ulrich Schulze: Postverwaltungsrat beschließt Bildschirmtext-Gebühren. In: Frankfurter Allgemeine Zeitung, 22.3.1983, S. 1; Btx-Gebühren jetzt beschlossene Sache. In: bildschirmtext magazin für teleleser 4 (1983), H. 3, S. 13.

191 Ausführlich zu den Änderungen Btx betreffend vgl. Gottfried Zilz: Das Benutzungsrecht für den Bildschirmtextdienst eingeführt mit der 22.ÄndVFO. In: Unterrichtsblätter der Deutschen Bundespost. Ausgabe B Fernmeldewesen 36 (1983), H. 5, S. 178–187; Ders.: Neue Verwaltungsanweisungen zur 22.ÄndVFO. In: Unterrichtsblätter der Deutschen Bundespost. Ausgabe B Fernmeldewesen 36 (1983), H. 7, S. 267–271.

September 1983 nicht eingehalten werden könne – eine Fertigstellung sei erst im zweiten Quartal 1984 zu realisieren.[192] Die Bundespost äußerte gegenüber der Presse „unverhohlen ihre Enttäuschung“[193] über die Arbeit und Organisation von IBM. Es blieb jedoch unklar, wie viel eher die Bundespost intern darüber informiert wurde und inwieweit die Verzögerung absehbar war. Die ‚postnahe‘ Berichterstattung betonte, dass nicht nur die Öffentlichkeit, sondern auch die Bundespost von der IBM-Mitteilung überrascht wurde.[194] Der Bundespostminister Schwarz-Schilling äußerte sich in verschiedenen Interviews bis kurz davor in Bezug auf die Einhaltung der Termine immer sehr zuversichtlich.[195] Allerdings waren im Vorfeld durchaus kritische Einschätzungen über den Stand des Bildschirmtext-Projektes bei IBM öffentlich zu lesen. Bereits im September 1982 wusste die *Frankfurter Allgemeine Zeitung* von „in der Branche umlaufenden Gerüchten“, dass die anfängliche Begeisterung bei IBM über den Zuschlag durch die Bundespost mittlerweile „einer nüchterneren Haltung“ gewichen sei, da die finanziellen Aufwendungen weitaus höher seien als anfänglich für die Ausschreibung veranschlagt.[196] Auch das *Manager Magazin* berichtete Ende 1982 in einem mehrseitigen Artikel, dass der Einstieg von IBM in das deutsche Bildschirmtext-System „erheblich teurer, als ursprünglich kalkuliert“ werden würde und „eine offene Blamage [drohe], weil der fest vereinbarte Btx-Starttermin zur Funkausstellung im September 1983 vielleicht nicht mehr einzuhalten“ sei.[197]

---

192 Vgl. Ulrich Schulze: Bildschirmtext-Technik wird nicht rechtzeitig fertig. In: Frankfurter Allgemeine Zeitung, 26.3.1983, S. 1; Jürgen Gabel: Wie geht es weiter mit Bildschirmtext? In: Nachrichtentechnische Zeitschrift 36 (1983), H. 6, S. 393f.

193 Ulrich Schulze: Die Bundespost ist von IBM enttäuscht. Rechner für Bildschirmtext erst im Frühjahr 1984. Post beharrt auf Einführung in diesem Herbst. In: Frankfurter Allgemeine Zeitung, 26.3.1983, S. 11.

194 So resümierte es bspw. das *Bildschirmtext Magazin*. Vgl. Gerhard Breinlinger: Der Fehlstart. Btx-Termin geplatzt. IBM wird nicht rechtzeitig fertig. Anbieter sprechen von großem Vertrauensverlust. Post: Einführung erst im Mai 1984 möglich. In: bildschirmtext magazin für teleleser 4 (1983), H. 4, S. 8–10, hier S. 9.

195 Vgl. Hans Peter Schütz: Unser Ziel: Bildschirmtext als preiswerter Dienst für alle. Der neue Postminister Schwarz-Schilling kann sich jederzeit in Btx einschalten – in seinem Büro ist ein Gerät angeschlossen. In: bildschirmtext magazin für teleleser 3 (1982), H. 9, S. 16f.

196 Vgl. Wolfgang Helmer: Hoher Aufwand für Bildschirmtextzentralen. Hat IBM sich verrechnet? Post bekräftigt Termin. In: Frankfurter Allgemeine Zeitung, 18.9.1982, S. 17. Zitate ebd.

197 Vgl. Teurer Einstieg. In: manager magazin 12 (1982), H. 11, S. 8–12, hier S. 8. Zitate ebd. Das *Bildschirmtext Magazin* erfasste beide Artikel auch in ihrer Presseschau. Vgl. Pressestimmen. In: bildschirmtext magazin für teleleser 3 (1982), H. 8, S. 32; Pressestimmen. In: bildschirmtext magazin für teleleser 3 (1982), H. 9, S. 34f., hier S. 34.

Von ‚IBM-Insidern' wollte das *Manager Magazin* die Befürchtung wissen, dass die umfangreiche und komplexe Software der Bildschirmtext-Vermittlungsstellen bis zur Internationalen Funkausstellung im September 1983 „auf keinen Fall reibungslos funktionieren"[198] werde. Genau hier schienen die Hauptprobleme zu liegen. Die Bereitstellung der erforderlichen Computerhardware stellte IBM vor keine Hürden – die Großrechnertechnik musste praktisch nur aus dem Regal genommen werden. Weitaus schwieriger gestaltete sich dagegen die Entwicklung der notwendigen Software, die von Grund auf programmiert und getestet werden musste. Außerdem monierte IBM, dass die Deutsche Bundespost – im Zuge der Spezifikationsverhandlungen des CEPT-Standards – mehrmals kurzfristig das Anforderungsprofil angepasst hatte. Die ursprüngliche Kalkulation des dafür notwendigen Arbeitsaufwandes von 40 Personenjahren korrigierte IBM nach oben auf 100 Personenjahre.[199]

In einer kurzen offiziellen Stellungnahme äußerte sich IBM sehr zurückhaltend zu den Gründen für die Terminverschiebung: Die Verantwortlichen seien zu der Überzeugung gelangt, dass „im Interesse der Betriebssicherheit und Qualität des Dienstes weitere Tests gefahren werden sollten". Da die Deutsche Bundespost aber die Aufnahme des Betriebs vor dem Abschluss des „Funktionsabnahmetests" geplant habe – nämlich zur Internationalen Funkausstellung am 2. September – müsse die Einführung des Bildschirmtext-Dienstes, so IBM lakonisch, „neu terminiert werden, um weitere Tests zur Sicherstellung der Qualität dieses erstmalig realisierten Systems zu ermöglichen".[200] Die Konventionalstrafe von 3,6 Millionen DM nahm IBM in Kauf. Das Thema okkupierte im Folgenden auch die reguläre IBM-Pressekonferenz auf der Hannover-Messe 1983. Die anwesenden IBM-Vertreter waren von den zahlreichen Fragen der Journalisten so genervt, dass sie diese barsch darauf hinwiesen, dass die Produktpalette von IBM mehr enthalte als nur Bildschirmtext.[201]

Die Deutsche Bundespost hielt trotz dieser „Btx-Hiobsbotschaft"[202] an ihrem Plan fest, den Bildschirmtext im September 1983 offiziell einzuführen.[203]

---

198 Teurer Einstieg, 1982, S. 11.

199 Vgl. ebd., S. 9–11.

200 In Auszügen abgedruckt in: Und das sagte die IBM ... In: bildschirmtext magazin für teleleser (1983), H. 4, S. 9. Zitate ebd.

201 Vgl. Schneider: Technikentwicklung, 1989, S. 139–141. Für einen Bericht zur Hannover-Messe 1983 vgl. Karl Tetzner: Neue Medien: Btx war das Hauptthema. In: Funkschau (1983), H. 12, S. 46f.

202 Breinlinger: Fehlstart, 1983, S. 9.

203 Vgl. Manfred Bergmann: Btx startet am 1. Sept. 1983. In: Zeitschrift für das Post- und Fernmeldewesen (1983), H. 4, S. 11; Bildschirmtext kommt im Herbst. In: nachrichten elektronik + telematik 37 (1983), H. 6, S. 244–246.

Der unterschriebene Staatsvertrag und die Gebühreneinigung durch den Postverwaltungsrat ließen der Bundespost aber auch kaum zeitliches Spiel für eine längerfristige Verschiebung. Gezwungen, innerhalb kürzester Zeit eine neue Einführungsstrategie zu erarbeiten, stellte die Bundespost bereits wenige Tage später eine Übergangslösung vor: die für den Feldversuch installierte, noch laufende Bildschirmtext-Zentrale in Berlin und die eigentlich nur für Anwendungstests und Entwicklungszwecke benutzte zweite Berliner Zentrale so umzurüsten, dass das alte Prestel-System und der neue CEPT-Standard parallel laufen können. Für den Raum Düsseldorf sollte die bestehende Zentrale, die wie ihr Berliner Pendant ebenfalls noch die alte Erstanlage von der Firma GEC darstellte, genutzt werden, jedoch ohne weitere Umrüstung, sodass lediglich der alte Standard ermöglicht wurde. Damit konnten die Bildschirmtext-Seiten im neuen CEPT-System allein über die Berlin empfangen werden und das bundesweit nur zu weitaus höheren Fernleitungsgebühren. Die Bundespost plante deshalb, für die fünf Großstädte Hamburg, Düsseldorf, Frankfurt am Main, Stuttgart und München, einen Zugang zum Nahtarif zu ermöglichen. Das *Bildschirmtext Magazin* resümierte zur Übergangslösung: „Eine Btx-Ouvertüre findet also nach wie vor statt, allerdings mit etwas ‚weniger Musik'."[204]

Im Verlauf der nächsten Wochen geriet die Deutsche Bundespost zunehmend selbst in die Kritik. Die Bildschirmtext-Anbieter-Vereinigung forderte, die Folgen der Verzögerung für die Anbieter klar zu benennen und Maßnahmen vorzustellen, damit die Terminverschiebung sich nicht zuungunsten der Anbieter auswirke.[205] Spätestens im Sommer 1983 hatte sich die Bundespost von den Kritiken wieder gelöst und berichtete selbstbewusst über neue Erfolge. Mit zusätzlichen Investitionen von rund 200 Millionen DM sollte der bundesweite Zugang zum Nahtarif sogar früher als bisher geplant bis Mitte 1985 geschaffen werden.[206] Auch der Messebetreiber AMK Berlin übte sich mit dem Näherrücken des Messebeginns in zweckmäßiger Zuversicht und annoncierte in der *Zeitschrift für das Post- und Fernmeldewesen*, getarnt als regulären Fachartikel, Werbung für das Bildschirmtext-Messeangebot:

---

204 Breinlinger: Fehlstart, 1983, S. 10.

205 Vgl. Ulrich Schulze: Bildschirmtext-Anbieter fordern Klarheit von der Post. In: Frankfurter Allgemeine Zeitung, 31.3.1983, S. 2.

206 Vgl. Gerhard Breinlinger: Trotz Fehlstart: Btx kommt doch schneller. Drei Jahre früher als vorgesehen kann Bildschirmtext in der gesamten Bundesrepublik abgerufen werden – 700 000 Teleleser bis Ende 1986 erwartet. In: bildschirmtext magazin für teleleser 4 (1983), H. 5, S. 8f.; Bildschirmtext viel früher. In: Zeitschrift für das Post- und Fernmeldewesen (1983), H. 6, S. 8.

> „Allen Terminverschiebungen zum Trotz – die Internationale Funkausstellung Berlin 1983 bleibt offizieller Startplatz der Bildschirmtexteinführung. Mag auch der jüngste Sproß der Kommunikationstechnik erst im nächsten Jahr bundesweit mit großen Schritten vorwärts stürmen, auf dem Berliner Messegelände wird schon vom 2. bis 11. September dieses Jahres demonstriert, was Bildschirmtext zu bieten hat. [...] Die Deutsche Bundespost hat in der Halle 10 eine eindrucksvolle Demonstration von ‚Btx total' vorgesehen, die Bildschirmtext-Anbieter-Vereinigung e.V. veranstaltet einen 5. Kongreß mit dem Thema ‚Start in eine bunte und vielfältige Btx-Zukunft' [...] und die AMK Berlin organisiert dazu eine Fachausstellung [...]. Über all dies aber spannt sich – sozusagen als Kommunikationsbrücke der Zukunft – ein großes Informationssystem, mit dem die AMK Berlin per Bildschirmtext Fachbesuchern, Ausstellern, dem allgemein interessierten Publikum und Journalisten den Weg durch die Funkausstellung erleichtern will."[207]

Der gespannte Blick richtete sich damit wieder einmal auf die Internationale Funkausstellung, die mittlerweile so etwas wie ein aller zwei Jahre stattfindendes ‚Bildschirmtext-Schaulaufen' geworden war. Im Umfeld der Messe fanden traditionell eine Vielzahl von Fachtagungen und Verbandstreffen statt – die Konrad-Adenauer-Stiftung veranstaltete beispielsweise im Vorfeld einen Kongress zum Thema „Neue Medien", auf dem auch der Bundespostminister sprach.[208] Christian Schwarz-Schilling hob in seinem Grundsatzreferat die „mit der Mikroelektronik einhergehende technische Revolution"[209] als wichtigsten Wachstumsmarkt der nächsten Jahrzehnte hervor. Eindringlich beschwor er, dass dieser Bereich „darüber entscheiden [wird], ob wir ein führendes Industrieland bleiben, ob wir unsere Exporttätigkeit behalten, ob wir langfristig unser Arbeitsmarktproblem zu lösen imstande sind, ob wir unserer Jugend noch eine interessante Zukunft bieten können."[210] Der Verweis auf die zukünftigen Herausforderungen bot dem CDU-Politiker auch die Möglichkeit zur Kritik an der Vorgängerregierung. Die sozialliberale Koalition hätte – und hier folgte seine Rhetorik klar dem Vorbild Helmut Kohls und der proklamierten Notwendigkeit einer ‚geistig moralischen Wende' – in ihrer Regierungszeit ein „geistig politische[s] Klima" geschaffen,

207 Ausstellungs-Messe-Kongreß-GmbH: Internationale Funkausstellung Berlin 1983. Startplatz der Bildschirmtexteinführung. In: Zeitschrift für das Post- und Fernmeldewesen (1983), H. 8, S. 16.

208 Schwarz-Schillings Rede „Auf dem Weg in eine Kommunikationsgesellschaft – eine Herausforderung unserer Zeit", gehalten am 31. August 1983, findet sich abgedruckt bei Walter Maschke: Fachkongreß „Neue Medien" während der Internationalen Funkausstellung in Berlin. Grundsatzreferat von Minister Schwarz-Schilling. In: Zeitschrift für das Post- und Fernmeldewesen (1983), H. 10, S. 4–7.

209 Schwarz-Schilling zit. n. Maschke: Fachkongreß, 1983, S. 4.

210 Ebd.

welches „leistungsfeindlich, technologiefeindlich und vom Kulturpessimismus geprägt" sei.[211]

Der Abdruck des Originalwortlautes der Rede von Christian Schwarz-Schilling war in der *Zeitschrift für das Post- und Fernmeldewesen* durch kurze Kommentierungen des Autors Walter Maschke durchbrochen. Dabei wurde deutlich, dass die Zeitschrift alle Äußerungen des Bundesministers für das Post und Fernmeldewesen nicht nur mittrug, sondern sie teilweise in ihrer Streitbarkeit noch zugespitzter formulierte. So kommentierte Maschke Schwarz-Schillings Kritik an der vorrangig linksliberalen Einstellung zu Technik folgendermaßen:

> „Bei seinen Ausführungen über die Auswirkungen der neuen Techniken auf den Arbeitsmarkt bedauerte Minister Schwarz-Schilling, daß die Technik von einigen Gruppen zu einem Dämon hochstilisiert werde. Denkkapazität werde meist in ideologisch motivierte Verweigerungsstrategien investiert, anstatt in Überlegungen, wie die neuen Techniken möglichst flexibel in die Arbeitswelt eingegliedert werden könnten."[212]

Aber auch die Vehemenz, mit der Christian Schwarz-Schilling eine weitere Erforschung und Entwicklung neuer Kommunikationstechniken in dieser Rede vertrat, erscheint zumindest in ihrer rhetorischen Schärfe beachtenswert. Als Bundespostminister bestand ohne Zweifel von Amts wegen ein wirtschaftliches Interesse an der Ausweitung der Kommunikationskanäle, die Ausführungen gingen jedoch weit über die ökonomische Sphäre hinaus. Schwungholend mit der Erfindung des Buchdrucks verwies Schwarz-Schilling auf die grenzübergreifenden „Kommunikationsgemeinschaften", die nur durch technische Unterstützung möglich geworden sind. Ein „global talk" sei mit dem Telefon bereits verwirklicht worden und nun könne mithilfe der Glasfaserkabeltechnik der „souveräne Bürger [...] zum souveränen Medienbürger" werden.[213] Schwarz-Schilling schloss seinen Vortrag mit markigen Worten und einem Appell, der an seine früheren Bundestagsreden erinnerte:

> „Es gibt im Grunde nur eine Möglichkeit, ein Kommunikationssystem zu organisieren: nach den Grundsätzen der umfassenden Meinungs- und Informationsfreiheit [...]. Es müssen sich alle Ebenen den Herausforderungen stellen,

211 Ebd., S. 5. Für eine Einschätzung durch den neuen Bundeskanzler Helmut Kohl, mit einem bemerkenswerten Statement vgl. Eine Stufe in der Entwicklung der Medien: „Wir brauchen den technischen Fortschritt – und Bildschirmtext". Was Bundeskanzler Kohl zu Bildschirmtext sagt. In: bildschirmtext magazin für teleleser 4 (1983), H. 7, S. 24f.

212 Maschke: Fachkongreß, 1983, S. 6.

213 Vgl. Schwarz-Schilling zit. n. Maschke: Fachkongreß, 1983, S. 5f. Zitat ebd., S. 6.

müssen Antworten geben, die im Einklang stehen mit unserer Verfassung, mit den Wünschen der Bürger und einer Gesellschaft, die freiheitlich und demokratisch organisiert ist. Das Jahr 1984 wird kommen und vergehen, ohne daß die Alpträume Orwells Wirklichkeit werden. Der demokratische Rechtsstaat, die freiheitliche Gemeinschaft der Bürger, der Freiheitsdrang jedes einzelnen Bürgers wird größer sein als die ‚totalitäre Versuchung', wie es der französische Publizist Jean François Revel genannt hat. Lassen wir uns von der geschichtlichen Welle des Kommunikationszeitalters vorwärts tragen! Nutzen wir die neuen Techniken für eine Kommunikationsgesellschaft mit menschlichem Gesicht!"[214]

Der Darstellung in der *Zeitschrift für das Post- und Fernmeldewesen* nach folgte diesen Schlussworten ein lang anhaltender Beifall. Viele der Zuhörer seien besonders positiv überrascht gewesen, dass der Bundesminister für das Post- und Fernmeldewesen nicht nur mit Zahlen und technischen Details auffuhr, sondern „einige grundsätzliche, mehr philosophische Ausführungen" zur Diskussion beitrug.[215] Diese philosophischen Gedanken lassen sich als geschichtsteleologische deuten. Der „Fortschritt" in Form der vorwärtstragenden „geschichtlichen Welle des Kommunikationszeitalters" stellte sich dabei als autonom gewordener Akteur dar, der die Entwicklung bestimmte und in der die Gesellschaft die Technik lediglich auszugestalten habe. Ein Beispiel dieser neuen Technik „mit menschlichem Gesicht" sollte der Bildschirmtext sein.

Einen Tag nach seiner Rede auf dem Kongress durfte Christian Schwarz-Schilling am 1. September 1983, dem Vortag der Eröffnung der Internationalen Funkausstellung, gleich zweimal den berühmten roten Premierenknopf drücken – für die Videokonferenz und den Bildschirmtext. Der „historische Knopfdruck"[216] wurde fotografisch und in ausschmückenden Beschreibungen vielfach festgehalten.[217]

214 Ebd., S. 7.

215 Vgl. Maschke: Fachkongreß, 1983, S. 7. Zitat ebd.

216 Ebd. Ebenso auf dem Titelblatt des *Bildschirmtext Magazins*, vgl. Der historische Knopfdruck. Postminister Schwarz-Schilling öffnet Btx bundesweit. In: bildschirmtext magazin für teleleser 4 (1983), H. 8, S. 1.

217 In einem Blog-Beitrag des Heinz Nixdorf MuseumsForums, der über eine Internetsuche häufig gefunden wird und in dem ein Foto des „Knopfdrückens" zu sehen ist, wird fälschlicherweise behauptet, dass „das Ereignis nur in einem unscharfen Foto überliefert" sei. Vgl. Heinz Nixdorf MuseumsForum: Funkausstellung mit Bildschirmtext. In: HNF-Blog. Neues von gestern aus der Computergeschichte, 31.8.2018. Tatsächlich wurden aber zeitgenössisch in mehreren Zeitschriften unterschiedliche Fotos in normaler Bildqualität abgedruckt, so bspw. in dem bereits zitierten achten Heft des *Bildschirmtext Magazins* von 1983, auch in Jörg Heydel: Internationale Funkausstellung 1983. In: nachrichten elektronik + telematik 37 (1983), H. 11, S. 452–454, hier S. 454. Außerdem führt die MSPT mehrere Abzüge in ihrer digitalen Objektdatenbank. Der Blogbeitrag sprach irrtümlicherweise von dem 2. September 1983 als Btx-Startdatum. Die Bildquelle verwies auf die TU

Der offizielle Start der bundesweiten Einführung erfolgte im Rahmen der Postsonderschau „Mit der Post in die Zukunft“ unter dem Slogan „Bildschirmtext – damit Sie’s leichter haben“.[218] Nach eigenen Worten wollte der Bundespostminister dabei „nicht nur den ersten Massenfernmeldedienst der Deutschen Bundespost nach der Einführung des Telefons eröffnen, sondern auch den Startschuß für das erste ‚Neue Medium‘ in Deutschland geben“.[219] Das *Bildschirmtext Magazin* schilderte diesen besonders lebhaft und im Detail:

> „Zweimal hatte Bundespostminister Dr. Christian Schwarz-Schilling auf der diesjährigen IFA Gelegenheit, mit einem symbolischen Knopfdruck Geschichte zu machen. Und er tat’s mit der kühlen Sachlichkeit, wie sie technischen Jahrhundertereignissen wohl zukommt. Von Kühle konnte ansonsten keine Rede sein. Das Thermometer in der Posthalle 10 hatte spielend die 50-Grad-Marke überschritten, und die Herren auf der Bühne hatten sich der Jackets entledigt. In weißen oder hellblauen Hemden saßen unter anderem der Minister, der Berliner Landespostdirektor Jürgen Brecht, der Referatsleiter ‚Technische Systemplanung, neue Telekommunikationsformen, Forschung‘ im Postministerium, Jürgen Kanzow, und Btx-Projektleiter Eric Danke im Glanz der Scheinwerfer vor einem guten Hundert Journalisten, Fotografen und geladenen Gästen. [...] Bevor der Minister jeweils mit einem Druck auf einen roten Knopf das Startsignal zum offiziellen Dienstbeginn von Btx und Videokonferenz gab, blies ein historisch gewandteter [sic] Postillion schmetternd in ein Horn, wie dies seine Amtsvorgänger auf den Postkutschen kurz vor Ankunft an der nächsten Station getan hatten. Beifall für den Minister, Beifall für den Bildschirmtext, dessen offizieller Start zumindest geklappt hat.“[220]

Berlin – im Originalbeitrag der Berliner Hochschulzeitschrift *TU intern* wurde das Foto allerdings mit privaten Bildrechten angegeben. Vgl. Patricia Pätzold-Algner: Btx war gestern. In: TU intern. Die Hochschulzeitung der Technischen Universität Berlin (2007), H. 11, S. 11.

218 Internationale Funkausstellung Berlin 2.-11.9.1983. Mit der Post in die Zukunft. Bildschirmtext. Rundfunksatellit. Kabelanschluss. Videokonferenz. Sonderschau Posthalle 10. Informationsblatt 1983; Bundesministerium für das Post- und Fernmeldewesen: Damit Sie’s leichter haben ... Die Post informiert über Bildschirmtext. Broschüre, 1983. Vgl. auch Karl Ohem: Rund um den Bildschirm. Zur Internationalen Funkausstellung in Berlin. In: Frankfurter Allgemeine Zeitung, 27.8.1983, S. 11; Ulrich Schulze: Bildschirmtext – Die Bundespost eröffnet einen neuen Kommunikationsdienst. Ein „Meilenstein“. Die Berliner Funkausstellung. In: Frankfurter Allgemeine Zeitung, 1.9.1983, S. 4; Ders.: Der Bildschirmtext-Dienst ist eröffnet. Die Berliner Funkausstellung. Technik und Konzept. In: Frankfurter Allgemeine Zeitung, 2.9.1983, S. 6.

219 Christian Schwarz-Schilling: Btx – ante portas. Am 1. September ist es soweit. In: Telematik magazin 3 (1983), H. 2, S. 3–5, hier S. 3.

220 Premierenglanz für Bildschirmtext. In: bildschirmtext magazin für teleleser 4 (1983), H. 8, S. 10–14, hier S. 10. Vgl. auch Walter Maschke: Der Stern des Bildschirmtext-Dienstes ist aufgegangen. In: telepost 12 (1983), H. 11, S. 6–8, hier S. 8; Btx als Publikumsmagnet. In: Zeitschrift für das Post- und Fernmeldewesen (1983), H. 10, S. 11.

KAPITEL 6

Inhalte und Versprechungen

6.1 Auf der Suche nach den Inhalten

Mit Beginn der Bildschirmtext-Feldversuche im Sommer 1980 stand den noch wenigen Teilnehmerinnen und Teilnehmern – Ende des Jahres waren gerade erst die Hälfte der insgesamt 4000 Testhaushalte angeschlossen – ein riesiges Angebot von Informations- und Unterhaltungsseiten zur Verfügung. Das erste und grundlegende Problem bestand deshalb für die meisten im prinzipiellen Auffinden dieser Angebote. Als systemeigene Lösung präsentierte die Deutsche Bundespost in elektronischer Form verschiedene Suchmöglichkeiten. Die simpelste Variante war das Suchen von Bildschirmtext-Seiten über das alphabetische Schlagwortverzeichnis sowie die Auflistung der Informationsanbieter.[1] Die Verzeichnisse erschienen – erstellt nach den amtlichen Unterlagen der Bundespost – zusätzlich auch als Beilage des *Bildschirmtext Magazins* in gedruckter Fassung.[2] Eine systematische Suche sollte über den sogenannten Suchbaum gelingen, bei dem über hierarchisch angeordnete Schlagwörter „von Ast zu Ast"[3] navigiert werden konnte.[4] In den Anfangsjahren meinte der Begriff Suchbaum nicht nur die übergeordnete systematische Suchmöglichkeit, sondern diente auch zur Erläuterung des allgemeinen Aufbaus einer Bildschirmtext-Seite.[5]

1 Vgl. Suchen und Finden. Das neue Schlagwörter-Verzeichnis. In: bildschirmtext magazin für teleleser 1 (1980), H. 3, S. 8. Für eine beispielhafte Suche mittels Schlagwörter vgl. Bildschirmtext: *0#, *103a#, *103440a#, *1110842#.

2 Die Verzeichnisse in gedruckter Form erschienen anfangs noch unter verschiedenen Bezeichnungen und in unregelmäßigen Abständen. Vgl. Neue Pressegesellschaft Ulm: Bildschirmtext das Anbieter Verzeichnis. A bis Z. Liste der Interessenten. Mai 1980; Dies.: Wer Was Wo. A-Z. Das offizielle Anbieter- und Schlagwörter Verzeichnis. Stand August 1980; Dies.: Bildschirmtext A bis Z. Das offizielle Anbieter- und Schlagwörter-Verzeichnis. Oktober 1982. Die Berliner Btx-Anbieter-Vereinigung gab später auch eigene Verzeichnisse heraus. Vgl. Müller adress: Bildschirmtext ABC. Berlin. Dezember 1982. Mit dem bundesweiten Start erfolgte die Publikation durch die Deutsche Postreklame GmbH, einem Tochterunternehmen der DBP. Vgl. Deutsche Postreklame: ABC Bildschirmtext. Das Anbieter- und Schlagwörterverzeichnis. 1988.

3 Eva Piper: Von Ast zu Ast. In: bildschirmtext magazin für teleleser 1 (1980), H. 1, S. 19f.

4 In den Begleituntersuchungen war häufig der Vergleich mit einem Bibliothekskatalog zu finden. Vgl. Mayntz et al.: Wissenschaftliche Begleituntersuchung Abschlußbericht, 1983, S. 52f.

5 „Jedes Angebot ist wie das gesamte System als ‚Suchbaum' strukturiert." Biermann: Bildschirmtext, 1984, S. 35.

 | DOI:10.30965/9783657760428_007

Die deduktive Grundstruktur war bedienungstechnisch bedingt, da die Navigation innerhalb einer Seite nur über die Zifferntasten der Fernsehfernbedienung erfolgen konnte. Dies prädestinierte Seitenlayouts, die von allgemeinen Oberbegriffen zu immer detaillierteren Untermenüs führten. Die anfänglichen Probleme der Bedienung, wie sie die Begleituntersuchungen festgestellt hatten, zeigten aber auch, dass bei den Nutzerinnen und Nutzern noch kein Automatismus des ‚Durchblätterns' und letztendlich kein ‚Gefühl' für eine elektronische Seitennavigation vorhanden war. Nun war ein deduktiver Aufbau nichts Neues, sondern bildete von jeher eine Grundordnung unseres Denkens, aber offensichtlich durchbrach die Ziffereingabe per Fernbedienung diese Sachlogik. Im Ergebnis zeigte sich, dass die Testhaushalte, Anbietervereinigungen und Fachpresse unisono monierten, dass „der vieldiskutierte Bildschirmtext-Suchbaum in der Praxis kaum verwendbar" war.[6] Folglich wurde bereits zum Abschluss der Begleituntersuchungen konstatiert, dass den Suchbaum im Sinne der systematischen Suche schon längst niemand mehr nutzen würde.[7]

Die Gründe dafür lagen jedoch nicht ausschließlich im grundlegenden Bedienkonzept, sondern auch in der konkreten Auswahl von Schlagwörtern sowie in der praktischen Bedienung durch die Nutzerinnen und Nutzern selbst.[8] In diesem Zusammenhang wurde zeitgenössisch häufig auf einen wesentlichen Unterschied zwischen den ‚alten' und ‚neuen' Medien hinsichtlich ihrer Aktionsbedürftigkeit hingewiesen. Fernsehen und Radio waren – zumal bei der geringen Auswahl von Sendern – passive Medien, die lediglich ein Einschalten erforderten. Das Zeitunglesen verlangte bereits mehr eigenes Handeln, gestaltete sich aber in der Abgeschlossenheit einer Ausgabe ebenfalls als vorgefertigt. Zudem folgte der Aufbau einer Zeitungsausgabe einem eingeübten und vertrauten Schema.[9] Die Handhabung von Bildschirmtext als

6 Rolf Zimmermann: Bildschirmtext und die anderen neuen Medien der 80er Jahre. In: Nachrichtentechnische Zeitschrift 34 (1981), H. 6, S. 360–365, hier S. 360. Vgl. auch Ders.: Einsatz und Anwendungen von Bildschirmtext. In: nachrichten elektronik + telematik 37 (1983), H. 2, S. 65–69, hier S. 67.

7 Treinen: Erfahrungen mit Bildschirmtext, 1983, S. 115.

8 Vgl. Reinhard Fresow: Bildschirmtext und Probleme der „Nutzerführung". In: nachrichten elektronik + telematik 37 (1983), H. 12, S. 498f.

9 Wobei sich eine beachtliche Anzahl verschiedener Zeitungen und Zeitschriften von Anfang an im Btx-System beteiligt hatten und auch versuchten ihre gewohnte „Leserführung" in eine neue „Nutzerführung" zu übertragen. Hier kann von einer Remediation in dem Sinne gesprochen werden, dass ‚alte' und ‚neue' Medien sich aufeinander bezogen und in Wechselwirkung gestalteten. Vgl. Ekkehard Schumacher: Revolution, Rekursion, Remediation: Hypertext und World Wide Web. In: Albert Kümmel, Leander Scholz u. Ekkehard Schumacher (Hg.): Einführung in die Geschichte der Medien. Paderborn 2004, S. 255–280, hier S. 256.

Prototyp der ‚Neuen Medien' war dagegen gänzlich ungewohnt. Gudrun Biermann, Leiterin der Bildschirmtext-Abteilung in einer internationalen Werbeagentur, formulierte es in ihrem Einführungswerk von 1984 sehr anschaulich und verwies darauf, dass der Mensch seine Gewohnheiten im Umgang mit den Medien ändern müsse, um den größten Vorteil aus dem neuen System zu gewinnen:

> „Vor allem ist Bildschirmtext ein aktives Medium. Hunderttausende von Informationen sind abrufbereit, aber der Teilnehmer muß selbst die Aktivität aufbringen, diese Seiten abzurufen; in vielen Fällen erst mehr oder weniger mühsam suchen, um zu dem zu kommen, was er benötigt. Bildschirmtext erfordert ein anderes Informationsverhalten als die bisherigen Medien. Der aktive Mensch wird den größten Vorteil davon haben. Die Passivität, zu denen manche der heutigen Medien beitragen, zum Beispiel das Fernsehen, nutzt bei Bildschirmtext nichts. Der Mensch muß sich zu einem aktiven Informationssucher entwickeln."[10]

Für die „aktiven Informationssucher" bestanden neben dem Blättern in den elektronischen und gedruckten Verzeichnissen sowie der systematischen Suche naturgemäß eine Reihe weiterer systemfremder Möglichkeiten, neue und gewünschte Seiten zu finden. Das Naheliegendste, der Austausch unter Gleichgesinnten, erlangte seine Institutionalisierung in Gestalt von Teilnehmervereinigungen. Bereits Anfang des Jahres 1981 gründete sich in Berlin auf Initiative von Klaus Machnik der erste Bildschirmtext-Teilnehmer-Club.[11] Machnik war den Leserinnen und Lesern des *Bildschirmtext Magazins* wohl bekannt: Einige Monate zuvor hatte er einen wütenden Leserbrief mit harscher Kritik verfasst, der in der Zeitschrift auf einer Doppelseite in voller Länge abgedruckt wurde:

> „Vorerst ist Btx eine Spielwiese für die Informationsanbieter, die man wegen eines sauberen Sprachgebrauches besser Werber nennen sollte. Der Informationswert ist gleich null, schiere Werbung herrscht auf den Btx-Seiten vor. Die Einfallslosigkeit der Bundespost ist grotesk."[12]

Grundlegend zur Überlegung der Remediation vgl. Jay David Bolter u. Richard Grusin: Remediation. Understanding New Media. Cambridge 1999. Als Übersicht zu den Aktivitäten der Presse im Btx-System und zur Gründung der Vereinigung „Btx-Presse" vgl. Brigitte Kammerer-Jöbges: Die Bildschirmtext-Aktivitäten der Presse. In: Media Perspektiven (1984), H. 4, S. 264–272; Bentele, Jarren u. Kratzsch: Medienlandschaft, 1990, S. 341.

10 Biermann: Bildschirmtext, 1984, S. 9 u. 12.

11 Vgl. Berlin: Teilnehmer-Club. In: bildschirmtext magazin für teleleser 2 (1981), H. 3, S. 42.

12 Machnik: Noch sind se nicht so weit, 1980, S. 44.

Bereits in dem zitierten Leserbrief hatte Klaus Machnik gefragt, ob es nicht Zeit wäre, einen „Club der Btx-Leser" zu gründen, „der hilft, die Interessen und Bedürfnisse der Bildschirmandächtigen zu vertreten".[13] Die Redaktion des *Bildschirmtext Magazins* griff diese Idee auf und unterstützte das Vorhaben.[14] Mit einer Titelanspielung auf Machniks Leserbrief – „Noch sind se nicht so weit" – bekam der Berliner Teilnehmer-Club im Herbst 1981 für sein Engagement den „Goldenen Beterix für vorbildliche Leistungen als Bildschirmtext-Pionier" verliehen: „Na endlich sind se soweit!"[15] Dabei hob die Redaktion die Teilnehmervereinigung mit ihren rund 80 Mitgliedern nicht nur als ein wichtiges „Bindeglied zwischen Post, Informationsanbietern und den Telelesern"[16] hervor, sondern bedachte gleichzeitig auf der gegenüberliegenden Zeitschriftenseite den Anbieterclub Düsseldorf mit dem Negativpreis des „Faulen Apfels".[17] Wie verschiedene Leserbriefe zeigten, konnte das *Bildschirmtext Magazin* damit ein Statement setzen und glaubhaft machen, dass ihr neben den finanzkräftigen Großanbietern auch die Teilnehmerinnen und Teilnehmer sowie private Kleinstanbieter wichtig waren.[18]

Das *Bildschirmtext Magazin* bot weitere Möglichkeiten, neue Bildschirmtext-Seiten kennenzulernen: Zum einen veröffentlichte die Zeitschrift regelmäßig Beiträge, die zu einem bestimmten Bereich ausgewählte Seiten vorstellten. In der Feldversuchsphase waren das beispielsweise Zusammenstellungen zu Nachrichtenangeboten[19], Sportergebnissen[20] und „Telespielen"[21], weiterhin zu

13 Ebd., S. 45.

14 Vgl. Btx-Forum. Club-Idee. In: bildschirmtext magazin für teleleser 2 (1981), H. 1, S. 11. Es sollte auch eine eigene Rubrik im gedruckten Magazin eingerichtet werden. Vgl. Gerhard Breinlinger: Btx-Club-Ecke. In: bildschirmtext magazin für teleleser 2 (1981), H. 5, S. 25.

15 Vgl. Gerhard Breinlinger: Na endlich sind se soweit! In: bildschirmtext magazin für teleleser 2 (1981), H. 7, S. 44. Obwohl die Berliner Teilnehmervereinigung auch eine eigene Btx-Seite führte, wurden sie explizit nicht für diese ausgezeichnet.

16 Breinlinger: Na endlich sind se soweit, 1981.

17 Vgl. Hans Gusbeth: Weder Masse noch Klasse. In: bildschirmtext magazin für teleleser 2 (1981), H. 7, S. 45.

18 Klaus Machnik musste allerdings schon wenige Monate später den Vorsitz wegen interner Streitigkeiten wieder abgeben. Machnik verfasste außerdem Erfahrungsberichte für die *Funkschau*, vgl. Klaus Machnik: Bildschirmtext – das neue Telespiel. In: Funkschau (1980), H. 25, S. 84; Ders.: Bildschirmtext – die lahme Ente. In: Funkschau (1981), H. 19, S. 80f.

19 Vgl. Gerhard Breinlinger: So schnell wie nie beim Leser. Bildschirmtext eröffnet der guten alten Tageszeitung neue Chancen. In: bildschirmtext magazin für teleleser 2 (1981), H. 6, S. 16–21.

20 Vgl. Jürgen Pietzker: Was Derwall sagt, ist zehn Minuten später schon zu lesen. In: bildschirmtext magazin für teleleser 1 (1980), H. 1, S. 40–42; Karin Albrecht: 1:0 für Btx. Ein Jahr nach Beginn der Feldversuche kann sich das Sportangebot im Neuen Medium sehen lassen. In: bildschirmtext magazin für teleleser 2 (1981), H. 5, S. 20–24.

21 Vgl. Rosmarie Rittmann: Der Computer mischt die Karten. In: bildschirmtext magazin für teleleser 1 (1980), H. 5, S. 34–36.

Bankgeschäften[22], Versicherungen[23] und Reiseanbietern[24] sowie zu Themen der Gesundheit[25]. Neben den redaktionellen Beiträgen hielt das *Bildschirmtext Magazin* zum anderen noch eine ganz profane Möglichkeit zur Informierung über aktuelle Bildschirmtext-Seiten bereit: Im Schnitt 20 bis 30 Prozent der reichlich 50 Seiten einer Ausgabe waren mit Werbung besetzt. Die Anzeigen reichten von kleineren viertel- oder halbseitigen Abschnitten auf Textseiten über ganze Seiten mit mehreren Anbietern bis hin zu ganzseitigen Großanzeigen einzelner Unternehmen. Dabei gab es praktisch keine Werbung ohne Bezug zum Bildschirmtext. Es bestand offensichtlich vonseiten der Zeitschrift die Vorgabe, dass die werbeschaltende Firma oder Institution selbst als Informationsanbieter über eine eigene Bildschirmtext-Seite verfügte und diese in der Anzeige mit angab. Ausnahmen gab es lediglich in der Bewerbung von direkt mit dem Bildschirmtext in Zusammenhang stehenden Produkten.[26]

Die Anzeigengestaltung lies den Schluss zu, dass die meisten Unternehmen in den ersten Jahren, mindestens in der Zeit der Feldversuche, vor allem zur prinzipiellen Bekanntmachung ihrer Bildschirmtext-Seiten warben. Häufig geschah dies durch eine übergroße Angabe der Leitseite gepaart mit der Aufforderung diese zu besuchen. Das Versandhaus Quelle warb beispielsweise mit „Erst mal seh'n was Quelle hat. *300#“[27], der Axel Springer Verlag schrieb „Wenn sie 400 wählen, wählen Sie richtig!“[28], die Evangelische Kirche Düsseldorf lies übergroß „580“ abdrucken und erläuterte nebenstehend „Vier entscheidende Vorteile sprechen für Seite 580“[29], bei einem Düsseldorfer Reisebüro sprach eine Pixelzeichnung hinter vorgehaltener Hand „Folgen Sie mir unauffällig!

22 Vgl. Rosmarie Rittmann: Der Bankschalter im Wohnzimmer. In: bildschirmtext magazin für teleleser 1 (1980), H. 3, S. 30f.; Günter Götz: Die Bankschalter sind offen – rund um die Uhr. In: bildschirmtext magazin für teleleser 2 (1981), H. 3, S. 8–15.

23 Vgl. Günter Götz: Für den Fall der Fälle. Gut versichert über Bildschirmtext. In: bildschirmtext magazin für teleleser 1 (1980), H. 2, S. 36f.

24 Vgl. Hans Peter Schütz: Sind im Urlaubshotel noch Plätze frei? In: bildschirmtext magazin für teleleser 1 (1980), H. 5, S. 6; Gert Schrötter: Wohin die Reise geht–mit Bildschirmtext. Eine Branche denkt um – der Verbraucher auch. In: bildschirmtext magazin für teleleser 2 (1981), H. 4, S. 20–22.

25 Vgl. Karin Albrecht: Nachhilfe in Erster Hilfe. In: bildschirmtext magazin für teleleser 2 (1981), H. 6, S. 8f.; Karin Albrecht: Wer weiß schon, was ein „akuter Bauch“ ist? Kinderkrankheiten – ein neuer Spezialdienst im Neuen Medium. In: bildschirmtext magazin für teleleser 2 (1981), H. 8, S. 19–21.

26 Die Marlboro-Werbung der ersten Ausgabe des *Bildschirmtext Magazins* bildete somit eine singuläre Ausnahme.

27 Werbeanzeige Quelle. In: bildschirmtext magazin 1 (1980), H. 1, S. 11.

28 Werbeanzeige Axel Springer Verlag. In: bildschirmtext magazin 1 (1980), H. 1, S. 13.

29 Werbeanzeige Evangelische Kirche Düsseldorf. In: bildschirmtext magazin 1 (1980), H. 1, S. 15.

457#"[30] und die Sparkassen präsentierten nicht nur die Nummern der einzelnen Stadt- und Kreissparkassen als Früchte an einem Strauch, sondern erklärten auch, wie damit zu verfahren sei: „Guten Tag! Das Angebot Ihrer Sparkasse finden Sie unter den folgenden Nummern:" und als Erläuterung: „*Diese Nummer bitte in den Bildschirm eingeben."[31] Diese kurz aufgeführten Beispiele entstammten alle dem ersten Heft des *Bildschirmtext Magazins*, standen aber exemplarisch ebenso für die weiteren Ausgaben. Der Fokus lag in der Anfangszeit weniger auf der Bewerbung des eigentlichen Produkts, sondern mehr in der prinzipiellen Bekanntmachung der Seitennummern, die dann weiterführend für die Produkte warben. Die Werbeannoncen im *Bildschirmtext-Magazin* verdeutlichen noch einmal die zeitgenössische Feststellung, dass der ‚neue' Bildschirmtext nicht ausschließlich selbstreferenziell funktionierte, sondern auf das ‚alte' Medium Print angewiesen war.

Den veröffentlichten Leserbriefen folgend erfreute sich die seit Ende 1980 in jedem Heft vorgenommene Preisverleihung des „Goldenen Beterix" und des „Faulen Apfels" großer Beliebtheit als Ausgangspunkt für individuelle ‚Erkundungstouren' im Bildschirmtext-System. Die beiden Auszeichnungen wurden nicht nur schriftlich in der Zeitschrift vergeben, sondern in ihrer physischen Gestalt von einem Redaktionsmitglied auch an die Preisträger persönlich.[32]

Mit der bundesweiten Einführung des Bildschirmtextes im September 1983 wurde der „Goldene Beterix" neugestaltet. Das gezeichnete Männlein verschwand und aus den „Bildschirmtext-Pionieren" von einst wurden die „Bildschirmtext-Anbieter".[33] Wie bereits beschrieben und am Beispiel der Berliner Teilnehmervereinigung verdeutlicht, erfolgte die Vergabe ohne den Anspruch objektiver Kriterien direkt durch die Redaktion. Die Liste der Preisträger las sich vielmehr als eine – im guten wie im schlechten – bewusste Auswahl mit Blick auf eine möglichst vollständige Abdeckung des Spektrums (siehe Tabelle 2). Jede Verleihung folgte einem gewissen Zweck, stand beispielsweise exemplarisch für eine bestimmte Branche, die etwas im Bildschirmtext-System geleistet hatte, oder fokussierte auf spezifische Seiteneigenschaften, die geschätzt oder unerwünscht waren. So bekamen 1983 Neckermann, Otto und Quelle gemeinsam – „stellvertretend für viele andere Versandhäuser", wie

30 Werbeanzeige Reisebüro J. Hartmann. In: bildschirmtext magazin 1 (1980), H. 1, S. 16.

31 Werbeanzeige Sparkasse. In: bildschirmtext magazin 1 (1980), H. 1, S. 41.

32 Die Übergaben wurden teilweise auch fotografisch festgehalten und im *Bildschirmtext Magazin* veröffentlicht. So bspw. die ersten beiden Preisträger vgl. Bildschirmtext magazin für teleleser verlieh zum ersten Mal: den Goldenen Beterix und Faulen Apfel. In: bildschirmtext magazin für teleleser 2 (1981), H. 1, S. 10.

33 Goldener Beterix. Für vorbildliche Leistungen als Bildschirmtext-Anbieter.

es in der Begründung durch die Redaktion hieß – einen „Goldenen Beterix" verliehen: Die Versandhäuser „haben dies eigentlich schon seit langem verdient", sie „zählen zu den eifrigsten Btx-Pionieren und haben sich ganz besonders um den Rechnerverbund verdient gemacht".[34] Häufigste Gründe für die Verleihung des „Faulen Apfels" waren im Sinne mangelnder Pflege eine fehlende Aktualität und verwaiste Weiterleitungen sowie der übermäßige Einsatz von Werbung und das Verlangen von unverhältnismäßig hohen Gebühren.

Tabelle 2 Preisträger des Goldenen Beterix und Faulen Apfels, 1980 bis 1987 (Bildschirmtext Magazin, 1980ff.)

	Goldener Beterix	**Fauler Apfel**
1980, H. 5	Statistisches Bundesamt Wiesbaden	Hessische/Niedersächsische Allgemeine
1981, H. 1	Axel Springer Verlag	Deutscher Wetterdienst
1981, H. 2	Hochschule für Gestaltung Offenbach	Allgemeine Fischwirtschaftszeitung Buxtehude
1981, H. 3	Bibliographisches Institut Mannheim	Polizeipräsident Berlin
1981, H. 4	Stiftung Warentest	Arbeitsgemeinschaft für Kommunikationsforschung
1981, H. 5	Rats-Apotheke Düsseldorf	Richard Borek KG
1981, H. 6	Verbraucherbank Hamburg	Reuters Btx-Nachrichtendienst
1981, H. 7	Btx-Teilnehmerclub Berlin	Btx-Anbieterclub Düsseldorf
1981, H. 8	Agfa-Gevaert	Börsen-Zeitung; Der Spiegel
1981, H. 9	Tele-Treff mit Behinderten, Pöschl-Beißenherz	Universität Karlsruhe
1982, H. 1	FAZ Archiv und Dokumentation	Vereinigte Verlagsauslieferung GmbH
1982, H. 2	Allianz Versicherungen	Olympia Werke ITT Schaub-Lorenz
1982, H. 3	Ostfriesland-Info	UBN-Filminformation
1982, H. 4	Bildschirmtext-Palette, Gerd F. Hermann	Kaufhaus Wertheim

34 Vgl. Robert Mühleisen: Beim Televersand werden Sie prompt bedient. In: bildschirmtext magazin für teleleser 4 (1983), H. 7, S. 106. Zitate ebd.

Tabelle 2 Preisträger des Goldenen Beterix und Faulen Apfels, 1980 bis 1987 (*fortges.*)

	Goldener Beterix	**Fauler Apfel**
1982, H. 5	Deutsches Verlagshaus Gruner & Jahr	Hellas Orient Reisen
1982, H. 6	Osram	Zentraler Kreditausschuß
1982, H. 7	Presse und Informationsamt Berlin	Deutsches Institut für wissenschaftliche Information
1982, H. 8	Katholische Kirche	Messerschmitt-Bölkow-Blohm
1982, H. 9	Verbraucherzentrale Nordrhein-Westfalen	Fränkischer Tag Bamberg
1983, H. 1	AOK Düsseldorf	Daten Service Beck
1983, H. 2	Btx Südwest Datenbank	Dr. Thiemann Marketing
1983, H. 3	Deutscher Wetterdienst	Klenkes, Alternatives aus Aachen
1983, H. 4	Bundesversicherungsanstalt für Angestellte Berlin	Zoo-Center Pforzheim
1983, H. 5	Berliner Verkehrsbetriebe	Abgeordnetenhaus von Berlin
1983, H. 6	Georg Thieme Verlag	P.O. Gruppenreisen
1983, H. 7	Neckermann; OTTO Versand; Quelle	Saumweber Wirtschafts-Informatik
1983, H. 8	Berliner Kraft- und Licht-AG	Mathematischer Beratungs- und Programmierdienst
1983, H. 9	Musik Forum, Günter Meier	Streb Informationssystem
1984, H. 1	Münchner Schaukasterl	Steuerberaterkammer Rheinland-Pfalz
1984, H. 2	Loewe Opta	Giermanns Reisebüro
1984, H. 3	teleprint saar	Kaibach-Alantas
1984, H. 4	Hansdieter Gehres Film	Bochholter-Borkener Volksblatt
1984, H. 5	ABDA Bundesvereinigung Deutscher Apothekerverbände	Deutsches Informationszentrum für technische Regeln
1984, H. 6	Bundesanstalt für Arbeit	Büro Hildebrandt
1984, H. 7	Deutsche Bundesbahn	nicht vergeben
1984, H. 8	Dresdner Bank	Siebcke-Werbung
1984, H. 9	Verlag Das Beste	Champ-Magazin
1985, H. 1–2	BMW	Peter Kurz
1985, H. 3	Westdeutsche Gipswerke Gebr. Knauf	Bundesanstalt für landwirtschaftliche Marktordnung
1985, H. 4	Aral	Bernd Fichtner

Tabelle 2 Preisträger des Goldenen Beterix und Faulen Apfels, 1980 bis 1987 (*fortges.*)

	Goldener Beterix	**Fauler Apfel**
1985, H. 5	Steuerberatungskammer Rheinland-Pfalz	Brau Ring
1985, H. 6	Hypo-Bank	Mariella und Helmut Siwon
1985, H. 7–8	Stiftsbuchhandlung Engel	ZDF
1985, H. 9	ADAC	Mannesmann Kienzle
1985, H. 10	RWE	Signal Versicherungen
1985, H. 11	Finnland-Info	Deichmann
1985, H. 12	Holsteinischer Courier	Aachener-Münchener Versicherung
1986, H. 1–2	Gesundheit Baden-Württemberg aktuell	Minolta
1986, H. 3	Schwarzwald-Info	Btx-Programm für den Freistaat Bayern
1986, H. 4	ZMP Marktinfo	Deutsche Angestellten Gewerkschaft in Nordrhein-Westfalen
1986, H. 5	Deutsche Oper Berlin	Wolters Reisen
1986, H. 6	IBM Deutschland	Möbel Mutschler
1986, H. 7–8	Kölner Stadt-Anzeiger und Express	Wöber + Oetken Unternehmensberatung
1986, H. 9	Swissair	Olympia
1986, H. 10	teleprint	Basler Versicherungen
1986, H. 11	Lotto Toto	Btx-Bekanntschaften, Luise Gansser
1986, H. 12	Lufthansa	Sparkassenrechenzentrum Mainz
1987, H. 1–2	Genios-Datenbanken	Nachrichtenagentur Reuters
1987, H. 3	Münchner Verkehrs – und Tarifverbund	TransMedia Mannheim
1987, H. 4	Bayerische Staatsregierung	Meierei-Zentrale
1987, H. 5	TU Berlin	AAAAA Aktuelle Information
1987, H. 6	Siemens	Krupp

Im Verlaufe der Jahre wurden praktisch alle großen im Bildschirmtext als Informationsanbieter vertretenen Unternehmen, Verlage und Institutionen mit einem „Goldenen Beterix" bedacht. Ausgewählte Negativ-Preisverleihungen zeigten aber auch, dass das *Bildschirmtext Magazin* bereit war, geschätzte Anbieter mit einem „Faulen Apfel" zu brüskieren. Im Einzelfall mag dieser Negativ-Preis dem jeweiligen Informationsanbieter egal gewesen sein, aber mit Blick auf die exponierte Stellung des Magazins lässt sich doch plausibel argumentieren, dass der Preisvergabe eine Relevanz beigemessen wurde. Die engagierteren Anbieter sahen im Bildschirmtext – aus den unterschiedlichsten Gründen – ein Medium der Zukunft, an dem sie teilhaben wollten, und das *Bildschirmtext Magazin* war aufgrund seiner alle Teilnehmerhaushalte umfassenden Verbreitung eine zentrale Sonde zur Erkundung allgemeiner Trends und der Akzeptanz bestimmter Inhalte.

Besonders hervorgehoben wurde der Fall des Deutschen Wetterdienstes, der Anfang 1981 als einer der ersten überhaupt einen „Faulen Apfel" bekommen hatte. Die Redaktion monierte damals die veralteten Wettervorhersagen und das Blankofüllen einiger Seiten mit „Musterberichten", sodass beispielsweise für den Januar in Bayern eine Höchsttemperatur von 24 Grad Celsius und örtliche Gewitter angekündigt wurden.[35] Anfang 1983 hatten die Bildschirmtext-Redakteure des Deutschen Wetterdienstes „ihre ‚Musterberichte' ausgemustert und berichteten stattdessen mustergültig über das Wetter von morgen"[36]. Die so begründete Verleihung des „Goldenen Beterix" stand damit ganz klar im Zeichen einer möglichen Veränderung zum Positiven – der „Faule Apfel" sollte kein Stigma sein, sondern ein Hinweis und eine Aufforderung, es demnächst besser zu machen.[37]

Im Juni-Heft des Jahres 1987 wurden die Preise ein letztes Mal vergeben. Die Redaktion betonte noch einmal, dass die Vergabe immer dazu habe dienen sollen, „den Nutzen von Bildschirmtext als Hilfe für einen leichteren Alltag der Teilnehmer zu erhöhen"[38]. An deren Stelle rückte die Hitparade, bei der die Nutzerinnen und Nutzer selbst ihre Favoriten wählen durften. Die Wahl erfolgte über eine spezielle Bildschirmtext-Seite mit zusätzlichem Preisausschreiben. Durch die Übertragung der eineindeutigen Anschlusskennung konnte sichergestellt werden, dass nur einmal im Monat eine Stimme abgegeben werden konnte.[39] Dieser Fakt erhöhte zwar die Vergleichbarkeit der Ergebnisse enorm, das *Bildschirmtext Magazin* verwendete allerdings in

---

35 Vgl. Gerhard Breinlinger: Hitzerekorde und örtliche Gewitter im tiefsten Winter. In: bildschirmtext magazin für teleleser 2 (1981), H. 1, S. 15.

36 Thomas Uber: So wird das Wetter morgen: Hochs und Tiefs auf einen Blick. In: bildschirmtext magazin für teleleser 4 (1983), H. 3, S. 16.

37 Das Verlagshaus Richard Borek, 1981 mit dem „Faulen Apfel" bedacht, bedankte sich bspw. explizit für den „Wink mit dem Zaunpfahl". Wilfried Brömstrup: „Wir freuen uns über ihre Anregung". In: bildschirmtext magazin für teleleser 2 (1981), H. 7, S. 90.

38 Plus und Minus. In: bildschirmtext magazin 8 (1987), H. 6, S. 30.

39 Vgl.: Hitparade in Btx, 1987, S. 31. Angeblich war auch eine anonyme Teilnahme möglich, bei der nur die ersten sieben Ziffern der Teilnehmernummer protokolliert werden sollte. Damit wäre diese aber nicht mehr eineindeutig und somit kein Abgleich der Anzahl abgegebener Stimmen möglich.

den ersten Monaten ein aus der *ZDF-Hitparade* entlehntes Verfahren, was eine spätere erkenntnisbringende Auswertung verhinderte: Um die Liste aktuell zu halten, durfte der jeweilige Monatssieger anschließend für ein Jahr nicht mehr gewählt werden. Die Praxis wurde später so abgeändert, dass rausflog, wer insgesamt dreimal auf Platz eins war. Es lässt sich konstatieren, dass mit dem prinzipiellen Wechsel von redaktioneller Preisverleihung zu selbst gewählter Hitparade auch ein Wandel im Umgang mit dem Bildschirmtext-System festgestellt werden konnte. Zumindest das Team des *Bildschirmtext Magazins* hatte offensichtlich das Gefühl, dass das passive Vorsetzen einer aus ihrer Sicht gelungenen Bildschirmtext-Seite nicht mehr der Zeit entspräche. „Die Zeit ist reif, die Leser haben künftig das Wort", schrieben die Redakteure 1987 und meinten damit auch, was Gudrun Biermann einige Jahre zuvor noch gefordert hatte: Die verunsicherten Nutzerinnen und Nutzer von einst sind „aktive[] Informationssucher"[40] geworden. Das dialogisch angelegte Medium Bildschirmtext war nun – zumindest in der Auswahl der besten Seiten – wirklich interaktiv geworden. Die Suche nach konkreten Inhalten und speziell das Dilemma irreführender und falscher Verschlagwortung blieb allerdings bis in die 1990er-Jahre hinein ein vieldiskutiertes Problem.[41]

6.2 Einigkeit der Prognosen: in Erwartung eines Massenmediums

Die Planung und Entwicklung des deutschen Bildschirmtext-Systems waren von Beginn an im Kern getragen von der Idee einer flächendeckenden Verbreitung und der potenziellen Teilhabe aller. Dieser Anspruch lag bereits in der ausgegebenen Kombination von Fernsehgerät und Telefonanschluss begründet, die in dieser Zeit praktisch eine Vollversorgung erreichten.[42] Der

---

40 Biermann: Bildschirmtext, 1984, S. 12.

41 Exemplarisch vgl. Hans Erwin Riemann: Btx ist besser als sein Ruf! In: bildschirmtext magazin für teleleser 6 (1985), H. 7/8, S. 18; Wo bitte geht's zu Btx? In: bildschirmtext magazin 14 (1993), H. 7, S. 23–25.

42 Die DBP koppelte das Vorhaben der telefonischen Vollversorgung auch im Kleinen werbewirksam an Btx: Als Jubiläumsgeschenk für den zwanzigmillionsten Telefonanschluss bekam eine Düsseldorfer Familie persönlich von Bundespostminister Kurt Gscheidle ein neues bildschirmtextfähiges Farbfernsehgerät überreicht, welches die Teilnahme am Feldversuch ermöglichte; außerdem die Erlassung der Grundgebühr für Telefon und Btx-Modem für ein Jahr. Vgl. Horst Krug: 20 Millionen Fernsprechanschlüsse. In: Zeitschrift für das Post- und Fernmeldewesen (1980), H. 7, S. 16–19, hier S. 19. Die Artikel in der Zeit der Feldversuche sprachen meist davon, dass 96 Prozent aller Haushalte einen Fernsehempfänger hätten und bis 1985 beim Telefonnetz ein Versorgungsgrad von 90 Prozent erreicht sei. Für eine übersichtliche Zusammenstellung der Zahlen

Bildschirmtext-Abteilungsleiter Eric Danke konstatierte 1984 in einem Vortrag bestätigend, dass die Ausgangsbasis für die Entwicklung der Gedanke war, Telefon und Fernsehapparat zu einem „neuen Informationssystem zusammenzuführen" und dass dies „weitgehend die Gestaltung von Bildschirmtext [bestimmt]" habe.[43] Ursprünglich als neuer Fernmeldedienst für die Privathaushalte und den geschäftlichen Bereich geplant, beförderte die medienpolitische Diskussion Ende der 1970er-Jahre den Bildschirmtext zu einem Prototyp der ‚Neuen Medien' und die Deutsche Bundespost zum Netzbetreiber eines avisierten Massenmediums.

Im Vorfeld der Internationalen Funkausstellung 1977 in Berlin und der ersten öffentlichen Demonstration des Bildschirmtextes ließ die Deutsche Bundespost intern auch erste Abschätzungen vornehmen, mit welcher Verbreitung gerechnet werden könne. Obwohl einschränkend formuliert wurde, dass es „sehr schwierig" sei, „Aussagen über das Marktpotential dieses völlig neuartigen Dienstes zu machen"[44], präsentierte der Staatssekretär im Bundesministerium für das Post- und Fernmeldewesen Dietrich Elias 1977 im *Jahrbuch der Deutschen Bundespost* erste Zahlen:

> „Erste vorsichtige Schätzungen gehen davon aus, daß bis zum Jahr 1985 etwa 1 Million Teilnehmer erwartet werden können. Langfristig dürfte das Marktpotential noch wesentlich höher liegen."[45]

Der damalige Bildschirmtext-Abteilungsleiter Jürgen Kanzow bezeugte auf einer Podiumsdiskussion der Hauptgemeinschaft des Deutschen Einzelhandels 1978 noch einmal diese Zahlen:

> „Wir hoffen, daß wir unter diesen Rahmenbedingungen der Einführung bis 1985 auf eine Million Teilnehmer kommen werden. Wir rechnen auch nach

---

zur Versorgungsdichte der verschiedenen technischen Medien vgl. Wolfgang Mühl-Benninghaus u. Mike Friedrichsen: Geschichte der Medienökonomie. Eine Einführung in die traditionelle Medienwirtschaft von 1750 bis 2000. Baden-Baden 2012, S. 199–201.

43 Danke: Bildschirmtext – Stand und Entwicklung, 1984, S. 26.

44 Elias: Entwicklungstendenzen, 1977, S. 50. Die Aussagekraft von Prognosen wurde generell eingeschränkt, gleichzeitig aber ihre Notwendigkeit betont: „Bei neuen Telekommunikationsformen und Diensten sind Prognosen über die künftige Bedarfsentwicklung noch schwieriger und unsicherer als bei bekannten Diensten. […] Trotz aller Bedenken, die gegen die Vorhersagesicherheit von Marktuntersuchungen und Prognosen vorgebracht werden, ist es doch nicht möglich, auf diese Instrumente gänzlich zu verzichten." Ebd., S. 47.

45 Ebd., S. 50f. Die Schätzungen gingen von einer bundesweiten Einführung ab 1982 aus.

Schätzungen im Ausland, daß es möglich sein könnte, bis Ende der 80er Jahre 6-10 Millionen Teilnehmer zu haben. Das ist aber keine Obergrenze."[46]

Eine nachhaltige Bestätigung erfuhren diese Erwägungen durch die 1980 von der internationalen Beratungsfirma Diebold im Auftrag der Deutschen Bundespost erstellte Prognose.[47] Im Dezember 1980 veranstaltete Diebold anlässlich der Bekanntmachung einen eigenen Bildschirmtext-Kongress in Düsseldorf. Die vorgestellten Zahlen bestätigten zwar nicht die „vorsichtigen Schätzungen" der Bundespost von 1977, stießen aber in ähnliche Größenordnungen vor: Für das Jahr 1985 wurde, allerdings mit stärkerer Ausprägung der gewerblichen Anwender, mit rund einer halben Million Anschlüsse gerechnet.[48] Auf dem Kongress sprach auch Eric Danke zum Bildschirmtext und seiner „Zukunft in Deutschland". Seine Ausführungen beruhten auf den internen Schätzungen:

> „Ein Kostenniveau, das Bildschirmtext auch für den Privatmann erschwinglich macht, erfordert, daß Bildschirmtext drei Jahre nach seiner allgemeinen Einführung 1 Million Teilnehmer hat. Dann sind die Produktionsmengen so groß, daß die Decoder und Modem genügend billig werden, dann sind so viele Bildschirmtext-Zentralen aufgebaut, daß sie zur Nahgebühr erreicht werden können. Durch die Mitbenutzung des Fernsehgeräts wird dann für den Privatmann das Bildschirmtext-Terminal nur 200 bis 300 DM kosten – das sind die Mehrkosten für den eingebauten Decoder – und die Modemkosten werden auf 5 DM/Monat reduziert werden können."[49]

Die Prognosen für eine mögliche Verbreitung des Bildschirmtextes waren bei Eric Danke bereits zu einer Zielsetzung avanciert, für welche die

---

46 Jürgen Kanzow zit. n. Auszüge aus der Podiumsdiskussion im Anschluß an das Referat von Herrn Ministerialrat Kanzow und der Live-Demonstration von Bildschirmtext. In: Hauptgemeinschaft des Deutschen Einzelhandels (Hg.): Einzelhandel und Neue Kommunikationstechniken. Referate, Auszüge aus den Diskussionen und HDE-Stellungnahmen. Köln 1978, S. IL–LXIX, hier S. LIIf. Vgl. auch Jürgen Kanzow: Bildschirmtext. In: Hauptgemeinschaft des Deutschen Einzelhandels (Hg.): Einzelhandel und Neue Kommunikationstechniken. Referate, Auszüge aus den Diskussionen und HDE-Stellungnahmen. Köln 1978, S. 78–85.

47 Die renommierte Beratungsfirma Diebold war in dieser Zeit besonders für ihre ‚realistischen' Szenarien geschätzt. Vgl. Schneider: Technikentwicklung, 1989, S. 119f.

48 Vgl. Ulrich Pätzold u. Jan Tonnemacher: Dimensionen neuer Informations- und Kommunikationstechniken. Bestandsaufnahme und Prognose. In: Publizistik 26 (1981), H. 4, S. 508–529, hier S. 513.

49 Eric Danke: Bildschirmtext – Zukunft in Deutschland. In: Diebold Deutschland GmbH (Hg.): Bildschirmtext Kongress 1980. Proceedings. 1. und 2. Dezember 1980. Frankfurt am Main 1980, S. 193–204, hier S. 197.

notwendigen Voraussetzungen geschaffen werden mussten. Seit dem Diebold-Bildschirmtext-Kongress im Dezember 1980 wurde die gebotene Diskussion, ob die verschiedenen Prognosen und ihre zugrunde liegenden Diffusionsmodelle überhaupt zutreffend seien[50], überlagert von der Frage, welche Systemmerkmale notwendig waren, um die prognostizierten Zahlen im Sinne einer selbsterfüllenden Prophezeiung zu verwirklichen. Die anfängliche Skepsis, wie sie beispielsweise noch in den Beratungen der interministeriellen Arbeitsgruppe „Bildschirmgebundene Textinformation" geäußert wurde, war verflogen.[51] Der Deutschen Bundespost schien das recht zu sein, schließlich entsprachen die Prognosen ihrem Ursprungskonzept des Bildschirmtextes als „Fernmeldedienst für die breite Öffentlichkeit"[52] und als „eine Art Volks-EDV"[53]. In der *Zeitschrift für das Post- und Fernmeldewesen* wurden die Prognosen in einer Kurzmitteilung unter der Überschrift „Massenmedium Bildschirmtext" fast schon beiläufig und mit einer gewissen Selbstverständlichkeit angekündigt:

> „Die Deutsche Bundespost erwartet für das neue Medium Bildschirmtext eine lawinenartige Entwicklung, wenn es ab Herbst 1983 bundesweit eingeführt wird.

---

50 Eine Diskussion über die den Prognosen zu Grunde liegenden Diffusions- und Berechnungsmodelle wurde verstärkt erst wieder Ende der 1980er-Jahre geführt. Initial wirkten hier die wirtschaftswissenschaftlichen Forschungen von Ralph Berndt und Claudia Fantapié Altobelli, die auf der Suche nach Erklärungen und Konzepten für die Verbreitung ‚Neuer Medien' Btx als Paradebeispiel überzogener Prognosen identifizierten und gleichzeitig der DBP eine verfehlte Marketing-Politik vorwarfen. Vgl. Ralph Berndt u. Claudia Fantapié Altobelli: Warum Bildschirmtext in der Bundesrepublik Deutschland scheiterte – Eine diffusionstheoretische Analyse einer verfehlten Marketing-Politik. In: ZfbF. Schmalenbachs Zeitschrift für betriebswirtschaftliche Forschung 43 (1991), H. 11, S. 955–970; Claudia Fantapié Altobelli: Die Diffusion neuer Kommunikationstechniken in der Bundesrepublik Deutschland. Erklärung, Prognose und marketingpolitische Implikationen. Heidelberg 1991. Berndt und Fantapié Altobelli entwickelten auf Grundlage ihrer Erkenntnisse eine eigene Btx-Prognose, die später selbst Gegenstand einer kritischen Diskussion wurde. Vgl. Richard Klophaus: Marktausbreitung von Bildschirmtext: Zu den Ursachen einer Fehlprognose. In: ZfbF. Schmalenbachs Zeitschrift für betriebswirtschaftliche Forschung 48 (1996), H. 6, S. 579–588.

51 Bereits in der ersten Sitzung wurde festgehalten, dass sich der Bedarf nach neuen Telekommunikationsdiensten „nicht verläßlich beurteilen" lasse und Prognosen über Verbreitung und Rentabilität „nur unter Einführung ungesicherter Annahmen" aufgestellt werden könnten. BArch B 106/94106, Interministerielle Arbeitsgruppe „Bildschirmgebundene Textinformation", Konstituierende Sitzung am 5. Mai 1977 im BMP, Ergebnisvermerk, 5.5.1977, S. 6.

52 Ulrich Böttcher: Der Bildschirmtextdienst der Deutschen Bundespost. Ein Überblick über die wichtigsten Dienstmerkmale. In: Unterrichtsblätter der Deutschen Bundespost. Ausgabe B Fernmeldewesen 36 (1983), H. 8, S. 345–350, hier S. 345.

53 Was ist Bildschirmtext? In: bildschirmtext magazin für teleleser 6 (1985), H. 9, S. 30.

> Ziel der Post ist es, Bildschirmtext zu einem preiswerten Massendienst zu entwickeln. […] Die Post stellt sich wegen der erweiterten schnellen Entwicklung bei ihren Planungen auf 1 Million Bildschirmtextteilnehmer bis Ende 1986 ein."[54]

Die weiteren Planungen und das Vorgehen der Deutschen Bundespost lassen sich folglich nur mit Blick auf das Ziel einer massenhaften Verbreitung des Bildschirmtextes verstehen. Volker Schneider beschrieb die Strategie der Bundespost als einen „obligaten Optimismus" im Sinne eines „Alles oder Nichts".[55] Dieser Charakterisierung kann vollkommen zugestimmt werden. Die ursprüngliche Motivation dafür lässt sich jedoch nur schwer ergründen: Entsprang dieser „obligate Optimismus" einer Paarung aus intrinsischen Fortschrittsversprechen und der Idee eines staatlichen Fürsorgeprinzips, das auch für die technische Kommunikation seiner Bürgerinnen und Bürger Sorge zu tragen habe, oder war er letztendlich, ökonomisch begründet, reiner Zweckoptimismus.

In den Jahren bis zur bundesweiten Einführung des Bildschirmtextes im September 1983 folgten viele weitere Studien – es konnte von einem „regelrechten ‚Prognoseboom'"[56] gesprochen werden. Auf die Diebold-Prognose von Ende 1980 folgte eine erneute Abschätzung durch die Deutsche Bundespost selbst. Deren Ergebnis teilte Kurt Gscheidle dem Verwaltungsrat der Bundespost im Sommer 1981 als Planungsgrößen für die Entwicklung des Bildschirmtextes mit: Ende 1983 40 000, Ende 1984 150 000, Ende 1985 400 000 und Ende 1986 1 Million Anschlüsse.[57] Diese Planzahlen präsentierte Eric Danke auch zur Begrüßung auf dem zweiten Diebold-Bildschirmtext-Kongress im März 1982 in Frankfurt am Main.[58] Die *Frankfurter Allgemeine Zeitung* beurteilte die durch die Bundespost vorgelegte Prognose schlicht als „recht optimistisch"[59] und vermutete:

---

54 Massenmedium Bildschirmtext. In: Zeitschrift für das Post- und Fernmeldewesen (1982), H. 10, S. 6.

55 Vgl. Schneider: Technikentwicklung, 1989, S. 121. Zitate ebd.

56 Guido Fromm: Vergangene Zukunft – die Neuen Medien der „ersten Generation" in Deutschland. Ein Rückblick auf Prognosen und Entwicklungen der 70er und 80er Jahre. In: Media Perspektiven (2000), H. 6, S. 258–265, hier S. 260.

57 Vgl. BArch B 123/349, Schreiben des Bundesministers für das Post- und Fernmeldewesen Kurt Gscheidle an den Vorsitzenden des Verwaltungsrates der Deutschen Bundespost Walter Hesselbach, 4.6.1981.

58 Vgl. Eric Danke: Die Bildschirmtext-Infrastruktur ab 1983. In: Diebold Deutschland GmbH (Hg.): Bildschirmtext Kongress 1982. Proceedings. Frankfurt am Main. Alte Oper. 4.–5. März 1982. Frankfurt am Main 1982, S. 1–3; Axel Schnorbus: Der Bildschirmtext auf dem Vormarsch. Post: 1986 eine Million Teilnehmer-Anschlüsse. Kongreß in Frankfurt. In: Frankfurter Allgemeine Zeitung, 5.3.1982, S. 11.

59 Optimistische Post. In: Frankfurter Allgemeine Zeitung, 11.9.1982, S. 11.

> „Offenbar hofft sie, auf diese Weise die Verbreitung des neuen Mediums beschleunigen und so ihre Ortsfernsprechnetze besser auslasten zu können."[60]

Dieser kurze Zeitungskommentar sprach die wesentlichen Punkte an. Bei den Abschätzungen der zu erwartenden Anschlusszahlen durch die Deutsche Bundespost – oder im Auftrag dieser – handelte es sich um Bedarfsprognosen, die der Bestimmung eines erwünschten Zielzustandes dienten. Dies implizierte die Bekundung der Bereitstellung von entsprechenden Investitionsmitteln zur Erreichung dieses Ziels. Die Bundespost nutzte die verschiedenen Prognosen entsprechend für sich, um den Markt nachhaltig zu stimulieren sowie die Industrie- und Wirtschaftspartner zu motivieren, selbst tätig zu werden und zu investieren.[61] Der neue Bundesminister für das Post- und Fernmeldewesen Christian Schwarz-Schilling bestätigte beispielsweise in seinem ersten ‚Lagebericht' für das kommende Jahr 1983 ebenfalls die „erwarteten 1 Mio. Teilnehmer"[62] bis 1986 und kündigte an, dafür rund 500 Millionen DM zu investieren. Diese Erwartung wiederholte er im Verlauf des Jahres mehrmals, auch unter Berufung auf die ersten Ergebnisse der Feldversuchsphase.[63] Betont wurde hierbei stets, dass 87 Prozent der Testhaushalte angegeben hatten, nach der Versuchsphase Bildschirmtext weiter zu nutzen. Diese Absichtsbekundung zur Weiternutzung wurde in den postnahen Schriften gerne als generelle Zustimmung der Bevölkerung zum Bildschirmtext verkauft.[64] Dass die Bundespost die private Nutzung des Bildschirmtextes auch als Maßnahme zur besseren Auslastung des Fernsprechnetzes verstand, wie der zitierte Zeitungsartikel mutmaßte, war eindeutig. Durch die Blockierung

---

60 Ebd.

61 Zum ‚Modell' der Bedarfsprognosen für Btx vgl. Helmut Kromrey u. Heiner Treinen: Die Verbreitung von Bildschirmtext in Privathaushalten. Prognosen – Hypothesen – Tatsachen. In: Rundfunk und Fernsehen 33 (1985), H. 2, S. 207–219, hier S. 209. Für eine Betrachtung „überoptimistischer" Prognosen und möglicher Auswirkungen am Beispiel des Bildschirmtextes vgl. Michael Latzer: Mediamatik – Die Konvergenz von Telekommunikation, Computer und Rundfunk. Opladen 1997, S. 115.

62 Christian Schwarz-Schilling: Zur Lage. In: Zeitschrift für das Post- und Fernmeldewesen (1983), H. 1, S. 4f., hier S. 5.

63 Vgl. bspw. Christian Schwarz-Schilling: Bildschirmtext-Start mit neuem Standard. Im Mai 1984 kommt die neue Systemtechnik. In: Industrie- und Handelskammer zu Berlin (Hg.): Bildschirmtext. Erfahrungen und Marktchancen. Eine Dokumentation der IHK Berlin. Berlin 1983, S. 4f., hier S. 4. Die Investitionssumme von 500 Millionen DM bestätigte er ebenfalls im Sommer 1983 noch einmal, vgl. Ders.: Ein zukunftsweisendes Programm, 1983, S. 6.

64 Vgl. Btx wird zur Lawine. „Modem" macht's möglich: Die Datenbank für jedermann im Wohnzimmer. In: postmagazin (1982), H. 11, S. 32f.

des primären Telefonanschlusses wurde von Anfang an zusätzlich eine verstärkte Nachfrage von Zweitanschlüssen unter den Nutzerinnen und Nutzern erhofft. Der Geschäftsbericht der Bundespost sprach 1983 beispielsweise vom Bildschirmtext als einen „Anreiz zur Einrichtung eines Zweitanschlusses"[65].

Im Jahr 1983 folgten weitere Prognosen. Die Berliner Begleitforschung präsentierte drei Varianten einer möglichen Diffusion von Bildschirmtext: Der optimistische Fall bestätigte im Wesentlichen die posteigenen Zahlen mit 400 000 Haushalten für 1985, einer Million für 1986 und 3,5 Millionen Btx-Anschlüssen für 1990. Die anderen Varianten gingen jeweils von einer etwas langsameren Verbreitung bis 1992 aus.[66] Die Düsseldorfer Begleitforscher formulierten zwar abwägender, aber letztendlich genauso bestätigend:

> „Für die künftige Entwicklung wird geschätzt, daß es kurzfristig bis Ende 1986 nicht mehr als 1 Million, mittelfristig bis Ende 1987 nicht mehr als 2 Millionen BTX-Teilnehmer geben wird. Frühestens nach 1988, ab einer Verbreitung bei etwa 10 Prozent der Haushalte, hat dann BTX als ausgereifte Kommunikationsinfrastruktur langfristig Auswirkungen auf Wirtschaft und Gesellschaft."[67]

In der Erprobungsphase bis zum September 1983 zweifelte kaum jemand an dem Fakt, dass sich der Bildschirmtext auf breiter Basis durchsetzen werde, selbst wenn im Einzelnen die rechnerische Exaktheit der prognostizierten Anschlusszahlen hinterfragt wurde. Exemplarisch formulierte es erneut Gudrun Biermann in ihrem Einführungswerk:

> „Trotzdem sollte man alle Prognosen nur als mögliche Größenordnungen betrachten und nicht als eine konkrete Entwicklung, mit der man fest rechnen kann. Es steht außer Zweifel, und das läßt sich nach den Jahren der Erprobung sagen, daß Bildschirmtext sich in allen Kreisen durchsetzen wird, fraglich ist bloß, wie groß der Zeitraum ist, bis dieses geschehen ist"[68]

Auch Eric Danke war sich der schwankenden Zahlen bewusst, ließ aber keinen Zweifel daran, dass der Bildschirmtext in naher Zukunft ein „Jedermanndienst"[69] sein werde und betonte noch einmal das enge Zusammendenken von Telefonanschluss und Fernsehgerät:

---

65 Deutsche Bundespost: Geschäftsbericht 1983. Frankfurt am Main 1984, S. 22. Bereits 1977 fand sich diese Idee verschriftlicht bei Elias: Entwicklungstendenzen, 1977, S. 42.

66 Vgl. Seetzen et al.: Wissenschaftliche Begleituntersuchung Berichtband, 1983, S. 30f.

67 Mayntz et al.: Wissenschaftliche Begleituntersuchung Abschlußbericht, 1983, S. 7.

68 Biermann: Bildschirmtext, 1984, S. 107.

69 Danke: Bildschirmtext – Stand und Entwicklung, 1984, S. 40.

> „Mit der Entscheidung für die Einführung von Bildschirmtext hat sich die Deutsche Bundespost 1981 entschlossen, bis Ende 1986 eine Systemkapazität für 1 Million Btx-Teilnehmer bereitzustellen. Die Investitionskosten betragen hierfür nur im engeren Btx-Bereich eine halbe Mrd DM, hinzu kommen allein bis Ende 1984 200 Mio DM für den Aufbau von Zugangspunkten im Fernsprechnetz. Maßgebend für diesen Ausbau waren die für eine Btx-Nutzung ausreichend großen Potentiale im privaten und gewerblichen Bereich. An die 20 Millionen Haushalte werden 1986 Fernsehapparat und Telefon besitzen, jährlich werden über 2 Millionen neue Farbfernsehgeräte verkauft. 6 Millionen Haushalte können mit Sicherheit die zusätzlichen Btx-Gebühren aufbringen und hinter über 40 Millionen Girokonten stehen potentielle Btx-Homebanking-Kunden. [...] Wenn auch die derzeit gehandelten Prognosewerte für Ende 1986 zwischen knapp einer halben und einer ganzen Million Btx-Teilnehmer schwanken, so werden für die neunziger Jahre durchgängig sehr hohe Zuwachsraten angenommen, die nach dem Jahr 2000 in eine Vollversorgung analog Telefon und Fernsehen münden."[70]

Das Beratungsunternehmen Diebold legte im Auftrag der Deutschen Bundespost 1983 eine weitere Abschätzung in Form einer Marktstudie nach, die auf einem computergestützten Prognosemodell beruhte, welches gemeinsam mit der Forschungsgruppe Bildschirmtext an der Universität Trier entwickelt wurde.[71] Diese Prognose präsentierte die Entwicklung der Bildschirmtext-Anschlüsse bis zum Jahr 1988 unter der Maßgabe verschiedener Szenarien. Bei ungünstigen Rahmenbedingungen wurden hier für Ende 1986 430 000, für Ende 1987 680 000 und für Ende 1988 1,1 Millionen Anschlüsse vorausgesagt. Bei einem störungsfreien Ausbau der Infrastruktur, was unter anderem das Fallen der Dekoderpreise auf unter 300 DM für 1988 beinhaltete, waren es Ende 1986 bereits 700 000 und bis Ende 1988 mehr als 2 Millionen Anschlüsse. Um potenzielle Engpässe auszuschließen, lautete die Empfehlung an die

70 Ebd., S. 40f.

71 Der Leiter dieser Forschungsgruppe verfasste 1984 eine eigene Prognose auf Grundlage der Untersuchung des Nutzungsverhaltens einzelner Haushalte. In der pessimistischsten Variante, für die die denkbar ungünstigste Dekoderpreis-Entwicklung angenommen wurde, prognostizierte die Studie: für Ende 1985 93 000, für Ende 1986 200 000, für Ende 1987 310 000, für Ende 1988 470 000, für Ende 1989 670 000, für Ende 1990 1 Million und für Ende 1995 5,9 Millionen Bildschirmtext-Anschlüsse. Vgl. Peter Hecheltjen: Bildschirmtext-Prognosen. Ausbreitung und Nutzung eines neuen Kommunikationsmediums. Berlin u. Offenbach 1985, S. 72; Ders.: Prognosen zur Entwicklung der Teilnehmerzahl und -struktur im Bildschirmtext-Dienst. In: Nachrichtentechnische Zeitschrift 38 (1985), H. 3, S. 154–161. Das Unternehmen Loewe legte außerdem 1984 auch eine eigene Prognose vor. Vgl. Reduzierte Prognosen. In: Btx Praxis (1984), H. 12, S. 15.

Bundespost, sich bei den weiteren Planungen an der Obergrenze von 1 Million Anschlüssen für Ende 1986 zu orientieren.[72]

Diese Marke von 1 Million Bildschirmtext-Haushalten zum Ende des Jahres 1986 entwickelte sich zunehmend zu einer Art „magischen Marke“[73], die bei jeder Gelegenheit beschworen wurde und auf die alle beteiligten Akteure sowie die mediale Berichterstattung fixiert waren. Eine Million Anschlüsse bildete in der zeitgenössischen Wahrnehmung den entscheidenden Punkt, mithin die „kritische Masse“, ab dem der Bildschirmtext-Dienst eine „eigendynamische Entwicklung“[74] hin zu einem sich selbsttragenden Massenmedium nehmen würde. Um dieses Millionen-Ziel zu erreichen, und daran bestand bei den Verantwortlichen der Deutschen Bundespost kein Zweifel, bedurfte es einer forcierten Mobilisierung potenzieller Teilnehmerinnen und Teilnehmer durch umfangreiche Werbemaßnahmen. Dabei traf es sich zufällig, dass die Bundespost im August 1981 auf dringende Empfehlung des Bundesrechnungshofes ihre diesbezüglichen Agenturleistungen neu ausschrieb. Für die Bereiche Werbung und Öffentlichkeitsarbeit umfasste der Etat insgesamt 58 Millionen DM – was einen der größten Werbeaufträge in der Bundesrepublik der frühen 1980er-Jahre darstellte. Seit zwölf Jahren gestaltete die Hamburger Agentur Lintas die Produktwerbung für die Bundespost und die PR-Arbeit lag seit sechs Jahren bei der Düsseldorfer Agentur Gerstner, Gredinger + Kutter. Der beste Kandidat für den Werbebereich – mit einem Volumen von 50 Millionen DM

72 Vgl. Bildschirmtext 1983–1988. Diebold präsentiert Markt-Studie. In: Marketing Journal 16 (1983), H. 3, S. 220f.; Michael Kaminski: Erfolgsversprechende Prognose. Ergebnisse der Diebold-Bildschirmtext-Studie ’86. In: Industrie- und Handelskammer zu Berlin (Hg.): Bildschirmtext. Erfahrungen und Marktchancen. Eine Dokumentation der IHK Berlin. Berlin 1983, S. 20f. Die *Frankfurter Allgemeine Zeitung* berichtete noch vor der IFA 1983 ohne genaue Nennung von einer weiteren Studie, nach der bis zum Ende der 1980er-Jahre 4 Millionen und bis Mitte der 1990er-Jahre insgesamt 7 Millionen Btx-Anschlüsse zu erwarten seien. Vgl. Ulrich Schulze: In zehn Jahren sieben Millionen Nutzer des Bildschirmtextes? In: Frankfurter Allgemeine Zeitung, 27.7.1983, S. 2.

73 Die 1 Million Anschlüsse blieb bis zum Erreichen im Jahr 1996 eine „magische Marke“. So auch 1990 in einem Interview mit Helmut Ricke, dem ehemaligen Geschäftsführer von Loewe, nun Chef der DBP Telekom, der gefragt wurde, welche Anschlusszahlen er in fünf Jahren für realistisch halte: „Prognose bitte keine. Aber ich sehe keinen Grund, warum wir nicht auf ein Teilnehmerniveau wie in Frankreich kommen sollten. Wenn auch noch nicht in den nächsten fünf Jahren. Nicht von ungefähr haben wir seinerzeit eine Million Teilnehmer als erste Zielgröße angepeilt und darauf die Ausbaupläne ausgerichtet. Mir scheint, daß das eine magische Grenze ist, die uns unter normalen Bedingungen dem Ziel sehr nahe bringt, daß sich der Dienst finanziell selbst trägt.“ Zit. n. „Noch mehr Marketing“. Interview mit dem Chef der Bundespost Telekom. In: bildschirmtext magazin 11 (1990), H. 4, S. 17.

74 Deutsche Bundespost: Marketingkonzeption für Bildschirmtext. September 1985, S. 4.

der weit größere Anteil – sollte in drei Ausscheidungsrunden ermittelt werden. Nach der ersten Sichtung der Bewerbungen schafften es sechs große Agenturen in die zweite Runde, in der die Ausarbeitung eines konkreten Werbekonzepts gefordert wurde.[75] Thema der vorzulegenden Kampagne sollte die Einführung des Bildschirmtextes ab 1983 sein. Damit machte die Bundespost die Vergabe ihres gesamten Werbeetats, der sowohl das Post- als auch das Fernmeldewesen umfasste, auf mindestens fünf Jahre von dem zu diesem Zeitpunkt kleinen Teilbereich des Bildschirmtextes abhängig.[76]

In den Fokus der Debatten geriet die Ausschreibung nicht nur wegen ihrer einseitigen Konzentration auf den Bildschirmtext, sondern vor allem aufgrund des undurchsichtigen Verfahrens, an dessen Ende ein Gewinner stand, der zwischenzeitlich schon einmal ausgeschieden war. Als Prämisse der zweiten Runde wurde festgelegt, dass nur die zwei Agenturen mit den besten Kampagnenentwürfen für eine abschließende persönliche Präsentation vor dem Bundesminister und Staatssekretär eingeladen werden. Die Auswahl der anonymisierten Konzepte erfolgte durch eine 20-köpfige Expertenkommission mithilfe eines Beurteilungskatalogs, der speziell für diese Ausschreibung in Zusammenarbeit mit Heribert Meffert vom Institut für Marketing an der Universität Münster entwickelt wurde. Das mit großem Abstand in der Bewertung beste Konzept stammte von der ‚nachnominierten' Agentur Team/BBDO. Die Überraschung brachte aber vor allem der ein Weiterkommen sichernde zweite Platz – hier hatte sich Gramm & Grey knapp vor dem Marktführer und bisherigen Stammhalter Lintas durchgesetzt. Nach Recherchen des *Manager Magazins* intervenierte daraufhin der Leiter des Referates für Zentrales Marketing im Bundesministerium für das Post- und Fernmeldewesen Guido Stanovsky und argumentierte, dass es Usus wäre, den bisherigen Etathalter bis zum Schluss eine Chance zu geben. Aus zwei Bewerbern in der letzten Runde wurden so schließlich drei. Obwohl Lintas in der abschließenden Präsentation gegenüber den besserplatzierten Mitbewerbern keine neuen Ideen vorbrachte, entschied sich das Bundespost-Gremium unter Ministerialdirektor Bernhard Zurhorst am Ende in Abwesenheit von Bundespostminister Hans Matthöfer und Staatssekretär Dietrich Elias und im Widerspruch mit dem als externen

75 Neben Lintas waren das vorerst die Agenturen McCann-Erickson aus Frankfurt sowie Troost Campbell-Ewald, Gramm & Grey und DDB, alle aus Düsseldorf. Nach dem von mehreren Seiten erfolgtem Hinweis, dass die Agenturen Lintas, McCann-Erickson und Troost Campbell-Ewald alle zur gleichen US-amerikanischen Holding-Gesellschaft Interpublic Group of Companies gehörten, forderte die DBP noch die Agentur Team/BBDO zur Teilnahme auf.

76 Vgl. BArch B 257/42426, POST. Öffentlichkeitsarbeit für die Einführung von Bildschirmtext (Btx), März 1982.

Moderator hinzugezogenen Heribert Meffert für den bisherigen Etathalter Lintas.[77]

Ohne Aufsehen wurde dagegen die Öffentlichkeitsarbeit mit einem Volumen von 8 Millionen DM an die Agentur ABC Presse-Information vergeben, die im Folgenden als Ergänzung im PR-Bereich umfangreiche Maßnahmen zur Einführung von Bildschirmtext in enger Zusammenarbeit und Abstimmung mit Lintas plante. Mit einem Gesamtetat von 2 Millionen DM kalkulierte die Agentur ABC Presse-Information eine Vorlauf-, eine Basis- sowie eine Aktionskampagne[78], die im Wesentlichen zwei Ziele verfolgten: erstens die Bekanntmachung und Erläuterung des Bildschirmtextes in der Öffentlichkeit zur Schaffung eines grundlegenden Interesses sowie zweitens die Hervorhebung der tragenden Rolle der Deutschen Bundespost bei der Entwicklung des Systems. Die potenziellen privaten Teilnehmerinnen und Teilnehmer sollten erfahren, dass sich mit dem Bildschirmtext für sie „neuartige, umfassende, schnellere und im allgemeinen auch preisgünstigere Kommunikationswege eröffnen"[79] würden. Mit dem Ziel der Akzeptanzerhöhung sollten bestehende Vorurteile abgebaut sowie positive Einschätzungen verstärkt werden. Zentraler Bestandteil war hierbei die Profilierung eines speziellen Image, welches den einzelnen Zielgruppen vermittelt werden sollte. Außerdem sollte

---

77 Vgl. Helmut Raithel: Der Sieg des Verlierers. In: manager magazin 12 (1982), H. 9, S. 30–35. Dem Artikel des *Manager Magazins* folgte eine Anfrage des CDU-Abgeordneten Gerhard O. Pfeffermann im Bundestag, auf die der Parlamentarische Staatssekretär Helmuth Becker kurz antwortete, dass die Darstellungen unzutreffend seien. In den folgenden Ausführungen bestätigte er aber, dass „der Branchenübung Rechnung getragen" und „der etathaltenden Agentur die Möglichkeit zur mündlichen Präsentation" eingeräumt wurde. In dieser hätte sich Lintas entsprechend durchgesetzt. Vgl. Deutscher Bundestag, Drucksache 9/2013, 1.10.1982. Schriftliche Fragen mit den in der Woche vom 27. September 1982 eingegangenen Antworten der Bundesregierung, S. 16. Zitate ebd.

78 Vgl. BArch B 257/42426, Kostenplan für Einführungsmaßnahmen Btx 1983/84, ABC Presse-Information, 16.12.1982. Weitere geplante Bestandteile waren Human Relations-Maßnahmen, hier u. a. die Platzierung von Berichten in der Postzeitschrift *Telepost*, sowie ein Sonderprogramm Technikfeindlichkeit, welches zuerst mit einer „Leitbildstudie" die Technikeinschätzung der Bevölkerung ermitteln sollte, um dann „den per se schon negative Einstellungen auslösenden Terminus Technikfeindlichkeit inhaltlich durch einen positiven zu ersetzen". Vgl. BArch B 257/42426, PR-Maßnahmen für die Einführung von Bildschirmtext 1983/1984, ABC Presse-Information, Dezember 1982, S. 34–36. Zitat ebd., S. 35. Als ein Beispiel für HR-Maßnahmen vgl. Bildschirmtext – das unbekannte Medium. Btx soll bekannter werden – Mitarbeiterwettbewerb soll helfen. In: telepost 15 (1986), H. 4, S. 8.

79 BArch B 257/42426, PR-Maßnahmen für die Einführung von Bildschirmtext 1983/1984, ABC Presse-Information, Dezember 1982, S. 5.

hervorgehoben werden, dass die Bundespost mit der Einführung von Bildschirmtext ihren gemeinwirtschaftlichen Auftrag erfülle.[80]

Neben ganzseitigen Anzeigen, unter anderem in den Zeitschriften *Stern* und *Der Spiegel* sowie in der Wochenzeitung *Die Zeit* und in der *Frankfurter Allgemeinen Zeitung*, sah das Marketingkonzept unter anderem regionale Aktionswochen in enger Kooperation mit den lokalen Fachhändlern und Anbietern vor.[81] Als Pilot- und Vorzeigeprojekt wirkte hier die „Btx Hamburg Woche 85" im Juni 1985 mit zahlreichen Einzelveranstaltungen und großflächiger Plakatierung auf Bussen, Telefonzellen und Postfahrzeugen sowie Wurfsendungen an alle Hamburger Haushalte, Werbegeschenken von Kugelschreibern bis zu T-Shirts und einer Preisausschreibung mit öffentlicher Ziehung. In Vorbereitung nahmen 260 Hamburger Fachgeschäfte an dem Schulungsprogramm der Deutschen Bundespost teil und erwarben das Zertifikat „Btx-Fachberater".[82]

Ein Schwerpunkt lag außerdem auf den schon bekannten Informationsheften, die auf Messen verteilt wurden und in den örtlichen Postämtern auslagen. Eine von der Agentur ABC Presse-Information im Zuge der Vorlaufkampagne gestaltete Broschüre mit einer Auflage von 1,5 Millionen präsentierte den Bildschirmtext offensiv als ein „neues Medium zur problemlosen, interaktiven und individuellen Kommunikation" und als „demokratisches Medium",

---

80 Vgl. ebd., S. 4–7. Die Ausgaben für bildschirmtextspezifische Werbung und PR-Arbeit steigerte sich dabei über die 1980er-Jahre hinweg kontinuierlich: 1983 8 Millionen DM, 1984 6 Millionen DM, 1985 9 Millionen DM, 1986 11 Millionen DM, 1987 12 Millionen DM, 1988 12,5 Millionen DM und 1989 13 Millionen DM. Vgl. Werbung für Btx. In: Zeitschrift für das Post- und Fernmeldewesen (1989), H. 1, S. 41.

81 Das zusammenfassende Marketingkonzept von 1985 führte folgende Maßnahmen für eine „kurzfristige Neukunden-Gewinnung" auf: Presse- und Öffentlichkeitsarbeit, öffentlich zugängliche Btx-Geräte, Schulungsmaßnahmen, Kooperation mit Marktpartnern, Inhaltsanalyse der Btx-Programme, gemeinsame regionale Verkaufsförderungsaktionen und HR-Maßnahmen. Vgl. DBP: Marketingkonzeption, 1985, S. 4f. Zitat ebd., S. 4. Vgl. auch Eric Danke: Bildschirmtext: Stand der Realisierung und Perspektiven. Geplante Erweiterungen 1986. In: ONLINE '86. 9. Europäische Kongreßmesse für Technische Kommunikation. Hamburg 05.-08.02.1986. Kongreß II. Bildschirmtext und die Neuen Medien der Breitbandkommunikation. Velbert 1986, S. 2G-1–2G-32.

82 Vgl. Eine Idee wird zum Erfolg: Btx Hamburg Woche 85. In: telepost 14 (1985), H. 9, S. 6–8; Sigurd Fröhlich: Marketingmodell „Btx Hamburg Wochen 85". Idee – Konzept – Realisation – Erwartung. In: Zeitschrift für das Post- und Fernmeldewesen (1986), H. 2, S. 22–28. Die *Btx Praxis* nannte diese Aktionen „offensives Regionalmarketing" und sah darin ein „neues Selbstbewußtsein" der DBP. Vgl. Brigitte Kammerer-Jöbges: Dem Medium auf die Sprünge helfen. In: Btx Praxis (1985), H. 10, S. 45–47. Zitate ebd., S. 45. Ähnliche Aktionstage gab es folgend in Düsseldorf und im Raum Nürnberg. Vgl. Deutsche Bundespost: Btx Düsseldorf. Info-Woche vom 5.-12.7.86. Veranstaltungsprogramm, 1986; MSPT Heusenstamm, D13/3, Btx-Maßnahmen der OPD Nürnberg, 17.2.1987.

welches „[v]on jedermann zum Informationsabruf zu benutzen" sei.[83] Wie im Werbekonzept der Agentur dargelegt, wurde durch einen Verweis auf das Postverwaltungsgesetz die gemeinwohlorientierte Verpflichtung der Deutschen Bundespost hervorgehoben:

> „Da Btx zur Übermittlung das Fernsprechnetz benutzt, fällt das neue Medium in den Bereich der Telekommunikation. Verantwortlich ist hierfür in der Bundesrepublik allein der Bund und damit die Deutsche Bundespost. [...] Nach dem ‚Gesetz über die Verwaltung der Deutschen Bundespost' (PVwG) ist es Aufgabe der Post, Fernmeldedienste in öffentlichen Fernmeldenetzen zur Verfügung zu stellen, zu errichten und zu betreiben. § 2, Absatz 3, verpflichtet sie, ihre Anlagen ‚in gutem Zustand zu erhalten und technisch und betrieblich den Anforderungen des Verkehrs weiterzuentwickeln und zu vervollkommnen'. Für die Deutsche Bundespost ergibt sich damit die Verpflichtung, neue Kommunikationstechniken wie Bildschirmtext zu fördern und zu installieren."[84]

Neben der Erläuterung der technischen Funktionsweise, der „Suchbaum"-Methode sowie der Vorstellung der „Anwendungsvielfalt"[85] äußerte sich die Broschüre auch zur durch IBM verursachten Verzögerung der Einführung und der notwendig gewordenen Übergangslösung:

> „Trotz dieser Einschränkungen hält die Bundespost an ihren Btx-Prognosen – bis 1986 soll der neue Dienst bereits eine Million Teilnehmer haben – unverändert fest. Durch vorgezogene Investitionen im Netzbereich soll Btx schon Mitte 1985 und nicht erst 1988 überall in der Bundesrepublik zum Orts- bzw. Nahtarif verfügbar werden."[86]

Zum offiziellen Start auf der Internationalen Funkausstellung 1983 erschien die Broschüre *Damit Sie's leichter haben,* die Bildschirmtext grundlegend erklärte, mit den neuen grafischen Gestaltungsmöglichkeiten im CEPT-Standard warb und besonders verschiedene Anwendungen für Privat- wie Geschäftspersonen

---

83 Bundesministerium für das Post- und Fernmeldewesen: Ein Neues Medium. Btx kommt! Broschüre, 1983, S. 4. Mit leicht angepasstem Wortlaut wurde die Broschüre ein Jahr später noch einmal neu aufgelegt. Vgl. Bundesministerium für das Post- und Fernmeldewesen: Die Post informiert über Bildschirmtext. Btx kommt! Broschüre, 1984.

84 BMPF: Ein Neues Medium, 1983, S. 4. Noch direkter wurde es in einer späteren Informationsbroschüre beworben: „Ihr Dienst im Fortschritt der Zeit." Bundesministerium für das Post- und Fernmeldewesen: Bildschirmtext, ein vielseitiger Dienst stellt sich vor. Broschüre, Juli 1985, S. 22.

85 „Die Palette des neuen Dienstes ist durch die Vielzahl von Anwendungsmöglichkeiten ungeheuer groß. Btx ist ein multifunktionales Medium [...]". BMPF: Ein Neues Medium, 1983, S. 7.

86 Ebd.

vorstellte.[87] Als Zusammenfassung dieser Messebroschüre galt in der Folgezeit das sechsseitige Faltblatt *Damit Sie's leichter haben: Ihr Auftrag für den Btx-Anschluß*, welches neben allgemeinen Erklärungen und Anwendungsbeispielen zusätzlich auch ein Antragsformular mit Erläuterungen, wie dieses auszufüllen sei, enthielt. Diese Anmerkungen zum Ausfüllen des neugestalteten Formulars waren offensichtlich nötig, weil es kaum selbsterklärend war. Das begann schon damit, dass es sich dem Titel nach nicht, wie sonst bei Postangelegenheiten üblich, um einen Antrag, sondern um einen Auftrag handelte. Diese Suggestion von Kundennähe wurde aber bereits im Kleingedruckten wieder aufgehoben, wo es im besten Amtsdeutsch hieß: „Der Auftrag für einen Btx-Anschluß stellt einen Antrag gemäß § 11 Abs. 3 der Fernmeldeordnung dar."[88] Als Quintessenz des Werbeslogans „Damit Sie's leichter haben" formulierte das Faltblatt:

> „Damit Sie's leichter haben: Bildschirmtext – ein Dienst, mit dem die Post Ihnen das Leben leichter macht – privat und beruflich. Die Informationsvielfalt zum Ortstarif. In Ihrem Wohnzimmer, auf Ihrem Schreibtisch oder wo immer Sie es wollen!"[89]

Auch wenn sich im Verlauf des Jahres 1984 bereits eine allmähliche Ernüchterung bezüglich der Anschlusszahlen durchgesetzt hatte, hielt die Bundespost lange an der Million fest und war sogar bereit, intern mit neuen Zahlen aufzutrumpfen.[90] Nach einer erweiterten Prognose, die auf den Erfahrungen der

---

87 Vgl. BMPF: Damit Sie's leichter haben, 1983. Diese Broschüre beruhte wahrscheinlich auf einer früheren mit nahezu identischen Inhalten, aber anderem Namen. Aufgrund der nicht genau nachvollziehbaren Datierung blieb es jedoch unklar, welche von beiden die ursprüngliche Fassung darstellte. Vgl. Bundesministerium für das Post- und Fernmeldewesen: Bildschirmtext. Der Text, den Sie lesen müssen. Broschüre, o.J. [wahrscheinlich Ende 1982 od. Anfang 1983].

88 Deutsche Bundespost: Auftrag für einen Btx-Anschluß. Teilnahme am Bildschirmtext. Formular, 1985. Vgl. auch Manfred Schuwerk: Wie füllt man einen Btx-Antrag aus? Erläuterungen, Hinweise und Tips. Anbieter müssen zwei Formblätter beantworten. In: Btx Praxis (1984), H. 1, S. 9–11; Günther Schmid: Der Auftrag. Die Post entschärft den Papierkrieg beim Btx-Anschluß. In: bildschirmtext magazin für teleleser 7 (1986), H. 7/8, S. 15. Dazu auch die Erfahrungsberichte, vgl. Bernhard Krieg: Irrwege. Erfahrungen von einem, der auszog, sich in die Schar der Btx-Jünger einzureihen. In: Funkschau (1984), H. 1, S. 41; Ders.: Btx kommt. Weitere Erfahrungen von einem, der auszog, sich in die Schar der Btx-Jünger einzureihen. In: Funkschau (1984), H. 12, S. 53–55.

89 Bundesministerium für das Post- und Fernmeldewesen: Damit Sie's leichter haben: Ihr Auftrag für den Btx-Anschluß. Faltblatt, November 1985.

90 Eric Danke bestätigte noch im Sommer 1984 in einem Vortrag auf der Messe „telematica" die 1 Million für Ende 1986. Vgl. Seit der telematica 84 ist Btx endlich da. Post startete den uneingeschränkten Dienst. In: Btx Praxis (1984), H. 7, S. 16–18, hier S. 16; Karl Tetzner:

Feldversuche und neuesten Marktanalysen beruhte, würden die erwarteten Anschlüsse von 1986 zwar erst im Verlauf des Jahres 1988 erreicht werden. Anfang des Jahres 1991 würde dafür die alte Diffusionskurve geschnitten werden und für 1993 könne mit 9,3 Millionen statt wie bisher mit 4,7 Millionen Bildschirmtext-Anschlüssen gerechnet werden. Außerdem wurde der Sättigungswert bei 31 Millionen Haushalten, was faktisch einer Vollversorgung entsprach, statt wie bisher bei 5 Millionen angesetzt.[91]

Ende des Jahres 1986 stand der prognostizierten 1 Million jedoch die ernüchternde Zahl von exakt 58 365 Bildschirmtext-Anschlüssen gegenüber, was weniger als sechs Prozent bedeuteten. Dieser desolate Vergleich zwischen „Wunschtraum und Wirklichkeit"[92] – zwischen 60 000 und 1 Million – bildete fortan ein zentrales Topoi praktisch aller Artikel, die sich mit dem Bildschirmtext auseinandersetzten und wirkte wie ein Stigma, das nie abgelegt werden konnte.

Mit Spannung wurde deshalb auch der alljährliche ‚Lagebericht' des Bundesministers für das Post- und Fernmeldewesen erwartet. Christian Schwarz-Schilling behandelte das Thema offensiv und gab die Schuld an die Hersteller weiter. Gleichzeitig verdeutlichte eine abgedruckte Tabelle, dass Bildschirmtext unter den neueren Fernmeldediensten Teletex, Telefax, Datex P, Datex L, Service 130 und Gedan derjenige war, der die meisten Anschlüsse zu verzeichnen hatte.[93] Schwarz-Schilling betonte, dass es bei neuen Dienstleitungen immer schwierig sei, „genaue Teilnehmerzahlen für die Zukunft abzuschätzen".[94] Im Falle des Bildschirmtextes habe aber die Deutsche Bundespost ihre Gebührenpolitik gezielt darauf ausgelegt, den neuen Dienst „für möglichst weite Kreise attraktiv zu machen", nur die Preisentwicklung für bildschirmtextfähige Endgeräte hätte „bisher nicht einen so günstigen Verlauf genommen, wie er zu Beginn des Dienstes von einzelnen Vertretern der herstellenden Industrie in Erwartung einer hohen Akzeptanz beim breiten Publikum erhofft

Mach du nur einen Plan … Prognosen zum Bildschirmtext. In: Funkschau (1984), H. 14, S. 46.

91 Vgl. Manfred Mauser: Die mittelfristige Planung für das Bildschirmtext-Netz. Bestandsaufnahme für das Bildschirmtext-Netz. In: Btx-Praxis (1985), H. 1, S. 14–16.

92 Btx-Prognosen: Wunschtraum und Wirklichkeit. In: Funkschau (1986), H. 7, S. 8.

93 Für Ende 1986: Teletex 16 000, Telefax 43 500, Datex P 15 500, Datex L 18 000, Service 130 500 und Gedan 8500. Nicht aufgeführt wurden die Telefon- (rund 26 Millionen) und Telex-Anschlüsse (rund 167 000). Eine Auswertung von Siemens ergab außerdem, dass kein anderer dieser Dienste jemals annähernd ähnlich hohe Wachstumsraten wie Bildschirmtext zu verzeichnen hatte. Vgl. Auf dem Weg nach oben. In: Btx Praxis (1985), H. 11, S. 22f.

94 Christian Schwarz-Schilling: Zur Lage. In: Zeitschrift für das Post- und Fernmeldewesen (1987), H. 1, S. 4–11, hier S. 10.

worden ist".[95] In ähnlicher Weise argumentiert auch Eric Danke in seinem „Situationsbericht":

> „Der Btx-Dienst steht heute mit einem leistungsfähigen Funktionsspektrum und mit hoher technischer Qualität und Zuverlässigkeit rund um die Uhr zur Verfügung. […] Mitte 1986 wurde die Marke von 50.000 Btx-Anschlüssen überschritten. Der gewerbliche Btx-Einsatz hat sich im Laufe des vergangenen Jahres sehr positiv entwickelt. Im privaten Bereich konnte dagegen der erwartete Durchbruch noch immer nicht erreicht werden. Hauptursache hierfür dürfte das fortgesetzte Fehlen einer breiten Palette genügend preiswerter Btx-Geräte sein. Dadurch ist Btx im Fachhandel heute praktisch nicht präsent. Der Markt konnte auch durch einzelne günstige Angebote nicht spürbar beeinflußt werden. Hemmend wirkte zudem die Ankündigung billiger Gerätegenerationen für die nahe Zukunft. […] Für Btx-Angebote, die an die Allgemeinheit gerichtet sind, ist das Kosten/Nutzenverhältnis bei der gegenwärtigen Teilnehmerzahl noch immer ungünstig."[96]

Christian Schwarz-Schilling und Eric Danke präsentierten in ihren Berichten auch eine entsprechende Lösungsstrategie für das Endgeräte-Dilemma. Die Deutsche Bundespost hatte bereits in der zweiten Jahreshälfte 1986 einen Großauftrag für die Entwicklung und Produktion von 50 000 multifunktionalen Telefonen – sogenannten MultiTels – ausgeschrieben. Nach dem französischen Vorbild der Minitel-Terminals sollte ein Gerät gebaut werden, welches Telefon, Monitor, Eingabegerät und Bildschirmtext-Dekoder in sich vereinte. Auf der Hannover-Messe 1984 hatten einige Hersteller schon erste eigene Prototypen einer Verknüpfung von Telefon und Bildschirmtext vorgestellt. Die MultiTel-Geräte sollten sich nun durch eine „Kombination von hohem Telefonkomfort und effizienter Nutzungsmöglichkeit von Bildschirmtext"[97] als platzsparendes

---

95 Ebd.

96 BArch B 257/47833, BMPF, Referat 251, Situationsbericht Bildschirmtext. Stand: September 1986, Anhang des Schreibens Christian Schwarz-Schillings an Walter Hesselbach, 22.10.1986, S. 1f. Mit gleichem Wortlaut später auch abgedruckt in Eric Danke: Situationsbericht Bildschirmtext. Stand: Dezember 1986. In: fernmelde-praxis 64 (1987), H. 5, S. 197–203, hier S. 197f. Danke brachte hier ebenfalls eine Reichweiten-Diskussion ins Spiel. So führte er aus, dass 50 000 Btx-Anschlüsse ein Nutzerpotenzial von 200 000 Personen repräsentieren würde. Die Argumentation, dass zu hohe Gerätekosten für den fehlenden Teilnehmerzuwachs verantwortlich waren, wurde letztendlich in allen postnahen Schriften vertreten. Exemplarisch für diese Monokausalität ein Statement des Chefredakteurs der *telepost*: „Daß die optimistischen Marktprognosen nicht erfüllt wurden, liegt vor allem daran, daß die Endgerätekosten insbesondere für den Privatmann einfach immer noch zu hoch liegen." Walter Maschke: Liebe Leser. In: telepost 15 (1986), H. 10, S. 3.

97 Deutsche Bundespost: MultiTel. Komfortabel telefonieren und Btx nutzen. Die Multifunktionalen Telefone von der Post. Besonders günstig zum Kennenlernen! Werbebroschüre, Januar 1988, S. 2.

Kompaktgerät auf jedem Schreibtisch etablieren. Das *Bildschirmtext Magazin* urteilte nach dem ersten Test eines Siemens-Modells ohne Umschweife: „Ein Multitel ist ein wahres Wunderding."[98]

Abb. 6
Werbebroschüre der Deutschen Post für MultiTel-Geräte, Titelblatt.
Quelle: Deutsche Bundespost: MultiTel. Komfortabel telefonieren und Btx nutzen. Werbebroschüre, Januar 1988.

Der Schwerpunkt der Werbemaßnahmen lag 1987 folglich eindeutig auf der Vermarktung der neuen Geräte.[99] Die Nutzerinnen und Nutzer mussten die MultiTels dabei nicht zwingend von den Herstellern kaufen, sondern sollten sie vielmehr von der Deutschen Bundespost mieten, ähnlich wie ein normales Telefongerät. Das Schwarz-Weiß-Gerät MultiTel 1 von Siemens war mit Beginn des Jahres 1987 für eine monatliche Gebühr von 48 DM verfügbar, die teurere Farbvariante MultiTel 2 von Loewe ab dem Sommer für 78 DM pro Monat

98 Die Multitels kommen. Komfort gedoppelt: fürs Telefonieren, für Bildschirmtext. In: bildschirmtext magazin für teleleser 6 (1985), H. 11, S. 16f., hier S. 16.

99 Vgl. Zentrale Werbemaßnahmen Januar bis März 1987. In: Zeitschrift für das Post- und Fernmeldewesen (1987), H. 1, S. 36f.; Zentrale Werbemaßnahmen April bis Juni 1987. In: Zeitschrift für das Post- und Fernmeldewesen (1987), H. 4, S. 32f.; Zentrale Werbemaßnahmen Juli bis Sept. 1987. In: Zeitschrift für das Post- und Fernmeldewesen (1987), H. 7, S. 34f.; Zentrale Werbemaßnahmen Okt. bis Dez. 1987. In: Zeitschrift für das Post- und Fernmeldewesen (1987), H. 10, S. 26f.; Bundesministerium für das Post- und Fernmeldewesen: MultiTel – das multifunktionale Telefon der Post. Telefonieren und Bildschirmtext zur gleichen Zeit. Gebührengünstiges „Schnupperangebot". Pressemitteilung, 3.2.1987.

(siehe Abbildung 6).[100] Die neue Strategie der Deutschen Bundespost schien tatsächlich erste Erfolge zu zeigen, obwohl sie dem ursprünglichen Konzept der massenhaften Verbindung von Fernseher und Telefon widersprach. Zeitgenössisch jedenfalls wurde der bescheidene, aber überdurchschnittliche Zuwachs an Bildschirmtext-Anschlüssen im Verlauf des Jahres 1987 mehrheitlich als Folge der veränderten Gerätepolitik gewertet. Am schwungvollsten formulierte es wie so oft das *Bildschirmtext Magazin* selbst:

> „Woher der plötzliche Boom kommt, weiß eigentlich keiner so genau. Aber er ist da: 7000 neue Btx-Anschlüsse in den ersten zehn Wochen des Jahres. Sicher ist nur: Die Stars in diesem Erfolgsstück sind die komfortablen Btx-Telefone, kurz MultiTels."[101]

Auch das *Postmagazin* sah mit Blick auf die neuen MultiTels und die steigenden, statistischen Eckdaten endlich den ‚Durchbruch' in Richtung eines Massenmediums gekommen:

> „Diese Zahlen stehen im Gegensatz zu der pessimistischen Aussage, Btx sei ein ‚totgeborenes Kind'. Das gilt auch für die stark angestiegenen monatlichen Abrufzahlen. Waren es 1986 noch durchschnittlich rund 1 Million Abrufe pro Monat, so kletterte die Zahl in den ersten Monaten dieses Jahres auf über 1,6 Millionen (Stand: Mai 1987) an. An Antwort- und Mitteilungsseiten wurden im Kommunikationssystem in den ersten Monaten 1987 mehr als 1,7 Millionen gezählt. Auch das ist ein deutliches ‚Lebenszeichen'. Mit Zuwachsraten von monatlich 3000 Anschlüssen seit der Einführung des ersten MultiTel kann sich der Dienst ebenfalls sehen lassen. Der Btx-Dienst ist aus seinem ‚Schattendasein' herausgetreten. Er ist, wie jemand sagte, ein der Öffentlichkeit noch wenig bekannter ‚Knüller'. Damit sich der Dienst zu einem ‚Knüller' für jedermann entwickelt, bedarf es jedoch weiterer gemeinsamer Anstrengungen von Post, Industrie, Handel und Anbietern."[102]

---

100 Siemens verkaufte das MultiTel 1 unter der Modellbezeichnung Bitel für rund 2100 DM. Das MultiTel 2 von Loewe wurde unter dem Namen BTT 510 für rund 3200 DM vermarktet. Nixdorf stellte ebenfalls ein Farbgerät her, das entweder für 147 DM pro Monat gemietet oder unter dem Namen BT 01 für 4600 DM gekauft werden konnte. Im Verlauf des Jahres 1987 und Anfang 1988 folgten Modelle weiterer Hersteller (DFG Dialog 1000, Krone CombiTel und Telenorma TB 92).

101 Herbert Grab: Das Rennen läuft: Nach dem MultiTel-Start. In: bildschirmtext magazin 8 (1987), H. 4, S. 16f. Vgl. auch Helmut Kalt: Flächendeckender Zugriff auf Informationen. In: nachrichten elektronik + telematik 41 (1987), H. 4, S. 14f.; Volkmar Doil: MultiTel – eine neue Dimension für Bildschirmtext und Telefon. In: telepost 16 (1987), H. 5, S. 17; Durch Telex und Multitels. Die Gerätepreise purzeln. In: bildschirmtext magazin 8 (1987), H. 6, S. 13.

102 Volkmar Doil: Gute Verbindung: Btx und Telex. In: Postmagazin (1987), H. 3, S. 12f., hier S. 13.

Das Angebot der MultiTels markierte einen entscheidenden Schritt auf dem Weg vom Fernsehgerät als bildgebendes Medium des Bildschirmtextes in Richtung eines zunehmenden Gebrauchs von separaten Monitoren, zuerst in der Form von Kombi-Geräten, später dann auch an Heim- und Personal Computern.[103] Im Verlauf des Jahres 1988 zogen sich folgerichtig mit einer Ausnahme alle namhaften Fernsehhersteller aus dem Markt zurück. Nur das Unternehmen Loewe produzierte weiterhin Fernsehgeräte mit integrierten Bildschirmtext-Dekodern.[104]

Die MultiTel-Initiative bedeutete für die Deutsche Bundespost eine endgültige Abkehr von der bisherigen Endgerätepolitik, deren Maxime es war, nicht in den Markt einzugreifen und sich ausschließlich auf die Rolle des Netzbetreibers zurückzuziehen. Dementsprechend wurde sich gegen den Vorwurf eines unerlaubten Eingreifens abgesichert: Mit der faktischen Deklarierung der MultiTels als ‚Fernsprechapparate' oblagen die Geräte unstrittig dem Zuständigkeitsbereich der Bundespost und blieben durch das Mietmodell zudem Staatseigentum. Im Vergleich zu traditionellen Bereichen des Fernmeldewesens, besonders des Telefons, gestaltete sich der Bildschirmtext-Markt dennoch – auch wenn alle Endgeräte einer Abnahme durch das Zentralamt für Zulassungen im Fernmeldewesen bedurften – als dynamisch und offen für alle Hersteller.[105] Allerdings hatte die Bundespost mit ihrem Forschungsauftrag an die Philips-Tochter Valvo zur Entwicklung eines Mikrochips für die zukünftigen Bildschirmtext-Dekoder – den bereits besprochenen EUROM-Chip – den Weg einer zunehmenden ‚Markteinmischung' bereits beschritten.[106]

103 Für den zunehmenden Gebrauch ab 1985 vgl. Die Invasion der PCs. In: Btx-Praxis (1985), H. 6, S. 28–32; R. Dreyer: BTX und Computer: Partner am Telefondraht. In: Funkschau (1985), H. 20, S. 54–56; Eintrittsbillett für Btx. Btx-Steckkarten machen aus Computern Dialogstationen. In: bildschirmtext magazin für teleleser 7 (1986), S. 10; Hans-Peter Wagner: Btx auf Ihrem PC. Heidelberg 1986; Franz Steimer: Bildschirmtext (Btx) und Personal Computer. In: fernmelde-praxis 64 (1987), H. 7, S. 278–280. Als eine Art Gegenbewegung untersuchte Hendrik Pletz für diese Zeit aufschlussreich eine diskursive Objektivierung und Neutralisierung des traditionellen Fernsehgeräts zum neuen „Einheitsmedium" Monitor. Vgl. Pletz: Die Materialisierung des Imaginären, 2010.

104 Vgl. Rainer Bücken: Geschäftliche Nutzung überwiegt – Einführung des Multitel steigerte die Teilnehmerzahl spürbar. Der Personal Computer als multifunktionales Btx-Gerät. In: Handelsblatt, 20.7.1988, S. 23. Ausführlicher zur weiteren Entwicklung des Endgerätemarktes vgl. Schneider: Technikentwicklung, 1989, S. 146–153.

105 Vgl. Btx-Gerätezulassung beim ZZF: Kleine Nummer große Bedeutung. In: bildschirmtext magazin 8 (1987), H. 6, S. 12.

106 Im Gegensatz zu den Dekodern, wurden die notwendigen Modems nicht als Endgeräte, sondern als Bestandteil des Netzes aufgefasst. Dies ermöglichte eine traditionelle Beschaffungspolitik per Großauftrag. Die DBP ‚bestellte' 1983 bei den bekannten

Letztendlich wurde die Förderung der MultiTel-Geräte in Kombination mit der neu ausgerichteten Marketingkonzeption, die noch stärker spezifische Zielgruppen[107] definierte, auch als ein Eingeständnis der Bundespost verstanden, dass mit der alleinigen Fokussierung auf den privaten Bereich der Bildschirmtext nicht kostendeckend zu betreiben sei.[108] Diese selektive Neuorientierung sollte jedoch nicht überinterpretiert werden – die ‚Masseninhalte' blieben die Alltagsanwendungen für die privaten Haushalte.

6.3 Problemlöser im Alltag: Anwendungen für alle

Die Deutsche Bundespost veröffentlichte 1987 in Zusammenarbeit mit der Marketingagentur BBDO/TELECOM das Brettspiel *Spektrum. Das große Bildschirmtext-Spiel.*[109] Das Werbeprojekt wurde durch die Bildschirmtext-Anbieter-Vereinigung unterstützt, deren Logo nicht nur auf der Verpackung zu finden war, sondern die auch das Vorwort zur Spielanleitung lieferten. So begrüßte es die Anbietervereinigung ausdrücklich, „daß mit dem neuen Spiel ‚SPEKTRUM' Bildschirmtext in seiner ganzen Vielfalt, mit all seinen Möglichkeiten spannend und doch leicht verständlich vorgestellt wird" und empfahl es jedem, „der spielerisch einen Einstieg in das neue Medium Bildschirmtext sucht".[110]

Das in einer Auflage von 5000 Stück[111] produzierte Brettspiel wurde an alle Fernmeldeämter und Oberpostdirektionen verteilt und sollte „als Werbe- und Kontaktgabe bei Btx-Interessierten – vornehmlich Zielgruppe Privatkunden – eingesetzt werden" – darüber hinaus wurde es auch für einen Preis von 25 DM verkauft.[112] Dem Spiel lag die Broschüre *Was man mit Btx so alles machen*

Herstellern SEL, ANT, Kabelmetall, Siemens und TeKaDe jeweils 80 000 Modems. Vgl. Schneider: Technikentwicklung, 1989, S. 125–127.

107 Das Marketingkonzept von 1985 definierte als Zielgruppen im Einzelnen: Anbieter, private Teilnehmer, gewerbliche Teilnehmer, Gerätefachhandel, Journalisten und Postbedienstete. Vgl. DBP: Marketingkonzeption, 1985, S. 5–8.

108 Vgl. Schneider: Technikentwicklung, 1989, S. 158–161.

109 SPEKTRUM. Das große Bildschirmtext-Spiel. Konzept: Robert Köster, Design: Axel Römer u. Marlen Markgraf, Text: Karin Kattwinkel. BBDO/TELECOM 1987.

110 Bildschirmtext-Anbieter-Vereinigung: Vorwort. In: Karin Kattwinkel: Spielanleitung SPEKTRUM. Das große Bildschirmtext-Spiel. Heilbronn 1987.

111 Für diese Erstauflage stellte die Agentur der DBP insgesamt 71 000 DM in Rechnung. Vgl. BArch B 257/47833, BBDO/TELECOM, Auftrag: VW 23-2/86/229, 19.12.1986.

112 Vgl. BArch B 257/47833, Schreiben des Bundesministeriums für das Post- und Fernmeldewesen an alle Oberpostdirektionen, Fernmeldewerbung, Btx-Spiel „Spektrum", 9.12.1986. Zitat ebd. Dass das auf dem Spielbrett abgebildete MultiTel-Gerät eindeutig als ein

kann[113] bei. Damit überzeugte Spielerinnen und Spieler direkt Taten folgen lassen konnten, enthielt diese eine vorfrankierte Postkarte zur Bestellung des Auftragsformulars für einen Bildschirmtext-Anschluss. Die Deutsche Bundespost verfolgte mit diesem Spiel vor allem das Ziel, die verschiedenen Alltagsanwendungsmöglichkeiten des Bildschirmtextes einer breiteren Öffentlichkeit bekannt zu machen. Davon leitete sich auch der Name ab: „Sie sehen, die Anwendungsmöglichkeiten von Btx kennen keine Grenzen", gab die Spielanleitung dazu Auskunft und fuhr fort, „[u]m Ihnen, Ihrer Familie und Ihren Freunden einmal einen kleinen, aber interessanten Ausschnitt dieses Spektrums zu zeigen, wurde dieses unterhaltsame Strategie-Spiel entwickelt".[114] Die Kartonrückseite pries *Spektrum* als „ein spannendes Spiel für die ganze Familie", bei dem „ganz nebenbei [...] die Faszination eines neuen Mediums" erlebt werden könne.[115]

Das Familienspiel folgte im Wesentlichen den Regeln eines klassischen Memory-Spiels. Der Ablauf wurde insofern modifiziert, dass jeder Spieler mit mehreren Figuren je nach gewürfelter Augenzahl über den Spielplan zog. Die einzelnen Felder waren besetzt mit „Problemkarten", die in Form einer kurzen Frage oder Wortgruppe einen mehr oder weniger alltäglichen Problemfall schilderten. Die Spielanleitung führt dazu aus, dass der Bildschirmtext „mit seinem breiten Angebotsspektrum für alle kleinen und großen Probleme eine Lösung parat hat"[116]. Die Spielerinnen und Spieler mussten diese nun kennen und die dazugehörige „Lösungskarte" aufdecken. Das Urteil der Redaktion des *Bildschirmtext Magazins* fiel ambivalent aus:

> „Die Macher von ‚Spektrum' hatten durchaus ein lobenswertes Ziel vor Augen: Bildschirmtext zu mehr Popularität zu verhelfen, Hemmschwellen vor dem Medium und der Technik abzubauen – und letztlich auch Spielern eine Freude zu bereiten. Schade ist nur, daß nicht die Vorteile und Möglichkeiten von Btx im Vordergrund stehen. Vielmehr gilt es beim BBDO-Telecom-Spiel, Firmensignets wiederzuerkennen. [...] Unser Spiele-Test in der Redaktion, zu dem wir hundertprozentige Btx-Laien eingeladen hatten, ergab: ‚Spektrum' hat zweifelsohne den Begriff Bildschirmtext ins Spiel gebracht. [...] Die praktischen, service-starken Seiten des Mediums spielen jedoch keine Rolle. Bilanz: Am Ende der jeweiligen

---

Modell der Firma Nixdorf zu erkennen war, sorgte im Vorfeld für einige Verstimmung, da das Brettspiel als Werbegabe eigentlich – zumindest an dieser Stelle – firmenneutral sein sollte. Vgl. BArch B 257/47833, Schreiben Eric Dankes, Btx-Spiel „Spektrum", 27.12.1986.

113 Deutsche Bundespost: Was man mit Btx so alles machen kann. Broschüre, 1987.

114 Karin Kattwinkel: Spielanleitung SPEKTRUM. Das große Bildschirmtext-Spiel. Heilbronn 1987, Punkt 1.

115 SPEKTRUM, 1987, Kartonrückseite.

116 Kattwinkel: Spielanleitung, 1987, Punkt 1.

Partien wußten unsere Mitspieler nicht mehr über Btx als vor Spielbeginn. Spaß am Spiel hatten freilich alle Beteiligten, ob Btx-Profis oder Laien."[117]

Die Lösungen des Brettspiels *Spektrum* konnten als eine spezifische Auswahl lediglich einen kleinen Ausschnitt der gesamten Anwendungsbreite abbilden. Im Spiel stellten sich 40 Anbieter und Unternehmen[118] mit ihren konkreten Angeboten vor – insgesamt gab es zu dieser Zeit im Bildschirmtext-System etwa 3500 Informationsanbieter. Dennoch bot dieser Querschnitt einen Blick darauf, was die Deutsche Bundespost als familienfreundliche Alltagsanwendungen vermarktet wissen wollte. Durch die ausschließliche Funktion als Netzbetreiber, auf die sich die Bundespost in bestimmten Fragen gerne zurückzog, bestand bei Werbemaßnahmen grundlegend das Problem, dass die Bundespost als öffentliche Institution eigentlich nur für das Netz als technische Infrastruktur werben durfte und nicht für die eigentlichen Anwendungen und Inhalte.[119] Die Bundespost war hier auf Kooperationen mit den Informationsanbietern angewiesen und hatte gleichzeitig ein allgemeines Neutralitätsgebot

117 Robert Mühleisen: Gemogelt? „Spektrum" soll Btx spielerisch vermitteln. In: bildschirmtext magazin 8 (1987), H. 5, S. 38.

118 Im Einzelnen waren dies: ADAC, Aktuelles rund ums Auto (gemeinsames Programm von Teves, Castrol, Elring, Fichtel & Sachs, Hella, Mann & Hummel und Varta), Alfred Teves, Audi, b.a.s., Blaupunkt, Börsenzeitung, Btx-Anbieter-Vereinigung, Deutsche Bundesbahn, Deutsche Bundespost, Deutsche Postreklame, Castrol, Düsseldorfer Messegesellschaft NOWEA, Elring Dichtungswerke, Fichtel & Sachs, Filterwerk Mann & Hummel, Frankfurter Allgemeine Zeitung, Gödecke, Quelle, Hella, Kartografischer Verlag Busche, life, LOEWE Opta, Lotto Toto, m.b.p., Meyers Taschenlexikon, Rudolf Haufe Verlag Freiburg, Spiele Club, Springer Verlag (Bild, Bild der Frau und Auto-Bild), Statistisches Bundesamt, Stiftsbuchhandlung Engel, Stiftung Warentest, Stuttgarter Zeitung, Tele Treff mit Behinderten, Tourismus-Info, Varta Batterie und Volkswagen. Alle wurden im Anhang der Spielanleitung noch einmal einzeln vorgestellt.

119 Ausnahmen waren hier die eigenen Btx-Inhalte, so auch die Bank-Anwendungen der Postgiroämter. Als die DBP zum landesweiten Start 1983 in Zeitschriftenanzeigen auf konkrete Seiten hinwies, u. a. auf das Angebot eines Reisebüros, folgte umgehend eine Anfrage im Bundestag. Der SPD-Abgeordnete Klaus Lennartz erkundigte sich, ob die Bundesregierung die Ansicht teile, dass die „angepriesenen Vorzüge des Bildschirmtextes [...] eine Verhöhnung großer Teile der Bevölkerung darstellen" würden, weil die zitierte Anzeige einen Bahamas-Kurzurlaub für 1245 DM bewarb. Der Parlamentarische Staatssekretär Wilhelm Rawe erklärte, dass Btx eben „ein erklärungsbedürftiger Fernmeldedienst" sei und es deswegen wichtig sei, „dem Bürger die vielfältigen Nutzungsmöglichkeiten von Bildschirmtext durch deutliche Beispiele zu erklären". Vgl. Deutscher Bundestag, Drucksache 10/517, 21.10.1983. Schriftliche Fragen mit den in der Woche vom 17. Oktober 1983 eingegangenen Antworten der Bundesregierung, S. 19f. Zitate ebd. Es fanden sich im Gegensatz dazu auch Stimmen, die monierten, dass die DBP in ihrer Werbung häufig nur auf allgemeine Bereiche und fiktive Firmen verwies und so der Eindruck entstehe, als gäbe es keine konkreten Inhalte. Vgl. Thomas Lippisch: Leserbrief: „Die Post hat

zu wahren. In der beigelegten Broschüre *Was man mit Btx so alles machen kann* fand sich deshalb, wie in vielen anderen Werbeschriften auch, der entsprechende Hinweis:

> „Bei den abgebildeten Btx-Beispielen handelt es sich um Originalseiten. Die Auswahl stellt keine Bevorzugung eines bestimmten Anbieters dar, sondern soll lediglich helfen, das System verständlich zu machen."[120]

Die meisten der im Brettspiel vorgestellten Alltagsprobleme konnten mit Anwendungen gelöst werden, die sich als allgemeine, nicht-dialogische Informations- und Textabrufdienste beschreiben ließen. Der konkrete Aufruf einer Bildschirmtext-Seite erfolgte hier zwar ebenfalls individuell durch Eingabe über die Fernbedienung oder Tastatur, unterschied sich letztendlich aber in der Handhabung wenig von nicht-dialogfähigen Systemen wie beispielsweise dem Videotext der öffentlich-rechtlichen Rundfunkanstalten. Dialogfähig meinte hier und im Folgenden eine ‚echte', zweiseitige Interaktion mit gegenseitigem Datenaustausch zwischen dem Bildschirmtext-System und den Nutzerinnen und Nutzern. Darunter fiel nach zeitgenössischer Lesart in der Regel nicht das bloße Anwählen einer bestimmten Seite, auch wenn dies im technischen Sinne eine konkrete Reaktion des Systems zur Folge hatte und damit eine Interaktion darstellte. Die Grenzen waren allerdings fließend, beispielsweise wurden Quiz- und Ratespiele aufgrund ihrer Frage-und-Antwort-Form meist als Dialoge wahrgenommen, obwohl es sich ebenfalls nur um vorgefertigte Seiten handelte.[121]

Die Inhalte dagegen, die genuin und geradezu symbolisch für den Bildschirmtext standen, weil sie – zumindest für den privaten Bereich – überhaupt nur über diesen abgerufen werden konnten, waren die dialogischen Dienste. Zwei grundlegende Anwendungsformen ließen sich hier als besonders beliebt und zentral hervorheben. Zum einen war das der posteigene Mitteilungsdienst sowie generell die Möglichkeit, über Bildschirmtext mit anderen Nutzerinnen und Nutzern schriftlich zu kommunizieren, beispielsweise in Foren oder Chats. Zum anderen waren das alle Anwendungen, die für ihre Realisierung die Einbindung externer Computer benötigten: das Fernbestellen von Waren,

---

für Btx das falsche Werbekonzept". In: bildschirmtext magazin für teleleser 6 (1985), H. 3, S. 22.

120 DBP: Was man mit Btx so alles machen kann, 1987, S. 23.

121 Der Videotext war dagegen eindeutig nicht dialogfähig, da hier die begrenzte Anzahl von Seiten kontinuierlich über die Zeit ausgesendet wurde, und das Fernsehgerät nur an einem bestimmten Punkt ‚stoppte' und die entsprechende Seite anzeigte. Zur Frage der Konkurrenz von Bildschirm- und Videotext in Bezug auf ähnliche Informationsangebote vgl. Konkurrenz oder Arbeitsteilung, 1984.

Katalogen und Dienstleistungen, die Fernbuchung von Reiseangeboten und Vorstellungen sowie der Abruf von Fernauskünften in Form des Telebankings und des individuellen Zugriffs auf externe Informationsdatenbanken.[122]

Die allen Informationsanbietern offenstehende Möglichkeit, Computer und Datenbanken an das System anzuschließen, bildete ein zentrales Merkmal des deutschen Bildschirmtextes, das ihn beispielsweise bereits in der Feldversuchsphase trotz gleichen Darstellungsstandards wesentlich vom britischen Prestel-Dienst unterschied. Die externen Rechner waren über das Datex-P-Netz der Deutschen Bundespost mit den Bildschirmtext-Zentralen verbunden. Bereits kurz nach Beginn der Feldversuche im November 1980 wurde der Rechnerverbund – so die offizielle Bezeichnung für dieses Leistungsmerkmal – freigeschaltet und ermöglichte es den Versuchsteilnehmerinnen und -teilnehmern, wie es zeitgenössisch hieß, „in einen Dialog zu treten mit den Datenübertragungs-Anlagen der Informationslieferanten“[123]. Die erste Vereinbarung über den Anschluss eines externen Rechners an das Bildschirmtext-System unterzeichnete das zu den frühesten Anwendern von Computertechnik in Deutschland gehörende Versandhaus Quelle.[124] Bis zum Start des Rechnerverbundes waren noch die Anbieter Neckermann Versand, OTTO Versand, TUI und Hamburger Verbraucherbank hinzugekommen (siehe Abbildungen 7 und 8). Diese ersten fünf „Rechnerverbund-Pioniere“[125] standen exemplarisch für die späteren Hauptnutzungsgebiete.[126]

---

122 Für den geschäftlichen Bereich ließe sich zusätzlich noch anführen: die Verwendung des Btx-Systems als überbetriebliche Datenbank, als zusätzlicher Dienst für die Datenfernübertragung, als Möglichkeit elektronischer Fernarbeit sowie als In-house-System. Für einen Überblick zu den einzelnen Anwendungsformen vgl. Herbert Kubicek u. Arno Rolf: Mikropolis. Mit Computernetzen in die „Informationsgesellschaft“. Pläne der Deutschen Bundespost. Wirtschaftliche Hintergründe. Soziale Beherrschbarkeit. Technische Details. 2. Aufl. Hamburg 1986, S. 128–134.

123 Jürgen Döring: Rechnerverbund im Bildschirmtext. In: nachrichten elektronik 34 (1980), H. 3, S. 86–89, hier S. 86.

124 Zum von SEL entwickelten „Informatik-System Quelle“, das ab Ende des Jahres 1957 die Abwicklung des Versandgeschäftes übernahm vgl. Schuhmann: Der Traum vom perfekten Unternehmen, 2012, S. 243f.; Rolf Zellmer: Die Entstehung der deutschen Computerindustrie. Von den Pionierleistungen Konrad Zuses und Gerhard Dirks' bis zu den ersten Serienprodukten der 50er und 60er Jahre. Köln 1990, S. 230–234; Hartmut Petzold: Rechnende Maschinen. Eine historische Untersuchung ihrer Herstellung und Anwendung vom Kaiserreich bis zur Bundesrepublik. Düsseldorf 1985, S. 459–463.

125 Gusbeth: Verbindungsaufbau, 1982, S. 8.

126 Für diese ersten Anbieter sind auch Btx-Seiten überliefert, die zeigen, wie der Dialog mit dem Computer, der noch nicht rund um die Uhr erreichbar war, eingeleitet wurde. Vgl. Neckermann Teleshop: *346#; Otto Versand: *301009a# (siehe Abbildung 7); Quelle Kunden-Service: *30001a#; Touristik Union Int.: *37918a#; Verbraucherbank AG: *3031a#. Quelle war auch im Brettspiel *Spektrum* vertreten: Problemkarte: „Einkaufsbummel

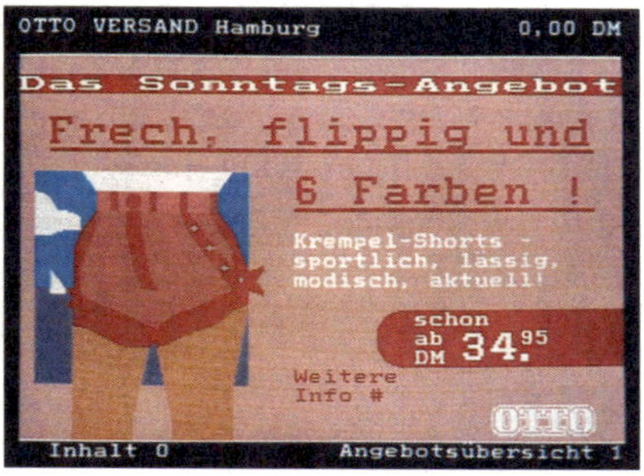

Abb. 7 und 8 „Telemarkt" des OTTO Versandes zur Einführung in der Feldversuchsphase und später im CEPT-Standard.
Quelle: Otto Versand: *301009a#. Abgedruckt in: Hans Gusbeth: Verbindungsaufbau mit ---#. In: bildschirmtext magazin für teleleser 3 (1982), H. 2, S. 8–13, hier S. 9; Deutsche Bundespost: Was man mit Btx so alles machen kann. Broschüre, 1987, S. 10.

Bereits Mitte der 1980er-Jahre waren über einhundert externe Computer an das Bildschirmtext-System angeschlossen, welche die verschiedensten Anwendungen ermöglichten. Neben den Diensten der Versand- und Warenhäuser[127], Bank- und Kreditinstitute[128] sowie Reiseunternehmen[129] waren dies

von zu Hause", Lösungskarte: „Quelle Katalog & Service. Der überraschende Katalog in unserem Btx-Programm ermöglicht den Einkaufsbummel von zu Hause." Neckermann veröffentlichte außerdem eine eigene Broschüre. Vgl. Neckermann Teleshop: Neckermann informiert über Bildschirmtext. Broschüre, 1983. Für eine erste Einschätzung durch die drei Versandhändler vgl. Drei Btx-Pioniere ziehen Bilanz. In: bildschirmtext magazin für teleleser 4 (1983), H. 7, S. 10. Trotz vorgeblicher positiver Bilanz stieg TUI wenige Monate später aus. Vgl. Gerhard Breinlinger: Die Btx-Szene: Wer ist in – wer ist out? In: bildschirmtext magazin für teleleser 4 (1983), H. 9, S. 18f.

127 Für einen Überblick und zu rechtlichen Fragen vgl. Die elektronische Wundertüte. Unglaublich, was man über Btx alles bestellen kann. In: bildschirmtext magazin für teleleser 3 (1982), H. 7, S. 12–15; Helmut Hoffmann: Über Btx bestellt aber ... Annahme verweigert. In: Btx Praxis (1986), H. 2, S. 28f.; Btx-Markt kommt in Schwung. In: bildschirmtext magazin 9 (1988), H. 1/2, S. 19.

128 Zu den Anwendungen der Banken und Kreditinstitute vgl. das folgende Kapitel.

129 Mit wenigen Ausnahmen, so u. a. Neckermann und Reisen, waren jedoch keine Direktbuchungen, sondern nur Reservierungs- und Platzabfragen, möglich. Die Reiseveranstalter lagen hier im Streit mit dem Reisebüroverband und schreckten schließlich davor zurück, die vermittelnden Reisebüros zu übergehen, obwohl ein Großteil dieser selbst Btx als internes Buchungs- und Reservierungssystem einsetzte. Vgl. Erika Butzek: Zweimal Bhutan und zurück. Wie Btx sich im Reisegeschäft durchsetzt. In: Postmagazin (1988), H. 2, S. 52f. Ähnliches galt für die großen Fluggesellschaften, die alle ihre Flugpläne präsentierten, aber keine Buchung anboten. Die einzige Ausnahme im Untersuchungszeitraum bildete hier die DDR-Fluglinie Interflug, die ab 1989 im Btx-System vertreten

beispielsweise die Erfassung von Schadensmeldungen bei Versicherungen, die Reservierung von Mietwagen, die Fernleihe von Büchern, die Bestellung von Katalogen und Informationsmaterialien, das Ausfüllen von Mitgliedsanträgen, die Vermittlung von Blumenbestellungen bis hin zur Buchung eines Partyservice für Hochzeiten.[130]

Der Rechnerverbund galt der Deutschen Bundespost als ein Kernstück ihrer Arbeit am Bildschirmtext-System. Es waren die umfangreichen technischen Probleme, welche die Ingenieure der Bundespost gelöst hatten, die den Bundespostminister Christian Schwarz-Schilling kurz vor der Internationalen Funkausstellung 1983 in einem Radiointerview mit hörbarem Stolz zu dem Vergleich brachten, dass die Realisierung des Rechnerverbundes „wirklich ein ‚Apollounternehmen', eine Art Mondlandung auf dem Gebiet des Zusammenwachsens von Datentechnik und Fernmeldetechnik" gewesen sei.[131] In späteren Darstellungen wurde der Bildschirmtext deshalb gelegentlich als „Mondlandungsunternehmen" bezeichnet.[132] Die softwaretechnischen Schwierigkeiten bestanden vor allem in der Kommunikation und Datenübertragung zwischen den Firmencomputern unterschiedlicher Fabrikate und den Bildschirmtext-Zentralen.[133]

---

war. Die durch eine Westberliner Btx-Agentur erstellte Seite ermöglichte es als erstes Angebot überhaupt, Flüge direkt über Bildschirmtext zu buchen. Vgl. DDR steigt ein. In: bildschirmtext magazin 9 (1988), H. 11, S. 34; Interflug: Westwärts. In: bildschirmtext magazin 10 (1989), H. 7/8, S. 10; Die Sonne steht im Westen. In: bildschirmtext magazin 11 (1990), H. 4, S. 14f.

130 Vgl. Clemens Deider: Btx in der Bibliothek. In: nachrichten elektronik + telematik 38 (1984), H. 11, S. 419–423; Hans Peter Schütz: CDU und FDP: Jetzt entdecken die Parteien Btx. In: bildschirmtext magazin für teleleser 6 (1985), H. 3, S. 19f.; Das Superding: „Btx-Dialog". Elektronische Kommunikation macht das Medium universal. In: bildschirmtext magazin für teleleser 6 (1985), H. 9, S. 58f.

131 Kommunikationspolitik im Gespräch, 1983, S. 7; Autovermietungen per Btx: Direktbuchungen sind möglich. In: Btx Praxis (1984), H. 11, S. 33f.

132 Vgl. Breinlinger: Trotz Fehlstart, 1983, S. 8; Bildschirmtext 1984 – bitte warten, 1984, S. 14; Mondlandung, 1990, S. 18; Galaktische Altlast. In: Funkschau (1991), H. 4, S. 24–29. Im Gegensatz zu diesen technischen Finessen wurde der Erfolg des französischen Minitel als „Triumph der Schlichtheit" beschrieben. Vgl. Kristina Greene: Triumph der Schlichtheit. Während BTX in Deutschland einen langsamen Tod stirbt, kämpft France Télécom um ihr Gegenstück Minitel. Sogar dem Internet wollen die Franzosen Paroli bieten. In: Handelsblatt, 30.4.2001, S. n3.

133 Für eine detaillierte Darstellung der Umsetzung und Funktionen vgl. Ludwig Griebl u. Manfred Pospich: Bildschirmtext-Rechnerverbund (Teil I). In: fernmelde-praxis 63 (1986), H. 13, S. 485–506; Dies.: Bildschirmtext-Rechnerverbund (Teil II). In: fernmelde-praxis 63 (1986), H. 14, S. 525–549; Ludwig Griebl: Datenfernverarbeitung zum Billigtarif. Btx-Rechnerverbund. Teil 1. In: Funkschau (1988), H. 1, S. 40–42; Ders.: Datenfernverarbeitung zum Billigtarif. Btx-Rechnerverbund. Teil 2. In: Funkschau (1988), H. 2, S. 44–47. Zur Frage, inwieweit sich die Btx-Netzwerkprotokolle in das OSI-Modell einfügten, vgl.

Mit der realisierten Einbindung externer Computer und Datenbanken verbanden sich wie mit keinem anderen Leistungsmerkmal zahlreiche fortschrittsoptimistische Versprechungen und Metaphern: Der Bildschirmtext gestaltete sich in Kombination mit dem Rechnerverbund als ein „universelles Datenkommunikationsmedium"[134], ein „überall verfügbares Daten-Informationssystem, eine Art Volks-EDV"[135] und avancierte in den Berichten zu einem „potentiell gigantischen Informationsmedium"[136], einem „Instrument für die bessere Organisation von Alltagsproblemen"[137], einem „universellen Kommunikationsdienst"[138], einer „Datenverarbeitung für jedermann"[139] und zu einem „Informations- und Dienstleistungszentrum im Wohnzimmer, das die Erleichterungen der Datenverarbeitung auch für den Alltag einzusetzen hilft"[140]. Der Bildschirmtext schlug die „elektronische Brücke zu den privaten Haushalten"[141], schaffte eine „Verbindung von Telekommunikation und Informatik"[142] und ebnete die „Bundesstraßen für die Kommunikation"[143].

Dietrich Becker u. Mathias Scham: Protokoll-Normung für Offene Systeme – Ansatz für neue Kommunikationsdienste. In: Nachrichtentechnische Zeitschrift 37 (1984), H. 9, S. 578–586, hier S. 580f.; Wolfgang Franzelius u. B. Hegenbarth: Höhere Kommunikationsprotokolle am Beispiel Bildschirmtext. In: Informatik-Spektrum 8 (1985), H. 3, S. 126–137, hier S. 129–136; Dieter W. Fellner u. Reinhard Posch: Bildschirmtext—An open videotex network for text and graphic applications. In: Computers & Graphics 11 (1987), H. 4, S. 359–367, hier S. 360. Bis zu Beginn der 1990er-Jahre deutete kaum etwas daraufhin, dass die Internetprotokolle TCP/IP sich durchsetzen würden. Daher war die Konzentration der DBP auf das OSI-Modell durchaus zukunftsträchtig. Vgl. Andrew L. Russell: OSI: The Internet That Wasn't. How TCP/IP eclipsed the Open Systems Interconnection standard to become the global protocol for computer networking. In: IEEE Spectrum 50 (2013), S. 38–48; Röhr: Gebremste Vernetzung, 2018, S. 251.

134 Rolf Zimmermann: Die zukünftige Rolle von Bildschirmtext. In: nachrichten elektronik 36 (1982), H. 3, S. 92–97, hier S. 92.

135 Was ist Bildschirmtext, 1985, S. 30.

136 Zimmermann: Bildschirmtext und die anderen neuen Medien der 80er Jahre, 1981, S. 360.

137 Adalbert Rohloff: Marktchancen von Bildschirmtext. Die politischen Weichen sind jetzt gestellt. In: Industrie- und Handelskammer zu Berlin (Hg.): Bildschirmtext. Erfahrungen und Marktchancen. Eine Dokumentation der IHK Berlin. Berlin 1983, S. 17.

138 Karlheinz Groebmair: Bildschirmtext für alle Fälle. In: nachrichten elektronik + telematik 41 (1987), H. 4, S. 122f., hier S. 122.

139 Karl Heinz Rinkers: Datenverarbeitung für jedermann. Drei Jahre Bildschirmtext-Rechnerverbund. In: Industrie- und Handelskammer zu Berlin (Hg.): Bildschirmtext. Erfahrungen und Marktchancen. Eine Dokumentation der IHK Berlin. Berlin 1983, S. 12.

140 Warum Btx? In: bildschirmtext magazin für teleleser 6 (1985), H. 9, S. 34.

141 Kubicek u. Rolf: Mikropolis, 1986, S. 119.

142 Adalbert Rohloff: Bildschirmtext – Chancen für den Mittelstand. Anlaß und Absichten dieser Dokumentation. In: Industrie- und Handelskammer zu Berlin (Hg.): Bildschirmtext. Erfahrungen und Marktchancen. Eine Dokumentation der IHK Berlin. Berlin 1983, S. 2.

143 Der Erfolg (1982), H. 5, S. 31f. zit. n. Kubicek u. Rolf: Mikropolis, 1986, S. 123.

Gleichzeitig relativierte die Möglichkeit zur Einbindung externer Computer ein Stück weit den häufig geäußerten Vorwurf, das System sei strikt zentralistisch konzipiert worden. Die Bildschirmtext-Zentralen der Deutschen Bundespost blieben zwar die einzigen und unumgehbaren Gateways zwischen dem Datex-P- und dem Bildschirmtext-Netz, aber das System im Ganzen war verzweigter als das hierarchische IBM-Konzept suggerierte. Der Rechnerverbund bildete zweifelsohne ein tragendes Element, war von Beginn an – gemessen an der Zahl angeschlossener externer Computer – sehr erfolgreich und wurde als „deutsche Innovation“[144] in anderen Ländern vermarktet:

> „Schon bald erwies sich, daß der Rechnerverbund nicht nur eine spektakuläre technische Leistung ist, sondern das System Bildschirmtext so verbessert, daß es ohne ihn nicht mehr zu denken ist. Durch den Anschluß externer Rechner wird Btx zu einem wirklich dialogischen Medium, zu einer Art Volkscomputer, der jedem auf schnelle und billige Weise EDV-Leistung zugänglich machen kann. Einschließlich der derzeit laufenden Tests sind deshalb rund 140 externe Rechner mit dem Bildschirmtext verbunden. Eine Zahl, die vor vier Jahren selbst notorische Optimisten nicht zu prognostizieren gewagt hätten.“[145]

Die Wahrnehmung des Bildschirmtextes als ein „dialogisches Medium“ geschah über den Rechnerverbund hinaus auch durch die Möglichkeit, mit anderen Teilnehmerinnen und Teilnehmern in einen ‚Ferndialog‘ zu treten.[146] Die ‚klassischste‘ Variante der elektronischen Kommunikation war das Versenden von privaten Nachrichten über den bundesposteigenen Mitteilungsdienst, der ab Mitte Oktober 1981 verfügbar war. Die Einführung war ein großer Erfolg für die Deutsche Bundespost und bestätigte sie nachhaltig in der Idee des Bildschirmtextes als Medium der Individualkommunikation. Die reichlich 3000 Testhaushalte verschickten allein 1981 über 9000 Geburtstags-, Weihnachts- und Neujahrsgrüße (siehe Abbildungen 9 und 10). Der Mitteilungsdienst war dabei nicht direkt eine eigene Bildschirmtext-Seite der Bundespost, sondern stellte ein Leistungsmerkmal dar, welches die Informationsanbieter einbinden konnten. Die Verwaltung und Speicherung der Mitteilungen erfolgten jedoch über ein zentrales, persönliches Postfach. Anfang 1982 boten bereits etwa 20

144 Die Konferenz der Elektronenhirne. Erst der Rechnerverbund macht Btx zu einem richtigen Dialogmedium. In: bildschirmtext magazin für teleleser (1984), H. 4, S. 49f., hier S. 50.

145 Ebd.

146 Eine Tastatur war dabei nicht zwingend notwendig, erleichterte aber natürlich das Schreiben.

Seiten die Möglichkeit zur Versendung von vorgefertigten Glückwunsch- und Grußkarten zu den verschiedensten Anlässen.[147]

Abb. 9 und 10 Empfang von Bildschirmtext-Glückwunschkarten in der Feldversuchsphase. Quelle: Bildschirmtext: *1132114a#, *1132223a#. Abgedruckt in: Btx-Mitteilungsdienst. Jetzt können Sie sogar einen eigenen Briefkasten benutzen. Herzlichen Glückwunsch. Anzeige. In: bildschirmtext magazin für teleleser 2 (1981), H. 8, S. 10f., hier S. 11.

Damit andere Nutzerinnen und Nutzer überhaupt erreicht werden konnten, gab es ab 1982 ein *Deutsches Btx-System-Telefonbuch*[148] in gedruckter Fassung als Beigabe des *Bildschirmtext Magazins* und eine elektronische Variante im Bildschirmtext-System selbst. Wenig verwunderlich erschien folglich, dass einzelne Anbieter dieses „Telefonbuch" für ihre eigenen Zwecke benutzten, zumal das Versenden von Mitteilungen in der Feldversuchsphase noch gebührenfrei war. Die Beschwerden über unerwünschte Werbenachrichten

147 Vgl. Gerhard Breinlinger: Der elektronische Briefkasten füllt sich. Für Nutzer des Mitteilungsdienstes gibt es jetzt ein Btx-System-Telefonbuch. In: bildschirmtext magazin für teleleser 3 (1982), H. 2, S. 6f.; Bildschirmtext: *1132114a#. Für eine spätere Übersicht der Grußkarten-Angebote vgl. Liebesgrüße aus Btx. In: bildschirmtext magazin 10 (1989), H. 12, S. 20f. Ab Mitte September 1988 bestand über die Deutsche Mailbox GmbH zusätzlich auch der Zugang zum Mailbox-Netz. Vgl. Vom Btx-Terminal weltweit ins Mailbox-Netz. In: Postmagazin (1988), H. 4, S. 61. Zur deutschen Mailbox-Szene vgl. Röhr: Die neue Heimat des Geistes, 2016, S. 76–79. Ab 1989 konnte über Btx auch die Dienste Telex und Telefax genutzt werden. Vgl. Klaus Wolf: Mit Bildschirmtext telefaxen. Privater Service über das Post-Netz. In: nachrichten elektronik + telematik 43 (1989), H. 12, S. 536–538; Deutsche Bundespost Telekom: Btx-Telex … einfach vom Schreibtisch aus! Faltblatt, Juni 1989; Dies.: Btx-Telefax … einfach vom Schreibtisch aus! Faltblatt, Februar 1990.

148 Deutsche Postreklame: Deutsches Btx-System-Telefonbuch. Verzeichnis der System-Nummern der Teilnehmer am Btx-Mitteilungsdienst in der Bundesrepublik Deutschland. Ausgabe Januar 1982. Mit der aktiv vorzunehmenden Freischaltung des Mitteilungsdienst war auch die Zustimmung zur Veröffentlichung der eigenen Teilnehmernummer verbunden.

nahmen so rasch zu, dass sich die Berliner Anbietervereinigung unter ihrem Vorsitzenden Adalbert Rohloff genötigt sah, auf den „Mißbrauch des individuellen Mitteilungsdienstes" hinzuweisen und ihre Mitglieder und alle anderen Informationsanbieter mit Blick auf die Gesetzeslage entsprechend zu ermahnen.[149] Bis 1985 nahm die „Mitteilungsseiten-Flut" soweit überhand – die Zahl der monatlich versandten Nachrichten vervierfachte sich von 425 000 im Juni 1985 auf über 1,6 Millionen im September –, dass die Bildschirmtext-Vermittlungsstellen an ihre Kapazitätsgrenzen kamen und die Deutsche Bundespost deshalb die maximale Speicherdauer von 30 auf 15 Tage senkte.[150]

Eine weitere Möglichkeit des ‚Ferndialogs' stellten die sogenannten Teletreffs dar, bei denen sich die Nutzerinnen und Nutzer zu verschiedenen Themen in Gruppen oder im Zwiegespräch austauschen konnten. In aller Regel waren diese Angebote mit zusätzlichen Gebühren belegt und gestalteten sich häufig als ‚Kontaktbörsen' jeglicher Couleur. Gegen Ende der 1980er-Jahre entstanden darüber hinaus immer mehr sogenannte Pinnwände, die häufig kostenfrei waren.[151]

Als einen indirekten Dialog gestaltete sich die dritte Variante in Form von auf Bildschirmtext-Seiten lesbaren Kommentaren und Lesermeinungen. Bereits Anfang des Jahres 1982 geriet hier die Frage der Meinungsfreiheit in die Schlagzeilen der Berliner Lokalpresse. Der Bildschirmtext-Kleinanbieter Bolesta-Btx-Studios UHF – wobei UHF für Unterhaltung, Hobby und Freizeit stand – betrieb während der Feldversuchsphase eine Reihe von Bildschirmtext-Seiten und hatte unter der Rubrik „Berliner Beobachtungen" im September 1981 einen Beitrag mit dem Titel „Das Mass ist voll!" veröffentlicht. Darin wurden „wirksame Maßnahmen" gefordert, „um bestimmten Ausländern, die hier nichts zu suchen haben, den Zutritt [...] zu verwehren".[152] Viele Leserinnen und Leser kritisierten die einseitige und polemische

149 Vgl. Zuviel Werbung in den elektronischen Briefkästen. In: bildschirmtext magazin für teleleser 3 (1982), H. 5, S. 31. Zitat ebd. Vgl. auch Elektronische Pest? In: Bildschirmtext Aktuell 3 (1982), H. 50, S. 1; Mitteilungsdienst läuft über. In: Bildschirmtext Aktuell 5 (1984), H. 111, S. 2.

150 Vgl. Zum Platzen. Elektronische Werbesendungen verstopfen die Telebriefkästen. In: bildschirmtext magazin für teleleser 6 (1985), H. 11, S. 35. Zitat ebd. Für eine Einschätzung aus geschäftlicher Sicht vgl. Peter Waldbach: Btx-Mitteilungsdienst macht die Kommunikation effizienter. In: nachrichten elektronik + telematik 39 (1985), H. 12, S. 464–467.

151 Vgl. Johann Scheuerer: Brett-Geflüster. In: bildschirmtext magazin 12 (1991), H. 10, S. 14–18; Martin Konitzer: Pennen statt pinnen. Zwischen Sprachrohr und Rohrkrepierer: Die Pinnwände in Btx. In: bildschirmtext magazin 14 (1993), H. 6, S. 20–23.

152 Bolesta-Btx-Studio UHF: *123511a#. Der vollständige Beitrag ist nicht erhalten, dafür die weiteren Seiten, vgl. Bolesta-Btx-Studio UHF: *123511d#, *123511e#.

Darstellung, anderen dagegen waren die Forderungen noch „viel zu zahm“.[153] Das *Bildschirmtext Magazin* diskutierte anhand dieses Falles die Frage, ob es sich bei im Bildschirmtext veröffentlichten Lesermeinungen noch um private Meinungsäußerung handle. Konkret ging es dabei auch um ein mögliches Vorliegen des Tatbestandes der Volksverhetzung und die Frage, inwieweit es sich bei Äußerungen im Bildschirmtext um eine Bedrohung des öffentlichen Friedens handeln könne. Die Autorin Eva Piper fragte:

> „Reicht ein Forum von rund 7000 Btx-Teilnehmern und Anbietern, von denen nur ein ungewisser Prozentsatz die fraglichen Seiten sieht, aus, um den öffentlichen Frieden ernsthaft zu gefährden? Ab welcher Größenordnung wird eine solche Bedrohung realistisch?“[154]

Bereits die nächste Ausgabe des *Bildschirmtext Magazins* berichtete von einem „lebhaften Echo“ und über eine „Flut an Zuschriften“, von denen einige auch abgedruckt wurden.[155] Wiedergegeben wurde außerdem die Stellungnahme von Karlheinz Bolesta, die dieser auf seiner eigenen Seite unter der Rubrik „In eigener Sache/Lacherfolge“ veröffentlicht hatte. Er betonte, dass er das *Bildschirmtext Magazin* eigentlich „für zu unbedeutend halte[], als daß man seine knappe Freizeit daran verschwenden sollte“, er aber dennoch aufgrund des „ehrenabschneidenden Charakter[s]“ des Artikels in dieser Form darauf reagieren will: Der Beitrag von Eva Piper sei „einfach nur das [...], womit wir unsere Betrachtung überschrieben haben, nämlich ein Lacherfolg“[156].

Weniger Lachen wird es Karlheinz Bolesta bereitet haben, dass er in der gleichen Ausgabe lesen konnte, dass beim Treffen des Berliner Bildschirmtext-Anbieterclubs die Frage diskutiert wurde, ob ihm die Anbieterlizenz entzogen werden sollte.[157] Auch der Berliner Senat musste in Folge einer Kleinen Anfrage des FDP-Abgeordneten Jürgen Kunze zum ‚Bolesta-Fall‘ Stellung beziehen.

153 Bolesta-Btx-Studio UHF: *1235111a#. Für eine weitere Lesermeinung vgl. auch Bolesta-Btx-Studio UHF: *1235111b#.

154 Eva Piper: Volkes Stimme oder Volks-Hetze? Ein Beispiel zur Problematik, private Meinung mit dem Informationsmedium Btx zu transportieren. In: bildschirmtext magazin für teleleser 3 (1982), H. 1, S. 38f., hier S. 39.

155 „... das meiste wird immer Selbstdisziplin bleiben müssen“. Rede/Gegenrede: Btx und private Meinung. In: bildschirmtext magazin für teleleser 3 (1982), H. 2, S. 28f. u. 39. Außerdem wurde moniert, dass wenige Ausgaben zuvor Bolesta vom *Bildschirmtext Magazin* noch lobend erwähnt wurde. Vgl. Bolesta Btx-Studio. In: bildschirmtext magazin für teleleser 2 (1981), H. 7, S. 56.

156 Karlheinz Bolesta: „... ehrabschneidender Charakter“. In: bildschirmtext magazin für teleleser 3 (1982), H. 2, S. 29.

157 Vgl. Alice Loyson-Siemering: 10. regionales Anbieter-Treffen in Berlin. In: bildschirmtext magazin für teleleser 3 (1982), H. 1, S. 40.

Der Senator für Wissenschaft und kulturelle Angelegenheiten prüfte, ob hier der Tatbestand der Volksverhetzung oder ein anderer Rechtsverstoß vorliege und inwieweit deshalb über einen Entzug der Anbieterbescheinigung zu entscheiden sei. Aus Rechtsgründen wurde jedoch auf eine Anzeige verzichtet.[158]

Die Causa Bolesta sollte an dieser Stelle exemplarisch aufzeigen, dass der Bildschirmtext auch in seiner Anfangszeit mit nur sehr wenigen Teilnehmerinnen und Teilnehmern durchaus ein ‚dialogisches' Medium war, an dem sich Menschen unterschiedlicher Bildungsschichten lebhaft beteiligten und es vermochten, grundsätzliche Fragen in eine, sicherlich noch lokal begrenzte, gesellschaftliche Debatte einzubringen. Außerdem wurde hier in Berlin am Beispiel des Kleinanbieters Bolesta diskutiert, wer die zukünftigen Informationsanbieter sein werden. Die Berliner Anbieter-Vereinigung förderte in der Tendenz eher die Großanbieter in Form zahlungskräftiger Unternehmen und ‚drückte' die kleineren, von Privatleuten erstellten Inhaltsangebote zunehmend aus dem System. Die Deutsche Bundespost versuchte dem entgegenzusteuern, denn es ging ihr beim Bildschirmtext „für jedermann" nicht nur um die Nutzerinnen und Nutzer, sondern genauso um die Vielfalt der Anbieterseite.[159]

6.4 Telebanking und das Versprechen von Sicherheit

Die mit Abstand populärste und erfolgreichste Anwendung im Bildschirmtext-System war zweifelsohne der „Bankschalter im Wohnzimmer"[160] – das sogenannte Telebanking. Der initial wirkenden Hamburger Verbraucherbank, die sich auf ihrer Bildschirmtext-Seite selbst als „die erste vollautomatische Bank"[161] bewarb (siehe Abbildung 11), folgten innerhalb weniger Jahre ein Groß-

---

158 Vgl. Kleine Anfrage zu Bolesta. In: bildschirmtext magazin für teleleser 3 (1982), H. 3, S. 39.

159 Vgl. Gerhard Breinlinger: Wie Kleinanbieter Leben in die Btx-Bude bringen. Ein neuer Volkssport? – Mit selbstgeschneiderten Programmen ins System. In: bildschirmtext magazin für teleleser 3 (1982), H. 4, S. 10–13; Eva Piper: „Neue Ideen gehen meist von den Kleinen aus". Er gilt als der Erfinder des Homebanking. Im Gespräch: Alfred Richter. In: bildschirmtext magazin für teleleser 3 (1982), H. 4, S. 22–24.

160 Rittmann: Der Bankschalter im Wohnzimmer, 1980.

161 Verbraucherbank AG: *303a#. Für ein Interview mit Alfred Richter, dem Vorstandssprecher der Hamburger Verbraucherbank, vgl. Günter Götz: Wartezeiten schrumpfen auf Sekunden. In: bildschirmtext magazin für teleleser 2 (1981), H. 3, S. 12. Mitte 1981 bekam die Verbraucherbank auch den „Goldenen Beterix", vgl. Gert Schrötter: Mit Höchstgeschwindigkeit in eine neue Zukunft. In: bildschirmtext magazin für teleleser 2 (1981), H. 6, S. 24.

teil der wichtigsten Banken und Kreditinstitute. Dieses Engagement erschien folgerichtig, da in den 1970er-Jahren die meisten Bankdienstleistungen bereits auf dem Einsatz von Computertechnik basierten, mithin die Daten digitalisiert vorlagen, und die direkte Einbindung der Bankkundinnen und -kunden im Sinne einer ‚Selbstbedienung' als nächster Schritt der Vernetzung verstanden wurde.[162]

Mitte des Jahres 1982 waren bereits über 100 Banken und Kreditinstitute im Bildschirmtext-System vertreten, zum Ende der Feldversuchsphase waren es 150. Sie boten spezifische Informationen zu Zahlungsverkehr, Girokonten, Krediten und Geldanlagen. Erst der Anschluss bankeigener Computer ermöglichte jedoch die eigentlichen Funktionen des Telebankings: das Abrufen des Kontostandes, das Auslösen von Überweisungen und beispielsweise das Einholen personalisierter Kreditangebote. Zum Ende der Feldversuchsphase waren neun Banken am Rechnerverbund angeschlossen und führten zusammen über 10 000 sogenannte Telekonten.[163]

Die Banken und Kreditinstitute bauten, unbeirrt von der schleppenden Teilnehmerentwicklung und dem allgemeinen, schlechten Image des Bildschirmtextes, ihr Telebanking-Angebot im Verlauf der 1980er-Jahre kontinuierlich aus und schrieben fast durchgängig den Trend fort, dass mehr Telekonten als Bildschirmtext-Anschlüsse geführt wurden. Mitte des Jahres 1985 hielt sich das Verhältnis noch ungefähr die Waage zwischen rund 29 000 angeschlossenen Bildschirmtext-Modems und 28 000 elektronisch geführten Bankkonten, wobei etwa die Hälfte der Telekonten auf die Postgiroämter entfiel. Die Deutsche Bundespost beabsichtigte bis Ende des Jahres 1985 für alle Postgiroämter das Telebanking freizuschalten. Auch die Sparkassen bereiteten einen großflächigen Einsatz vor.[164] 1987 waren von den knapp 600 Sparkassen mehr als

162 Vgl. Schmitt: Vernetzte Bankenwelt, 2018, S. 141f.

163 Die größten waren das Postscheckamt Berlin mit 4800, die Verbraucherbank mit 4000, die Stadtsparkasse Düsseldorf mit 500 und die Deutsche Bank mit 500 über Btx geführten Telekonten. Vgl. Es gibt schon über 10000 Telekonten. Miete zahlen, Überweisungen absenden, Kontoauszug prüfen – alles rund um die Uhr mit Btx. In: bildschirmtext magazin für teleleser 4 (1983), H. 7, S. 16–19; Beim Bildschirmtext sind sich die Banken einig. Ohne Telekonto geht nichts mehr. In: bildschirmtext magazin für teleleser 4 (1983), H. 7, S. 18. Im Speziellen zum Postgiro vgl. Reinhold Echter: Bildschirmtext im Postscheckdienst – eine neues Leistungsangebot der Deutschen Bundespost. In: Zeitschrift für das Post- und Fernmeldewesen (1982), H. 11, S. 32–41; Ders.: Postgiro im Bildschirmtext (Btx). Minister stellt neues Leistungsangebot der DBP vor. In: Zeitschrift für das Post- und Fernmeldewesen (1982), H. 12, S. 15f. Die Postscheckämter wurden 1984 in Postgiroämter umbenannt.

164 Die Verbraucherbank führte die Statistik mit 7800 Telekonten weiterhin an. Wie viele Banken zu diesem Zeitpunkt überhaupt Telebanking anboten, konnte nur geschätzt

Abb. 11
Ganzseitige Werbeanzeige der Verbraucherbank mit abgebildeter Bildschirmtext-Seite und der Selbstzuschreibung als „erste vollautomatische Bank“.
Quelle: Abgedruckt u. a. in: bildschirmtext magazin für teleleser 2 (1981), H. 8, S. 35.

450 mit eigenen Seiten im Bildschirmtext-System vertreten, 150 davon boten die Möglichkeit zur Btx-Kontoführung. In summa waren es nun 70 000 Telekonten bei etwa gleich vielen Bildschirmtext-Anschlüssen.[165] Bis Mitte 1988 erfolgte ein weiterer Sprung: Alle Großbanken und ein Drittel der Sparkassen boten ihren Kundinnen und Kunden nun die Möglichkeit zum Homebanking, welches als Begriff zunehmend die alte Bezeichnung Telebanking ablöste. Die Genossenschaftsbanken hatten angekündigt, ebenfalls einzusteigen. Die

werden und erlaubte auch keinen direkten Rückschluss auf die Anzahl externer Computer, da bspw. mehrere Sparkassen, die formal als unterschiedliche Bankinstitute zählten, einen gemeinsamen Rechner verwendeten. Vgl. Hans Peter Schütz: Nur Bares gibt's noch nicht. Jetzt schon 28 000 Telekonten. In: bildschirmtext magazin für teleleser 6 (1985), H. 9, S. 14f.; Boom in aller Stille. In: Btx Praxis (1985), H. 9, S. 32–35.

165 Vgl. Herbert Grab: Der heimliche Hit. Über 70 000 Telekonten. In: bildschirmtext magazin 8 (1987), H. 3, S. 6–8. Zu diesem Zeitpunkt zählte die DBP für alle Postgiroämter etwa 15 000 Telekonten und die Sparkassen führten etwa 12 000. Nach Schätzungen des *Bildschirmtext Magazins* führten die privaten Geldinstitute Dresdner und Deutsche Bank jeweils etwa 10 000, die Verbraucherbank 8000, die Bayerische Hypo Bank über 4000 und die Commerzbank etwa 3000 Telekonten. Für einen Stand zum Ende des Jahres 1987 vgl. Btx-PostGiro stiehlt den Banken die Schau. In: Funkschau (1987), H. 25, S. 30–32.

Anzahl der elektronisch per Bildschirmtext geführten Konten hatte sich mehr als verdoppelt auf über 150 000 bei etwa 120 000 Anschlüssen.[166]

Dieser kurze Überblick über die Entwicklung des Homebankings im Bildschirmtext verdeutlichte, dass dieser spezielle Anwendungsfall, zumindest unter quantitativen Kriterien, ein durchschlagender Erfolg war.[167] Homebanking wuchs schneller als sein ‚Trägermedium' und war vielfach ein ausschlaggebender Grund, warum sich jemand für einen Anschluss entschied. Deshalb erschien es auch folgerichtig, dass die Deutsche Bundespost einerseits vermehrt mit diesem Anwendungsbereich warb und andererseits auch bereit war, die Möglichkeit der elektronischen Kontoführung vom eigenen Bildschirmtext-Anschluss zu trennen. Das Unternehmen SEL entwickelte dafür im Auftrag der Bundespost ein öffentlich zugängliches Terminal. Bildschirmtext sollte so „von jedermann über öffentlich aufgestellte Auskunftsgeräte benutzt werden"[168] können. Ausgangsüberlegung war hierfür nicht nur eine möglichst flächendeckende Bereitstellung des Bildschirmtextes für Menschen,

166 Die Postgiroämter bildeten trotz des vergleichsweise mageren Funktionsumfangs mit 30 000 Telekonten den größten Anteil. So konnte hier nur der Kontostand abgefragt werden, nicht aber, wie bei den Großbanken üblich, auch die Umsätze. Die Postgiroämter erweiterten Ende 1988 ihren Funktionsumfang entsprechend. Vgl. Setzt sich durch: Die bequeme Bank. In: bildschirmtext magazin 9 (1988), H. 5, S. 9; DBP – PGiroA Berlin West: Btx-Kontoführung, Btx-Überweisung. Die Entwicklung verlief ähnlich weiter: Ende 1989 gab es etwa 200 000 Telekonten auf 160 000 Btx-Anschlüsse. Vgl. Zieht den Karren. In: bildschirmtext magazin 10 (1989), H. 5, S. 14–18.

167 Außerdem zeigten sich die Geldinstitute bereit, trotz unklarer Amortisation, hohe Investitionssummen zu tragen und den Btx-Kontoservice zu subventionieren. Vgl. Thomas Wendel: Was den Banken Bildschirmtext ist: Lieb und teuer. In: Btx Praxis (1988), H. 6, S. 14f.

168 Öffentliches Auskunftsgerät. In: bildschirmtext magazin für teleleser 2 (1981), H. 3, S. 42. Die DBP stellte hier die Anforderung einer besonders eingängigen und einfachen Bedienung. Eine zusätzliche Benutzerführung durch Texte und Grafiken sollte sicherstellen, dass das Gerät „von jedermann" benutzt werden konnte. Das beinhaltete auch die Zugänglichkeit für Menschen mit körperlichen Behinderungen. Generell ließ sich feststellen, dass die DBP ihren gesamtgesellschaftlichen Auftrag ernst nahm und zahlreiche Projekte förderte, die die Erhöhung der Bedienbarkeit für sehschwache und gehörlose Menschen zum Ziel hatte. Vgl. Bildschirmtext für Behinderte. In: bildschirmtext magazin für teleleser 3 (1982), H. 5, S. 32; Dieter Skuppin: Btx für Blinde. Erfahrungen von Siegfried K. In: bildschirmtext magazin für teleleser 3 (1982), H. 6, S. 45f.; Erika Butzek: Btx hat für Blinde sprechen gelernt. In: Postmagazin (1987), H. 1, S. 42f.; Dies.: Behindert? – Mit Btx eine neue Chance. In: Postmagazin (1988), H. 1, S. 20f.; Btx – Kommunikation für Gehörlose. In: telepost 19 (1990), H. 1, S. 16; Rainer Döller: Btx-Kommunikation für Gehörlose. In: Zeitschrift für Post und Telekommunikation (1990), H. 4, S. 56. Schon früh gab es hier auch historische Verweise auf Alexander Graham Bell in dem Sinne, dass Btx Gehörlosen erlauben würde, sich über den Fernsprecher zu unterhalten, was Bell als Intension erst zur Erfindung des Telefons geführt hätte. Vgl. Karlhans Müller: Bildschirmtext

die keinen eigenen Anschluss hatten, ähnlich dem Konzept öffentlicher Fernsprecher, sondern die Bundespost dachte im Speziellen an ihre eigenen Postbankkundinnen und -kunden. Auch bei den anderen Banken fand die Idee Anklang, die ‚Selbstbedienungszonen' in den Filialen – bisher ausgestattet mit Kontoauszugsdruckern und Geldautomaten – um Bildschirmtext-Geräte mit Zugriff auf die Telekonten zu erweitern.[169]

Ursprünglich bestand der Plan, noch im Versuchszeitraum zehn Berliner Postämter mit öffentlich zugänglichen Geräten auszustatten. Bedingt durch verschiedene Verzögerungen wurden die ersten Bildschirmtext-Terminals jedoch erst 1985 aufgestellt.[170] Probleme in der konkreten Umsetzung bereiteten SEL vor allem der vorgesehene Münzeinwerfer, der nicht den Sicherheitsvorgaben genügend realisiert werden konnte.[171] Letztendlich installierte die Bundespost vorerst nur Terminals in der Variante ohne Münzeinwurf, auf denen lediglich gebührenfreie Seiten abgerufen werden konnten. Die Banken waren hier abermals Vorreiter: Ende 1985 hatten die Bayerische Hypo Bank in ihren Filialen insgesamt 60, die Commerzbank 40 und die Berliner Bank immerhin 25 öffentliche Geräte in Betrieb.[172] Bis zum Ende der 1980er-Jahre wurden bundesweit etwa 300 öffentliche Bildschirmtext-Terminals als „Säulen der

revolutioniert die Kommunikation. Das neue Tele-Medium kann ganze Branchen verändern. In: nachrichten elektronik 34 (1980), H. 5, S. 145–148, hier S. 147.

169 Vgl. Dieter Söllner: Die Nutzung des Bildschirmtextsystems (Btx). In: Zeitschrift für das Post- und Fernmeldewesen (1981), H. 6, S. 34–38, hier S. 38; Herbert Grab: Die Banken kommen ins System. Bundesweit schon 20 000 Telekonten. Homebanking fester Bestandteil der Selbstbedienung. In: Btx Praxis (1984), H. 9, S. 25–27, hier S. 27.

170 Es gab vorher jedoch schon vereinzelt öffentlich zugängliche Btx-Geräte. So stellte die Berliner Amerika-Gedenkbibliothek noch in der Feldversuchsphase ihren Anschluss in den eigenen Räumen der Öffentlichkeit zur Verfügung. Es konnten hier sogar kostenpflichtige Seiten abgerufen werden. Vgl. Günter Werz: Jeder kann Platz nehmen und „blättern". In der Berliner Amerika-Gedenkbibliothek steht das „Öffentliche Btx-Gerät Nr. 1". In: bildschirmtext magazin für teleleser 2 (1981), H. 9, S. 30f. Etwa zur gleichen Zeit wurde im österreichischen Graz ein Btx-Terminal zur Erprobung öffentlich zugänglich gemacht. Vgl. Öffentliches Btx-Terminal. In: bildschirmtext magazin für teleleser 2 (1981), H. 7, S. 59.

171 Das FTZ bemängelte immer wieder die Ausführung. Vgl. Öffentlicher Btx: Probleme mit dem Münzer. In: bildschirmtext magazin für teleleser 6 (1985), H. 8, S. 42; Thomas Wendel: In aller Öffentlichkeit. Btx geht unter die Leute. In: bildschirmtext magazin für teleleser 7 (1986), H. 1/2, S. 10–12. Beispielhaft zur Selbstdarstellung von SEL vgl. Standard Elektrik Lorenz: Für jeden und jederzeit. Informationen auf Knopfdruck: Öffentliches SEL-Bildschirmtext-Terminal. Werbeblatt, wahrscheinlich 1984/1985.

172 Vgl. Öffentliche Terminals schaffen jedermann Zugang: Eintritt frei! In: bildschirmtext magazin für teleleser 6 (1985), H. 9, S. 57.

Information"[173] in Banken und Ämtern, in Bahnhöfen und Fußgängerzonen, in Industrie- und Handelskammern und vereinzelt in Hotels aufgestellt. Den meisten Menschen blieben sie aber, wie das *Bildschirmtext Magazin* 1989 schrieb, ein „futuristisches Unikum"[174].

Die über den Rechnerverbund möglich gewordene elektronische Kontoführung etablierte sich als ein Anwendungsfall im Bildschirmtext, der wie kein Zweiter die Preisgabe sensibler Daten erforderte und das Leben der Menschen im Kern berührte. Die technische Realisierung mithilfe, über Fernsprech- und Datennetz der Deutschen Bundespost, verbundener Computer war den meisten Nutzerinnen und Nutzern weder konkret bekannt noch verständlich. Ein derart konstituiertes technisches System gründete, mit der Notwendigkeit zur Vertrauensgenerierung, auf einem umfassenden Sicherheitsversprechen.[175] Erstens, eine garantierte Sicherheit für die Nutzerinnen und Nutzer, dass ihre persönlichen Daten vertraulich behandelt und vor jeglichem Missbrauch, auch vor staatlichem, geschützt werden. Dies galt umso mehr seit der verstärkten öffentlichen Thematisierung datenschutzrechtlicher Bedenken in der zweiten Hälfte der 1970er-Jahre und der zunehmend kritischen Diskussion des Einsatzes von Computern durch staatliche Akteure, vor allem den Sicherheitsbehörden.[176] Zweitens, eine funktionale Sicherheit, die einen reibungslosen

173 Thomas Uber: Säulen der Information. Das sind die öffentlichen Terminals. In: bildschirmtext magazin für teleleser 7 (1986), H. 6, S. 34f.

174 Ö wie öffentlich. In: bildschirmtext magazin 10 (1989), H. 7/8, S. 8. Unklar musste bleiben, inwieweit das eigentliche Gebührenkonzept umgesetzt wurde. Ursprünglich war vorgesehen, dass auch kostenpflichtige Seiten mittels Münzeinwurf abgerufen und bezahlt werden konnten. Die ‚Geräte-Aufsteller' sollten überdies durch einen zusätzlichen Zeittakt selbst Gebühren erheben können, wodurch ein weiterer Anreiz für private Unternehmen, aber auch für öffentliche Einrichtungen, geschaffen werden sollte, entsprechende Terminals in den eigenen Räumen aufzustellen und der Allgemeinheit zugänglich zu machen. Zumindest für 1989 ließ sich aber festhalten, dass die Btx-Terminals mit Kassiereinrichtung immer noch lediglich im Probebetrieb verfügbar waren. Vgl. Norbert Liske: ETB: eine Btx-Anwendung für die breite Öffentlichkeit? In: Zeitschrift für das Post- und Fernmeldewesen (1989), H. 1, S. 24f., hier S. 24.

175 Einführend zu Begriffen der Sicherheit vgl. Cornel Zwierlein: Sicherheitsgeschichte. Ein neues Feld der Geschichtswissenschaften. In: Geschichte und Gesellschaft 38 (2012), H. 3, S. 365–386; Tatjana Tönsmeyer u. Annette Vowinckel: Sicherheit und Sicherheitsempfinden als Thema der Zeitgeschichte. Eine Einleitung. In: Zeithistorische Forschungen/Studies in Contemporary History 7 (2010), H. 2, S. 163–169; Franz-Xaver Kaufmann: Sicherheit: Das Leitbild beherrschbarer Komplexität. In: Stephan Lessenich (Hg.): Wohlfahrtsstaatliche Grundbegriffe. Historische und aktuelle Diskurse. Frankfurt am Main 2003, S. 73–104.

176 Zusammenfassend vgl. David Gugerli u. Hannes Mangold: Betriebssysteme und Computerfahndung. Zur Genese einer digitalen Überwachungskultur. In: Geschichte und Gesellschaft 42 (2016), H. 1, S. 144–174; Eva Oberloskamp: Auf dem Weg in den

Ablauf des Systems garantierte, beispielsweise, dass der abgerufene Kontostand wirklich der aktuelle war und dass die angeordnete Überweisung auch entsprechend ausgeführt wurde.

Die Notwendigkeit der erweiterten Sicherung der Teilnehmerzugänge durch zusätzliche Authentifizierungsschritte erschien der Deutschen Bundespost sowie den beteiligten Banken von Anfang an evident. Der grundsätzliche Zugang zum Bildschirmtext-System erfolgte über eine elfstellige Teilnehmerkennung im Verbund mit einer fest programmierten Fabrikationsnummer des Modems und wurde durch ein veränderbares persönliches Kennwort in Form einer vierstelligen Zahl gesichert.[177] Da viele Teilnehmerinnen und Teilnehmer der Feldversuche eingängige Ziffernkombinationen wählten und bereits von ersten unbefugten Zugangsversuchen berichtet wurde, sah die Bundespost sich Mitte 1983 veranlasst, besonders ‚einfache' Kennwörter ändern zu lassen.[178] Hintergrund war hier auch die ab Anfang 1983 verfügbare Möglichkeit der ‚Freizügigkeit'. Durch das ‚Freizügig-Schalten' eines Bildschirmtext-Anschlusses oder eines -Teilnehmers wurde die zwingende Bindung von Teilnehmer- und Modemkennung aufgehoben. Dies war nötig, wenn ein Anschluss von mehreren Menschen benutzt werden sollte oder wenn Nutzerinnen und Nutzer ihren Zugang auf mehreren Geräten verwenden wollten. Der Mobilitätsgewinn der ‚Freizügigkeit' wurde mit einer deutlichen Verringerung der Sicherheitsschranken erkauft und war folglich Hauptansatzpunkt krimineller Aktivitäten.[179]

Zu Beginn des Jahres 1984 einigten sich die beteiligten Banken im Zentralen Kreditausschuss auf einen einheitlichen Sicherheitsstandard, der ab Juni im Telebanking gelten sollte und letztendlich über das Bildschirmtext-System hinaus Bestand hatte: Das „Konzept für die Absicherung des Benutzerzugangs

---

Überwachungsstaat? Elektronische Datenverarbeitung, Terrorismusbekämpfung und die Anfänge des bundesdeutschen Datenschutzes in den 1970er Jahren. In: Cornelia Rauh u. Dirk Schumann (Hg.): Ausnahmezustände. Entgrenzungen und Regulierungen in Europa während des Kalten Krieges, Göttingen 2015, S. 158–176.

177 Vgl. Günter Götz: Die Schlüssel zu Bildschirmtext. Was ist eigentlich das Persönliche Kennwort? In: bildschirmtext magazin für teleleser (1980), H. 3, S. 10.

178 Vgl. Kennwörter jetzt ‚sicher'. In: bildschirmtext magazin für teleleser 4 (1983), H. 6, S. 12. Zum Verfahren bei Verlust oder Falscheingabe der Kennung vgl. Persönliches Kennwort. In: Btx Praxis (1984), H. 8, S. 11; Kennwort-Probleme. In: Bildschirmtext Aktuell 5 (1984), H. 100, S. 2f. Das Problem der Vergabe ‚schwacher' Kennwörter blieb aber über die Jahre bestehen. Vgl. „Passwort-Wahl wird zu leichtfertig gehandhabt". Sicherheitsrisiken aus Sicht der Datenschützer. In: Btx Praxis (1985), H. 1, S. 24.

179 Vgl. Thomas Uber: Vorsicht Datenklau! Vorteile und Risiken von „Freizügigkeit" in Bildschirmtext. In: bildschirmtext magazin für teleleser 7 (1986), H. 4, S. 36f.; Achtung. Fallensteller im System. In: bildschirmtext magazin 10 (1989), H. 12, S. 26–29.

zu kontobezogenen Bildschirmtext-Anwendungen" beschrieb die Kombination einer persönlichen Identifikationsnummer (PIN) mit einer jeweils nur für einen Vorgang gültigen Transaktionsnummer (TAN).[180] Das *Bildschirmtext Magazin* stellte das neue Sicherheitsverfahren sogleich seinen Leserinnen und Lesern vor und fand einen Vergleich, der im Folgenden noch oft gezogen wurde:

> „Wer die Sicherung eines Telekontos knacken wollte, müßte sich schon den PIN und mindestens eine gültige TAN besorgen, gegebenenfalls müßte er noch die Btx-Teilnehmer-Nummer, Kennwort und persönliches Kennwort sowie die Kontonummer des Kontoinhabers kennen. Insgesamt eine Zahl mit 26 Stellen (ohne die Kontonummer) – da ist leichter eine Million im Lotto gewonnen als ein derartiges Ziffernmonster ausgeknobelt."[181]

Die noch junge Hackervereinigung des Chaos Computer Clubs[182] nahm in der dritten Ausgabe ihrer, als eigenes Publikationsorgan neugegründeten, Zeitschrift *Die Datenschleuder* direkt Bezug auf den Lotto-Vergleich. Im Artikel wurden ausführlich vorgebliche Systemfehler und Schwächen des Bildschirmtextes angeprangert: Die Systemoperatoren der Deutschen Bundespost könnten „alles", so auch „Passwörter einsehen, ändern, Verknüpfungen herstellen, alle möglichen Statistiken und Abrechnungen erstellen" und diese an den Verfassungsschutz und andere staatliche Stellen weitergeben. Die Teilnehmerinnen und Teilnehmer dagegen werden nur als reine Konsumenten von der Bundespost angesehen, denen vor allem eine Aufgabe zukomme: „sie dürfen zahlen, zahlen, zahlen". Die Informationsanbieter hätten dagegen wesentlich mehr Möglichkeiten, beispielsweise das Erstellen von Seiten und die Erhebung von Gebühren für diese, aber genau da würde auch offenbar werden, „daß die Programme zur Abrechnung nicht funktionieren" und die

180 Vgl. Banken haben sich geeinigt. In: Bildschirmtext Aktuell 5 (1984), H. 96, S. 2. In Deutschland wurde im Zuge der zweiten europäischen Zahlungsdiensterichtlinie das klassische PIN/TAN-Verfahren aus Sicherheitsgründen im September 2019 abgeschafft. Vgl. Thomas Klemm: Abschied von der Tan-Liste. In: Frankfurter Allgemeine Sonntagszeitung, 28.4.2019, S. 29.

181 So sicher ist Ihr Telekonto. In: bildschirmtext magazin für teleleser 5 (1984), H. 2, S. 16. In diesem Artikel versuchte das *Bildschirmtext Magazin* den Neologismus einer „telektronischen" Überweisung zu etablieren, jedoch ohne nennenswerten Erfolg. Die „Million im Lotto" wurde als „sechs Richtige im Lotto" auch in der *Btx Praxis* aufgegriffen. Eberhard Schröther: Verschlüsselungsverfahren und Chipkarte erhöhen Btx-Sicherheit. Wie man die Datensicherheit noch erhöhen kann. In: Btx Praxis (1984), H. 8, S. 13–16, hier S. 15.

182 Zur Gründungsphase allgemein vgl. Erdogan: Computerkids, 2018, S. 77–79; Röhr: Ursprünge, 2012, S. 57–73.

Anbieter mithin „die Zahlungen mit der Post wie auf einem Informationsbasar aushandeln". Deshalb könnten Anbieter, so der Club, auch „ihre Identität [...] verschleiern und unbemerkt kassieren" sowie „bei geschicktem Vorgehen Teilnehmerdaten ‚unbemerkt' abrufen".[183]

Mit der letzten Bemerkung wurde ein wunder Punkt getroffen, den der Bildschirmtext-Abteilungsleiter Eric Danke entsprechend weiterleitete und unverblümt, im Falle einer Nicht-Änderung, den Informationsanbietern mit Sperrung drohte. Es war bekannt geworden, dass einige Anbieter transparente Grafiken und farbige Hintergründe nutzten, um Systemmeldungen, beispielsweise die Ankündigung eines Entgeltes, zu ‚überdecken'.[184] Der Aussage, ein erfolgreicher Hacking-Versuch wäre so wahrscheinlich wie ein Sechser im Lotto, stimmte der Chaos Computer Club dagegen in ironischer Wendung zu:

> „Das ist richtig. Jede Woche mindestens ein Hauptgewinn. Wir haben zwar noch nie im Lotto einen bekommen. Aber erstens freuen wir uns auch schon bei kleineren Gewinnen und zweitens lassen sich Passwörter – im Gegensatz zu Geldgewinnen – durch Weitergabe verdoppeln!!!"[185]

Im Chaos Computer Club galt Steffen Wernéry als der Experte auf dem Gebiet des Bildschirmtext-Systems. Als Anbieter war er auch zuständig für die Seite des Clubs. Neben vielerlei Informationen bestand hier auch die Möglichkeit über den Aufruf einer kostenpflichtigen Seite den Hackern Geld zu spenden.[186] Diese Bildschirmtext-Seite stand im Mittelpunkt der folgenden Aktion des Chaos Computer Clubs, die bis heute als eine Art Gründungsakt

---

183 Vgl. BTX heißt Bildschirm-TriX. In: Die Datenschleuder (1984), H. 3, S. 3. Zitate ebd.

184 Vgl. Dankes Zorn. In: Bildschirmtext Aktuell 5 (1984), H. 104, S. 8. Ähnliche Praktiken fanden sich bereits in der Feldversuchsphase, wo Informationsanbieter über spezielle Farbkombinationen, bspw. hellgelbe Schrift auf hellgrünen Untergrund, versuchten, das Wort „Werbung" als verpflichtende Kennzeichnung ‚unsichtbar' zu machen. Vgl. Hans Peter Schütz: Schwarze Schafe auf der neuen Medienwiese. Verbraucherzentralen erkennen Gesetzesverstöße. In: bildschirmtext magazin für teleleser 1 (1980), H. 3, S. 6f.; Gerhard Breinlinger: Verbraucherschützer in der Schußlinie. Bildschirmtext-Anbieter bezeichnen Kritik als zu früh und zu kleinlich. In: bildschirmtext magazin für teleleser 1 (1980), H. 4, S. 6f.; Michael Klöckner: Der Bildschirmtext als Teilnehmerdatei. In: Horst Holzer (Hg.): Orwell & Bundesrepublik. Erfassen – Überwachen – Manipulieren. Frankfurt am Main 1984, S. 207–226, hier S. 213.

185 BTX heißt Bildschirm-TriX, 1984, S. 3.

186 Ein Anbieter konnte für den Aufruf einer einzelnen Seite bis zu 9,99 DM verlangen. Der CCC rief auch dazu auf, sich in Läden der DBP die Btx-Geräte vorführen zu lassen und dabei die kostenpflichtige Seite des Clubs aufzurufen: „Wenn da ein BTX-Gerät steht: Vorführen lassen! Unsere gebührenpflichtige Seite (PRESTEL 99 Pfennige) kommt nach *19058# und wenn CEPT läuft, ist es ganz einfach: 20305080. Für jeden Aufruf unserer Spendenseite kriegen wir echtes Geld!!! Bittet auch Postler um entsprechende sinnvolle

gefeiert wird. Am 15. November 1984 sprach Wau Holland, neben Wernéry der zentrale Protagonist der Hackervereinigung, auf der Tagung der Datenschutzbeauftragten in Köln über den Bildschirmtext als „Eldorado für Hacker" und demonstrierte live die Manipulation eines Modems. Am Abend zeigte das *ZDF heute journal* Ausschnitte des Vortrags und ein Interview mit Wau Holland.[187]

Für die Nacht vom 16. auf den 17. November planten Wau Holland und Steffen Wernéry dann ihre gemeinsame Aktion. Die Hacker kannten die Teilnehmerkennung und das persönliche Kennwort der ‚freizügig' geschalteten Hamburger Sparkasse (Haspa). Wie sie in den Besitz dieser gekommen waren, wurde zu einem zentralen Gegenstand der folgenden Debatte. Sie nutzten ihr Wissen jedenfalls für einen wiederholten Abruf der eigenen entgeltpflichtigen Bildschirmtext-Seite. Die automatisierte Programmschleife lief die ganze Nacht und so hatten sich am nächsten Vormittag die Kosten für die Hamburger Sparkasse auf knapp 135 000 DM summiert. Noch am gleichen Tag, einen Sonntag, vermeldeten Holland und Wernéry medienwirksam ihren Hack und verzichteten zugleich auf die Auszahlung der fälligen Gebühren. Der Coup gelang – die versammelte Presse und das Fernsehen berichteten und der Chaos Computer Club war fortan in aller Munde.[188]

Der sogenannte Btx- oder Haspa-Hack bezog seine kurzzeitige Wirkmächtigkeit besonders aus drei Punkten. Erstens sprachen Wau Holland und Steffen Wernéry öffentlichkeitswirksam freimütig von einem „Bankraub", wenngleich sie einräumten, dass kein Kundenkonto, sondern letztlich nur die Telefonrechnung der Hamburger Sparkasse betroffen war. Dieser Umstand bestätigte sich schon dadurch, auch wenn das in den späteren Darstellungen kaum Erwähnung fand, dass zu diesem Zeitpunkt die Bankcomputer der Hamburger Sparkasse noch gar nicht an den Rechnerverbund des Bildschirmtextes angeschlossen waren. Bis heute umstritten erschien der zweite Punkt und die Frage, woher die Hacker die Teilnehmerkennung und das Kennwort überhaupt hatten. Nach der Version des Chaos Computer Clubs war Wernéry im Bildschirmtext-System auf einen Programmierfehler gestoßen, der unter

Tätigkeit. Angesichts unserer riesigen Telefonrechnungen ist das nur gerecht." BTX heißt Bildschirm-TriX, 1984, S. 3.

187 Vgl. Wau Holland: Btx. Eldorado für Hacker? In: Datenschutz-Management und Bürotechnologien. Tagungsband der 8. DAFTA (Datenschutzfachtagung) am 15. und 16. November 1984. Köln 1985, S. 133–144; ZDF heute journal, 15.11.1984.

188 Vgl. Kai Denker: Heroes Yet Criminals of the German Computer Revolution. In: Gerard Alberts u. Ruth Oldenziel (Hg.): Hacking Europe. From Computer Cultures to Demoscenes. London 2014, S. 167–187; Röhr: Ursprünge, 2012, S. 80–85. Zur Berichterstattung vgl. Lustige Spielchen. In: Der Spiegel (1984), H. 48, S. 238–242; Thomas von Randow: Ein Schlag gegen das System. Ein Computerclub deckt Sicherheitslücken im Btx-Programm auf. In: Die Zeit, 30.11.1984; Bildschirmtext im Schwachstellentest. In: taz, 22.12.1984.

bestimmten Bedingungen beim Editieren einer Seite zufällige Daten preisgab – darunter eben auch die verwendeten Zugangsdaten.[189]

Die Deutsche Bundespost sah sich aufgrund der großen medialen Aufmerksamkeit zu schnellem Handeln veranlasst und bestätigte in einer ersten Stellungnahme die vermeintliche Sicherheitslücke, versicherte jedoch, dass diese bereits geschlossen wurde.[190] Erst in einer genaueren Prüfung in den folgenden Tagen wurde festgestellt, dass der gefundene Softwarefehler nicht zur Preisgabe der Daten geführt haben konnte – zumindest nicht in der Weise wie von Steffen Wernéry beschrieben. Vielmehr gingen die Verantwortlichen der Bundespost nun davon aus, dass die Hacker ihr Wissen durch schlichtes physisches Ausspähen bei einer öffentlichen Vorführung, beispielsweise auf einer Messe, erhalten hatten. Die Bundespost sah sich vom Chaos Computer Club getäuscht – deren Arbeit wurde als „Meisterleistung in der Irreführung der Öffentlichkeit"[191] bezeichnet – und von den ‚alten' Medien vorgeführt. Die Redaktion des *Bildschirmtext Magazins* richtete sich in ihrer Weihnachtsausgabe mit markigen Worten an die Leserinnen und Leser:

> „Die ‚alten' Medien überschlugen sich in den vergangenen Wochen vor Häme, Bildschirmtext hatte seinen vermeintlichen Skandal. Endlich konnte man diesem undurchschaubaren Btx-System begründet an den Karren fahren, so glaubten die ahnungslosen Obergescheiten aus Funkhäusern und Redaktionsstuben. [...] Die Aktion war so gut angelegt, daß im ersten Moment selbst die Post darauf hereinfiel. [...] Statt dessen ist es umso wahrscheinlicher geworden, daß die Hacker die Zugangscodes bei Btx-Vorführungen der Hamburger Sparkasse schlicht ausgespäht haben. Einem sensationsgierigen ‚heute-journal'-Kamerateam konnte man jedoch vieles weismachen und der Öffentlichkeit gestellte Aufnahmen präsentieren. [...] Bemerkenswert an der ganzen Aufregung ist nicht zuletzt die Tatsache, daß auch die beteiligten Fachleute eine solche Daten-Panne nicht für unmöglich zu halten scheinen. Das hängt gewiß damit zusammen, daß das Bildschirmtext-System in der Bundesrepublik das komplexeste Datenfernverarbeitungsprojekt ist, das es weltweit gibt. [...] Die Erfahrungen des zurückliegenden halben Jahres haben jedoch die Stabilität des Btx-Systems bewiesen. Gezeigt hat sich ebenfalls, daß die Sicherheit im System gewährleistet ist. [...] Lassen wir uns nicht verwirren, schließlich ist bald

---

189 Zur Stellungnahme des CCC vgl. Chaos-Computer-Aktion sorgte für Aufregung. Stellungnahme des Chaos Computer Clubs. In: Btx Praxis (1984), H. 12, S. 17f. Steffen Wernéry hält bis heute an seiner damals geäußerten Version fest. Vgl. Detlef Borchers: Bankraub per Telefon. Wie der Chaos Computer Club das Btx-System aushebelte. In: c't (2018), H. 27, S. 66f.

190 Bundesministerium für das Post- und Fernmeldewesen: Systemsicherheit bei Bildschirmtext wird weiter verbessert. Pressemitteilung, 20.11.1984.

191 Hans Gusbeth: So war es wirklich. Das „System-Knacken" war ein großer Bluff. In: bildschirmtext magazin für teleleser 5 (1984), H. 9, S. 21.

> Weihnachten. Schnee von gestern. Und daß Bildschirmtext ein leistungsfähiges System ist, zeigt unsere Weihnachts-Geschenk-Story […]. Wir haben selber gestaunt, was mit dem Medium alles bestellt werden kann – für sie, für ihn, fürs Kind."[192]

An diesem Statement des *Bildschirmtext Magazins* zeigte sich sehr anschaulich der gewählte Umgang mit „Hamburgs Hackerstory"[193]: Nach einem kurzen Moment des Einräumens von Fehlern folgte eine wütende Phase wilder Beschuldigungen, die einerseits die vorgeblich einseitige Berichterstattung in Presse und Rundfunk anprangerte und sich andererseits explizit gegen den Chaos Computer Club und seine Protagonisten sowie gegen die Fahrlässigkeit der Hamburger Sparkasse richtete.[194]

In Bezug auf die Berichterstattung kam zusätzlich der dritte Punkt der Wirkmächtigkeit ins Spiel. Das Jahr des „Btx-Hacks" war auch das Orwell-Jahr, das – vielfach herbeigeschrieben als eine Chiffre der Angst vor der zunehmenden Computerisierung und Überwachung – mit der geplanten Volkszählung von 1983 seltsam real zu werden schien. In der Debatte um Vision und Wirklichkeit eines möglichen Überwachungsstaates nach dem Vorbild von George Orwells Roman *1984* fand der Bildschirmtext immer wieder seine Erwähnung, allerdings seltener als angenommen werden konnte. Der Orwellstaat-Diskurs konzentrierte sich einerseits sehr stark auf die geplante Volkszählung, die Einführung des neuen Bundespersonalausweises und Überwachungsmethoden der Sicherheitsbehörden.[195] Andererseits war er ein Mediendiskurs, in dem die Auswirkungen der ‚Neuen Medien' vor allem am Beispiel des Kabelfernsehens

---

192 Redaktion bildschirmtext magazin für teleleser: Liebe Teleleser. In: bildschirmtext magazin für teleleser 5 (1984), H. 9, S. 3. Vgl. auch Thomas Wendel: Hacker: Zu früh gefreut. Der „Bankraub per Bildschirmtext" vom November 1984 war ein großer Bluff. In: bildschirmtext magazin für teleleser 6 (1985), H. 9, S. 61–63.

193 Hamburgs Hackerstory. In: Bildschirmtext Aktuell 5 (1984), H. 109, S. 2.

194 Vgl. Denker: Heroes Yet Criminals, 2014, S. 176–178. Eric Danke äußerte Jahre später zufrieden: „Es ist kein Fall bekannt, in dem eine fremde Teilnehmerkennung durch ‚Hacken' herausgefunden werden konnte. Der besonders sensible Datentransfer bei der elektronischen Kontenführung wird von den Kreditinstituten weiterhin durch die nur einmal gültigen und damit abhörsicheren Transaktionsnummern gesichert." Danke: Situationsbericht Bildschirmtext, 1987, S. 202.

195 Hier besonders wirkmächtig die Titelstory des *Spiegels* Anfang 1983 sowie die darauffolgenden Artikel, die noch 1983 zusammengefasst auch in Buchform erschienen. Vgl. Die neue Welt von 1984. In: Der Spiegel (1983), H. 1, S. 19–30; Werner Meyer-Larsen (Hg.): Der Orwell-Staat 1984. Vision und Wirklichkeit. Hamburg 1983. Für eine Einordnung vgl. Marcel Berlinghoff: Computerisierung und Privatheit – Historische Perspektiven. In: Aus Politik und Zeitgeschichte (2013), H. 15–16, S. 14–19; Ders.: Totalerfassung und Computerstaat, 2013.

diskutiert wurden.[196] Der Spiegel-Journalist Werner Meyer-Larsen sprach beispielsweise in einem viel zitierten Artikel ausschließlich von den Gefahren des Kabelfernsehens, meinte aber wohl auch den Bildschirmtext:

> „Je perfekter Kommunikations- und Informationstechniken sind, desto perfekter wird auch die Möglichkeit eines totalitären Staates, den Bürger zu einem gläsernen, ständig kontrollierbaren Wesen zu verwandeln. Über Videoverkabelung, schlicht über Fernsehen, wird der große Spion, der moderne Televisor ins Haus geschickt. Glasfaserverkabeltes Fernsehen ist keine Einbahnstraße. Der große Bruder kann den Rückwärtskanal einschalten und so Kaufmotive, Fernsehgewohnheiten, ja schließlich politische Meinungen jeder Person herausfinden."[197]

Für den Fall des Bildschirmtextes muss in der Rückschau festgehalten werden, dass die umfangreiche Orwell-Debatte der 1980er-Jahre kritische Stimmen allgemein zum Bildschirmtext und speziell zum Datenschutz der Deutschen Bundespost hervorbrachte, die aber auf längere Sicht kaum Auswirkungen zeigten.[198] Der als Einzelereignis spektakuläre „Btx-Hack" veranschaulichte das exemplarisch, wobei es für die Untersuchung der Debatten keinen Unterschied machte, ob überhaupt von einem Hack gesprochen werden konnte. Das Medienecho war riesig – Wau Holland, Steffen Wernéry und der Chaos Computer Club wurden über Nacht deutschland- und europaweit bekannt.[199] Die laufenden Diskussionen um den „Computerstaat" befeuerten diese Aufmerksamkeit. Auch die Debatte um die datenschutzrechtlichen Fragen des Systems, eigentlich mit der Formulierung des Staatsvertrages abgeschlossen – der Bildschirmtext war bis dahin das einzige Massenmedium,

196 Vgl. besonders Pethas: EDV im Orwellstaat, 2004.

197 Werner Meyer-Larsen: Technisches Paradies oder Wahnsinn? Ein Resümee. In: Ders. (Hg.): Der Orwell-Staat 1984. Vision und Wirklichkeit. Reinbek bei Hamburg 1983, S. 183–190, hier S. 184f.

198 Die Btx-Einführung war von Beginn an von datenschutzmäßigem Misstrauen begleitet, das sich im Kern aus der prinzipiellen Möglichkeit der DBP speiste, die Nutzerdaten und Seitenaufrufe zusammenzuführen und so Rückschlüsse auf die Teilnehmerinnen und Teilnehmer zu gewinnen. Vgl. auch Joachim Schmidt: Die Gewährleistung des Datenschutzes bei der Teilnahme an Telekommunikationsdiensten, dargestellt unter besonderer Berücksichtigung der Telekommunikationsordnung. In: Jahrbuch der Deutschen Bundespost 39 (1988), S. 315–355, hier S. 346f.

199 Wau Holland und Steffen Wernéry wurden u. a. nach Amsterdam eingeladen. Vgl. Caroline Nevejan u. Alexander Badenoch: How Amsterdam invented the Internet: European networks of significance, 1980–1995. In: Gerard Alberts u. Ruth Oldenziel (Hg.): Hacking Europe. From Computer Cultures to Demoscenes. London 2014, S. 189–217.

für welches überhaupt spezifische Datenschutz-Regelungen galten –, wurden noch einmal neu entfacht.[200]

Es schien sich also in einer anderen Bedeutung zu bewahrheiten, was Karel Charvat, der Chefredakteur der Zeitschrift *nachrichten elektronik + telematik*, wenige Monate vor dem „Btx-Hack" ursprünglich positiv meinend festhielt: „Das Orwell-Jahr 1984 entwickelt sich immer mehr zum Jahr des Bildschirmtextes."[201] Praktische Konsequenzen folgten allerdings keine, vielmehr sah sich die Deutsche Bundespost darin bestärkt, dass die Sicherheitsvorkehrungen beim Telebanking ausreichend wären. Die postnahe Berichterstattung gewann der Aktion ebenfalls Positives ab: „Btx ist in aller Munde"[202], schrieb beispielsweise die *Bildschirmtext Aktuell*. Eine Bewertung durch die vom *Bildschirmtext Magazin* befragten Experten, darunter Eric Danke, Hans Erwin Riemann als Geschäftsführer der Bildschirmtext-Anbietervereinigung und zahlreiche Vertreter am System beteiligter Firmen, las sich abwägender, zielte aber grundsätzlich in eine ähnliche Richtung: Lieber schlechte Nachrichten als gar keine, wobei der Imageschaden nur kurzfristig spürbar sein werde, wohingegen die starke Medienpräsenz und die gesteigerte Sensibilität für Sicherheits- und Datenschutzfragen langfristig positive Auswirkungen haben werde.[203]

Eine indirekte mit dem „Btx-Hack" in Zusammenhang stehende negative Auswirkung war der in der Hamburger *taz* veröffentlichte und von verschiedenen Antikabel-Initiativen unterstützte Boykottaufruf. Dieser „Göttinger Aufruf" richtete sich vor allem gegen die „Computerisierung des Telefonnetzes" durch Bildschirmtext und ISDN. Deren flächendeckende Durchsetzung würde „die Bereitstellung eines technischen Systems zur zentralen Überwachung aller elektronischen ‚Kommunikations'-Vorgänge bedeuten" und durch „die Möglichkeit der ‚elektronischen Selbstbedienung' über Bildschirmtext" wären

200 Vgl. Datensicherheit und Rechtsfragen. In: Bildschirmtext Aktuell 5 (1984), H. 111, S. 7; Wolfgang Gorn: Kein Zugang für Unbefugte. Wie Btx-Daten geschützt und gesichert werden. In: Btx-Praxis (1985), H. 1, S. 17–21; Datenschutz und Akzeptanz hängen eng zusammen. Eigene Vorschriften bisher nur für Btx. In: Btx Praxis (1985), H. 1, S. 24f.; Georg-Ludwig Radke: Datenschützer: Keine hundertprozentige Sicherheit. In: Funkschau (1985), H. 6, S. 5; Joachim Schmidt: Datenschutz und neue Fernmeldedienste der Deutschen Bundespost. In: Jahrbuch der Deutschen Bundespost 36 (1985), S. 609–631, hier S. 617–623.

201 Karel Charvat: Btx plus Funkstille ergeben Frust. In: nachrichten elektronik + telematik 38 (1984), H. 7, S. 255.

202 Das Recht greift noch nicht. In: Bildschirmtext Aktuell 5 (1984), H. 109, S. 1.

203 Vgl. Viel Lärm um nichts. Die große Hacker-Show. Was Experten zu den Folgen sagen. In: bildschirmtext magazin für teleleser 6 (1985), H. 1/2, S. 16–18; Helmut Hoffmann: Datenschutz: Gesteigerte Sensibilität. In: Btx Praxis (1987), H. 6, S. 29.

mindestens 300 000 Arbeitsplätze gefährdet.[204] Der Artikel war auf der Zeitungsseite optisch eingerahmt von einem längeren Aufsatz der Gruppe „Schwarz & Weiß", die sich unter anderem beim Volkszählungsboykott engagiert hatte und nun deutliche Kritik am Chaos Computer Club äußerte. Das Verhältnis des Clubs zu Computern wäre „unkompliziert bis haarsträubend" und sie hätten „grundsätzlich nichts gegen eine Computerisierung der Gesellschaft".[205] Im Bezug auf den „Btx-Hack" formulierte der Artikel zugespitzt:

> „Es drängt sich der Eindruck auf, daß der CCC einer der besten Mitarbeiter der Post ist, und dies auch noch unbezahlt. Seit Bestehen des Clubs haben deren Mitglieder in oft beeindruckender Weise der Öffentlichkeit die Mängel des neuen Btx-Systems vor Augen geführt. ‚Selbstverständlich nur um die Post zu warnen', wie sie versichern. Mag dies auch etwas ironisch gemeint sein, führten diese Gratis-Tests doch jedesmal dazu, daß die ihre Lücken enger schloß und das System ein stückweit ‚sicherer' wurde."[206]

Beispielhaft zeigte sich daran, dass selbst in Kreisen, die mit viel Engagement gegen die Digitalisierungspläne der Deutschen Bundespost mobil machten, die spektakuläre Aktion des Chaos Computer Clubs keinen Anklang fand. Letztendlich blieb auch der zitierte Aufruf zum Boykott ohne Folgen.

Die Debatten im Deutschen Bundestag, im Wesentlichen ausgelöst durch mehrere Anfragen der Grünen, konnte die Deutsche Bundespost selbstsicher abwehren. Ein Grund für die souveräne Darstellung lag allerdings auch in den wenig zielführenden, beinahe naiven Formulierungen der Anfragen. Auf die Frage, ob die Bundesregierung die Auffassung teile, dass die Bundespost als öffentliches Unternehmen „dem Gemeinwohl im Sinne eines sozialen und demokratischen Rechtsstaates verpflichtet" sei und ob sie dieser Verpflichtung nachkomme, durfte die Bundesregierung sehr kurz mit zweimal ja antworten.[207] Gleiches galt für die konkrete Frage zum vorgeblichen „Btx-Hack":

---

204 Vgl. Boykottiert das Bildschirmtext-System der Bundespost. In: taz hamburg, 22.2.1985, S. 15. Zitate ebd. Als eine Reaktion des *Spiegels* vgl. Blumen aufs Grab. In: Der Spiegel (1985), H. 24, S. 88–91.

205 Petra Weiß: Wo bleibt das Chaos? Kritik am Chaos Computer Club. In: taz hamburg, 22.2.1985, S. 15. Zitate ebd.

206 Ebd.

207 Deutscher Bundestag, Drucksache 10/2411, 22.11.1984. Kleine Anfrage der Abgeordneten Frau Reetz und der Fraktion DIE GRÜNEN. Bildschirmtext und Datenschutz, S. 1. Zur Antwort vgl. Deutscher Bundestag, Drucksache 10/2582, 6.12.1984. Antwort der Bundesregierung auf die Kleine Anfrage der Abgeordneten Frau Reetz und der Fraktion DIE GRÜNEN – Drucksache 10/2411 – Bildschirmtext und Datenschutz, S. 2.

> „Hält die Bundesregierung — angesichts des jüngst von einem Computerspezialisten demonstrierten ‚elektronischen Bankraubs', bei dem mittels Bildschirmtext 135 000 DM unberechtigterweise von einem fremden auf ein privates Konto überwiesen wurden — die Abhör- und Zugriffssicherheit des Fernsprechnetzes für ausreichend, um darauf so sensible Bildschirmtextnutzungen wie die Führung eines Bankkontos als problemlos anzusehen?"[208]

Auch hier bestanden kaum Schwierigkeiten souverän zu antworten, weil schlicht darauf verwiesen wurde, dass keine Kontotransaktionen stattgefunden hätten.[209]

Das Telebanking als Spezialanwendung des Bildschirmtextes lässt sich rückschauend äquivalent zur Entwicklungsgeschichte des privaten Rundfunks und der Alltagscomputerisierung verstehen. In diesen Bereichen war die Einführung und Etablierung der technischen Systeme in der ersten Hälfte der 1980er-Jahre begleitet durch eine kontrovers geführte Debatte sich diametral gegenüberstehender Gesellschaftsentwürfe zwischen kulturpessimistischer Verdammung und fortschrittsgläubiger Verheißung der Technik, in der sich die großen Volksparteien oftmals unversöhnlich gegenüber standen und die in einem bisher ungekannten Maße medial flankiert wurden. Zeitlich fanden die Debatten ihre Kulminationspunkte mit dem Näherrücken des Orwell-Jahres 1984.

6.5 Aktualitätsvorsprung und unbegrenzter Wissensspeicher

Bereits im Vorfeld der Internationalen Funkausstellung 1977, mithin zeitlich vor der ersten offiziellen Demonstration des Bildschirmtextes, wurde die Vorstellung geäußert, dass mit diesem neuen System der Nutzer die Möglichkeit bekomme, „über das Fernsprechnetz die Summe des menschlichen Wissens zu seiner Information auf den heimischen Bildschirm abrufen"[210] zu können.

---

208 Deutscher Bundestag, Drucksache 10/2411, 22.11.1984, S. 2.

209 Vgl. Deutscher Bundestag, Drucksache 10/2582, 6.12.1984, S. 3. Die Grünen empfanden die Aussagen als „äußerst unbefriedigende Antwort" und schoben eine zweite Anfrage zum Thema nach. Vgl. Deutscher Bundestag, Drucksache 10/2752, 17.1.1985. Kleine Anfrage der Abgeordneten Frau Reetz und der Fraktion DIE GRÜNEN. Bildschirmtext und Datenschutz (II). Zitat ebd., S. 1. Zur Antwort vgl. Deutscher Bundestag, Drucksache 10/2857, 8.2.1985. Antwort der Bundesregierung auf die Kleine Anfrage der Abgeordneten Frau Reetz und der Fraktion DIE GRÜNEN – Drucksache 10/2752 – Bildschirmtext und Datenschutz (II).

210 Jürgen Gabel: ntz-Kommentar. Betrifft: Bildschirmtext (Viewdata), Videotext (Teletext). In: Nachrichtentechnische Zeitschrift 30 (1977), H. 8, S. 615.

Auch in der Gegenüberstellung von Bildschirm- und Videotext wurde häufig darauf verwiesen, dass das Angebot der Rundfunkanstalten aufgrund seiner Übertragungsart in der maximalen Informationsmenge, sprich in der Anzahl vorrätiger Videotext-Seiten, sehr stark begrenzt sei. Dagegen könne über das Bildschirmtext-System durch den direkten Zugriff auf die digital gespeicherten Inhalte eine praktisch unbegrenzte Zahl von Informationsseiten abgerufen werden – limitierender Faktor wäre hier lediglich die Speicherkapazität der Computerserver.[211] Ein Vertreter der Firma TeKaDe, die in den 1970er-Jahren vor allem durch ihre offensiven Vermarktungsstrategien für Nebenstellenapparate in verschiedenen Farben bekannt wurde, rief deshalb schon 1979 das „Zeitalter der totalen Information" aus, in dem „Bildschirmtext-Fernbedienung und Telefon […] den Zugang zu jeder nur erdenklichen Information eröffnen" würden.[212]

Folgerichtig schien es aus dieser Perspektive, dass die Enzyklopädien als die arrivierten, in gedruckter Form erscheinenden Wissensspeicher der Zeit – und welche in der damaligen Rhetorik von den ‚Neuen Medien' bedroht seien – ihren Versuch im Bildschirmtext-System wagten.[213] Das *Bildschirmtext Magazin* stellte noch im ersten Jahr der Feldversuche 1980 einen Berliner Testhaushalt vor, der den Bildschirmtext für sich als die „neue Wissensquelle erschlossen" habe. Wörtlich zitiert wurde der Familienvater mit der Aussage:

> „Das ist schon phantastisch, den Brockhaus über den Bildschirm zu bekommen oder sich beispielsweise das Bundestags-Archiv per Tastendruck ins Arbeitszimmer holen zu können. Wenn ich daran denke, wie mühsam es früher oft mit Büchern und Registern war – und häufig waren die Angaben nicht einmal auf dem aktuellsten Stand – überholt von der Zeit, von neuen Entwicklungen."[214]

---

211 Auf der IFA 1977 wurde für den Videotext meist eine maximale Seitenanzahl von 100 angegeben. Theoretisch ließ sich die Seitenkapazität durch eine Verlängerung der Übertragungszykluszeit unendlich steigern, was jedoch ebenso eine längere ‚Umschaltzeit' zwischen den einzelnen Seiten zur Folge hatte. Als Kompromiss zwischen maximaler Informationsmenge und vertretbarer Aktualisierungszeit wurde eine Kapazität von etwa 800 Videotext-Seiten angesehen. Vgl. Vignau: Videotext und Bildschirmtext, S. 267.

212 Vgl. Wolf Sand: Telekommunikation für das Büro der Zukunft. In: nachrichten elektronik 34 (1980), H. 2, S. 62–64, hier S. 64.

213 Bereits Fedida diskutierte die Frage, inwieweit die traditionellen Unzulänglichkeiten gedruckter Enzyklopädien – konkret besprach er die Probleme der Aktualität, der Übersetzung und der Ordnung und Indexierung – durch Btx überwunden werden könnten. Vgl. Fedida u. Malik: Viewdata, 1979, S. 164–168.

214 Günter Werz: Schon phantastisch: Der Brockhaus der über den Bildschirm kommt. Erste Erfahrungen eines Berliner Telelesers. In: bildschirmtext magazin für teleleser 1 (1980), H. 4, S. 26f., hier S. 26.

Der Haken daran war allerdings, dass zu diesem Zeitpunkt kein einziger Artikel aus der Brockhaus-Enzyklopädie über den Bildschirmtext abrufbar war. Zahlreiche interessierte und nachfragende Leserbriefe, wo denn das besagte Lexikon zu finden sei, veranlasste das *Bildschirmtext Magazin* zu einer Richtigstellung: Die Überschrift des Artikels wäre missverständlich gewesen, über die Bildschirmtext-Seite des Brockhaus könne lediglich die gedruckte Ausgabe bestellt werden. Die Redaktion verwies als Alternative aber auf das Angebot von Meyers Lexikon.[215] Das ‚Missverständnis' in der Darstellung des Brockhaus-Angebotes bezeugte abermals das prinzipielle Problem der Deutschen Bundespost in der Bewerbung des Bildschirmtextes. Die Bundespost trat mit Ausnahme der eigenen Postseite selbst nicht als Informationsanbieter auf und bewarb somit Inhalte und Angebote privater Unternehmen, auf die sie keinen Einfluss haben durfte.

Die Redaktion des *Bildschirmtext Magazins* verlieh dem Bibliographischen Institut Mannheim für ihr Meyers Lexikon nur zwei Hefte später den „Goldenen Beterix". Die Auszeichnung sollte als eine Bekräftigung verstanden werden, dass der Bildschirmtext grundsätzlich für eine solche Art der Wissensspeicherung geeignet sei:

> „Das, was das Bibliographische Institut bereits heute an Wissen im elektronischen System zugänglich macht, kann man getrost als umfassendes Lexikon bezeichnen, das dem Teleleser in vielen Fragen hilfreich zur Seite steht. […] Das Neue Medium eignet sich also hervorragend als enzyklopädische Datensammlung, vorausgesetzt man macht es richtig. Gedruckte Lexika im Stil des ‚großen' Meyers können aufgrund schwieriger Herstellungsverfahren nur alle fünf bis acht Jahre neu auf dem Markt erscheinen. […] In Mannheim hat man richtig erkannt, daß gerade auf diesem Gebiet das elektronische Medium sehr viel aktueller sein kann als das gedruckte. Schon heute kommt deshalb dem ‚elektronischen Meyer' der Stellenwert einer kleinen Autorität zu."[216]

Obwohl keine direkte Reaktion seitens des Brockhaus-Verlages bekannt geworden war, wird dieser Seitenhieb wohl für einigen Unmut bei den dortigen Verantwortlichen gesorgt haben. Der Brockhaus Verlag, das Bibliographische Institut und die Bertelsmann Aktiengesellschaft dominierten seit den 1970er-Jahren den deutschen Markt für Großlexika, wobei das Bibliographische

215 Vgl. Btx-Forum. Irrtum. In: bildschirmtext magazin für teleleser 2 (1981), H. 1, S. 11.

216 Gerhard Breinlinger: Schlag nach im Elektronischen Meyer. Goldener Beterix für das Bibliographische Institut Mannheim. In: bildschirmtext magazin für teleleser 2 (1981), H. 3, S. 30f., hier S. 31. Zum Zeitpunkt des Artikels waren rund 650 Lexikoneinträge über ein alphabetisches Verzeichnis abrufbar. Vgl. Meyers Lexikon: *313c#. Mitte 1986 hatte Meyers Taschen-Lexikon einen Umfang von 200 000 Bildschirmtext-Seiten erreicht, deren Abruf pro Stichwort 75 Pfennig kostete. Vgl. Meyers Lexikon: *31313#.

Institut mit dem *Duden* in seinen verschiedenen Ausgaben eine solide und stetige Einnahmequelle hatte. Auf dem saturierten Lexikonmarkt zu Beginn der 1980er-Jahre pflegte die Unternehmensleitung des Brockhaus ein Verhältnis inniger Feindschaft mit dem Bibliographischen Institut als Herausgeber des Meyers Enzyklopädischen Lexikons. Die aus der wirtschaftlichen Not geborene Fusionierung der beiden Konkurrenten vollzog sich erst 1984 und war zu Beginn der Bildschirmtext-Feldversuche noch außerhalb des Denkbaren.[217] Dabei fabulierte der Brockhaus-Verlag selbst auch zu dieser Zeit schon darüber, dem „Verlegen ohne Blei das Verlegen ohne Papier"[218] folgen zu lassen und hatte sich mit großer Begeisterung an den Feldversuchen beteiligt. Der Geschäftsführer Ulrich Porak formulierte bereits 1977 seine Vision eines elektronischen Zugriffs auf die Lexikonartikel – nicht ohne jedoch abschließend den Wert des gedruckten Wortes hervorzuheben:

> „Sie sind mit einem Abfragegerät an einen Computer angeschlossen, der alle Namen und Begriffe, die unter den 200 000 Stichwörtern des Großen Brockhaus genannt sind, gespeichert hat. Sie tasten den gewünschten Namen oder Begriff ein, und auf Ihrem Fernseher können Sie all das lesen, was der Große Brockhaus an Klugem an irgendeiner Stelle zu sagen hat. [...] Wo gibt es dieses Gerät – und wenn es auf dem Markt wäre, was würde es kosten: einmal das Gerät und zum anderen das Abonnement, das zum Abfragen berechtigt? Wir sind hier im Verlag fest davon überzeugt: Heute und auf absehbare Zeit ist das Buch der Träger der allgemeinen Wissensvermittlung, der an Preiswürdigkeit und praktischer Handhabung allen anderen Medien turmhoch überlegen ist."[219]

Demgegenüber die Absolutheit des „Buches als den Träger der allgemeinen Wissensvermittlung" negierend, konstatierte Gudrun Biermann bereits 1984 in

217 Die Brockhaus-Gesellschafterin Elisabeth von Kripp schied nach der erfolgreichen Fusion mit dem „Erzfeind" – wie sie das Bibliographische Institut bezeichnete – als Konsequenz ihrer bisherigen Haltung aus dem Unternehmen aus. Zur Konkurrenz und Fusionierung beider Verlage sowie zu den Herausforderungen der Digitalisierung für die Brockhaus-Enzyklopädie vgl. Oliver Jungen: Die Kapitulation des Brockhaus. In: Zeitschrift für Ideengeschichte 10 (2016), H. 2, S. 5–16; Thomas Keiderling: F.A. Brockhaus 1905–2005. Mannheim 2005, S. 271–283.

218 Ulla Hofmann: Brockhaus nimmt die Herausforderung der Elektronik an. Pilotprojekt der elektronischen Textverarbeitung in der Lexikonarbeit. Auch Casanova im Verlagsprogramm. In: Frankfurter Allgemeine Zeitung, 11.11.1980, S. 15.

219 Rede Ulrich Poraks von 1977 zit. n. Keiderling: Brockhaus, 2005, S. 271. Die Brockhaus-Unternehmensgeschichte konstatierte an anderer Stelle, dass bis zum Ende der 1980er-Jahre an eine digitale Bereitstellung der Lexikonartikel für breite Benutzerkreise aufgrund der fehlenden Leistungsfähigkeit, des hohen Preises und der geringen Benutzerfreundlichkeit der vorhandenen Computertechnik nicht zu denken gewesen wäre. Vgl. ebd., S. 372f.

ihrem populären Einführungswerk: „Bildschirmtext ersetzt sowohl das Archiv als auch zu Hause das Lexikon.“[220]

Die grundsätzliche Idee des Bildschirmtextes als ein digitales Wissensarchiv betonte die Deutsche Bundespost stets werbend, nicht nur mit Blick auf die Privathaushalte, sondern auch in speziellen Kampagnen, die sich direkt an Journalistinnen und Journalisten richteten. Der Bildschirmtext wurde unter der Überschrift „Ein riesiges Archiv – durchgehend für Sie geöffnet“ als „das Archiv auf Ihrem Schreibtisch“ beworben, welches „vollgepackt mit lexikalischem Wissen, mit Fakten aus Politik, Kultur, Sport, mit Informationen für Verbraucher“, auch außerhalb gängiger Öffnungszeiten den Zugriff ermöglichte.[221] Je mehr Datenbanken über den Rechnerverbund an das Bildschirmtext-System angeschlossen wurden, desto entschlossener bediente das Marketing der Bundespost dieses Angebotssegment und die Versprechung eines universellen Wissensspeichers. Als zentrale Informationsdatenbank für die privaten Nutzerinnen und Nutzer etablierte sich im Verlauf der 1980er-Jahre die „Btx Südwest Datenbank“, die seit 1982 verschiedene Anbieter zusammenfasste.[222] Die entsprechenden Anbindungen und Anwendungen wurden als die „Archive der Neuzeit“[223] beworben, welche den „Zugang zum Wissen der Welt“[224] eröffnen würden.

Als Wissenslieferant und -speicher wurde dem Bildschirmtext häufiger auch eine Rolle in der „Demokratisierung der Information“[225] zugeschrieben. Erstens war damit die Vorstellung verbunden, dass die Informationsangebote des Bildschirmtextes es vermögen, die Wissenskluft zwischen ‚Gebildeten‘ und sozial schwächeren Bevölkerungskreisen zu verringern, was jedoch im starken Widerspruch zu den sozialwissenschaftlichen Untersuchungen der Zeit stand, die das Bundespost-System vor allem aufgrund der hohen Einstiegshürde in Form teurer Endgeräte als Medium der Besserverdienenden verstand. Zweitens wurde dem Bildschirmtext attestiert, in den Prozess der demokratischen

220 Biermann: Bildschirmtext, 1984, S. 12.

221 Vgl. Bundesministerium für das Post- und Fernmeldewesen: Bildschirmtext so wichtig wie Telefon und Schreibmaschine. Informationsbroschüre, 1986. Zitate ebd. Als Beispiele dafür wurden in der Broschüre u. a. das Munzinger Sportarchiv, Meyers Taschenlexikon und das Wörterbuch medizinischer Fachausdrücke des Dudens angeführt.

222 Vgl. Via Btx recherchieren auch die „Kleinen“. Wirtschaftsdatenbanken als Entscheidungshilfen. In: nachrichten elektronik + telematik 43 (1989), H. 1/2, S. 25f.; Peter Mahnkopf: Respektable Anwendungen. Bildschirmtext, die nutzerfreundliche Superdatenbank? In: nachrichten elektronik + telematik 43 (1989), H. 5, S. 228–232.

223 Guido Hloch: Archive der Neuzeit. In: bildschirmtext magazin 11 (1990), H. 11, S. 12f.

224 Peter Mahnkopf: Zugang zum Wissen der Welt. Bildschirmtext mit dem Personal Computer. In: nachrichten elektronik + telematik 45 (1991), H. 7/8, S. 326–328.

225 Ziegler: Bildschirmtext, 1984, S. 64.

Willensbildung hineinzuwirken – in dem Sinne, dass den Menschen neue und vor allem schnellere Kanäle der politischen Information sowie neuartige Formen der aktiven Beteiligung eröffnet wurden.[226] Der besonders in den 1980er-Jahren wirkungsmächtige Informatiker Klaus Haefner – „eine der intellektuell-technokratischen Schlüsselfiguren“[227] der Bundesrepublik – sah mit dem Bildschirmtext bereits 1980, in einer Zeit also als dieser noch gar nicht verfügbar war, „eine wichtige technische Voraussetzung für die Informierte Gesellschaft“[228] erfüllt. Weiterführend maß Haefner dem System politische Veränderungskraft zu:

> „Allein schon der heute geplante Bildschirmtextdienst erlaubt mannigfaltige politische Nutzungen. Jede Partei kann sich einen kleinen externen Rechner im Netz installieren und über diesen Informationen verfügbar machen und Umfragen durchführen. Geht man von den Erwartungen der Bundespost aus, daß 1985 rund 1 Million deutscher Haushalte am Bildschirmtextsystem angeschlossen sein werden, so wird deutlich, daß es sich beim Übergang in eine direktere Demokratie nicht um das Hirngespinst einiger Technokraten, sondern um eine echte Realität handelt.“[229]

Ein weiterer Bestandteil dieser Debatte um die Möglichkeiten und Auswirkungen des Bildschirmtextes in seiner Ausprägung als ein elektronisches Informationsmedium war die reklamierte Aktualität der Nachrichten. Rolf Ulrich Kaps, der zum Thema *Die Wirkung von Btx auf das Informationsverhalten der Konsumenten*[230] promoviert wurde, errechnete für einen Beitrag in der Zeitschrift *nachrichten elektronik + telematik* einen durchschnittlichen Informationsvorsprung von 1,5 Tagen gegenüber den gedruckten Tageszeitungen.[231]

Damit wurden die Zeitungsverleger in einer ihrer Kernkompetenzen und letztlich ihrem gesellschaftlichen Auftrag – die Versorgung der Bevölkerung

226 Für ein instruktives Beispiel dieser Vorstellungen vgl. Peter Broß: Bedeutung und Weiterentwicklung der Telekommunikation. In: Zeitschrift für das Post- und Fernmeldewesen (1982), H. 8, S. 18–23, hier S. 20.

227 Wirsching: Durchbruch des Fortschritts, 2009, S. 212.

228 Klaus Haefner: Der „Große Bruder“. Chancen und Gefahren für eine informierte Gesellschaft. Düsseldorf u. Wien 1980, S. 54.

229 Ebd., S. 211f.

230 Rolf Ulrich Kaps: Die Wirkung von Bildschirmtext auf das Informationsverhalten der Konsumenten. Gröbenzell 1983.

231 Vgl. Rolf Ulrich Kaps: Btx-Aktualität – ein Wunschdenken? In: nachrichten elektronik + telematik 38 (1984), H. 2, S. 50–52. Vgl. auch Thomas Uber: 90 Meter Nachrichten am Tag. Schneller als über den Ticker: dpa-Meldungen aus dem Rechenzentrum Südwest. In: bildschirmtext magazin für teleleser 3 (1982), H. 5, S. 18f.

mit aktuellen Nachrichten – angesprochen. Eine direkte Folge der angedrohten „Revolution im Informationsgeschäft"[232] war die umfassende Beteiligung der Zeitungen an den Feldversuchen. Das *Bildschirmtext Magazin* ermittelte, dass zum Ende der Testphase etwa ein Sechstel der Informationsanbieter dem Bereich Zeitung zugeordnet werden konnte, die jedoch weit über ein Drittel des gesamten Seitenaufkommens ausmachten. Der Wille der Zeitungsverlage und die wahrgenommene Notwendigkeit, das ‚Neue Medium' zu erproben, zeigte sich am deutlichsten in der regen Beteiligung kleinerer Regionalzeitungen, die in gedruckter Form im Raum Düsseldorf und Berlin selbst gar nicht vertrieben wurden.[233]

Die Zeitungsredaktionen mussten sich hier früh an die „neue Sprache" des ‚Neuen Mediums' gewöhnen.[234] Im alten Prestel-Verfahren der Feldversuche fasste eine Bildschirmtext-Seite etwa drei Prozent der Textmenge einer gedruckten Zeitungsseite. Für einen halbseitigen Zeitungsartikel waren so mehr als 15 Bildschirmtext-Seiten nötig, was sowohl kostentechnisch – die Anbieter zahlten später für jede einzelne, bundesweit verfügbare Bildschirmtext-Seite pro Tag 7,5 Pfennig[235] – wie auch in der Praxis des Lesens am Fernsehbildschirm und dem notwendigen ‚Blättern' ungünstig erschien. Gefragt war daher die sogenannte „Zehn-Zeilen-Meldung, die alle wesentlichen Informationen beinhaltete"[236] und auf einer Seite Platz fand. Am schnellsten erkannte das der Axel Springer Verlag, der von Anfang an mit einer eigenen Redaktion sein Bildschirmtext-Angebot umfassend betreute und für seine aktuellsten „Blitzmeldungen" 1 Pfennig pro Seitenaufruf verlangte.[237] Dem Aktualitätsgebot folgend wurden bei besonderen Ereignissen wie Sportveranstaltungen und

232 Gerhard Breinlinger: Eine neue Ära für die Presse? Die Revolution im Informationsgeschäft. In: bildschirmtext magazin für teleleser 4 (1983), H. 7, S. 102f.

233 Als einige Beispiele seien hier auszugsweise die Abendzeitung München, die Braunschweiger Zeitung, die Cuxhavener Nachrichten, die Goslarsche Zeitung, das Holsteiner Tageblatt, die Kieler Nachrichten, der Mannheimer Morgen, Ostfriesland Info, die Stuttgarter Nachrichten oder der Wiesbadener Kurier genannt. Für eine Auflistung von 40 ausgewählten Zeitungsangeboten vgl. Breinlinger: Eine neue Ära für die Presse, 1983, S. 103.

234 Vgl. Günter Werz: Unter altem Stuck eine neue Sprache. In: bildschirmtext magazin für teleleser 1 (1980), H. 3, S. 46f.

235 Lediglich regional verfügbare Seiten waren mit 1,5 Pfennig pro Tag und Seite wesentlich günstiger. Vgl. DBP: Gebühren für den Bildschirmtext-Dienst, 1988.

236 Breinlinger: Eine neue Ära für die Presse, 1983, S. 103.

237 Vgl. So heiß waren Nachrichten noch nie. In: bildschirmtext magazin für teleleser 1 (1980), H. 4, S. 42f.; Gert Schrötter: Die Zeitung – mehrmals täglich. In: bildschirmtext magazin 2 (1981), H. 1, S. 14; Breinlinger: So schnell wie nie beim Leser, 1981; Axel Springer Verlag: *40003a#.

Wahlen eigens Blankoseiten mit verschiedenen Inhalten vorbereitet (siehe Abbildungen 12 und 13).[238]

Abb. 12 und 13 Vorbereitete „Blitzmeldungen" des Axel Springer Verlages zur Bundestagswahl 1983, welche versehentlich für kurze Zeit öffentlich abrufbar waren.
Quelle: Axel Springer Verlag: *40003c#, *40003d#. Abgedruckt in: Gerüstet für alle Fälle. In: bildschirmtext magazin für teleleser 4 (1983), H. 1, S. 42.

Die *Frankfurter Allgemeine Zeitung* war ebenfalls ein engagierter Informationsanbieter der ersten Stunde, unterhielt als „Tele-F.A.Z." eine eigene Bildschirmtext-Redaktion und erweiterte ihr Angebot rasch um einen kostenpflichtigen Auskunfts- und Recherchedienst, der für darauffolgende Angebote dieser Art wegweisend wirkte.[239] Hier konnten sowohl Zeitungsartikel aus dem Verlagsarchiv als Kopie bestellt wie auch umfangreiche Rechercheaufträge vergeben werden. Darüber hinaus schaltete die *Frankfurter Allgemeine Zeitung* als eine der ersten Zeitungen im September 1987 einen großen Teil ihrer Inhalte komplett vergütungsfrei und setzte stattdessen auf eine Finanzierung durch das Angebot von Insertionsräumen. Nach einem Bericht des *Bildschirmtext Magazins* von Anfang des Jahres 1988 war die Zeitung mit der ersten Resonanz der Umstellung zufrieden.[240] Umso größer war die Verunsicherung und das Unverständnis, als „die Vorzeige-Zeitung im System"[241] Ende September 1989 offiziell wegen mangelnder Teilnehmerzahlen aus dem Bildschirmtext ausschied.[242]

238 Für die Bundestagswahl 1983 vgl. bspw. Gerhard Breinlinger: Wahl total. Teleleser waren bestens informiert. In: bildschirmtext magazin 4 (1983), H. 3, S. 8–11.

239 Vgl. F.A.Z. Frankfurt/Main: *340a#, *340124a#; Frankfurter Allgemeine Zeitung: *34034855a#.

240 Vgl. Friedrich Oehlerking u. Boris Schmidt: Abrufpanel für Btx-Programme: Das Inkasso ist tot, es lebe die Reklame! In: Btx Praxis (1988), H. 1, S. 14–17.

241 Frankfurter Allgemeine zieht sich zurück. In: bildschirmtext magazin 10 (1989), H. 11, S. 27.

242 Vgl. Peter Hoeres: Zeitung für Deutschland. Die Geschichte der FAZ. München 2019, S. 397–399. Der Recherchedienst und die FAZ-Warenwelt blieben jedoch bestehen.

6.6 Besondere Angebote: Erotik und intime Teletreffs

Das *Bildschirmtext Magazin* berichtete 1982 erstmals von einem Angebot „besonderer Art“, welches eine „Btx-Marktlücke“ geschlossen habe: Das Programm von Ingeborg Werbelow präsentierte „Delikates im Bildschirmtext“.[243] Auf neun Seiten warben hier „Die tollen Girls aus dem Club Astoria“ für einen Besuch des Berliner Nachtklubs und dessen Stripshows:

> „Wir machen Sie wieder fit ... möbeln Sie wieder auf ... unterhalten Sie ... mit Spaß und Spiel, lassen Sie den Alltag vergessen ... mit unserer einzigartigen, heiteren und absolut erotischen Super-Live-Show“.[244]

Auch wenn die kostenfreien Seiten des Clubs Astoria letztlich nur eine einzelne monochrom gestaltete Grafik eines Frauengesichtes zeigten und ansonsten lediglich mit andeutungsvollen Worten für den Nachtklub warben, lässt sich dieses Bildschirmtext-Angebot als erstes mit explizit erotischem Inhalt nachweisen.[245]

Ein Jahr später hatten die Redakteure des *Bildschirmtext Magazins* schon weitaus mehr zu berichten. Unter der Überschrift „Scharfes in Klötzchen“ wurden dem Leser die vier zurzeit angesagtesten Bildschirmtext-Seiten der Kategorie vorgestellt, wobei eingeräumt wurde, dass die grafischen Darstellungen aufgrund der „Btx-Klötzchentechnik [...] eine sehr eckige Angelegenheit,

Der Ausstieg der *Frankfurter Allgemeinen Zeitung* war, trotz der positiven Anschlussentwicklung, die Ende der 1980er-Jahre einsetzte, der Beginn einer Reihe von weiteren Abgängen, am prominentesten der des ADAC 1991 und der der Katholischen Kirche 1993. Vgl. Adieu ADAC. In: bildschirmtext magazin 12 (1991), H. 1/2, S. 48; Martin Konitzer: Abgekanzelt. Ende des Jahres verabschiedet sich die Katholische Kirche aus dem System – und hinterläßt ohne Not eine Lücke. In: bildschirmtext magazin 14 (1993), H. 12, S. 44f.

243 Vgl. „Girls, Girls, Girls ...“. In: bildschirmtext magazin für teleleser 3 (1982), H. 5, S. 35. Zitate ebd.

244 I. Werbelow: *163203c#, *163203d# u. *163203e#.

245 Darüber hinaus gab es seit Beginn der Feldversuche diverse Seiten mit Witzen aller Couleur, darunter wohl auch genügend, die sich in die Kategorie ‚schlüpfrig‘ einordnen lassen und damit ebenfalls – unter dem Deckmantel des Humors – erotische Inhalte explizierten. Aber es sind für diese frühe Phase noch keine Seiten bekannt, die sich ausschließlich dem frivolen Witz verschrieben hatten. Mitte des Jahres 1982 veröffentlichten unter dem Schlagwort Witze knapp 30 Anbieter aus den verschiedensten Branchen: Neben mehreren Kleinanbietern gaben auch der Axel Springer Verlag, die Kieler Nachrichten, die Badische Zeitung, die Dresdner Bank, die UTB Kreditbank sowie Philips und die Evangelische Kirche Düsseldorf Witze zum Besten. Für eine Übersicht vgl. Thomas Uber: Viele Witze ohne Witz. Die Anbieter sollen sich anstrengen, mehr unangestrengten Humor zu bieten. In: bildschirmtext magazin für teleleser 3 (1982), H. 6, S. 22f.

keine Spur von sexy" seien.[246] Als erstes Angebot seiner Art wurde erneut auf den Club Astoria verwiesen – dessen Seiten mittlerweile von der Agentur Bolesta angeboten wurden. Die grafische Darstellung war leicht verbessert, aber immer noch ohne Gefahr, als pornografisches Bildmaterial eingestuft zu werden.[247] Das Angebot von Salambo, einem weiteren Berliner Nachtclub, verzichtete dagegen gleich völlig auf die „eckige Fleischbeschau"[248] und beschränkte sich rein auf textliche Werbung.

Eine „kleine Sensation, die rasch die Runde machte unter Telelesern und Anbietern"[249], sei dagegen das Programm des Rosa-Rot Diskret-Versandes gewesen.[250] „Wie ein Lauffeuer" habe sich die Nachricht über die „Btx-Spezialanwendung" verbreitet und die Seiten-Abrufzahlen stiegen in „astronomische Höhen".[251] Dabei war die Besonderheit trivial: Über die Bildschirmtext-Seite bestand die Möglichkeit, den Warenkatalog des Versandhändlers kostenfrei zu bestellen (siehe Abbildungen 14 und 15). Dieses Novum währte allerdings aufgrund eines Schreibens der Staatsanwaltschaft nicht lange. Das Angebot wurde nach nur fünf Wochen in eine geschlossene Benutzergruppe verlagert, um den Ansprüchen des Jugendschutzes gerecht zu werden.[252] Diese Gruppen boten einen geschützten Bereich, der nicht öffentlich über das Bildschirmtext-System zugänglich war. Eine Freischaltung erfolgte per Antrag bei dem jeweiligen Informationsanbieter. Die Identifikation für eine geschlossene Benutzergruppe wurde direkt über die eigene Teilnehmerkennung ohne zusätzlichen Login-Vorgang realisiert, weshalb die Mitgliedschaften zentral von der Deutschen Bundespost verwaltet wurden.

Als viertes Angebot wurden die Bildschirmtext-Seiten des Erotikhändlers Beate Uhse vorgestellt. Das *Bildschirmtext Magazin* führte hierfür zusätzlich

246 Vgl. Gerhard Breinlinger: Scharfes in Klötzchen. In: bildschirmtext magazin für teleleser 4 (1983), H. 7, S. 97. Zitat ebd.

247 Vgl. Agentur Bolesta: *163203b#.

248 Breinlinger: Scharfes in Klötzchen, 1983, S. 97. Spätere im CEPT-Standard gestaltete Beispiele lassen erkennen, dass Btx durchaus in der Lage war, auch erotische Motive ansprechend umzusetzen. Vgl. Werbeatelier Heißen: *9760111b#, *9760111c#.

249 Breinlinger: Scharfes in Klötzchen, 1983, S. 97.

250 Wulfert: *19017a#, *1901726a#, *19017226a#. Bereits ein kritischer Artikel im *Spiegel* begann mit einem Zitat aus dem Angebot des Rosa-Rot Diskret-Versand, vgl. Bildschirmtext – Computerwissen für alle? In: Der Spiegel (1983), H. 11, S. 80–85.

251 Vgl. Gerhard Breinlinger: Btx-Porno-Versender vor Gericht zitiert. Rosa-Rot-Kunde allenfalls als GBG-Mitglied. In: bildschirmtext magazin für teleleser 5 (1984), H. 6, S. 14. Zitate ebd.

252 Dieser kurze Zeitraum reichte allerdings dem Oberlandesgericht Düsseldorf für eine Verurteilung wegen Verbreitung pornografischer Schriften mit einer Geldstrafe von 1200 DM. Vgl. Breinlinger: Btx-Porno-Versender vor Gericht zitiert, 1984, S. 14; Urteil: Pornos nur für GBG. In: Bildschirmtext Aktuell 5 (1984), H. 104, S. 8.

Abb. 14 und 15 Bildschirmtext-Seiten des Rosa-Rot Diskret-Versandes in der Gegenüberstellung von Prestel- und CEPT-Standard.
Quelle: Wulfert: *1901726a#. Abgedruckt in: Gerhard Breinlinger: Scharfes in Klötzchen. In: bildschirmtext magazin für teleleser 4 (1983), H. 7, S. 97; Wulfert: *19017226a#. Abgedruckt in: Gerhard Breinlinger: Btx-Porno-Versender vor Gericht zitiert. Rosa-Rot-Kunde allenfalls als GBG-Mitglied. In: bildschirmtext magazin für teleleser 5 (1984), H. 6, S. 14.

auch ein Interview mit der Firmengründerin und Vorstandsvorsitzenden Beate Rotermund-Uhse, welches auf der gegenüberliegenden Seite abgedruckt war.[253] Damit trat erstmals das Unternehmen in Erscheinung, welches in den nächsten Jahren geradezu synonym für die erotischen Inhalte im Bildschirmtext stehen sollte. Anfang der 1990er-Jahre resümierte Christian Nürnberger, der später als Publizist zahlreicher Bücher bekannt werden sollte, in einem Artikel für die Wochenzeitung *Die Zeit*:

> „Btx hat zwar viele Wege, aber die meisten führen zu Beate Uhse. Oder enden in Sackgassen. Und jetzt frage ich mich: Ist Btx ein Joint-venture von Christian Schwarz-Schilling und Beate Uhse?“[254]

Im Gespräch äußerte sich Beate Rotermund-Uhse grundlegend sehr positiv über die Möglichkeiten und Anwendungen des Bildschirmtextes und zeigte sich davon überzeugt, dass die neuen Kommunikationskanäle eine „Vertiefung der menschlichen Kontakte“ bewirken könne. Gleichzeitig würden viele ihrer Kunden es bevorzugen, „nicht persönlich in Erscheinung treten zu müssen“ und hier würden sich genau die gewünschten Möglichkeiten bieten. Das

253 Vgl. Erotik auf dem Bildschirm? Auch Btx kommt nicht dran vorbei. ‚bildschirmtext magazin‘ sprach mit Beate Uhse – Deutschlands Marktführerin in Sachen Sex. In: bildschirmtext magazin für teleleser 4 (1983), H. 7, S. 96.

254 Christian Nürnberger: Lockruf in den Tele-Puff. Der Bildschirmtext der Post bietet massenhaft schummrige Ecken. In: Die Zeit, 26.9.1991, S. 101.

Unternehmen nutzte die eigenen Bildschirmtext-Seiten vorerst allerdings nur „um für die verschiedenen Aktivitäten der Beate-Uhse-Aktiengesellschaft zu informieren und zu werben". So konnten beispielsweise die Kinoprogramme, Adressen und Öffnungszeiten der einzelnen Läden genauso abgerufen werden wie verschiedene Sonderaktionen, „scharfe Witze" und „ein großes informatives Beate Uhse Aufklärungslexikon".[255]

Die Beschränkung auf die reine Werbefunktion hatte mehrere Gründe. Zum einen war der Versandhandel mit pornografischen Artikeln ohne entsprechende Alterskontrolle gesetzlich verboten. Zum anderen hatte sich das Firmenimperium Beate Uhse gerade erst in zwei Unternehmen aufgespaltet. Beate Rotermund-Uhse führte mit ihrem Sohn Ulrich Rotermund die Ende 1981 gegründete Beate Uhse AG, welche für die Ladenkette, die Kinos und die Filmproduktion zuständig war. Ihr anderer Sohn Klaus Uhse und ihr Stiefsohn Dirk Rotermund übernahmen unter dem späteren Namen Orion das Versandhausgeschäft sowie verschiedene Verlags- und Vertriebsgesellschaften.[256] Erst nach dem Ablauf einer fünfjährigen Sperrfrist stieg die Beate Uhse AG 1986 wieder in den Versandhandel ein.[257]

In der von Beate Uhse mitverfassten späteren Selbstdarstellung des Unternehmens wurde der Einstieg in das Bildschirmtext-System als einer von fünf zentralen wirtschaftlichen Schüben dargestellt – gleichberechtigt zum Wiedereinstieg in den Versandhandel, zur Geschäftsausweitung auf den ostdeutschen Markt, zum Börsengang und zur Übernahme des niederländischen Erotikunternehmens Pabo und Sandereijn.[258] Im entsprechenden Kapitel und der detaillierteren Beschreibung verschwammen dann allerdings die Zeitebenen. Nicht ohne Stolz wurde darauf verwiesen, dass der Konzern im Bildschirmtext bereits „früh vertreten und sehr erfolgreich" war und hier die

255 Vgl. Beate Uhse AG: *312084a# u. *31220068a#. Alle Zitate sind direkte Äußerungen von Beate Rotermund-Uhse im Interview zit. n. Erotik auf dem Bildschirm, 1983.

256 Vgl. Klaus Wiborg: Beate Uhse hat ihr Imperium in zwei Teile zerlegt. Eine Aktiengesellschaft für die Läden und das Filmgeschäft. Zwei Söhne übernehmen das Versandhaus. In: Frankfurter Allgemeine Zeitung, 1.10.1982, S. 17; Ders.: Der neue Uhse-Versand heißt Orion. Das Erotik-Programm wurde erweitert. 38 Millionen DM Umsatz. In: Frankfurter Allgemeine Zeitung, 20.11.1984, S. 17.

257 Vgl. „Beate Uhse" kehrt in Versandhandel zurück. Sperrfrist gegen „brüderliche Konkurrenz" abgelaufen. In: Frankfurter Allgemeine Zeitung, 23.9.1986, S. 16.

258 Das Buch entstand unter Mitarbeit von Ilonka Kunow. Vgl. Beate Uhse: Lustvoll in den Markt. Strategien für schwierige Märkte. Planegg 2000, S. 16. Die nach dem Tod von Beate Uhse erschienene Taschenbuchausgabe enthält unter verändertem Titel den gleichen Text, vgl. Beate Uhse: Sex sells. Die Erfolgsstory von Europas größtem Erotik-Konzern. München 2002, S. 21.

„ersten wertvollen Erfahrungen im Online-Geschäft" sammeln konnte.[259] Nach eigenen Angaben habe der Anteil des Bildschirmtext-Geschäfts am Gesamtumsatz des Unternehmens zwischenzeitlich mehr als ein Drittel betragen. Der Erotik-Konzern wurde allerdings nicht als seriöser Kunde wahrgenommen, die zuständigen Manager seien zwar auf den verschiedenen Veranstaltungen für die wichtigsten Großkunden eingeladen worden, aber, so die Firmengründerin, „als es um Zahlen ging, wurde Beate Uhse als Unternehmen nicht genannt, und das, obwohl unser Umsatz einen Löwenanteil ausmachte"[260]. Die angefügte Chronik kennzeichnete als „Beginn des Online-Geschäfts über Btx" hingegen das Jahr 1992.[261]

Die Firmenschrift verwies unter dem Begriff des „Guerillamarketings" auf eine Werbestrategie im Bildschirmtext, die bereits in der Feldversuchsphase zur Anwendung kam und – auch wenn viele andere Unternehmen ähnlich vorgingen – vom Erotik-Konzern Beate Uhse perfektioniert und letztendlich auf die Spitze getrieben wurde. Da im Bildschirmtext – wie bereits beschrieben – keine Suchmaschinen im heutigen Sinne existierten, funktionierte die Suche unbekannter Seiten im System ausschließlich über den von der Deutschen Bundespost erstellten Suchbaum und über die Anbieter- und Schlagwortverzeichnisse. Anfangs waren diese Listen auch in ihrer digitalen Variante nicht durchsuchbar, sondern konnten sich nur in ihrer alphabetischen Ordnung ‚blätternd' erschlossen werden. Nun schien es von marketingstrategischem Vorteil zu sein, auf der jeweils allerersten Seite der Verzeichnisse – häufig Nullseite genannt – möglichst weit oben zu stehen und damit den Nutzerinnen und Nutzern direkt präsent zu sein. Da die alphabetische Sortierung im Bildschirmtext-System Ziffern und Sonderzeichen hinten anstellte, blieb für die Anbieter die Möglichkeit, Namen und Schlagwörter mit A oder noch besser mit mehreren A zu finden und bei der Bundespost zu registrieren.[262] Das Unternehmen Beate Uhse gründete zur Absicherung ihrer Ansprüche auf die begehrten Einträge ganz oben eigens die Tochterfirma „AAAAAA Aktuelle Informationen GmbH". Als die Anzahl der A bereits auf einen Höchststand zusteuerten, will der Konzern nach eigenen Angaben sogar eine Firma mit 500

259 Uhse: Lustvoll, 2000, S. 159.

260 Ebd., S. 160.

261 Ebd., S. 185. Vgl. auch Petra Höper: New Media: A Growth Market in Erotica and Pornography for Beate Uhse. In: Walter Brenner u. Lutz Kolbe (Hg.): The Information Superhighway and Private Households. Case Studies of Business Impacts. Heidelberg 1996, S. 173–182; Beate Uhse setzt auf Btx-Marketing. In: bildschirmtext magazin 11 (1990), H. 12, S. 32.

262 Exemplarisch die Schlagwörter „Sauna" und „Sport", vgl. Bildschirmtext: *1109211a#, *1111005a#.

A vor dem Namen gegründet haben. Das Handelsregister hatte diesen wohl auch akzeptiert, allerdings das zuständige Finanzamt nicht.[263]

Im Verlauf der 1980er-Jahre geriet diese Praxis zunehmend in Verruf. Zahlreiche im *Bildschirmtext Magazin* veröffentlichte Leserbriefe zeugten vom Unverständnis über die falsche Verschlagwortung – das unter dem Schlagwort „Kindererziehung" beispielsweise auch der Anbieter Adlers Gay-Kontakte sein Angebot preiste, fand ein Leser schlicht „peinlich".[264] Obwohl der Ärger der Teilnehmerinnen und Teilnehmer immer lauter wurde und der Bildschirmtext-Staatsvertrag eindeutig festschrieb, dass in den Verzeichnissen „einem Sachgebiet oder Stichwort nur solche Angebotsseiten zugeordnet werden, die in unmittelbarem sachlichen Zusammenhang damit stehen"[265], griff die Deutsche Bundespost lange Zeit nicht ein, wofür es verschiedene Gründe gab. Erstens vermied es die Bundespost in ihrer Rolle als Netzbetreiber generell in irgendeiner Weise inhaltlich einzugreifen, sondern ließ den Entwicklungen weitestgehend ihren Lauf. Zweitens sollte das Engagement von Informationsanbietern, die Kontaktanzeigen und später die Teletreffs anboten, keinesfalls gebremst werden, da diese einen wesentlichen Anteil an der Ausweitung der Nutzungszeiten hatten. Die Idee eines Massendienstes „für jedermann" bedeutete in der Konsequenz auch Angebote „für jedermann". Drittens sah sich die Bundespost schlicht nicht an den Staatsvertrag gebunden und in keinerlei Verantwortung für die Überwachung der Einhaltung.[266]

Die „Schlagwortmonster"[267] mutierten zu Beginn der 1990er-Jahre immer mehr zu einem existenziellen Problem für das gesamte Bildschirmtext-System. Einerseits hatte die Seitensuche über die Schlagwort- und Anbieterverzeichnisse mittlerweile völlig ihre Zielführung verloren und andererseits drohte ein ‚Schmuddel-Image', wie es das *Bildschirmtext Magazin* formulierte:

---

263 Vgl. Uhse: Lustvoll, 2000, S. 159f.

264 Vgl. Peter Bitomsky: Leserbrief: Peinlich!! In: bildschirmtext magazin 8 (1987), H. 11, S. 26; Peter Nastoll: Leserbrief: Sauerei. In: bildschirmtext magazin 11 (1990), H. 6, S. 4f.; Jürgen Wagner: Was soll der Blödsinn? In: bildschirmtext magazin 11 (1990), H. 7/8, S. 13. Zur gängigen Praxis wurde es außerdem, die Namen anderer Anbieter leicht verändert zu übernehmen. Vgl. Anton Kugler: Leserbrief: Die Nase voll! In: bildschirmtext magazin 11 (1990), H. 7/8, S. 5f.

265 Art. 8 Abs. 4 Bildschirmtext-Staatsvertrag, GVBl NW 1983, S. 227.

266 Die Verantwortung lag in den Händen der Länder. Die zuständigen Stellen wurden jedoch in der Regel nur auf direkte Beschwerde hin tätig.

267 Die Schlagwortmonster. In: bildschirmtext magazin 11 (1990), H. 7/8, S. 10–12.

> „Wer da unbefangen seinen ersten Blick auf Btx wirft, kann nur den Eindruck bekommen, daß es sich um einen gigantischen Schmuddel-Shop handelt – und sonst nichts."[268]

Erst in den Jahren 1993 und 1994, als der Bildschirmtext mit stabilen Wachstumszahlen auf die 500 000 Anschlüsse zusteuerte, griff die Deutsche Bundespost unter dem Motto „Sauberer Bildschirm" regulierend ein. Als erste vordergründige Maßnahme wurde die Buchstabenfolge „Sex" aus den Suchverzeichnissen verbannt.[269] Nachfolgend wurden in einer „Blitzaktion" auch die AAAA-Einträge weitestgehend entfernt.[270]

Zweites Element der erotischen Angebotspalette im Bildschirmtext-System waren die ‚intimen' Teletreffs und zumindest partiell der Anzeigenmarkt. Der Bereich der Kontaktanzeigen gestaltete sich, wie im Printbereich auch, als weites Feld und reichte von seriösen Partnerschaftssuchen bis zu eindeutigen Avancen mit dem primären Ziel sexueller Befriedigung. Beide Pole, die sich naturgemäß kaum trennscharf zuordnen ließen, erfreuten sich großer Beliebtheit. Ende des Jahres 1983 berichtete das Bildschirmtext Magazin über das erste „Btx-Paar", das sich über eine Kontaktanzeige kennengelernt hatte und nun die gemeinsame Hochzeit plante:

> „Amor traf mitten ins Herz. Mit gespanntem Bogen lauerte er diesmal jedoch nicht hinter einer Hecke. Der Liebesgott ist ein ganz moderner und hat seinen Pfeil via Btx sausen lassen. Und prompt getroffen: Aus zwei Berliner Singles wurde ein glückliches Paar."[271]

Den Leserinnen und Lesern wurden unter dem Schlagwort „Heiratsmarkt"[272] acht gebührenfreie Bildschirmtext-Seiten vorgestellt, die von der Redaktion

---

268 Ebd., S. 11. Vgl. auch Jan-Christian Dietrich: Leserbrief: Schlagwort-Frust. In: bildschirmtext magazin 12 (1991), H. 1/2, S. 4.

269 Die Einschätzung der *Btx Aktuell*, dass seitdem die „einschlägigen Anbieter gewissermaßen im Btx-Untergrund operieren" müssten, unterstrich diese rein kosmetische Maßnahme. Vgl. Max Bold: Das Btx-Jahr 1993 – ein Rückblick. In: btx aktuell 15 (1994), H. 1, S. 9–12. Zitat ebd., S. 12.

270 Vgl. Schluß mit AAAA. Aktion Hausputz. In: bildschirmtext magazin 15 (1994), H. 6, S. 62. Zitat ebd.

271 Robert Mühleisen: Btx für einsame Herzen. Partner-Service von Berlin bis Bali: Amor traf mitten ins Herz. In: bildschirmtext magazin für teleleser 4 (1983), H. 9, S. 42f., hier S. 42. Zur Geschichte der elektronischen Partnersuche vgl. Michael Homberg: Computerliebe. Die Anfänge der elektronischen Partnervermittlung in den USA und in Westeuropa. In: Zeithistorische Forschungen/Studies in Contemporary History 17 (2020), H. 1, S. 36–62.

272 Hier noch positiv besetzt, berichtete das *Bildschirmtext Magazin* später, dass unter dem Schlagwort „Heiratsmarkt" vor allem die eindeutigen Angebote sexueller Art zu finden

getestet wurden und „Rekorde bei den Abrufzahlen" meldeten.[273] Das Magazin musste aber auch vermehrt über Bildschirmtext-Seiten berichten, die mit horrenden Gebühren versuchten, schnelles Geld zu machen. Stellvertretend für diese Art der Angebote bekam Anfang 1985 der Anbieter Peter Kurz den Faulen Apfel verliehen. Im Programm der Btx-Agentur Kurz wurde unter anderem Telefon-Sex „live" angeboten.[274] Für den Aufruf der Seite rief der Anbieter die Maximalgebühr von 9,99 DM auf und präsentierte dafür lediglich die Information, dass auf sechs weiteren Seiten à 9,99 DM insgesamt 14 Telefonnummern zu finden seien. Das *Bildschirmtext Magazin* investierte die weiteren knapp 60 DM und musste feststellen, dass auch hier gelogen wurde – es waren nur sechs Nummern.[275]

Die Veröffentlichung und Präsentation von allgemeinen Kontaktanzeigen bis hin zu Telefonsexnummern im Bildschirmtext-System waren letztendlich nur Variationen einer in den Printmedien eingeübten Praxis. Die Erweiterungen des alten Prinzips bestanden vor allem in einer vorgeblich höheren Aktualität und in der Möglichkeit, direkt über den Mitteilungsdienst zu antworten sowie für die Informationsanbieter in der Option, für jedes einzelne Angebot eine individuelle Gebühr zu verlangen. Wirklich neuartig waren dagegen die Dialogprogramme in Form von sogenannten Teletreffs. Diese wurden von Eric Danke in seinem „Situationsbericht" zum Jahr 1986 explizit als neue und zentrale Entwicklung hervorgehoben:

> „Um zu den im französischen Teletel sehr intensiv genutzten Messagerie-Diensten auch in Btx ein adäquates Angebot verfügbar zu machen, wurde die Entwicklung ‚Teletreff' eingeleitet. Mit den drei Bereichen Forum, Club und Direkt wird der Teletreff zur Zeit postintern getestet. Insbesondere beim Forum, wo jedermann anonym Text eingeben kann, lassen sich bei der derzeitigen Realisierung Störer oder Nachrichten mit strafbarem Inhalt nicht ausschließen. Es wird daher z.Z. geprüft, ob und in welcher Form hier eine Moderation erforderlich und technisch möglich ist. Zwischenzeitlich bieten in Btx zwei Anbieter

---

seien. Vgl. Günther Schmid: Teure Lust. Kontakthof Bildschirmtext. In: bildschirmtext magazin 8 (1987), H. 10, S. 8f., hier S. 8.

273 Ebd. Darunter auch die Saarbrücker Zeitung, die mithilfe ihres „Test-Computers" bei der Partnersuche helfen wollte. Vgl. Saarbrücker Zeitung: *264112550a#. Das *Bildschirmtext Magazin* besuchte das verheirate Paar, das mittlerweile eine gemeinsame Tochter hatte, zwei Jahre später noch einmal: „Eine Liebe in Deutschland, eine Liebe durch Bildschirmtext." Robert Mühleisen: Verliebt – verlobt – verheiratet. Amor Btx: Aus zwei Berliner Singles wurde ein Ehepaar. In: bildschirmtext magazin für teleleser 6 (1985), H. 5, S. 16f., hier S. 16.

274 Vgl. Peter Kurz: *21631a#.

275 Vgl. Thomas Uber: Auch in Btx: Spiel nicht mit den Schmuddelkindern. In: bildschirmtext magazin für teleleser 6 (1985), H. 1/2, S. 36.

> eigene Messagerie-Dienste für den anonymen Dialog zwischen Teilnehmern an: Kuk und Schnack. Dadurch ist der Handlungsbedarf für die Bundespost in diesem Bereich nicht mehr so dringend."[276]

Die Deutsche Bundespost unternahm damit den Versuch, neben dem elektronischen Telefonbuch einen weiteren, wesentlichen Baustein des französischen Erfolges zu adaptieren.[277] Die Kommunikationsdienste der *messageries* waren in Frankreich die meistgenutzten Anwendungen.[278] Anonyme Gespräche sexueller Natur und „kommerzielle porno-elektronische Unterhaltungen"[279] bot der Teilbereich der *messageries roses*, die sich besonders großer Beliebtheit erfreuten und dem französischen Bildschirmtext im Volksmund den Namen „Minitel rose" verliehen.[280] Die von Eric Danke angesprochenen, anonymen[281] Teletreffs Kuk und Schnack ließen sich ebenfalls in diese Kategorie einordnen – sie bildeten mit einigen anderen, neu entstandenen Dialogprogrammen, wie das *Bildschirmtext Magazin* noch im gleichen Jahr schrieb, den „Übergang zum Btx-Kiez"[282]. Zu den Kosten urteilte das Magazin:

276 Danke: Situationsbericht Bildschirmtext, 1987, S. 203.

277 Zur zeitgenössischen Wahrnehmung des französischen Erfolgsrezeptes vgl. Karl Tetzner: Der französische Riesenerfolg: Télétel – Minitel. In: Funkschau (1987), H. 17, S. 36f.; Minitel-Erfolg unter der Gürtellinie. In: Funkschau (1987), H. 20, S. 29f.; Frankreich als Vorbild? In: Funkschau (1988), H. 15, S. 5. Die kostenfreie Bereitstellung der Minitel-Terminals erfolgte in Frankreich initial als Ersatz für das gedruckte Telefonbuch. Im deutschen Btx-System wurde von der DBP seit 1983 ebenfalls ein Telefonbuch angeboten, welches jedoch erst im Verlauf des Jahres 1986 soweit ausgebaut wurde, dass es als äquivalent zur Print-Version gelten konnte. Vgl. Werner Buchwald: Das „Elektronische Telefonbuch". „Zuwachs" bei der Deutschen Postreklame. In: Zeitschrift für das Post- und Fernmeldewesen (1985), H. 1, S. 16f.; Dietmar Bothe: Das Btx-Telefonbuch. In: nachrichten elektronik + telematik 40 (1986), H. 1/2, S. 12–15; Günther Schmid: Dicke Telefonbücher ade, denn in Btx gibt's: 24 000 000 Nummern im System. In: bildschirmtext magazin für teleleser 7 (1986), H. 5, S. 18; 27 Millionen Rufnummern elektronisch abrufbar. In: Funkschau (1987), H. 22, S. 33–36.

278 Vgl. Josiane Jouët: Die Nutzung des Teletel-Systems in Frankreich. In: Media Perspektiven (1991), H. 5, S. 297–302.

279 Manuel Castells: Der Aufstieg der Netzwerkgesellschaft. Teil 1 der Trilogie. Das Informationszeitalter. Opladen 2004, S. 394.

280 Umfassend zu den *messageries roses* vgl. Mailland u. Driscoll: Minitel, 2017, S. 98–119.

281 Die Kommunikation erfolgte über selbstgewählte Pseudonyme. Der Anbieter Schnack bot darüber hinaus gegen ein entsprechendes Entgelt auch an, das eigene Passbild in eine Btx-Grafik zur Verwendung auf der Seite umzuwandeln.

282 Schmid: Teure Lust, 1987, S. 8. Der Beitrag versuchte durchaus abwägend zu formulieren und nicht alle Partnersuchen und Dialogprogramme vorschnell in eine Ecke zu schieben, musste aber feststellen: „Die rote Laterne schummert allzu deutlich."

> „[D]ie wenigen Rotlicht-Anbieter, die sich den Sex-Kuchen in Btx mit zumeist mehreren und unterschiedlich geschmackvoll bezeichneten Programmen teilen, bitten kräftig zur Kasse. Neun Mark neunundneunzig, die höchstmögliche Vergütung einer Btx-Seite, sind für fast alles zu bezahlen, was Anregendes verspricht. Zum Teil gelangt man in das gewünschte Programmsegment gar erst, wenn das ‚Absenden für DM 9,99' zwei- oder dreimal getätigt wird."[283]

Die Werbung für die erotischen Angebote wurde für das *Bildschirmtext Magazin* im Verlauf der 1980er-Jahre in der öffentlichen Wahrnehmung zunehmend zu einem Problem. Über die Jahre wurde der sogenannte Btx Anzeigenmarkt, der ausschließlich Kontaktanzeigen eindeutiger Natur präsentierte, kontinuierlich im Umfang ausgebaut. In Kombination mit dem zitierten Artikel, der sich im Verhältnis zur sonstigen Berichterstattung kritisch mit den Gepflogenheiten der Dialogprogramme und den Angeboten unter dem Schlagwort „Heiratsmarkt" auseinandersetzte, kulminierten die aufgebrachten Reaktionen. Ein Leserbrief prangerte beispielsweise die offensichtliche Scheinheiligkeit des Magazins an: „Auf der einen Seite verdammen Sie diesen Schwachsinn; auf Seite 39 folgt jedoch gleich eine halbe Seite (gewinnbringende) Werbung!" Ein weiterer nahm den Artikel zum Anlass, das *Bildschirmtext Magazin* als „richtige Zeitschrift zur Selbstdarstellung" zu charakterisieren und fragte: „[…] wo bleiben die negativen Stimmen? Dürfen Sie diese nicht drucken, weil Sie von der Post bezahlt werden?"

Wie zur Bestätigung veröffentlichte das *Bildschirmtext Magazin* ein Jahr später einen zweiten großen Artikel zu den Teletreffs, revidierte die vorherige Beurteilung, konstatierte eine „Wandlung" und pries die Dialogprogramme als „gute Unterhaltung":

> „Wir wollen ja nicht gerade behaupten, Sex finde in Bildschirmtext nicht mehr statt. Aber eines steht fest: ausgenommen die Schummerbezirke, in denen auf bewährte Kiezmanier nach wie vor die Beutelschneiderei ihre Urständ feiert, hat Btx auf einem seiner lebendigsten Sektoren eine Wandlung durchgemacht. Noch vor einem Jahr hat ein Rundgang durch die Btx-Dialogprogramme so viel Derbdümmliches zutage gefördert, daß uns um eine seriöse Zukunft der eigentlich ja so guten Idee angst und bange wurde. Das hat sich geändert. Sympathisch frivol und kokett ja, wenn es denn schon ums Thema Nummer eins geht – gelegentliche Ausnahmen bestätigen diese neue Regel. Ansonsten aber humoriges, flockiges, richtig liebes Reden miteinander: gute Unterhaltung."[284]

Das *Bildschirmtext Magazin* geriet so in den Medien und der Presse selbst als „Pornoblatt" in Verruf. Die ZDF-Sendung *Bonn direkt* berichtete am 8. Oktober

283 Ebd., S. 9.
284 Gute Unterhaltung. In: bildschirmtext magazin 9 (1988), H. 10, S. 8f., hier S. 8.

1989 über Bildschirmtext-Seiten mit pornografischen Inhalten und führte dazu aus: „Die nötigen Hinweise auf den Btx-Porno findet der Interessent in einer speziellen Zeitschrift." Die Reaktion erfolgte in Form einer halbseitigen Stellungnahme prompt. Beim Bildschirmtext wäre es wie am Zeitungskiosk auch: „Der Leser allein entscheidet, was er kauft." Dennoch wollte die Redaktion „künftig genauer hinschauen, was […] da an einschlägigen Anzeigenaufträgen ins Haus flattert."[285]

Diese Beispiele des Changierens in der Bewertung stehen exemplarisch für den Umgang mit Inhalten und Programmangeboten, die auf die Befriedigung sexueller Bedürfnisse zielten. Prinzipiell galten hier die gleichen Beweggründe wie beim Nicht-Eingreifen bezüglich der fehlgeleiteten Verschlagwortung. Die Dialogprogramme in Form der Teletreffs oder anders gesagt Teledialoge, wie sie zusammenführend zunehmend genannt worden, waren weiterhin beliebte Anwendungen, die die Nutzerinnen und Nutzer trotz enormer Kosten ‚in der Leitung hielten'. Das *Bildschirmtext Magazin* veröffentlichte hierzu anonymisiert den Bericht einer „Animateuse", die im Auftrag eines Teletreff-Anbieters unter bis zu acht, männlichen wie weiblichen, Pseudonymen gleichzeitig die Gespräche führte, um die einzelnen Dialogkanäle zu füllen und die Kundinnen und Kunden zu binden.[286]

Etwa 40 dieser Teledialoge bestanden Anfang der 1990er-Jahre – die Namen der beliebtesten wiesen bereits in eine bestimmte Richtung: Eden, Sexclub, Sextreff, Europa-Center, Phantasie, Tutti Frutti, Intim, Frivol, Ars Amandi und Astoria waren die zehn, „wo am meisten los ist"[287]. Der zusätzliche Zeittakt von in der Regel 1,30 DM pro Minute plus verschiedene Gebühren für erweiterte Funktionen, beispielsweise Einzelgespräche, ergaben durchschnittliche Dialogkosten von rund 50 DM die Stunde. Beim Angebot der Phantasiestadt

---

285 Pornoelektronisch. Der Kommentar. In: bildschirmtext magazin 10 (1989), H. 11, S. 27.

286 Nach dem Bericht des *Bildschirmtext Magazins* wäre davon auszugehen, dass bezahlte Animateure in den meisten Dialogprogrammen zum Regelfall gehörten. Um dem ‚Männerüberschuss' in den Teledialogen zu begegnen, bot der Teletreff „Intim" Frauen nach Bestätigung durch ein Btx-Formular und einen Telefonrückruf die Möglichkeit der gebührenfreien Nutzung. Außerdem recherchierte das Magazin erste Fälle von süchtigem Verhalten: Ein Handwerksmeister soll innerhalb weniger Monate mehr als 40 000 DM ‚vertickert' haben. Vgl. Till Wortmann: Pseudo-Flirts. Teledialoge – die Beziehungskisten im System. Aber Vorsicht: Tickern kann süchtig machen. In: bildschirmtext magazin 13 (1992), H. 8, S. 14–20. In den 1990er-Jahren leitete die Kölner Staatsanwaltschaft gegen verschiedene Tochterfirmen der Beate Uhse AG Ermittlungen mit dem Verdacht auf Betrug ein. Anlass war die angebliche Vortäuschung falscher Tatsachen durch angestellte Animateure in den Dialogprogrammen. Vgl. Perverse Gummistute. In: Der Spiegel (1994), H. 11, S. 90–92.

287 Wo am meisten los ist. In: bildschirmtext magazin 13 (1992), H. 8, S. 20.

„Eden“, die keinen zusätzlichen Zeittakt kostete, dafür aber das Schreiben von Mitteilungen extra abgerechnet wurde, hatten sich mehr als 9000 Personen ihre Pseudonyme beim virtuellen Einwohnermeldeamt schützen lassen. Im Schnitt waren hier zwischen 50 und 100 „Einwohner“ gleichzeitig in den einzelnen ‚Räumen‘ unterwegs.[288]

Die Erotik-Angebote des Bildschirmtextes gerieten Ende der 1980er-Jahre zunehmend ins Visier der Presse und wurden häufig in Verbindung mit illegalen Machenschaften gebracht. Zum Politikum entwickelten sich die Angebote spätestens mit dem Vorwurf der Verbreitung kinderpornografischen Materials. Die Bundesregierung musste dazu erstmals im Sommer 1989 explizit Stellung beziehen. Die SPD-Abgeordnete Renate Schmidt erkundigte sich in ihrer Anfrage, ob es zutreffe, dass über den Bildschirmtext pornografische Filme und Computerspiele vertrieben werden, die sexuelle Handlungen mit Minderjährigen beinhalten würden und ob diese Angebote von Kindern und Jugendlichen abgerufen werden könnten. Die zweite, gesondert behandelte Frage zielte konkret auf die Verantwortlichkeit der Deutschen Bundespost.[289]

Die schriftliche Antwort des Staatssekretärs im Bundesministerium für Post und Telekommunikation Winfried Florian zeigte symptomatisch die grundlegenden Probleme in Bezug auf den Jugendschutz. Der Bundesregierung sei bewusst, so führte der Staatssekretär aus, dass der Bildschirmtext auch diverse Angebote bereithalte, „die in den Bereich ‚Erotik‘ gehören“ – von der Möglichkeit, sich mit entsprechenden Computerspielen zu amüsieren bis zur Bestellung pornografischer Filme und Magazine. Die Frage, ob es sich dabei im Einzelfall aber um „strafbare Pornografie“ handle, könne nicht beantwortet werden, weil dies allein in den Zuständigkeitsbereich der Landesbehörden falle. Davon unbenommen seien jedoch diese Seiten Minderjährigen grundsätzlich nicht zugänglich, es sei denn, erwachsene Teilnehmerinnen oder Teilnehmer würden ihre persönliche Kennung dem Jugendlichen zur unbeaufsichtigten Nutzung überlassen. Ein Zugang über öffentliche Terminals sei ebenfalls nicht möglich, da dort der Abruf kostenpflichtiger Seiten gesperrt war.[290]

Dieser erste Teil der Antwort wirkte beschwichtigend und erwies sich bei genauerer Betrachtung als beschönigte Halbwahrheit. Das vonseiten des Jugendschutzes bemängelte Grundproblem bestand in dem Fehlen eines wirksamen Schutzfilters. Es gab lediglich eine Kennzeichnungspflicht für

288 Vgl. Martin Konitzer: Lust und Frust. In: bildschirmtext magazin 12 (1991), H. 5, S. 14f.; Maskenball. In: bildschirmtext magazin 12 (1991), H. 6, S. 14–18.

289 Vgl. Deutscher Bundestag, Drucksache 11/4930, 7.7.1989. Schriftliche Fragen mit den in der Woche vom 3. Juli 1989 eingegangenen Antworten der Bundesregierung, S. 23.

290 Vgl. ebd. Zitate ebd.

Werbeseiten, jedoch nicht für jugendgefährdende Inhalte. Der Verweis auf die Sperrung kostenpflichtiger Seiten war damit nur ein notwendiges Hilfskonstrukt. Die Anbieter konnten frei über die verlangten Seitenkosten bestimmen; es verbat ihnen also niemand, einige ihrer Seiten, beispielsweise als Lockangebote, kostenfrei anzubieten. Entsprechend konnten solche Bildschirmtext-Seiten auch über öffentliche Terminals abgerufen werden. So warb beispielsweise der bereits erwähnte Rosa-Rot Diskret-Versand zeitweilig mit einer oberkörperfreien Frau in Pixelgrafik, die über eine Sprechblase zum Teilnehmer sprach:

> „Bei uns erleben Sie was – o' la la.... Schon unsere jugendfreien Seiten werden Sie begeistern. Erst recht unser ‚CLUB DISKRET'! Werden Sie einfach Mitglied!"[291]

Es bestand zwar die Möglichkeit, separate Konten und Zugangsdaten für mehrere Mitbenutzer anzulegen, doch in der Praxis teilte sich meist die ganze Familie einen Zugang. Ende der 1980er-Jahre musste der Bildschirmtext außerdem nicht mehr zwingend über den Familienfernseher im Wohnzimmer abgerufen werden. Auf der Internationalen Funkausstellung 1987 stellten die ersten Hersteller für ihre Heimcomputer Bildschirmtext-Erweiterungen zu erschwinglichen Preisen vor – darunter auch ein Btx-Modul für den beliebten und in den Kinderzimmern weit verbreiten Commodore C64, welches 1989 in der bereits verbesserten zweiten Version noch rund 400 DM kostete. Vor allem für die jugendlichen Besitzer von Heimcomputern war dies die „lang [...] ersehnte Brücke zum Btx-System"[292]. Aus heutiger Perspektive wird häufig allein auf die Verbreitung der Personal Computer als zukunftsträchtige Technologie geschaut – Ende der 1980er-Jahre befanden sich von diesen allerdings erst eine halbe Million Stück in den bundesdeutschen Privathaushalten, denen die siebenfache Menge von 3,5 Millionen Heimcomputern gegenüberstand.[293]

Selbst mit der Einrichtung eines Mitbenutzerkontos war Minderjährigen nicht automatisch der Abruf kostenpflichtiger Seiten verwehrt. Die Deutsche Bundespost führte hierfür 1988 sogar zwei neue Leistungsmerkmale ein, die genau auf die noch minderjährigen Bildschirmtext-Nutzerinnen und -Nutzer zugeschnitten waren: Der Hauptanschlussnehmer konnte jetzt erstmals für

291 Wulfert: *190171a#.

292 Friedrich Oehlerking: Das Btx-Modul im Stecker. In: bildschirmtext magazin 8 (1987), H. 9, S. 9f., hier S. 9. Vgl. auch Hartmut Woerrlein: Btx wird für C 64-Benutzer erschwinglich. In: Happy Computer (1987), H. 11, S. 20; Vamos, Amigas! In: bildschirmtext magazin 10 (1989), H. 7/8, S. 44–47. Der Kaufpreis findet sich angegeben bei Ralf Müller: Das bietet Btx. In: Happy Computer (1989), H. 3, S. 28.

293 Vgl. Albert: Der vergessene „Brotkasten", 2019, S. 496.

seine einzelnen Mitbenutzerinnen und Mitbenutzer individuell entweder eine „Vergütungsschwelle“ festlegen, das heißt einen Höchstpreis pro Seitenaufruf, oder ein „Taschengeldkonto“ mit festgelegtem Monatskontingent einrichten.[294] Welche Angebote konkret abgerufen wurden, konnte die Telefonrechnung schließlich am Monatsende enthüllen – allerdings wurden entsprechend nur Bildschirmtext-Seiten aufgelistet, die eine Vergütung forderten und diese schriftliche Aufstellung kostete zusätzlich eine Gebühr von 12 DM für die erste und 1,40 DM für jede weitere Seite.[295] Das Wissen um diese nachträgliche Kontrollmöglichkeit mochte sicherlich die Nutzung bereits im Voraus bestimmt haben, bot aber genauso Möglichkeiten der Verschleierung und war letztendlich nicht geeignet im Sinne des Jugendschutzes ausreichend zu schützen.

Die Antwort auf die zweite Frage fiel ebenfalls kurz und bestimmt aus. Eine Verantwortlichkeit der Bundesregierung oder der Deutschen Bundespost sei nicht gegeben, da alle Bildschirmtext-Seiten eigenverantwortlich von den Anbietern erstellt und angeboten werden. „Die Deutsche Bundespost stellt für den Btx-Dienst lediglich die Technik zur Verfügung“, so der Staatssekretär wörtlich. Mit dem Verweis auf den Bildschirmtext-Staatsvertrag wurde die Position wiederholt, dass der Bundespost jegliche Einflussnahme auf die Inhalte untersagt sei. Auch habe der Staatsvertrag klar die Verwaltungsbehörden der einzelnen Bundesländer für die Ermittlung von Verstößen gegen das Strafrecht und den Jugendschutz für zuständig erklärt. Erst nach dem Agieren dieser Behörden könne die Bundespost tätig werden und beispielsweise einzelne Seiten oder den Anbieter sperren.[296] Aus formaljuristischer Perspektive war die Antwort des Staatssekretärs korrekt und entsprach dem geltenden Recht – ein Vertragsrecht, welches die Bundesländer im Entstehungsprozess des Staatsvertrages genau so gegenüber dem Bund eingefordert hatten. Dass am Ende dennoch fast immer die Bundespost und nicht die Bundesländer das Ziel der Forderungen war und den Imageschaden trug, mochten einige Zeitgenossen fatalistisch als Ironie des Schicksals deuten, aber letztendlich zeigte sich hier auch, wie eng

294 Vgl. Moritz: Bildschirmtext, 1988, S. 14. Diese beiden Optionen wurden hier auch genau mit dem Anwendungsfall jugendlicher Mitbenutzer geschildert: „Jeder Familienvater hat sich sicher irgendwann einmal über seine – durch die Dauertelefonate der Söhne und Töchter verursachten – hohen [sic] Fernsprechrechnung geärgert. Bei Btx hat nun derselbe Familienvater die Möglichkeit, die Btx-Ausgaben seiner Kinder zu beschränken.“ Ebd.

295 Eine Aufstellungsseite listete bis zu 50 Einträge. Vgl. Deutsche Bundespost: Gebühren für den Bildschirmtext-Dienst. Die Deutsche Bundespost informiert. Stand Januar 1988.

296 Vgl. Art. 2 u. 12 Bildschirmtext-Staatsvertrag, GVBl NW 1983, S. 227; Deutscher Bundestag, Drucksache 11/4930, 7.7.1989, S. 24. Zitat ebd.

Bundespost und Bildschirmtext in den Köpfen der Menschen miteinander verknüpft waren. Darüber hinaus steuerte die, beispielsweise in der Antwort des Staatssekretärs zur Schau gestellte, Passivität der Bundespost und der Rückzug auf Paragrafen ihren Teil zur zweifelhaften Öffentlichkeitswirkung bei.

Bereits ein Jahr später wurde das Thema mit größerem Nachdruck erneut auf die politische Bühne befördert. Einer gemeinsamen Initiative der frauenpolitischen Sprecherinnen der Fraktionen und der Kinderkommission des Deutschen Bundestages folgend unterzeichneten mehrere Abgeordnete, darunter auch Renate Schmidt, einen offenen Protestbrief an den Bundespostminister Christian Schwarz-Schilling und die Ministerpräsidenten der Länder. Es sei nicht länger hinnehmbar, so hieß es in dem Schreiben, dass die Deutsche Bundespost über Anzeigen und Angebote im Bildschirmtext die Verbreitung von kinderpornografischem Material ermögliche. Da die Bundestagsabgeordneten jedoch um die mehrmals durch die Bundespost artikulierte Argumentation der formalen Nichtzuständigkeit wussten, stellten sie konkrete Forderungen an Schwarz-Schilling: Dieser müsse unverzüglich mit den Ländern Verhandlungen aufnehmen, um einen wirksamen Kontrollmechanismus im Bildschirmtext-Staatsvertrag zu erreichen.[297]

Die Bemühungen mündeten in der Aufnahme eines Absatzes zum Jugendschutz in der Neufassung des Bildschirmtext-Staatsvertrages, der mit dem

297 Vgl. Martin Konitzer: Schmuddelkram. Ein Dutzend dubioser Pornoanbieter in Bildschirmtext hat Bundestagsabgeordnete auf den Plan gerufen. In: bildschirmtext magazin 11 (1990), H. 12, S. 28f. Ebd. sind auch Auszüge des Briefes abgedruckt. In Frankreich wurden fast zur gleichen Zeit sehr ähnliche Debatten geführt. Mehrere französische Zeitungen berichteten Ende des Jahres 1991 davon, dass der Minitel-Dienst zunehmend zu einer illegalen Plattform für den Vertrieb von sadomasochistischem, gewaltverherrlichendem und kinderpornografischem Material sowie zur Bewerbung von Prostitution und Menschenhandel geworden sei. Der französische Senat setzte sich 1992 in einer umfangreichen Debatte mit dem Thema auseinander, bei der verschiedenste Lösungsansätze vorgebracht wurden. Darüber hinaus entwickelte sich eine Diskussion über die Frage der wirtschaftlichen Bedeutung. Während der Direktor der France Télécom davon sprach, dass lediglich vier Prozent des Datendurchsatzes auf entsprechende Angebote entfallen würden, entgegnete ein Fachverband der Telematik, dass die *messageries roses* 5000 Arbeitsplätze und 40 Prozent des Traffic generieren würden. Daraus entstand ein Umsatz von mehr als einer halben Milliarde Francs, von denen ein Drittel bei der France Télécom verblieb. Im Ergebnis der politischen Verhandlungen wurden neben der bereits bestehenden Überwachungskommission eine weitere durch das Finanzministerium gegründet, die möglichst alle Minitel-Seiten ermitteln sollte, die als pornografisch eingestuft wurden. In der Folge wurden zahlreiche dieser Angebote aus dem System entfernt. Vgl. Lyombe Eko: Teletext and Videotex in France. From Innovative Social Media to Objects of Cultural Memory. In: Hallvard Moe u. Hilde Van den Bulck (Hg.): Teletext in Europe. Form the Analog to the Digital Era. Göteborg 2016, S. 227–240, hier S. 227f. u. 235–237.

1. Januar 1992 in Kraft trat. Hier wurde bestimmt, dass rassistische, gewalt- und kriegsverherrlichende sowie pornografische und Inhalte, die „offensichtlich geeignet sind, Kinder und Jugendliche sittlich schwer zu gefährden"[298] generell unzulässig seien. Zusätzlich durften „Angebote, die ganz oder im wesentlichen mit Schriften inhaltsgleich sind, die in die Liste nach § 1 des Gesetzes über die Verbreitung jugendgefährdender Schriften aufgenommen sind"[299] zukünftig nur noch in der Zeit zwischen 23 und 6 Uhr verbreitet werden. Für die Aufsicht und Einhaltung der Bestimmungen waren aber weiterhin die nach jeweiligem Landesrecht zuständigen Verwaltungsbehörden zuständig.[300]

298 Art. 9 Abs. 1 Bildschirmtext-Staatsvertrag, 31.8.1991, SächsGVBl. 1991, S. 426, 449 (erlassen als Artikel 6 des Staatsvertrages über den Rundfunk im vereinten Deutschland).

299 Ebd., Art. 9 Abs. 2.

300 Vgl. ebd., Art. 13. Vgl. auch Kinderporno versus Btx. In: bildschirmtext magazin 13 (1992), H. 5, S. 60. Letztendlich hielten sich aber viele der Angebote unter anderen Namen, weshalb 1995 auf Initiative der Deutschen Telekom eine Gremium zur freiwilligen Selbstkontrolle gegründet wurde, welches u. a. anstößige Inhalte identifizieren sollte. Vgl. Deutsche Telekom: Btx-Angebot: Gremium zur freiwilligen Selbstkontrolle der Btx-Informationsangebote konstituiert. Pressemeldung, 11.5.1995; Max Bold: Sächsische Staatskanzlei nimmt Stellung. In: btx aktuell 16 (1995), H. 2, S. 4.

KAPITEL 7

Auf dem freien Markt

7.1 Mit Datex-J auf Erfolgskurs

Im Februar 1988 durfte die Deutsche Bundespost den einhunderttausendsten Bildschirmtext-Anschluss vermelden und veranstaltete dafür im März eine Feierstunde. Der Bundespostminister Christian Schwarz-Schilling überreichte dem Stuttgarter Ehepaar, die diesen angemeldet hatten, persönlich eine Urkunde und ein farbfähiges MultiTel-Gerät als Geschenk, welches gleichsam symbolisch für den neuen Erfolg des Bildschirmtextes stand. Die Anschlusszahlen wiesen für das Jahr 1987 eine Steigerungsrate von über 60 Prozent auf, die Seitenabrufe hatten sich beinahe verdoppelt und auch die Einnahmen machten einen Sprung in zweistelliger Millionenhöhe.[1] Aus Sicht der Verantwortlichen schien der Bildschirmtext nun endlich die prognostizierte Entwicklung in Richtung eines Massendienstes zu nehmen – und als Ursache wurde einhellig die Einführung der multifunktionalen Telefone ausgemacht.[2] Die Zahl von einhunderttausend Anschlüssen entpuppte sich dabei zunehmend als der kleine Bruder der ‚magischen' Millionengrenze und brachte zahlreiche Respektbekundungen – auch vonseiten der Presse. So schrieb das ansonsten dem Bildschirmtext eher kritisch gegenüberstehende Handelsblatt:

1 Die Kostenbilanz für Btx stellte sich nach Auskunft des Parlamentarischen Staatssekretärs Wilhelm Rawe folgendermaßen dar: Ausgaben in Millionen DM: 1983: 12; 1984: 70; 1985: 138; 1986: 161; 1987: 125; Haushaltsanmeldung 1988 und 1989: jeweils 100. Demgegenüber die Einnahmen in Millionen DM: 1983 und 1984: keine; 1985: 4,6; 1985: 4,6; 1986: 11,9; 1987: 24,9; hochgerechnet entsprechend Anschlussentwicklung 1988: 34 und 1989: 45. Vgl. Deutscher Bundestag, Drucksache 11/3562, 25.11.1988. Schriftliche Fragen mit den in der Woche vom 21. November 1988 eingegangenen Antworten der Bundesregierung, S. 33; Bildschirmtextdienst (Btx). In: Zeitschrift für das Post- und Fernmeldewesen (1989), H. 1, S. 41. Für eine andere Bewertung durch den *Spiegel* vgl. Kein Gewinn mit Bildschirmtext. In: Der Spiegel (1988), H. 51, S. 79.

2 Vgl. Bundesministerium für das Post- und Fernmeldewesen: 100 000 Anschlüsse im Bildschirmtextsystem der Deutschen Bundespost. Pressemitteilung, 4.2.1988; Dass.: Schwarz-Schilling: Über 100 000 Bildschirmtextanschlüsse. Jahreszuwachs auf fast 65 Prozent gestiegen. Pressemitteilung, 10.3.1988. Die Forcierung des Ausbreitungstempos hatte der Bundespostminister bereits in seinem Bericht zum kommenden Jahr 1988 angekündigt. Vgl. Christian Schwarz-Schilling: 1988: Ein wichtiges Jahr für die Deutsche Bundespost. In: Zeitschrift für das Post- und Fernmeldewesen (1988), H. 1, S. 4–8.

 | DOI:10.30965/9783657760428_008

> „Allen Unkenrufen zum Trotz: Bildschirmtext hat sich etabliert. [...] Nach rund 100 000 angeschlossen Teilnehmern hat Bildschirmtext es langsam verdient, nicht als ‚Flop' bezeichnet zu werden. Man kann sich heute wieder trauen zu behaupten, bei Bildschirmtext von Anfang an dabei gewesen zu sein."[3]

Die „Bestandsaufnahme" in der *Zeitschrift für das Post- und Fernmeldewesen* für das Jahr 1988 fiel dementsprechend positiv aus. Nach Telefon und Teletex-Dienst stellte der Bildschirmtext den drittgrößten Fernmeldedienst der Deutschen Bundespost dar. Der Funktionsumfang wurde kontinuierlich erweitert – so gab es beispielsweise seit Mitte 1987 die Möglichkeit der direkten Sucheingabe. Der über die Tastatur eingegebene Befehl *Sport# zeigte dann entsprechend alle Anbieter und Seiten, die sich dem Schlagwort „Sport" zugeordnet hatten. Aufgrund der Vielfältigkeit der möglichen Anwendungen wurde der Bildschirmtext im Artikel als „'Zehnkämpfer' unter den Fernmeldediensten"[4] betitelt. Selbst den als zu hoch empfundenen Endgerätekosten konnte plötzlich etwas Positives abgerungen werden. Die Einstiegsschwelle hätte dazu geführt, dass die Menschen, die sich für die Anschaffung entschieden hatten, den Bildschirmtext dann auch wirklich nutzten. Diese Argumentation zielte letztendlich darauf, dem großen Erfolg des französischen Minitel-Dienstes quantitativ etwas entgegenzusetzen. Während in Frankreich zu dieser Zeit die durchschnittliche Nutzungsdauer bei etwa 100 Minuten pro Monat lag, nutzten die Deutschen den Bildschirmtext im Schnitt etwa 400 Minuten pro Monat. Das französische Pendant blieb bezüglich der Anschlusszahlen – Frankreich überschritt 1988 die Marke von vier Millionen angeschlossenen Terminals – aber weiterhin der Referenzpunkt. Die „Bestandsaufnahme" schloss daher mit der Forderung: „Ziel aller Maßnahmen ist es, genügend Teilnehmer für eine eigendynamische Entwicklung zu bekommen."[5] Für diese galt nach wie vor die Marke von einer Million Bildschirmtext-Anschlüssen.

Große Hoffnungen für den zukünftigen Ausbau des Bildschirmtextes und die weiteren Entwicklungsschritte lagen vor allem in der Zusammenführung aller bisher getrennten Netze in das neue integrierte Sprach- und Datennetz (ISDN). Der Bundespostminister Christian Schwarz-Schilling hatte ISDN bereits im November 1984 als „Antwort der Deutschen Bundespost

---

3 Claus-Peter Irmscher: Mit Personal Computer und komfortabler Software zum Erfolg – Btx ist wichtiger Bestandteil der Kommunikationslandschaft. ISDN bringt eine erhebliche Beschleunigung des Bildaufbaus. In: Handelsblatt, 16.3.1988, S. b18. Gleichwohl wurde kein Jahr später im Handelsblatt wieder davon gesprochen, dass Btx sich „zum millionenschweren Flop" entwickle. Bernd Loppow u. Winfried Moritz: Erfolg mit Btx: Von den Franzosen lernen. In: Handelsblatt, 1.2.1989, S. 20.

4 Moritz: Bildschirmtext, 1988, S. 15.

5 Ebd., S. 22.

auf die Anforderungen der Telekommunikation von morgen“[6] vorgestellt. Für den Bildschirmtext bestand der evidente Vorteil in einer Erhöhung der Datenübertragungsraten, welche die durchschnittliche Seitenaufbauzeit von 20 bis 30 auf wenige Sekunden verkürzen sollte. Die neue Verbindungsgeschwindigkeit sollte nicht nur einfach schneller sein, sondern überhaupt erst bestimmte Anwendungen ermöglichen. Die Arbeitsgruppe Medienentwicklung an der Hochschule für Gestaltung Offenbach um Manfred Eisenbeis demonstrierte regelmäßig, welche grafischen Kapazitäten in der Gestaltung mit dem CEPT-Standard lagen. Die Verwendung einer größeren Anzahl frei definierbarer Sonderzeichen führte jedoch zu Seitenaufbauzeiten deutlich über einer halben Minute, bei vollständiger ‚Ausreizung‘ sogar mehr als einer Minute. Die Gestaltung umfangreicherer Grafiken bedeutete einerseits einen erhöhten Arbeitsaufwand für die Anbieter und resultierte andererseits in zusätzlicher Wartezeiten für die Nutzerinnen und Nutzer, weshalb der Bildschirmtext vor erst ein textfokussiertes Medium blieb.[7] Häufig waren lange Ladezeiten aber auch auf eine schlechte Seitengestaltung und unprofessionelle Programmierung zurückzuführen.[8] ISDN wurde schließlich auf der CeBIT 1989 in Hannover im Beisein des Bundeskanzlers Helmut Kohl offiziell durch den Bundespostminister in Betrieb genommen. Im Interview äußerte sich Schwarz-Schilling klar zur Zukunft des volldigitalisierten Netzes: „Es gibt keine Alternative zur Digitalisierung des bestehenden Telefonnetzes.“[9]

---

6 Schwarz-Schilling: Zur Weiterentwicklung der Telekommunikation, 1985, S. 6.

7 Scanner mit entsprechender Software oder komplette ‚Digitalisierungskameras‘ erlaubten sogar eine Automatisierung der Übertragung von Grafiken und hielten damit den Arbeitsaufwand in engen Grenzen. Allerdings bestand das Problem, dass diese Programme in Präferenz für die Genauigkeit meist sehr viele unterschiedliche DRCS-Zeichen benutzten, was wiederum zu längeren Ladezeiten führte. Vgl. Arno Markmann: Wege zur preisgünstigen Btx-Grafik. In: nachrichten elektronik + telematik 38 (1984), H. 6, S. 222–224. Manfred Eisenbeis dachte schon 1984 an die Möglichkeit der Faksimiledarstellung historischer Dokumente. Vgl. Ohne Bilder ist Btx ein totes Medium. In: Btx Praxis (1985), H. 5, S. 19–21; HFG/AGM: Mosaik Faksimiledarstellung.

8 Willi Mader: Bildschirmtext ist kein langsames Medium. In: Btx Praxis (1986), H. 5, S. 16–18.

9 Die Zukunft hat vier Buchstaben, 1989, S. 10. Vgl. Auf dem ISDN-Standard lagen schon seit mehreren Jahren die Hoffnung schnellerer Verbindungszeiten und damit möglichwerdender neuer Anwendungen. Vgl. Loewe entwickelt Decoder für ISDN-Btx. In: Btx Praxis (1986), H. 3, S. 11–13; Peter Waldbach: Braucht Btx das ISDN? In: Btx Praxis (1986), H. 6, S. 68f.; Wolfgang P. Peters: ISDN: Nutzen für viele. Von der geschäftlichen Nutzung zum Massendienst. In: Zeitschrift für das Post- und Fernmeldewesen (1987), H. 9, S. 4–13. Zur konkreten Umsetzung vgl. Hans-Jürgen Helm u. Peter Hamacher: Bildschirmtext im ISDN (Teil I). In: telekom praxis (1990), H. 19, S. 805–815; Dies.: Bildschirmtext im ISDN (Teil II). In: telekom praxis (1990), H. 21, S. 920–935.

Im Frühjahr 1988 beschloss das Bundeskabinett seine „Konzeption zur Neuordnung des Telekommunikationsmarktes“ als ein „zukunftsorientiertes Reformpaket“.[10] Der dazugehörige „Gesetzesentwurf zur Neustrukturierung des Post- und Fernmeldewesens und der Deutschen Bundespost“[11] lag im September 1988 dem Bundestag zur Abstimmung vor. Das Poststrukturgesetz trat im Juli 1989 in Kraft. In den wesentlichen Punkten folgte es den Empfehlungen der im März 1985 eingesetzten „Regierungskommission Fernmeldewesen“[12], einzig die Möglichkeit eines Finanzausgleichs blieb vorerst erhalten und die Einheit des Unternehmens Deutsche Bundespost wurde durch ein neues Direktorium vorerst gewahrt. Unter diesem übergeordneten Gremium wurde die Bundespost in drei sogenannte öffentliche Unternehmen aufgeteilt: die DBP Postdienst, die DBP Postbank und die DBP Telekom.[13] In der Presse wurde die neue Stellung der Deutschen Bundespost Telekom, welcher auch der Bildschirmtext zugehörig war, spöttisch als „politisch umsorgtes Monopol“[14] charakterisiert. Auch der Bildschirmtext konnte sich vorerst in dieser Umsorgung noch ein wenig ausruhen. Es wurde absehbar, dass wenn sich der Dienst auf Dauer halten sollte, ein kostendeckender Systembetrieb erreicht werden müsste.

Davor beging die Deutsche Bundespost Telekom aber erst einmal das zehnjährige Jubiläum des Bildschirmtextes. Gleichzeitig erlebte der Dienst einen nie gekannten Anstieg der Teilnehmerzahlen – noch im Dezember 1990 konnte Anschluss Nummer 250 000 in einer Feierstunde begrüßt werden (siehe Tabelle 3).[15] Das *Bildschirmtext Magazin* berichtete auf Sonderseiten zum Zehnjährigen – was die Fachzeitschrift *Funkschau* spöttisch als „Jubelausgabe […] des Telekom-subventionierten Btx-Magazins“[16] betitelte. Auf

---

10 Christian Schwarz-Schilling: Vorwort. In: Der Bundesminister für das Post- und Fernmeldewesen (Hg.): Reform des Post- und Fernmeldewesens in der Bundesrepublik Deutschland. Konzeption der Bundesregierung zur Neuordnung des Telekommunikationsmarktes. Heidelberg 1988, S. V–VII, hier S. VI.

11 Deutscher Bundestag, Drucksache 11/2854, 2.9.1988. Gesetzentwurf der Bundesregierung. Entwurf eines Gesetzes zur Neustrukturierung des Post- und Fernmeldewesens und der Deutschen Bundespost (Poststrukturgesetz – PostStruktG).

12 Neuordnung der Telekommunikation. Bericht der Regierungskommission Fernmeldewesen. Vorsitz: Eberhard Witte. Heidelberg 1987.

13 Im Detail zur ersten Postreform und ihrer ‚Entstehung‘ vgl. Lauschke: Selbstentmachtung, 2012, S. 110–113; Lotz: Die deutsche Post, 2007, S. 37–55; Metzler: Ein deutscher Weg, 2012, S. 166–177.

14 Wernhard Möschel: Der Postminister bleibt Konzernchef. Auf den Wachstumsmarkt der Zukunft geht die Bundesrepublik mit einem politisch umsorgten Monopol. Zuwenig Wettbewerb in der Telekommunikation. In: Frankfurter Allgemeine Zeitung, 19.11.1988, S. 15.

15 Vgl. 250 000. Btx-Kunde geehrt. In: Btx Praxis (1990), H. 12, S. 5; 250 000ster Btx-Kunde geehrt. In: bildschirmtext magazin 12 (1991), H. 1/2, S. 50.

16 Galaktische Altlast, 1991, S. 25.

einer Doppelseite wurde Eric Danke für sein langjähriges Engagement als Projektleiter geehrt. Im Interview äußerte sich Danke wie immer sehr optimistisch, dass dem Bildschirmtext eine erfolgreiche Zukunft bevorstehe:

> „Die Konzeption des Dienstes jedenfalls ist absolut zukunftssicher, denn die interaktive Kommunikation für breite Nutzerkreise ist ein technischer Trend, dem sich auf Dauer niemand entziehen können wird."[17]

Tabelle 3 Entwicklung des Bildschirmtext-Dienstes von der bundesweiten Einführung 1983/84 bis zur Umwandlung in T-Online 1995, Angaben zum Jahresende (eigene Zusammenstellung, u. a. Deutsche Bundespost Telekom: 500.000 Datex-J/Btx-Kunden in '93 über 45 % Teilnehmerzuwachs erzielt. Pressemitteilung, 13.1.1994; Entwicklung des Bildschirmtext-Dienstes. In: Media Perspektiven Basisdaten (1994), S. 71; Entwicklung des Bildschirmtext-Dienstes. In: Media Perspektiven Basisdaten (1995), S. 67; Entwicklung von Bildschirmtext/T-Online. In: Media Perspektiven Basisdaten (1996), S. 66).

	Anschlüsse	Anbieter	Anbieter mit GBG	Externe Rechner	Leitseiten	Seiten insgesamt	Monatliche Aufrufe
1984	21 300	3 120	770	40	3 420	460 000	283 000
1985	38 900	3 760	1 110	110	4 840	647 000	517 000
1986	58 400	3 530	970	220	4 730	589 000	1 065 000
1987	96 000	3 440	1 020	240	4 940	615 000	1 825 000
1988	147 000	3 380	1 030	300	5 720	667 000	2 679 000
1989	194 800	3 320	950	330	5 930	676 000	3 626 000
1990	260 100	3 120	900	400	6 650	702 000	5 263 000
1991	302 300	3 000	870	440	6 710	742 000	6 299 000
1992	340 400	2 800	820	500	6 610	762 000	7 314 000
1993	496 700	2 580	730	530	6 030	619 000	10 088 000
1994	708 500	2 550	650	560	5 390	644 000	12 037 000
1995	965 400	2 700	690	570	5 600	749 000	17 647 000

Der Bundespostminister Christian Schwarz-Schilling zeigte sich im Gespräch zwar ebenso zuversichtlich – „Btx wird sich behaupten"[18] – räumte aber auch Fehler ein, die er allerdings als Erbe von seinen Amtsvorgängern übernommen hatte:

17 Ja Danke. In: bildschirmtext magazin 11 (1990), H. 4, S. 14f., hier S. 14.
18 „Btx wird sich behaupten". Interview mit dem Bundespostminister Christian Schwarz-Schilling. In: bildschirmtext magazin 11 (1990), H. 4, S. 16.

> „Es war sicherlich ein schwieriges Erbe für mich, da die Erwartungshaltung für diesen Dienst durch unrealistische Prognosen sehr hoch war. […] Beim offiziellen Start von Btx waren die Weichen im wesentlichen gestellt. Btx war von Beginn an als Massendienst für Private geplant, eine Fehleinschätzung, wie wir heute wissen. Vielleicht hätte man diese Planungen schon früher modifizieren müssen, damit hätten wir zwar nicht mehr Anschlüsse erreicht, aber die Erwartungshaltung wäre nicht so groß gewesen und damit auch die Kritik an der vermeintlich viel zu geringen Nutzerzahl."[19]

Nach einem positiven Bekenntnis des Telekom-Vorstandes zur Weiterführung des Bildschirmtext-Systems startete 1991 die „Operation Zukunft"[20] – mit dem Ziel eines kostendeckenden Betriebes entschied sich die Deutsche Bundespost Telekom für eine umfassende „Runderneuerung"[21] des Dienstes. Unter dem neuen Namen Datex-J, wobei J für jedermann stand, sollte der Bildschirmtext künftig die „Rolle eines allgemeinen Datenmehrwertdienstes" übernehmen und für „allgemeine Datenkommunikation" geöffnet werden.[22] Die Basisgeschwindigkeit wurde von bisher 1200 auf 2400 Bits pro Sekunde verdoppelt, bei Vorliegen eines digitalen ISDN-Anschlusses waren Geschwindigkeiten bis zu 64 000 Bits pro Sekunde möglich. Die Netzstruktur wurde komplett

19 Ebd.

20 Telekom und Btx: Operation Zukunft. In: bildschirmtext magazin 12 (1991), H. 10, S. 60; Martin Konitzer: Operation Zukunft. Kommt mit Datex-J der große Durchbruch für Btx? Einiges spricht dafür. In: bildschirmtext magazin 13 (1992), H. 11, S. 16–19. Vgl. auch Telekom-Vorstand setzt auf Btx-Zukunft. In: bildschirmtext magazin 12 (1991), H. 4, S. 50. Die Dienste und Angebote der DBP Telekom wurden im Zuge der Postreform eingeteilt in Monopol-, Pflicht- und freie Leistungen. Auch wenn diese Aufteilung erst im September 1992 gültig wurde, war 1991 bereits abzusehen, dass Btx als freie Leistung eingestuft werden würde und so die Telekom in ihrer Entscheidung frei war, den Dienst weiterzuführen oder nicht. Dazu auch das umstrittene Interview mit Telekom-Chef Helmut Ricke, welches aufgrund der ausweichenden Antwort auf die Frage, ob es nicht vernünftig wäre, Btx einzustellen, für viel Verunsicherung sorgte. Vgl. „Ein Kanalnetz in der Wüste". SPIEGEL-Interview mit Telekom-Chef Helmut Ricke über die Probleme beim Aufbau des östlichen Telefonnetzes. In: Der Spiegel (1990), H. 48, S. 141–147, hier S. 147.

21 Carl-Friedrich Meißner: Mit der Runderneuerung des Btx auf dem richtigen Weg. In: telekom praxis extra 69 (1992), H. 11, S. II.

22 Vgl. Eric Danke: Von Btx zum universellen Datex-J-Dienst. In: telekom praxis extra 69 (1992), H. 11, S. IV–VI. Zitate ebd., S. IV. Vgl. auch Btx-Netz heißt jetzt Datex-J. In: bildschirmtext magazin 13 (1992), H. 3, S. 59. Eric Danke gab in verschiedenen Interviews das „Schmuddel-Image" von Btx als ein Grund für die Namensänderung an. Die alte Bezeichnung wäre in den Köpfen der Menschen so sehr mit den „Sex-Inhalten" verknüpft gewesen, dass ein neuer, neutraler Name gesucht wurde, der auch zu den restlichen Angeboten passen sollte. Vgl. „Internet im Fernsehen – da stoßen zwei Welten aufeinander". 20 Jahre Btx: Zur Internationalen Funkausstellung in Berlin ein Gespräch mit T-Online-Chef Eric Danke. In: Frankfurter Allgemeine Zeitung, 31.8.1997, S. 11.

überarbeitet: Die Telekom trennte sich von der Bildschirmtext-Leitzentrale in Ulm und den insgesamt 50 regionalen Vermittlungsstellen an 37 Orten, deren Betrieb zu einem enormen Kostentreiber gewachsen war. Damit wurde letztendlich das genuine Bildschirmtext-Netz aufgegeben. An dessen Stelle trat eine dezentralere Lösung mit etwa 150 kleineren und günstiger zu betreibenden Zugangsrechnern, die über das ISDN-Netz verbunden waren und mit denen ebenfalls, ohne teure, festgeschaltete Leitungen, ein flächendeckender Zugang zum Telefonnahtarif angeboten werden konnte. Die Möglichkeit zur Einbindung externer Computer über das Datex-P-Netz blieb bestehen und wurde um das einfachere Netzwerkprotokoll X.29 erweitert.[23]

Die technische Neustrukturierung sollte durch ein neues Marketingkonzept – einer „Offensivstrategie"[24] – flankiert werden. Ausgangspunkt hierfür war die bekannte Problemstellung, dass in der öffentlichen Wahrnehmung das Bildschirmtext-Netz und die darauf beruhenden Dienste und Inhalte eine Einheit darstellten. Die Deutsche Bundespost sah sich stets in die Verantwortung für die Inhalte des Bildschirmtextes genommen, ohne dass sie auf diese Einfluss nehmen oder mit diesen direkt werben durfte. Das neue Konzept sollte nun klarer herausstellen, dass die Deutsche Bundespost Telekom „nur ein anwenderneutrales Netz zur Verfügung" stelle, „das die Anbieter eigenständig für ihre Zwecke nutzen" können.[25] Gleichzeitig sollten den Nutzerinnen und Nutzern möglichst hochwertige Anwendungen werbewirksam präsentieren, um die erfolgreichen Wachstumsraten fortzuschreiben. Die Verantwortlichen der Telekom monierten dabei vermehrt die ‚alten' Regelungen des Bildschirmtext-Staatsvertrages, besonders den bedingungslosen Kontrahierungszwang, der vorgab, dass grundsätzlich jedem Informationsanbieter der Zugang zu gewähren sei ohne dass die Telekom in irgendeiner Weise Einfluss auf die Qualität oder

23 Vgl. Die neue Btx-Technik. Die Zukunft von Btx ist bereits geplant. Der Einstieg wird einfacher, die Technik flexibler. In: bildschirmtext magazin 12 (1991), H. 1/2, S. 14f.; Martin Konitzer: Btx-Zukunft: Zeit läuft. In: bildschirmtext magazin 12 (1991), H. 3, S. 16–18; Eric Danke: Näher heran an den Teilnehmer. Bildschirmtext auf neuen Wegen. In: nachrichten elektronik + telematik 45 (1991), H. 11, S. 467–469, hier S. 467; Ders.: Von Btx zum universellen Datex-J-Dienst, 1992, S. IV; „Der Funktionsumfang von Btx bleibt vollständig erhalten". Trends und Perspektiven bei Btx. In: nachrichten elektronik + telematik 46 (1992), H. 6, S. 302f.; Georg Königshausen: Btx – ursprüngliches Konzept gescheitert. In: Media Perspektiven (1993), H. 8, S. 388–393, hier S. 388f. Zu den technischen Details vgl. Wolfgang Schmitz: Datex-J. Datendienst für jedermann. In: telekom praxis 70 (1993), H. 12, S. 43–46.

24 Danke: Näher heran an den Teilnehmer, 1991, S. 467.

25 Danke: Von Btx zum universellen Datex-J-Dienst, 1992, S. IV.

Seriosität nehmen konnte. Eric Danke ging so weit, den Staatsvertrag als „Schutzschild für unseriöse Anbieter"[26] zu bezeichnen.

Die Deutsche Bundespost Telekom berief sich auf Erfahrungen aus dem Ausland, besonders aus den USA, die gezeigt hätten, dass „der private Nutzer ein homogenes und durchgängig hochwertiges Anwendungspaket mit deutlich erkennbarem Gebrauchsnutzen"[27] erwarte. Es entstand die Idee, eine „zielgruppenspezifische Angebotsstruktur" zu schaffen, in der bestimmte Inhalte und Anwendungen zu eben solchen „Anwendungspaketen" zusammengefasst wären.[28] Als mögliche Klassifizierungen wurden vorgeschlagen: professionell gewerbliche Anwendungen, ein Anbieterpaket beispielsweise mit den Geldinstituten und Versandhäusern, ein Anwenderbereich mit zielgruppenspezifischen Inhalten und ein Paket namens Qualitätsservice für den Massenmarkt. Für diesen letzten Bereich, den „Qualitäts-Bildschirmtext", bestanden besondere Planungen: Die Telekom und der Axel Springer Verlag beabsichtigten eine gemeinsame Firma zu gründen, um Bildschirmtext-Anwendungen professionell zu vermarkten.[29]

Das Marketing der Deutschen Bundespost Telekom sah zusätzlich dezidiert die flächendeckende Bereitstellung kostengünstiger Endgeräte für den privaten Bereich vor. Ein erster Schritt war das Ende 1989 vorgestellte Bildschirmtext-TV-Set von Siemens. Das Paket, bestehend aus einem Dekoder als Beistellgerät und einer vollwertigen Infrarottastatur mit zusätzlichen Funktionstasten, konnte an jedem Farbfernseher über die Scart-Buchse angeschlossen werden und kostete 298 DM.[30] Der Preis stand symbolisch für das Wachstum des Bildschirmtextes: Die euphorischen Prognosen aus der ersten Hälfte der 1980er-Jahre formulierten als Grundlage für eine massenhafte Verbreitung stets das

26 Danke: Näher heran an den Teilnehmer, 1991, S. 468.

27 Danke: Von Btx zum universellen Datex-J-Dienst, 1992, S. V.

28 Vgl. Martin Konitzer: Mehrweg-Lösung. In: bildschirmtext magazin 12 (1991), H. 11, S. 14–16.

29 Vgl. Danke: Näher heran an den Teilnehmer, 1991, S. 468; Ders.: Von Btx zum universellen Datex-J-Dienst, 1992, S. V; Springer plant Super-Btx. In: bildschirmtext magazin 13 (1992), H. 3, S. 58f.; Bernhard Langen: Was bringt Datex-J dem Anwender? Die neue Kommunikationsplattform „Datenmehrwertnetz". In: nachrichten elektronik + telematik 46 (1992), H. 6, S. 306–308. Die Idee eines „Qualitäts-Bildschirmtextes" fand sich fortgesetzt in dem Konzept des „Btx plus", welches „aktuelle, redaktionell gepflegte und qualitativ hochwertige Online-Inhalte zu ausgewählten Themenbereichen, die primär auf die Bedürfnisse von Privatanwendern zugeschnitten sind" beinhalten sollte und ab dem zweiten Quartal 1995 im Probebetrieb verfügbar war. Vgl. Deutsche Telekom: Datex-J Btx plus. Informationsblatt, 1995.

30 Vgl. Deutsche Bundespost Telekom: Das Btx-TV-Set. Für 298 Mark. Zum Anschluß an Ihren Fernseher. Faltblatt, 1989; Teilnehmer werben für Btx. Prämien von der Post. In: bildschirmtext magazin 11 (1990), H. 1/2, S. 10.

Fallen der Dekoderpreise auf unter 300 DM. Zusätzlich lockerte die Telekom im Frühjahr 1990 die Zulassungsbestimmungen für die Dekoder, sodass neben Steckkarten nun für den Personal Computer (PC) auch reine Software-Dekoder verwendet werden konnten.[31]

Im Zuge der Umstrukturierung wurde außerdem angekündigt, sukzessive eine flächendeckende Versorgung der neuen Bundesländer mit Datex-J-Anschlüssen zu ermöglichen.[32] Die Deutsche Post der DDR hatte bereits im Frühjahr 1990 eine Projektgruppe für die Einrichtung von Bildschirmtext gegründet, die in Zusammenarbeit mit einer entsprechenden Arbeitsgruppe der Deutschen Bundespost Telekom ein grundlegendes Konzept entwickelte. Hauptprobleme waren vor allem, dass es im Telefonnetz der DDR praktisch keine freien Kapazitäten für zusätzliche Anschlüsse gab und dass die Technik der Vermittlungsstellen derart veraltet war, dass eine ungestörte digitale Datenübertragung nicht möglich schien. Im August 1990 begann in Ostberlin ein erster Pilotbetrieb, der im September auf die Städte Leipzig, Schwerin und Magdeburg ausgeweitet wurde, sodass zum Jahresende 1990 etwa 200 Anschlüsse über das analoge Fernsprechnetz der ehemaligen DDR an die Westberliner Vermittlungsstelle und damit an das Bildschirmtext-Netz angeschlossen waren und Anfang 1992 waren es dann bereits 2000 Teilnehmerinnen und Teilnehmer. Eine flächendeckende Versorgung zum Ortstarif ermöglichte jedoch erst die Installation der neuen, verteilten Zugangsrechner. Die vollständige Umstellung auf eine digitale Vermittlungstechnik wurde Ende 1997 abgeschlossen.[33]

---

31 Vgl. Angelika G. Löwenheim: Btx und Personal Computer bilden ein wertvolles Team – Zusatznutzen bietet sich geradezu an. Mit dem Software-Decoder den Durchbruch schaffen. In: Handelsblatt, 7.2.1990, S. 23.

32 Vgl. Deutsche Bundespost Telekom: Doppelte Premiere mit Btx und DATEX-J. Pressemitteilung, 29.9.1992.

33 Vgl. DDR-Btx ist gestartet. In: bildschirmtext magazin 11 (1990), H. 11, S. 4–7; Eric Danke: Besserer Start in die Vereinigung. Btx in den neuen Bundesländern. In: nachrichten elektronik + telematik 44 (1990), H. 12, S. 530; Roland Dingeldey, Sabine Schulze u. Wolf Kahle: Der Weg zur Vereinigung der beiden deutschen Telekom-Unternehmen. Ausgewählte Ergebnisse der Arbeit der Arbeitsgruppen. In: telekom praxis 68 (1991), H. 3, S. 32–37, hier S. 35; Martin Konitzer: Aufschwung Ost. Btx kommt in den neuen Bundesländern allmählich ins Rollen. In: bildschirmtext magazin 13 (1992), H. 4, S. 26f. Vgl. auch Veit Didczuneit: „Endlich Telefon" Der Aufbau des Telekommunikationsnetzes in den neuen Bundesländern. In: Das Archiv (2015), H. 3, S. 10–17, hier S. 16; Daniel Ebert: Der digitale Osten. Das Erbe der DDR-Computerpioniere. In: Das Archiv. Magazin für Kommunikationsgeschichte 3 (2015), S. 34–39, hier S. 38f. Zur fernmeldetechnischen Ausgangssituation vgl. Tobias Robischon: Telekommunikationspolitik im deutschen Einigungsprozeß. Steuerung und Eigendynamik sektoraler Transformation. Frankfurt am Main u. New York 1999, S. 85–102.

Das Ziel der Kostendeckung sollte durch drei wesentliche Maßnahmenbündel erreicht werden. Erstens der bereits dargelegte Netzumbau zur Reduzierung der Betriebskosten, zweitens die verschiedenen Maßnahmen zur weiteren Steigerung der Anschlusszahlen und drittens die Einnahmenvermehrung durch erhöhte Gebühren. Bisher zahlten Bildschirmtext-Nutzerinnen und -Nutzer lediglich neben der einmaligen Anschlussgebühr von 65 DM und der monatlichen Grundgebühr von 8 DM, Verbindungsgebühren im Ortsnetzbereich des Telefondienstes, dementsprechend 23 Pfennig je 8 Minuten in der Taggebühr (8 bis 18 Uhr) beziehungsweise je 12 Minuten in der Nachtgebühr (18 bis 8 Uhr und an Samstagen sowie an Sonn- und Feiertagen). Nutzungsabhängig entstanden außerdem Kosten beispielsweise für das Absenden einer Nachricht im Mitteilungsdienst von 40 Pfennig je Seite oder dem Speichern einer abgerufenen Mitteilungsseite von täglich 1,5 Pfennig.[34] Ab 1993 verlangte die Telekom nun für die Nutzung von Datex-J einen zusätzlichen Zeittakt von 6 Pfennig pro Minute beziehungsweise 2 Pfennig pro Minute im Nacht- und Wochenendtarif – die Übermittlung von Nachrichten wurde auf 30 Pfennig je Seite vergünstigt.[35]

Im Zuge dieser ‚Komplettsanierung' und mit den wachsenden Anschlusszahlen im Rücken war die Deutsche Bundespost Telekom bereit, vergangene Fehlentscheidungen zuzugeben. So beispielsweise geäußert durch Carl-Friedrich Meißner, im Telekom-Vorstand verantwortlich für die Mehrwertdienste:

> „Der universellste und größte Mehrwertdienst der Telekom ist der Bildschirmtext. Zur Geschichte von Btx möchte ich sagen: Verantwortlich für eine gemäß früheren Plänen langsamere Entwicklung sind Entscheidungen der Vergangenheit, vom sogenannten Staatsvertrag über eine falsche Gebührenpolitik bis hin zu einer unrealistischen Ankündigung als Massenmedium – mit ebenfalls unrealistischer Erwartenshaltung bei Anbietern und Nutzern. Dies alles gepaart mit einem Einführungszeitpunkt, der noch keine kostengünstige Technologie bot, sowie einer ungünstigen Vermischung von Netzdienstleistung und Anwendungsdienst. Wir sind davon überzeugt, daß wir mit der neuen Konzeption, mit der Runderneuerung des Btx, den richtigen Weg beschritten haben, um diesen Dienst, der weit besser ist als sein Ruf, voranzubringen."[36]

---

34 Deutsche Bundespost Telekom: Gebühren für den Bildschirmtext-Dienst. Stand Januar 1990.

35 Vgl. Wird Btx teurer? Interview mit Btx-Fachbereichsleiter Eric Danke zu den Btx-Plänen der Telekom und den Sorgen, die der Dienst nach wie vor bereitet. In: bildschirmtext magazin 12 (1991), H. 3, S. 18f.

36 Meißner: Mit der Runderneuerung des Btx, 1992.

Die Wachstumsraten bestätigen die Verantwortlichen in ihrer Neuausrichtung des Bildschirmtextes. Die Fachpresse äußerte ihr Wohlwollen – „Datex-J boomt“[37] – und zeigte sich wieder überzeugt, dass der alte Bildschirmtext-Dienst „nun doch noch den Durchbruch zum Massenkommunikationsmittel“[38] schaffen werde. Besonders erfolgreich verlief die Kooperation der Deutschen Bundespost Telekom mit dem Unternehmen 1&1 Telekommunikation, die mit einer breit angelegten Werbekampagne in auflagenstarken Computerzeitschriften zahlreiche PC-User als neue Datex-J-Nutzerinnen und Nutzer akquirieren konnte.[39]

Im Januar 1994 konnte bereits der 500 000. Datex-J-Kunde, abermals mit einer Feierstunde, begrüßt werden.[40] Die Ansprache hielt diesmal der Geschäftsbereichsleiter der Generaldirektion Hans Huber. Er hob das Erreichen der halben Million Anschlüsse als „einen wichtigen Meilenstein“ in der Entwicklung des Dienstes heraus und bedankte sich für die gelungene Kooperation mit den Anbietern – unter anderem waren auch Vertreter der Bildschirmtext-Anbieter-Vereinigung eingeladen. Den Erfolg führte Huber auch auf „die rasante Entwicklung im PC-Bereich“ zurück. Eine Umfrage ergab, dass mehr als 90 Prozent der Neukunden den heimischen Computer für Datex-J nutzten. Hier lagen auch die größten Herausforderungen, da weder eine Steuerung mit der Computermaus möglich war noch eine grafische Benutzeroberfläche bestand. Huber schloss mit der erneuten Betonung des Ziels der Erreichung eines Massenmarktes:

> „Was immer auch die Zukunft an technischen Lösungen bringen wird, sie alle sind nicht der Schlüssel zum Erfolg für die Erschließung eines Massenmarktes. Der Erfolg von Online-Diensten hängt allein von der Qualität und Originalität der Anwendungen und deren Preis-/Leistungsverhältnis ab. Hier gibt es heute schon eine ganze Reihe positiver Beispiele, vor allem im Electronic Banking, bei

37 Hermann Stoll: Direkter Draht zum Kunden. Datex-J-Anbieter werden – aber wie? In: NET 48 (1994), H. 8/9, S. 49–51, hier S. 49.

38 Bildschirmtext im Aufwind. In: nachrichten elektronik + telematik 47 (1993), H. 7/8, S. 298.

39 Geworben wurde u. a. mit einem kostenlosen Btx-Anschluss-Set bei Vertragsabschluss, einer vereinfachten Anmeldung sowie einer zusätzlichen Hotline bei technischen Problemen. Vgl. „Neue Konzepte müssen mindestens zwei Jahre tragen“. Mit Ralph Dommermuth, dem Inhaber der Vermarktungs- und Service Gruppe 1&1, sprach Ingrid Hielle. In: Frankfurter Allgemeine Zeitung, 6.11.1995, S. 23.

40 Vgl. Max Bold: Eine halbe Million Btx-Teilnehmer: Telekom feiert. In: btx aktuell 15 (1994), H. 2, S. 4f.; 500.000 Btx-Anschlüsse. In: bildschirmtext magazin 15 (1994), H. 2, S. 12–14; Datex-J-Anschlüsse mit hohem Zuwachs. In: Frankfurter Allgemeine Zeitung, 19.1.1994, S. 18.

Reise- und Wirtschaftsinformationen und rund um den PC. Trotzdem gibt es aber noch viele weiße Flächen. Ich bin sicher, daß das Überschreiten der halben Million Datex-J-Anschlüsse auch im Anwendungsbereich neue Impulse auslösen wird."[41]

7.2 Eine Million T-Online-Anschlüsse

Das Gesetzespaket zur sogenannten Postreform II wurde Ende Juni 1994 beschlossen und trat zum Jahresbeginn 1995 in Kraft. Die Geschäftsbereiche wurden in die privatrechtlichen Aktiengesellschaften Deutsche Post AG, Deutsche Postbank AG und Deutsche Telekom AG überführt, womit die Privatisierung der Deutschen Bundespost abgeschlossen war.[42]

Im Zuge der privatrechtlichen Unternehmensumbildung wurde auch der Datex-J-Dienst noch einmal neu konzipiert. Im Sommer 1995 erfolgte die Umbenennung in T-Online und eine weitere groß angelegte Werbekampagne. Die Zugangsgeschwindigkeit wurde schrittweise auf 14 400 Bit pro Sekunde angehoben und ermöglichte so die Realisierung zusätzlicher Darstellungsmöglichkeiten. Der maßgeblich von der Firma FUN Kommunikationssysteme in Karlsruhe entwickelte Standard KIT (Kernsoftware für intelligente Terminals) orientierte sich an einer mit der Computermaus steuerbaren, grafischen Benutzeroberfläche, ähnlich dem fensterbasierten PC-Betriebssystem Microsoft Windows.[43] KIT, das parallel zum gewohnten CEPT-Darstellungsstandard genutzt werden konnte, realisierte außerdem ein sogenanntes „Multimedia-Btx", das die Darstellung von Texten, Grafiken und Fotos genauso erlaubte, wie das Abspielen von Tönen und Videos.[44]

---

41 Ansprache von Herrn Huber zur Feier des 500.000sten Datex-J-Anschlusses. Abgedruckt in: Deutsche Bundespost Telekom: Pressemitteilung, 13.1.1994. Im Jahr 1994 verfügten knapp ein Fünftel aller Haushalte in Deutschland über einen Heim- oder Personal Computer. Vgl. Faulstich: Die Anfänge einer neuen Kulturperiode, 2005, S. 237; auch Sophie Ehrmanntraut: Wie Computer heimisch wurden. Zur Diskursgeschichte des Personal Computers. Bielefeld 2019.

42 Vgl. Lauschke: Selbstentmachtung, 2012, S. 121. Aus posteigener Perspektive zu den Postreformen I und II zusammenfassend vgl. Dieter Kühn: Die Reformen der Deutschen Bundespost – ein langwieriger, aber erfolgreicher Prozeß. In: Lutz Michael Büchner (Hg.): Post und Telekommunikation. Eine Bilanz nach zehn Jahren Reform. Heidelberg 1999, S. 3–35.

43 Die Arbeiten begannen Ende 1993 unter der Leitung der DBP Telekom in einer Arbeitsgruppe unter Beteiligung von Informationsanbietern und Softwarefirmen.

44 Vgl. Michael Altenhövel: Cept geht, Kit kommt. Telekom will neuen Standard für Datex-J (Btx). Orientierung am PC und an Fenster-Betriebssystemen. In: Frankfurter Allgemeine Zeitung, 13.9.1994, S. T1; Georg Stanossek: Datex-J/Btx wird multimedial. Bilder und

In der Anwerbung neuer Informationsanbieter schöpfte die Telekom noch einmal ihr Repertoire voll aus, verwies auf die baldige Million und die unaufhaltsame „multimediale Revolution“:

> „Endlich ist es soweit: Datex-J/Btx goes multimedia. Hochauflösende Bilder, interaktive Kommunikation und eine bedeutend einfachere Bedienoberfläche – KIT revolutioniert Datex-J/Btx. Schon bald fällt der Startschuß. [...] Mit Multimedia-Btx zur faszinierenden Erlebniswelt – und Sie und ihr Angebot sind dabei! Derzeit schon über 650.000 DatexJ/Btx-Nutzer sind erst der Anfang. Mit einem schnelleren Datex-J/Btx-Netz und KIT wird die Millionen-Grenze mit Sicherheit schon bald überschritten. Die Datex-J/Btx-Teilnehmer wollen die multimediale Revolution – und Sie können von diesem neuen Online-Boom profitieren!“[45]

Der KIT-Standard bildete den letzten Schritt in der Ausrichtung auf die alleinige Benutzung des Computers – eine Darstellung des neuen Verfahrens auf dem Fernsehgerät war nicht mehr möglich. Die „Mauser des mit dem Fernseher als Endgerät gestarteten BTX-Telefondienstes der Post über Datex-J zum Rechnernetz T-Online“[46], wie es Wolfgang Coy zeitgenössisch formulierte, hatte sich vollzogen. 1995 nutzten 93 Prozent der Neukunden und mittlerweile auch 85 Prozent der Bestandskunden den PC als Endgerät für die Anwendungen von Datex-J und später T-Online.[47] Auf der CeBIT 1995 in Hannover leitete die Deutsche Telekom schließlich, ohne es zu wissen, das letzte Kapitel des Bildschirmtext-Systems ein. Über T-Online und den neuen KIT-Standard sollte den Nutzerinnen und Nutzern ab dem Sommer 1995 der

---

Grafiken online auf dem Computer-Bildschirm. In: Handelsblatt, 1.3.1995, S. b18; Alexander Rösch: Vom Bildschirmtext über Datex-J zu T-Online. In: Jürgen Wilke u. Christiane Imhof (Hg.): Multimedia. Voraussetzungen Anwendungen Probleme. Berlin 1996, S. 85–95, hier S. 87. Zur technischen Umsetzung vgl. Norbert Braun, Dieter Engel u. Kurt Kartmann: Datex-J/Btx mit KIT auf dem Weg zu einem multimedialen Dienst. In: telekom praxis 72 (1995), H. 4, S. 31–38. Die Darstellung von Bildern in den üblichen PC-Dateiformaten war auch vorher durch die Verwendung spezieller Grafik-Viewer bereits möglich. Vgl. Martin Konitzer: Haste Töne. Multimedia hält Einzug in Btx: Zur CeBIT kommen die ersten Angebote mit Sound- und Musikuntermalung. In: bildschirmtext magazin 14 (1993), H. 4, S. 15–18.

45 Deutsche Telekom: Die Erfolgs-Story geht weiter: Datex-J wird schneller, leistungsfähiger, günstiger. Werbebroschüre, 1995.

46 Wolfgang Coy: Bildschirmmedium Internet? Ein Blick in die Turingsche Galaxis. In: Helmut Schanze u. Peter Ludes (Hg.): Qualitative Perspektiven des Medienwandels. Positionen der Medienwissenschaft im Kontext „Neuer Medien“. Opladen 1997, S. 162–171, hier S. 166.

47 Die Nutzung des Dienstes über MultiTel-Geräte, die 1989 zeitweilig über 40 Prozent ausmachte, fiel bis Ende 1992 auf unter 10 Prozent und war Anfang 1994 mit einem Anteil von unter 3 Prozent praktisch verschwunden. Vgl. Max Bold: Ergebnisse der aktuellen Neukundenbefragung. In: btx aktuell 15 (1994), H. 16, S. 8–16, hier S. 9f.

Online-Zugriff auf alle Angebote und Inhalte des Internets ermöglicht werden. Horst Gellert, zuständiges Vorstandsmitglied der Deutschen Telekom, sprach in seiner Eröffnungsrede:

> „Alle Dienste in der faszinierenden Welt des Internet werden wir noch 1995 über Datex J einer breiten Öffentlichkeit zugänglich machen, so daß Datex J zum Informations-Highway für Jedermann wird."[48]

Der Datex-J-Zugang zum weltweiten Internet für anfangs 10 Pfennig zusätzlich pro Minute wurde – und hier schließt sich der Kreis – zur Internationalen Funkausstellung 1995 in Berlin offiziell eingeführt. Die benötigte T-Online-Software bekamen alle Nutzerinnen und Nutzer frei Haus als Beilage der Septemberausgabe des *Bildschirmtext Magazins*, das seit dem Augustheft nun *com! – das btx magazin* hieß. Der neue Name währte jedoch nur kurz, bereits mit der Novemberausgabe erfolgte die Umbenennung des Magazins in *com! – T-Online & Internet*. Damit wurde der ‚alte' Bildschirmtext auch sprachlich verbannt. Die beigelegte CD-ROM enthielt einen Einleger mit Begrüßungsworten von Eric Danke:

> „Liebe Btx-Teilnehmer, starten Sie mit T-Online auf die Multimedia-Infobahn. Von der Deutschen Telekom bekommen Sie alles, was für den Einstieg mit Ihrem PC notwendig ist: Die aufgeklebte CD-ROM enthält eine komplette T-Online-Software mit Btx-Decoder für Cept und Kit, ein E-Mail-Programm sowie die deutsche Version des weltbekannten Internet-Tool Netscape für Ihren Einstieg in das größte Computernetz der Welt. Die Rampe zur Infobahn ist asphaltiert, der T-Online-Decoder bringt sie Ihnen. Er ist das Kernstück der CD-ROM und sozusagen der Schlüssel zur Online-Welt."[49]

Der Chefredakteur Helmut Achatz begrüßte die Leserinnen und Leser ebenfalls mit überschwänglichen Worten. Der KIT-Dekoder wurde hier zum „Schlüssel fürs weltumspannende Netz der Netze", öffnete „die große weite Datenwelt" und wieder einmal klopfte ein neues Medienzeitalter an die Tür:

> „Es ist aber kaum übertrieben zu sagen, daß wir an der Schwelle einer neuen Ära stehen: Die Welt wächst zu einem globalen Dorf zusammen, das ganz im

48 Deutsche Telekom: Per Datex J ins Internet – Einführung noch 1995. Neue Benutzeroberfläche KIT öffnet neue Wege in die Multimedia-Welt. Messebericht, 8.3.1995. Vgl. auch Max Bold: Per Datex-J ins Internet – Einführung noch 1995. In: btx aktuell 16 (1995), H. 4, S. 2; Deutsche Telekom: T-Online geht an den Start: Datex J wurde um Internet-Zugang, E-Mail, Multimedia-Software und schnelle Zugänge erweitert. Pressemitteilung, 24.8.1995.

49 T-Online: CD-ROM und Einleger, 1995. Enthalten in: com! das btx magazin 16 (1995), H. 9. Zur CD-ROM selbst vgl. Inhalt der CD-ROM. In: com! das btx magazin 16 (1995), H. 9, S. 6.

> Zeichen des Klammeraffens @ steht. Welche Rolle spielen da noch nationale Grenzen?"[50]

Der neue Darstellungsstandard KIT, die Möglichkeit des Zugangs zum Internet, die durch die Deutsche Telekom bereitgestellte E-Mail-Adresse, die umfangreiche Vermarktungskampagne – alles schien seinen Beitrag zum weiteren Erfolg beizutragen. Die *Frankfurter Allgemeine Zeitung*, selbst Ende 1989 mit ihrem Programm aus dem Bildschirmtext ausgestiegen, titelte „Plötzlich wird aus Datex-J alias Btx ein Massenmedium" und sah dafür die Fokussierung der Telekom auf den PC als hauptsächliche Ursache.[51]

Im März 1996 konnte der T-Online-Geschäftsbereich zu einer lang ersehnten Festveranstaltung der besonderen Art einladen: gefeiert wurde der eine 1-Millionste Anschluss.[52] Die ‚magische' Marke war mit knapp zehn Jahren Verspätung erreicht. Die Zeitschrift *NET* schilderte den Verlauf der Abendveranstaltung, nachdem Eric Danke die offizielle Ansprache gehalten und über die historische Entwicklung des Bildschirmtextes referiert hatte, wie folgt:

> „Den anschließenden Show-Teil des Abends genossen Eric Danke und seine Gäste sichtlich. Danke und sein Team haben den früher oft belächelten Bildschirmtext zum Markterfolg gemacht. Die lange Durststrecke des Btx ist beendet."[53]

Bereits ab Mai 1996 entfielen die Gebühren für die Nutzung der E-Mail-Funktion und der Internet-Zeittakt wurde von 10 auf 5 Pfennig pro Minute halbiert – ein klares Zeichen der Deutschen Telekom für eine Fortführung des eingeschlagenen Weges. Die Zahl der Anschlüsse wuchs entsprechend weiter. Im Februar 1997 waren es bereits 1,4 Millionen – T-Online war damit der größte Online-Dienst außerhalb der USA.[54]

Im Mai 1997 passte die Telekom ihren T-Online-Dienst erneut an: Die Gebührenteilung zwischen T-Online, also der Nutzung des ursprünglichen

---

50 Helmut Achatz: Editorial! In: com! das btx magazin 16 (1995), H. 9, S. 3. Vgl. auch Das Zeitalter der Information. Ins Internet via Btx. In: com! das btx magazin 16 (1995), H. 9, S. 69.

51 Boris Schmidt: Plötzlich wird aus Datex-J alias Btx ein Massenmedium. Neuer Kit-Standard und geänderte Programmstruktur. Fast 750 000 Teilnehmer. Der PC als Schlüssel zum Erfolg. In: Frankfurter Allgemeine Zeitung, 24.1.1995, S. T2. Vgl. Frankfurter Allgemeine zieht sich zurück, 1989.

52 Vgl. Boris Schmidt: T-Online: Eine Million Teilnehmer. Es droht der Informations-Overkill oder Wo surfen Sie denn? In: Frankfurter Allgemeine Zeitung, 30.1.1996, S. T1f.

53 Vgl. Karel Charvat: Zweiter Start mit steilem Anstieg. 1 Million T-Online-Kunden. In: NET 50 (1996), H. 5, S. 50.

54 Vgl. Johannes Schweikle: Wie aus dem verschnarchten BTX ein Tor zur virtuellen Welt wurde. In: Die Zeit, 7.3.1997.

Bildschirmtext-Dienstes, und dem Internet wurde aufgehoben. Stattdessen gab es nur noch eine gemeinsame „Online-Gebühr" mit der die Internetnutzung 30 Prozent günstiger wurde, die ‚reine' Verwendung von Datex-J allerdings entsprechend teurer. Über eine zweite, von der Telekom neu eingerichtete Zugangsnummer erhielten die Nutzerinnen und Nutzer direkten Zugang zum Internet ohne den Umweg über das alte T-Online-Netz und ohne Geschwindigkeitseinschränkungen. Die bestehenden CEPT- und KIT-Anwendungen konnten als „Emulation" dabei bequem über den Webbrowser aufgerufen werden. Faktisch wurde die Telekom mit diesem Schritt zum eigenständigen Internet-Provider und der Bildschirmtext nur noch eine emulierte Anwendung vergangener Tage.[55]

Mit dem Inkrafttreten des Staatsvertrages über Mediendienste und dem Bundesgesetz über die Nutzung von Telediensten verlor der Bildschirmtext-Staatsvertrag schlussendlich am 1. August 1997 seine Gültigkeit und am 1. Januar 1998 endete das Monopol der Deutschen Telekom.[56] T-Online firmierte ab Ende 1995 als Online Pro Dienste GmbH & Co. KG bis es Anfang 2000 in die Aktiengesellschaft T-Online International umgewandelt wurde.[57] Noch im gleichen Jahr gab das Unternehmen bekannt, dass der Bildschirmtext, zum Schluss unter dem Namen T-Online Classic angeboten, vom Netz genommen wird. Noch bis Ende 2001 sollten „die wenigen noch nicht ins Internet gewechselten Anwender"[58] das alte System nutzen können – einzig der Bereich des Homebankings würde auf unbestimmte Zeit vorgehalten werden.[59] Nach verschiedenen Zeitungsberichten begründete Eric Danke die

55 Vgl. Frank Raudszus: T-Online auf dem Weg zum „echten" Internet-Provider. In: NET 51 (1997), H. 7, S. 40.

56 Vgl. Detlev Müller-Using u. Richard Lücke: Neues Recht für Multimedia-Dienste. Die Regelungsentwürfe des Bundes und der Länder. In: Archiv für Post und Telekommunikation 49 (1997), H. 2, S. 101–109. Zur Diskussion aus Sicht der Deutschen Telekom vgl. Detlev Müller-Using u. Richard Lücke: Neue Teledienste und alter Rundfunkbegriff. In: Archiv für Post und Telekommunikation 47 (1995), H. 1, S. 32–45. Für eine Gesamteinschätzung vgl. Jürgen Wilke: Zukunft Multimedia. In: Ders. (Hg.): Mediengeschichte der Bundesrepublik Deutschland. Köln, Weimar und Wien 1999, S. 751–774, hier S. 764f. Im Vorfeld wurde 1996 bereits ein neues Telekommunikationsgesetz erlassen. Vgl. Anne Kemmler: Telekommunikationsgesetz (TGK). Einführung und Stand der Umsetzung. In: Archiv für Post und Telekommunikation 48 (1996), H. 4, S. 321–330.

57 Vgl. Stüwe: T-Online, 2000. Nach längeren Streitigkeiten mit den T-Online-Aktionären holte die Deutsche Telekom 2006 das Unternehmen zurück in den Mutterkonzern. Vgl. Holger Schmidt: T-Online geht in der Festnetzsparte der Deutschen Telekom auf. Zwei Vorstandsposten für T-Online-Manager. Ricke: Anteil der Konkurrenz am DSL-Markt ist zu groß. In: Frankfurter Allgemeine Zeitung, 9.6.2006, S. 16.

58 Spehr: Der Bildschirmtext wird eingestellt, 2000.

59 Das Homebanking über einen emulierten Btx-Dienst war noch bis 2007 möglich.

Abschaltung einerseits technisch, es fehle zunehmend an Ersatzteilen und eine Erneuerung würde sich nicht lohnen und andererseits schlicht damit, dass es keinen Bedarf mehr gebe: Alle einstigen Informationsanbieter würden mittlerweile ihre Inhalte auch im Internet anbieten und es gäbe praktisch keine Nutzerinnen und Nutzer mehr, die ausschließlich die Angebote im CEPT- oder KIT-Standard nutzten.[60]

Der Bildschirmtext, der in Deutschland einst erst eine Verbindung zum weltweiten Internet flächendeckend möglich machte, war durch dieses nun selbst obsolet geworden. Mit dem Bildschirmtext verließ zum Jahresende 2001 auch „Mr. Btx“ Eric Danke das Unternehmen in den Ruhestand.[61]

60 Vgl. Spehr: Der Bildschirmtext wird eingestellt, 2000; Schmidt: T-Online stellt Btx Dienst zum 31. Dezember ein, 2001.

61 Schmidt: „Mr. Btx“ verläßt T-Online, 2001.

KAPITEL 8

Fazit

Die Planung, Realisierung und Einführung des Bildschirmtext-Systems sowie dessen Betrieb, Vermarktung und Weiterentwicklung wurde erdacht und durchgeführt von der Deutschen Bundespost. Die staatliche Postverwaltung, ihre verantwortlichen Mitarbeiterinnen und Mitarbeiter, die Redaktionen der ‚postnahen' Zeitschriften und die Gruppe der Informationsanbieter sowie der Gerätehersteller waren mithin die handelnden Hauptakteure der in den 1980er-Jahren forcierten Markteinführung einer Informations- und Kommunikationstechnologie, die in ihrer Novität auf kein konkret erkennbares Nutzungsbedürfnis seitens privater Haushalte verweisen konnte. Vielmehr lag es in den Händen der Bundespost, selbst eine entsprechende Nachfrage für das neue Produkt zu generieren.

Initial beauftragt durch den *Telekommunikationsbericht* der Kommission für den Ausbau des technischen Kommunikationssystems, beflügelt von der positiven Resonanz der ersten Bildschirmtext-Demonstration auf der Internationalen Funkausstellung 1977 – hier gaben 98 Prozent der Befragten an, das System später nutzen zu wollen – und dem breiten Medienecho konzipierte die Deutsche Bundespost einen dialogfähigen Massendienst, der, mit seinen Inhalten und Anwendungen für alle zugänglich, neben Fernseher und Telefon zum neuen Alltagsinstrument der Menschen werden sollte. Die ursprüngliche Idee der raschen Einführung des Bildschirmtextes als einen allgemeinen Fernmeldedienst zerbrach an den Debatten um das Für und Wider einer Öffnung des öffentlich-rechtlichen Rundfunks für private Anbieter und einer schrittweisen Liberalisierung des Telekommunikationsmarktes sowie an der Frage, wie die neuen ‚Kabelmedien' kompetenzrechtlich einzuordnen seien. Die Verhandlungen der einberufenen interministeriellen Arbeitsgruppe „Bildschirmgebundene Textinformation" reflektierten idealtypisch die zeitweise unüberwindbaren medienrechtlichen Gräben zwischen Bund und Ländern, zwischen den Volksparteien SPD und CDU/CSU, aber auch zwischen den einzelnen Bundesministerien selbst.

Die Hybridität des Bildschirmtextes hinsichtlich seiner dialogischen Nutzungsformen und breiten Anwendungsmöglichkeiten, die zu dieser Zeit noch gar nicht absehbar waren, sprengte die traditionelle Trennung zwischen den medienpolitischen Systemen der Individual- und Massenkommunikation. Eine eindeutige Zuordnung, ob nun zum Bereich der Presse, des Rundfunks, oder schlicht dem Fernmeldewesen, schien nicht möglich. Diese medienrechtliche

 | DOI:10.30965/9783657760428_009

Definitionsfrage war dabei nicht nur eine juristische Fingerübung, sondern brachte konkrete Folgen hinsichtlich der späteren Zuständigkeit mit sich. Die medienpolitische Debatte um die Einordnung des Bildschirmtextes entwickelte sich folglich Ende der 1970er-Jahre zu einem umfassenderen, kompetenzrechtlichen Streit zwischen Bund und Ländern. Der weitere Verlauf der interministeriellen Arbeitsgruppe stand dafür beispielhaft: Trotz vieler Kompromissvorschläge und Beschwichtigungsversuche schafften es die beteiligten Bundesministerien nicht, einen gemeinsamen Abschlussbericht und damit eine einheitliche Verhandlungsgrundlage der Bundesregierung, zu formulieren – längst hatten sich die verschiedenen Diskussionsstränge von ihrem ursprünglichen Gegenstand entfernt und waren zu einer Grundsatzdebatte föderaler Zuständigkeiten mutiert. Die Arbeitsgruppe berührte in ihrer Bemühung medienrechtliche Klarheit herzustellen zahlreiche strittige Punkte, die bis in die Gegenwart ungeklärt blieben, so beispielsweise die Frage der Materialgebundenheit als Voraussetzung für eine Pressedefinition. Den Ausweg suchte die Deutsche Bundespost in der Bestimmung des Bildschirmtextes als eine „mediale Erscheinung sui generis" – der einstige Fernmeldedienst war damit zu einem Prototyp der in den 1980er-Jahren viel diskutierten ‚Neuen Medien' aufgestiegen.

Der definitorische Wandel des Bildschirmtextes vom ‚einfachen' Fernmeldedienst zu einem ‚Neuen Medium', das vorerst medien- und kompetenzrechtlich noch im leeren Raum agieren musste, veränderte die Situation für die Deutsche Bundespost grundlegend. Der Bildschirmtext-Staatsvertrag zwischen Bund und Ländern schaffte zwar 1983 die erhoffte rechtliche Grundlage für eine bundesweite Einführung, manifestierte aber gleichzeitig die Probleme der Kompetenzstreitigkeiten. Es blieb beispielsweise juristisch strittig, ob der verhandelte Staatsvertrag überhaupt die Aufgaben der Bundespost in ihrer ausschließlichen Funktion als technischer Netzbetreiber tangierte. Das betraf auch die erst auf massiven Druck der Länder aufgenommenen Regelungen zum Datenschutz, wobei hier die zeitgenössischen Orwellstaat-Debatten ihre Wirkung zeigten. Der Bildschirmtext war zu dieser Zeit das einzige technische Medium, für das über das Bundesrecht hinausgehende Datenschutzbestimmungen galten. Dass diese aber überhaupt Gültigkeit hatten, war mehr eine freiwillige Selbstverpflichtung der Bundespost als zwingend juristische Notwendigkeit.

Im Ergebnis konnte die Deutsche Bundespost beim Bildschirmtext ihr verfassungsrechtlich garantiertes Fernmeldemonopol nicht in dem Maße ausspielen, wie sie es gewohnt war. Damit rückte auch die Frage in den Fokus, wie sich die Kooperation zwischen dem staatlichen Technologieplaner Bundespost und den einzelnen Wirtschaftsunternehmen, die einerseits für die Entwicklung der Endgeräte zuständig waren und andererseits auch die konkreten Inhalte und Anwendungen lieferten, darstellte. Durch ihre schiere Größe und den immensen finanziellen Umfang der zu vergebenen Aufträge und Forschungen konnte die Bundespost weiterhin aus einer gewohnten Position der Stärke heraus agieren. Es offenbarten sich aber auch weitreichende Einschränkungen, die beispielsweise die Entwicklung und Produktion von Endgeräten, konkret vor allem bildschirmtextfähige Fernseher und Dekoder, betrafen. Die mit wenigen Ausnahmen, wie beispielsweise die Firma Loewe, in der Mehrzahl verhalten agierenden Hersteller der Unterhaltungselektronik waren ein wesentlicher Grund für die in den ersten Jahren schleppende Entwicklung der Anschlusszahlen. Erst ab 1985, zwei Jahre nach der bundesweiten Einführung, entwickelte sich langsam ein diverser Markt für Bildschirmtext-Endgeräte, der die verschiedenen Bedürfnisse zu bedienen vermochte.

Einige Fehleinschätzungen seitens der Deutschen Bundespost in Kombination mit ungünstigen Begleitkonstellationen förderten die allgemeine Zurückhaltung sowohl der Teilnehmerinnen und Teilnehmer wie auch der Hersteller. Die einseitige Fokussierung auf den Fernseher als idealtypisches Endgerät des Bildschirmtextes bildete dabei den Kardinalpunkt. Im privaten Bereich verwehrte die Nutzung des Bildschirmtext-Dienstes damit nicht nur das Telefonieren, sondern verhinderte ebenso das Fernsehen als Lieblingsabendbeschäftigung vieler Menschen. Des Weiteren avancierten mit dem Fernseher als zu vermarktendes Endgerät die vielen kleinen Fernsehfachgeschäfte schlagartig zu den Hauptverkaufsstellen des Bildschirmtextes, ohne dass diese ausreichend geschult waren. Die späte Umstellung auf den europäischen Darstellungsstandard in Gestalt der technisch aufwendigen CEPT-Norm führte schließlich zum Verdruss vieler Hersteller, die nicht einsahen, ‚doppelt' zu investieren.

Die Begrenzungen in den Regelungsmöglichkeiten und in der Vergabe von Großaufträgen waren ebenso im Bereich der konkreten Anwendungen und Angebote sichtbar. Als technischer Netzbetreiber stand die Deutsche Bundespost in der öffentlichen Wahrnehmung synonym für das gesamte Bildschirmtext-System, ohne dass sie auf die Inhalte direkt Einfluss nehmen konnte. Die Bundespost war also darauf angewiesen, dass sich Unternehmen und Kleinstanbieter fanden, die den Bildschirmtext mit qualitativ möglichst hochwertigen und innovativen Angeboten ausfüllten, andernfalls bliebe das System ohne Nutzen. Ein Beispiel für diese Ohnmacht war der untersuchte Angebotsbereich der erotischen Bildschirmtext-Inhalte, die in ihren verschiedenen Ausprägungen einerseits zunehmend zu einem Negativbild in der Berichterstattung und öffentlichen Wahrnehmung beitrugen, andererseits aber auch Anwendungen mit langen Nutzungszeiten schufen und die überdies für den freiheitlichen Charakter des Bildschirmtext-Netzes standen. Die Bundespost begnügte sich mit der Rolle des Zuschauers, der im Zweifelsfall nur auf die jeweiligen Landesbehörden und ihre Prüfungsverfahren verweisen konnte. Die Regelungen bezüglich einer möglichen ex post Inhaltsprüfung beim Vorliegen konkreter strafrechtlicher Anschuldigungen und der Sperrung entsprechender Inhalte wurden beim Bildschirmtext erstmals für den Bereich der ‚Neuen Medien' expliziert.

Die Deutsche Bundespost bewarb ‚ihren' Bildschirmtext-Dienst also auf anderen Wegen. Mit dem von Anfang an ausgegebenen Ziel der Etablierung eines Massendienstes richtete sich jede Akquise immer auch auf den privaten Bereich und die hierfür antizipierten Bedürfnisse, wobei es der Bundespost weniger darum ging, eine bestimmte bestehende Nachfrage zu bedienen, sondern vielmehr, diese erst zu wecken. Die vorliegende Arbeit formulierte deshalb die Ausgangsthese, dass die Teilnehmergewinnung, ohne die Nennung konkreter Anwendungen und Inhalte, vor allem über den Rekurs auf allgemeine, in der Regel technisch konnotierte Fortschrittsverheißungen der Zeit funktionierte, die sich in Form von Marketingversprechen manifestierten. Neben der Gestaltung umfangreicher Werbekampagnen mit entsprechenden Informationsblättern und Broschüren geschah die verbale Ausformulierung dieser Versprechen vor allem in den Artikeln der eigens zur Informierung der Nutzerinnen und Nutzer gegründeten Zeitschrift *Bildschirmtext Magazin*.

Die Deutsche Bundespost entpuppte sich zumindest für den Bereich des Fernmeldewesens als ein überaus technikaffines, in weiten Teilen auch fortschrittsoptimistisches Umfeld. Die durch technische Systeme – analog oder digital vermittelt – ermöglichte Ausweitung der menschlichen Kommunikation zählte spätestens seit dem Aufkommen der Telegrafie zu den fundamentalen intrinsischen Motivationslagen aller europäischen Postverwaltungen. Die grundsätzlich positive Bewertung des Bildschirmtextes erklärte sich daher nicht nur aus einer rein wirtschaftlichen Perspektive, sondern ergab sich qua Amtsinteresse. Die verfassungsrechtliche Gemeinwohlorientierung eichte die staatliche Institution Bundespost darüber hinaus auf die Gestaltung neuer Dienste für die breite Masse oder zumindest mit einem umfangreicheren volkswirtschaftlichen Nutzen. Die untersuchten Marketingversprechen zum Bildschirmtext, beispielsweise die Idee eines „Volksmediums", die Lösung von Alltagsproblemen, die Versprechungen von Geschwindigkeit und Aktualität oder der Möglichkeit ungezwungener Kommunikation, gestalteten sich demgemäß.

Im Fallbeispiel des Bildschirmtextes fokussierten sich wie in einem Brennglas die zentralen Spannungsfelder der 1980er-Jahre. Die in Deutschland erstmals im größeren Maßstab realisierte Dialogfähigkeit eines Mediensystems sowie die Vernetzung und Einbindung externer Computer in dieses waren ein dynamisierendes Element von immenser Tragweite, welches in der Rückschau weitaus spätere Entwicklungen vorwegzunehmen schien. Andererseits beruhte die Grundkonstellation der Kombination von Telefonanschluss und Fernsehgerät auf der Wahrung von Kontinuitäten. Es war insofern bezeichnend, dass der Bildschirmtext sich auf breiter Basis erst Ende der 1980er-Jahre verbunden mit einer Auflösung dieser Fusion durchsetzen konnte. An die Stelle des Fernsehers als bildgebendes Trägermedium traten mit großem Erfolg die verschiedenen Varianten der heimischen Mikrocomputer. Ebenso evident erschien für den Bildschirmtext das Spannungsverhältnis zwischen Modernisierung und Krise. Das Jahr der Verabschiedung des Bildschirmtext-Staatsvertrages und der bundesweiten Einführung 1983 war zugleich auch der Höhepunkt einer Vertrauenskrise, in der sich die Bürgerinnen und Bürger von ihrem Staat ausgespäht und hintergangen sahen. Das führte direkt zum dritten Spannungsbereich, der Konstruktion von Privatem und Öffentlichem. Die Debatte um die durch Computertechnik ermöglichte Erfassung und Überwachung eines jeden Einzelnen war im Kern immer auch eine Diskussion um die Neukalibrierung von Privatsphäre. Der Bildschirmtext bot in aller Öffentlichkeit eine Vielzahl individueller Gestaltungs- und Ausdrucksmöglichkeiten dieser neuen Privatheit.

Der Bildschirmtext als ein von der Deutschen Bundespost zentral geplanter, dialogfähiger Massendienst wurde in der vorliegenden Arbeit als einer der Wege in die digitalisierte Gesellschaft – „mit der Post in die Zukunft" – historisiert. Auch wenn die Anschlusszahlen weit hinter den Erwartungen zurückblieben und nur ein Bruchteil der bundesdeutschen Bevölkerung den Dienst aktiv genutzt hatte, warf der Bildschirmtext in seiner politisch-bürokratischen Ausgestaltung grundlegende Fragen auf, welche auch für die digitale Gesellschaft der Gegenwart noch hohe Relevanz besitzen. Darüber hinaus ermöglichte der Bildschirmtext für die privaten Nutzerinnen und Nutzer erstmalig auf breiter Basis ein umfangreiches Spektrum interaktiver digitaler Netzwerkanwendungen. Dabei konnten erste Erfahrungen im Umgang mit aktiven Medien gesammelt und Verhaltensweisen kultiviert werden. Die populärwissenschaftlich beliebte Frage nach den Gründen für das angebliche Scheitern blieb dagegen unterbelichtet. Der Autor betrachtete aber den Bildschirmtext mitnichten als eine gescheiterte Technologie, sondern vielmehr als eine eigenständige technische Entwicklung der 1970er- und 1980er-Jahre, die letztendlich auf dem Höhepunkt ihrer Verbreitung durch den kometenhaften Aufstieg einer weiteren Vernetzungstechnologie vollständig substituiert wurde. Die daran anschließende Frage, inwieweit der Bildschirmtext als eine Vorform des heutigen Internets zu bewerten sei, war dabei für die Betrachtung der Fortschrittsverheißungen der 1980er-Jahre zunächst einmal unerheblich, wird aber sicherlich einen Ausgangspunkt für folgende Forschungen bilden. Dabei müsste in einem ersten Schritt die grundlegende Frage beantwortet werden, welche Charakteristika überhaupt das Technologiekonglomerat Internet bestimmen. Konstituiert sich ‚das' Internet durch seine spezifische Netzstruktur und die globale Zugänglichkeit, kann der Bildschirmtext kaum als Wegbereiter verstanden werden. Verstehen wir dagegen die Onlinedienste und digitalen Kommunikationsmöglichkeiten als tragende Elemente, fällt die Bewertung anders aus.

Verzeichnisse

Abkürzungen

AGM	Arbeitsgruppe Medienentwicklung an der Hochschule für Gestaltung Offenbach
BArch	Bundesarchiv
BBC	British Broadcasting Corporation
BDZV	Bundesverband Deutscher Zeitungsverleger
BiTEG	Bildschirmtexterprobungsgesetz in Berlin
BKA	Bundeskriminalamt
BMI	Bundesministerium des Inneren
BMFT	Bundesministerium für Forschung und Technologie
BMP, BMPF	Bundesministerium für das Post- und Fernmeldewesen
BMWi	Bundesministerium für Wirtschaft
BRD	Bundesrepublik Deutschland
Btx, BTX, BTx, BT	Bildschirmtext
Btx-A.V.	Bildschirmtext-Anbieter-Vereinigung
BVG, BVerfGE	Bundesverfassungsgericht
CAPTAIN	Character and Pattern Telephone Access Information Network
CCC	Chaos Computer Club
CCITT	Comité Consultatif International Téléphonique et Télégraphique (Internationaler Beratender Ausschuss für den Telegrafen- und Telefondienst)
CDU	Christlich Demokratische Union Deutschlands
CSU	Christlich-Soziale Union in Bayern
DBP	Deutsche Bundespost
DDR	Deutsche Demokratische Republik
DIHT	Deutscher Industrie- und Handelstag
DM	Deutsche Mark
DPA	Deutsche Presse-Agentur
DRCS	Dynamically Redefinable Character Sets
EUROM	European Read Only Memory
FAZ	Frankfurter Allgemeine Zeitung
FTZ	Fernmeldetechnisches Zentralamt
GBG	Geschlossene Benutzergruppen
GEC	General Electric Computer
Haspa	Hamburger Sparkasse
HfG, HFG	Hochschule für Gestaltung Offenbach

IBM	International Business Machines Corporation
IEEE	Institute of Electrical and Electronics Engineers
IFA	Internationale Funkausstellung
IHK	Industrie- und Handelskammer
IMA	Interministerielle Arbeitsgruppe
ISDN	Integriertes Sprach- und Datennetz
KIT	Kernsoftware für intelligente Terminals (häufig auch englisch: Kernel for Intelligent communication Terminals)
KtK	Kommission für den Ausbau des technischen Kommunikationssystems
LPD	Landespostdirektion
Minitel	Médium Interactif par Numérotation d'Informations Téléphoniques
MSPT	Museumsstiftung Post und Telekommunikation
MUPID	Mehrzweck Universell Programmierbarer Intelligenter Decoder
NTG	Nachrichtentechnische Gesellschaft
NTZ, ntz	Nachrichtentechnische Zeitschrift
OSI	Open Systems Interconnection
PC	Personal Computer
PIN	Persönliche Identifikationsnummer
PR	Public Relations
SEL	Standard Elektrik Lorenz
SPD	Sozialdemokratische Partei Deutschlands
TAN	Transaktionsnummer
TCP/IP	Transmission Control Protocol/Internet Protocol
TV	Television (Fernsehen bzw. Fernsehgerät)
UK	United Kingdom of Great Britain and Northern Ireland (Vereinigtes Königreich von Großbritannien und Nordirland)
USA	United States of America (Vereinigte Staaten von Amerika)
ZZF	Zentralamt für Zulassungen im Fernmeldewesen

Tabellen und Abbildungen

Tabelle 1, S. 84f.: Geplante Bildschirmtext-Anwendungen, 1977 (DBP: Bildschirmtext. Beschreibung und Anwendungsmöglichkeiten, 1977, S. 21)

Tabelle 2, S. 187ff.: Preisträger des Goldenen Beterix und Faulen Apfels, 1980 bis 1987 (Bildschirmtext Magazin, 1980ff.)

Tabelle 3, S. 265: Entwicklung des Bildschirmtext-Dienstes von der bundesweiten Einführung 1983/84 bis zur Umwandlung in T-Online 1995, Angaben zum Jahresende (eigene Zusammenstellung, u. a. Deutsche Bundespost Telekom: 500.000 Datex-J/Btx-Kunden in '93 über 45 % Teilnehmerzuwachs erzielt. Pressemitteilung,

13.1.1994; Entwicklung des Bildschirmtext-Dienstes. In: Media Perspektiven Basisdaten (1994), S. 71; Entwicklung des Bildschirmtext-Dienstes. In: Media Perspektiven Basisdaten (1995), S. 67; Entwicklung von Bildschirmtext/T-Online. In: Media Perspektiven Basisdaten (1996), S. 66)

Abbildung 1, S. 79: Stand der Deutschen Bundespost auf der Internationalen Funkausstellung 1977 in Berlin: „Die Post zeigt ihren neuesten Knüller. heute ·hier ·nonstop. Bildschirmtext". Quelle: BArch B 257/36180.
Abbildung 2, S. 131: Titelblatt der ersten Ausgabe des Bildschirmtext Magazins mit der Anrede „das neue Magazin für das neue Medium". Quelle: bildschirmtext magazin für teleleser 1 (1980), H. 1.
Abbildungen 3 und 4, S. 156: Porträt Marilyn Monroes im Vergleich von Prestel- und CEPT-Standard. Quelle: HFG medienentwicklung: *3419240c#. Abgedruckt in: Gerhard Breinlinger: Wo findet man eine schönere Marilyn Monroe? In: bildschirmtext magazin für teleleser 2 (1981), H. 2, S. 8; Btx Neuer Standard: *10491121b#. Abgedruckt in: Die vielen Gesichter des neuen Standards. In: bildschirmtext magazin für teleleser 5 (1984), H. 2, S. 44f., hier S. 45.
Abbildung 5, S. 163: Schematische Darstellung des Bildschirmtext-Netzes nach dem IBM-Konzept von 1982. Quelle: Medienspiegel der Deutschen Bundespost. Abgedruckt u. a. in: Gudrun Biermann: Bildschirmtext. Bergisch Gladbach 1984, S. 103.
Abbildung 6, S. 207: Werbebroschüre der Deutschen Post für MultiTel-Geräte, Titelblatt. Quelle: Deutsche Bundespost: MultiTel. Komfortabel telefonieren und Btx nutzen. Werbebroschüre, Januar 1988.
Abbildungen 7 und 8, S. 215: „Telemarkt" des OTTO Versandes zur Einführung in der Feldversuchsphase und später im CEPT-Standard. Quelle: Otto Versand: *301009a#. Abgedruckt in: Hans Gusbeth: Verbindungsaufbau mit ---#. In: bildschirmtext magazin für teleleser 3 (1982), H. 2, S. 8–13, hier S. 9; Deutsche Bundespost: Was man mit Btx so alles machen kann. Broschüre, 1987, S. 10.
Abbildungen 9 und 10, S. 219: Empfang von Bildschirmtext-Glückwunschkarten in der Feldversuchsphase Quelle: Bildschirmtext: *1132114a#, *1132223a#. Abgedruckt in: Btx-Mitteilungsdienst. Jetzt können Sie sogar einen eigenen Briefkasten benutzen. Herzlichen Glückwunsch. Anzeige. In: bildschirmtext magazin für teleleser 2 (1981), H. 8, S. 10f., hier S. 11.
Abbildung 11, S. 224: Ganzseitige Werbeanzeige der Verbraucherbank mit abgebildeter Bildschirmtext-Seite und der Selbstzuschreibung als „erste vollautomatische Bank". Quelle: Abgedruckt u. a. in: bildschirmtext magazin für teleleser 2 (1981), H. 8, S. 35.
Abbildungen 12 und 13, S. 244: Vorbereitete „Blitzmeldungen" des Axel Springer Verlages zur Bundestagswahl 1983, welche versehentlich für kurze Zeit öffentlich

abrufbar waren. Quelle: Axel Springer Verlag: *40003c#, *40003d#. Abgedruckt in: Gerüstet für alle Fälle. In: bildschirmtext magazin für teleleser 4 (1983), H. 1, S. 42.

Abbildungen 14 und 15, S. 247: Bildschirmtext-Seiten des Rosa-Rot Diskret-Versandes in der Gegenüberstellung von Prestel- und CEPT-Standard. Quelle: Wulfert: *1901726a#. Abgedruckt in: Gerhard Breinlinger: Scharfes in Klötzchen. In: bildschirmtext magazin für teleleser 4 (1983), H. 7, S. 97; Wulfert: *19017226a#. Abgedruckt in: Gerhard Breinlinger: Btx-Porno-Versender vor Gericht zitiert. Rosa-Rot-Kunde allenfalls als GBG-Mitglied. In: bildschirmtext magazin für teleleser 5 (1984), H. 6, S. 14.

Quellen

Archivalien

Bundesarchiv B106 Bundesministerium des Innern

B106/94106, B106/94107, B106/94108, B106/94109, B106/94110, B106/94111, B106/101861, B106/126839, B106/126855, B106/126856, B106/126857, B106/126858

Bundesarchiv B123 Fernmeldetechnisches Zentralamt

B123/347, B123/348, B123/349, B123/350

Bundesarchiv B136 Bundeskanzleramt

B136/11355, B136/11356

Bundesarchiv B138 Bundesministerium für Bildung und Wissenschaft

B138/69149

Bundesarchiv B141 Bundesministerium der Justiz

B141/120205

Bundesarchiv B145 Presse- und Informationsamt der Bundesregierung

B145/12368, B145/16862

Bundesarchiv B257 Bundesministerium für Post und Telekommunikation

B257/2051, B257/35973, B257/36180, B257/42426, B257/47833, B257/52775, B257/59328, B257/59335, B257/59529, B257/59530, B257/59531, B257/59917, B257/61197

Museumsstiftung Post und Telekommunikation, Bestand Archiv MK Nürnberg

D13/3

Parlamentsdokumentation

Deutscher Bundestag, Plenarprotokoll 7/7, 18.1.1973. Stenographischer Bericht. 7. Sitzung. Bonn, Donnerstag, den 18. Januar 1973.

Deutscher Bundestag, Plenarprotokoll 8/21, 24.3.1977. Stenographischer Bericht. 21. Sitzung. Bonn, Donnerstag, den 24. März 1977.

Deutscher Bundestag, Plenarprotokoll 8/55, 10.11.1977. Stenographischer Bericht. 55. Sitzung. Bonn, Donnerstag, den 10. November 1977.

Deutscher Bundestag, Plenarprotokoll 8/154, 17.5.1979. Stenographischer Bericht. 154. Sitzung. Bonn, Donnerstag, den 17. Mai 1979.

Kabinettsprotokolle der Bundesregierung, 146. Kabinettssitzung, 26.9.1979.

Landtag Nordrhein-Westfalen, Drucksache 8/4620, 8.6.1979. Gesetzentwurf der Landesregierung. Gesetz über die Durchführung eines Feldversuchs mit Bildschirmtext (Bildschirmtextversuchsgesetz NW).

Landtag Nordrhein-Westfalen, Ausschußprotokoll 8/1757, 16.1.1980. Protokoll, 55. Sitzung (öffentlich), 16. Januar 1980, Verhandlungspunkt Neue Techniken im Medienbereich.

Landtag Nordrhein-Westfalen, Ausschußprotokoll 8/1768, 17.1.1980. Protokoll, 56. Sitzung (öffentlich), 17. Januar 1980, Verhandlungspunkt Neue Techniken im Medienbereich.

Landtag Nordrhein-Westfalen, Ausschußprotokoll 8/1757, 31.1.1980. Protokoll, 57. Sitzung (öffentlich), 31. Januar 1980, Verhandlungspunkt Bildschirmtext.

Landtag Nordrhein-Westfalen, Vorlage 8/2275, 22.2.1980. Bildschirmtext-Feldversuch in Düsseldorf/Neuss, Verpflichtung der Deutschen Bundespost zur Einhaltung der Forderungen des Datenschutzes.

Deutscher Bundestag, Plenarprotokoll 8/227, 27.6.1980. Stenographischer Bericht. 227. Sitzung. Bonn, Freitag, den 27. Juni 1980.

Deutscher Bundestag, Plenarprotokoll 9/13, 21.1.1981. Stenographischer Bericht. 13. Sitzung. Bonn, Mittwoch, den 21. Januar 1981.

Deutscher Bundestag, Drucksache 9/370, 24.4.1981. Schriftliche Fragen mit den in der Woche vom 21. April 1981 eingegangenen Antworten der Bundesregierung.

Kabinettsprotokolle der Bundesregierung, 26. Kabinettssitzung, 13.5.1981.

Kabinettsprotokolle der Bundesregierung, 32. Kabinettssitzung, 24.6.1981.

Deutscher Bundestag, Drucksache 9/623, 26.6.1981. Schriftliche Fragen mit den in der Woche vom 22. Juni 1981 eingegangenen Antworten der Bundesregierung.

Deutscher Bundestag, Drucksache 9/672, 17.7.1981. Schriftliche Fragen mit den in der Woche vom 13. Juli 1981 eingegangenen Antworten der Bundesregierung.

Deutscher Bundestag, Drucksache 9/2013, 1.10.1982. Schriftliche Fragen mit den in der Woche vom 27. September 1982 eingegangenen Antworten der Bundesregierung.

Deutscher Bundestag, Drucksache 10/517, 21.10.1983. Schriftliche Fragen mit den in der Woche vom 17. Oktober 1983 eingegangenen Antworten der Bundesregierung.

Deutscher Bundestag, Drucksache 10/2411, 22.11.1984. Kleine Anfrage der Abgeordneten Frau Reetz und der Fraktion DIE GRÜNEN. Bildschirmtext und Datenschutz.

Deutscher Bundestag, Drucksache 10/2582, 6.12.1984. Antwort der Bundesregierung auf die Kleine Anfrage der Abgeordneten Frau Reetz und der Fraktion DIE GRÜNEN – Drucksache 10/2411 – Bildschirmtext und Datenschutz.

Deutscher Bundestag, Drucksache 10/2752, 17.1.1985. Kleine Anfrage der Abgeordneten Frau Reetz und der Fraktion DIE GRÜNEN. Bildschirmtext und Datenschutz (II).

Deutscher Bundestag, Drucksache 10/2857, 8.2.1985. Antwort der Bundesregierung auf die Kleine Anfrage der Abgeordneten Frau Reetz und der Fraktion DIE GRÜNEN – Drucksache 10/2752 – Bildschirmtext und Datenschutz (II).

Deutscher Bundestag, Drucksache 11/3056, 5.10.1988. Unterrichtung durch den Bundesrechnungshof. Bemerkungen des Bundesrechnungshofes 1988 zur Haushalts- und Wirtschaftsführung (einschließlich der Bemerkungen zur Jahresrechnung des Bundes 1986).

Deutscher Bundestag, Drucksache 11/4930, 7.7.1989. Schriftliche Fragen mit den in der Woche vom 3. Juli 1989 eingegangenen Antworten der Bundesregierung.

Bildschirmtext-Seiten

Agentur Bolesta: *163203b#. Abgedruckt in: Gerhard Breinlinger: Scharfes in Klötzchen. In: bildschirmtext magazin für teleleser 4 (1983), H. 7, S. 97.

Axel Springer Verlag: 40003a#. Abgedruckt in: Gerhard Breinlinger: So schnell wie nie beim Leser. Bildschirmtext eröffnet der guten alten Tageszeitung neue Chancen. In: bildschirmtext magazin für teleleser 2 (1981), H. 6, S. 16–21, hier S. 17.

—: *40003c#, *40003d#. Abgedruckt in: Gerüstet für alle Fälle. In: bildschirmtext magazin für teleleser 4 (1983), H. 1, S. 42.

Beate Uhse AG: *312084a#. Abgedruckt in: Gerhard Breinlinger: Scharfes in Klötzchen. In: bildschirmtext magazin für teleleser 4 (1983), H. 7, S. 97.

—: *31220068a#. Abgedruckt in: Neu gestiefelt in die Btx-Zukunft. Endlich kommt wieder frischer Wind: die kommenden Programme. In: bildschirmtext magazin für teleleser 5 (1984), H. 4, S. 40–42, hier S. 42.

Bildschirmtext: *0#, *103a#, *103440a#, *1110842#. Abgedruckt in: Deutsche Bundespost Telekom: Bildschirmtext. Bedienungsanleitung. Oktober 1989, S. 13–15.

—: *1110921a#, *1111005a#. Abgedruckt in: Die Schlagwortmonster. In: bildschirmtext magazin 11 (1990), H. 7/8, S. 10–12, hier S. 12.

—: *1132114a#, *1132223a#. Abgedruckt in: Btx-Mitteilungsdienst. Jetzt können Sie sogar einen eigenen Briefkasten benutzen. Herzlichen Glückwunsch. Anzeige. In: bildschirmtext magazin für teleleser 2 (1981), H. 8, S. 10f., hier S. 11.

Bolesta-Btx-Studio UHF: *123511a#, *123511d#, *123511e#, *1235111a#, *1235111b#. Abgedruckt in: Eva Piper: Volkes Stimme oder Volks-Hetze? Ein Beispiel zur Problematik, private

Meinung mit dem Informationsmedium Btx zu transportieren. In: bildschirmtext magazin für teleleser 3 (1982), H. 1, S. 38f.

Btx Neuer Standard: *10491121b#. Abgedruckt in: Die vielen Gesichter des neuen Standards. In: bildschirmtext magazin für teleleser 5 (1984), H. 2, S. 44f., hier S. 45.

DBP – PGiroA Berlin: Btx-Kontoführung, Btx-Überweisung. Abgedruckt in: Postgiroamt: Mit Btx ist PostGiro auf dem Weg in die Zukunft: Btx-PostGiro. Werbebroschüre, 1985.

F.A.Z. Frankfurt/Main: *340a#. Abgedruckt in: Gerhard Breinlinger: So schnell wie nie beim Leser. Bildschirmtext eröffnet der guten alten Tageszeitung neue Chancen. In: bildschirmtext magazin für teleleser 2 (1981), H. 6, S. 16–21, hier S. 21.

—: *340124a#. Abgedruckt in: Günter Götz: Die Bankschalter sind offen – rund um die Uhr. In: bildschirmtext magazin für teleleser 2 (1981), H. 3, S. 8–15, hier S. 10.

Frankfurter Allgemeine Zeitung: *3403485a#. Abgedruckt in: Bundesministerium für das Post- und Fernmeldewesen: Bildschirmtext so wichtig wie Telefon und Schreibmaschine. Informationsbroschüre, 1986.

HFG medienentwicklung: *34131d#, *34131g#, *34132j#, *34132d#. Abgedruckt in: Gerhard Breinlinger: Marylin wird noch schöner. Der neue internationale Standard verbessert die Qualität von Bildschirmtext erheblich. In: bildschirmtext magazin für teleleser 2 (1981), H. 7, S. 18–25, hier S. 22f.

—: *3419240c#. Abgedruckt in: Gerhard Breinlinger: Wo findet man eine schönere Marilyn Monroe? In: bildschirmtext magazin für teleleser 2 (1981), H. 2, S. 8.

HFG/AGM: New Videotex-Standard 20, 22, 24, 30. Abgedruckt in: Hans Gusbeth: New. New York. New Standard. Eintracht der Btx-Europäer bei der großen Show in Manhattan. Videotex '82. In: bildschirmtext magazin für teleleser 3 (1982), H. 6, S. 6–8, hier S. 7.

—: Mosaik Faksimiledarstellung. Abgedruckt in: Ohne Bilder ist Btx ein totes Medium. In: Btx Praxis (1985), H. 5, S. 19–21, hier S. 21.

I. Werbelow: *163203c#, *163203d#, *163203e#. Abgedruckt in: „Girls, Girls, Girls …“. In: bildschirmtext magazin für teleleser 3 (1982), H. 5, S. 35.

Meyers Lexikon: *313c#. Abgedruckt in: Gerhard Breinlinger: Schlag nach im Elektronischen Meyer. Goldener Beterix für das Bibliographische Institut Mannheim. In: bildschirmtext magazin für teleleser 2 (1981), H. 3, S. 30f., hier S. 30.

—: *31313#. Abgedruckt in: Bundesministerium für das Post- und Fernmeldewesen: Bildschirmtext so wichtig wie Telefon und Schreibmaschine. Informationsbroschüre, 1986.

Neckermann Teleshop: *346#. Abgedruckt in: Neckermann Teleshop: Neckermann informiert über Bildschirmtext. Broschüre, 1983, S. 7 u. 9.

Otto Versand: *301009a#. Abgedruckt in: Hans Gusbeth: Verbindungsaufbau mit ---#. In: bildschirmtext magazin für teleleser 3 (1982), H. 2, S. 8–13, hier S. 9.

Peter Kurz: *21631a#. Abgedruckt in: Thomas Uber: Auch in Btx: Spiel nicht mit den Schmuddelkindern. In: bildschirmtext magazin für teleleser 6 (1985), H. 1/2, S. 36.

Quelle Kunden-Service: *30001a#. Abgedruckt in: Hans Gusbeth: Verbindungsaufbau mit ---#. In: bildschirmtext magazin für teleleser 3 (1982), H. 2, S. 8–13, hier S. 9.

Saarbrücker Zeitung: *264112550a#. Abgedruckt in: Robert Mühleisen: Btx für einsame Herzen. Partner-Service von Berlin bis Bali: Amor traf mitten ins Herz. In: bildschirmtext magazin für teleleser 4 (1983), H. 9, S. 42f., hier S. 42.

Touristik Union Int.: *37918a#. Abgedruckt in: Hans Gusbeth: Verbindungsaufbau mit ---#. In: bildschirmtext magazin für teleleser 3 (1982), H. 2, S. 8–13, hier S. 9.

Verbraucherbank AG: *303a#. Abgedruckt in: Rosmarie Rittmann: Der Bankschalter im Wohnzimmer. In: bildschirmtext magazin für teleleser 1 (1980), H. 3, S. 30f., hier S. 31.

—: *3031a#. Abgedruckt in: Hans Gusbeth: Verbindungsaufbau mit ---#. In: bildschirmtext magazin für teleleser 3 (1982), H. 2, S. 8–13, hier S. 9.

Werbeatelier Heißen: *9760111b#, *9760111c#. Abgedruckt in: Ein Blick genügt. In: bildschirmtext magazin für teleleser 6 (1985), H. 1/2, S. 51.

Wulfert: *19017a#, *19017226a#. Abgedruckt in: Gerhard Breinlinger: Btx-Porno-Versender vor Gericht zitiert. Rosa-Rot-Kunde allenfalls als GBG-Mitglied. In: bildschirmtext magazin für teleleser 5 (1984), H. 6, S. 14.

—: *190171a#. Abgedruckt in: Gudrun Biermann: Bildschirmtext. Bergisch Gladbach 1984, S. 49.

—: *1901726a#. Abgedruckt in: Gerhard Breinlinger: Scharfes in Klötzchen. In: bildschirmtext magazin für teleleser 4 (1983), H. 7, S. 97.

Graue Literatur

Bildschirmtext. Wir befragen Sie – Sie können gewinnen. Internationale Funkausstellung 1977 Berlin. Sonderschau der Deutschen Bundespost. 1977.

Bildschirmtext-Anbieter-Vereinigung: Vorwort, in: Karin Kattwinkel: Spielanleitung SPEKTRUM. Das große Bildschirmtext-Spiel. Heilbronn 1987.

Bundesministerium für das Post- und Fernmeldewesen: Bildschirmtext. Der Text, den Sie lesen müssen. Broschüre, o.J. [wahrscheinlich Ende 1982 od. Anfang 1983].

—: Ein Neues Medium. Btx kommt! Broschüre, 1983

—: Damit Sie's leichter haben ... Die Post informiert über Bildschirmtext. Broschüre, 1983.

—: Die Post informiert über Bildschirmtext. Btx kommt! Broschüre, 1984.

—: Systemsicherheit bei Bildschirmtext wird weiter verbessert. Pressemitteilung, 20.11.1984.

—: Bildschirmtext, ein vielseitiger Dienst stellt sich vor. Broschüre, Juli 1985.

—: Damit Sie's leichter haben: Ihr Auftrag für den Btx-Anschluß. Faltblatt, November 1985.

—: Bildschirmtext so wichtig wie Telefon und Schreibmaschine. Informationsbroschüre, 1986.
—: MultiTel – das multifunktionale Telefon der Post. Telefonieren und Bildschirmtext zur gleichen Zeit. Gebührengünstiges „Schnupperangebot". Pressemitteilung, 3.2.1987.
—: 100 000 Anschlüsse im Bildschirmtextsystem der Deutschen Bundespost. Pressemitteilung, 4.2.1988.
—: Schwarz-Schilling: Über 100 000 Bildschirmtextanschlüsse. Jahreszuwachs auf fast 65 Prozent gestiegen. Pressemitteilung, 10.3.1988.
Deutsche Bundespost: Bildschirmtext. Internationale Funkausstellung Berlin 1977. Faltblatt, 1977.
—: Bildschirmtext. Beschreibung und Anwendungsmöglichkeiten. Bonn 1977.
—: Mit der Post in die Zukunft. Internationale Funkausstellung 1979. Postsonderschau Halle 10. Aufklappkarte, 1979.
—: Auftrag für einen Btx-Anschluß. Teilnahme am Bildschirmtext. Formular, 1985.
—: Marketingkonzeption für Bildschirmtext. September 1985.
—: Btx Düsseldorf. Info-Woche vom 5.-12.7.86. Veranstaltungsprogramm, 1986.
—: Was man mit Btx so alles machen kann. Broschüre, 1987.
—: Gebühren für den Bildschirmtext-Dienst. Die Deutsche Bundespost informiert. Stand Januar 1988.
—: MultiTel. Komfortabel telefonieren und Btx nutzen. Die Multifunktionalen Telefone von der Post. Besonders günstig zum Kennenlernen! Werbebroschüre, Januar 1988.
Deutsche Bundespost Telekom: Btx-Telex ... einfach vom Schreibtisch aus! Faltblatt, Juni 1989.
—: Bildschirmtext. Bedienungsanleitung. Oktober 1989.
—: Das Btx-TV-Set. Für 298 Mark. Zum Anschluß an Ihren Fernseher. Faltblatt, 1989.
—: Gebühren für den Bildschirmtext-Dienst. Stand Januar 1990.
—: Btx-Telefax ... einfach vom Schreibtisch aus! Faltblatt, Februar 1990.
—: Doppelte Premiere mit Btx und DATEX-J. Pressemitteilung, 29.9.1992.
—: 500.000 Datex-J/Btx-Kunden in '93 über 45 % Teilnehmerzuwachs erzielt. Pressemitteilung, 13.1.1994.
Deutsche Bundespost Telekom u. France Telecom: Btx-Télétel Verbindung. Connexion Télétel-Btx. 1990.
Deutsche Postreklame: Deutsches Btx-System-Telefonbuch. Verzeichnis der System-Nummern der Teilnehmer am Btx-Mitteilungsdienst in der Bundesrepublik Deutschland. Ausgabe Januar 1982.
—: ABC Bildschirmtext. Das Anbieter- und Schlagwörterverzeichnis. 1988.
Deutsche Telekom: Datex-J Btx plus. Informationsblatt, 1995.

—: Per Datex J ins Internet – Einführung noch 1995. Neue Benutzeroberfläche KIT öffnet neue Wege in die Multimedia-Welt. Messebericht, 8.3.1995.

—: Gremium zur freiwilligen Selbstkontrolle der Btx-Informationsangebote konstituiert. Pressemeldung, 11.5.1995.

Fernmeldetechnisches Zentralamt: Bildschirmtext im Rahmen internationaler Videotex-Harmonisierung. Information von der Deutschen Bundespost. Darmstadt 1982.

—: So benutzen Sie Bildschirmtext. Bedienungsanleitung für den Bildschirmtextdienst der Deutschen Bundespost. Juli 1986, S. 9

Gscheidle, Kurt: Geleitwort. In: Deutsche Bundespost: Bildschirmtext. Beschreibung und Anwendungsmöglichkeiten. Bonn 1977, S. III.

Internationale Funkausstellung Berlin 2.-11.9.1983. Mit der Post in die Zukunft. Bildschirmtext. Rundfunksatellit. Kabelanschluss. Videokonferenz. Sonderschau Posthalle 10. Informationsblatt 1983.

Kattwinkel, Karin: Spielanleitung SPEKTRUM. Das große Bildschirmtext-Spiel. Heilbronn 1987.

Müller adress: Bildschirmtext ABC. Berlin. Dezember 1982.

Neckermann Teleshop: Neckermann informiert über Bildschirmtext. Broschüre, 1983.

Neue Pressegesellschaft Ulm: Bildschirmtext das Anbieter Verzeichnis. A bis Z. Liste der Interessenten. Mai 1980.

—: Wer Was Wo. A-Z. Das offizielle Anbieter- und Schlagwörter Verzeichnis. Stand August 1980.

—: Bildschirmtext A bis Z. Das offizielle Anbieter- und Schlagwörter-Verzeichnis. Oktober 1982.

Postgiroamt: Mit Btx ist PostGiro auf dem Weg in die Zukunft: Btx-PostGiro. Werbebroschüre, 1985.

Standard Elektrik Lorenz: Für jeden und jederzeit. Informationen auf Knopfdruck: Öffentliches SEL-Bildschirmtext-Terminal. Werbeblatt, o.J. [wahrscheinlich 1984/1985].

Publizierte Quellen

17 Empfehlungen der Wissenschaftler. Nach drei Jahren Bildschirmtext-Feldversuch ist die Begleituntersuchung in Düsseldorf/Neuß abgeschlossen. In: bildschirmtext magazin für teleleser 4 (1983), H. 6, S. 20f.

27 Millionen Rufnummern elektronisch abrufbar. In: Funkschau (1987), H. 22, S. 33–36.

100-Millionen-Projekt in Ulm. In: Zeitschrift für das Post- und Fernmeldewesen (1975), H. 4, S. 14f.

250 000. Btx-Kunde geehrt. In: Btx Praxis (1990), H. 12, S. 5.

250 000ster Btx-Kunde geehrt. In: bildschirmtext magazin 12 (1991), H. 1/2, S. 50.

30 Jahre com! In: com! Das Computer-Magazin (2010), H. 11, S. 78.

500.000 Btx-Anschlüsse. In: bildschirmtext magazin 15 (1994), H. 2, S. 12–14.
„... das meiste wird immer Selbstdisziplin bleiben müssen". Rede/Gegenrede: Btx und private Meinung. In: bildschirmtext magazin für teleleser 3 (1982), H. 2, S. 28f. u. 39.
Ab September: Mitteilungsdienst. In: bildschirmtext magazin für teleleser 2 (1981), H. 6, S. 29.
Abschieds-Vorstellung. In: bildschirmtext magazin 8 (1987), H. 7/8, S. 31.
Achatz, Helmut: Editorial! In: com! das btx magazin 16 (1995), H. 9, S. 3.
Achtung. Fallensteller im System. In: bildschirmtext magazin 10 (1989), H. 12, S. 26–29.
Adieu ADAC. In: bildschirmtext magazin 12 (1991), H. 1/2, S. 48.
Aktivitäten des FTZ 1983/1984. In: fernmelde-praxis 61 (1984) 11, S. 405–436.
Albrecht, Karin: Eine Schönheitskur für Bildschirmtext. In: bildschirmtext magazin für teleleser 2 (1981), H. 1, S. 6–8.
—: Spieglein. Schönheitstips können sich Frauen jetzt aus Bildschirmtext holen. In: bildschirmtext magazin für teleleser 2 (1981), H. 2, S. 14f.
—: 1:0 für Btx. Ein Jahr nach Beginn der Feldversuche kann sich das Sportangebot im Neuen Medium sehen lassen. In: bildschirmtext magazin für teleleser 2 (1981), H. 5, S. 20–24.
—: Nachhilfe in Erster Hilfe. In: bildschirmtext magazin für teleleser 2 (1981), H. 6, S. 8f.
—: Wer weiß schon, was ein „akuter Bauch" ist? Kinderkrankheiten – ein neuer Spezialdienst im Neuen Medium. In: bildschirmtext magazin für teleleser 2 (1981), H. 8, S. 19–21.
Altenhövel, Michael: Cept geht, Kit kommt. Telekom will neuen Standard für Datex-J (Btx). Orientierung am und an Fenster-Betriebssystemen. In: Frankfurter Allgemeine Zeitung, 13.9.1994, S. T1.
Arnold, Erik: Information Technology in the Home: The Failure of Prestel. In: Niels Bjørn-Andersen et al. (Hg.) Information Society: for richer, for poorer. Amsterdam, New York u. Oxford 1982, S. 263–275.
Auf dem Weg nach oben. In: Btx Praxis (1985), H. 11, S. 22f.
Ausgedient. Btx-Dienst der Telekom „stirbt" auf Raten. In: Spiegel Online, 13.9.2000. URL: http://spon.de/ayo5 (letzter Zugriff am 11.5.2020).
Ausstellungs-Messe-Kongreß-GmbH: Internationale Funkausstellung Berlin 1983. Startplatz der Bildschirmtexteinführung. In: Zeitschrift für das Post- und Fernmeldewesen (1983), H. 8, S. 16.
Auszüge aus der Podiumsdiskussion im Anschluß an das Referat von Herrn Ministerialrat Kanzow und der Live-Demonstration von Bildschirmtext. In: Hauptgemeinschaft des Deutschen Einzelhandels (Hg.): Einzelhandel und Neue Kommunikationstechniken. Referate, Auszüge aus den Diskussionen und HDE-Stellungnahmen. Köln 1978, S. IL–LXIX.
Autovermietungen per Btx: Direktbuchungen sind möglich. In: Btx Praxis (1984), H. 11, S. 33f.

Bartl, Harald: Handbuch Btx-Recht. Mit einem Kommentar zum Bildschirmtext-Staatsvertrag. Heidelberg 1984, S. 17–24.

Bauer, Thomas: Btx als Medium für die Mitarbeiterinformation. In: nachrichten elektronik + telematik 40 (1986), H. 7/8, S. 282–288.

Bayot, Jennifer: John Diebold, 79, a Visionary of the Computer Age, Dies. In: The New York Times, 27.12.2005.

„Beate Uhse" kehrt in Versandhandel zurück. Sperrfrist gegen „brüderliche Konkurrenz" abgelaufen. In: Frankfurter Allgemeine Zeitung, 23.9.1986, S. 16.

Beate Uhse setzt auf Btx-Marketing. In: bildschirmtext magazin 11 (1990), H. 12, S. 32.

Becker, Helmut u. Wolfgang Gehrmann: Jahrmarkt der Peinlichkeiten. Der deutschen Industrieschau in Tokio droht ein blamabler Mißerfolg. In: Die Zeit, 20.1.1984.

Becker, Herbert: Videotext und Bildschirmtext, zwei neuartige Telekommunikationsformen. In: Zeitschrift des Vereins Deutscher Ingenieure 120 (1978), H. 15/16, S. 743–746.

Beim Bildschirmtext sind sich die Banken einig. Ohne Telekonto geht nichts mehr. In: bildschirmtext magazin für teleleser 4 (1983), H. 7, S. 18.

Bereits sechseinhalb Jahre im Amt: Bundespostminister Kurt Gscheidle. In: telepost 9 (1980), H. 12, S. 3.

Berg, Klaus: Organisation und Trägerschaft bei der elektronischen Textkommunikation. In: Media Perspektiven (1980), H. 6, S. 353–361.

Bergmann, Manfred: Btx startet am 1. Sept. 1983. In: Zeitschrift für das Post- und Fernmeldewesen (1983), H. 4, S. 11.

Berlin: Teilnehmer-Club. In: bildschirmtext magazin für teleleser 2 (1981), H. 3, S. 42.

Betz, Klaus: Bildschirmtext. In: Klaus Betz u. Horst Holzer (Hg.): Totale Bildschirmherrschaft? Staat, Kapital und „Neue Medien". Köln 1983, S. 59–84.

Bieker, Alexander: Europa – Wunsch und Wirklichkeit. Bericht von den 39. Internationalen Akademiewochen der Deutschen Bundespost. In: Zeitschrift für das Post- und Fernmeldewesen (1984), H. 8, S. 55–58.

Biermann, Gudrun: Bildschirmtext. Bergisch Gladbach 1984.

Bildschirmtext – bald so selbstverständlich wie Telefon. In: telepost 12 (1983), H. 5, S. 10f.

Bildschirmtext – das unbekannte Medium. Btx soll bekannter werden – Mitarbeiterwettbewerb soll helfen. In: telepost 15 (1986), H. 4, S. 8.

Bildschirmtext – ein vielseitig nutzbares Medium. Auch Werbung zugelassen – Start zur Funkausstellung. 6. Juli 1979. In: Industrie- und Handelskammer zu Berlin (Hg.): Zum Start von Bildschirmtext in Berlin. Eine Dokumentation der IHK Berlin. Berlin 1980, S. 12.

Bildschirmtext – Farben nicht gefragt. In: Wirtschaftswoche 38 (1984), H. 48, S. 151f.

Bildschirmtext 1983–1988. Diebold präsentiert Markt-Studie. In: Marketing Journal 16 (1983), H. 3, S. 220f.

Bildschirmtext 1984 – bitte warten. In: Btx Praxis (1984), H. 12, S. 14–16.
Bildschirmtext für Behinderte. In: bildschirmtext magazin für teleleser 3 (1982), H. 5, S. 32.
Bildschirmtext im Aufwind. In: nachrichten elektronik + telematik 47 (1993), H. 7/8, S. 298.
Bildschirmtext im Schwachstellentest. In: taz, 22.12.1984.
Bildschirmtext kommt im Herbst. In: nachrichten elektronik + telematik 37 (1983), H. 6, S. 244–246.
Bildschirmtext startet in Berlin. Auch die IHK Berlin beteiligt sich mit einem Informationsangebot. 25. Mai 1979. In: Industrie- und Handelskammer zu Berlin (Hg.): Zum Start von Bildschirmtext in Berlin. Eine Dokumentation der IHK Berlin. Berlin 1980, S. 11.
Bildschirmtext und Télétel: Und es geht doch. In: bildschirmtext magazin 9 (1988), H. 5, S. 25.
Bildschirmtext viel früher. In: Zeitschrift für das Post- und Fernmeldewesen (1983), H. 6, S. 8.
Bildschirmtext vorgestellt. In: Frankfurter Allgemeine Zeitung, 10.5.1977, S. 11.
Bildschirmtext. In: Computerwoche, 11.11.1977.
Bildschirmtext. In: telepost 8 (1979), H. 10, S. 56f.
Bildschirmtext-Anbieter-Vereinigung: Rechtsnormen für Bildschirmtext und Rechtsprobleme für Anwender. Berlin 1982.
Bildschirmtext-Computer für die Bundespost. In: Funkschau 49 (1977), H. 19, S. 67.
Bitomsky, Peter: Leserbrief: Peinlich!! In: bildschirmtext magazin 8 (1987), H. 11, S. 26.
Blumen aufs Grab. In: Der Spiegel (1985), H. 24, S. 88–91.
Böck, Hanno: Der Hack, mit dem alles begann. In: Zeit Online, 18.11.2014, URL: https://www.zeit.de/digital/internet/2014-11/btx-hack-ccc-30-jahre (letzter Zugriff am 11.5.2020).
Bold, Max: Das Btx-Jahr 1993 – ein Rückblick. In: btx aktuell 15 (1994), H. 1, S. 9–12.
—: Eine halbe Million Btx-Teilnehmer: Telekom feiert. In: btx aktuell 15 (1994), H. 2, S. 4f.
—: Ergebnisse der aktuellen Neukundenbefragung. In: btx aktuell 15 (1994), H. 16, S. 8–16.
—: Per Datex-J ins Internet – Einführung noch 1995. In: btx aktuell 16 (1995), H. 4, S. 2.
—: Sächsische Staatskanzlei nimmt Stellung. In: btx aktuell 16 (1995), H. 2, S. 4.
Bolesta Btx-Studio. In: bildschirmtext magazin für teleleser 2 (1981), H. 7, S. 56.
Bolesta, Karlheinz: „... ehrabschneidender Charakter“. In: bildschirmtext magazin für teleleser 3 (1982), H. 2, S. 29.
Bölke, Peter: „Das ist doch nur Fliegendreck“. In: Der Spiegel (1984), H. 18, S. 23–25.
Boom in aller Stille. In: Btx Praxis (1985), H. 9, S. 32–35.

Borchers, Detlef: Ade, du schöner Schaltstern. In: heise online, 28.8.2002. URL: https://heise.de/-58341 (letzter Zugriff am 11.5.2020).

—: Vor 25 Jahren: BTX startet zur Funkausstellung. In: heise online, 2.9.2008. URL: https://heise.de/-749167 (letzter Zugriff am 11.5.2020).

—: Vor 30 Jahren: Bildschirmtext für hohe Ansprüche. In: heise online, 2.9.2013. URL: https://heise.de/-1946435 (letzter Zugriff am 11.5.2020).

—: 30 Jahre Btx-Hack: Grau ist alle Vergangenheit. In: heise online, 18.11.2014, URL: https://heise.de/-2459564 (letzter Zugriff am 11.5.2020).

—: Bankraub per Telefon. Wie der Chaos Computer Club das Btx-System aushebelte. In: c't (2018), H. 27, S. 66f.

Bornstaedt, Falk von: Bibliographie Bildschirmtext. Heidelberg 1985.

Bosch, Wolfgang: Bildschirmtext – Die Frage nach dem Standard. In: nachrichten elektronik 36 (1982), H. 5, S. 192–199.

Bothe, Dietmar: Das Btx-Telefonbuch. In: nachrichten elektronik + telematik 40 (1986), H. 1/2, S. 12–15.

Boykottiert das Bildschirmtext-System der Bundespost. In: taz hamburg, 22.2.1985, S. 15.

Braun, Norbert, Dieter Engel u. Kurt Kartmann: Datex-J/Btx mit KIT auf dem Weg zu einem multimedialen Dienst. In: telekom praxis 72 (1995), H. 4, S. 31–38.

Brecht, Jürgen: Internationale Funkausstellung 1977 Berlin. 26. August – 4. September. Die Deutsche Bundespost nach wie vor ein wichtiger Partner. In: Zeitschrift für das Post- und Fernmeldewesen (1977), H. 8, S. 14–17.

Breinlinger, Gerhard: Verbraucherschützer in der Schußlinie. Bildschirmtext-Anbieter bezeichnen Kritik als zu früh und zu kleinlich. In: bildschirmtext magazin für teleleser 1 (1980), H. 4, S. 6f.

—: Mit Sturmgeläut gegen den Fortschritt. Das war schon immer so: Neue Medien im Kreuzfeuer der Kritik. In: bildschirmtext magazin für teleleser 2 (1981), H. 5, S. 8–12.

—: Am Anfang ein hölzernes Ohr. In: bildschirmtext magazin für teleleser 2 (1981), H. 1, S. 19–22.

—: Hitzerekorde und örtliche Gewitter im tiefsten Winter. In: bildschirmtext magazin für teleleser 2 (1981), H. 1, S. 15.

—: Wo findet man eine schönere Marilyn Monroe? In: bildschirmtext magazin für teleleser 2 (1981), H. 2, S. 8.

—: Ein Kunstmaler hat eine Idee. In: bildschirmtext magazin für teleleser 2 (1981), H. 2, S. 47–50.

—: Drahtlos über den großen Teich. In: bildschirmtext magazin für teleleser 2 (1981), H. 3, S. 36–39.

—: Funken in der Röhre. In: bildschirmtext magazin für teleleser 2 (1981), H. 4, S. 28–31.

—: Btx-Club-Ecke. In: bildschirmtext magazin für teleleser 2 (1981), H. 5, S. 25.

—: Flimmern auf der Mattscheibe. In: bildschirmtext magazin für teleleser 2 (1981), H. 5, S. 41–44.
—: So schnell wie nie beim Leser. Bildschirmtext eröffnet der guten alten Tageszeitung neue Chancen. In: bildschirmtext magazin für teleleser 2 (1981), H. 6, S. 16–21.
—: Marylin wird noch schöner. Der neue internationale Standard verbessert die Qualität von Bildschirmtext erheblich. In: bildschirmtext magazin für teleleser 2 (1981), H. 7, S. 18–25.
—: Der elektronische Briefkasten füllt sich. Für Nutzer des Mitteilungsdienstes gibt es jetzt ein Btx-System-Telefonbuch. In: bildschirmtext magazin für teleleser 3 (1982), H. 2, S. 6f.
—: Wie Kleinanbieter Leben in die Btx-Bude bringen. Ein neuer Volkssport? – Mit selbstgeschneiderten Programmen ins System. In: bildschirmtext magazin für teleleser 3 (1982), H. 4, S. 10–13.
—: Gebühren: Jetzt geht's um Mark und Pfennig. Kritik, aber auch Verständnis für die Pläne der Bundespost. In: bildschirmtext magazin für teleleser 4 (1983), H. 2, S. 8f.
—: „Gegen Btx-Einführung keine Bedenken". Düsseldorf: Die Forscher legen den ersten Abschlußbericht der Begleituntersuchung vor. In: bildschirmtext magazin für teleleser 4 (1983), H. 2, S. 24f.
—: Wahl total. Teleleser waren bestens informiert. In: bildschirmtext magazin 4 (1983), H. 3, S. 8–11.
—: Der Fehlstart. Btx-Termin geplatzt. IBM wird nicht rechtzeitig fertig. Anbieter sprechen von großem Vertrauensverlust. Post: Einführung erst im Mai 1984 möglich. In: bildschirmtext magazin für teleleser 4 (1983), H. 4, S. 8–10.
—: Trotz Fehlstart: Btx kommt doch schneller. Drei Jahre früher als vorgesehen kann Bildschirmtext in der gesamten Bundesrepublik abgerufen werden – 700000 Teleleser bis Ende 1986 erwartet. In: bildschirmtext magazin für teleleser 4 (1983), H. 5, S. 8f.
—: So schön ist der neue Standard. In: bildschirmtext magazin für teleleser 4 (1983), H. 5, S. 24f.
—: Scharfes in Klötzchen. In: bildschirmtext magazin für teleleser 4 (1983), H. 7, S. 97.
—: Eine neue Ära für die Presse? Die Revolution im Informationsgeschäft. In: bildschirmtext magazin für teleleser 4 (1983), H. 7, S. 102f.
—: Die Btx-Szene: Wer ist in – wer ist out? In: bildschirmtext magazin für teleleser 4 (1983), H. 9, S. 18f.
—: Ein deutsches Wunder im Land der Kirschblüte. Btx und andere Spitzentechniken made in Germany auf der Leistungsschau in Tokio. In: bildschirmtext magazin für teleleser 5 (1984), H. 4, S. 28f.
—: Btx-Porno-Versender vor Gericht zitiert. Rosa-Rot-Kunde allenfalls als GBG-Mitglied. In: bildschirmtext magazin für teleleser 5 (1984), H. 6, S. 14.

Brepohl, Klaus: Funkausstellung Berlin. Zauberworte für das Videoreich. Elektronik, Miniaturisierung, Digitalisierung. In: Frankfurter Allgemeine Zeitung, 29.8.1979, S. 25.

—: Akzeptanz und Nutzen sowie Wirkungen von Bildschirmtext. Die Begleituntersuchungen zu den Bildschirmtext-Feldversuchen in Kurzfassung. Berlin 1984.

Brnjak, Wolfgang: Vom Verwaltungsakt zum Management. Die Transformation der Deutschen Telekom von einer Behörde zu einem markt- und kundenorientierten Unternehmen. Göttingen 2009.

Broichhausen, Klaus: Vorerst keine medienpolitischen Beschlüsse. Die Opposition spricht von Verschleppungstaktik. In: Frankfurter Allgemeine Zeitung, 15.5.1981, S. 8.

—: Bildschirmtext beginnt im Herbst 1983. In: Frankfurter Allgemeine Zeitung, 12.6.1981, S. 14.

—: Die Ministerpräsidenten billigen den Staatsvertrag über den Bildschirmtext. Der Streit über private Programme geht weiter. Kabel- und Satellitenfernsehen. Noch viele offene Fragen. In: Frankfurter Allgemeine Zeitung, 5.2.1983, S. 4.

Brömstrup, Wilfried: „Wir freuen uns über ihre Anregung“. In: bildschirmtext magazin für teleleser 2 (1981), H. 7, S. 90.

Broß, Peter: Bedeutung und Weiterentwicklung der Telekommunikation. In: Zeitschrift für das Post- und Fernmeldewesen (1982), H. 8, S. 18–23.

Btx – Kommunikation für Gehörlose. In: telepost 19 (1990), H. 1, S. 16.

Btx als Publikumsmagnet. In: Zeitschrift für das Post- und Fernmeldewesen (1983), H. 10, S. 11.

Btx goes America. In: bildschirmtext magazin 10 (1989), H. 7/8, S. 18–20.

BTX heißt Bildschirm-TriX. In: Die Datenschleuder (1984), H. 3, S. 3.

Btx Praxis für Btx-Praktiker. In: Btx Praxis (1984), H. 2, S. 25.

„Btx wird sich behaupten“. Interview mit dem Bundespostminister Christian Schwarz-Schilling. In: bildschirmtext magazin 11 (1990), H. 4, S. 16.

Btx wird zur Lawine. „Modem“ macht's möglich: Die Datenbank für jedermann im Wohnzimmer. In: postmagazin (1982), H. 11, S. 32f.

Btx-A.V. zu Gespräch beim Postminister. In: Btx Praxis (1985), H. 3, S. 44.

Btx-Forum. Club-Idee. In: bildschirmtext magazin für teleleser 2 (1981), H. 1, S. 11.

Btx-Forum. Irrtum. In: bildschirmtext magazin für teleleser 2 (1981), H. 1, S. 11.

Btx-Gebühren jetzt beschlossene Sache. In: bildschirmtext magazin für teleleser 4 (1983), H. 3, S. 13.

Btx-Gerätezulassung beim ZZF: Kleine Nummer große Bedeutung. In: bildschirmtext magazin 8 (1987), H. 6, S. 12.

Btx-Markt kommt in Schwung. In: bildschirmtext magazin 9 (1988), H. 1/2, S. 19.

Btx-Mitteilungsdienst. Jetzt können Sie sogar einen eigenen Briefkasten benutzen. Herzlichen Glückwunsch. In: bildschirmtext magazin für teleleser 2 (1981), H. 8, S. 10f.

Btx-Nachrichten sind der Renner. Wissenschaftliche Begleituntersuchung: Bildschirmtext hat eine Sonderstellung unter den Neuen Medien. In: bildschirmtext magazin für teleleser 3 (1982), H. 8, S. 24f.
Btx-Netz heißt jetzt Datex-J. In: bildschirmtext magazin 13 (1992), H. 3, S. 59.
Btx-PostGiro stiehlt den Banken die Schau. In: Funkschau (1987), H. 25, S. 30–32.
Btx-Prognosen: Wunschtraum und Wirklichkeit. In: Funkschau (1986), H. 7, S. 8.
Btx-Sofortbilder. In: Btx Praxis (1985), H. 2, S. 29.
Buchholz, Axel u. Alexander Kulpok: Revolution auf dem Bildschirm. Die neuen Medien Videotext und Bildschirmtext. München 1979.
Buchwald, Werner: Das „Elektronische Telefonbuch". „Zuwachs" bei der Deutschen Postreklame. In: Zeitschrift für das Post- und Fernmeldewesen (1985), H. 1, S. 16f.
Bücken, Rainer: „Schüsse" auf den Bildschirm. Bildschirmtext und Fotografie. In: bildschirmtext magazin für teleleser 1 (1980), H. 5, S. 24f.
—: CAPTAIN: Beim Wählen piept's. Bildschirmtext in anderen Ländern (5). In: bildschirmtext magazin für teleleser 2 (1981), H. 6, S. 32f.
—: Geschäftliche Nutzung überwiegt – Einführung des Multitel steigerte die Teilnehmerzahl spürbar. Der Personal Computer als multifunktionales Btx-Gerät. In: Handelsblatt, 20.7.1988, S. 23.
Bundesministerium für das Post- und Fernmeldewesen (Hg.): Kommission für den Ausbau des technischen Kommunikationssystems – KtK – Telekommunikationsbericht. Bonn 1976.
—: Kommission für den Ausbau des technischen Kommunikationssystems – Arbeitskreis Technik und Kosten – Neue Telekommunikationsformen in bestehenden Netzen. Anlageband 4 zum Telekommunikationsbericht. Bonn 1976.
Bundesminister für Forschung und Technologie u. Bundesminister für das Post- und Fernmeldewesen (Hg.): Programm der Bundesregierung zur Förderung von Forschung und Entwicklung im Bereich der technischen Kommunikation 1978–1982. Bonn 1979.
Bundespost im Bildschirmtext-Rausch. In: Computerwoche, 11.11.1977.
Burkhardt, Friedrich W.: The role of the daily newspaper in developing European viewdata services. In: Richard Elliot-Green (Hg.): Videotex–key to the information revolution. London 1982, S. 69–76.
Busch, K.: Weltpremiere: TELETEX. Die Bürolandschaft verändert sich. Ein neuer Dienst mit „x". In: telepost 10 (1981), H. 5, S. 12f.
Butzek, Erika: Btx hat für Blinde sprechen gelernt. In: Postmagazin (1987), H. 1, S. 42f.
—: Behindert? – Mit Btx eine neue Chance. In: Postmagazin (1988), H. 1, S. 20f.
—: Zweimal Bhutan und zurück. Wie Btx sich im Reisegeschäft durchsetzt. In: Postmagazin (1988), H. 2, S. 52f.
Chaos-Computer-Aktion sorgte für Aufregung. Stellungnahme des Chaos Computer Clubs. In: Btx Praxis (1984), H. 12, S. 17f.

Charon, Jean-Marie: Videotex: from interaction to communication. In: Media, Culture and Society (1987), H. 9, S. 301–332.

Charvat, Karel: Zweiter Start mit steilem Anstieg. 1 Million T-Online-Kunden. In: NET 50 (1996), H. 5, S. 50.

Bildschirmtext – Computerwissen für alle? In: Der Spiegel (1983), H. 11, S. 80–85.

Cowhey, Peter F. u. Jonathan D. Aronson: Telekommunikation als Retter der europäischen Informationsindustrien. In: Alfred Pfaller (Hg.): Der Kampf um den Wohlstand von Morgen. Internationaler Strukturwandel und neuer Merkantilismus. Bonn 1986, S. 131–147.

Danke, Eric: Bildschirmtext – Zukunft in Deutschland. In: Diebold Deutschland GmbH (Hg.): Bildschirmtext Kongress 1980. Proceedings. 1. und 2. Dezember 1980. Frankfurt am Main 1980, S. 193–204.

—: Der neue Europastandard für Bildschirmtext. In: Funkschau (1981), H. 19, S. 57f.

—: Bildschirmtext – heute und morgen. In: bildschirmtext magazin für teleleser 2 (1981), H. 7, S. 12.

—: Die Bildschirmtext-Infrastruktur ab 1983. In: Diebold Deutschland GmbH (Hg.): Bildschirmtext Kongress 1982. Proceedings. Frankfurt am Main. Alte Oper. 4.-5. März 1982. Frankfurt am Main 1982, S. 1–3.

—: Bildschirmtext – Stand und Entwicklung. In: Eberhard Witte u. Walter Lämmle (Hg.): Elektronische Textkommunikation in Deutschland und Japan. Konzepte, Anwendungen, Soziale Wirkungen, Einführungsstrategien. Vorträge des am 3./4. November 1983 in München durchgeführten 4. Deutsch-Japanischen Kommunikationswissenschaftlichen Seminars, Berlin u. a. 1984, S. 26–45.

—: Bildschirmtext: Stand der Realisierung und Perspektiven. Geplante Erweiterungen 1986. In: ONLINE '86. 9. Europäische Kongreßmesse für Technische Kommunikation. Hamburg 05.-08.02.1986. Kongreß II. Bildschirmtext und die Neuen Medien der Breitbandkommunikation. Velbert 1986, S. 2G-1–2G-32.

—: Situationsbericht Bildschirmtext. Stand: Dezember 1986. In: fernmelde-praxis 64 (1987), H. 5, S. 197–203.

—: Besserer Start in die Vereinigung. Btx in den neuen Bundesländern. In: nachrichten elektronik + telematik 44 (1990), H. 12, S. 530.

—: Der Weg von Btx ist vorgezeichnet. In: Gerhard Reinhold: BTX. Einführung und Überblick. Leistungsmerkmale und Nutzen, Bildschirmtext auf dem PC, Software- und Hardware-Decoder, private und professionelle Anwendungen. München 1991, S. 9–12.

—: Näher heran an den Teilnehmer. Bildschirmtext auf neuen Wegen. In: nachrichten elektronik + telematik 45 (1991), H. 11, S. 467–469.

—: Von Btx zum universellen Datex-J-Dienst. In: telekom praxis extra 69 (1992), H. 11, S. IV–VI.

Dankes Zorn. In: Bildschirmtext Aktuell 5 (1984), H. 104, S. 8.

Das Superding: „Btx-Dialog“. Elektronische Kommunikation macht das Medium universal. In: bildschirmtext magazin für teleleser 6 (1985), H. 9, S. 58f.
Das Terminal rückt in die gute Stube. In: bildschirmtext magazin für teleleser 1 (1980), H. 5, S. 8f.
Das Zeitalter der Information. Ins Internet via Btx. In: com! das btx magazin 16 (1995), H. 9, S. 69.
Das Zimmer zum An- und Abschalten. In: Schöner Wohnen (1982), H. 3, S. 108–119.
Datex-J-Anschlüsse mit hohem Zuwachs. In: Frankfurter Allgemeine Zeitung, 19.1.1994, S. 18.
DDR steigt ein. In: bildschirmtext magazin 9 (1988), H. 11, S. 34.
DDR-Btx ist gestartet. In: bildschirmtext magazin 11 (1990), H. 11, S. 4–7.
Deider, Clemens: Btx in der Bibliothek. In: nachrichten elektronik + telematik 38 (1984), H. 11, S. 419–423.
Delfs, Joachim (Hg.): Marketing der Deutschen Bundespost. Heidelberg 1985.
„Der Funktionsumfang von Btx bleibt vollständig erhalten“. Trends und Perspektiven bei Btx. In: nachrichten elektronik + telematik 46 (1992), H. 6, S. 302f.
Der Heilige Geist vom Bundespost-Computer. In: Der Spiegel (1980), H. 32, S. 142–144.
Der historische Knopfdruck. Postminister Schwarz-Schilling öffnet Btx bundesweit. In: bildschirmtext magazin für teleleser 4 (1983), H. 8, S. 1.
Der Startschuß für ein neues Medium ist gefallen: In Düsseldorf und Berlin testen 6000 Bildschirmtext. In: telepost 9 (1980), H. 6, S. 6f.
Deutsche Bundespost: Geschäftsbericht 1977. Frankfurt am Main 1978.
—: Geschäftsbericht 1979. Frankfurt am Main 1980.
—: Geschäftsbericht 1981. Frankfurt am Main 1982.
—: Geschäftsbericht 1982. Frankfurt am Main 1983.
—: Geschäftsbericht 1983. Frankfurt am Main 1984.
Deutsche Postreklame GmbH u. Müller adress + Neue Mediengesellschaft Ulm mbH (Hg.): ABC Bildschirmtext. Das offizielle Anbieter- und Schlagwörterverzeichnis. Frankfurt u. Nürnberg 1982.
Die elektronische Wundertüte. Unglaublich, was man über Btx alles bestellen kann. In: bildschirmtext magazin für teleleser 3 (1982), H. 7, S. 12–15.
Die Invasion der PCs. In: Btx-Praxis (1985), H. 6, S. 28–32.
Die Konferenz der Elektronenhirne. Erst der Rechnerverbund macht Btx zu einem richtigen Dialogmedium. In: bildschirmtext magazin für teleleser 5 (1984), H. 4, S. 49f.
Die Multitels kommen. Komfort gedoppelt: fürs Telefonieren, für Bildschirmtext. In: bildschirmtext magazin für teleleser 6 (1985), H. 11, S. 16f.
Die neue Welt von 1984. In: Der Spiegel (1983), H. 1, S. 19–30.
Die Schlagwortmonster. In: bildschirmtext magazin 11 (1990), H. 7/8, S. 10–12.
Die Sonne steht im Westen. In: bildschirmtext magazin 11 (1990), H. 4, S. 14f.

Die vielen Gesichter des neuen Standards. In: bildschirmtext magazin für teleleser 5 (1984), H. 2, S. 44f.

Die Zukunft hat vier Buchstaben. In: Postmagazin (1989), H. 2, S. 10–12.

Diebold, John: Interactive Videotex: The Promise and the Present. In: Diebold Deutschland GmbH (Hg.): Bildschirmtext Kongress 1980. Proceedings. 1. und 2. Dezember 1980 Düsseldorf. Frankfurt am Main 1980, S. 1–21.

Dingeldey, Roland, Sabine Schulze u. Wolf Kahle: Der Weg zur Vereinigung der beiden deutschen Telekom-Unternehmen. Ausgewählte Ergebnisse der Arbeit der Arbeitsgruppen. In: telekom praxis 68 (1991), H. 3, S. 32–37.

Disch, Wolfgang K. A.: Angebote machen Märkte. In: Marketing Journal 16 (1983), H. 1, S. 3.

—: Bildschirmtext. Den direkten Weg zum Verbraucher prüfen. In: Marketing Journal 16 (1983), H. 3, S. 257–259.

Die neue Btx-Technik. Die Zukunft von Btx ist bereits geplant. Der Einstieg wird einfacher, die Technik flexibler. In: bildschirmtext magazin 12 (1991), H. 1/2, S. 14f.

Dietrich, Jan-Christian: Leserbrief: Schlagwort-Frust. In: bildschirmtext magazin 12 (1991), H. 1/2, S. 4.

Doil, Volkmar: Gute Verbindung: Btx und Telex. In: Postmagazin (1987), H. 3, S. 12f.

—: MultiTel – eine neue Dimension für Bildschirmtext und Telefon. In: telepost 16 (1987), H. 5, S. 17.

Döller, Rainer: Btx-Kommunikation für Gehörlose. In: Zeitschrift für Post und Telekommunikation (1990), H. 4, S. 56.

Dorn, Bernhard: Das Bildschirmtextsystem der Deutschen Bundespost. IBM-Konzept. In: Der Ingenieur der Deutschen Bundespost 33 (1984), H. 4, S. 174–177.

Drei Btx-Pioniere ziehen Bilanz. In: bildschirmtext magazin für teleleser 4 (1983), H. 7, S. 10.

Dreyer, R.: BTX und Computer: Partner am Telefondraht. In: Funkschau (1985), H. 20, S. 54–56.

Durch Telex und Multitels. Die Gerätepreise purzeln. In: bildschirmtext magazin 8 (1987), H. 6, S. 13.

Echter, Reinhold: Bildschirmtext im Postscheckdienst – eine neues Leistungsangebot der Deutschen Bundespost. In: Zeitschrift für das Post- und Fernmeldewesen (1982), H. 11, S. 32–41.

—: Postgiro im Bildschirmtext (Btx). Minister stellt neues Leistungsangebot der DBP vor. In: Zeitschrift für das Post- und Fernmeldewesen (1982), H. 12, S. 15f.

Ehmke, Horst: Möglichkeiten und Aufgaben der Nachrichtentechnologien. Bonn 1973.

Ein Blick genügt. In: bildschirmtext magazin für teleleser 6 (1985), H. 1/2, S. 51.

„Ein Kanalnetz in der Wüste“. SPIEGEL-Interview mit Telekom-Chef Helmut Ricke über die Probleme beim Aufbau des östlichen Telefonnetzes. In: Der Spiegel (1990), H. 48, S. 141–147.

Ein Loewe allein macht noch keinen Btx-Frühling. Btx braucht zum Durchbruch ein breites Geräte-Angebot. In: nachrichten elektronik + telematik 38 (1984), H. 3, S. 84.

„Ein wirklich neues Medium". bildschirmtext magazin für teleleser im Gespräch mit der Arbeitsgruppe Medienentwicklung der Hochschule für Gestaltung (HfG) Offenbach. In: bildschirmtext magazin für teleleser 1 (1980), H. 5, S. 20–23.

Eine Stufe in der Entwicklung der Medien: „Wir brauchen den technischen Fortschritt – und Bildschirmtext". Was Bundeskanzler Kohl zu Bildschirmtext sagt. In: bildschirmtext magazin für teleleser 4 (1983), H. 7, S. 24f.

Eintrittsbillett für Btx. Btx-Steckkarten machen aus Computern Dialogstationen. In: bildschirmtext magazin für teleleser 7 (1986), S. 10.

Elektronische Pest? In: Bildschirmtext Aktuell 3 (1982), H. 50, S. 1.

Elias, Dietrich: Entwicklungstendenzen im Bereich des Fernmeldewesens. In: Jahrbuch der Deutschen Bundespost 28 (1977), S. 31–75.

—: Das Dienstleitungsangebot der Deutschen Bundespost für Datenverkehr. Stand und Entwicklungstendenzen. In: Informatik-Spektrum 4 (1981), H. 1, S. 3–10.

Engländer stellten in München ihr Teletext-System vor. In: Funkschau (1975), H. 11, S. 6.

Entwicklung des Bildschirmtext-Dienstes. In: Media Perspektiven Basisdaten (1994), S. 71.

Entwicklung des Bildschirmtext-Dienstes. In: Media Perspektiven Basisdaten (1995), S. 67.

Entwicklung von Bildschirmtext/T-Online. In: Media Perspektiven Basisdaten (1996), S. 66.

Erdogan, Julia Gül: Chaos Computer Club 1984. Der legendäre Klack-klack-Hack. In: Spiegel Online, 13.11.2018. URL: http://spon.de/aemWB (letzter Zugriff am 11.5.2020).

Erotik auf dem Bildschirm? Auch Btx kommt nicht dran vorbei. ‚bildschirmtext magazin' sprach mit Beate Uhse – Deutschlands Marktführerin in Sachen Sex. In: bildschirmtext magazin für teleleser 4 (1983), H. 7, S. 96.

Erste Cept-Bildschirmtext-Decoder 1982 lieferbar. In: fernmelde-praxis 60 (1983), H. 3, S. 78f.

Es gibt schon über 10000 Telekonten. Miete zahlen, Überweisungen absenden, Kontoauszug prüfen – alles rund um die Uhr mit Btx. In: bildschirmtext magazin für teleleser 4 (1983), H. 7, S. 16–19.

Fedida, Sam: Die Anwendungen in Bildschirmtext. In: Diebold Deutschland GmbH (Hg.): Bildschirmtext Kongress 1980. Proceedings. 1. und 2. Dezember 1980 Düsseldorf. Frankfurt am Main 1980, S. 65–90.

Fedida, Sam u. Rex Malik: Viewdata revolution. London 1979.

Feichtinger, Herwig: Bildschirmtext mit Hindernissen. In: Funkschau (1979), H. 21, S. 80.

Fellner, Dieter W. u. Reinhard Posch: Bildschirmtext—An open videotex network for text and graphic applications. In: Computers & Graphics 11 (1987), H. 4, S. 359–367.

Frankfurter Allgemeine zieht sich zurück. In: bildschirmtext magazin 10 (1989), H. 11, S. 27.

Frankreich als Vorbild? In: Funkschau (1988), H. 15, S. 5.

Franzelius, Wolfgang u. B. Hegenbarth: Höhere Kommunikationsprotokolle am Beispiel Bildschirmtext. In: Informatik-Spektrum 8 (1985), H. 3, S. 126–137.

Fresow, Reinhard: Bildschirmtext und Probleme der „Nutzerführung". In: nachrichten elektronik + telematik 37 (1983), H. 12, S. 498f.

Fröhlich, Sigurd: Marketingmodell „Btx Hamburg Wochen 85". Idee – Konzept – Realisation – Erwartung. In: Zeitschrift für das Post- und Fernmeldewesen (1986), H. 2, S. 22–28.

Fröhlingsdorf, Michael u. Markus Verbeet: 25 Jahre Videotext. Abfall für alle. In: Spiegel Online, 1.6.2005. URL: http://spon.de/abFrw (letzter Zugriff am 11.5.2020).

Funkausstellung: Medium aus der Lücke. In: Der Spiegel, 22.8.1977, S. 46–54.

„Für fairen Wettbewerb!" Postmagazin sprach mit Dr. Schwarz-Schilling, Bundesminister für Post und Telekommunikation. In: Postmagazin (1989), H. 4, S. 18f.

Gabel, Jürgen: Viewdata – britisches Projekt für ein Bildschirmtext-System. In: Nachrichtentechnische Zeitschrift 29 (1976), H. 3, S. 237–239.

—: ntz-Kommentar. Betrifft: Bildschirmtext (Viewdata), Videotext (Teletext). In: Nachrichtentechnische Zeitschrift 30 (1977), H. 8, S. 615.

—: Thesen zum „Bildschirmtext". In: Nachrichtentechnische Zeitschrift 30 (1977), H. 11, S. 826–828.

—: Videotechnik als Zukunftsmarkt. Neues für's Fernsehen. In: Nachrichtentechnische Zeitschrift 30 (1977), H. 10, S. 758–760.

—: Bildschirmtext – ein europäischer Hit. In: Nachrichtentechnische Zeitschrift 31 (1978), H. 5, S. 322f.

—: Die Weichen sind gestellt. In: Nachrichtentechnische Zeitschrift 32 (1979), H. 5, S. 306.

—: Arbeit am Bildschirmtext. In: Nachrichtentechnische Zeitschrift 32 (1979), H. 6, S. 401.

—: Medienschau mit Zukunftsvision. Bericht von der IFA Berlin 1979. In: Nachrichtentechnische Zeitschrift 32 (1979), H. 11, S. 744–750.

—: Schritt zum europäischen Btx-Standard. In: Nachrichtentechnische Zeitschrift 34 (1981), H. 3, S. 177.

—: Die Zeit ist reif für Bildschirmtext. Bericht vom Diebold-Btx-Kongreß in Düsseldorf. In: Nachrichtentechnische Zeitschrift 34 (1981), H. 4, S. 238–241.

—: „Generaldebatte" über Neue Medien erst am Anfang. In: Nachrichtentechnische Zeitschrift 34 (1981), H. 7, S. 460.

—: Wie geht es weiter mit Bildschirmtext? In: Nachrichtentechnische Zeitschrift 36 (1983), H. 6, S. 398f.

Gabel, Jürgen, Wolfgang Heidrich u. Manfred Worlitzer: Der CEPT-Standard als Grundlage des Bildschirmtext-Dienstes. In: Nachrichtentechnische Zeitschrift 37 (1984), H. 4, S. 214–220.

Galaktische Altlast. In: Funkschau (1991), H. 4, S. 24–29.

Giesbers, Klaus: Leserbrief: Folgt sogleich. In: bildschirmtext magazin 8 (1987), H. 11, S. 25.

„Girls, Girls, Girls ...“. In: bildschirmtext magazin für teleleser 3 (1982), H. 5, S. 35.

Goj, Horst: 1 Jahr Bildschirmtext in Berlin. In: telepost 10 (1981), H. 11, S. 9.

Goldener Beterix: Das waren die Preisträger. In: bildschirmtext magazin 8 (1987), H. 7-8, S. 30.

Goldener Beterix oder Fauler Apfel. 2 Preise für Bildschirmtext. In: bildschirmtext magazin für teleleser 1 (1980), H. 4, S. 14.

Gormanns, Klaus M.: Was tut die Post für Europa? In: Zeitschrift für das Post- und Fernmeldewesen (1979), H. 9, S. 6f.

Götz, Günter: Zunächst mal hat überhaupt nichts geklappt. Die Geschichte von Bildschirmtext – England schlug Wellen. In: bildschirmtext magazin für teleleser 1 (1980), H. 1, S. 6f.

—: Für den Fall der Fälle. Gut versichert über Bildschirmtext. In: bildschirmtext magazin für teleleser 1 (1980), H. 2, S. 36f.

—: Die Schlüssel zu Bildschirmtext. Was ist eigentlich das Persönliche Kennwort? In: bildschirmtext magazin für teleleser (1980), H. 3, S. 10.

—: Die Bankschalter sind offen – rund um die Uhr. In: bildschirmtext magazin für teleleser 2 (1981), H. 3, S. 8–15.

—: Wartezeiten schrumpfen auf Sekunden. In: bildschirmtext magazin für teleleser 2 (1981), H. 3, S. 12.

Grab, Herbert: Die Banken kommen ins System. Bundesweit schon 20 000 Telekonten. Homebanking fester Bestandteil der Selbstbedienung. In: Btx Praxis (1984), H. 9, S. 25–27.

—: Der heimliche Hit. Über 70 000 Telekonten. In: bildschirmtext magazin 8 (1987), H. 3, S. 6–8.

—: Das Rennen läuft: Nach dem MultiTel-Start. In: bildschirmtext magazin 8 (1987), H. 4, S. 16f.

Graffe, Heinrich: Eine Public Relations-Aktion der DBP und ihre Beachtung in der Öffentlichkeit. In: Zeitschrift für das Post- und Fernmeldewesen (1978), H. 2, S. 32f.

Greene, Kristina: Triumph der Schlichtheit. Während BTX in Deutschland einen langsamen Tod stirbt, kämpft France Télécom um ihr Gegenstück Minitel. Sogar dem Internet wollen die Franzosen Paroli bieten. In: Handelsblatt, 30.4.2001, S. n3.

Griebl, Ludwig: Datenfernverarbeitung zum Billigtarif. Btx-Rechnerverbund. Teil 1. In: Funkschau (1988), H. 1, S. 40–42.

—: Datenfernverarbeitung zum Billigtarif. Btx-Rechnerverbund. Teil 2. In: Funkschau (1988), H. 2, S. 44–47.

Griebl, Ludwig u. Manfred Pospich: Bildschirmtext-Rechnerverbund (Teil I). In: fernmelde-praxis 63 (1986), H. 13, S. 485–506.

—: Bildschirmtext-Rechnerverbund (Teil II). In: fernmelde-praxis 63 (1986), H. 14, S. 525–549.

Groebmair, Karlheinz: Bildschirmtext für alle Fälle. In: nachrichten elektronik + telematik 41 (1987), H. 4, S. 122f.

Grupen, Peter u. Rainer Gaiser: Fernkopieren. Nachrichtentechnische Zeitschrift 29 (1976), H. 3, S. 215–218.

Gscheidle stellt Bildschirmtext vor: Zu einer informativen Ministeriums-Broschüre. In: Computerwoche, 1.12.1978.

Gscheidle, Kurt: Geleitwort. In: Bundesministerium für das Post- und Fernmeldewesen (Hg.): Kommission für den Ausbau des technischen Kommunikationssystems – KtK – Telekommunikationsbericht. Bonn 1976, S. III.

—: Zur Lage. In: Zeitschrift für das Post- und Fernmeldewesen (1975), H. 1, S. 4–9.

—: Zur Lage der Deutschen Bundespost. In: Zeitschrift für das Post- und Fernmeldewesen (1976), H. 1, S. 4–8.

—: Telefon und Bildschirmtext. In: telepost 6 (1977), H. 10, S. 3.

—: Vorwort. In: Hans Steinmetz u. Dietrich Elias: Geschichte der Deutschen Post. Band 4: 1945 bis 1978. Bonn 1979, S. 5f.

—: Die Deutsche Bundespost im Spannungsfeld der Politik – Versuch einer Kursbestimmung. In: Jahrbuch der Deutschen Bundespost 31 (1980), S. 9–40.

—: Sie entscheiden über Bildschirmtext. In: bildschirmtext magazin für teleleser 1 (1980), H. 1, S. 3.

—: Damit wir in Verbindung bleiben. Portrait der Deutschen Bundespost. Stuttgart-Degerloch 1982.

Gusbeth, Hans: Kennen Sie Ida? Bildschirmtext hat viele Namen – Versuche in 12 europäischen und fünf Ländern in Übersee. In: bildschirmtext magazin für teleleser 2 (1981), H. 2, S. 6f.

—: Prestel, Panda und Vampire. Bildschirmtext in anderen Ländern (2): Die Engländer bieten als erste Bildschirmtext öffentlich an. In: bildschirmtext magazin für teleleser 2 (1981), H. 3, S. 6f.

—: Das Telefonbuch wird abgeschafft. Btx in anderen Ländern (3). In: bildschirmtext magazin für teleleser 2 (1981), H. 4, S. 6f.

—: TELIDON. Malen wie in Öl. Bildschirmtext in anderen Ländern (4). In: bildschirmtext magazin für teleleser 2 (1981), H. 5, S. 36f.

—: Weder Masse noch Klasse. In: bildschirmtext magazin für teleleser 2 (1981), H. 7, S. 45.

—: Big Business Bildschirmtext. Bis 1990 sollen in Amerika zwischen 8 und 45 Millionen Haushalte Videotex empfangen können. Bildschirmtext in anderen Ländern (6). In: bildschirmtext magazin für teleleser 2 (1981), H. 7, S. 83–86.

—: Weder Masse noch Klasse. Vom Btx-Anbieterclub Düsseldorf nur dürftige vier Seiten Btx-Programm. In: bildschirmtext magazin für teleleser 2 (1981), H. 7, S. 45.

—: Ein kleines „t" aus Babylon. Ähnlich klingende Begriffe versperren den Zugang zu Neuen Medien. In: bildschirmtext magazin für teleleser 2 (1981), H. 8, S. 34.

—: „Btx-Mutter" mit elf „Kindern". In: bildschirmtext magazin für teleleser 3 (1982), H. 1, S. 6f.

—: Verbindungsaufbau mit ---#. In: bildschirmtext magazin für teleleser 3 (1982), H. 2, S. 8–13.

—: Ein Paket, gefüllt mit Daten. Datex-P und Datex-L – was ist das eigentlich? In: bildschirmtext magazin für teleleser 3 (1982), H. 3, S. 22f.

—: New. New York. New Standard. Eintracht der Btx-Europäer bei der großen Show in Manhattan. Videotex '82. In: bildschirmtext magazin für teleleser 3 (1982), H. 6, S. 6–8.

—: Der Staatsvertrag. Länderentwurf für eine bundeseinheitliche Regelung vor letzter Hürde. In: bildschirmtext magazin für teleleser 3 (1982), H. 9, S. 8f.

—: So war es wirklich. Das „System-Knacken" war ein großer Bluff. In: bildschirmtext magazin für teleleser 5 (1984), H. 9, S. 21.

Haeming, Anne: 25 Jahre BTX. Das Netz der Pixelklötze. In: Spiegel Online, 25.8.2008, URL: http://spon.de/aczoP (letzter Zugriff am 11.5.2020).

Hannover Messe 1984. In: nachrichten elektronik + telematik 38 (1984), H. 6, S. 245–247.

Hart, Jeffrey A.: The Teletel/Minitel System in France. In: Telematics and Informatics 5 (1988), H. 1, S. 21–28.

Haufe, Karl-Heinz: Rückblick auf die Internationale Funkausstellung 1979 Berlin. In: Zeitschrift für das Post- und Fernmeldewesen (1979), H. 10, S. 22–27.

—: Messen und Ausstellungen – „unmittelbare" Medien. In: Joachim Delfs (Hg.): Marketing der Deutschen Bundespost. Heidelberg 1985, S. 281–285.

Hauser, Bert: Baden-Württemberg will in der Medienpolitik wieder die Führerschaft übernehmen. „Staatsferne Programmveranstalter". In: Frankfurter Allgemeine Zeitung, 15.12.1984, S. 6.

Hecheltjen, Peter: Bildschirmtext-Prognosen. Ausbreitung und Nutzung eines neuen Kommunikationsmediums. Berlin u. Offenbach 1985.

—: Prognosen zur Entwicklung der Teilnehmerzahl und -struktur im Bildschirmtext-Dienst. In: Nachrichtentechnische Zeitschrift 38 (1985), H. 3, S. 154–161.

Heinz Nixdorf MuseumsForum: Funkausstellung mit Bildschirmtext. In: HNF-Blog. Neues von gestern aus der Computergeschichte, 31.8.2018. URL: https://blog.hnf.de/funkausstellung-mit-bildschirmtext (letzter Zugriff am 11.5.2020).

Helmer, Wolfgang: Pläne für ein Landes-Mediengesetz. Baden-Württemberg befaßt sich mit der neuen Technik. In: Frankfurter Allgemeine Zeitung, 31.3.1981, S. 4.

—: Die Bundespost entscheidet sich für IBM. Zuschlag für die Bildschirmtext-Zentralen. Branche ist überrascht. In: Frankfurter Allgemeine Zeitung, 28.11.1981, S. 17.

—: Hoher Aufwand für Bildschirmtextzentralen. Hat IBM sich verrechnet? Post bekräftigt Termin. In: Frankfurter Allgemeine Zeitung, 18.9.1982, S. 17.

Helm, Hans-Jürgen u. Peter Hamacher: Bildschirmtext im ISDN (Teil I). In: telekom praxis (1990), H. 19, S. 805–815.

—: Bildschirmtext im ISDN (Teil II). In: telekom praxis (1990), H. 21, S. 920–935.

Helmrich, Hans u. Karlheinz Rupp: Bürofernschreiben – eine Kommunikationsform der Zukunft. In: Nachrichtentechnische Zeitschrift 29 (1976), H. 3, S. 218–221.

Hempell, Wolfgang: Postablieferungen an den Bund. In: Jahrbuch der Deutschen Bundespost (1983), S. 272–317.

Herles, Helmut: Die einen saßen im Dunkel und andere traten ins Licht. Ministerwechsel in Bonn. In: Frankfurter Allgemeine Zeitung, 30.4.1982, S. 3.

Heusel, Gynt: TELETEX – ein neuer internationaler Textkommunikationsdienst. In: fernmelde-praxis 58 (1981), H. 19, S. 765–771.

Heydel, Jörg: Internationale Funkausstellung 1983. In: nachrichten elektronik + telematik 37 (1983), H. 11, S. 452–454.

Hitchcock, Nicholas J.: Eighth Wonder? – Viewdata and Teletext (Oracle/Ceefax). In: Educational Media International 14 (1977), H. 2, S. 22–27.

Hloch, Guido: Archive der Neuzeit. In: bildschirmtext magazin 11 (1990), H. 11, S. 12f.

Hoffmann, Gerd E.: Computer-Kommunikation in den 80er Jahren. Bessere Verständigung oder mehr Isolation? In: Nachrichtentechnische Zeitschrift 32 (1979), H. 7, S. 457–460.

—: Kann die Demokratie die Informationstechnologie überleben? In: Nachrichtentechnische Zeitschrift 33 (1980), H. 7, S. 448f.

—: Bürger in der Medienflut! In: Nachrichtentechnische Zeitschrift 34 (1981), H. 12, S. 872f.

Hoffmann, Hans: Neue Wege für einen europäischen Bildschirmtext-Standard. In: Nachrichten-technische Zeitschrift 34 (1981), H. 11, S. 776–780.

—: Btx-Decoder als Halbleiterchip. EUROM übernimmt Steuerfunktion für Farbbildröhre. In: nachrichten elektronik + telematik 37 (1983), H. 5, S. 188–192.

Hoffmann, Helmut: Über Btx bestellt aber ... Annahme verweigert. In: Btx Praxis (1986), H. 2, S. 28f.

—: Datenschutz: Gesteigerte Sensibilität. In: Btx Praxis (1987), H. 6, S. 29.

Hofmann, Ulla: Brockhaus nimmt die Herausforderung der Elektronik an. Pilotprojekt der elektronischen Textverarbeitung in der Lexikonarbeit. Auch Casanova im Verlagsprogramm. In: Frankfurter Allgemeine Zeitung, 11.11.1980, S. 15.

Holland, Wau: Btx. Eldorado für Hacker? In: Datenschutz-Management und Bürotechnologien. Tagungsband der 8. DAFTA (Datenschutzfachtagung) am 15. und 16. November 1984. Köln 1985, S. 133–144.

Höper, Petra: New Media: A Growth Market in Erotica and Pornography for Beate Uhse. In: Walter Brenner u. Lutz Kolbe (Hg.): The Information Superhighway and Private Households. Case Studies of Business Impacts. Heidelberg 1996, S. 173–182.

Hort, Peter: Kammern fordern Bildschirmtext als öffentlichen Fernmeldedienst. DIHT wendet sich an Lambsdorff. Druck auf Post nimmt zu. In: Frankfurter Allgemeine Zeitung, 4.3.1981, S. 4.

—: Gscheidle läßt grüßen. In: Frankfurter Allgemeine Zeitung, 30.4.1982, S. 14.

Hutter, Anton u. Hartmut Gehrhoff: Die neue Telekommunikationsordnung. Neuordnung des Fernmeldebenutzungsrechts für die nationalen Telekommunikationsdienste. In: Jahrbuch der Deutschen Bundespost 39 (1988), S. 9–265.

Ihlefeld-Bolesch, Heli: Eisenbeis und seine Mosaiken. In: Postmagazin (1988), H. 1, S. 14–16.

Im Geschäftsjahr 1985 gut gehalten. Einstieg in professionelle Elektronik ist geplant. In: Handelsblatt, 11.2.1986, S. 10.

Im Preisvergleich liegt Btx vorn. In: Btx Praxis (1985), H. 9, S. 6–8.

Impressum: Bildschirmtext Magazin für Teleleser. In: bildschirmtext magazin für teleleser 1 (1980), H. 1, S. 5.

In Berlin gefragt – Antwort aus Darmstadt. Computer des FTZ in Darmstadt überträgt Bildschirmtext zur Funkausstellung Berlin. In: Darmstädter Echo, 29.8.1977.

In Japan Btx mit Telidon. In: Computerwoche, 24.2.1984.

In Vorbereitung: Bildschirmtext. Im Herbst 1983 geht es los. In: telepost 11 (1982), H. 2, S. 10f.

Inhalt der CD-ROM. In: com! das btx magazin 16 (1995), H. 9, S. 6.

Interflug: Westwärts. In: bildschirmtext magazin 10 (1989), H. 7/8, S. 10.

„Internet im Fernsehen – da stoßen zwei Welten aufeinander". 20 Jahre Btx: Zur Internationalen Funkausstellung in Berlin ein Gespräch mit T-Online-Chef Eric Danke. In: Frankfurter Allgemeine Zeitung, 31.8.1997, S. 11.

Irmer, Theodor: Vorführung von Bildschirmtext auf der Funkausstellung '77. In: Nachrichtentechnische Zeitschrift 30 (1977), H. 9, S. 696f.

Ja Danke. In: bildschirmtext magazin 11 (1990), H. 4, S. 14f.

Jansen, Dorothea, Helmut Kromrey u. Heiner Treinen: Bildschirmtext: Fernmeldedienst oder neues Medium? Ergebnisse der Begleitforschung. In: Rundfunk und Fernsehen 30 (1982), H. 4, S. 447–465.

Jenkins, Milt: Review of The Viewdata Revolution. In: Business Horizons (1982), May-June, S. 92f.

„Jetzt mehr Wettbewerb!" Postmagazin sprach mit Dr. Christian Schwarz-Schilling, Bundesminister für Post und Telekommunikation. In: Postmagazin (1990), H. 3, S. 18f.

Jouët, Josiane: Die Nutzung des Teletel-Systems in Frankreich. In: Media Perspektiven (1991), H. 5, S. 297–302.

Jungblut, Michael: Chancen in Japan. Die deutsche Leistungsschau in Tokio bietet eine einmalige Möglichkeit, Fehler der Vergangenheit auszubügeln. In: Die Zeit, 16.3.1984.

Kaiser, Wolfgang: Zukünftige Telekommunikation in der Bundesrepublik Deutschland. Ergebnisse der KtK-Beratungen. In: Nachrichtentechnische Zeitschrift 29 (1976), H. 3, S. 190–210.

Kaiser, Wolfgang u. L. Bühlmaier: Übertragung von Texten in Breitband-Verteilnetzen: Kabeltext. In: NTG-Fachberichte 74 (1980), S. 212–221.

Kalt, Helmut: Flächendeckender Zugriff auf Informationen. In: nachrichten elektronik + telematik 41 (1987), H. 4, S. 14f.

Kaminski, Michael: Erfolgsversprechende Prognose. Ergebnisse der Diebold-Bildschirmtext-Studie '86. In: Industrie- und Handelskammer zu Berlin (Hg.): Bildschirmtext. Erfahrungen und Marktchancen. Eine Dokumentation der IHK Berlin. Berlin 1983, S. 20f.

Kammerer-Jöbges, Brigitte: Die Bildschirmtext-Aktivitäten der Presse. In: Media Perspektiven (1984), H. 4, S. 264–272.

—: Dem Medium auf die Sprünge helfen. In: Btx Praxis (1985), H. 10, S. 45–47.

Kanzow, Jürgen: Technische Entwicklungslinien neuer Telekommunikationsformen. In: Zeitschrift für das Post- und Fernmeldewesen (1977), H. 11, S. 4–9.

—: Bildschirmtext. In: Hauptgemeinschaft des Deutschen Einzelhandels (Hg.): Einzelhandel und Neue Kommunikationstechniken. Referate, Auszüge aus den Diskussionen und HDE-Stellungnahmen. Köln 1978, S. 78–85.

Kaps, Rolf Ulrich: Die Wirkung von Bildschirmtext auf das Informationsverhalten der Konsumenten. Gröbenzell 1983.

—: Btx-Aktualität – ein Wunschdenken? In: nachrichten elektronik + telematik 38 (1984), H. 2, S. 50–52.

Kein Gewinn mit Bildschirmtext. In: Der Spiegel (1988), H. 51, S. 79.

Kein Verein für Bildschirmtext. Die 500 „Anbieter" wollen bei Arbeitskreisen bleiben. In: Frankfurter Allgemeine Zeitung, 22.10.1980, S. 14.

Kemmler, Anne: Telekommunikationsgesetz (TGK). Einführung und Stand der Umsetzung. In: Archiv für Post und Telekommunikation 48 (1996), H. 4, S. 321–330.

Kempff, Martina: Steffi kämpft um den „guten Ton". Bummel durch die Hallen: Zweittelefon für die Zukunft und ein Sender für Berliner Kinder. In: Die Welt, 29.8.1977.

Kennwörter jetzt ‚sicher'. In: bildschirmtext magazin für teleleser 4 (1983), H. 6, S. 12.

Kennwort-Probleme. In: Bildschirmtext Aktuell 5 (1984), H. 100, S. 2f.

Kewenig erläutert Medienziele. Bildschirmtext ohne Forschung – Kabelversuch mit 500 Teilnehmern. In: Der Tagesspiegel, 10.9.1981.

Kinderporno versus Btx. In: bildschirmtext magazin 13 (1992), H. 5, S. 60.

Kleine Anfrage zu Bolesta. In: bildschirmtext magazin für teleleser 3 (1982), H. 3, S. 39.
Klemm, Thomas: Abschied von der Tan-Liste. In: Frankfurter Allgemeine Sonntagszeitung, 28.4.2019, S. 29.
Koch, Brigitte: Beethoven wird japanisch sprechen. Der Countdown auf dem Harumi-Messegelände in Tokio hat begonnen. In: Frankfurter Allgemeine Zeitung, 2.3.1984, S. 16.
Kommunikationspolitik im Gespräch: Bildschirmtext. Breitbandverkabelung. Ausbildung. In: Zeitschrift für das Post- und Fernmeldewesen (1983), H. 8, S. 4–14.
Königshausen, Georg: Btx – ursprüngliches Konzept gescheitert. In: Media Perspektiven (1993), H. 8, S. 388–393.
Konitzer, Martin: Schmuddelkram. Ein Dutzend dubioser Pornoanbieter in Bildschirmtext hat Bundestagsabgeordnete auf den Plan gerufen. In: bildschirmtext magazin 11 (1990), H. 12, S. 28f.
—: Btx-Zukunft: Zeit läuft. In: bildschirmtext magazin 12 (1991), H. 3, S. 16–18.
—: Lust und Frust. In: bildschirmtext magazin 12 (1991), H. 5, S. 14f.
—: Mehrweg-Lösung. In: bildschirmtext magazin 12 (1991), H. 11, S. 14–16.
—: Aufschwung Ost. Btx kommt in den neuen Bundesländern allmählich ins Rollen. In: bildschirmtext magazin 13 (1992), H. 4, S. 26f.
—: Operation Zukunft. Kommt mit Datex-J der große Durchbruch für Btx? Einiges spricht dafür. In: bildschirmtext magazin 13 (1992), H. 11, S. 16–19.
—: Haste Töne. Multimedia hält Einzug in Btx: Zur CeBIT kommen die ersten Angebote mit Sound- und Musikuntermalung. In: bildschirmtext magazin 14 (1993), H. 4, S. 15–18.
—: Pennen statt pinnen. Zwischen Sprachrohr und Rohrkrepierer: Die Pinnwände in Btx. In: bildschirmtext magazin 14 (1993), H. 6, S. 20–23.
—: Abgekanzelt. Ende des Jahres verabschiedet sich die Katholische Kirche aus dem System – und hinterläßt ohne Not eine Lücke. In: bildschirmtext magazin 14 (1993), H. 12, S. 44f.
—: BTX-Nachruf. Heute (31.12.2000) geht der Bildschirmtext vom Netz. Nachruf auf ein Online-Urgestein. URL: http://www.fundialoge.de/hintergrundinfos/btx-nachruf.asp (letzter Zugriff am 11.2.2019, seit 2020 leider nicht mehr verfügbar).
Konkurrenz oder Arbeitsteilung? Btx und Videotext. In: bildschirmtext magazin für teleleser 5 (1984), H. 8, S. 32–34, hier S. 32.
Krieg, Bernhard: Irrwege. Erfahrungen von einem, der auszog, sich in die Schar der Btx-Jünger einzureihen. In: Funkschau (1984), H. 1, S. 41.
—: Btx kommt. Weitere Erfahrungen von einem, der auszog, sich in die Schar der Btx-Jünger einzureihen. In: Funkschau (1984), H. 12, S. 53–55.
Kromrey, Helmut u. Heiner Treinen: Die Verbreitung von Bildschirmtext in Privathaushalten. Prognosen – Hypothesen – Tatsachen. In: Rundfunk und Fernsehen 33 (1985), H. 2, S. 207–219.

Krug, Horst: 20 Millionen Fernsprechanschlüsse. In: Zeitschrift für das Post- und Fernmeldewesen (1980), H. 7, S. 16–19.

Krüger, Ralf E.: Adieu, Minitel. Frankreich begräbt sein Textnetz. In: Spiegel Online, 25.6.2012. URL: http://spon.de/adGSU (letzter Zugriff am 11.5.2020).

Kubicek, Herbert u. Arno Rolf: Mikropolis. Mit Computernetzen in die „Informationsgesellschaft". Pläne der Deutschen Bundespost. Wirtschaftliche Hintergründe. Soziale Beherrschbarkeit. Technische Details. 2. Aufl. Hamburg 1986.

Kühn, Dieter: Die Reformen der Deutschen Bundespost – ein langwieriger, aber erfolgreicher Prozeß. In: Lutz Michael Büchner (Hg.): Post und Telekommunikation. Eine Bilanz nach zehn Jahren Reform. Heidelberg 1999, S. 3–35.

Lange, Bernd-Peter: Bildschirmtextfeldversuch – Begleitforschung – Staatsvertrag der Bundesländer. Grundlagen für politische Entscheidungen über die Einführung eines „Neuen Mediums" – eine Zwischenbilanz. In: Media Perspektiven (1983), H. 2, S. 65–77.

Lange, Manfred: Förderung der Technischen Kommunikation. In: Nachrichtentechnische Zeitschrift 32 (1979), H. 4, S. 218–223.

Lange, Peter: Werbung bringt Mitarbeitern vor allem Streß. In: Deutsche Postzeitung 29 (1978), H. 2, S. 28.

Langen, Bernhard: Was bringt Datex-J dem Anwender? Die neue Kommunikationsplattform „Datenmehrwertnetz". In: nachrichten elektronik + telematik 46 (1992), H. 6, S. 306–308.

Langenbucher, Wolfgang R.: Individuum und Haushalt als Informationssucher – Chancen für Bildschirmtext? In: Eberhard Witte (Hg.): Telekommunikation für den Menschen. Individuelle und gesellschaftliche Wirkungen. Vorträge des Kongresses 29.–31. Oktober 1979, München. Berlin, Heidelberg u. New York 1980, S. 118–139.

Lazak, Dieter: Multifunktionale Workstations. Zukunft der Telekommunikation. Weltweit einheitlicher Videotex-Standard angestrebt. In: Btx Praxis (1984), H. 11, S. 32f.

—: Kommunikationsnormung wichtig für Weltstandard. Spezifische Probleme der MFW-Stationen. In: Btx Praxis (1984), H. 12, S. 22f.

Leismann, Uschi: Btx-gestütztes Warenwirtschaftssystem. Interaktive betriebswirtschaftliche Informations- und Steuerungselemente. In: nachrichten elektronik + telematik 41 (1987), H. 11, S. 440–444.

Letsche, Dieter: Bedeutung und Aufgaben der Datenkommunikation. In: Nachrichtentechnische Zeitschrift 29 (1976), H. 3, S. 211–214.

Liebesgrüße aus Btx. In: bildschirmtext magazin 10 (1989), H. 12, S. 20f.

Lippisch, Thomas: Leserbrief: „Die Post hat für Btx das falsche Werbekonzept". In: bildschirmtext magazin für teleleser 6 (1985), H. 3, S. 22.

Liske, Norbert: ETB: eine Btx-Anwendung für die breite Öffentlichkeit? In: Zeitschrift für das Post- und Fernmeldewesen (1989), H. 1, S. 24f.

Loewe entwickelt Decoder für ISDN-Btx. In: Btx Praxis (1986), H. 3, S. 11–13.

Loppow, Bernd u. Winfried Moritz: Erfolg mit Btx: Von den Franzosen lernen. In: Handelsblatt, 1.2.1989, S. 20.

Löwenheim, Angelika G.: Btx und Personal Computer bilden ein wertvolles Team – Zusatznutzen bietet sich geradezu an. Mit dem Software-Decoder den Durchbruch schaffen. In: Handelsblatt, 7.2.1990, S. 23.

Loyson-Siemering, Alice: 10. regionales Anbieter-Treffen in Berlin. In: bildschirmtext magazin für teleleser 3 (1982), H. 1, S. 40.

Lustige Spielchen. In: Der Spiegel (1984), H. 48, S. 238–242.

Lutteroth, Johanna: Technik-Flop BTX. Per Fernbedienung ins digitale Bordell. In: Spiegel Online, 30.8.2013. URL: http://spon.de/ad9CR (letzter Zugriff am 11.5.2020).

Machnik, Klaus: „Noch sind se nicht so weit". In: bildschirmtext magazin für teleleser 1 (1980), H. 5, S. 44f.

—: Bildschirmtext – das neue Telespiel. In: Funkschau (1980), H. 25, S. 84.

—: Bildschirmtext – die lahme Ente. In: Funkschau (1981), H. 19, S. 80f.

Maciejewski, Paul: Derzeitige Situation in der Btx-Szene legt die Frage nahe: Bildschirmtext – der Flop des Jahrhunderts? In: Computerwoche, 2.11.1984

MacLaren, Ian: A comparison of graphic qualities of Prestel, Antiope and Telidon. In: Information Design Journal 1 (1979), H. 3, S. 154–158.

Mader, Willi: Bildschirmtext ist kein langsames Medium. In: Btx Praxis (1986), H. 5, S. 16–18.

Mahnkopf, Peter: Respektable Anwendungen. Bildschirmtext, die nutzerfreundliche Superdatenbank? In: nachrichten elektronik + telematik 43 (1989), H. 5, S. 228–232.

—: Zugang zum Wissen der Welt. Bildschirmtext mit dem Personal Computer. In: nachrichten elektronik + telematik 45 (1991), H. 7/8, S. 326–328.

Markmann, Arno: Wege zur preisgünstigen Btx-Grafik. In: nachrichten elektronik + telematik 38 (1984), H. 6, S. 222–224.

„Markt muß sich frei entwickeln!" Postmagazin sprach mit Dr. Schwarz-Schilling, Bundesminister für Post und Telekommunikation. In: Postmagazin (1990), H. 1, S. 12f.

Marti, Bernard: Efforts toward a European Standard. In: Diebold Deutschland GmbH (Hg.): Bildschirmtext Kongress 1982. Proceedings. Frankfurt am Main. Alte Oper. 4.-5. März 1982. Frankfurt am Main 1982, S. 35–50.

Maschke, Walter: Fachkongreß „Neue Medien" während der Internationalen Funkausstellung in Berlin. Grundsatzreferat von Minister Schwarz-Schilling. In: Zeitschrift für das Post- und Fernmeldewesen (1983), H. 10, S. 4–7.

—: Der Stern des Bildschirmtext-Dienstes ist aufgegangen. In: telepost 12 (1983), H. 11, S. 6–8.

—: Liebe Leser. In: telepost 15 (1986), H. 10, S. 3.

Maskenball. In: bildschirmtext magazin 12 (1991), H. 6, S. 14–18.

Massenmedium Bildschirmtext. In: Zeitschrift für das Post- und Fernmeldewesen (1982), H. 10, S. 6.

Matheisen, Jost u. Michaela Voltenauer-Lagemann: Soziale und kulturelle Auswirkungen von Bildschirmtext in privaten Haushalten. Wissenschaftliche Begleituntersuchung zur Bildschirmtexterprobung in Berlin. Anlageband 1. München 1983.

Maury, Jean-Paul u. Daniel Leclercq: Strategy and Perspectives for Videotex in France. In: Educational Media International 26 (1989), H. 1, S. 13–18.

Maxwill, Peter: Internationales Teletext Art Festival. Oh Videotext, wie violett und virtuos bist du. In: Spiegel Online, 14.8.2014. URL: http://spon.de/aeiF9 (letzter Zugriff am 11.5.2020).

Mayntz, Renate et al.: Wissenschaftliche Begleituntersuchung. Feldversuch Bildschirmtext Düsseldorf/Neuss. Band 1: Abschlußbericht. Düsseldorf 1983.

—: Bildschirmtext im Feldversuch. In: Eberhard Witte (Hg.): Bürokommunikation. Ein Beitrag zur Produktivitätssteigerung. Vorträge des am 3./4. Mai 1983 in München abgehaltenen Kongresses. Berlin u. Heidelberg 1984, S. 137–145.

Medium für die Jugend? In: Btx Praxis (1986), H. 1, S. 32f.

Meißner, Carl-Friedrich: Mit der Runderneuerung des Btx auf dem richtigen Weg. In: telekom praxis extra 69 (1992), H. 11, S. II.

Messerschmid, Ulrich: Technische Aspekte des Vergleichs der Systeme für Videotext und Bildschirmtext. In: Rundfunktechnische Mitteilungen 23 (1979), H. 5, S. 18–24.

Meyer, Fred: Bildschirmtext und Videotext. In: Unterrichtsblätter der Deutschen Bundespost. Ausgabe B Fernmeldewesen 33 (1980), H. 9, S. 339f.

Meyer-Larsen, Werner (Hg.): Der Orwell-Staat 1984. Vision und Wirklichkeit. Hamburg 1983.

Meyer-Larsen, Werner: Technisches Paradies oder Wahnsinn? Ein Resümee. In: Ders. (Hg.): Der Orwell-Staat 1984. Vision und Wirklichkeit. Reinbek bei Hamburg 1983, S. 183–190.

Minister Differenzen um Bildschirm-Text. In: Computerwoche, 22.9.1978.

Ministerwechsel. In: Deutsche Postgilde. Zeitschrift der Vereinigung von Führungskräften der Deutschen Bundespost 37 (1993), H. 1, S. 2.

Minitels, Rechnungshof – für Eric Danke ist Alles halb so schlimm! In: Btx Praxis (1988), H. 11, S. 24–26.

Minitel-Erfolg unter der Gürtellinie. In: Funkschau (1987), H. 20, S. 29f.

„Mit Augenmaß ein vernünftiger Mittelweg“ Der Weg der Post ins Jahr 2000 – Postmagazin sprach mit Postminister Dr. Schwarz-Schilling. In: Postmagazin (1988), H. 2, S. 12f.

Mitteilungsdienst läuft über. In: Bildschirmtext Aktuell 5 (1984), H. 111, S. 2.

Möll, Gerhard: Videotext-Demonstration der Rundfunkanstalten auf der Internationalen Funkausstellung 1977 in Berlin. In: Rundfunktechnische Mitteilungen 21 (1977), H. 5, S. 229f.

Möller, Gerhard: Marketing bei der Deutschen Bundespost. In: Zeitschrift für das Post- und Fernmeldewesen (1986), H. 8, S. 52–59.

Mondlandung. In: bildschirmtext magazin 11 (1990), H. 4, S. 18f.

Moritz, Peter: Bildschirmtext 1988. Eine Bestandsaufnahme. In: Zeitschrift für das Post- und Fernmeldewesen (1988), H. 6, S. 14–22.

Muckli, Werner, Joachim F. Schmies u. Rolf Zimmermann: Neue Telekommunikationsformen mit dem Telefon als Terminal. In: Nachrichtentechnische Zeitschrift 30 (1977), H. 6, S. 479–483.

Müder Start für Bildschirmtext. In: Der Spiegel (1980), H. 35, S. 85.

Mühleisen, Robert: Beim Televersand werden Sie prompt bedient. In: bildschirmtext magazin für teleleser 4 (1983), H. 7, S. 106.

—: Flottes Quartett. Das Team, das die Ulmer Leitzentrale leitet. In: bildschirmtext magazin für teleleser 5 (1984), H. 4, S. 15.

—: Gemogelt? „Spektrum" soll Btx spielerisch vermitteln. In: bildschirmtext magazin 8 (1987), H. 5, S. 38.

Müller, Karlhans: Bildschirmtext revolutioniert die Kommunikation. Das neue Tele-Medium kann ganze Branchen verändern. In: nachrichten elektronik 34 (1980), H. 5, S. 145–148.

Müller, Ralf: Das bietet Btx. In: Happy Computer (1989), H. 3, S. 28.

Müller-Using, Detlev: Neue meinungsbildende Formen der Telekommunikation. In: Zeitschrift für das Post- und Fernmeldewesen (1977), H. 4, S. 24–30.

Müller-Using, Detlev u. Josef Meimer: Bildschirmtext – bundesrechtliche und landesrechtliche Grundlagen. In: Zeitschrift für das Post- und Fernmeldewesen (1983), H. 6, S. 31–42.

Müller-Using, Detlev u. Richard Lücke: Neue Teledienste und alter Rundfunkbegriff. In: Archiv für Post und Telekommunikation 47 (1995), H. 1, S. 32–45.

—: Neues Recht für Multimedia-Dienste. Die Regelungsentwürfe des Bundes und der Länder. In: Archiv für Post und Telekommunikation 49 (1997), H. 2, S. 101–109.

Narjes, Karl-Heinz: Die Zukunft der Telekommunikation in Europa. Das fernmeldepolitische Modell der Kommission der Europäischen Gemeinschaften. In: Zeitschrift für das Post- und Fernmeldewesen (1989), H. 1, S. 4–10.

Nastoll, Peter: Leserbrief: Sauerei. In: bildschirmtext magazin 11 (1990), H. 6, S. 4f.

Neu: Hitparade in Btx. In: bildschirmtext magazin 8 (1987), H. 7/8, S. 31.

„Neue Konzepte müssen mindestens zwei Jahre tragen". Mit Ralph Dommermuth, dem Inhaber der Vermarktungs- und Service Gruppe 1&1, sprach Ingrid Hielle. In: Frankfurter Allgemeine Zeitung, 6.11.1995, S. 23.

Neues vom Bildschirmtext. In: Computerwoche, 3.3.1978.

„Noch mehr Marketing". Interview mit dem Chef der Bundespost Telekom. In: bildschirmtext magazin 11 (1990), H. 4, S. 17.

Nora, Simon u. Alain Minc: Die Informatisierung der Gesellschaft. Frankfurt am Main 1979.

NTT bricht Btx-Pakt mit France Telecom. In: Computerwoche, 12.2.1993, S. 68.

Nürnberger, Christian: Lockruf in den Tele-Puff. Der Bildschirmtext der Post bietet massenhaft schummrige Ecken. In: Die Zeit, 26.9.1991, S. 101.

Oehlerking, Friedrich: Das Btx-Modul im Stecker. In: bildschirmtext magazin 8 (1987), H. 9, S. 9f.

Oehlerking, Friedrich u. Boris Schmidt: Abrufpanel für Btx-Programme: Das Inkasso ist tot, es lebe die Reklame! In: Btx Praxis (1988), H. 1, S. 14–17.

Öffentliche Terminals schaffen jedermann Zugang: Eintritt frei! In: bildschirmtext magazin für teleleser 6 (1985), H. 9, S. 57.

Öffentlicher Btx: Probleme mit dem Münzer. In: bildschirmtext magazin für teleleser 6 (1985), H. 8, S. 42.

Öffentliches Auskunftsgerät. In: bildschirmtext magazin für teleleser 2 (1981), H. 3, S. 42.

Öffentliches Btx-Terminal. In: bildschirmtext magazin für teleleser 2 (1981), H. 7, S. 59.

Ohem, Karl: Rund um den Bildschirm. Zur Internationalen Funkausstellung in Berlin. In: Frankfurter Allgemeine Zeitung, 27.8.1983, S. 11.

—: Mit Gutenberg und bayerischer Blasmusik. Lebhafter Auftakt der deutschen Leistungsschau in Japan. In: Frankfurter Allgemeine Zeitung, 7.4.1984, S. 14.

Ohne Bilder ist Btx ein totes Medium. In: Btx Praxis (1985), H. 5, S. 19–21.

Optimistische Post. In: Frankfurter Allgemeine Zeitung, 11.9.1982, S. 11.

Ording, Ekhard C.: Das Btx-Projekt. In: nachrichten elektronik + telematik 37 (1983), H. 11, S. 447–451.

Othmar, Wilhelm: Human Relations (HR-Arbeit) bei der Deutschen Bundespost. Mittel und Wege der innerbetrieblichen Information, der Mitarbeiter-Motivation und der Pflege des Betriebsklimas. In: Zeitschrift für das Post- und Fernmeldewesen (1984), H. 3, S. 20–30.

—: HR(Human Relations)-Arbeit bei der Deutschen Bundespost. In: Joachim Delfs (Hg.): Marketing der Deutschen Bundespost. Heidelberg 1985, S. 313–326.

„Passwort-Wahl wird zu leichtfertig gehandhabt“. Sicherheitsrisiken aus Sicht der Datenschützer. In: Btx Praxis (1985), H. 1, S. 24.

Pastoor, Siegmund, Ion Paul Beldie u. Matthias Wöpking: Textdarstellung im CEPT-Standard noch nicht optimal. In: Nachrichtentechnische Zeitschrift 37 (1984), H. 10, S. 640–644.

Pätzold, Ulrich u. Jan Tonnemacher: Dimensionen neuer Informations- und Kommunikationstechniken. Bestandsaufnahme und Prognose. In: Publizistik 26 (1981), H. 4, S. 508–529.

Pätzold-Algner, Patricia: Btx war gestern. In: TU intern. Die Hochschulzeitung der Technischen Universität Berlin (2007), H. 11, S. 11.

Persönliches Kennwort. In: Btx Praxis (1984), H. 8, S. 11.

Perverse Gummistute. In: Der Spiegel (1994), H. 11, S. 90–92.

Peters, Wolfgang P.: ISDN: Nutzen für viele. Von der geschäftlichen Nutzung zum Massendienst. In: Zeitschrift für das Post- und Fernmeldewesen (1987), H. 9, S. 4–13.

Pielhauer, Werner: Chancen und Grenzen der deutsch-französischen Gateway: Vive le Verbund! In: Btx Praxis (1988), H. 9, S. 18–20.

—: Die deutsch-französische Gateway: Le Kompromiß. In: Btx Praxis (1988), H. 10, S. 18–20.

Pieniak, Marita u. Edeltraud Sonneck: 13 Jahre und schon ein Btx-Fan. Jürgen Scholten macht manchem Fachmann etwas vor – Jüngster „Mitarbeiter" im Bundespostministerium. In: bildschirmtext magazin für teleleser 2 (1981), H. 7, S. 78–81.

Pietzker, Jürgen: Helmut Witzke – unser Mann in Düsseldorf. Was ein 69jähriger von Bildschirmtext erwartet. In: bildschirmtext magazin für teleleser 1 (1980), H. 1, S. 20.

—: Was Derwall sagt, ist zehn Minuten später schon zu lesen. In: bildschirmtext magazin für teleleser 1 (1980), H. 1, S. 40–42.

—: Da staunte aber Frau Schümchen. Mit ein paar Handgriffen ist Bildschirmtext angeschlossen. In: bildschirmtext magazin für teleleser 1 (1980), H. 2, S. 12–14.

—: Statt lautem Startschuß nur ein „Plopp". In: bildschirmtext magazin für teleleser 1 (1980), H. 2, S. 40f.

Pilz, Franz: Übertragung zusätzlicher Informationen, insbesondere von Texten, in ungenutzten Zeilen der Vertikal-Austastlücke des Fernsehsignals. In: Nachrichtentechnische Zeitschrift 30 (1977), H. 3, S. 225–228.

Piper, Eva: Von Ast zu Ast. In: Vgl. bildschirmtext magazin für teleleser 1 (1980), H. 1, S. 19f.

—: Wenn plötzlich ein Kinderplanschbecken kommt ... In: bildschirmtext magazin für teleleser 1 (1980), H. 2, S. 10f.

—: Volkes Stimme oder Volks-Hetze? Ein Beispiel zur Problematik, private Meinung mit dem Informationsmedium Btx zu transportieren. In: bildschirmtext magazin für teleleser 3 (1982), H. 1, S. 38f.

—: „Neue Ideen gehen meist von den Kleinen aus". Er gilt als der Erfinder des Homebanking. Im Gespräch: Alfred Richter. In: bildschirmtext magazin für teleleser 3 (1982), H. 4, S. 22–24.

Plus und Minus. In: bildschirmtext magazin 8 (1987), H. 6, S. 30.

Pornoelektronisch. Der Kommentar. In: bildschirmtext magazin 10 (1989), H. 11, S. 27.

Pospischil, Rudolf: Bildschirmtext in Frankreich und Deutschland. Grundlagen und Konzeptionen. Nürnberg 1987.

„Post hat Zukunft in neuen Märkten!" Gespräch mit Bundespostminister Dr. Schwarz-Schilling über die angekündigten Reformen. In: Postmagazin (1987), H. 4, S. 17–19.

„Post sorgt für gleiche Chancen" Gespräch mit Bundespostminister Dr. Schwarz-Schilling über „Post 2000". In: Postmagazin (1988), H. 4, S. 18f.

Premierenglanz für Bildschirmtext. In: bildschirmtext magazin für teleleser 4 (1983), H. 8, S. 10–14.

Pressestimmen. In: bildschirmtext magazin für teleleser 3 (1982), H. 8, S. 32.

Pressestimmen. In: bildschirmtext magazin für teleleser 3 (1982), H. 9, S. 34f.

Preuß, Joachim: „Wir müssen wachsen, wachsen, wachsen". In: Der Spiegel (1984), H. 31, S. 42–44.

Privat-TV: „Gefährlicher als Kernenergie". In: Der Spiegel, 1.10.1979.

Radke, Georg-Ludwig: Datenschützer: Keine hundertprozentige Sicherheit. In: Funkschau (1985), H. 6, S. 5.

Raffée, Hans u. Günter Werkmann: Bedeutung, Ziele und Instrumente der Öffentlichkeitsarbeit bei der Deutschen Bundespost. In: Archiv für das Post- und Fernmeldewesen 38 (1986), H. 2, S. 112–119.

Raithel, Helmut: Der Sieg des Verlierers. In: manager magazin 12 (1982), H. 9, S. 30–35.

Randow, Thomas von: Ein Schlag gegen das System. Ein Computerclub deckt Sicherheitslücken im Btx-Programm auf. In: Die Zeit, 30.11.1984.

Ratzke, Dietrich: Wem gehört die Bildschirmzeitung? Verleger und Fernsehanstalten wollen in Berlin ein neues Medium präsentieren. In: Frankfurter Allgemeine Zeitung, 10.2.1977, S. 10.

—: Funkausstellung in Berlin. Die zweite Jugend des Bildschirms. In: Frankfurter Allgemeine Zeitung, 26.8.1977, S. 25.

—: Auf der Berliner Funkausstellung: Prolog für die große Kabelschlacht. Die saubere Trennung von elektronischen und gedruckten Medien ist endgültig vorbei. Podiumsdiskussion in der Kongreßhalle. In: Frankfurter Allgemeine Zeitung, 31.8.1977, S. 5.

—: Vom Heimkino zur Informationszentrale. Über Aussichten und Möglichkeiten der Bildschirm-Zeitung. In: Frankfurter Allgemeine Zeitung, 17.9.1977, S. 15.

—: Funkausstellung Berlin. Das Fernsehen ist auf die Schrift gekommen. Wird „Bildschirmtext unsere Zukunft sein? In: Frankfurter Allgemeine Zeitung, 29.8.1979, S. 25.

—: Handbuch der Neuen Medien. Information und Kommunikation. Fernsehen und Hörfunk. Presse und Audiovision. heute und morgen. Stuttgart 1982.

—: Handbuch der Neuen Medien. Information und Kommunikation. Fernsehen und Hörfunk. Presse und Audiovision. heute und morgen. 2. Aufl. Stuttgart 1984.

Rau, Johannes: Geleitwort. In: Dietmar Strauch u. Gerhard Vowe (Hg.): Bildschirmtext. Facetten eines neuen Mediums. München u. Wien 1980, S. 7.

Raudszus, Frank: T-Online auf dem Weg zum „echten" Internet-Provider. In: NET 51 (1997), H. 7, S. 40.

Redaktion bildschirmtext magazin für teleleser: Liebe Leser. In: bildschirmtext magazin für teleleser 1 (1980), H. 1, S. 4.

Reduzierte Prognosen. In: Btx Praxis (1984), H. 12, S. 15.

Reinfall mit Bildschirmtext. In: Der Spiegel (1984), H. 50, S. 107.

Reinhold, Gerhard: Heißer Draht in die Alte Welt. Deutsches Btx in den USA. In: nachrichten elektronik + telematik 45 (1991), H. 10, S. 430–432.
Riemann, Hans Erwin: Btx ist besser als sein Ruf! In: bildschirmtext magazin für teleleser 6 (1985), H. 7/8, S. 18.
Rietschel, Michael: Den langen Weg wirtschaftlich abkürzen. Die Kommunikation mit dem Außendienst über das Btx-Netz. In: nachrichten elektronik + telematik 42 (1988), H. 1/2, S. 34–36.
Ring, Wolf-Dieter u. Reinhard Hartstein: Bildschirmtext heute. Neues Recht und Praxis. Bildschirmtext-Staatsvertrag (Entwurf) mit Nebengesetzen und Erläuterungen. München 1983.
Rittmann, Rosmarie: Der Bankschalter im Wohnzimmer. In: bildschirmtext magazin für teleleser 1 (1980), H. 3, S. 30f.
—: Kinder testen Btx. Die Btx-Technik ist kein Problem. In: bildschirmtext magazin für teleleser 1 (1980), H. 4, S. 8f.
—: Wer die Wahl hat ... Das Angebot an Bildschirmtext-Fernsehgeräten ist noch unübersichtlich. In: bildschirmtext magazin für teleleser 1 (1980), H. 4, S. 38f.
—: Der Computer mischt die Karten. In: bildschirmtext magazin für teleleser 1 (1980), H. 5, S. 34–36.
Rohloff, Adalbert: Bildschirmtext – Chancen für den Mittelstand. Anlaß und Absichten dieser Dokumentation. In: Industrie- und Handelskammer zu Berlin (Hg.): Bildschirmtext. Erfahrungen und Marktchancen. Eine Dokumentation der IHK Berlin. Berlin 1983, S. 2.
—: Marktchancen von Bildschirmtext. Die politischen Weichen sind jetzt gestellt. In: Industrie- und Handelskammer zu Berlin (Hg.): Bildschirmtext. Erfahrungen und Marktchancen. Eine Dokumentation der IHK Berlin. Berlin 1983, S. 17.
—: Marketing-Strategien für die Aufbauphase von Btx. Vorstandschaft der Btx-A.V. beim Postminister. In: Btx Praxis (1984), H. 1, S. 34f.
Rösch, Alexander: Vom Bildschirmtext über Datex-J zu T-Online. In: Jürgen Wilke u. Christiane Imhof (Hg.): Multimedia. Voraussetzungen. Anwendungen Probleme. Berlin 1996, S. 85–95.
Rother, Hanswalter: „Grünes Licht" für Btx. Abschlußbericht der Begleitforschung für Düsseldorf/Neuß. In: Industrie- und Handelskammer zu Berlin (Hg.): Bildschirmtext. Erfahrungen und Marktchancen. Eine Dokumentation der IHK Berlin. Berlin 1983, S. 18.
Rüggeberg, Rolf: Teletex – ein neuer internationaler Telekommunikationsdienst. In: Der Fernmelde-Ingenieur. Zeitschrift für Ausbildung und Fortbildung 33 (1979), H. 11, S. 1–36.
Rüsche, Tonis: Bildschirmtext – ein Informations- und Kommunikationssystem. Daten-, Bild- und Text-Kommunikation via Bildschirmtext – auch für kleine und

mittlere Unternehmen und Verwaltungen. In: nachrichten elektronik + telematik 36 (1982), H. 12, S. 536–538.
Sand, Wolf: Telekommunikation für das Büro der Zukunft. In: nachrichten elektronik 34 (1980), H. 2, S. 62–64.
Schenke, Klaus, Rolf Rüggeberg u. Jens Otto: Teletex, ein neuer internationaler Fernmeldedienst für die Textkommunikation. In: Jahrbuch der Deutschen Bundespost 32 (1981), S. 277–349.
Scherer, Joachim: Fernmeldepolitik als Medienpolitik? Zur Präjudizierung medienpolitischer Entscheidungen durch die Deutsche Bundespost. In: Media Perspektiven (1985), H. 3, S. 165–174.
Scheuerer, Johann: Brett-Geflüster. In: bildschirmtext magazin 12 (1991), H. 10, S. 14–18.
Schluß mit AAAA. Aktion Hausputz. In: bildschirmtext magazin 15 (1994), H. 6, S. 62.
Schmid, Günther: Dicke Telefonbücher ade, denn in Btx gibt's: 24 000 000 Nummern im System. In: bildschirmtext magazin für teleleser 7 (1986), H. 5, S. 18.
—: Der Auftrag. Die Post entschärft den Papierkrieg beim Btx-Anschluß. In: bildschirmtext magazin für teleleser 7 (1986), H. 7/8, S. 15.
—: Teure Lust. Kontakthof Bildschirmtext. In: bildschirmtext magazin 8 (1987), H. 10, S. 8f.
Schmidt, Boris: Plötzlich wird aus Datex-J alias Btx ein Massenmedium. Neuer Kit-Standard und geänderte Programmstruktur. Fast 750 000 Teilnehmer. Der PC als Schlüssel zum Erfolg. In: Frankfurter Allgemeine Zeitung, 24.1.1995, S. T2.
—: Adieu, Bildschirmtext oder Wer zu früh kommt, wird bestraft. Das gute alte Btx konnte alles, was heute das Internet kann, es hat nur keinen interessiert. Ein Rückblick. In: Frankfurter Allgemeine Zeitung, 18.12.2001, S. T1.
—: Btx lebt. In: Frankfurter Allgemeine Zeitung, 2.9.2008, S. T1.
Schmidt, Holger: T-Online stellt Btx-Dienst zum 31. Dezember ein. In: Frankfurter Allgemeine Zeitung, 15.11.2001, S. 29.
—: „Mr. Btx" verläßt T-Online. In: Frankfurter Allgemeine Zeitung, 7.12.2001, S. 18.
—: T-Online geht in der Festnetzsparte der Deutschen Telekom auf. Zwei Vorstandsposten für T-Online-Manager. Ricke: Anteil der Konkurrenz am DSL-Markt ist zu groß. In: Frankfurter Allgemeine Zeitung, 9.6.2006, S. 16.
Schmidt, Joachim: Die Gewährleistung des Datenschutzes bei der Teilnahme an Telekommunikationsdiensten, dargestellt unter besonderer Berücksichtigung der Telekommunikationsordnung. In: Jahrbuch der Deutschen Bundespost 39 (1988), S. 315–355.
Schmidt, Volker: 30 Jahre Btx. Die ersten Online-Gehversuche der Deutschen. In: Zeit Online, 2.9.2013. URL: https://www.zeit.de/digital/internet/2013-09/30-jahre-btx (letzter Zugriff am 11.5.2020).
Schmitz, Wolfgang: Datex-J. Datendienst für jedermann. In: telekom praxis 70 (1993), H. 12, S. 43–46.

Schnorbus, Axel: Den technischen Anschluß verloren? Erster Internationaler Bildschirmtext-Kongreß in Düsseldorf. In: Frankfurter Allgemeine Zeitung, 3.12.1980, S. 5.
—: Der Bildschirmtext auf dem Vormarsch. Post: 1986 eine Million Teilnehmer-Anschlüsse. Kongreß in Frankfurt. In: Frankfurter Allgemeine Zeitung, 5.3.1982, S. 11.
Scholder, Klaus: Fragen an den Fortschritt. In: Nachrichtentechnische Zeitschrift 32 (1979), H. 12, S. 789f.
Scholz, Edgar F.: Ceefax – die Zeitung vom Bildschirm. In: Funkschau (1975), H. 8, S. 105–109.
Schon 1977 beschleunigte Einführung gefordert. Initiative aus Wirtschaft, Presse, Nachrichtenagenturen und Wissenschaft. In: Industrie- und Handelskammer zu Berlin (Hg.): Bildschirmtext. Erfahrungen und Marktchancen. Eine Dokumentation der IHK Berlin. Berlin 1983, S. 6.
Schön, Helmut: Technische Möglichkeiten neuer Kommunikationssysteme. In: Zeitschrift für das Post- und Fernmeldewesen (1980), H. 2, S. 16–18.
Schröther, Eberhard: Verschlüsselungsverfahren und Chipkarte erhöhen Btx-Sicherheit. Wie man die Datensicherheit noch erhöhen kann. In: Btx Praxis (1984), H. 8, S. 13–16.
Schrötter, Gert: ... und der Teleleser wundert sich. Lieferschwierigkeiten bei Btx-Geräten. In: bildschirmtext magazin für teleleser 1 (1980), H. 2, S. 6f.
—: Die Zeitung – mehrmals täglich. In: bildschirmtext magazin 2 (1981), H. 1, S. 14.
—: Liebe Leser. In: bildschirmtext magazin für teleleser 2 (1981), H. 4, S. 3.
—: Wohin die Reise geht–mit Bildschirmtext. Eine Branche denkt um – der Verbraucher auch. In: bildschirmtext magazin für teleleser 2 (1981), H. 4, S. 20–22.
—: Mit Höchstgeschwindigkeit in eine neue Zukunft. In: bildschirmtext magazin für teleleser 2 (1981), H. 6, S. 24.
Schubert, Christian: Frankreichs frühes Internet stirbt einen späten Tod. In: Frankfurter Allgemeine Zeitung, 30.6.2012, S. 15.
Schulz, Werner: Faksimile-Übertragung mit hoher Geschwindigkeit. In: Funkschau (1973), H. 6, S. 189f.
Schulze, Ulrich: Neue Formen der Informationsvermittlung. Ein Probejahr für Videotext und Bildschirmtext. In: Frankfurter Allgemeine Zeitung, 1.6.1981, S. 6.
—: Das unverständliche Schweigen der Post. Gebührenpolitik beim Bildschirmtext. In: Frankfurter Allgemeine Zeitung, 13.12.1982, S. 13.
—: Verhaltene Kritik in den Stellungnahmen zum Staatsvertrag über Bildschirmtext. Konsens der Länder bis Februar gilt als wahrscheinlich. In: Frankfurter Allgemeine Zeitung, 27.12.1982, S. 4.
—: Länder einigen sich auf einen Staatsvertrag für Bildschirmtext. In: Frankfurter Allgemeine Zeitung, 13.1.1983, S. 5.
—: Wie gefährlich sind Bildschirmtext und andere neue Medien für den Datenschutz? Befürchtungen und Verdächte. Zimmermann weist Bulls Kritik zurück. In: Frankfurter Allgemeine Zeitung, 17.1.1983, S. 6.

—: Vom Herbst an kann jeder an Bildschirmtext teilnehmen. Staatsvertrag unterzeichnet. Datenschutzbedenken weitgehend beseitigt. 1988 Kündigung möglich. In: Frankfurter Allgemeine Zeitung, 19.3.1983, S. 6.

—: Vor der Einführung von Bildschirmtext. Der Postverwaltungsrat berät die Gebühren für den neuen „Massendienst". In: Frankfurter Allgemeine Zeitung, 21.3.1983, S. 6.

—: Postverwaltungsrat beschließt Bildschirmtext-Gebühren. In: Frankfurter Allgemeine Zeitung, 22.3.1983, S. 1.

—: Bildschirmtext-Technik wird nicht rechtzeitig fertig. In: Frankfurter Allgemeine Zeitung, 26.3.1983, S. 1.

—: Die Bundespost ist von IBM enttäuscht. Rechner für Bildschirmtext erst im Frühjahr 1984. Post beharrt auf Einführung in diesem Herbst. In: Frankfurter Allgemeine Zeitung, 26.3.1983, S. 11.

—: Bildschirmtext-Anbieter fordern Klarheit von der Post. In: Frankfurter Allgemeine Zeitung, 31.3.1983, S. 2.

—: In zehn Jahren sieben Millionen Nutzer des Bildschirmtextes? In: Frankfurter Allgemeine Zeitung, 27.7.1983, S. 2.

—: Bildschirmtext – Die Bundespost eröffnet einen neuen Kommunikationsdienst. Ein „Meilenstein". Die Berliner Funkausstellung. In: Frankfurter Allgemeine Zeitung, 1.9.1983, S. 4.

—: Der Bildschirmtext-Dienst ist eröffnet. Die Berliner Funkausstellung. Technik und Konzept. In: Frankfurter Allgemeine Zeitung, 2.9.1983, S. 6.

Schütz, Hans Peter: Schwarze Schafe auf der neuen Medienwiese. Verbraucherzentralen erkennen Gesetzesverstöße. In: bildschirmtext magazin für teleleser 1 (1980), H. 3, S. 6f.

—: Sind im Urlaubshotel noch Plätze frei? In: bildschirmtext magazin für teleleser 1 (1980), H. 5, S. 6.

—: Nun steht das Signal für Btx auf Grün. Bundesregierung will Btx bis 1985 bundesweit einführen – Der Postminister drückt aufs Tempo. In: bildschirmtext magazin für teleleser 2 (1981), H. 5, S. 6f.

—: Unser Ziel: Bildschirmtext als preiswerter Dienst für alle. Der neue Postminister Schwarz-Schilling kann sich jederzeit in Btx einschalten – in seinem Büro ist ein Gerät angeschlossen. In: bildschirmtext magazin für teleleser 3 (1982), H. 9, S. 16f.

—: Die Ministerpräsidenten beim Kanzler: Gesetzestechnische Regelung im Herbst '82. In: bildschirmtext magazin für teleleser 3 (1982), H. 3, S. 3.

—: CDU und FDP: Jetzt entdecken die Parteien Btx. In: bildschirmtext magazin für teleleser 6 (1985), H. 3, S. 19f.

—: Nur Bares gibt's noch nicht. Jetzt schon 28 000 Telekonten. In: bildschirmtext magazin für teleleser 6 (1985), H. 9, S. 14f.

Schuwerk, Manfred: Wie füllt man einen Btx-Antrag aus? Erläuterungen, Hinweise und Tips. Anbieter müssen zwei Formblätter beantworten. In: Btx Praxis (1984), H. 1, S. 9–11.

Schwarz-Schilling, Christian: Zur Lage. In: Zeitschrift für das Post- und Fernmeldewesen (1983), H. 1, S. 4f.
—: Bildschirmtext-Start mit neuem Standard. Im Mai 1984 kommt die neue Systemtechnik. In: Industrie- und Handelskammer zu Berlin (Hg.): Bildschirmtext. Erfahrungen und Marktchancen. Eine Dokumentation der IHK Berlin. Berlin 1983, S. 4f.
—: Ein zukunftsweisendes Programm für die Deutsche Bundespost. In: Zeitschrift für das Post- und Fernmeldewesen (1983), H. 6, S. 4–6.
—: Zur Weiterentwicklung der Telekommunikation. In: Zeitschrift für das Post- und Fernmeldewesen (1985), H. 4, S. 4–10.
—: Zur Lage. In: Zeitschrift für das Post- und Fernmeldewesen (1987), H. 1, S. 4–11.
—: Chance und Herausforderung der Telekommunikation in den 90er Jahren. In: Zeitschrift für das Post- und Fernmeldewesen (1987), H. 2, S. 8–14.
—: 1988: Ein wichtiges Jahr für die Deutsche Bundespost. In: Zeitschrift für das Post- und Fernmeldewesen (1988), H. 1, S. 4–8.
—: Vorwort. In: Der Bundesminister für das Post- und Fernmeldewesen (Hg.): Reform des Post- und Fernmeldewesens in der Bundesrepublik Deutschland. Konzeption der Bundesregierung zur Neuordnung des Telekommunikationsmarktes. Heidelberg 1988, S. V–VII.
Seetzen, Jürgen: Akzeptanz-Erwartungen und Marktchancen auf Grund der Feldbefragungen. In: Bildschirmtext-Anbieter-Vereinigung (Hg.): Start in eine bunte und vielfältige Btx-Zukunft. Vorträge des 5. Bildschirmtext-Kongresses der Anbieter am 31. August 1983 in Berlin. Berlin 1983, S. 123–129.
Seetzen, Jürgen et al.: Wissenschaftliche Begleituntersuchung zur Bildschirmtexterprobung in Berlin. Berichtband. Berlin 1983.
Seibt, Dietrich: Transfer von Anwendererfahrungen aus Bildschirmtext-Pilotprojekten. In: Eberhard Witte u. Walter Lämmle (Hg.): Elektronische Textkommunikation in Deutschland und Japan. Konzepte, Anwendungen, Soziale Wirkungen, Einführungsstrategien. Vorträge des am 3./4. November 1983 in München durchgeführten 4. Deutsch-Japanischen Kommunikationswissenschaftlichen Seminars, Berlin u. a. 1984, S. 172–189.
Seit der telematica 84 ist Btx endlich da. Post startete den uneingeschränkten Dienst. In: Btx Praxis (1984), H. 7, S. 16–18.
Setzt sich durch: Die bequeme Bank. In: bildschirmtext magazin 9 (1988), H. 5, S. 9.
Skuppin, Dieter: Btx für Blinde. Erfahrungen von Siegfried K. In: bildschirmtext magazin für teleleser 3 (1982), H. 6, S. 45f.
So heiß waren Nachrichten noch nie. In: bildschirmtext magazin für teleleser 1 (1980), H. 4, S. 42f.
So sicher ist Ihr Telekonto. In: bildschirmtext magazin für teleleser 5 (1984), H. 2, S. 16.
Söllner, Dieter: Die Nutzung des Bildschirmtextsystems (Btx). In: Zeitschrift für das Post- und Fernmeldewesen (1981), H. 6, S. 34–38.
Spanehl, Werner: In eigener Sache. In: telepost 1 (1972), H. 1, S. 7.

Spehr, Michael: Der Bildschirmtext wird eingestellt. Eine Träne für BTX. In: Frankfurter Allgemeine Zeitung, 19.9.2000, S. T11.

Spindler, Klaus: Berufung und Beratungsablauf der Kommission für den Ausbau des technischen Kommunikationssystems. In: Nachrichtentechnische Zeitschrift 29 (1976), H. 3, S. 187–189.

—: Der Telekommunikationsbericht – Arbeit und Beratungsergebnis der KtK. In: Zeitschrift für das Post- und Fernmeldewesen (1976), H. 4, S. 6–13.

Springer plant Super-Btx. In: bildschirmtext magazin 13 (1992), H. 3, S. 58f.

Staatsvertrag über Bildschirmtext. Die Ministerpräsidenten diskutieren die Vorlage nächste Woche. In: Frankfurter Allgemeine Zeitung, 16.10.1982, S. 6.

Stanossek, Georg: Datex-J/Btx wird multimedial. Bilder und Grafiken online auf dem Computer-Bildschirm. In: Handelsblatt, 1.3.1995, S. b18.

Stanovsky, Guido u. Heinrich Graffe: Marktkommunikation der Deutschen Bundespost (Die Entwicklung ab 1970). In: Jahrbuch der Deutschen Bundespost 33 (1982), S. 29–155.

Statistik-Zahlen beweisen: weiter Aufwärtstrend bei Btx. In: bildschirmtext magazin für teleleser 3 (1982), H. 5, S. 30.

Steimer, Franz: Bildschirmtext (Btx) und Personal Computer. In: fernmelde-praxis 64 (1987), H. 7, S. 278–280.

Steinmetz, Hans: Die Deutsche Bundespost im Schatten des Wohlstands. Unerfreuliches und Erfreuliches bei den Auseinandersetzungen um die Sanierung des Posthaushalts. In: Jahrbuch des Postwesens 15 (1965), S. 9–136.

—: Die Deutsche Bundespost im Schatten des Wohlstands. Unerfreuliches und Erfreuliches bei den Auseinandersetzungen um die Sanierung des Posthaushalts. Ein dokumentarischer Bericht. In: Archiv für das Post- und Fernmeldewesen 18 (1966), H. 2, S. 91–197.

Steinmetz, Hans u. Dietrich Elias: Geschichte der Deutschen Post. Band 4: 1945 bis 1978. Bonn 1979.

Stoll, Hermann: Direkter Draht zum Kunden. Datex-J-Anbieter werden – aber wie? In: NET 48 (1994), H. 8/9, S. 49–51.

Störendes Flimmern. In: Der Spiegel (1984), H. 21, S. 58–60.

Stukenbröker, Berthold: Wettkampf der Systeme. In: Diebold Deutschland GmbH (Hg.): Bildschirmtext Kongress 1980. Proceedings. 1. und 2. Dezember 1980 Düsseldorf. Frankfurt am Main 1980, S. 23–33.

Stüwe, Heinz: T-Online – vom Aschenputtel zur Hoffnungsträgerin. In: Frankfurter Allgemeine Zeitung, 1.4.2000, S. 17.

Suchen und Finden. Das neue Schlagwörter-Verzeichnis. In: bildschirmtext magazin für teleleser 1 (1980), H. 3, S. 8.

Sugimoto, Michio et al.: Videotex: Advancing to Higher Bandwidth. In: IEEE Communications Magazine 26 (1988), H. 2, S. 22–30

T-Online. Bildschirmtext BTX war die Keimzelle. In: Spiegel Online, 25.1.2000. URL: http://spon.de/ap4u (letzter Zugriff am 11.5.2020).
Tatort Bildschirmtext. Alles hört auf Ihr Kommando. In: bildschirmtext magazin für teleleser 1 (1980), H. 1, S. 30.
Teilnehmer werben für Btx. Prämien von der Post. In: bildschirmtext magazin 11 (1990), H. 1/2, S. 10.
Telekom und Btx: Operation Zukunft. In: bildschirmtext magazin 12 (1991), H. 10, S. 60.
Telekom-Vorstand setzt auf Btx-Zukunft. In: bildschirmtext magazin 12 (1991), H. 4, S. 50.
Teletext: Rundfunk oder Zeitung? In: Funkschau (1977), H. 4, S. 44.
Tetzner, Karl: Teletext im Großversuch. In: Funkschau (1975), H. 25, S. 63f.
—: Erneutes Gerangel um die „Bildschirmzeitung". In: Funkschau (1979), H. 3, S. 5.
—: Der Bildschirmtext wird „heiß". In: Funkschau (1979), H. 15, S. 851f.
—: Neue Medien: Btx war das Hauptthema. In: Funkschau (1983), H. 12, S. 46f.
—: Mach du nur einen Plan ... Prognosen zum Bildschirmtext. In: Funkschau (1984), H. 14, S. 46.
—: Der französische Riesenerfolg: Télétel – Minitel. In: Funkschau (1987), H. 17, S. 36f.
Teurer Einstieg. In: manager magazin 12 (1982), H. 11, S. 8–12.
Texte auf dem Bildschirm. Kleines Lexikon durchs „babylonische Sprachgewirr". In: Nachrichtentechnische Zeitschrift 30 (1977), H. 10, S. 758f.
Theiß, Horst, Gerhart Bauer u. Karl-Heinz Haufe: Die Bedeutung der Werbung für die bisherige und künftige Entwicklung der Deutschen Bundespost. In: Zeitschrift für das Post- und Fernmeldewesen (1979), H. 10, S. 16–20.
Titius, Jürgen: Marktforschung. Grundlage für eine marktorientierte Unternehmensführung der Deutschen Bundespost. In: Archiv für das Post- und Fernmeldewesen 31 (1979), H. 2, S. 135–141.
—: Marktforschung bei der Deutschen Bundespost. In: Jahrbuch der Deutschen Bundespost 33 (1982), S. 156–189.
Tonnemacher, Jan: Bildschirmtext: Auswirkungen eher begrenzt? Ergebnisse einer Untersuchung im Auftrag des Senats von Berlin über die zu erwartenden Auswirkungen von Bildschirmtext. In: Media Perspektiven (1983), H. 8, S. 556–563.
—: Bildschirmtext- und Videotext-Begleitforschung in den Feldversuchen in der Bundesrepublik Deutschland. In: Eberhard Witte u. Walter Lämmle (Hg.): Elektronische Textkommunikation in Deutschland und Japan. Konzepte, Anwendungen, Soziale Wirkungen, Einführungsstrategien. Vorträge des am 3./4. November 1983 in München durchgeführten 4. Deutsch-Japanischen Kommunikationswissenschaftlichen Seminars, Berlin u. a. 1984, S. 140–153.
Treinen, Heiner: Erfahrungen mit Bildschirmtext: Ergebnisse der wissenschaftlichen Begleituntersuchung des Feldversuchs in Düsseldorf/Neuß. In: Bildschirmtext-Anbieter-Vereinigung (Hg.): Start in eine bunte und vielfältige Btx-Zukunft. Vorträge

des 5. Bildschirmtext-Kongresses der Anbieter am 31. August 1983 in Berlin. Berlin 1983, S. 105–122.

Trotz Protokollnotizen: Staatsvertrag ist perfekt. In: bildschirmtext magazin für teleleser 4 (1983), H. 3, S. 12.

Tyler, Michael: Videotex, Prestel and Teletext. The economics and politics of some electronic publishing media. In: Telecommunications Policy 3 (1979), H. 1, S. 37–51.

Uber, Thomas: 90 Meter Nachrichten am Tag. Schneller als über den Ticker: dpa-Meldungen aus dem Rechenzentrum Südwest. In: bildschirmtext magazin für teleleser 3 (1982), H. 5, S. 18f.

—: Viele Witze ohne Witz. Die Anbieter sollen sich anstrengen, mehr unangestrengten Humor zu bieten. In: bildschirmtext magazin für teleleser 3 (1982), H. 6, S. 22f.

—: So wird das Wetter morgen: Hochs und Tiefs auf einen Blick. In: bildschirmtext magazin für teleleser 4 (1983), H. 3, S. 16.

—: Blick zurück ohne Zorn. Das waren noch Zeiten – das Prestel-System, heute ein Kuriositäten-Kabinett. In: bildschirmtext magazin für teleleser 5 (1984), H. 7, S. 30f.

—: Auch in Btx: Spiel nicht mit den Schmuddelkindern. In: bildschirmtext magazin für teleleser 6 (1985), H. 1/2, S. 36.

—: Vorsicht Datenklau! Vorteile und Risiken von „Freizügigkeit" in Bildschirmtext. In: bildschirmtext magazin für teleleser 7 (1986), H. 4, S. 36f.

—: Säulen der Information. Das sind die öffentlichen Terminals. In: bildschirmtext magazin für teleleser 7 (1986), H. 6, S. 34f.

—: Hallo Nachbarn. Das Tor nach Frankreich ist offen. In: bildschirmtext magazin 8 (1987), H. 12, S. 36f.;

Uhse, Beate: Lustvoll in den Markt. Strategien für schwierige Märkte. Planegg 2000.

—: Sex sells. Die Erfolgsstory von Europas größtem Erotik-Konzern. München 2002.

Und das sagte die IBM … In: bildschirmtext magazin für teleleser (1983), H. 4, S. 9.

Urteil: Pornos nur für GBG. In: Bildschirmtext Aktuell 5 (1984), H. 104, S. 8.

Vamos, Amigas! In: bildschirmtext magazin 10 (1989), H. 7/8, S. 44–47.

Via Btx recherchieren auch die „Kleinen". Wirtschaftsdatenbanken als Entscheidungshilfen. In: nachrichten elektronik + telematik 43 (1989), H. 1/2, S. 25f.

Vignau, Ralph von: Videotext und Bildschirmtext. Technische Grenzen und Möglichkeiten. In: nachrichten elektronik 32 (1978), H. 8, S. 267–269.

—: The CEPT-videotex system: What it offers to both the user and the information provider. In: Richard Elliot-Green (Hg.): Videotex–key to the information revolution. London 1982, S. 417–428.

—: Bildschirmtext and the CEPT Videotex System. In: IEEE Journal on Selected Areas in Communications 1 (1983), H. 2, S. 254–259.

Vernimb, Carlo: The European approach to videotex. In: Richard Elliot-Green (Hg.): Videotex–key to the information revolution. London 1982, S. 561–565.

Voß-Dietrich, Valeska: 44 Postessen haben für Besucher der Funkausstellung ein offenes Ohr. In: Berliner Morgenpost, 23.8.1977.

„W“ wie Werbung – „W“ wie Wettbewerb. In: Btx Praxis (1985), H. 3, S. 30f.

Wagner, Hans-Peter: Btx auf Ihrem PC. Heidelberg 1986.

Wagner, Jürgen: Was soll der Blödsinn? In: bildschirmtext magazin 11 (1990), H. 7/8, S. 13.

Waldbach, Peter: Btx-Mitteilungsdienst macht die Kommunikation effizienter. In: nachrichten elektronik + telematik 39 (1985), H. 12, S. 464–467.

—: Braucht Btx das ISDN? In: Btx Praxis (1986), H. 6, S. 68f.

Warten auf Eurom. Btx-Pionier Loewe Opta beherrscht den Markt. In: manager magazin 15 (1985), H. 1, S. 110.

Warum Btx? In: bildschirmtext magazin für teleleser 6 (1985), H. 9, S. 34.

Was ist Bildschirmtext? In: bildschirmtext magazin für teleleser 6 (1985), H. 9, S. 30.

Wattenberg, Ulrich: Neuere Entwicklungen im japanischen Bildschirmtext-System CAPTAIN. In: Media Perspektiven (1982), H. 11, S. 718–722.

Weiß, Petra: Wo bleibt das Chaos? Kritik am Chaos Computer Club. In: taz hamburg, 22.2.1985, S. 15.

Weizsäcker, Carl Christian von: Die gesamtwirtschaftliche Bedeutung des neuen Mediums Bildschirmtext. In: Diebold Deutschland GmbH (Hg.): Bildschirmtext Kongress 1980. Proceedings. 1. und 2. Dezember 1980. Frankfurt am Main 1980, S. 1–15 (nachträglich angebunden).

Wendel, Thomas: Hacker: Zu früh gefreut. Der „Bankraub per Bildschirmtext“ vom November 1984 war ein großer Bluff. In: bildschirmtext magazin für teleleser 6 (1985), H. 9, S. 61–63.

—: In aller Öffentlichkeit. Btx geht unter die Leute. In: bildschirmtext magazin für teleleser 7 (1986), H. 1/2, S. 10–12.

—: Was den Banken Bildschirmtext ist: Lieb und teuer. In: Btx Praxis (1988), H. 6, S. 14f.

Weniger Gebühren – weniger Bürokratie. Das „Postmagazin“ sprach mit Bundespostminister Dr. Schwarz-Schilling. In: Postmagazin (1988), H. 1, S. 18–20.

Wenke, Klaus: Private Videotex-Systeme. In: Informatik-Spektrum 8 (1985), H. 2, S. 69–80.

Werbung für Btx. In: Zeitschrift für das Post- und Fernmeldewesen (1989), H. 1, S. 41.

Werz, Günter: So schnell wie er war keiner. In: bildschirmtext magazin für teleleser 1 (1980), H. 1, S. 14–16.

—: Dalli Dalli … Rosenthal fängt an zu rechnen. In: bildschirmtext magazin für teleleser 1 (1980), H. 1, S. 38.

—: Unter altem Stuck eine neue Sprache. In: bildschirmtext magazin für teleleser 1 (1980), H. 3, S. 46f.

—: Schon phantastisch: Der Brockhaus der über den Bildschirm kommt. Erste Erfahrungen eines Berliner Telelesers. In: bildschirmtext magazin für teleleser 1 (1980), H. 4, S. 26f.

—: Der „schnelle Hans“ drückt Knöpfchen. Für „Dalli-Dalli“-Chef Rosenthal haben sich die Btx-Erwartungen voll erfüllt. In: bildschirmtext magazin für teleleser 2 (1981), H. 9, S. 16f.

—: Jeder kann Platz nehmen und „blättern“. In der Berliner Amerika-Gedenkbibliothek steht das „Öffentliche Btx-Gerät Nr. 1“. In: bildschirmtext magazin für teleleser 2 (1981), H. 9, S. 30f.

Wiborg, Klaus: Beate Uhse hat ihr Imperium in zwei Teile zerlegt. Eine Aktiengesellschaft für die Läden und das Filmgeschäft. Zwei Söhne übernehmen das Versandhaus. In: Frankfurter Allgemeine Zeitung, 1.10.1982, S. 17.

—: Der neue Uhse-Versand heißt Orion. Das Erotik-Programm wurde erweitert. 38 Millionen DM Umsatz. In: Frankfurter Allgemeine Zeitung, 20.11.1984, S. 17.

Winkel, Annegret: Für die Fahrt nach Hamburg waren die Tips Gold wert. Eine Arbeiterfamilie aus Düsseldorf probiert Bildschirmtext. In: bildschirmtext magazin für teleleser 2 (1981), H. 2, S. 42f.

Wir hören für Sie das Btx-Gras wachsen – das ganze Jahr über. In: Btx Praxis (1984), H. 1, S. 2.

Wird Btx teurer? Interview mit Btx-Fachbereichsleiter Eric Danke zu den Btx-Plänen der Telekom und den Sorgen, die der Dienst nach wie vor bereitet. In: bildschirmtext magazin 12 (1991), H. 3, S. 18f.

Witte, Eberhard: Euphorie und Fortschrittsangst. In: Nachrichtentechnische Zeitschrift 33 (1980), H. 12, S. 773f.

—: Bedingungen und Wirkungen bei der Entwicklung neuer Telekommunikationssysteme. In: Nachrichtentechnische Zeitschrift 34 (1981), H. 3, S. 167–170.

Witte, Eberhard u. Klaus Spindler: KtK. Die Kommission für den Ausbau des technischen Kommunikationssystems. In: Zeitschrift für das Post- und Fernmeldewesen (1975), H. 4, S. 4–11.

Wo am meisten los ist. In: bildschirmtext magazin 13 (1992), H. 8, S. 20.

Wo muß das „W“ stehen? Grundsätze für die Btx-Werbung. Anwendungshinweise der Medienreferenten der Länder. In: Btx Praxis (1984), H. 3, S. 32f.

Wolf, Klaus: Mit Bildschirmtext telefaxen. Privater Service über das Post-Netz. In: nachrichten elektronik + telematik 43 (1989), H. 12, S. 536–538.

Wortmann, Till: Pseudo-Flirts. Teledialoge – die Beziehungskisten im System. Aber Vorsicht: Tickern kann süchtig machen. In: bildschirmtext magazin 13 (1992), H. 8, S. 14–20.

—: Eine Chance für Europa. In: bildschirmtext magazin 14 (1993), H. 12, S. 46f.

Zakrzewski, Lars von: Leserbrief: Selbstdarstellung. In: bildschirmtext magazin 8 (1987), H. 11, S. 25.

Zentralarchiv für empirische Sozialforschung der Universität zu Köln: Feldversuch Bildschirmtext Düsseldorf/Neuss. Band 9: Suchverhalten und Suchstrategien bei Bildschirmtext. Düsseldorf 1983.

Zentrale Werbemaßnahmen Januar bis März 1987. In: Zeitschrift für das Post- und Fernmeldewesen (1987), H. 1, S. 36f.

Zentrale Werbemaßnahmen April bis Juni 1987. In: Zeitschrift für das Post- und Fernmeldewesen (1987), H. 4, S. 32f.

Zentrale Werbemaßnahmen Juli bis Sept. 1987. In: Zeitschrift für das Post- und Fernmeldewesen (1987), H. 7, S. 34f.

Zentrale Werbemaßnahmen Okt. bis Dez. 1987. In: Zeitschrift für das Post- und Fernmeldewesen (1987), H. 10, S. 26f.

Ziegler, Klaus Peter: Bildschirmtext. Ihr Fernsehgerät wird zum Computer. Ravensburg 1984.

Zieht den Karren. In: bildschirmtext magazin 10 (1989), H. 5, S. 14–18.

Zilz, Gottfried: Das Benutzungsrecht für den Bildschirmtextdienst eingeführt mit der 22.ÄndVFO. In: Unterrichtsblätter der Deutschen Bundespost. Ausgabe B Fernmeldewesen 36 (1983), H. 5, S. 178–187.

—: Neue Verwaltungsanweisungen zur 22.ÄndVFO. In: Unterrichtsblätter der Deutschen Bundespost. Ausgabe B Fernmeldewesen 36 (1983), H. 7, S. 267–271.

Zimmermann, Rolf: Bildschirmtext und Videotext – Weiterentwicklung und Nutzung. In: Nachrichtentechnische Zeitschrift 32 (1979), H. 5, S. 302–306.

—: Bildschirmtext und Videotext – Internationale Standardisierung. In: Nachrichtentechnische Zeitschrift 32 (1979), H. 6, S. 398–403.

—: Bildschirmtext und die anderen neuen Medien der 80er Jahre. In: Nachrichtentechnische Zeitschrift 34 (1981), H. 6, S. 360–365.

—: Die zukünftige Rolle von Bildschirmtext. In: nachrichten elektronik 36 (1982), H. 3, S. 92–97.

—: Einsatz und Anwendungen von Bildschirmtext. In: nachrichten elektronik + telematik 37 (1983), H. 2, S. 65–69.

—: Technik und Anwendung von Bildschirmtext-Inhouse-Systemen. In: Nachrichtentechnische Zeitschrift 37 (1984), H. 8, S. 482–485.

—: Farbe und Grafik im Bildschirmtext. In: nachrichten elektronik + telematik 38 (1984), H. 10, S. 373–376.

Zimmermann, Rolf u. Joachim F. Schmies: Das Telefon als Terminal für rechnergesteuerte Informationssysteme. München 1977.

Zurhorst, Bernhard: In eigener Sache. In: Zeitschrift für das Post- und Fernmeldewesen (1985), H. 1, S. 1.

—: In eigener Sache. In: Zeitschrift für Post und Telekommunikation (1989), H. 7, S. 1.

Zweiter Bericht der Rundfunkreferenten der Länder zur Frage des Rundfunkbegriffs, insbesondere der medienrechtlichen Einordnung von „Videotext", „Kabeltext"

und „Bildschirmtext" (Teleschriftenformen) – „Würzburger Papier". In: Media Perspektiven (1979), H. 6, S. 400–415.
Zweites Treffen der Bildschirmtext-Anbieter auf Bundesebene: Die Lernphase ist noch nicht abgeschlossen. In: bildschirmtext magazin für teleleser 1 (1980), H. 5, S. 43.

Sonstige

Bildschirmtext-Staatsvertrag, 31.8.1991, SächsGVBl. 1991, S. 426, 449 (erlassen als Artikel 6 des Staatsvertrages über den Rundfunk im vereinten Deutschland).
Boyko, Cynthia: Telidon. In: The Friends of CRC Association, 1997. URL: http://www.friendsofcrc.ca/Projects/Telidon/Telidon.html (letzter Zugriff am 11.5.2020)
Bundesverfassungsgericht, Beschluss v. 10.3.1976, Öffentliches Wegeeigentum, BVerfGE 42, 20.
—, Urteil v. 2.3.1977, BVerfGE 44, 125.
—, Urteil v. 16.6.1981, 3. Rundfunkentscheidung, BVerfGE 57, 295.
CCITT Recommendation S.100, International Information Exchange for Interactive Videotex, Yellow Book, VOL. VII.2, Genf 1980.
CEPT Recommendation T/CD 6-1: Videotex Presentation Layer Data Syntax, 1983.
Chaos Computer Club: 30 Jahre BTX Hack, Podiumsdiskussion der Wau-Holland-Stiftung, 17.11.2017. URL: https://media.ccc.de/v/30JahreBTXHack (letzter Zugriff am 11.5.2020).
Gesetz über die Durchführung eines Feldversuchs mit Bildschirmtext (Bildschirmtext-versuchsgesetz NW), 18.3.1980, GVBl NW 1980, S. 153.
Gesetz über die Erprobung von Bildschirmtext in Berlin (Bildschirmtexterprobungs-gesetz – BiTEG), 29.5.1980, GVBl BE 1980, S. 1002.
Gesetz zum Staatsvertrag über Bildschirmtext (Bildschirmtext-Staatsvertrag) – Btx-Zustimmungsgesetz NW, 21.6.1983, GVBl NW 1983, S. 227.
Gesetz zur Ergänzung des Bildschirmtextversuchsgesetzes (Bildschirmtextergänzungs-gesetz NW – BtxErG NW), 15.3.1983, GVBl NW 1983, S. 135.
Landesmediengesetz Baden-Württemberg (LMedienG), 16.12.1985, GVBl BW 1985, S. 539.
Rehbein, Daniel A.: Meine alten Btx-Seiten *25000# (*REHBEIN#). URL: http://bildschirmtext.rehbein.net (letzter Zugriff am 11.5.2020).
—: Eine Auswahl von Bildschirmtext-Seiten. URL: http://www.daniel-rehbein.de/btx-bundespost.html (letzter Zugriff am 11.5.2020).
Röhr, Matthias: Blog „Stummkonzert". URL: https://stummkonzert.de (letzter Zugriff am 11.5.2020).
SPEKTRUM. Das große Bildschirmtext-Spiel. Konzept: Robert Köster, Design: Axel Römer u. Marlen Markgraf, Text: Karin Kattwinkel. BBDO/TELECOM 1987.
Staatsvertrag über die Regelung des Rundfunkgebührenwesens, 31.10.1968, GVBl NW 1969, S. 752.

T-Online: CD-ROM und Einleger, 1995. Enthalten in: com! das btx magazin 16 (1995), H. 9.
The International Teletext Art Festival and The Museum of Teletext Art. URL: http://www.teletextart.com (letzter Zugriff am 11.5.2020).
Werbeanzeige Axel Springer Verlag. In: bildschirmtext magazin 1 (1980), H. 1, S. 13.
Werbeanzeige Evangelische Kirche Düsseldorf. In: bildschirmtext magazin 1 (1980), H. 1, S. 15.
Werbeanzeige Quelle. In: bildschirmtext magazin 1 (1980), H. 1, S. 11.
Werbeanzeige Reisebüro J. Hartmann. In: bildschirmtext magazin 1 (1980), H. 1, S. 16.
Werbeanzeige Sparkasse. In: bildschirmtext magazin 1 (1980), H. 1, S. 41.
ZDF heute journal, 15.11.1984. URL: https://youtu.be/Sk8kKUTFXBE (letzter Zugriff am 11.5.2020).

Literatur

Abbate, Janet: Inventing the Internet. Cambridge (Massachusetts) u. London 1999.
—: What and where is the Internet? (Re)defining Internet histories. In: Internet Histories 1 (2018), H. 1–2, S. 8–14.
Ahr, Berenice: Integration von Infrastrukturen in Europa im historischen Vergleich. Band 2: Telekommunikation. Baden-Baden 2013.
Albert, Gleb J.: Computerkids als mimetische Unternehmer. Die Cracker-Szene zwischen Subkultur und Ökonomie (1985–1995). In: WerkstattGeschichte 74 (2016), S. 49–66.
—: Der vergessene „Brotkasten“. Neue Forschungen zur Sozial- und Kulturgeschichte des Heimcomputers. In: Archiv für Sozialgeschichte 59 (2019), S. 495–530.
Balbi, Gabriele: Rezension zu: Julien Mailland u. Kevin Driscoll: Minitel. Welcome to the Internet. Cambridge (Massachusetts) 2017. In: H-Soz-Kult, 5.3.2020. URL: https://www.hsozkult.de/review/id/reb-26316 (letzter Zugriff am 11.5.2020).
Banks, Michael A.: On the Way to the Web. The Secret History of the Internet and Its Founders. New York 2008.
Bauer, Reinhold: Gescheiterte Innovationen. Fehlschläge und technologischer Wandel. Frankfurt am Main 2006.
—: Gescheiterte Innovationen als Gegenstand technikhistorischer Forschung. In: Wolfgang Burr u. Michael Stephan (Hg.): Technologie, Strategie und Organisation. Wiesbaden 2017, S. 311–331.
Beall, Jeffrey: The Weakness of Full-Text Searching. In: The Journal of Academic Librarianship 34 (2008), H. 5, S. 438–444.
Ben-David, Anat u. Adam Amram: The Internet Archive and the Socio-Technical Construction of Historical Facts. In: Internet Histories 2 (2018), H. 1–2, S. 179–201.

Bentele, Günter, Otfried Jarren u. Ulrich Kratzsch: Medienlandschaft im Umbruch. Medien- und Kommunikationsatlas Berlin. Berlin 1990.

Benz, Andreas: Integration von Infrastrukturen in Europa im historischen Vergleich. Band 3: Post. Baden-Baden 2013.

Berghoff, Hartmut: Die 1990er Jahre als Epochenschwelle? Der Umbau der Deutschland AG zwischen Traditionsbruch und Kontinuitätswahrung. In: Historische Zeitschrift 308 (2019), H. 2, S. 364–400

Bergien, Rüdiger: „Big Data" als Vision. Computereinführung und Organisationswandel in BKA und Staatssicherheit (1967–1989). In: Zeithistorische Forschungen/Studies in Contemporary History 14 (2017), H. 2, S. 258–285.

—: Südfrüchte im Stahlnetz. Der polizeiliche Zugriff auf nicht-polizeiliche Datenspeicher in der Bundesrepublik, 1967-1989. In: Frank Bösch (Hg.): Wege in die digitale Gesellschaft: Computernutzung in der Bundesrepublik 1955-1990. Göttingen 2018, S. 39–63.

Berlinghoff, Marcel: Marcel Berlinghoff: Computerisierung und Privatheit – Historische Perspektiven. In: Aus Politik und Zeitgeschichte (2013), H. 15–16, S. 14–19.

—: „Totalerfassung" im „Computerstaat". Computer und Privatheit in den 1970er und 1980er Jahren. In: Ulrike Ackermann (Hg.): Im Sog des Internets. Privatheit und Öffentlichkeit im digitalen Wandel. Frankfurt am Main 2013, S. 93–110.

Bernard, Andreas: Volkszählung. In: Nach Feierabend. Zürcher Jahrbuch für Wissensgeschichte 11 (2016), S. 189–196.

Berndt, Ralph u. Claudia Fantapié Altobelli: Warum Bildschirmtext in der Bundesrepublik Deutschland scheiterte – Eine diffusionstheoretische Analyse einer verfehlten Marketing-Politik. In: ZfbF. Schmalenbachs Zeitschrift für betriebswirtschaftliche Forschung 43 (1991), H. 11, S. 955–970.

Bingham, Adrian: The Digitization of Newspaper Archives. Opportunities and Challenges for Historians. In: Twentieth Century British History 21 (2010), H. 2, S. 225–231.

Bolter, Jay David u. Richard Grusin: Remediation. Understanding New Media. Cambridge 1999.

Bösch, Frank: Politische Macht und gesellschaftliche Gestaltung. Wege zur Einführung des privaten Rundfunks in den 1970/80er Jahren. In: Archiv für Sozialgeschichte 52 (2012), S. 191–209.

—: Boom zwischen Krise und Globalisierung. Konsum und kultureller Wandel in der Bundesrepublik der 1970er und 1980er Jahre. In: Geschichte und Gesellschaft 42 (2016), H. 2, S. 354–376.

—: Euphorie und Ängste: Westliche Vorstellungen einer computerisierten Welt, 1945–1990. In: Lucian Hölscher (Hg.): Die Zukunft des 20. Jahrhunderts. Dimensionen einer historischen Zukunftsforschung. Frankfurt am Main u. New York 2017, S. 221–252.

—: Wege in die digitale Gesellschaft. Computer als Gegenstand der Zeitgeschichtsforschung. In: Ders. (Hg.): Wege in die digitale Gesellschaft. Computernutzung in der Bundesrepublik 1955–1990. Göttingen 2018, S. 7–36.

—: Zeitenwende 1979. Als die Welt von heute begann. München 2019.

Brauns-Packenius, Otfried: Die Internationale Telekommunikations-Union im Wandel der Zeit. In: Post- und Telekommunikationsgeschichte (2001), H. 1, S. 46–54.

Brill, Ariane: Abgrenzung und Hoffnung. „Europa" in der deutschen, britischen und amerikanischen Presse, 1945–1980. Göttingen 2014.

Brügger, Niels: When the Present Web is Later the Past: Web Historiography, Digital History, and Internet Studies. In: Historical Social Research 37 (2012), H. 4, S. 102–117.

Büchner, Lutz Michael (Hg.): Post und Telekommunikation. Eine Bilanz nach zehn Jahren Reform. Heidelberg 1999.

Bunz, Mercedes: Vom Speicher zum Verteiler. Die Geschichte des Internet. Berlin 2008.

Burkard, Benedikt: Digitale E-Volution. Geschichte und Entwicklung des Internets. In: Das Archiv. Magazin für Kommunikationsgeschichte (2010), H. 3, S. 12–19.

Buttkewitz, Uta: Vom Postblatt zum Corporate Song. Die Entwicklung der Werbung im Post- und Fernmeldewesen. In: Das Archiv. Magazin für Kommunikationsgeschichte (2006), H. 2, S. 14–19.

Campbell-Kelly, Martin u. Daniel D. Garcia-Swartz: The history of the internet: the missing narratives. In: Journal of Information Technology 28 (2013), H. 1, S. 18–33.

Castells, Manuel: Der Aufstieg der Netzwerkgesellschaft. Teil 1 der Trilogie. Das Informationszeitalter. Opladen 2004.

Cats-Baril, William L. u. Tawfik Jelassi: The French Videotex System Minitel: A Successful Implementation of a National Information Technology Infrastructure. In: MIS Quarterly 18 (1994), H. 1, S. 1–20.

Chabal, Emile: French Political Culture in the 1970s. Liberalism, Identity Politics and the Modest State. In: Geschichte und Gesellschaft 42 (2016), H. 2, S. 243–265.

Conze, Eckart: Die Suche nach Sicherheit. Eine Geschichte der Bundesrepublik Deutschland von 1949 bis zur Gegenwart. München 2009.

Coy, Wolfgang: Bildschirmmedium Internet? Ein Blick in die Turingsche Galaxis. In: Helmut Schanze u. Peter Ludes (Hg.): Qualitative Perspektiven des Medienwandels. Positionen der Medienwissenschaft im Kontext „Neuer Medien". Opladen 1997, S. 162–171.

Dang Nguyen, Godefroy u. Erik Arnold: Videotex: much ado about nothing? In: Margaret Sharp (Hg.): Europe and the New Technologies. Six Case Studies in Innovation and Adjustment. London 1985, S. 134–160.

Danyel, Jürgen: Zeitgeschichte der Informationsgesellschaft, in: Zeithistorische Forschungen/Studies in Contemporary History 9 (2012), H. 2, S. 186–211.

—: Wege in die digitale Moderne. Überlegungen zu einer Zeitgeschichte der Informationsgesellschaft. In: Jörg Probst u. Steffen Henne (Hg.): Die 1990er Jahre als Beginn. Bilder und Ideen einer Umbruchszeit. Marburg 2013, S. 80–94.

Danyel, Jürgen u. Annette Schuhmann: Wege in die digitale Moderne: Computerisierung als gesellschaftlicher Wandel. In: Frank Bösch (Hg.): Geteilte Geschichte. Ost- und Westdeutschland 1970–2000. Göttingen 2015, S. 283–319.

Denker, Kai: Heroes Yet Criminals of the German Computer Revolution. In: Gerard Alberts u. Ruth Oldenziel (Hg.): Hacking Europe. From Computer Cultures to Demoscenes. London 2014, S. 167–187.

Didczuneit, Veit: „Endlich Telefon" Der Aufbau des Telekommunikationsnetzes in den neuen Bundesländern. In: Das Archiv. Magazin für Kommunikationsgeschichte (2015), H. 3, S. 10–17.

Diesener, Gerald: Medien und Medienpolitik. In: Clemens Burrichter, Detlef Nakath u. Gerd-Rüdiger Stephan (Hg.): Deutsche Zeitgeschichte von 1945 bis 2000. Gesellschaft – Staat – Politik. Ein Handbuch. Berlin 2006, S. 457–474.

Doering-Manteuffel, Anselm: „Ein an die Wand genageltes Symboldatum". Ein Gespräch über Zäsuren, Zeitbögen, die Krise des Fortschritts und den Neoliberalismus. In: INDES. Zeitschrift für Politik und Gesellschaft 5 (2016), H. 1, S. 7–20.

Doering-Manteuffel, Anselm u. Lutz Raphael: Nach dem Boom. Perspektiven auf die Zeitgeschichte seit 1970. 3. Aufl. Göttingen 2012.

Dommann, Monika u. David Gugerli: Geschichtswissenschaft in Begutachtung. Acht Kommentare zur historischen Methode der Gegenwart. In: Traverse 18 (2011), H. 2, S. 154–164.

Driscoll, Kevin u. Camille Paloque-Berges: Searching for missing „net histories". In: Internet Histories 1 (2018), H. 1–2, S. 47–59.

Ebert, Daniel: Der digitale Osten. Das Erbe der DDR-Computerpioniere. In: Das Archiv. Magazin für Kommunikationsgeschichte 3 (2015), S. 34–39.

Ehrmanntraut, Sophie: Wie Computer heimisch wurden. Zur Diskursgeschichte des Personal Computers. Bielefeld 2019.

Eko, Lyombe: Teletext and Videotex in France. From Innovative Social Media to Objects of Cultural Memory. In: Hallvard Moe u. Hilde Van den Bulck (Hg.): Teletext in Europe. Form the Analog to the Digital Era. Göteborg 2016, S. 227–240.

Erdogan, Julia Gül: Computerkids, Freaks, Hacker: Deutsche Hackerkulturen in internationaler Perspektive. In: Clemens Zimmermann u. Aline Maldener (Hg.): Let's historize it! Jugendmedien im 19. und 20. Jahrhundert. Köln u. a. 2018, S. 61–94.

—: Technologie die verbindet. Die Entstehung und Vereinigung von Hackerkulturen in Deutschland. In: Frank Bösch (Hg.): Wege in die digitale Gesellschaft: Computernutzung in der Bundesrepublik 1955-1990. Göttingen 2018, S. 227–249.

Fantapié Altobelli, Claudia: Die Diffusion neuer Kommunikationstechniken in der Bundesrepublik Deutschland. Erklärung, Prognose und marketingpolitische Implikationen. Heidelberg 1991.

Faulenbach, Bernd: Die Siebziger Jahre – ein sozialdemokratisches Jahrzehnt? In: Archiv für Sozialgeschichte 44 (2004), S. 1–37.

—: Das sozialdemokratische Jahrzehnt. Von der Reformkrise zur Neuen Unübersichtlichkeit. Die SPD 1969–1982. Bonn 2011.

Faulstich, Werner: Die Anfänge einer neuen Kulturperiode: Der Computer und die digitalen Medien. In: Ders. (Hg.): Die Kultur der achtziger Jahre. München 2005, S. 231–245.

Fickers, Andreas: „Politique de la grandeur" versus „Made in Germany". Politische Kulturgeschichte der Technik am Beispiel der PAL-SECAM-Kontroverse. München 2007.

Fickers, Andreas u. Pascal Griset: Communicating Europe. Technologies, Information, Events. London 2019.

Fischer, Joel: Bits & Bytes bei der Bundespost. Die Anfänge der Digitalisierung und Datenübertragung in Deutschland. In: Das Archiv. Magazin für Kommunikationsgeschichte (2000), H. 1, S. 8–15.

Fidler, Bradley u. Andrew L. Russell: Financial and Administrative Infrastructure for the Early Internet. Network Maintenance at the Defense Information Systems Agency. In: Technology and Culture 59 (2018), H. 4, S. 899–924.

Fletcher, Amy L.: France enters the information age: A political history of minitel. In: History and Technology 18 (2002), H. 2, S. 103–119.

Fortunati, Leopoldina: For a dynamic and post-digital history of the Internet: a research agenda. In: Internet Histories 1 (2018), H. 1–2, S. 180–187.

Franke, Christian: Das Post- und Fernmeldewesen im europäischen Integrationsprozess der 1950/60er Jahre. In: Journal of European Integration History 10 (2004), H. 2, S. 93–114.

Fraunholz, Uwe u. Sylvia Wölfel: Hochmoderne Ingenieure zwischen Altruismus und Eigensinn. In: Dies. (Hg.): Ingenieure in der technokratischen Hochmoderne. Thomas Hänseroth zum 60. Geburtstag. Münster u. a. 2012, S. 17–28.

Fraunholz, Uwe u. Thomas Hänseroth: Transzendierungen von Wissenschaft und Technik im Systemwettstreit: Innovationskulturen im deutsch-deutschen Vergleich. In: Dies. (Hg.): Ungleiche Pfade? Innovationskulturen im deutsch-deutschen Vergleich. Münster u. a. 2012, S. 9–26.

Friedewald, Michael: Vom Experimentierfeld zum Massenmedium. In: Technikgeschichte 67 (2000), H. 4, S. 331–364.

Friedewald, Michael u. Simone Kimpeler: Das Netz der Netze. In: Klaus Beyrer u. Michael Andritzky (Hg.): Das Netz. Sinn und Sinnlichkeit vernetzter Systeme. Heidelberg 2002, S. 259–265.

Fritze, Christiane u. Gerda Neumann: „Letzter Zugriff am ...". Das Internet als Zitatquelle. In: Gegenworte. Hefte für den Disput über Wissen (2009), H. 21, S. 16–18.

Frohman, Larry: „Only Sheep Let Themselves Be Counted". Privacy, Political Culture, and the 1983/87 West German Census Boycotts. In: Archiv für Sozialgeschichte 52 (2012), S. 335–378.

Fromm, Guido: Vergangene Zukunft – die Neuen Medien der „ersten Generation" in Deutschland. Ein Rückblick auf Prognosen und Entwicklungen der 70er und 80er Jahre. In: Media Perspektiven (2000), H. 6, S. 258–265.

Funke, Janine: Digitalisierung in der frühen Bundeswehr. Die Einführung elektronischer Rechenmaschinen in Verwaltung, Forschung und Führungssystemen. In: Frank Bösch (Hg.): Wege in die digitale Gesellschaft: Computernutzung in der Bundesrepublik 1955-1990. Göttingen 2018, S. 86–100.

Füssel, Marian, Frank Rexroth u. Inga Schürmann: Experten in vormodernen und modernen Kulturen. Zur Einführung. In: Dies. (Hg.): Praktiken und Räume des Wissens. Expertenkulturen in Geschichte und Gegenwart. Göttingen 2019, S. 7–16.

Gauron, André: Das digitale Zeitalter. In: Stefan Bollmann (Hg.): Kursbuch Neue Medien. Trends in Wirtschaft und Politik, Wissenschaft und Kultur. 2. Aufl. Mannheim 1996, S. 24–40.

Geyer, Martin H.: Auf der Suche nach der Gegenwart. Neue Arbeiten zur Geschichte der 1970er und 1980er Jahre. In: Archiv für Sozialgeschichte 50 (2010), S. 643–669.

Gillies, Donald J.: Technological Determinism in Canadian Telecommunications: Telidon Technology, Industry and Government. In: Canadian Journal of Communications 15 (1990), H. 2, S. 1–15.

Gillies, James u. Robert Cailliau: How the Web Was Born. The Story of the World Wide Web. Oxford 2000.

—: Die Wiege des Web. Die spannende Geschichte des WWW. Heidelberg 2002.

Görtemaker, Manfred: Geschichte der Bundesrepublik Deutschland. Von der Gründung bis zur Gegenwart. München 1999.

Greenstein, Shayne: How the Internet Became Commercial: Innovation, Privatization, and the Birth of a New Network. Princeton 2015.

Gugerli, David u. Hannes Mangold: Betriebssysteme und Computerfahndung. Zur Genese einer digitalen Überwachungskultur. In: Geschichte und Gesellschaft 42 (2016), H. 1, S. 144–174.

Haberer, Monika: Neue Medien in Frankreich: Vom Minitel zum Internet. In: französisch heute 32 (2001), H. 2, S. 158–168.

Hachtmann, Rüdiger: Rationalisierung, Automatisierung, Digitalisierung. Arbeit im Wandel. In: Frank Bösch (Hg.): Geteilte Geschichte. Ost- und Westdeutschland 1970–2000. Göttingen 2015, S. 195–237.

Hafner, Katie u. Matthew Lyon: Where wizards stay up late. The origins of the Internet. New York 1996.

—: ARPA Kadabra oder die Anfänge des Internet. 3. Aufl. Heidelberg 2008.

Hänseroth, Thomas: Technischer Fortschritt als Heilsversprechen und seine selbstlosen Bürgen: Zur Konstituierung einer Pathosformel der technokratischen Hochmoderne. In: Hans Vorländer (Hg.): Transzendenz und die Konstitution von Ordnungen. Berlin 2013, S. 267–288.

Hart, Jeffrey A.: The Net Neutrality Debate in the United States. In: Journal of Information Technology & Politics 8 (2011), H. 4, S. 418–443.

Hartmann, Frank: Globale Medienkultur. Technik, Geschichte, Theorien. Wien 2006.

Henrich-Franke, Christian: ‚Alter Draht' – ‚neue Kommunikation': Die Umnutzung des doppeldrahtigen Kupferkabels in der Entwicklung der digitalen Telekommunikation. In: Stephan Habscheid et al. (Hg.): Umnutzung. Alte Sachen, neue Zwecke. Göttingen 2014, S. 97–112.

—: And Postal Services? The Universal Postal Union and the Digitisation of Communication in the 1980s. In: Media in Action (2017), H. 1, S. 131–145.

Hellige, Hans Dieter: Genese und Niedergang von Teletex. Lehren aus einer gescheiterten „Revolution der Bürokommunikation". In: Jahrbuch Telekommunikation und Gesellschaft 2 (1994), S. 22–35.

—: Leitbilder, Strukturprobleme und Langzeitdynamik von Teletex. Die gescheiterte Diffusion eines Telematik-Dienstes aus der Sicht der historischen Technikgeneseforschung. In: Matthias-W. Stoetzner u. Alwin Mahler (Hg.): Die Diffusion von Innovationen in der Telekommunikation. Berlin u. a. 1995, S. 195–218.

—: Die Geschichte des Internet als Lernprozeß. In: Hans-Jörg Kreowski (Hg.): Informatik und Gesellschaft. Verflechtungen und Perspektiven. Münster, Hamburg u. Berlin 2008.

—: „Technikgeschichte und Heilsgeschehen": Endzeiterwartungen in technischen Zukunftsszenarien für das Jahr 2000. In: Eva Schöck-Quinteros, Franklin Kopitzsch u. Hans-Josef Steinberg (Hg.): Bürgerliche Gesellschaft – Idee und Wirklichkeit. Festschrift für Manfred Hahn. Berlin 2004, S. 361–374.

Hermanni, Alfred-Joachim: Medienpolitik in den 80er Jahren. Machtpolitische Strategien der Parteien im Zuge der Einführung des dualen Rundfunksystems. Wiesbaden 2008.

Heßler, Martina: Kulturgeschichte der Technik. Frankfurt am Main 2012.

—: Zur Persistenz der Argumente im Automatisierungsdiskurs. In: Aus Politik und Zeitgeschichte 66 (2016), H. 18–19, S. 17–24.

Heßler, Martina u. Nora Thorade: Die Vierteilung der Vergangenheit. Eine Kritik des Begriffs Industrie 4.0. In: Technikgeschichte 86 (2019), H. 2, S. 153–170.

Hesse, Jan-Otmar: Rezension zu: Wolfgang Lotz u. Gerd R. Ueberschär: Die Deutsche Reichspost 1933-1945. Eine politische Verwaltungsgeschichte. Berlin 1999. In: H-Soz-Kult, 21.10.2000. URL: https://www.hsozkult.de/publicationreview/id/rezbuecher-472 (letzter Zugriff am 11.5.2020).

Hoeres, Peter: Zeitung für Deutschland. Die Geschichte der FAZ. München 2019.

Homberg, Michael: Mensch | Mikrochip. Die Globalisierung der Arbeitswelten in der Computerindustrie 1960 bis 2000 – Fragen, Perspektiven, Thesen. In: Vierteljahrshefte für Zeitgeschichte 66 (2018), H. 2, S. 267–293.

—: Computerliebe. Die Anfänge der elektronischen Partnervermittlung in den USA und in Westeuropa. In: Zeithistorische Forschungen/Studies in Contemporary History 17 (2020), H. 1, S. 36–62.

Jarausch, Konrad H.: Krise oder Aufbruch? Historische Annäherungen an die 1970er-Jahre. In: Zeithistorische Forschungen/Studies in Contemporary History 3 (2006), H. 3, S. 334–341.

Jungen, Oliver: Die Kapitulation des Brockhaus. In: Zeitschrift für Ideengeschichte 10 (2016), H. 2, S. 5–16.

Kaiser, Walter: Die PAL-SECAM-Farbfernseh-Kontroverse. In: Helmuth Albrecht (Hg.): Naturwissenschaft und Technik in der Geschichte. 25 Jahre Lehrstuhl für Geschichte der Naturwissenschaft und Technik am Historischen Institut der Universität Stuttgart. Stuttgart 1993, S. 143–160.

Kasper, Thomas: Zwischen Reform, Rationalisierung und Transparenz. Die Digitalisierung der bundesdeutschen Rentenversicherung 1957-1972. In: Frank Bösch (Hg.): Wege in die digitale Gesellschaft: Computernutzung in der Bundesrepublik 1955-1990. Göttingen 2018, S. 148–174.

—: Wie der Sozialstaat digital wurde. Die Computerisierung der Rentenversicherung im geteilten Deutschland. Göttingen 2020.

Kaufmann, Franz-Xaver: Sicherheit: Das Leitbild beherrschbarer Komplexität. In: Stephan Lessenich (Hg.): Wohlfahrtsstaatliche Grundbegriffe. Historische und aktuelle Diskurse. Frankfurt am Main 2003, S. 73–104.

Keiderling, Thomas: F.A. Brockhaus 1905–2005. Mannheim 2005.

Kinkel, Klaus (Hg.): Grenzenlose Lei(s)tung – Die Deutsche Einheit und der Einsatz der Telekom beim Aufbau „Ost“. München 2014.

Kirpal, Alfred u. Andreas Vogel: Neue Medien in einer vernetzten Gesellschaft: Zur Geschichte des Internets und des World Wide Web. In: NTM. Zeitschrift für Geschichte der Wissenschaften, Technik und Medizin 14 (2006), H. 3, S. 137–147.

Kleinschmidt, Christian: Von der „Wartegesellschaft“ zum Wettbewerb um den Kunden. In: Klaus Kinkel (Hg.): Grenzenlose Lei(s)tung – Die deutsche Einheit und der Einsatz der Telekom beim „Aufbau Ost“. München 2014, S. 235–245.

Kleinsteuber, Hans J.: Der Mythos vom Rückkanal. Technische Phantasien und politische Funktionalisierungen in der Kabelfernsehdebatte der 70er Jahre (Teil 1). In: medium. Zeitschrift für Hörfunk, Fernsehen, Film, Presse 24 (1994), H. 4, S. 59–62.

—: Der Mythos vom Rückkanal. Technische Phantasien und politische Funktionalisierungen in der Kabelfernsehdebatte der 70er Jahre (Teil 2). In: medium. Zeitschrift für Hörfunk, Fernsehen, Film, Presse 25 (1995), H. 1, S. 18–25.

Klophaus, Richard: Marktausbreitung von Bildschirmtext: Zu den Ursachen einer Fehlprognose. In: ZfbF. Schmalenbachs Zeitschrift für betriebswirtschaftliche Forschung 48 (1996), H. 6, S. 579–588.

Köhler, Inge: Marketing als Krisenstrategie. Die deutsche Automobilindustrie und die Heraus-forderungen der 1970er Jahre. In: Hartmut Berghoff (Hg.): Marketinggeschichte. Die Genese einer modernen Sozialtechnik. Frankfurt am Main 2007, S. 259–295.

König, Wolfgang: Technikgeschichte. Eine Einführung in ihre Konzepte und Forschungsergebnisse. Stuttgart 2009.

Kraus, Alexander u. Christoph Lorke: Vor dem Aufbruch. 1988 als vergessenes Jahr. In: Aus Politik und Zeitgeschichte 64 (2014), H. 24–26, S. 40–46.

Krüger, Hans-Joachim: 65 Jahre Postsonderschauen. „Schaufenster des Fortschritts". In: Archiv für Postgeschichte (1991), H. 1, S. 93–109; (1992), H. 2, S. 9–20; (1993), H. 1, S. 99–110.

Kuisel, Richard F.: Seducing the French. The Dilemma of Americanization. Berkeley, Los Angeles u. London 1996.

Landwehr, Achim: Diskurs und Diskursgeschichte, Version: 2.0. In: Docupedia-Zeitgeschichte, 1.3.2018, URL: http://docupedia.de/zg/Landwehr_diskursgeschichte_v2_de_2018 (letzter Zugriff am 11.5.2020).

—: Historische Diskursanalyse. 2. Aufl. Frankfurt am Main 2018.

Latzer, Michael: Mediamatik – Die Konvergenz von Telekommunikation, Computer und Rundfunk. Opladen 1997.

Lauschke, Karl: Staatliche Selbstentmachtung. Die Privatisierung von Post und Bahn. In: Norbert Frei u. Dietmar Süß (Hg.): Privatisierung. Idee und Praxis seit den 1970er Jahren. Göttingen 2012, S. 108–123.

Liedtke, Bernd H.: Der Computer im Amt. In: Aus Politik und Zeitgeschichte (1989), H. B19, S. 25–33.

Lipartito, Kenneth: Picturephone and the Information Age: The Social Meaning of Failure. In: Technology and Culture 44 (2003), H. 1, S. 50–81.

Löblich, Maria: Das notwendige Scheitern von Medienpolitik. Der Bundesverband Deutscher Zeitungsverleger und seine Abwehr von Presseregulierung zwischen 1968 und 1976. In: Jahrbuch für Kommunikationsgeschichte 19 (2017), S. 77–97.

Lotz, Wolfgang: Die deutsche Post von der Postreform I bis zum Börsengang 1989–2000. Frankfurt am Main 2007.

Lüdtke, Hartwig: Die Gründung der Museumsstiftung Post und Telekommunikation. In: Lutz Michael Büchner (Hg.): Post und Telekommunikation. Eine Bilanz nach zehn Jahren Reform. Heidelberg 1999, S. 217–221.

Lukasik, Stephen J.: Why the Arpanet Was Built. In: IEEE Annals of the History of Computing 33 (2011), H. 3, S. 4–21.

Lüke, Bernd: Telefonieren mit Bild. In: Stiftung Deutsches Technikmuseum (Hg.): Netz-Dinge. 30 Geschichten vom Telegrafenkabel bis zur Datenbrille. Berlin 2018, S. 59–61.

Mailland, Julian: Building Internet policy on history: lessons of the forgotten 1981 network neutrality debate. In: Internet Histories 2 (2018), H. 1–2, S. 1–19.

Mailland, Julian u. Kevin Driscoll: Minitel. Welcome to the Internet. Cambridge (Massachusetts) 2017.

—: Minitel: The Online World France Built Before the Web. In: IEEE Spectrum 54 (2017), H. 7, S. 32–37.

Mann, Roger u. Jörg F. Smid: Presserecht im Internet und „elektronische Presse". In: Gerald Spindler u. Fabian Schuster (Hg.): Recht der elektronischen Medien. Kommentar. 3. Aufl. München 2015, S. 911–940.

Mayntz, Renate: Entwicklung großtechnischer Systeme am Beispiel von BTX im Drei-Länder-Vergleich. In: Institut für Sozialwissenschaftliche Forschung (Hg.): Ansätze sozialwissenschaftlicher Analyse von Technikgenese. Verhandlungen des Kolloquiums im Mai 1988. München 1988, S. 7–19.

Mayntz, Renate u. Volker Schneider: The Dynamics of System Development in a Comparative Perspective: Interactive Videotex in Germany, France and Britain. In: Renate Mayntz u. Thomas P. Hughes (Hg.): The Development of Large Technical Systems. Frankfurt am Main u. New York 1988, S. 263–298.

Metzler, Gabriele: Konzeptionen politischen Handelns von Adenauer bis Brandt. Politische Planung in der pluralistischen Gesellschaft. Paderborn u. a. 2005.

—: „Ein deutscher Weg". Die Liberalisierung der Telekommunikation in der Bundesrepublik und die Grenzen politischer Reformen in den 1980er Jahren. In: Archiv für Sozialgeschichte 52 (2012), S. 163–190.

Milligan, Ian: Lost in the Infinite Archive: The Promise and Pitfalls of Web Archives. In: International Journal of Humanities and Arts Computing 10 (2016), H. 1, S. 78–94.

Misa, Thomas: Leonardo to the Internet. Technology & Culture from the Renaissance to the Present. 2. Aufl. Baltimore 2011.

Moss, Timothy, Rita Gudermann u. Andreas Röhring: Zur Renaissance der Gemeinschaftsgut- und Gemeinwohlforschung. In: Christoph Bernhardt, Heiderose Kilper u. Timothy Moss: (Hg.): Im Interesse des Gemeinwohls. Regionale Gemeinschaftsgüter in Geschichte, Planung und Politik. Frankfurt am Main u. New York 2009, S. 31–49.

Mühl-Benninghaus, Wolfgang u. Mike Friedrichsen: Geschichte der Medienökonomie. Eine Einführung in die traditionelle Medienwirtschaft von 1750 bis 2000. Baden-Baden 2012.

Naughton, John: A Brief History of the Future. The origins of the internet. London 1999.

—: From Gutenberg to Zuckerberg: What You Really Need to Know about the Internet. London 2012.

—: The evolution of the Internet: from military experiment to General Purpose Technology. In: Journal of Cyber Policy 1 (2016), H. 1, S. 5–28.

Naumann, Friedrich: Vom Abakus zum Internet. Eine Geschichte der Informatik. Darmstadt 2001.

Neumann, Tanja: Face to face trotz Corona-Shutdown und Isolation. Der späte Durchbruch der Videokonferenz. In: Das Archiv. Magazin für Kommunikationsgeschichte (2020), H. 2, S. 8–15.

Nevejan, Caroline u. Alexander Badenoch: How Amsterdam invented the Internet: European networks of significance, 1980–1995. In: Gerard Alberts u. Ruth Oldenziel (Hg.): Hacking Euro-pe. From Computer Cultures to Demoscenes. London 2014, S. 189–217.

Nicholson, Bob: The Digital Turn. Exploring the Methodological Possibilities of Digital Newspaper Archives. In: Media History 19 (2013), H. 1, S. 59–73.

Oberloskamp, Eva: Auf dem Weg in den Überwachungsstaat? Elektronische Datenverarbeitung, Terrorismusbekämpfung und die Anfänge des bundesdeutschen Datenschutzes in den 1970er Jahren. In: Cornelia Rauh u. Dirk Schumann (Hg.): Ausnahmezustände. Entgrenzungen und Regulierungen in Europa während des Kalten Krieges, Göttingen 2015, S. 158–176.

Pethas, Nicolas: EDV im Orwellstaat. Der Diskurs über Lauschangriff, Datenschutz und Rasterfahndung um 1984. In: Irmela Schneider (Hg.): Medienkultur der 70er Jahre. Wiesbaden 2004, S. 57–75.

Petzold, Hartmut: Rechnende Maschinen. Eine historische Untersuchung ihrer Herstellung und Anwendung vom Kaiserreich bis zur Bundesrepublik. Düsseldorf 1985.

Pfeil, Ulrich: Von der Politisierung eines technischen Wettstreits in den deutsch-französischen Beziehungen: Die PAL-SECAM-Kontroverse. In: Revue d'Allemagne et des pays de langue allemande 37 (2005), H. 1, S. 45–64.

—: Der Platz der wissenschaftlich-technologischen Beziehungen im Prozeß der Europäischen Integration. Das Beispiel der Farbfernsehnorm. In: Journal of European Integration History 12 (2006), H. 2, S. 75–89.

Pias, Claus: „Children of the revolution". Video-Spiel-Computer als Kreuzungen der Informationsgesellschaft. In: Ders. (Hg.): Zukünfte des Computers. Zürich u. Berlin 2005, S. 217–240.

Plagemann, Jürgen: Die erwerbswirtschaftliche Betätigung der Deutschen Bundespost durch Eigengesellschaften. Berlin 1992.

Pletz, Hendrik: Die Materialisierung des Imaginären – Die Neuen Medien der 1980er Jahre. In: Elisabeth Tietmeyer et al. (Hg.): Die Sprache der Dinge – kulturwissenschaftliche Perspektiven auf die materielle Kultur. Münster u. a. 2010, S. 203–213.

Powell, Alison u. Alissa Cooper: Net Neutrality Discourses: Comparing Advocacy and Regulatory Arguments in the United States and the United Kingdom. In: The Information Society 27 (2011), H. 5, S. 311–325.

Raphael, Lutz: Flexible Anpassungen und prekäre Sicherheiten. Industriearbeit(er) nach dem Boom. In: Morten Reitmayer u. Thomas Schlemmer (Hg.): Die Anfänge der Gegenwart. Umbrüche in Westeuropa nach dem Boom. München 2014, S. 51–64.

—: 1980er: Typische Jahre „nach dem Boom". In: Aus Politik und Zeitgeschichte 65 (2015), H. 46, S. 8–13.

—: Industriearbeit(er) nach dem Boom. Bundesrepublikanische Entwicklungen im westeuropäischen Vergleich. In: Sonja Levsen u. Cornelius Torp (Hg.): Wo liegt die Bundesrepublik? Vergleichende Perspektiven auf die westdeutsche Geschichte. Göttingen 2016, S. 207–231.

Reith, Reinhold: Einleitung: Innovationsforschung und Innovationskultur. Ansätze und Konzepte. In: Reinhold Reith, Rupert Pichler u. Christian Dirninger (Hg.): Innovationskultur in historischer und ökonomischer Perspektive. Modelle, Indikatoren und regionale Entwicklungslinien. Innsbruck, Wien u. Bozen 2006, S. 11–20.

Ritter, Eva-Maria: Deutsche Telekommunikationspolitik 1989–2003. Aufbruch zu mehr Wettbewerb. Ein Beispiel für wirtschaftliche Strukturreformen. Düsseldorf 2004, S. 53–59.

Robischon, Tobias: Telekommunikationspolitik im deutschen Einigungsprozeß. Steuerung und Eigendynamik sektoraler Transformation. Frankfurt am Main u. New York 1999.

Rödder, Andreas: Die Bundesrepublik Deutschland 1969–1990. München 2004.

—: 21.0. Eine kurze Geschichte der Gegenwart. München 2015.

Rogers, Richard: Doing Web history with the Internet Archive: screencast documentaries. In: Internet Histories 1 (2017), H. 1–2, S. 160–172.

Röhr, Matthias: Ursprünge und Entwicklung des Chaos Computer Clubs in den 1980er Jahren. Hamburg 2012 (in der Version 1.11 vom 15.5.2014). URL: https://stummkonzert.de/wp-content/uploads/2013/09/Matthias-Röhr-Ursprünge-und-Entwicklung-des-Chaos-Computer-Clubs-in-den-Achtziger-Jahren.pdf (letzter Zugriff am 11.5.2019).

—: Das Internet und Btx, 6.5.2014. URL: https://stummkonzert.de/2014/05/das-internet-und-btx/ (letzter Zugriff am 11.5.2020).

—: Die neue Heimat des Geistes. Computer als Kommunikationsmittel und die Entstehung des „Cyberspace", 1969 bis 1996. In: Forschungsstelle für Zeitgeschichte in Hamburg (Hg.): Zeitgeschichte in Hamburg 2015. Hamburg 2016, S. 65–81.

—: Home Computer on the Line - The West German BBS Scene and the Change of Telecommunications in the 1980s. In: Media in Action 1 (2017), H. 1, S. 115–129.

—: Gebremste Vernetzung. Digitale Kommunikation in der Bundesrepublik der 1970/80er Jahre. In: Frank Bösch (Hg.): Wege in die digitale Gesellschaft. Computernutzung in der Bundesrepublik 1955-1990. Göttingen 2018, S. 250–271.

Rosenzweig, Roy: Wizards, Bureaucrats, Warriors, and Hackers. Writing the History of the Internet. In: The American Historical Review 103 (1998), H. 5, S. 1530–1552.

Rossi, Alexis: Internet Archive. In: Ellen Euler u. Paul Klimpel (Hg.): Föderale Vielfalt – Globale Vernetzung. Strategien der Bundesländer für das kulturelle Erbe in der digitalen Welt. Hamburg 2016, S. 224–237.

Rothemund, Kathrin: Internet. Verbreitung und Aneignung in den 1990ern, in: Werner Faulstich (Hg.): Die Kultur der 90er Jahre. München 2010, S. 119–136.

Ruck, Michael: Ein kurzer Sommer der konkreten Utopie – Zur westdeutschen Planungsgeschichte der langen 60er Jahre. In: Axel Schildt, Detlef Siegfried u. Karl Christian Lammers (Hg.): Dynamische Zeiten: Die 60er Jahre in den beiden deutschen Gesellschaften. Hamburg 2000, S. 362–401.

Russell, Andrew L.: OSI: The Internet That Wasn't. How TCP/IP eclipsed the Open Systems Inter-connection standard to become the global protocol for computer networking. In: IEEE Spectrum 50 (2013), S. 38–48.

—: Hagiography, revisionism & blasphemy in Internet histories. In: Internet Histories 1 (2018), H. 1–2, S. 15–25.

Russell, Andrew L. u. Valérie Schafer: In the Shadow of ARPANET and Internet: Louis Pouzin and the Cyclades Network in the 1970s. In: Technology and Culture 55 (2014), H. 4, S. 880–907.

Ryan, Johnny: A History of the Internet and the Digital Future. London 2010.

Sarkar, Ranjana S.: Akteure, Interessen und Technologien der Telekommunikation. USA und Deutschland im Vergleich. Frankfurt am Main u. New York 2001.

Saxer, Ulrich: Medienpolitik in Theorie und Praxis. In: Otfried Jarren u. Patrick Donges (Hg.): Ordnung durch Medienpolitik? Konstanz 2007, S. 11–33.

Schafer, Valérie u. Benjamin G. Thierry: Le Minitel. L'enfance numérique de la France. Paris 2012.

—: From the Minitel to the Internet. The Path to Digital Literacy and Network Culture in France (1980s-1990s). In: Gerard Goggin u. Mark McLelland (Hg.): The Routledge Companion to Global Internet Histories. New York u. London 2017, S. 77–89.

Schildt, Axel: Das letzte Jahrzehnt der Bonner Republik. Überlegungen zur Erforschung der 1980er Jahre. In: Archiv für Sozialgeschichte 52 (2012), S. 21–46.

Schilly, Ernst: Post. In: Kurt G. A. Jeserich, Hans Pohl u. Georg-Christoph von Unruh (Hg.): Deutsche Verwaltungsgeschichte. Band 5: Die Bundesrepublik Deutschland. Stuttgart 1987, S. 506–518.

Schmitt, Martin: Der Wert des Kunden. Computerisierung in bundesdeutschen Sparkassen am Beispiel der Privatkreditvergabe. In: Frank Bösch u. Martin Sabrow (Hg.): ZeitRäume 2017. Potsdamer Almanach des Zentrums für Zeithistorische Forschung. Göttingen 2017, S. 119–134.

—: Vernetzte Bankenwelt. Computerisierung in der Kreditwirtschaft der Bundesrepublik und der DDR. In: Frank Bösch (Hg.): Wege in die digitale Gesellschaft: Computernutzung in der Bundesrepublik 1955–1990. Göttingen 2018, S. 126–147.

Schmitt, Martin et al.: Digitalgeschichte Deutschlands. Ein Forschungsbericht. In: Technikgeschichte 83 (2016), H. 1, S. 33–70.

Schneider, Volker: Technikentwicklung zwischen Politik und Markt: Der Fall Bildschirmtext. Frankfurt am Main u. New York 1989.

—: Evolution in Cyberspace: The Adaptation of National Videotext Systems to the Internet. In: The Information Society 16 (2000), H. 4, S. 319–328.

—: Die Transformation der Telekommunikation. Vom Staatsmonopol zum globalen Markt (1800–2000). Frankfurt am Main u. New York 2001.

Schneider, Volker et al.: The Dynamics of Videotex Development in Britain, France and Germany: A Crossnational Comparison. In: European Journal of Communication 6 (1991), H. 2, S. 187–212.

Schneider, Volker u. Dirk Hyner: Innovation ohne Diffusion? Bildschirmtext. In: Christopher Oestereich (Hg.): Immer wieder Neues. Wie verändern Erfindungen die Kommunikation? Nürnberg 2003, S. 135–140.

Schorb, Bernd: Freizeit, Fernsehen und neue Medien 1960–1990. In: Archiv für Sozialgeschichte 33 (1993), S. 425–457.

Schrag, Wolfram: Medienlandschaft Deutschland. München 2006.

Schrape, Jan-Felix: Wiederkehrende Erwartungen. Visionen, Prognosen und Mythen um neue Medien seit 1970. Boizenburg 2012.

Schröter, Jens: Technik und Krieg. Fragen und Überlegungen zur militärischen Herkunft von Computertechnologien am Beispiel des Internets. In: Harro Segeberg (Hg.): Die Medien und ihre Technik. Theorien – Modelle – Geschichte. Marburg 2004, S. 356–370.

Schuhmann, Annette: Der Traum vom perfekten Unternehmen. Die Computerisierung der Arbeitswelt in der Bundesrepublik Deutschland (1950er- bis 1980er-Jahre). In: Zeithistorische Forschungen/Studies in Contemporary History 9 (2012), H. 2, S. 231–256.

Schumacher, Beatrice u. Thomas Busset: „Der Experte". Aufstieg einer Figur der Wahrheit und des Wissens. In: Traverse 8 (2001), H. 2, S. 15–20.

Schumacher, Ekkehard: Revolution, Rekursion, Remediation: Hypertext und World Wide Web. In: Albert Kümmel, Leander Scholz u. Ekkehard Schumacher (Hg.): Einführung in die Geschichte der Medien. Paderborn 2004, S. 255–280.

Seifert, Benjamin: Träume vom modernen Deutschland. Horst Ehmke, Reimut Jochimsen und die Planung des Politischen in der ersten Regierung Willy Brandts. Stuttgart 2010.

Siebold, Angela: So nah und doch so fern? Die 1980er Jahre historisch erforschen. In: Aus Politik und Zeitgeschichte 65 (2015), H. 46, S. 3–8.

Speidel, Markus: Der Europäer in der Black Box. In: Frauke Stuhl, Julia Franke u. Kiran Klaus Patel (Hg.): Die Erfindung des Europäers. Berlin 2009, S. 54–60.

—: Netzwerke, Kooperationen und Management-Buy-Out. Die Geschichte des Unternehmens Loewe zwischen 1962 und 1985. Hamm 2012.

Stadler, Max: Der User. In: Alban Frei u. Hannes Mangold (Hg.): Das Personal der Postmoderne. Inventur einer Epoche. Bielefeld 2015, S. 75–90.

Titius, Jürgen: Entwicklung der Marktforschung ab 1976 bei der Deutschen Bundespost, dargestellt an wichtigen Vorhaben. In: Post und Telekommunikationsgeschichte (2001), H. 2, S. 43–57.

Tönsmeyer, Tatjana u. Annette Vowinckel: Sicherheit und Sicherheitsempfinden als Thema der Zeitgeschichte. Eine Einleitung. In: Zeithistorische Forschungen/Studies in Contemporary History 7 (2010), H. 2, S. 163–169.

Turner, Fred: Can we write a cultural history of the Internet? If so, how? In: Internet Histories 1 (2018), H. 1–2, S. 39–46.

Uhl, Karsten: Die langen 1970er Jahre der Computerisierung. Die Formalisierung des Produktionswissens in der Druckindustrie und die Reaktionen von Gewerkschaften, Betriebsräten und Arbeitern. In: Constanze Lindemann u. Harry Neß (Hg.): Vom Buchdrucker zum Medientechnologen. Wege der Druckindustrie in die Welt der Digitalisierung, Hamburg 2018, S. 84–99.

Upchurch, Charles: Full-Text Databases and Historical Research. Cautionary Results from a Ten-Year Study. In: Journal of Social History 46 (2012), H. 1, S. 89–105.

Viehoff, Reinhold: Medienumbrüche – Ansichten zur Mediendynamik und ihren Folgen. In: Uwe Breitenborn, Gerlinde Frey-Vor u. Christian Schurig (Hg.): Medienumbrüche im Rundfunk seit 1950, Köln 2013, S. 31–45.

Walter, Franz: Von der Gleichzeitigkeit des Ungleichzeitigen. Das janusköpfige Jahr 1979. In: INDES. Zeitschrift für Politik und Gesellschaft 5 (2016), H. 1, S. 21–34.

Weber, Heike: Zeitschichten des Technischen: Zum Momentum, „Alter(n)" und Verschwinden von Technik. In: Martina Heßler u. Heike Weber (Hg.): Provokationen der Technikgeschichte. Zum Reflexionszwang historischer Forschung. Paderborn 2019, S. 107–150.

Wengenroth, Ulrich: Vom Innovationssystem zur Innovationskultur. Perspektivwechsel in der Innovationsforschung. In: Johannes Abele, Gerhard Barkleit u. Thomas Hänseroth (Hg.): Innovationskulturen und Fortschrittserwartungen im geteilten Deutschland. Köln, Weimar u. Wien 2001, S. 23–32.

Wilke, Jürgen: Zukunft Multimedia. In: Ders. (Hg.): Mediengeschichte der Bundesrepublik Deutschland. Köln, Weimar und Wien 1999, S. 751–774.

—: Leitmedien und Zielgruppenorgane. In: Ders. (Hg.): Mediengeschichte der Bundesrepublik Deutschland. Köln, Weimar u. Wien 1999, S. 302–329.

Wirsching, Andreas: Abschied vom Provisorium. 1982–1990. München 2006.

—: Durchbruch des Fortschritts? Die Diskussion über die Computerisierung in der Bundesrepublik. In: Martin Sabrow (Hg.): ZeitRäume. Potsdamer Almanach des Zentrums für Zeithistorische Forschung 2009. Göttingen 2010, S. 207–218.

—: Der Preis der Freiheit. Geschichte Europas in unserer Zeit. München 2012.

—: Eine „Ära Kohl"? Die widersprüchliche Signatur deutscher Regierungspolitik 1982–1998. In: Archiv für Sozialgeschichte 52 (2012), S. 667–684.

Wittwer, Sarah: Btx und Minitel: Geschichte eines Scheiterns? Unveröffentlichte Bachelorarbeit, Universität Kassel 2013.

Wolfrum, Edgar: Die geglückte Demokratie. Geschichte der Bundesrepublik Deutschland von ihren Anfängen bis zur Gegenwart. Stuttgart 2006.

Zellmer, Rolf: Die Entstehung der deutschen Computerindustrie. Von den Pionierleistungen Konrad Zuses und Gerhard Dirks' bis zu den ersten Serienprodukten der 50er und 60er Jahre. Köln 1990.

Zwierlein, Cornel: Sicherheitsgeschichte. Ein neues Feld der Geschichtswissenschaften. In: Geschichte und Gesellschaft 38 (2012), H. 3, S. 365–386.